MANUELS

ARMENGAUD AINÉ

—

MÉTALLURGIE

DU FER

NANCY, IMPRIMERIE BERGER-LEVRAULT ET Cⁱᵉ.

MANUELS ARMENGAUD AINÉ

— ◆ —

MÉTALLURGIE

—

PRÉPARATIONS
MINERAIS. — COMBUSTIBLES. — FONDANTS. — AGENTS OXYDANTS,
RÉDUCTEURS ET CARBURANTS.

FONTE. — FER. — ACIER
PROCÉDÉS DE FABRICATION. — APPAREILS ET MATÉRIEL.

FORGEAGE
TRAVAIL ET MANŒUVRE DES PIÈCES. — MISE EN PAQUETS. —
MARTELAGE. — LAMINAGE. — ESTAMPAGE. — TREMPE, ETC.

FONDERIE
COULÉE DES MÉTAUX. — MOULAGE.

Par ARMENGAUD AINÉ
INGÉNIEUR,
ANCIEN ÉLÈVE DE L'ÉCOLE CENTRALE DES ARTS ET MANUFACTURES

—

EN VENTE
A LA LIBRAIRIE TECHNOLOGIQUE
45, rue Saint-Sébastien (Boulevard Voltaire)
A PARIS
Et chez les principaux libraires de la France et de l'étranger

PRÉFACE

Un grand penseur du siècle dernier a dit : « Pour le poète, c'est l'or et l'argent, mais pour le philosophe, ce sont le *fer* et le *blé* qui ont civilisé les hommes. »

Pour nous, ouvriers de la fin du xixᵉ siècle, contemporains de de Lesseps, de Siemens, de Bessemer, ce qui a civilisé l'homme, ce sont ses *besoins infinis* et son *travail pour arriver à les satisfaire tous*, la plus haute expression de ses besoins étant le *blé*, et le plus puissant allié de son travail étant le *fer*, ou mieux, l'*acier*, qui est le principal instrument de la domination de l'homme sur la nature.

Nous pensons intéresser nos lecteurs, en donnant dans cette PRÉFACE quelques chiffres recueillis aux meilleures sources, qui montrent le développement vraiment extraordinaire que l'industrie du fer a pris depuis 20 ans.

Nous donnerons aussi, dans un but analogue, un aperçu des progrès et des découvertes les plus importantes réalisés dans le domaine de la sidérurgie, en remontant jusque vers l'époque où Bessemer a doté le monde de sa grande découverte.

Il y a eu, le 13 août 1881, un quart de siècle que Sir Henry Bessemer a donné pour la première fois connaissance de son invention dans un mémoire lu à la réunion de l'Association Britannique, à Cheltenham, le 13 août 1856.

Il est impossible de lire ce mémoire sans être ému, en songeant que c'était là le germe d'une des plus grandes et des plus fécondes découvertes de notre siècle.

Le mémoire était intitulé : *la Fabrication du fer malléable et de l'acier, SANS COMBUSTIBLE.*

L'auditoire, à la lecture de ce titre, semblait plus disposé à rire, qu'à écouter attentivement celui qu'aujourd'hui les Anglais appellent le grand Bessemer.

Nous ne voulons reproduire ici que deux passages pour donner une idée de la tenue modeste et de l'accent convaincu de l'auteur du mémoire.

« Je dirai, Messieurs, que pendant les deux dernières
« années mon attention a été dirigée exclusivement sur la
« fabrication du fer malléable et de l'acier, *dans laquelle,*
« *cependant, je n'avais fait encore que peu de progrès il y a*
« *8 ou 9 mois.* La démolition et la reconstruction constantes
« des fours, la fatigue d'expériences quotidiennes avec de
« lourdes charges de fer, *avaient déjà commencé à épuiser*
« *ma patience,* mais les nombreuses observations que j'avais
« faites durant cette période *très-stérile* tendaient toutes à
« confirmer un point de vue tout à fait nouveau, et je fus
« amené à conclure que je pouvais *sans four ni combustible*
« produire une chaleur bien plus intense qu'aucun autre
« mode ne pourrait me donner, et que, par conséquent, non-
« seulement j'éviterais le mauvais effet produit par l'addition
« du combustible minéral au fer en traitement, mais encore
« que j'éviterais en même temps la dépense du combustible.
« Plusieurs essais préliminaires furent faits avec des quantités
« *de 5 à 10 kilogr.* de fer, et, bien que le procédé rencon-
« trât des *difficultés considérables,* il présenta des symptômes
« de succès tellement incontestables qu'il m'engagea immé-

diatement à construire un appareil pouvant convertir environ 350 kilogr. de fer brut en fer malléable dans l'espace de 30 minutes. »

A ce moment-là Bessemer est aux prises avec des *difficultés considérables* quand il opère sur 5 à 10 kilogr. de fonte !

Voici un autre passage :

« Pendant la phase de l'opération qui suit immédiatement le bouillonnement, toute la masse de fonte est passée à l'état d'acier fondu de qualité ordinaire ; en continuant l'opération, on fait perdre graduellement à l'acier ainsi produit le peu de carbone qu'il contient encore, de sorte qu'il passe successivement de l'état d'acier pur à l'état d'acier doux, et de l'état d'acier doux à celui de fer aciéreux, et, finalement, à celui de fer doux ; on peut donc, selon la phase de l'opération, obtenir toute qualité de métal voulue. »

A la lecture de ce passage, dit le compte rendu, l'enthousiasme fut général dans la réunion de l'Association Britannique.

En effet, une grande découverte venait d'être faite. Aujourd'hui elle est dans tout son éclat, et nous laissons la parole aux chiffres.

Avant l'adoption du procédé Bessemer la production totale de l'acier fondu dans la Grande-Bretagne était d'environ 50,000 tonnes par an; le prix de revient variait de 1,250 à 1,500 fr. la tonne. En 1877, la Grande-Bretagne seule a fabriqué 750,000 tonnes d'acier Bessemer, c'est-à-dire 15 *fois* autant qu'elle en produisait autrefois. Le prix de vente de la tonne n'est plus, en moyenne, que de 250 fr., mais, en revanche, cette énorme production a consommé 3,500,000 tonnes de houille de moins qu'il n'en aurait fallu pour fabriquer la même quantité d'acier fondu ordinaire. La réduction totale dans les frais de fabrication ne présente pas moins de 750 millions de francs.

Pendant la même année de 1877, la France, les États-Unis, la Belgique, l'Allemagne et la Suède, les 5 pays où le procédé Bessemer a reçu le plus de développements, ont produit ensemble 1,874,278 tonnes, d'une valeur nette de 500 millions de francs.

D'après M. Price Williams, qui a fait des études sérieuses sur la durée comparative des rails de différentes sortes, la substitution de l'acier Bessemer au fer dans la fabrication des rails doit produire, pour toutes les lignes de la Grande-Bretagne, une économie de plus de 4,250 millions de francs.

On peut dire que l'histoire de l'industrie offre peu d'exemples de résultats économiques aussi surprenants que ceux produits par l'invention de Bessemer, lequel a le bonheur d'en être témoin.

Le développement de l'industrie du fer est caractérisé d'une manière frappante par le développement prodigieux des chemins de fer. En 30 ans, le réseau des voies ferrées en Europe s'est élevé de 9,000 à 154,200 kilomètres. La France figure pour 23,400, la Grande-Bretagne et l'Irlande pour 27,500, l'Autriche-Hongrie pour 24,800, l'Allemagne pour 30,000, la Russie pour 18,000 kilomètres.

Les États-Unis ont débuté, en 1830, par 42 ki   ...res, aujourd'hui ils possèdent 128,000 kilomètres de chemins de fer.

Le capital engagé dans tous les chemins de fer du globe dépasse 87 milliards de francs. Ces chemins disposent de 62,000 locomotives, de 112,000 wagons à voyageurs et de 1/2 million de wagons à marchandises.

Après ces généralités, voici quelques chiffres sur le déveoppement de l'industrie du fer, en 9 années, aux *États-Unis.*

	1872.	1880.
	tonnes.	tonnes.
Fonte brute.	2,854,558	4,295,414
Fer laminé et rails	1,847,922	2,332,668
Rails en acier Bessemer.	94,070	954,460
Acier Bessemer en lingots. . . .	120,108	1,203,173

En *neuf* ans, par conséquent, la fabrication de l'acier Bessemer *a décuplé* aux États-Unis.

Dans le même pays, la production des rails en acier Bessemer n'était, en 1867, que de 2,550 tonnes, tandis qu'elle est de 954,460 tonnes en 1880.

Dans la *Grande-Bretagne*, la production de l'acier a été en 1880 :

Acier Bessemer en lingots. . . . . 1,044,382 tonnes.
Rails en acier Bessemer. . . . . . 739,910 —

La Grande-Bretagne est, par conséquent, aujourd'hui dépassée par les États-Unis pour la production de l'acier.

Voici les chiffres de l'industrie de la *fonte* dans la *Grande-Bretagne :*

	PRODUCTION totale.	EMPLOI intérieur.	EXPORTATION.
	tonnes.	tonnes.	tonnes.
1859.	3,712,354	2,221,907	1,440,447
1869.	5,445,757	2,755,106	2,675,331
1879.	6,200,000	3,309,567	2,879,884

En *France*, la production a été en 1880 :

Fonte. . . . .   1,733,102 tonnes.
Aciers (toutes espèces)   384,626   —
Fers (toutes espèces)   932,308   —

Disons un mot de la consommation en combustible des usines sidérurgiques.

D'après M. Gruner, on consommait en 1830, en Angleterre, 12 à 15 tonnes de houille par tonne de gros fer fini. Au Creuzot, à la même époque, on brûlait 15 tonnes, et jusqu'à 26 tonnes à Decazeville.

En 1861, grâce surtout à l'emploi de l'air chaud dans les hauts-fourneaux, la consommation fut ramenée en Angleterre à 6 ou 7 tonnes, et, en France, où le gaz des hauts-fourneaux et les flammes perdues des réverbères furent mieux utilisés, on atteignit les chiffres de 4 1/2 à 5 tonnes.

Aujourd'hui, on fabrique le gros fer fondu avec 2 tonnes et demie de consommation totale, en se servant du procédé Bessemer, et avec 3 tonnes dans le procédé Martin Siemens.

Le système Siemens produit 6,000 kilogr. d'acier avec 1,000 kilogr. de houille, tandis qu'il fallait 6 fois plus de houille par les procédés anciens.

Dans le premier quart du siècle, un haut-fourneau, alimenté par le bois, donnait par jour de 3,000 à 4,000 kilogr. de fonte, aujourd'hui les hauts-fourneaux au coke produisent 60 à 70 tonnes par jour.

Les hauts-fourneaux de Micheville-lez-Villerupt et ceux d'Esch-sur-l'Alzette sont les plus grands hauts-fourneaux qui existent sur le continent : ils ont 20^m,50 de hauteur, 7 mètres de diamètre au ventre et 500 mètres cubes de capacité. La production s'élève à plus de 120 tonnes par fourneau en 24 heures. Ils sont pourvus d'appareils Cowper et Whitwell qui réalisent, à la fois, une économie d'espace et d'argent, augmentent la production et régularisent la marche du fourneau. L'air est chauffé à 650 degrés.

La Société « Palmer's Shipbuilding and Iron Company », à Jarrow, possède 3 hauts-fourneaux de 25m,50 de hauteur et de 7m,20 de diamètre aux étalages. La production est d'environ 1,400 tonnes de fonte brute par semaine. L'air soufflé est à la température de 600 degrés.

Aux États-Unis, les 40 p. 100 de la production totale de fonte proviennent de hauts-fourneaux marchant à l'*anthracite*, combustible minéral dont l'exploitation s'est accrue dans des proportions vraiment incroyables. Ainsi, la Pensylvanie seule a fourni la production suivante :

En 1840 . . . .   864,384 tonnes.
En 1860   8,513,123   —
En 1879 26,142,689   —

Les cubilots y ont atteint des dimensions colossales. La Société « Albany and Rensselaer Iron and Steel Works », à Troy, possède des cubilots qui ont 8m,80 de hauteur. Deux de ces fourneaux, travaillant ensemble, peuvent fondre, en 24 heures, 500 tonnes.

Les opérations du Bessemer se font sur une échelle non moins extraordinaire en Amérique.

L'usine « North-Chicago » a obtenu, en un seul mois, 1,372 opérations et 8,100 tonnes d'acier Bessemer, soit en moyenne, par 24 heures, 69 opérations et 405 tonnes.

La puissance de l'outillage mécanique s'est accrue dans des proportions extraordinaires. Au point de vue de la puissance des moyens de forgeage des grosses pièces d'acier, canons, plaques de blindage, arbres de machines, nous devons mentionner, en première ligne, l'usine du Creuzot. L'énorme marteau-pilon de 80 tonnes, dont le modèle a figuré à l'Exposition universelle de 1878, est destiné à la fabrication de canons de 120 tonnes et de plaques de blindage de 70 à 80 centimètres d'épaisseur. Le poids de 80 tonnes, adopté au Creuzot et à Saint-Chamond (anciens établissements Petin, Gaudet), ne sera probablement pas dépassé, car il permet de forger des pièces sous lesquelles fléchiraient les ouvrages d'art des voies ferrées. Le marteau-pilon du Creuzot développe un effort de 400,000 kilogrammètres.

On fait couramment aujourd'hui, dans plusieurs usines, des plaques laminées de 25 à 30 tonnes, et ces énormes masses de fer circulent des bancs de paquetage aux fours, et des fours aux trains, avec la même facilité qu'autrefois les paquets de quelques quintaux, tout cela grâce à des appareils mécaniques de levage et de manutention distribués autour des fours et des laminoirs : grues hydrauliques ou à vapeur de 30, 40, 60 tonnes et plus, chariots porteurs, etc.

Il faut un outillage accessoire du même genre à un pilon comme celui du Creuzot, destiné à forger des arbres, des plaques, des canons de haut poids; autour de cet engin sont des fours à gaz munis de grues hydrauliques de 100 à 150 tonnes.

Le Creuzot nous fournit l'occasion de signaler un phénomène qui semble se généraliser dans le monde entier. En 10 ans, la production du *fer* a été décroissante d'une manière régulière, et la production de l'*acier* a été en augmentant, mais la production totale s'est accrue.

AU CREUZOT.	FER.	ACIER.	POIDS TOTAL.
	tonnes.	tonnes.	tonnes.
1867-1868	98,000	1,000	99,000
1872-1873	82,000	28,000	110,000
1877-1878	62,000	63,000	125,000

C'est l'aurore de l'âge d'acier.

Nous dirons peu de chose des fours à puddlage mécanique, tels que les fours rotatifs de Danks, les fours à sole tournante de Pernot, à sole oscillante de Mennessier, etc. ; ces fours, tout en rendant de grands services, présentent, cependant, tous l'inconvénient de mettre en mouvement des masses relativement considérables par rapport aux charges de fontes traitées; l'affinage final devient très-difficile.

Deux fours rotatifs Danks, modifiés, fonctionnent aux usines du Creuzot ; la production est de 20,000 kilogr. par 24 heures, et on charge la fonte à l'état liquide.

Le four Danks, modifié sous le nom de four rotatif Bouvard, présente quelques dispositions ingénieuses, comme la double paroi à circulation d'eau et la nervure transversale qui divise la loupe en deux.

En 1878, le Creuzot a exposé :

Une plaque en métal Schneider destinée au cuirassement d'une tourelle de navire cintrée sur un rayon de 6m,80, et ayant comme dimensions : longueur 4m,20 ; largeur 2m,60 ; épaisseur 0m,80 ; poids 65,000 kilogr.

M. Krupp, à Essen, et M. Bell, en Angleterre, ont employé les fours à sole rotative pour le mazéage préalable, sur garniture en oxydes de fer, de fontes imprres, surtout de fontes phosphoreuses.

A l'exposition de Düsseldorf en 1880, l'usine Krupp était représentée par de remarquables produits en acier, entre autres, par le plus gros canon qui soit sorti des usines d'Essen.

Ce canon a 40 centimètres d'ouverture et 10 mètres de longueur. Le projectile pèse 900 kilogr. et il est lancé par une charge de poudre de 200 kilogr. Il est capable, dit-on, de traverser, à une distance de 5,000 mètres, les plus fortes

plaques de blindage connues, de 60 centimètres d'épaisseur.
La précision est telle que, à 2,500 mètres de distance, l'écart
en hauteur n'est que de 40 centimètres.

Voici un exemple, plus rassurant pour les hommes, de la
puissance mécanique du matériel des usines métallurgiques :
c'est un laminoir à rails. Les usines de MM. Bolckow, Vau-
ghan et Cie, à Eston, n'ont pas laminé, en une semaine, moins
de 3,600 tonnes de rails, en longueurs de 27 mètres, avec un
laminoir mû par deux paires de machines à renversement.

Nous voudrions décrire ici quelques-unes des productions
merveilleuses sorties des usines de MM. Petin et Gaudet, mais
le cadre de cette Préface ne nous le permet pas : nous aurions
trop à raconter de ces grands métallurgistes qui, par la perfection de leurs produits, ont donné tant d'éclat à l'industrie
française dans toutes les Expositions universelles. Il suffira
de parcourir, dans ce Manuel, les nombreux brevets d'invention pris, depuis 20 ans, par MM. Petin et Gaudet pour donner
à ces métallurgistes le premier rang dans le travail des très-
grosses pièces, spécialement de celles destinées à l'artillerie
et à la marine.

Aujourd'hui les *qualités* des fers et des aciers sont l'objet
d'études et d'épreuves spéciales. La ténacité, la malléabilité,
la ductilité, la soudabilité, l'élasticité, la cristallisation, jointes
aux diverses épreuves par traction, compression, flexion,
torsion, choc, cisaillement, écrouissement, sont la grande
préoccupation des maîtres de forges et des compagnies de
chemins de fer.

MM. Petin et Gaudet ont une large part dans ces recherches;
et, comme nous avons la bonne fortune de posséder d'eux
quelques renseignements rétrospectifs et historiques sur la
matière, nous en extrayons l'anecdote suivante :

En 1848, le général Morin, alors colonel d'artillerie, eut l'idée de fabriquer des canons en fer. M. Talabot, consulté à ce sujet, conseilla au colonel Morin, son ami, de s'adresser à MM. Petin et Gaudet, comme étant les maîtres de forge les plus capables de réussir dans ce nouveau genre de fabrication. Dans la première entrevue qui eut lieu à ce sujet, on s'entretint tout naturellement des qualités du fer, de ses différentes propriétés, de sa *cristallisation*. Mais *sur ce dernier point on ne fut pas d'accord*.

M. Morin prétendait qu'un fer, quelque doux qu'il fût, se « cristallisait » par suite de trépidations, de chocs répétés, et qu'il devenait cassant, susceptible de se rompre sous des efforts inférieurs à ceux sous lesquels il a été primitivement essayé.

MM. Petin et Gaudet, en praticiens expérimentés, soutinrent, au contraire, que le fer ne change pas ainsi de nature par le travail auquel il doit résister : s'il est à grain fin, disaient-ils, sa cassure ne passera pas à gros grain, après qu'il aura subi, comme un essieu de voiture, par exemple, des vibrations multipliées.

Ils citaient comme preuves à l'appui de leur assertion les axes de locomotives, les essieux de wagons, qui, sur les chemins de fer, éprouvent des trépidations continuelles, et ne sont mis à rebut, après un parcours de 100 à 500,000 kilomètres et plus, qu'à cause de l'usure des fusées ou des tourillons. — Mais alors comment expliquez-vous l'aspect du grain que présente le fer qui s'est rompu ? — La raison en est bien simple : les barres de fer provenant de fontes au bois, également affinées au bois, ne sont, assez généralement, pas régulières sur toute leur étendue ; dans plusieurs parties, elles auront une cassure fine, et dans d'autres, au contraire, elles présenteront des cristaux, des grains plus gros, même des sortes de facettes, lamelles plus ou moins larges, ou bien aussi des fragments pourront être plus ou moins nerveux ou aciérés. C'est à ce point que, lorsqu'on veut en faire de l'acier cémenté, on a le soin de les casser en petites parties, et de classer les morceaux suivant la finesse ou la grosseur du grain.

Il n'est donc pas étonnant que, lorsqu'on assemble plusieurs barres pour les souder et en faire une seule pièce, celle-ci ne soit pas rigoureusement homogène dans toutes ses parties, et qu'alors, quand, après un travail plus ou moins prolongé, on veut se rendre compte de l'état du fer, on trouve parfois que sa cassure ne paraît pas ce qu'elle aurait dû être.

Avec nos fers puddlés, provenant également de fontes au bois, ajoutaient MM. Petin et Gaudet, cette irrégularité n'existe pas, du moins au même degré; les loupes sont tellement malaxées, tellement manipulées, triées et classées, que celles destinées à produire des barres à grain fin sont parfaitement distinctes et séparées de celles qui doivent servir à faire du fer plus ou moins nerveux.

Pendant l'exécution de la commande de canons qui leur avait été faite, M. Morin vint aux ateliers pour vérifier la fabrication. Il y avait alors à Rive-de-Gier une centaine d'essieux de wagons fournis à la Compagnie du Nord et qui étaient rentrés après un long service. Ce fut l'occasion de revenir sur la question de « cristallisation ».

« Si vous voulez, colonel, dirent MM. Petin et Gaudet, faire un choix parmi tous ces essieux, on les cassera devant vous, et, d'avance, nous vous donnons la certitude qu'ils ont tous conservé leur degré de finesse, malgré toutes les secousses, toutes les vibrations qu'ils ont éprouvées. »

En effet, sur les dix ou douze essieux qui furent brisés au marteau-pilon en présence de M. Morin, aucun ne présenta la moindre différence dans la texture. Le fer n'avait donc pas changé d'état ; les chocs, la durée du travail de ces essieux n'avaient eu aucune influence, n'avaient produit aucune altération apparente. Les essieux avaient été mis hors de service, tout simplement parce que leurs fusées étaient usées, par conséquent, réduites de diamètre, et ne présentaient plus aux ingénieurs de la Compagnie la sécurité voulue.

Après cette expérience le colonel Morin parut convaincu, et lorsque plusieurs canons de grande puissance qui avaient été commandés furent achevés, on les envoya à Paris pour les essayer. Les officiers supérieurs de l'artillerie et de la marine leur firent subir les épreuves les plus fortes que l'on ait connues jusque-là, et nous nous empressons de dire qu'ils résistèrent à toutes sans offrir le moindre défaut. On put constater que chaque pièce, après avoir tiré de 600 à 800 coups (l'une de ces pièces fut éprouvée jusqu'à 2,400 coups), présentait absolument la même texture qu'à l'origine.

Il est bon d'ajouter que MM. Petin et Gaudet avaient eu soin de ménager, aux extrémités de chaque pièce, des masselottes qui ont été envoyées à Paris, ce qui a permis à la commission d'artillerie de comparer la nature, la régularité et la finesse du grain avec celui des canons mêmes lorsqu'on les brisait, et de reconnaître qu'il n'avait subi aucune altération apparente.

Ces expériences ont surtout démontré que la transformation supposée dans la nature du fer par les chocs ou les vibrations ne se produit pas communément ainsi qu'on le croyait.

Les observations de MM. Petin et Gaudet et du général

Morin ont une importance considérable, étant faites sur une grande échelle et par des personnes tout à fait compétentes.

M. Lan, professeur de métallurgie à l'École des mines, pense que l'effet statique par traction ne rend pas assez compte de la façon dont le métal se comportera à l'état dynamique, c'est-à-dire quand ses molécules seront soumises à des chocs ou à des vibrations suffisamment intenses. Quand il s'agit de grosses pièces martelées ou laminées, la chaleur à laquelle les pièces auront été finies doit avoir une grande influence sur la constitution moléculaire de leurs diverses parties ; il se produit une sorte d'écrouissement par la chaleur, une *mobilité moléculaire*, acquise par l'échauffement à une température voisine du point de fusion, laquelle explique, jusqu'à un certain point, quelques phénomènes de rupture observés dans les essais des plaques de blindage.

Mentionnons encore deux perfectionnements très-importants introduits, ces dernières années, dans la sidérurgie. D'abord, le *ferro-manganèse* et autres alliages variés, appliqués aujourd'hui à la préparation des métaux fondus, fontes manganésées, fontes au chrome, au titane, au tungstène, etc. La production au haut-fourneau donne des ferro-manganèses qui contiennent jusqu'à près de 88 p. 100 de manganèse. Dans les applications on substitue aujourd'hui le ferro-manganèse en morceaux à la fonte spéculaire fluide.

Le tungstène augmente la dureté et la ténacité de l'acier, le chrome en augmente la *soudabilité* et la ténacité.

Mais on doit surtout citer, comme source d'économie nouvelle et d'exploitations futures considérables, la *déphosphoration des fontes.*

Des résultats très-intéressants ont été obtenus en Angleterre. Dans les minerais du Cleveland, l'acide phosphorique est représenté par des quantités qui peuvent être considérées comme excessives. Cette substance se décomposant dans le haut-fourneau, tout le phosphore se trouve associé à la fonte. L'importance de l'élimination du phosphore de la fonte ne se fait pas sentir seulement pour la production du fer, mais aussi pour celle de l'acier, et il est inutile de dire que c'est le phosphore contenu dans les fontes du Cleveland qui empêche leur emploi pour l'acier. Aussi, les recherches de déphosphoration augmentent-elles d'importance, et on peut prédire une révolution économique dans la sidérurgie dès le jour où nos usines cesseront d'être tributaires, au moins en grande partie, des minerais riches et purs de l'Espagne et de l'Algérie, qui sont aujourd'hui l'objet d'une immense exportation en France et en Angleterre.

La question de la DÉPROSPHORATION de la fonte, du fer et de l'acier étant tout à fait à l'ordre du jour, nous donnons ici un aperçu des différentes méthodes qui ont été appliquées, dans ces trois dernières années, tant en France qu'à l'étranger.

MM. *Stead* et *Lowthian Bell* ont reconnu que la fonte de fer se laisse désilicer et déphosphorer à tout degré par les oxydes de fer. M. Helmholz, en 1878, conseilla l'emploi d'une sole de chaux, d'argile et de magnésie pour l'épuration de la fonte par des oxydes de fer.

M. *Krupp* coule une grosse charge de fonte dans un four à sole basique, revêtue et approvisionnée d'oxyde de fer et de manganèse, mélangés ou non à de la chaux, à de la dolomie, etc. Aussitôt que les impuretés de la fonte liquide ont été oxydées ou éliminées, le phosphore et le soufre pour la plus grande partie, le silicium et le manganèse jusqu'à traces minimes, le carbone de la fonte est, à son tour, attaqué énergiquement par les oxydes. À ce moment-là, on soutire et on coule la fonte épurée ; elle est facilement séparée du laitier impur qui surnage.

M. Krupp applique également ce procédé au cubilot, revêtu à l'intérieur d'oxyde de fer, de bauxite, de magnésie, d'argile schisteuse ou d'une autre matière basique.

M. *Aubertin* conseille l'emploi des aluminates fusibles, ou, à leur défaut, des composés, également fusibles, formés par l'oxyde de fer, la chaux ou la magnésie, ou du mélange fusible de borate et de carbonate de chaux. Dans un brevet tout récent, M. Aubertin épure les fontes phosphoreuses par l'oxydation du phosphore sous l'action des acides sulfurique et carbonique, employés à l'état de sulfates ou de carbonates alcalins ou terreux fusibles.

M. *Ponsard* purifie les fontes en les refondant dans un cubilot en présence d'un laitier basique en quantité variable, ce laitier étant composé de calcaire ou de chaux et de minerai de fer.

Sa méthode consiste aussi à traiter les fontes phosphoreuses et les fontes sulfureuses dans le four rotatif oscillant de Godfrey et Howson. La fonte est convertie en massiaux de fer puddlé que l'on refond, avec ou sans addition de fondants manganésés ou non, dans un cubilot, un haut-fourneau, un four à réverbère au gaz Siemens, Ponsard ou autre, pour les recarburer et obtenir ainsi de la fonte à peu près exempte de soufre et de phosphore, laquelle fonte est traitée ensuite au Bessemer, au four Siemens-Martin, ou au forno-convertisseur pour obtenir de l'acier, du fer homogène, et toutes les graduations des fers fondus.

MM. de *Montblanc* et *Gaulard* déphosphorent la fonte et en éliminent les autres métalloïdes par un courant de vapeur d'eau, en établissant dans l'axe même de la tuyère du haut-fourneau ou du cubilot un cône d'introduction de vapeur qui pénètre dans l'appareil avec l'air insufflé. L'hydrogène naissant se combine ainsi avec tous les métalloïdes, notamment avec le phosphore pour former de l'hydrogène phosphoré.

M. *Garnier* ajoute du silicium au bain de fonte à déphosphorer, soit sur les soles, soit dans les convertisseurs, ces appareils étant munis de garnissages basiques. L'addition se fait sous forme de siliciure de fer.

M. *Harmet* opère la déphosphoration des fontes par la division de l'affinage au convertisseur. L'une des opérations a lieu dans un convertisseur à garniture ordinaire, et a pour but principal de faire disparaître le silicium et d'élever la température du bain métallique ; l'autre opération se fait dans un convertisseur à garniture basique pour éliminer le phosphore en présence d'un laitier basique. Le transvasement se fait entre les deux opérations pour enlever le laitier siliceux produit par la première opération, laitier qui rendrait la déphosphoration impossible.

Le procédé de M. *Ozann* est basé sur ce fait qu'une fonte phosphoreuse, partiellement ou totalement convertie par le procédé Bessemer et séparée des scories acides, donne un métal admirablement préparé pour la déphosphoration. En effet, ce métal ne contient presque plus de matières étrangères exigeant l'action oxydante des oxydes de fer, à l'exception du phosphore. Dans cet état, il suffira donc de le traiter par les oxydes de fer pour éliminer le phosphore en totalité.

La méthode de M. *Lencauchez* est basée sur l'emploi, pour la purification du métal, de deux convertisseurs, le premier à parois siliceuses, le second à parois basiques, en prenant le soin d'empêcher les scories siliceuses provenant du pre-

mier convertisseur de pénétrer dans le second, et de prolonger dans ce second convertisseur la durée du soufflage de
quelques minutes après que le silicium et le carbone y ont
été brûlés en totalité, afin d'y produire l'oxydation du phosphore et sa combinaison avec des bases ajoutées à cet effet.
Ces bases sont : la chaux, la magnésie, la dolomie, les oxydes
de fer, les oxydes de manganèse, la soude, etc. Le métal,
purifié et débarrassé de sa scorie basique, est ensuite écoulé
dans un four Martin, Maudslay, ou autre ordinaire, et y est
enfin transformé en acier fondu ou en métal spécial pour la
production des aciers corroyés ou des fers supérieurs dits à
grain fin. ·

Le procédé de M. *Dupriez* consiste à introduire, par injection dans le métal en fusion et au moment le plus convenable,
un réactif capable de s'emparer du phosphore et de chasser
le soufre. Un avantage de ce procédé c'est qu'on peut, par
l'injection d'un réactif convenable, opérer soit la désulfuration,
soit la déphosphoration, en *supprimant le spiegeleisen*. Le
réactif le meilleur est la chaux caustique réduite en poudre
fine.

D'autres méthodes, plus ou moins bonnes, ont encore été
proposées; le lecteur les trouvera décrites dans les différents
chapitres de ce Manuel.

Mais arrivons au procédé de MM. THOMAS et GILCHRIST.
Ce procédé vise très-haut : il veut obtenir directement, de
fontes phosphoreuses, des métaux fondus remplaçant tous
ceux produits jusqu'ici au Bessemer et sur sole.

Les points caractéristiques de ce procédé sont les suivants:

Garnir les convertisseurs Bessemer en matières basiques
réfractaires.

Maintenir dans le convertisseur une scorie basique, lorsqu'il est garni d'une matière basique réfractaire, par une addition de minerai de fer faiblement chargé de silice ou de chaux ou autres substances basiques.

Garnir les tuyères de matières basiques. Écouler la scorie basique contenant du phosphore, produite dans un convertisseur garni d'une substance fortement basique, avant d'ajouter le spiegeleisen ou le ferro-manganèse.

Garnir les fours employés dans les divers procédés à sole ouverte avec des matières basiques.

Maintenir une scorie basique dans le procédé à sole ouverte, lorsqu'on fait usage d'une garniture basique, au moyen d'une addition de chaux et d'oxyde de fer en quantité suffisante pour tenir la scorie fortement basique.

La garniture basique se compose de pierre à chaux ordinaire, broyée et mélangée intimement, à 15 p. 100 de son poids, d'une solution de silicate de soude, d'une densité de 1,5 ou avec à peu près la même quantité de scorie ou de schiste alumineux, ou encore avec environ 10 à 20 p. 100 de laitier de haut-fourneau broyé. Les tuyères sont faites avec un mélange de 85 parties de pierre à chaux broyée, avec 10 parties d'argile et 5 parties d'une solution de silicate de soude.

M. *Thomas* recommande encore les points de détail suivants :

Séparation de la scorie après la période de scorification ou immédiatement avant les additions récarburantes, et cela, tant dans le procédé Bessemer que dans les procédés à sole ouverte Martin, Siemens, Ponsard, Pernot et autres.

Addition à la charge, par insufflation *par le vent* pendant l'opération Bessemer (quand on traite de la fonte phosphoreuse), de chlorure de calcium, de sel ordinaire, de fluorure de calcium, de nitrate de soude, ces additions étant combinées avec l'usage d'un revêtement basique et de grandes additions de chaux au métal.

Addition au métal soufflé et déphosphoré de silico-ferro-manganèse contenant moins de 2 à 4 1/2 p. 100 de silicium, ou un mélange de fonte hématite fondue et de ferro-manganèse, dans le but de diminuer la perte du manganèse et d'améliorer la qualité de l'acier.

Les inventeurs indiquent aussi le moyen d'accélérer et d'améliorer les procédés Siemens-Martin et autres, à sole ouverte, par les opérations suivantes : 1° pour la production d'acier ou de fer fondu, introduction dans le métal traité dans un four à sole ouverte, à régénérateur et à récupérateur à réverbère, d'un soufflage d'air; 2° traitement de fontes phosphoreuses sur une sole basique par l'introduction du vent au moyen de tuyères mobiles; 3° traitement des fontes phosphoreuses par un premier affinage partiel, avant leur admission dans le convertisseur Bessemer, avec garniture calcaire et addition de chaux; 4° élimination plus complète du phosphore dans le procédé Bessemer, par l'emploi d'un convertisseur à garniture basique et la production d'une scorie basique fortement calcaire; 5° même procédé avec formation d'une scorie terreuse fortement basique; 6° élimination complète du phosphore dans le procédé Siemens-Martin, Ponsard, Pernot et autres à sole ouverte par l'emploi de fortes additions basiques et d'une sole basique.

D'autres perfectionnements introduits tout récemment, consistent à insuffler dans la charge du convertisseur Bessemer, avec le vent, une quantité abondante de chaux en poussière, en combinaison avec une garniture calcaire ou magnésienne et l'emploi dans le convertisseur d'une quantité abondante de chaux en vue de la déphosphoration.

La fonte blanche à 3 ou 4 dixièmes p. 100 de soufre, au maximum, et, de préférence, à 1 p. 100 de manganèse, produit un excellent acier dans les convertisseurs à garniture de chaux, par l'addition, au soufflage, de 15 à 20 p. 100 de chaux. Au lieu de spiegel, on peut ajouter une petite quantité de fonte, franche de soufre, au mélange déphosphoré, que l'on souffle de nouveau quelques instants avant de couler.

Pour fabriquer l'acier ou le fer fondu de première qualité, très-doux, MM. Thomas et Gilchrist soufflent le métal jusqu'à ce qu'un échantillon indique l'absence du phosphore ; ils ajoutent alors au métal, dans le convertisseur, 5 à 12 p. 100 du spiegel contenant 10 à 20 p. 100 de manganèse, et ils soufflent jusqu'à disparition complète du carbone.

Ces inventeurs fabriquent également les blocs basiques réfractaires par une cuisson très-intense de blocs de pierre à chaux. Ils font aussi, pour garnitures, des briquettes en calcaire magnésien-alumineux, qu'ils cuisent à la chaleur blanche intense.

Récemment ils ont perfectionné encore la fabrication des briques basiques réfractaires. Ils mélangent la chaux avec du goudron, de la créosote brute ou du brai. Ils fabriquent aussi des briques et des tuyères basiques au moyen de chaux magnésienne fortement brûlée, dure, retraitée, et de pétrole et autres huiles, en opérant la cuisson à une température blanche très-intense.

L'application du procédé de MM. Thomas et Gilchrist a pris un développement extraordinaire dans ces derniers temps. Aujourd'hui, 45 grandes compagnies métallurgiques exploitent ce procédé sur une très-grande échelle. Nous n'en citerons que quelques-unes : les aciéries de Bochum ; les aciéries du Rhin ; les usines Rothe Erde à Aix-la-Chapelle ; les usines métallurgiques de la Lorraine et de Luxembourg ; Schneider et Cⁱᵉ du Creuzot ; usines de Saint-Chamond (anciens établissements Petin et Gaudet) ; usines de Montataire ; usines de Châtillon et Commentry ; usines d'Angleur ; Blaenavon Iron Company ; John Brown et Cⁱᵉ à Sheffield ; Wilson, Cammel et Cⁱᵉ ; les aciéries d'Écosse ; les 11 aciéries Bessemer des États-Unis, etc.

M. *Krupp* a pris, en mai 1879, un brevet pour une nouvelle méthode de déphosphoration de l'acier et du fer fondu. Il commence par transformer, d'après un système quelconque, le fer brut phosphoreux en acier ou en fer fondu contenant toujours la même quantité ou même un peu plus de phosphore. Pendant que cet acier ou ce fer se trouve encore en fusion, il le conduit, débarrassé des scories, dans un four épurateur, mobile ou fixe, dont la sole est garnie d'un revêtement basique ou neutre. Dans ce four se fait l'épuration de l'acier, soit par les oxydes de fer basiques, soit par les oxydes de manganèse, également basiques, soit enfin au moyen de ces deux oxydes réunis, en opérant d'après le procédé Krupp usité pour l'épuration de la fonte ou du fer brut, avec cette seule différence, toutefois, qu'il n'est pas nécessaire de conserver le carbone lorsqu'il s'agit d'épurer l'acier ou le fer fondu.

L'élimination de la totalité du carbone ne fait aucun tort à la fluidité de l'acier, pourvu qu'il soit encore à une température suffisamment élevée lorsqu'on le conduit dans le four d'épuration. On peut donc aller bien plus loin lorsqu'on veut épurer l'acier que lorsqu'il s'agit d'une épuration de fer brut, qu'il faut interrompre aussitôt que le carbone a commencé à s'oxyder, afin d'éviter les dépôts de grenailles. D'autres substances basiques, notamment la chaux et la magnésie, pourront être employées comme fondants, soit seuls, soit mélangés avec des oxydes de fer et de manganèse.

Les fondants peuvent être introduits dans le four épurateur, soit à l'état liquide, soit à l'état solide, avant ou pendant l'introduction de l'acier ou du fer en fusion.

Comme revêtement de la sole du four épurateur on peut employer des oxydes de fer et de manganèse, de la bauxite, de la chaux, de la magnésie, du charbon et du schiste noir bitumineux.

Cette méthode peut être employée dans tous les systèmes de production d'acier et de fer fondu, mais elle a surtout une grande importance pratique dans le système Bessemer.

Nous terminons cette esquisse à vol d'oiseau dans le domaine de la sidérurgie, par quelques mots sur la CLASSIFICATION et la NOMENCLATURE des fers et des aciers.

Depuis l'invention des procédés Bessemer et Siemens-Martin, les produits de la métallurgie sont devenus singulièrement variés, non-seulement quant à leur nature, mais aussi quant à leur dénomination.

Le comité international de l'Exposition de Philadelphie, frappé de la confusion croissante qui règne dans la désignation de ces produits, a recommandé l'adoption de la nomenclature suivante pour définir les mots *fer* et *acier* :

1° Tout composé ferreux malléable, comprenant les éléments ordinaires de ce métal, et obtenu soit par la réunion de masses pâteuses, soit par paquetage ou par tout autre procédé n'impliquant pas la fusion, et qui d'ailleurs ne durcit pas sensiblement par la trempe, bref, tout ce qu'on a désigné jusqu'à ce jour par le nom de fer doux (*Wrought-iron*, anglais) sera appelé à l'avenir *Fer soudé* (*Weld-iron*, anglais ; *Schweiss-Eisen*, allemand).

2° Tout composé analogue qui, par une cause quelconque, durcit sous l'action de la trempe et fait partie de ce qu'on appelle aujourd'hui : acier naturel, acier de forge, ou, plus particulièrement, acier puddlé (*Puddled-steel*), sera appelé *Acier soudé* (*Weld-steel*, anglais ; *Schweiss-Stahl*, allemand).

3° Tout composé ferreux malléable, comprenant les éléments ordinaires de ce métal, qui aura été obtenu et coulé à l'état fondu, mais qui ne durcit pas sensiblement sous l'action de la trempe, sera appelé *Fer fondu* (*Ingot-iron*, anglais ; *Fluss-Eisen*, allemand).

4° Tout composé pareil qui, par une cause quelconque, durcit sous l'action de la trempe, sera appelé *Acier fondu* (*Ingot-steel*, anglais ; *Fluss-Stahl*, allemand).

AVERTISSEMENT

Dans son remarquable rapport sur l'Exposition universelle qui eut lieu à Londres en 1851, le GÉNÉRAL PONCELET, faisant l'exposé du but de son travail, disait :

« Les exemples valent mieux que les préceptes dans les « arts mécaniques comme dans les arts libéraux, et la com-« paraison des procédés nouveaux avec les anciens devient « la source la plus féconde des progrès futurs par l'enchaî-« nement inévitable de ce qui est ou sera à ce qui a été. »

C'est cette formule, qui résume si bien la façon dont s'accomplissent les progrès dans toutes les branches de l'industrie, que nous avons prise à l'illustre savant pour composer nos MANUELS, en étendant son œuvre sur les *Expositions* aux documents fournis par les *brevets d'invention*.

Voici, du reste, et à notre point de vue personnel, le but que nous avons tenté d'atteindre.

L'industrie moderne, telle que nous la pratiquons, se compose d'un nombre considérable de faits que les travaux antérieurs ont accumulés et dont la connaissance permet au praticien de se conduire au mieux des intérêts qu'il dirige.

Cette connaissance est dispersée dans les TRAITÉS spéciaux qui, quelque bien faits qu'ils soient, n'en peuvent montrer qu'une partie, à cause de l'ordre d'idées dans lequel ils sont conçus.

Un TRAITÉ, en effet, est toujours obligé de se renfermer dans les principes théoriques qui ont le plus généralement cours, et son auteur fait, malgré lui, de la doctrine, rejetant ou critiquant, avec beaucoup de raison d'ailleurs, un grand nombre des idées proposées. Il est même entraîné à en passer certaines sous silence pour arriver à son but qui est de faire une œuvre ayant de la cohésion et devant parcourir un chemin tracé d'avance.

Ce qu'il vise, c'est l'*enseignement* spécial à une science pure ou appliquée, mais non le *renseignement* dont peut avoir besoin celui qui possède et pratique cette science.

Nous avons voulu créer, à côté du *Traité* donnant l'*enseignement*, le *Livre* donnant le *renseignement*, c'est-à-dire exposant les faits tels quels, comme ils ont été présentés par les auteurs eux-mêmes.

Procéder ainsi, c'est faire absolument de l'histoire industrielle, et c'est surtout, comme le préconisait PONCELET, donner des *exemples*.

Mais où devions-nous chercher les éléments d'un travail de ce genre?

De nos jours, l'auteur d'une invention ou même d'un perfectionnement trouve dans la loi une protection qui n'existait pas autrefois et, au lieu de garder le secret de sa découverte, il la divulgue à tous à l'abri de cette loi, sous forme de BREVET D'INVENTION.

On peut dire que toutes les découvertes, grandes ou petites, sont, depuis près de 50 ans, contenues dans les BREVETS et ce n'est pas un des moindres avantages de cette loi, que d'avoir donné naissance à des archives d'une richesse inouïe où chaque créateur industriel est venu déposer le produit de son génie ou le fruit de ses recherches.

En puisant à cette source, nous étions sûr de trouver le *renseignement* précis et sincère, parce que nous étions plus près de la pensée même de l'inventeur.

Ce MANUEL embrasse les inventions faites en sidérurgie depuis 1860 jusqu'à 1881.

Il comprend 6 grandes divisions :

I. **Préparations.**
II. **Fonte.**
III. **Fer.**
IV. **Acier.**
V. **Forgeage.**
VI. **Fonderie.**

Dans les chapitres, les brevets se suivent par ordre chronologique. Le numéro qui se trouve en tête est le numéro de classement du brevet dans le catalogue officiel.

Les descriptions figurent en raccourci, c'est-à-dire, sous forme d'un extrait sommaire, mais très-précis, où sont condensés la substance, les points caractéristiques de l'invention, les revendications, les réserves et les prétentions de l'inventeur. En outre, toutes les inventions qui ont acquis, dans la pratique, une certaine notoriété occupent une place plus large dans le cadre de ce recueil, les développements donnés étant toujours, autant que possible, en rapport avec l'importance de la découverte.

Notre tâche a été longue et parfois ingrate, vu la grande quantité de documents que nous devions consulter ; de plus, il était souvent difficile d'extraire et de résumer la substance d'un grand nombre d'entre eux. La véritable récompense à tous nos efforts serait d'avoir réussi à créer une encyclopédie industrielle, montrant, successivement et presque jour par jour, les progrès accomplis, et permettant à l'inventeur ou au spécialiste de suivre, pas à pas, les transformations de l'industrie qui l'occupe et qu'il a besoin de connaître jusque dans ses moindres détails.

CHAPITRE Ier

PRÉPARATIONS

—

MINERAIS. — COMBUSTIBLES. — FONDANTS. — AGENTS OXYDANTS RÉDUCTEURS ET CARBURANTS.

———

N° 46,584. — Burton. — 5 septembre 1860.

Emploi du chlorure de sodium, comme fondant et désulfurant des minerais de fer, dans le travail des hauts-fourneaux.

Le chlorure de sodium, seul ou mélangé avec d'autres matières, soumis à une haute température en présence du minerai de fer et des silicates contenus dans ce dernier, se décompose et se transforme, partie en silicate de soude et partie en sulfure, en présence du soufre contenu tant dans le minerai que dans le charbon employé pour la fusion. Les silicates et sulfures alcalins étant des fondants très-puissants, il en résulte :

1° Une opération plus rapide et plus économique dans le travail de la fusion ;

2° Par suite de la désulfuration, l'obtention d'un fer de meilleure qualité.

N° 47,723. — Minary. — 19 décembre 1860.

Procédé de traitement des minerais de fer par le cyanogène.

Le cyanogène, mis en contact avec un minerai de fer, mélangé de charbon, et porté à la température du rouge vif, réagit énergiquement sur l'oxyde, qu'il ramène promptement à l'état métallique. Il se combine ensuite, en de faibles proportions, avec le fer et le carbone, et donne pour résultat la fonte et tous les intermédiaires carburés, tels que l'acier, les divers fers aciéreux compris entre la fonte et le fer.

Ces fontes et ces aciers ont donné, à l'analyse, des quantités d'azote et de carbone qui pourraient être représentées par un équivalent de carbone uni à un équivalent de cyanogène en combinaison avec le fer.

Partant de cette théorie, l'inventeur fournit à l'appareil de réduction et de production de la fonte le cyanogène dont il a besoin et que le fourneau ne produit qu'à grand'peine. Le moyen le plus simple et le plus facile de produire le cyanogène consiste à lancer dans la masse du combustible et du minerai, dont la réduction est très-avancée, un courant de gaz ammoniac, lequel, au contact du charbon incandescent et de l'oxyde magnétique, se décompose, donne l'azote à l'état naissant qui, avec le carbone, forme le cyanogène. Pour introduire le gaz dans le fourneau, on se sert d'une pompe aspirante et foulante.

L'inventeur indique encore d'autres mélanges destinés à produire le cyanogène. C'est un peu au-dessus des tuyères à air, à 25 centimètres environ, que le gaz devra être introduit.

1re Addition, en date du 14 mars 1861.

L'action du cyanogène paraît être due à la décomposition partielle de ce corps au contact du fer métallique, sous l'influence d'une haute température. Il se produit alors du carbone à l'état naissant. Les corps qui peuvent être employés avantageusement sont la houille, les sciures de bois, les matières grasses, les goudrons et tous les gaz carbonés, les carbures d'hydrogène, etc. La partie du fourneau où il convient de les introduire est, comme nous l'avons dit, à 25 centimètres environ au-dessus des tuyères.

2e Addition, en date du 27 novembre 1863.

Cette addition comprend non-seulement la carburation du fer, que l'inventeur avait principalement en vue, mais encore la réduction des minerais. Son principe est le suivant : Traiter les minerais de fer dans les hauts-fourneaux actuels, en carbonisant la houille dans leur voisinage, en y injectant tous les gaz de la distillation, et en employant le coke produit à composer la charge avec les minerais.

N° 51,443. — Cajot. — 25 septembre 1861.

Emploi des résidus de pyrites provenant des fabriques de produits chimiques comme minerais de fer ordinaires.

L'inventeur a imaginé de mélanger les résidus de pyrites avec les matières qui sont indispensables à leur bonne fusion, telles que terres argileuses, calcaire, castine ou marne, pulvérisées et mélangées dans des proportions convenables. Les matières étant intimement mélangées avec les résidus pyriteux, on forme une pâte qui est moulée sous forme de briques ou sous toute autre forme. Cette pâte, ainsi préparée et moulée, peut être considérée comme un minerai de fer de qualité ordinaire.

N° 55,346. — Jordan et Gaulliard. — 6 octobre 1862.

Méthode métallurgique permettant d'obtenir des fontes, fers et aciers supérieurs, avec toutes natures de minerais et de fontes.

Cette invention comprend surtout : 1° la fabrication en grand des carbures de manganèse, de tungstène, purs ou alliés avec le fer ; 2° l'emploi de ces carbures pour l'affinage des fontes, soit pour fer, soit pour acier, dans quelque système d'appareil que ce soit.

N° 65,323. — Prieger. — 30 novembre 1864.

Fabrication du ferro-manganèse et du cupro-manganèse.

Cette invention est caractérisée par la production du ferro-manganèse et du cupro-manganèse en une seule opération métallurgique directe, soit des minerais de manganèse ou des résidus de minerais de manganèse employés pour les opérations chimiques ou autres, soit de toutes autres substances contenant du manganèse avec du fer ou du cuivre.

Production du ferro-manganèse. — Les substances manganésifères sont réduites en poudre et séchées; puis cette poudre est bien mélangée avec du charbon de bois en poudre en quantité suffisante pour la réduction.

Ce mélange est combiné intimement avec la quantité déterminée de fer ou d'acier de toute sorte, qui doit être réduite en petites parties, telles que granules, limailles, déchets de perçage, tournure, fils ou déchets de feuilles de fer ou d'acier, et sous toutes autres petites formes, et en quantités différentes suivant les diverses sortes de ferro-manganèse qui doivent être produites.

Le mélange des trois substances est mis dans des creusets en graphite pouvant contenir environ 15 à 25 kilogr., que l'on recouvre avec une couche de charbon ou de chaux fluatée, ou bien de sel commun ou de toute autre substance convenable pour prévenir l'oxydation qui se forme au contact de l'air. Le creuset est alors placé dans un fourneau ou étuve et exposé à la chaleur blanche pendant plusieurs heures.

Par cette opération le manganèse se réduit en métal, se combine avec le fer fondant; cette combinaison de ferro-manganèse tombe au fond du creuset à l'état fluide, en régule parfaitement fondu sous une écume ou scorie verdâtre.

Dans la fabrication, l'addition de fer métallique ou d'acier est absolument nécessaire pour le succès de l'opération et le bon marché de la production du ferro-manganèse.

Le ferro-manganèse est une substance parfaitement homogène, très-dure, plus dure que le quartz et l'acier, durci de toutes sortes. Il reste inaltérable à l'exposition de l'air pendant des années et ne peut s'oxyder, tandis qu'exposé à l'eau, il s'oxyde seulement à la surface, mais ne se décompose pas.

La quantité de métal de manganèse peut être réglée, dans le ferro-manganèse, en toute proportion voulue, et on peut additionner, sous forme de ferro-manganèse, toute quantité demandée de métal de manganèse au fer ou à l'acier.

Dans la fabrication du fer et de l'acier, l'addition de $^1/_{10}$ à 5 p. 100 de ferro-manganèse augmente grandement la dureté et la force de ces métaux, sans altérer en rien leurs autres bonnes qualités, telles que: ductibilité, ténacité, malléabilité et propriétés soudantes.

Par l'addition de $^1/_{10}$ à 3 p. 100 de métal de manganèse, sous forme de ferro-manganèse, à la fonte pour la fabrication de l'acier puddlé, on produit un acier d'une force de tension d'environ 15 à 30 p. 100 supérieure à celle de l'acier manufacturé de la même façon sans adjonction de ferro-manganèse.

Par le procédé qui caractérise cette invention, le prix du métal de manganèse est environ le même que celui du cuivre, et sa production peut être grandement accrue.

Production du cupro-manganèse. — Les minerais de manganèse sont préparés de la manière décrite pour le ferro-manganèse et sont mélangés avec la même quantité de charbon de bois : on ajoute à ce mélange du cuivre métallique ou un alliage de cuivre avec du zinc ou de l'étain, réduit en petites parties, et tout ce mélange est réduit et fondu en un régule métallique, de la manière décrite pour la production du ferro-manganèse.

Nº 66,690. — Compagnie anonyme des forges de Châtillon et Commentry. — 4 février 1865.

Mode de préparation des minerais de fer avant leur fusion au haut-fourneau.

Pour composer les lits de fusion avec plus de soin et permettre ainsi aux divers éléments de réagir les uns sur les autres, les inventeurs commencent par broyer convenablement fins tous les minerais à assortir et les agglomèrent, en les mélangeant intimement avec la proportion de chaux ou d'argile nécessaire pour la fusion, et en humectant le tout d'une quantité d'eau suffisante pour faire prendre et durcir le mélange pendant et après son passage aux appareils de compression.

Les briquettes agglomérées sont séchées et même légèrement cuites pour certains minerais ; l'on obtient ainsi un mélange artificiel en fragments faciles à traiter au haut-fourneau.

ADDITION, en date du 3 juin 1865.

Ce certificat a pour but de préciser la portée de l'invention, en spécifiant son application particulière aux minerais en grains, variété si répandue en France. On obtient à la fois l'amélioration de la qualité des fontes et une grande régularité d'allure aux fourneaux.

Nº 68,587. — Dufournel. — 14 septembre 1865.

Produit dit Coke-Manganèse pour servir de combustible et de réactif aux diverses opérations métallurgiques.

Le produit nouveau, dit *coke-manganèse*, sert à la fois comme combustible et comme agent de désulfuration dans la fabrication du coke et de la fonte. Ce coke-manganèse s'obtient en mélangeant intimement de la houille menue avec du manganèse ou du minerai de manganèse pulvérisé, dans des proportions, du reste, variables. L'inventeur l'applique plus particulièrement au traitement des minerais de fer dans les hauts-fourneaux et à la fonte du fer cru dans les cubilots. Il n'a pas seulement en vue d'opérer la désulfuration du coke ou d'empêcher qu'il ne sulfure les substances au traitement desquelles il sera employé, mais il se propose aussi d'obtenir des résultats plus absolus, par exemple, dans le traitement des minerais de fer au haut-fourneau, d'incorporer le manganèse à la fonte pour la rendre propre à la fabrication de l'acier.

Enfin, il se propose également d'incorporer du manganèse à la fonte obtenue par seconde fusion au cubilot.

1re ADDITION, en date du 28 août 1866.

L'inventeur revendique l'emploi d'autres substances, telles que le sel marin, la chaux, les cyanures, les cyano-ferrures, jointes et incorporées à la houille en même temps que le manganèse avant la carbonisation ; les résultats sont plus avantageux que par l'emploi du manganèse seul.

2e ADDITION, en date du 1er février 1867.

Il s'agit ici toujours de manganèse et d'autres réactifs, tels que chaux, sel marin, cyanures, etc. ; mais cette fois ces substances sont mélangées, soit avec de la houille crue, soit avec d'autres combustibles, plus ou moins divisés, ces mélanges recevant du corps et de la consistance par des agglutinatifs ou par la compression. Ce nouveau produit a pour fonctions principales d'améliorer la qualité du métal.

No 70,487. — Falck père. — 22 février 1866.

Perfectionnements apportés au chauffage des fours de tous genres.

Ces perfectionnements sont relatifs à la fabrication d'un gaz de tourbe et à ses applications au chauffage d'appareils employés dans diverses industries. Appliqué aux foyers métallurgiques et aux verreries, ce chauffage donne une économie de 50 p. 100.

La tourbe est portée des halles et jetée pêle-mêle dans des séchoirs installés au-dessus des fours pour la sécher par la chaleur perdue. Au bout de quelques jours de séchage, cette tourbe est chargée dans un appareil générateur juxtaposé au four qu'on se propose de chauffer. Les gaz qui résultent de la combustion de la tourbe sont distribués par un conduit spécial, qui porte un certain nombre de tuyères amenant de l'air fortement chauffé.

L'inflammation des gaz se fait à l'entrée du four qui renferme le fer à travailler.

N° 71,642. — Bennett. — 23 mai 1866.

Perfectionnements dans les moyens et appareils pour élever le calorique par la combustion des combustibles.

Ces perfectionnements consistent dans les moyens de produire tout degré de chaleur pour la réduction des oxydes métalliques par deux ou plusieurs courants d'oxygène ou d'air atmosphérique (chaud ou froid) à différents points du fourneau, de telle sorte qu'une nouvelle alimentation d'oxygène sera introduite au point, ou un peu au-dessus ou au-dessous du point, auquel l'acide carbonique produit par la première alimentation d'oxygène, a été réduit à l'état d'oxyde de carbone par la combinaison d'un atome d'oxygène de l'acide carbonique avec l'élément employé comme combustible, et cela par une série ou succession de combustions, augmentant ainsi continuellement la chaleur produite par la première combustion.

N° 73,348. — Elmer. — 23 octobre 1866.

Perfectionnements dans la fabrication des gaz pour produire la chaleur, et dans leur application aux opérations métallurgiques.

Ces perfectionnements comprennent :

1° L'oxydation des substances oxydables en les traitant, à l'état chaud, par une substance gazeuse fournissant de l'oxygène ;

2° La réduction des oxydes par le traitement des minerais oxydés, à l'état chaud, par une substance gazeuse ayant une plus grande affinité pour l'oxygène que les métaux dont les oxydes sont en réduction ;

3° La fusion des métaux par le traitement des minerais réduits, à l'état chaud, par une substance gazeuse incapable de les oxyder.

La seconde partie de l'invention consiste en des procédés qui se décomposent en deux opérations, savoir :

1° La réduction d'oxydes métalliques par leur traitement, soit sous la forme de minerais, soit après séparation de la gangue, à l'état chaud, par une substance gazeuse qui, à l'état chaud, possède une plus grande affinité pour l'oxygène que les métaux à réduire et qui, en conséquence, leur enlève leur oxygène ;

2° La fusion des oxydes réduits, mêlés ou non de leur gangue,

en les traitant, chauds, par une substance gazéuse qui, par suite
de son affinité plus grande pour l'oxygène que les métaux à réduire,
est incapable de les oxyder.

Ces deux opérations, exécutées successivement, dans l'ordre
indiqué, constituent le procédé complet.

N° 80,382. — Thenard. — 7 avril 1868.

Meilleure utilisation des combustibles vulgaires.

Une bonne combustion, celle qui donne le maximum d'effet
utile, uni au maximum d'intensité de chaleur, a pour signe caractéristique la neutralité absolue de la flamme, c'est-à-dire que, dans
les gaz brûlés, on ne retrouve ni gaz combustible, ni oxygène.
C'est donc à avoir les flammes les plus neutres que l'on doit travailler quand on s'occupe de la combustion.

L'auteur divise son travail, sur la théorie de la combustion, en
plusieurs chapitres, traitant :

1° De la production des gaz combustibles et du rôle des alandiers ;

2° De la régulation de l'air avec deux entrées;

3° De la régulation de l'air qui préside à la combustion préalable ;

4° De la combustion finale ;

5° De l'inertie des gaz combustibles, de la combustion « *per descensum* » et « *per ascensum* » ;

6° Du degré de température des gaz mis en présence;

7° Du mélange intime des gaz combustibles et comburants;

8° Appareil à tuyères intérieures et appareil à tuyères latérales.

L'auteur conclut ainsi :

« En résumé, considérant que par la combustion préalable *per
descensum* des combustibles solides nous enrichissons les gaz
combustibles et nous en régularisons la composition;

« Que par notre mode d'insufflation de l'air, destiné à brûler les
gaz, nous arrivons à une combustion très-précise, qui réalise tout
à la fois le maximum d'économie du combustible, uni au maximum
de température, et par cela même de l'effet utile;

« Nous sollicitons un brevet fondé sur la combinaison de ces
deux principes, dont nous tirons d'ailleurs des résultats industriellement utiles à l'aide de nos appareils. »

Nº 81,021. — Rue et Grandidier. — 10 juin 1868.

Procédé concernant l'application de l'air comprimé à la décomposition des sulfures de fer naturel, laquelle décomposition permettra d'enlever complétement le soufre contenu dans le coke et trouvera son application dans la métallurgie du fer.

Ce procédé permet de décomposer complétement le sulfure de fer contenu dans certains corps, notamment celui qui est contenu dans le coke, et d'en éliminer radicalement le soufre.

Pour arriver à cette décomposition, on emploie l'air, la chaleur et la pression. L'appareil se compose d'un cylindre horizontal, placé sur un foyer le chauffant à peu près sur toute sa longueur. Ce cylindre est mis en communication, en différents points, avec une pompe envoyant continuellement de l'air dans son intérieur. Une pression effective de une atmosphère suffit pour obtenir une désulfuration complète.

Le coke désulfuré permettra d'obtenir une fonte d'une qualité égale à celle que l'on obtient dans les hauts-fourneaux marchant au charbon de bois. La chaleur perdue peut être utilisée à chauffer le cylindre. On pourra, comme avec le charbon de bois, obtenir un silicate double d'alumine et de chaux très-fusible, et, par suite, réduire la hauteur des hauts-fourneaux.

1re ADDITION, en date du 7 mai 1869.

Ce certificat d'addition a trait au produit même de la désulfuration du coke, que nous appellerons le *coke désulfuré*, produit essentiellement nouveau qui diffère du coke ordinaire par diverses propriétés, notamment par l'absence complète du soufre et une densité plus grande que celle de l'eau quand il sort de l'appareil. Son pouvoir calorifique est supérieur à celui du coke qui a servi à le produire ; il est donc précieux en métallurgie.

2e ADDITION, en date du 17 juillet 1868.

L'inventeur remplace l'air comprimé par la vapeur d'eau ; sa décomposition, quoique différente au point de vue chimique, n'en est pas moins complète et produit le même résultat.

3e ADDITION, en date du 22 avril 1869.

Ce certificat étend l'application de l'air comprimé à la décomposition de tous les sulfures naturels.

N° 85,878. — **Guimier**. — 18 mai 1869.

*Utilisation des résidus de pyrites provenant des fabriques de pro-
duits chimiques et leur emploi comme minerai de fer dans les
hauts-fourneaux.*

Les résidus de pyrites de fer contiennent encore de 3 à 15 p. 100
de soufre. Il suffit de les débarrasser du soufre pour faire de ces
résidus un excellent et riche minerai, ne contenant ni cuivre, ni
phosphore, et 40 à 50 p. 100 de fer métallique.

Par un double grillage préalable, on amène ces résidus à ne
plus contenir que 3 à 5 p. 100 de soufre. On mélangera ces résidus avec d'autres minerais si l'on veut obtenir une bonne qualité de fonte. Ce mélange doit contenir du manganèse (2 à 5 p. 100)
si la fonte est destinée à la fabrication de l'acier; il ne doit point
contenir de phosphore si la fonte doit produire de l'acier Bessemer.
En outre, le mélange doit être très-basique.

Il faut encore donner à la fonte, autant que possible, un allié
pour l'empêcher d'entraîner avec elle du silicium et du soufre.
Cet allié, qui lui donne en même temps la qualité propre à la production de l'acier, est le manganèse.

Un tel emploi de résidus pyriteux permet la production de bonnes
fontes grises de moulage, ou blanches d'affinage, cristallisées ou
spéculaires, pour la fabrication de l'acier Bessemer surtout, puisque ces résidus ne contiennent point de phosphore.

N° 88,785. — **Buzutil**. — 3 mars 1870.

*Emploi de l'amiante à la fabrication des creusets, des fourneaux,
des briques et de tous objets mis en contact avec le feu.*

Les matières employées pour cet usage sont : l'amiante pure ou
mélangée avec de la plombagine, et toute terre ou sable réfractaires, comme terre de pègue, terre de Bolène, terre de pipes,
terre grasse réfractaire, naturelle ou grillée, sable réfractaire, etc.

Cette composition est, de celles connues jusqu'à ce jour, la
plus convenable pour résister longtemps à l'action d'un feu violent
et à la transition brusque du chaud au froid, et *vice versa*.

No 89,664. — Savage, Mayer et Waterman. — 16 avril 1870.

Perfectionnements dans la production d'alliages métalliques de manganèse.

Ces perfectionnements comprennent : 1o l'emploi du cyanure de potassium, avec ou sans substances carbonées, pour la production des alliages de manganèse et d'autres métaux ; 2o la production d'alliages de manganèse et d'autres métaux, en soumettant ces métaux et l'oxyde de manganèse, ensemble, à l'action de la chaleur dans une atmosphère de gaz réducteurs. Ce brevet concerne plus particulièrement la production des alliages de manganèse et de cuivre.

No 90,218. — Crampton. — 2 juin 1870.

Perfectionnements dans la combustion du combustible en poudre dans les fourneaux et appareils appropriés à cette combustion, et leurs applications à la verrerie, à la métallurgie, etc.

Ces perfectionnements consistent dans des fourneaux destinés à brûler les combustibles en poudre, mélangés d'air ; ils sont pourvus de dispositions telles, que l'air et le combustible, surchargé ou insuffisamment chargé, sont toujours convenablement mélangés. Ce brevet porte sur les applications du système non-seulement à la métallurgie, mais aussi à la verrerie et à la céramique.

No 90,925. — Whelpley et Storer. — 6 septembre 1870.

Système de chauffage appliqué aux chaudières à vapeur, fourneaux, fours à chauffer ou à traiter les métaux ou minerais, et, en général, partout où le charbon est appliqué.

Le système consiste à introduire, par insufflation au foyer, au-dessus de la grille, lorsque celle-ci est préalablement couverte d'une couche de charbons incandescents, du charbon réduit à l'état de poussière.

Dans ce procédé de pulvérisation, l'air passant par le pulvérisateur est chauffé par le frottement des matières qui s'entrechoquent dans le moulin. Cette chaleur est utilisée comme un agent de combustion, qui procure une importante économie dans le système et qui compense une partie des frais de pulvérisation.

No 96,093. — Boitel. — 1er août 1872.

Perfectionnements dans les moyens d'utiliser les résidus de pyrite de fer comme minerais de fer.

L'attention de l'inventeur s'est portée plus particulièrement sur un genre de minerai non encore utilisé en France, mais qui peut, dans les circonstances actuelles, acquérir prochainement une valeur relativement considérable : ce sont les résidus de pyrites provenant de la fabrication de l'acide sulfurique, résidus consistant en peroxyde de fer avec quelques centièmes de silice et une faible proportion de soufre, ne dépassant pas, en général, $1/2$ à 1 p. 100, grâce aux procédés de grillage perfectionnés actuellement employés par les usines de produits chimiques.

Si l'on veut agir sur le minerai solide, le problème consiste à l'amener à un état de division très-grande et à le soumettre dans cet état, et après l'avoir fortement chauffé, à l'action oxydante de courants d'air, d'oxygène ou de vapeur d'eau, préalablement chauffés ou non, en maintenant le minerai pulvérulent dans un état d'agitation constante dans cette atmosphère oxydante.

Si l'on veut agir sur le minerai liquide, on commencera par le liquéfier sous l'influence d'une température élevée. Le sesquioxyde de fer, en entrant en fusion, abandonne de l'oxygène pour se transformer en oxyde magnétique. L'oxygène se portera sur le soufre, qu'il brûlera en acide sulfureux.

No 99,554. — Jacob. — 12 juin 1873.

Agglomération des minerais de manganèse.

L'inventeur traite les menus, poudrés ou poussières résultant soit du concassage du minerai de manganèse, soit de son triage, en formant avec ces résidus des masses moulées en cubes, cylindres, prismes, etc., en les agglomérant avec une dissolution, soit de gélatine, soit d'eau gommée, soit de goudron, soit de silicate de soude ou de potasse, etc.

ADDITION, en date du 29 mai 1874.

Cette addition étend le procédé d'agglomération par le silicate de soude aux substances divisées, telles que le graphite, la suie, le poussier de charbon végétal, la chaux, la magnésie, l'alumine, soit ensemble, soit séparément, dans le but de former un composé solide propre à être employé comme matière première dans les arts industriels et notamment dans la construction des garnitures et des coussinets dans les machines.

N° 103,751. **Garnier.** — 5 juin 1874.

Emploi de corps réducteurs et purificateurs dans les diverses méthodes de fabrication des aciers et des fers homogènes.

Les caractères principaux de cette méthode sont :

1° L'emploi du chlorure de silicium, avec ou sans mélange du gaz-chlore, pour désoxyder et purifier les fers fondus dans la cornue Bessemer, sur soles fixes, sur soles mobiles, etc. ;

2° La fabrication du chlorure de silicium au moyen de la silice tirée de scories de forges ou de silicates hydratés naturels ;

3° La fabrication des fers fondus au silicium ou des siliciures de fer, sans carbone ou avec peu de carbone, pour être à l'abri des soufflures ;

4° La fabrication de fers ou aciers au silicium, en vue principalement d'obtenir des mélanges d'acier sans soufflures ;

5° L'emploi, concurremment avec les produits manganésés, ou isolément, du chlorure de silicium, dont les propriétés sont analogues.

N° 107,594. — **Compagnie des forges de Châtillon et Commentry.** — 9 avril 1875.

Appareil servant de régulateur de chaleur dans les applications des flammes perdues des foyers industriels.

Le but de cette invention est d'éviter les inconvénients résultant des variations de température quand on utilise les flammes perdues des appareils métallurgiques, soit pour la production de vapeur, soit pour chauffages divers. Le procédé consiste dans l'installation d'une chambre avec maçonneries formant régulateur de chaleur entre les foyers industriels dont on veut utiliser les flammes perdues, et l'appareil où doit se faire cette utilisation.

N° 107,686. — Cahen. — 21 avril 1875.

Fabrication d'un minerai de fer artificiel à base de résidus de pyrites de fer grillés.

Cette invention comprend la fabrication d'un minerai de fer artificiel obtenu en mélangeant aux résidus de pyrites de fer brûlées diverses matières, comme goudron, brai gras ou sec, houille, tourbe, argile ocreuse ou alumineuse, coke, marne, carbonate de chaux, manganèse et tous autres éléments propres à favoriser la fusion ou à améliorer la qualité de la fonte, lequel minerai pourra trouver son emploi, soit pour la consommation dans les hauts-fourneaux, soit pour tous autres usages auxquels il pourra convenir dans la métallurgie.

Addition, en date du 2 novembre 1875.

Le système qui paraît devoir être employé de préférence dans le plus grand nombre de cas consiste à mélanger aux résidus de pyrites une proportion de chaux ou de carbonate de chaux, sous forme de lait ou autre, en quantité convenable pour former un silicate fusible avec la silice que renferment ces résidus de pyrite, et à soumettre à la calcination le produit comprimé.

N° 110,466. — Charrière et Cⁱᵉ. — 6 décembre 1875.

Mode de préparation des minerais de fer carbonatés spathiques.

Généralement, les minerais de fer carbonatés spathiques sont soumis, avant leur traitement au haut-fourneau, à un grillage oxydant, suivi d'une plus ou moins longue exposition à l'air, de sorte que ces minerais se présentent au haut-fourneau à l'état de peroxydes hydratés et se trouvent être de richesse assez faible, relativement à certains autres minerais de fer.

L'invention, objet de ce brevet, consiste à appliquer industriellement la propriété qu'ont les fers carbonatés spathiques de passer à l'état magnétique de grande richesse par le fait d'une simple calcination, laquelle est substituée ainsi au grillage et à la macération à l'air, généralement en usage. Un simple chauffage est appliqué au minerai crû dans des conditions telles, qu'il provoque le départ des matières volatiles, acide carbonique et eau, sans rien produire de plus. C'est donc une *calcination* et non un *grillage oxydant*. L'instrument industriel de l'opération peut prendre les formes suivantes :

1° On peut employer le four à réverbère usuel, chauffé soit aux gaz des régénérateurs spéciaux, systèmes Siemens, Ponsard ou autres, soit au gaz du haut-fourneau, soit enfin au combustible naturel ; 2° on peut employer aussi le four continu annulaire de M. Graziano-Appiani, de Milan, tel qu'il fonctionne dans l'Italie septentrionale pour la cuisson des briques ou de la chaux. Cet appareil est *préférable*.

Les inventeurs ne prétendent nullement donner comme nouveau le fait scientifique de la transformation du carbonate de fer cristallisé en oxydule magnétique par la calcination, mais ils prétendent seulement en avoir, les premiers, fait l'application manufacturière.

N° 117,501. — De Bussy. — 13 mars 1877.

Procédé d'agglomération des minerais de fer pulvérulents.

Le procédé consiste essentiellement dans la cuisson, à haute température, des minerais de fer pulvérulents, agglomérés au moyen de ciments à base calcaire. La chaux forme avec le peroxyde de fer une combinaison fusible ; une proportion de 5 p. 100 est généralement plus que suffisante. Elle peut être employée seule, mais le plus souvent on se sert d'un mélange de chaux et d'argile ou bien de ciments riches en silice et donnant par eux-mêmes des composés fusibles.

On doit rechercher les chaux magnésiennes et les argiles les plus siliceuses. On peut toujours ajouter une certaine quantité de poussier de charbon pour produire une réduction partielle du peroxyde de fer.

Le mélange humide est moulé en briquettes, qui sont desséchées et cuites au four.

N° 119,204. — Sudre. — 29 juin 1877.

Procédé de purification et d'agglomération des résidus de pyrite grillés et autres minerais pulvérulents.

Les résidus de pyrites grillées, préparées pour la métallurgie, ne doivent pas renfermer de cuivre et moins de 1 p. 100 de soufre. Le traitement consiste à les griller au rouge sombre, dans un four à réverbère à sole rotative et à agitateur mécanique, avec du sel marin. Par l'effet d'un grillage bien conduit, tout le soufre des pyrites est transformé en sulfate de soude. S'il y a du cuivre, celui-ci passe à l'état de chlorure, et on peut le précipiter de la solution par un courant d'hydrogène sulfuré. Les résidus sont ensuite arrosés avec une solution aqueuse d'azotate de soude, dans la proportion de 2 à 10 kilogr. de ce sel pour 1,000 kilogr. de résidus. On incorpore alors à la masse de 10 à 20 p. 100 en poids d'argile réfractaire pulvérisée, et on malaxe le tout. La matière est ensuite moulée en briquettes, soumise à la dessiccation, puis à la cuisson au rouge vif, à la flamme oxydante. Les briquettes ainsi préparées constituent un minerai de fer de premier ordre, car leur teneur dépasse presque toujours 50 p. 100 et elles ne renferment pas de phosphore et des traces seulement de soufre, qui sont complètement enlevées par la chaux des laitiers.

Dans un certificat d'addition, l'inventeur reconnaît que la désulfuration peut être obtenue plus complètement en soumettant les briquettes, pendant la cuisson, à des courants de gaz alternativement oxydants et réducteurs. Il emploie aussi, dans le même but, des fours à gaz pour la cuisson des résidus agglomérés.

N° 119,485. — Cahen. — 17 juillet 1877.

Procédé de fabrication d'un minerai de fer artificiel, basé uniquement sur la calcination.

Ce procédé est caractérisé par la suppression de tout agent destiné à opérer l'agglomération, laquelle est obtenue uniquement par la calcination à haute température, et, de préférence, dans une atmosphère oxydante. Ce procédé permet d'utiliser les minerais pulvérulents ou en grains, et notamment les résidus de pyrites grillées, lorsque ces matières renferment une certaine proportion de silice et d'alumine, en vue d'en permettre le traitement dans les hauts-fourneaux.

N° 123,031. — Paur. — 14 mars 1878.

Désulfuration et emploi, comme minerai de fer, des cendres de pyrites de fer grillées.

Le procédé consiste à faire bouillir les cendres de pyrites de fer avec une dissolution, en quantité suffisante, de permanganate de soude. Le soufre est dissous à l'état de sulfate alcalin et peut être séparé par lavage. L'acide permanganique, transformé en oxyde insoluble, reste mélangé à la masse de l'oxyde de fer, qui, après lavage à l'eau et élimination du soufre, peut servir comme minerai de fer.

L'addition de l'oxyde de manganèse aux minerais de fer est utile et recommandée dans la fabrication des fontes manganésées pour l'obtention d'alliages de fer et de manganèse, dits ferro-manganèses. Ainsi, le manganèse, au lieu d'être une dépense, devient un avantage ; souvent même il sera bon de forcer la dose de manganèse. On peut aussi employer les manganates alcalins au lieu des permanganates.

Nº 123,275. — De la Rochette, Prénat et Cie. — 18 mars 1878.

Procédés pour le traitement des pyrites de fer neuves ou déjà grillées ou autres minerais pulvérulents.

L'agent épurateur est le chlorure de calcium, seul ou mélangé d'oxydes et de chlorures de manganèse liquides. Les matières sont chauffées à une température plus ou moins élevée au moyen du gaz des hauts-fourneaux ou de gazogènes. On arrive ainsi à éliminer le soufre, le phosphore et l'arsenic. Pour opérer la calcination du mélange des minerais et des éléments chimiques, on forme des briquettes par compression, en donnant du liant au moyen d'argile, de chaux ou de ciment ; on les sèche et on les chauffe par les gaz enflammés du haut-fourneau ou du gazogène, sans en opérer la fusion et sous un courant gazeux constamment réducteur, pour préparer les oxydes métalliques à leur traitement ultérieur.

Dans un certificat d'addition, l'inventeur supprime l'agglomération en briquettes.

Les résidus désulfurés sont traités directement au haut-fourneau en les mélangeant, soit avec des minerais argileux et humides, soit avec des argiles plus ou moins ferrugineuses.

Nº 126,029. — Holtzer, Doriau et Cie. — 8 août 1878.

Procédé de préparation des minerais de fer chromé ou autres, pour en faciliter la réduction dans le haut-fourneau ou tout autre appareil métallurgique.

On ajoute aux minerais, naturellement en poudre ou broyés, une quantité de goudron suffisante pour permettre un mélange en briquettes (30 à 50 p. 100 de goudron) ou du brai gras employé à chaud. Les briquettes, cuites en vase clos, sont employées, après cuisson, comme un nouveau minéral, beaucoup plus facile à réduire que le minéral naturel. Avant de cuire les briquettes, on peut ajouter un mélange, suivant les cas, de matières réductrices, telles que cyanures, résines, poussier, etc.

N° 127,785. — Compagnie des fonderies et forges de Terrenoire, la Voulte et Bessèges. — [14 décembre 1878.]

Procédé d'agglomération des minerais de fer de diverses natures, minerais de manganèse, résidus de pyrites et autres matières destinées à être traitées dans les hauts-fourneaux ou autres appareils métallurgiques.

Ce procédé a surtout en vue le traitement des minerais pulvérulents. Il consiste à employer la *chaux hydraulique* comme agglutinant des matières pulvériformes et à utiliser la faculté de durcissement que possèdent les diverses chaux de cette qualité. L'opération de malaxage se fait comme dans la fabrication du mortier ordinaire ; la coulée a lieu dans des moules de formes diverses. Le séchage sera plus ou moins long, suivant le degré de dureté que l'on voudra atteindre.

Les proportions de chaux hydraulique employées sont très-variables ; les inventeurs se réservent, suivant les cas, d'ajouter de la chaux vive, de la silice, de l'alumine, de la magnésie, du fer, du manganèse, du chrome, du titane, etc.

N° 129,600. — Thomas. — 15 mars 1879.

Perfectionnements dans la fabrication des briques basiques réfractaires et des garnitures de fours métallurgiques.

Ces perfectionnements consistent dans l'emploi d'un mélange de chaux avec du goudron, de la créosote brute ou du brai pour la fabrication des briques basiques réfractaires.

Ledit mélange est également employé pour les garnitures foulées.

L'inventeur utilise aussi, pour les mêmes usages, un mélange de chaux magnésio-alumino-siliceuse fortement brûlée, dense, retraitée, avec du goudron, de la créosote brute ou du brai.

Il est important que la quantité de silice contenue dans la pierre à chaux ne dépasse pas deux fois la quantité d'oxyde de fer et d'alumine, réunis dans la chaux.

Dans un certificat d'addition, l'auteur fabrique les briques et les tuyères basiques au moyen de chaux magnésienne fortement brûlée, dure, retraitée, et de pétrole et autres huiles, en opérant la cuisson à une température blanche très-intense.

Ce même mélange est destiné également à la garniture de fours et de fonds de convertisseurs basiques pilonnés.

Nº 130,813. — Ponsard. — 6 mai 1879.

Procédés de fabrication de briques réfractaires à base de chaux, particulièrement applicables aux appareils métallurgiques.

Ces briques sont à base de *chaux* et non pas de calcaire. La chaux éteinte, en poudre, est mélangée crue avec 10 à 30 p. 100 de graphite, ou de plombagine, ou de coke de première qualité, broyés fins, et 10 p. 100 de terre argileuse réfractaire, en ajoutant un peu d'eau pour permettre l'agglomération sous pression mécanique. On fait cuire ensuite les briques à une très-haute température. Ces briques sont employées dans les fours métallurgiques, dans les appareils Bessemer, etc.

Nº 133,541. — Société Horder Bergwerks- und Hüttenverein. — 5 novembre 1879.

Fabrication et emploi d'un métal dit : ferro-phosphore.

L'inventeur a reconnu que le ferro-phosphore, composition dans laquelle le phosphore joue en quelque sorte un rôle analogue à celui du silicium, ou du manganèse dans le ferro-manganèse, convient le mieux pour la fabrication de l'acier phosphoreux au convertisseur Bessemer.

Le principe consiste à combiner l'emploi d'une fonte pauvre en phosphore et d'un fer contenant la plus grande quantité de phosphore possible, de façon à obtenir un produit d'une teneur voulue en phosphore.

Le ferro-phosphore est une composition de fer qui contient au moins 4 p. 100 de phosphore, mais dont la proportion peut être amenée à 50 p. 100 et même au delà.

Ce composé se prépare en fondant ensemble de la fonte ou des déchets de fer et d'acier, ou des mélanges de ces métaux avec des combinaisons du phosphore, obtenues artificiellement ou se rencontrant dans la nature.

Le ferro-phosphore peut encore servir pour obtenir des fontes très-fluides ou des pièces coulées dures, destinées à la fabrication du bronze phosphoreux ou d'autres alliages phosphoreux.

CHAPITRE II.

FONTE

—

PROCÉDÉS DE FABRICATION. — APPAREILS ET MATÉRIEL.

———

N° 43,758. — Ponsard et Bechi. — 6 février 1860.

Système de fabrication de la fonte.

Les caractères distinctifs de ce système sont les suivants :

1° Application du nouveau système de réduction des minerais à la fabrication directe du fer, soit dans les feux d'affinerie, soit dans les fours à puddler ou tout autre foyer, sans faire passer le minerai à l'état de fonte ;

2° Application des minerais de fer, ainsi cémentés, à la précipitation du cuivre, en remplacement du fer et de la fonte ;

3° L'emploi du chlorure de sodium, à ajouter au mélange de charbon et de minerai à réduire, principalement quand le minerai est sulfureux.

Les appareils employés sont les feux d'affinerie, les fours à puddler ordinaires, munis de cornues pour la cémentation des minerais ; ces cornues, placées à l'arrière, sont chauffées par les flammes perdues des foyers des feux d'affinerie ou des fours à puddler, suivant l'appareil employé. Pour la fabrication du fer, le minerai et le charbon sont chargés dans les cornues et soumis à la température nécessaire à la réduction du minerai. Le minerai réduit à l'état de fer métallique est retiré des cornues et chargé dans le foyer adopté pour la fabrication du fer ; les grumeaux de fer réduit y sont soudés à l'état de massiaux, puis portés au cingleur.

No 44,638. — **Dutrait-Morges**. — 10 avril 1860.

Fusion de tous les minerais au moyen des anthracites agglomérés.

Après le bocardage, le lavage et le grillage des minerais, on ajoute, par tonne de minerai, 10 à 12 litres d'urine, plus 10 kilogr. de carbonate de chaux très-pur, en poudre fine; enfin on ajoute :

Chlorure de sodium. . .	10 kilogrammes ;
Bi-oxyde de manganèse.	150 grammes ;
Chlorate de potasse. . .	100 —
Azotate de potasse . . .	300 —

Les substances solides sont réduites en poudre et mélangées, à sec, avec le minerai; l'urine ne doit être ajoutée qu'après ce mélange. Cette opération terminée, on formera des tas du minerai, plus ou moins gros et de forme conique; il s'établira bientôt, dans ces tas, une fermentation qui sera sensible au toucher. Après trois ou quatre jours on pourra procéder à la fonte du minerai, en se servant, pour combustible, des agglomérés de menus d'anthracites et de lignites.

Le fer et l'acier obtenus par ces procédés sont bien supérieurs en qualité à ceux que l'on obtiendrait par la fusion des mêmes minerais traités par les anciens procédés.

No 44,931. — **Dromart et Boccard**. — 5 mai 1860.

Cubilot à air chaud et à creuset brisé.

Ce cubilot diffère des cubilots ordinaires en ce que, à l'exception du creuset, il est entièrement construit en fonte et qu'une double enveloppe tient lieu d'appareil à air chaud. La cuve, de forme pyramidale, est à base carrée; elle est formée de troncs de pyramides en fonte s'emboîtant les uns dans les autres. Une seconde chemise, également en fonte, et distante de la première de 20 à 30 centimètres, enveloppe la cuve; l'espace compris entre ces deux enveloppes sert d'appareil à air chaud, les gaz étant obligés de le traverser avant de se rendre dans les tuyères. Ces dernières sont placées entre deux marâtres; au lieu de lancer l'air dans la cuve par un, deux ou trois orifices, elles lui donnent issue par tout le pourtour au moyen d'une vingtaine d'orifices qui sont déterminés par des dés ou colonnes placés entre les deux marâtres; ces dés établissent ainsi un nombre plus ou moins grand de sec-

ons et servent, en outre, de grille pour retenir le combustible.
e creuset, formé d'une caisse en fonte revêtue intérieurement de
riques réfractaires ou de terre, est brisé, c'est-à-dire qu'il peut
'allonger à volonté, afin d'augmenter sa capacité. A cet effet, la
orte de derrière s'emboîte dans l'autre en formant tiroir.

Les gaz provenant de la réaction sont brûlés par leur mélange
vec l'air arrivant de la machine soufflante. L'appareil de prise de
gaz est un compartiment où se place la charge, que l'on fait ensuite
descendre dans la cuve en faisant mouvoir un tiroir à crémaillère ;
pendant cette opération, l'appareil est fermé par le couvercle pour
empêcher toute perte de gaz.

N° 44,988. — Dufour. — 11 mai 1860.

Système de tuyère à vanne et à autel en fonte.

Cette vanne se compose d'un autel en fonte portant derrière lui
une tubulure percée d'un trou conique et destinée à recevoir le
tuyau par lequel arrive le vent, et une petite vanne en fonte réglant
l'introduction du vent. Sur le devant de l'autel sont venus de fonte
deux coulisseaux recevant, par le haut, la queue d'aronde de la
tuyère, laquelle est emmanchée et clavetée par deux chevilles en
fer qui traversent l'autel. L'ensemble de l'appareil se pose simplement sur la forge et est maintenu dans sa position verticale par
deux barres de fer dont une extrémité est boulonnée sur une
oreille de l'autel en fonte, l'autre étant scellée dans le mur. Quand
la tuyère se trouve brûlée, en deux coups de marteau on chasse
les chevilles qui la tenaient fixée ; avec un ringard on soulève la
tuyère qui remonte dans sa coulisse jusqu'à ce qu'elle s'en échappe ;
on remet immédiatement à la même place une autre tuyère de
rechange que l'on a préparée, on remet les deux chevilles en fer,
et l'opération est terminée.

Il y a donc, à la fois, simplicité et rapidité de changement, et
cela même sans éteindre le feu.

N° 45,006. — Thierry, Vincent, Viotte et Boccard. — 12 mai 1860.

Haut-fourneau mobile à tuyère péripneumatique.

La tuyère péripneumatique introduit l'air dans toute la surface
inférieure des étalages. Cet air, au lieu d'être lancé dans le four-

neau par deux, trois ou un nombre plus grand de tuyères, y pénètre tout alentour et d'une manière uniforme par un orifice circulaire ou carré, suivant la forme du fourneau. Le vent, poussé sur tout le pourtour par une force égale, doit converger au centre de l'ouvrage et se répandre uniformément dans toute la masse. La plus grande intensité de chaleur doit, par conséquent, se trouver au point central et les parois intérieures ne doivent plus être sous un coup d'usure aussi vif. La régularité du mouvement des charges donne également une économie sur la consommation du combustible ; la réduction s'opère d'une manière plus égale, et les produits sont de qualité supérieure. On évite les éboulements ou *chutes de mines.*

La cuve est conique, sa section horizontale est de forme circulaire ; les parois sont formées de huit troncs de cône coulés d'une seule pièce et s'emboîtant les uns dans les autres.

Les étalages sont construits en briques réfractaires, maintenues par une chemise en fonte reposant sur la marâtre supérieure, au-dessous de laquelle sont placées les tuyères.

Le creuset, formé d'une caisse en fonte revêtue intérieurement de briques réfractaires, est mobile ; il repose sur quatre galets mobiles sur deux rails, ce qui permet de l'enlever en peu de temps et de le remplacer sans entraver la marche du fourneau.

N° 45,297. — Smits. — 26 mai 1860.

Procédé pour le traitement et la réduction de tous les minerais, et spécialement des minerais de fer.

Ce procédé consiste dans l'introduction par les tuyères, sous forme de poudre ou de morceaux de petite dimension, de toute espèce de combustible végétal ou minéral dans les fourneaux de réduction des minerais de fer, et dans les fourneaux de fusion, tels que cubilots, quelle qu'en soit, du reste, la forme. Cette introduction a lieu en opérant le mélange du combustible et de l'air, au moment de leur entrée dans l'appareil, au moyen d'un distributeur mécanique quelconque, dont l'expression la plus simple est un robinet à échancrure double.

Dans ce système, le combustible est utilisé à l'endroit même où il est le plus utile. Les charges en minerai peuvent être considérablement augmentées, et la marche de l'opération est régularisée de la manière la plus parfaite.

Ce moyen semble aussi conduire à la solution du problème de l'utilisation des anthracites et des houilles maigres dans les hauts-fourneaux, puisque, par ce procédé, il ne faudra plus charger au gueulard que la quantité de coke nécessaire à la préparation des minerais, le combustible réclamé pour la carburation du fer et la fusion de la fonte se trouvant introduit par le bas immédiatement au-dessus du creuset.

Nº 45,700. — Granger-Veyron. — 30 juin 1860.

Système ayant pour objet l'emploi de l'hydrogène dans les fours à cuve et à réverbère.

Le procédé consiste essentiellement à décomposer la vapeur d'eau au moyen du charbon et, en général, d'un combustible minéral ou végétal quelconque à une haute température, à lancer les produits de la combustion et de la décomposition, avec de l'air, sur le point où on a besoin de la chaleur la plus intense. Il faut distinguer deux cas, suivant que le procédé s'applique à un four à cuve ou à un four à réverbère. L'invention consiste dans l'application de ce procédé et l'emploi de l'hydrogène mélangé d'oxyde de carbone dans la métallurgie, quelle que soit la disposition de l'appareil relativement à la position, au nombre des buses et tuyères, et aux dimensions du four.

L'inventeur se réserve aussi le cas où le procédé s'appliquerait au soufflage de l'hydrogène et de l'air par une même tuyère.

Nº 45,934. — Karcher et Westermann. — 21 juillet 1860.

Procédé d'affinage de la fonte de fer par des oxydes.

La fonte est reçue dans des moules faits avec un oxyde de fer quelconque ou enduits seulement d'une couche de cet oxyde. La fonte, en emplissant les moules, échauffe les oxydes. Lorsqu'on emploie les peroxydes, un premier dégagement d'oxygène a lieu qui change le peroxyde en oxyde magnétique. Cet oxygène, traversant la fonte, lui enlève une partie du carbone.

La différence entre les poids spécifiques de la fonte et des oxydes a pour conséquence qu'une partie de ces oxydes, se détachant du fond, tend à passer à travers la fonte pour surnager. Pendant ce passage à travers la fonte carburée et chaude, ces oxydes se réduisent plus ou moins complétement, et dégagent une nouvelle quantité d'oxygène qui enlève à la fonte une quantité correspondante de carbone. Il reste, pour produit, une fonte plus ou moins finée ou maxée, suivant la quantité d'oxydes employés et leur richesse en oxygène.

Lorsqu'on emploie des minerais carbonatés ou renfermant dans leur gangue du carbonate de chaux, il se dégage de l'acide carbonique qui, en traversant la fonte, se transforme en oxyde de carbone et contribue ainsi au finage du métal.

N° 49,065. — Ponson. — 6 août 1861.

Application du minerai de manganèse à l'amélioration des fontes par son mélange aux minerais de fer.

Il est reconnu que les fontes qui donnent le meilleur fer contiennent une partie notable de manganèse.

L'inventeur obtient, avec des minerais qui donnent des fers rouverins, des fontes qui ont donné des fers d'excellente qualité, en ajoutant au mélange ordinaire une certaine quantité de minerai de manganèse dans le haut-fourneau. Les fontes produites ont une texture différente, et les fers qui en proviennent sont d'excellente qualité.

L'invention consiste donc uniquement dans l'addition, dans les hauts-fourneaux, de minerais de manganèse aux minerais de fer pour la fabrication de fonte de bonne qualité.

N° 50,952. — Cheron. — 24 août 1861.

Tuyère inaltérable à réglementation intérieure.

Cette invention consiste dans des dispositions particulières de tuyères, appelées par l'auteur *tuyères inaltérables*, à réglementation intérieure. La seule partie de ces tuyères qui puisse s'altérer peut être remplacée instantanément et presque sans frais ; la sortie du vent est réglée par une espèce de soupape qui fonctionne à l'intérieur. En résumé, le brevet comprend :

1° Des tuyères réglant à l'intérieur la sortie du vent ;

2° Les dispositions particulières des calottes mobiles, permettant de donner au vent diverses directions rien qu'en changeant la position d'une même calotte.

N° 52,510. — Laurent. — 11 janvier 1862.

Un perfectionnement apporté dans la fabrication de la fonte malléable.

Lorsqu'une pièce de fonte malléable se compose de parties épaisses unies à d'autres beaucoup plus minces, il arrive que celles-ci sont cassantes parce qu'elles ont subi un recuit trop prolongé, tandis que les parties épaisses possèdent une malléabilité parfaite. Voici en quoi consiste le procédé pour remédier à cet inconvénient. Lorsque les pièces composées de parties épaisses unies à beaucoup d'autres plus minces ont été recuites, on les soumet à une opération inverse en les maintenant pendant un certain temps chauffées à une température variant du rouge au blanc dans un milieu susceptible de fournir à ces pièces une partie du carbone qu'on leur a enlevé. Le procédé le plus simple consiste à les chauffer dans un feu de forge, en ayant soin de noyer ces pièces dans une grande épaisseur de charbon, qu'on chauffe de telle sorte que l'air qui le traverse pour produire sa combustion soit très-riche en carbone lorsqu'il se trouve en contact avec elles ; cela veut dire qu'il faut éviter un excès de vent.

Ce procédé est donc une application nouvelle de la cémentation qui, au lieu d'avoir pour objet la conversion d'une pièce de fer en acier, ne sert, dans le cas présent, qu'à donner la plus grande malléabilité aux pièces de fonte malléable qui sont devenues cassantes par un recuit trop prolongé.

1re ADDITION, en date du 1er décembre 1862.

Les oxydes qu'on emploie généralement pour rendre la fonte malléable en la décarburant, contiennent généralement une certaine quantité de silice ; il se forme alors des silicates de fer qui adhèrent à la surface des pièces lorsque la température du recuit dépasse une certaine limite. Pour obtenir, dans le recuit décarburateur, un oxyde de fer dépourvu de silice, l'inventeur prend des petites rognures ou mieux des tournures de fer doux, qu'il convertit, soit en partie, soit complètement, en peroxyde de fer, en les exposant à l'air et en les arrosant avec de l'eau acidulée.

2e ADDITION, en date du 27 décembre 1862.

Cette addition a pour objet de couler les pièces en fonte blanche qu'on produit par la fusion d'un mélange de fonte grise et de fer doux, avec ou sans addition d'autre métal, la fusion étant obtenue soit au creuset, soit au cubilot, soit dans un four quelconque.

N° 53,760. — **Gaulliard**. — 30 janvier 1862.

Désulfuration des fontes de fer au coke par l'emploi des minerai de manganèse.

Pour des cokes renfermant 1 p. 100 de leur poids en soufre, et des minerais de fer ou fondants renfermant de 1|2 à 1 p. 100 de leur poids en soufre, il suffit presque toujours, pour la désulfuration complète de la fonte produite, d'introduire dans chaque charge un poids de minerai de manganèse tel, que le manganèse soit, en poids, égal au poids du soufre contenu dans toutes les matières qui composent la charge. De cette manière, et sans rien changer à l'allure ordinaire du haut-fourneau, la fonte grise ou blanche, obtenue avec les charges dosées, est complètement désulfurée.

N° 54,513. — **Hinton**. — 14 juin 1862.

Perfectionnements apportés aux fourneaux dits cubilots.

Cette invention consiste à remplacer les tuyères ordinaires des cubilots par deux rangées de tuyères, dont une rangée est située immédiatement au-dessous de l'autre. Ces rangées de tuyères sont placées à peu près dans les positions occupées par les tuyères des cubilots ordinaires. Chacune de ces rangées de tuyères consiste, de préférence, en huit tuyères séparées, et les tuyères de chaque rangée communiquent avec une ceinture, chambre ou canal annulaire, qui entoure le cubilot. Un conduit de vent est en communication avec chacune de ces chambres ou canaux, et, au moyen de soupapes dans les conduits de vent, on peut faire fonctionner à volonté une des rangées des tuyères ou toutes les deux. Les cubilots construits selon ce système, sont d'un usage plus économique que ceux construits à la manière ordinaire.

N° 54,973. — **Learoh**. — 24 juillet 1862.

Un procédé de fabrication de la fonte et de l'acier.

Ce brevet comporte :

1° Réduction et fusion des minerais par la vapeur surchauffée dans des tuyaux en platine ;

2° Conversion, directe et continue, en acier des fontes rendues liquides par quelque moyen que ce soit ;

3° Application d'un four à réverbère, ventilé à l'air chaud, pour la fusion de l'acier en masses ;

4° Emploi de la vapeur pour l'épuration des fers rouverins et pour rendre ainsi les fers d'une qualité excellente.

ADDITION, en date du 22 mars 1864.

Cette addition comprend : 1° un appareil à vent forcé pour dés-oxyder et fondre les minerais ; 2° un ou plusieurs fours latéraux pour chauffer l'air, les gaz et la vapeur ; 3° emploi de la vapeur surchauffée ; 4° un système particulier pour la conversion continue des fontes de fer en acier fondu ; 5° un tuyau en briques réfrac-taires conduisant la fonte et recevant l'air chaud ; 6° emploi de tuyères en terre réfractaire et à vent forcé.

N° 56,058. — **Dalifol.** — 25 octobre 1862.

Perfectionnements dans les appareils servant à la fabrication de la fonte malléable.

Le but que l'inventeur s'est proposé d'atteindre, est de réaliser une économie de combustible dans la fabrication de la fonte mal-léable, de permettre le traitement d'une plus grande quantité à la fois et de supprimer, autant que possible, les causes de la casse des creusets. Les perfectionnements apportés aux fourneaux pour obtenir ces divers résultats, consistent à placer les creusets dans une capacité chauffée par un retour de flamme, qui utilise tout le combustible, entretient une température plus égale, plus intense, qui permet de fondre dans des creusets d'une plus grande capa-cité.

N° 56,427. — **Mennesson.** — 3 décembre 1862.

Application de la vapeur avec le vent par la tuyère des hauts-fourneaux.

L'inventeur a remarqué que, lorsque les matières premières, telles que minerais, charbon, etc., avaient un certain degré d'hu-midité, la marche du haut-fourneau devenait meilleure et la tempé-rature augmentait. Sa disposition consiste donc à introduire, avec le vent, une certaine quantité de vapeur, qu'on peut régler à vo-lonté.

N° 57,227. — Lamy. — 30 janvier 1863.

Procédé de fabrication de la fonte, du fer, et de l'acier.

Ce fourneau diffère des fourneaux ordinaires en ce que la cuve est séparée des étalages par une ouverture étroite, nommée *pylore* par l'inventeur.

Dans la partie supérieure des étalages débouchent des tuyères à vent plongeant ; l'ouvrage est terminé par un plan incliné aboutissant au creuset.

Le second appareil, placé en contre-bas du premier, porte, à partir d'une certaine hauteur, des gradins en hélice pour retarder la chute du minerai. Plus bas est une sole semblable à celle des fours à puddler, inclinée vers les portes. Au centre de la sole, un massif de maçonnerie supporte un arbre vertical donnant un mouvement de rotation à une turbine plate munie de couteaux verticaux destinés à diviser la matière. Sur les côtés sont deux foyers inclinés à 45 degrés, de l'air y arrivant pour donner une haute température en brûlant l'oxyde de carbone.

A la partie supérieure du pylore sont huit ouvertures chargées de lancer de l'air et de la vapeur surchauffée.

Pour mettre l'appareil en marche, on verse par le gueulard des charges successives de coke, de minerai et de castine ; en même temps, on lance le vent partout, d'où il résulte une température élevée sous l'influence d'un vent oxydant, qui devient bientôt réducteur par le changement de l'acide carbonique en oxyde de carbone.

Les charges traversent le pylore pour se rendre dans les étalages, où la température est très-élevée ; la chaux s'unit à la gangue, et le minerai de fer, sous l'influence de l'oxyde de carbone, se transforme en fonte.

On donne alors une rotation à la *turbine plate* en lançant un jet d'air et de vapeur : la fonte se désagrége contre la turbine, le soufre et le silicium s'oxydent et disparaissent. L'oxygène brûle le carbone de la fonte, qui passe immédiatement à l'état d'acier.

En brassant la masse sur la sole avec des scories, on obtient du fer ; pour avoir de l'acier, on retire les scories.

N° 57,684. — Micolon. — 4 mars 1863.

Perfectionnements dans la fabrication de la fonte.

L'inventeur s'est proposé d'obtenir une fonte plus dure, moins cassante que la fonte ordinaire. Pour cela il fait un mélange de :

60 parties de fonte grise ;
20 — de déchets de pointes de fer ;
20 — de tournure de fer ;
2 — de manganèse et 2 parties de borax.

L'addition se fait dans la fonte en fusion.

N° 57,784. — Cumin. — 16 mars 1863.

Procédé de fabrication de la fonte malléable.

La fonte malléable s'obtient au moyen de certaines fontes d'Écosse qui se décarburent facilement par un recuit plus ou moins prolongé dans de l'oxyde de fer. Voulant soustraire cette industrie à la nécessité de faire venir de l'étranger la matière première, l'inventeur prend de la ferraille de fer, de plus ou moins bonne qualité, suivant le produit que l'on veut obtenir, et du graphite pulvérisé ; il dispose ces matières en couches dans un creuset en plaçant à la surface un lit un peu plus épais de graphite. Le tout est fondu et coulé à la manière ordinaire, et on donne un recuit plus ou moins prolongé, suivant la grosseur des pièces. Les rebuts de fonte malléable peuvent être substitués à la ferraille de fer.

N° 58,553. — Viry. — 12 mai 1863.

Perfectionnements dans la fusion des minerais de fer.

La plupart des minerais de fer contiennent du soufre, des pyrites et autres corps qui nuisent à la qualité de la fonte. Aussi faut-il ajouter au métal, dans les fours à puddler, du manganèse ou des oxydes susceptibles d'entrer en combinaison avec ces matières.

En Belgique et ailleurs, on a cherché à introduire les oxydes dans le creuset et même dans les hauts-fourneaux en les réduisant en poudre et en les insufflant par les tuyères ; mais, soit que la poudre ne se mélange pas bien avec le métal liquide, soit pour une autre cause, cette méthode n'a pas réussi et a été abandonnée.

L'invention consiste à mélanger, mécaniquement ou autrement, le minerai avec tant pour cent de manganèse, de wolfram ou d'oxyde de titane et à jeter ce mélange dans le gueulard en ajoutant de la castine en moindre quantité que d'ordinaire et du charbon. La quantité de manganèse et de wolfram varie suivant la nature des minerais et le degré de pureté de la fonte à obtenir. On peut aussi concasser au préalable la matière à mélanger et effectuer le mélange dans des cylindres ou appareils destinés au même but.

ADDITION, en date du 23 avril 1864.

Ce perfectionnement consiste à enlever le phosphore en formant du phosphate d'ammoniaque et de l'azote. On arrive à ce résultat en introduisant avec le minerai, pour 1,000 kilogr. :

Chlorhydrate d'ammoniaque . .	2k,500
Charbon	2 ,500
Manganèse, quantité variable.	
Argile	10
Chaux	2 ,500

On peut introduire le mélange en poudre en l'insufflant par les tuyères ou directement.

No 59,938. — Wilson. — 3 septembre 1863.

Modifications apportées dans la construction des hauts-fourneaux, cubilots, etc., et dans la marche des opérations.

L'invention présente les particularités suivantes :

1° Le nouveau mode d'insufflation de l'air *par le haut* et les insufflations latérales auxiliaires des agents nécessaires ou favorables aux opérations de la fonte, de l'affinage et de la cémentation ; 2° les dispositions particulières dans la construction des fourneaux ; 3° la production simultanée, dans un même appareil, de la fonte de fer et de l'acier.

ADDITION, en date du 28 avril 1864.

Les matières à travailler sont versées par le gueulard. L'air pénètre par le haut, suit la même marche que les charges en entraînant les gaz brûlés, ce qui produit une intensité considérable de chaleur. L'air et les gaz sortent enfin par des carneaux qui aboutissent dans un conduit circulaire autour du four, pour se rendre finalement dans la cheminée en un point choisi pour activer considérablement le tirage.

Nº 60,141. — **Mushet.** — 15 septembre 1863.

Perfectionnements apportés à la fabrication ou au traitement de la fonte de fer.

Quand on soumet la fonte de fer au procédé pneumatique d'affinage ou de décarburation, la fonte est convertie en une espèce d'acier ou demi-acier ou fer malléable, et quand la fonte ainsi traitée est de bonne qualité et contient peu ou point de soufre ni de phosphore, l'acier, demi-acier ou fer malléable, possède plus de corps et de ténacité que l'acier, demi-acier, fer malléable préparés par d'autres procédés.

Or, l'inventeur a trouvé que cet acier, demi-acier, fer malléable, possédant ce corps et cette ténacité, a la propriété de communiquer à la fonte avec laquelle on le mélange, une très-grande résistance. L'invention consiste donc dans ce mélange. Il faut de 3 à 15 parties d'acier, demi-acier et fer malléable pour rendre bons 100 kilogr. de fonte.

Nº 60,678. — **Hachette-Bernard.** — 11 novembre 1863.

Tuyères creuses composées de cuivre rouge et tôle à l'usage des hauts-fourneaux.

Cette invention consiste dans l'emploi du cuivre rouge laminé d'une seule pièce, servant de chemise extérieure à la tuyère, et dans la combinaison des matières et leur mode d'attache. La tuyère a l'avantage de se dilater et de se rétrécir avec une grande élasticité et sans rupture. Elle résiste, par suite, à l'action du feu bien mieux que celles employées jusqu'à ce jour, quoique ces dernières soient plus épaisses.

ADDITION, en date du 28 mai 1866.

Ce certificat introduit de nouvelles dispositions, qui présentent les avantages suivants :

1º La possibilité de démonter les écrous d'assemblage et la plaque de fonçure, ce qui permet de nettoyer l'intérieur de la tuyère sans être obligé de la déplacer ;

2º De pouvoir remplacer le nez de la tuyère ;

3º D'obtenir, par ce procédé, des pièces moins coûteuses pouvant servir indéfiniment.

N° 61,586. — Laurent. — 26 janvier 1864.

Four à recuire la fonte malléable.

Ce four a pour but de permettre le recuit des pièces de grandes dimensions qui ne peuvent pas être introduites dans les caisses en fonte que l'on emploie maintenant. Il se compose d'une caisse rectangulaire en briques réfractaires que l'on met dans le four par la voûte horizontale, qui peut s'enlever. Cette voûte est formée d'un cadre en grosses briques réfractaires. On met dans la caisse les pièces à recuire en les entourant de matières destinées à les décarburer. Un regard indique la température. Au-dessous de la caisse se trouvent deux grilles à feu pour le combustible, dont la flamme entoure la caisse. Les avantages sont : 1° caisse fixe à demeure dans le four ; 2° fermeture par une voûte mobile ; 3° faculté de mettre du combustible entre la caisse et le four ; 4° la caisse rectangulaire est plus solide et plus commode que les caisses actuelles.

N° 61,909. — Guicherd. — 18 février 1864.

Procédés de fusion de la fonte malléable.

On place dans le creuset une couche de charbon de bois pilé, sur lequel on étale les débris d'objets de fonte malléable ; on recouvre ces débris d'une autre couche de charbon de bois pilé, et ainsi de suite jusqu'à ce que le creuset soit rempli. On a soin que la couche de charbon de bois soit disposée de manière à dégager le carbone nécessaire à la couche du métal ; ensuite, on bouche l'orifice du creuset avec de la terre grasse. Au bout de quatre ou cinq heures de fusion à un feu doux et régulier, on retire le creuset et l'on verse le contenu dans de l'eau vive, ou préférablement dans de l'eau légèrement ammoniacale ; on en retire les lingots, que l'on casse au marteau, pour les employer, comme la fonte de première venue, à la fusion de tout objet façonné. Il résulte de ce traitement que la fonte malléable, qui n'était plus fusible, est redevenue, par le fait de la carburation, une matière parfaitement fusible et ayant, de plus que la fonte malléable ordinaire, une densité et une dureté se rapprochant de celles de l'acier. — En employant ce mode de traitement pour la fonte de première venue, on obtient le même résultat pour la dureté du métal.

N° 62,832. — Helson. — 27 avril 1864.

Système universel de réduction, cémentation et fusion rapide des minerais de fer, ainsi que des scories, crasses et battitures.

Le nouveau système permet de produire directement, en une seule opération et promptement, de la fonte, de l'acier ou du fer, selon que l'on ajoutera plus ou moins de carbone à ces matières à traiter, ce que l'on peut faire pour ainsi dire mathématiquement.

Ce système consiste :

1° A prendre de préférence des minerais fins ou en poudre, tels que les oolithes miliaires et autres ; à défaut, on pulvérise et l'on réduit en poudre plus ou moins fine les minerais que l'on veut traiter ; il en est de même des scories, crasses et battitures ;

2° A réduire également en poudre le combustible végétal ou minéral, qui est nécessaire à la réduction et à la cémentation des minerais, scories ou crasses que l'on veut fondre ; on peut employer à cet usage, pour la fonte commune, les déchets de coke et les petites escarbilles de laminoir, qui sont de peu de valeur ;

3° A mélanger intimement, dans une proportion déterminée par la nature des matières à consommer et des produits à obtenir, les minerais, scories ou crasses avec la poussière de charbon ; ou peut y ajouter du goudron ou autres matières contenant du carbone ;

4° A réduire aussi de la chaux vive en poudre ou tout autre fondant, à la mélanger en proportion suffisante pour la fusion des gangues avec les matières préparées comme ci-dessus, et à les humecter de manière à pouvoir les agglomérer. Les briquettes séchées sont chargées, dans cet état, dans un four à réverbère chauffé au gaz, au charbon ou autre combustible ; le tirage est naturel ou à vent forcé ; la sole est inclinée de manière à former creuset pour recevoir le métal et loger le laitier provenant de la fusion des minerais, qui doit, en surnageant, protéger le métal de l'oxydation et aider à la fusion du minerai préparé.

ADDITION, en date du 25 avril 1865.

Ce certificat donne un four qui simplifie et régularise les opérations décrites au brevet principal par les perfectionnements suivants : 1° les minerais sont traités dans un même four, soit pulvérisés, soit comprimés ; 2° possibilité de modifier et déterminer les conditions essentielles que doit réunir le four à chauffer, de réduction et de fusion ; 3° indication de la marche pratique à sui-

vre dans le travail, en vue d'obtenir du fer, de l'acier et de la
fonte ; 4° appréciation et classement des différents produits ;
5° préparation à une pulvérisation facile des scories ou crasses du
four à chauffer et à puddler, au fur et à mesure qu'elles se produisent.

N° 64,358. — Le Brun-Virloy. — 3 septembre 1864.

Système de chargement des hauts-fourneaux dit grille chargeuse.

Ce nouveau système de chargement est très-simple; voici en
quoi il consiste :

On ferme l'ouverture du gueulard du haut-fourneau par une
plaque, en un ou plusieurs morceaux réunis par des brides, dans
laquelle sont ménagées des ouvertures multipliées et aussi rapprochées que possible les unes des autres, de telle sorte que la
plaque prend la forme d'une grille. Ces ouvertures, qu'il est convenable de faire toutes de même forme et de mêmes dimensions,
sont destinées à recevoir, à volonté, soit des couvercles pour les
bouches, soit des caisses entre lesquelles est divisée et répartie la
charge du haut-fourneau en combustibles, minerais et fondants.
Chacune desdites ouvertures est organisée de manière à pouvoir
être bouchée hermétiquement, conformément à ce qui se pratique
pour les joints dits *joints hydrauliques.* Les caisses sont à fonds
mobiles en deux parties, s'accrochant et se décrochant de l'extérieur, et avec couvercles fermant à joint hydraulique.

Par ces dispositions, on obtient une répartition aussi régulière
que possible des charges et on évite, à peu près complétement,
toutes pertes de gaz combustible.

1re ADDITION, en date du 31 juillet 1865.

Ce certificat spécifie, comme exemple de grille chargeuse, le cas
d'un gueulard rond ayant 3m,70 de diamètre.

Ce système permet le chargement régulier et facile des grands
gueulards, et évite, à peu près complétement, toute perte de gaz.

2e ADDITION, en date du 30 août 1865.

La grille chargeuse peut être recouverte d'une plaque mobile,
portant des rebords à sa circonférence, couvrant le gueulard et
formant, pour contenir les gaz, un joint hydraulique avec ses
rebords, qui plongent dans une cuvette remplie d'eau ; cette dernière est installée en prolongement des parois de la cuve du haut-
fourneau, ainsi que cela se pratique habituellement. Cette plaque
mobile pourrait reposer sur des galets, être suspendue ou pivoter

sur un axe, de manière à être mise facilement en mouvement ; elle porterait une ou plusieurs caisses de chargement. Cette caisse ou ces caisses seraient établies de façon que, la plaque mobile étant amenée dans une certaine position, elles pussent correspondre à un ou plusieurs espaces vides de la grille chargeuse.

N° 64,823. — De Bergue. — 19 octobre 1864.

Haut-fourneau séparateur à flamme renversée.

L'invention comprend les dispositions particulières suivantes : 1° le combustible est séparé du minerai ; 2° l'air est dirigé sur le combustible à flamme renversée ; 3° l'alimentation du combustible s'effectue sans aucune communication de la capacité qui le renferme avec l'extérieur. Le creuset, en forme de cuvette, est en briques réfractaires, renforcées de garnitures en fer ; par le haut, il se termine par une plate-forme amenant deux tuyaux d'air ; au milieu de la plate-forme, se trouve un tuyau faisant suite au fourneau qui est au-dessus du creuset et de la plate-forme. Quatre colonnes en fonte soutiennent le fourneau, composé de l'ouvrage, de l'étalage et du gueulard, en forme d'entonnoir. Le combustible se met dans le creuset, le minerai dans le gueulard. La région où fond le minerai ne contient pas de charbon, d'où il résulte formation de fer. L'air forcé entre par la plate-forme et ressort par le tuyau qui entre dans le creuset ; là, il traverse le métal fondu et le réduit, puis, finalement, passe dans le fourneau.

N° 66,704. — Huot. — 31 mars 1865.

Emploi du manganèse dans la fabrication de la fonte et du fer.

L'invention consiste à purifier les minerais de fer du soufre, du silicium, etc., en ajoutant au lit de fusion, dans le haut-fourneau au coke ou au bois, de l'oxyde de manganèse du commerce, d'une richesse de 55 à 60 p. 100, suivant la pureté du minerai. On obtient ainsi une fonte presque entièrement purgée du soufre, du silicium, etc., qui la souillent ordinairement, ces corps passant dans les laitiers.

On obtient un résultat analogue au précédent, c'est-à-dire un fer plus pur, en couvrant la gueuse, au moment de son entrée au feu d'affinerie, d'une couche de manganèse en poudre. La propor-

tion est d'environ 40 kilogr. de manganèse par tonne de fer provenant de fontes manganésées.

L'emploi du manganèse présente un autre avantage : sa combustion produit une augmentation très-notable de température qui
tout en facilitant le travail de l'ouvrier, donne une économie importante de combustible.

N° 66,758. — Vié. — 25 mars 1865.

Système de traitement économique des minerais.

Ce brevet comprend les points caractéristiques suivants :

1° L'emploi du gaz hydrogène et de l'oxyde de carbone, injectés
dans les hauts-fourneaux et les cubilots, pour le traitement des
minerais de fer, que ces gaz soient ou non produits par des appareils latéraux ou par d'autres, placés à distance, tels que cornues,
appareils distillatoires, fours à coke, etc.; .

2° L'emploi d'un mélange d'air chaud et de vapeur surchauffée
ou non, injecté ou aspiré, dans tous foyers, appareils quelconques
de chauffage, fours à réchauffer, fours à puddler, fours de fusion,
hauts-fourneaux, ou tous autres appareils destinés au traitement
de tous minerais, que ce mélange d'air chaud et de vapeur soit
préalablement effectué avant son injection dans les tuyères, ou qu'il
soit opéré dans le foyer même ;

3° Le système de chargement des foyers avec registre à circulation d'eau et l'application de ce système à tous autres usages ;

4° L'emploi de cuves en tôle ou en fonte à doubles parois et à
joints hermétiques, de manière à les appliquer au chauffage de
l'air ou de la vapeur, que ces cuves servent à former des hauts-
fourneaux, des cubilots de fusion ou des cheminées de tous
appareils ;

5° Toutes les conséquences qui peuvent se déduire de l'appareil
pour la production du gaz d'éclairage et notamment un mélange
d'air chauffé et de vapeur surchauffée ou non, injecté ou aspiré,
dans un foyer quelconque, dont on pourra recueillir les gaz, ce
foyer étant alimenté avec n'importe quel combustible, anthracite,
houille, coke, lignite, tourbe, bois, charbon de bois, etc.

N° 67,030. — Langen. — 14 avril 1865.

Appareil automatique pour charger les hauts-fourneaux.

Le mécanisme qui fait l'objet de cette invention a pour but d'éviter que les matériaux se déposent en forme d'anneau, ce qui est toujours défectueux et désavantageux. Il est, en outre, destiné et propre à être combiné à tous les arrangements qui servent à donner la charge et à recueillir les gaz du fourneau ; il est sans but, si la charge est introduite au moyen de la pelle.

Le mécanisme consiste dans la combinaison du cône à emplir avec le dôme pour recueillir les gaz. Des cases sont placées symétriquement au cône ; chacune de ces cases ou boîtes sert de coulisse et d'affermissement à une barre de fer plate qu'on peut considérer comme la continuation du plein du cône, avec des intervalles convenables. La face supérieure de ces fers distributeurs fait glisser une partie des matériaux vers le milieu du fourneau, pendant que l'autre tombe par les intervalles des fers et se dépose dans la direction des rayons vers la périphérie.

Plus les distributeurs sont larges, plus on les fait avancer et plus les matériaux sont conduits vers le milieu du fourneau ; plus ils sont étroits et courts, plus la charge se dépose du côté du creuset. D'autres variations sont obtenues par l'inclinaison plus ou moins prononcée des fers.

N° 68,063. — Martin. — 14 juillet 1865.

Appareil gazogène de réduction et de fusion des minerais.

Cette invention se rapporte à un appareil applicable à l'épuration, à la réduction et à la fusion du minerai de fer, et donnant, à volonté, de la fonte, de l'acier fondu ou du fer.

Le principe de l'appareil est un four à manche ou à la Wilkinson ordinaire, de 4 mètres de hauteur, du gueulard au-dessus du fond du creuset, avec buses de 30 à 50 millimètres de diamètre, suivant la grandeur du four, lequel se charge par son gueulard, comme un fourneau ordinaire. On élève la pression du vent à un maximum, soit jusqu'à 30 centimètres de mercure et plus, même jusqu'à l'atmosphère, s'il est possible, baissant la pression à volonté, suivant le travail, le gueulard restant suffisamment fermé pour conserver, dans tout l'appareil, une pression égale.

Voici ce qui se passe : la combustion produit de l'oxyde de carbone, qui opère la réduction du minéral de fer avec une grande rapidité, et la fusion se fait dans les conditions que voici :

1° Si le gueulard est fermé de façon que la pression dans l'appareil et à sa sortie soit égale à 2 ou 3 centimètres de mercure plus ou moins, au-dessous de la pression du vent à son entrée dans l'appareil, il se produit une fonte grise, aciéreuse, à grain fin d'une grande ténacité, et aussi une fonte à facettes, si la carburation est faite dans des conditions suffisantes ;

2° Si le gueulard est fermé de façon que la pression dans l'appareil et à sa sortie soit égale à la moitié, par exemple, de la pression du vent à son entrée dans l'appareil, il se produit de l'acier fondu ;

3° Si le gueulard est ouvert de façon à transformer le four en stuckoffen, il se produit du fer aciéreux.

Si l'on prend une marche intermédiaire aux trois points de repaire indiqués, on obtiendra un métal mixte, se rapprochant de la fonte, du fer ou de l'acier, dont la résistance sera proportionnelle à la composition des charges, à l'allure plus ou moins chaude et rapide, à la pression du vent et aux dimensions de l'appareil, c'est-à-dire au temps que les charges mettent à descendre du gueulard jusqu'aux tuyères.

Tout haut-fourneau ordinaire pourra prendre l'allure et la disposition indiquées plus haut, si l'on ferme à volonté le gueulard pour égaliser la pression des gaz dans l'appareil.

N° 69,051. — Constant et Lacombe. — 27 octobre 1865.

Système de trempe de la fonte.

Ce système a pour but de tremper les fontes grises douces à une grande épaisseur, et de façon que les surfaces trempées résistent à la lime et au burin.

Quand on verse de la fonte grise en fusion dans de l'eau froide, cette fonte, saisie brusquement, n'a pas le temps de cristalliser, et reste à l'état de fonte blanche, qui est dure, cassante, et diffère essentiellement des fontes grises.

C'est en se basant sur ces principes que les inventeurs ont eu l'idée de tremper les pièces de fonte par l'effet d'un refroidissement brusque. Tel est le point caractéristique de l'invention.

N° 69,091. — **Dyckhoff.** — 20 octobre 1865.

Perfectionnements aux machines soufflantes.

Cette invention se rapporte à la combinaison d'une machine soufflante verticale, à clapets équilibrés, présentant les particularités suivantes :

La plaque de fondation est à peu près dans le centre de gravité de l'ensemble et, par conséquent, les massifs ne reçoivent aucune poussée ; ils n'ont qu'à supporter le poids de la machine.

Le cylindre soufflant est établi dans les fondations, ce qui permet de réduire d'un étage la hauteur du bâtiment.

N° 69,238. — **Desnos-Gardissal.** — 8 novembre 1865.

Four à fondre tous les métaux, en forme de cubilot, sans contact avec le combustible.

Cette invention comprend le système de fours caractérisé par les points suivants :

1° Par leur construction et le mode suivant lequel s'effectue la coulée, ces fours sont identiques aux cubilots ordinaires, quel que soit le combustible employé ; mais ils ont un ou plusieurs foyers indépendants du four, quelles que soient la pression et la température de l'air d'alimentation ;

2° Ils se distinguent encore par les carneaux où circulent les produits de la combustion au-dessus et au-dessous de la sole, plane ou concave, avant de se rendre dans une chambre de préparation où le métal s'échauffe fortement avant d'entrer dans le four ;

3° Enfin, par la chambre de préparation elle-même.

N° 69,755 — **Martin.** — 16 décembre 1865.

Appareil gazogène propre aux opérations métallurgiques et autres.

Cette invention repose :

1° Sur la disposition générale du gazogène avec son creuset à larges tuyères ;

2° Sur l'emploi direct de l'eau et son mode d'introduction ;

3° Sur l'emploi simultané du gaz et de la grille dans le four à chauffer, pour fondre et affiner.

Cet appareil gazogène donne les avantages suivants : régularité d'allure, économie de combustible, diminution du déchet, suppression des coups de feu, utilisation de la chaleur perdue au chauffage des chaudières à vapeur et à tout autre chauffage, application directe, comme fumivore, au chauffage des chaudières à vapeur et à tout autre chauffage, application à la réduction des minerais.

N° 69,999. — Dejono. — 11 janvier 1866.

Perfectionnements apportés à la trempe de la fonte.

Ces perfectionnements se rapportent à un procédé de trempe pour les pièces de fonte finies d'ajustage.

On prend de l'eau de rivière dans laquelle on fait dissoudre 250 grammes de prussiate de potasse, bien pulvérisé, par litre d'eau. Cette eau conserve sa propriété jusqu'à la dernière goutte, mais il faut la bien remuer avant d'en faire usage. Les pièces de fonte qu'on veut tremper doivent être chauffées à une température tirant un peu sur le blanc ; on les plonge dans l'eau préparée, en prenant garde au contact d'un courant d'air qui pourrait influer sur la trempe en gauchissant les pièces ou en formant des criques.

N° 70,355. — Fournel. — 20 février 1866.

Procédé de fabrication de la fonte, du fer et de l'acier, applicable aux autres métaux, par l'emploi des gaz obtenus des combustibles naturels et de matières combustibles non utilisées jusqu'ici.

Ce procédé a pour but, tout en diminuant la main-d'œuvre, de tirer parti de toute la puissance calorifique des combustibles et d'éviter la perte considérable des combustibles gazeux qui se fait par la carbonisation de la houille, du bois et des autres matières combustibles. Cette méthode permet l'emploi de *toute espèce* de combustible, fût-il mélangé d'une forte proportion de matières terreuses, comme dans la tourbe, les lignites, les schistes, etc.

L'application consiste à convertir le combustible naturel à l'état gazeux au moyen d'un générateur ou four à gaz, alimenté d'air comprimé. La chaleur produite par le four même est, en outre, utilisée pour chauffer le gaz lui-même, qu'on fait passer plusieurs fois dans une série de tuyaux de conduite, placés dans l'intérieur de ce four ; on peut aussi y chauffer l'air de la même manière.

Ce moyen de production séparée du gaz combustible permet de réduire considérablement la hauteur des appareils métallurgiques.

L'inventeur propose aussi un haut-fourneau comme four à gaz, et un autre haut-fourneau voisin comme fourneau à minerai.

ADDITION, en date du 24 septembre 1866.

Les nouveaux perfectionnements portent :

1° Sur le fourneau à minerai, dans le cas d'emploi d'un gaz contenant une forte proportion d'hydrogène carboné. L'inventeur dispose à 40 ou 50 centimètres au-dessus de la tuyère ou des tuyères où s'opère la combustion des gaz hydrogénés, une ou plusieurs autres tuyères qui reçoivent un courant d'air et un courant de gaz contenant principalement de l'oxyde de carbone et le moins possible d'hydrogène.

2° Sur le générateur ou four à gaz, dans lequel on dispose des tuyaux en fonte ou en terre réfractaire, pour y distiller la houille, le bois, etc. Les gaz produits sont recueillis soit pour l'éclairage, soit pour la combustion. Le coke ou le charbon sert à être mélangé au minerai.

3° Sur l'utilisation des résidus de schistes comme engrais et absorbants ou pour la composition des mortiers et des ciments.

N° 70,917. — **Korshunoff**. — 23 mars 1866.

Perfectionnements apportés à la fabrication de la fonte, du fer malléable et de l'acier.

Ces perfectionnements consistent :

1° Dans la fabrication de la fonte de fer dans les hauts-fourneaux en introduisant dans la fonte de l'acide nitrique, de l'acide chlorique ou autre acide qui, étant chauffé, dégage de l'oxygène avec ou sans mélange d'air ou de gaz. Ces acides, introduits dans le vent du haut-fourneau, traversent le métal en fusion rassemblé dans le creuset, décarburent partiellement la fonte et produisent une haute température. Ces agents peuvent être employés avec de l'air chaud ou de l'air froid, avec des gaz ou de la vapeur.

2° Dans le traitement de la fonte de fer, de manière à la convertir en fer malléable ou en acier, en introduisant dans ladite fonte de l'acide nitrique, de l'acide chlorique ou autres acides qui, étant chauffés, dégagent de l'oxygène, avec ou sans mélange d'air ou de gaz, ou combinés avec de la potasse, de la soude, de la chaux, etc. Les combinaisons salines s'ajoutent à la fonte en fusion dans le four à puddler ou autre fourneau dans lequel a lieu la conversion en fer malléable ou en acier. Le vent qui entraîne les acides passe en même temps à travers le métal en fusion.

Par l'emploi des sels, on produit un laitier très-fusible, la conversion s'effectue rapidement, et le métal, en même temps, se trouve purifié. La quantité d'acide ou de sel doit être telle que l'oxygène dégagé soit suffisant pour oxyder le carbone, le soufre, le phosphore et le silicium contenus dans la fonte, quand celle-ci doit être convertie en fer malléable, et suffisante pour effectuer *partiellement* l'oxydation du carbone, quand on fabrique de l'acier.

N° 72,989. — **Levêque.** — 2 octobre 1866.

Appareil de chargement des hauts-fourneaux avec prise des gaz au-dessus du gueulard.

Cet appareil de chargement se compose d'un cône en tôle suspendu par quatre tringles en fer à une auge en fonte ou en tôle. Le wagon à trappes arrive sur des rails au milieu du fourneau et vide sa charge sur le cône distributeur dont l'office est de projeter les matières vers la circonférence, pour ramener les gros fragments au centre.

La prise de gaz, placée au-dessus du gueulard, est composée d'un tuyau central évasé vers le bas, portant à son extrémité inférieure une gouttière, de deux tuyaux recourbés qui se boulonnent sur les oreilles de l'auge et qui communiquent avec un conduit circulaire où passent les gaz pour se rendre dans les conduites générales. Une cloche en tôle plonge à la fois dans l'auge et dans la gouttière du tuyau central qui forment joint hydraulique. Cette cloche se meut verticalement à l'aide d'un levier et elle s'élève suffisamment pour laisser passer le wagon de chargement. Elle est guidée par le tuyau central qu'elle tient toujours emboîté.

N° 73,773. — **D'Adelsward (le baron).** — 1er décembre 1866.

Prise de gaz extérieure, à colonnes, applicable aux hauts-fourneaux.

La prise de gaz *extérieure, à colonnes*, dont la disposition est décrite avec tous les détails par l'inventeur, offre tous les avantages des prises de gaz généralement en usage et peut s'adapter indistinctement soit à un haut-fourneau en construction ou en réparation, soit à un haut-fourneau en activité.

Nº 74,157. — Acoarain. — 24 décembre 1866.

Procédé ayant pour but l'amélioration de la marche des hauts-fourneaux et une meilleure utilisation des gaz combustibles que fournissent ces appareils.

Ce procédé se distingue par l'installation, au-dessus du fourneau, d'un appareil à calcination pouvant, à volonté, être mis en communication avec le fourneau ou en être isolé, chauffé au moyen de la combustion, par un courant d'air forcé, d'une partie des gaz qui s'échappent de ce haut-fourneau. De cette disposition résultent les avantages suivants :

1º La calcination de la castine et du minerai s'opérera sans dépense de combustible et sans main-d'œuvre. On opérera à volonté avec une atmosphère oxydante ou réductrice ; 2º les matières étant introduites dans le fourneau, calcinées et encore pourvues d'une haute température, la réduction du minerai commencera immédiatement, tandis que, dans l'état actuel, elle ne commence, le plus souvent, qu'à plusieurs mètres au-dessous du gueulard ; 3º la combustion d'un sixième du volume des gaz produits par le haut-fourneau suffisent, presque toujours, pour obtenir la calcination : on obtiendra les cinq sixièmes restants par la prise de gaz, à l'état sec ; 4º ces gaz, secs et chauds, développant par leur combustion une haute température, pourront être employés à toutes les opérations qui nécessitent cette haute température.

Nº 74,482. — Martin. — 14 janvier 1867.

Haut-fourneau pour la fabrication de la fonte de fer.

Les caractères distinctifs de cette opération sont :

1º Économie sur la quantité de charbon neuf employé à la réduction des minerais, en y substituant les fraisils, etc. ;

2º Isolement des charges au moyen d'un tube vertical dans lequel doit s'opérer la réduction du minerai ;

3º Échauffement des charges au moyen d'une certaine quantité de gaz combustibles et de fours de tirage, placés autour du gueulard du haut-fourneau.

Ces procédés, applicables à peu de frais, seraient surtout employés avec avantage aux hauts-fourneaux au bois de Franche-Comté, Berry et Périgord, si riches en minerais purs, et encore plus aux hauts-fourneaux du midi de la France, à portée des minerais aciéreux qui y sont en abondance et de qualité supérieure.

Les dispositions ci-dessus, appliquées à l'appareil du haut-fourneau, présentent les avantages suivants :

1° Faculté de diminuer, autant que possible, la production exagérée de l'oxyde de carbone en la réduisant à celle formée dans un four à la Wilkinson qui serait sans doute insuffisante pour échauffer au rouge les charges de minerai dans les fours à réverbère du gueulard, puisqu'elle serait encore augmentée de la quantité d'oxyde de carbone en excès sortant du tube de réduction.

2° Économie du prix du combustible pour les fourneaux au bois par l'emploi des fraisils et poussières de charbon au lieu de charbon neuf.

3° Enfin, l'appareil produisant le moins possible de gaz oxyde de carbone et ne recevant plus que des matières élevées à la température rouge, serait moins refroidi ; avec la même quantité de combustible, atteignant un plus haut degré de chaleur dans l'ouvrage, on pourrait sans doute obtenir régulièrement des fontes moins graphiteuses, mais contenant une plus grande quantité de carbone à l'état de combinaison, ainsi que l'inventeur l'a déjà obtenu dans ses fourneaux au charbon de bois, par l'emploi du tube réducteur.

N° 75,307. — Lemut. — 5 mars 1867.

Introduction de combustibles et réactifs dans la région inférieure des fourneaux à cuve, au moyen d'appareils appropriés.

On sait que l'acide carbonique formé à la tuyère d'un fourneau à cuve, notamment d'un haut-fourneau et d'un cubilot, se transforme en oxyde de carbone en traversant les couches de combustibles stratifiées avec les matières à fondre, et que cette transformation double la consommation du combustible,

$$(CO_2 + C = 2CO)$$

tout en produisant un énorme abaissement de température. Or, l'oxyde de carbone ne joue aucun rôle utile quand on n'a en vue qu'un effet calorifique comme dans le cubilot, et il est généralement surabondant dans les fourneaux de réduction. Il y a donc un grand intérêt à soustraire une partie, au moins, du combustible nécessaire à la fusion, à l'action dissolvante de l'acide carbonique. Ce but est atteint par cette invention qui consiste à introduire du combustible dans la région inférieure du fourneau à cuve. L'introduction se fait par des ouvertures spéciales ou, plus simplement, par les tuyères mêmes de l'appareil qui s'adapte à la buse du fourneau et permet d'y faire pénétrer, au centre même du foyer de combustion, un volume de matières en rapport avec ses dimensions. Les matières à injecter, versées dans un corps de pompe, sont lancées dans le tuyau qui s'embranche sur la buse et, de là, le vent les entraîne dans le fourneau.

N° 75,694. — **Rouquayrol.** — 5 avril 1867.

Système de haut-fourneau dit fournaise de réduction.

Le gueulard est surmonté d'une voûte sphérique sous laquelle brûlent les gaz. Les matières sont chargées par des ouvreaux et acquièrent rapidement, sous l'action concentrante de cette voûte, une très-haute température. Il y a économie de combustible.

N° 75,723. — **Privé.** — 25 mars 1867.

Perfectionnement apporté aux tuyères des hauts-fourneaux.

Ce perfectionnement repose entièrement sur la division en deux de la tuyère, une partie fixe et une partie mobile, dédoublant, pour ainsi dire, intérieurement la tuyère pour découvrir entièrement la partie intérieure de l'enveloppe. Cette disposition permet de faire facilement le nettoyage de la tuyère et, par conséquent, d'en assurer la durée, en empêchant l'effet du tartre sur les parois.

L'inventeur se réserve de faire ses joints de telle manière et au moyen de tel lutage qu'il convient à l'application de son système et d'adapter ces nouvelles dispositions aux tuyères déjà existantes, quelles qu'en soient la forme et la matière constitutive.

N° 76,358. — **Krigar et Bœtius.** — 8 mai 1867.

Disposition des fours à cuve, soit cubilots, hauts-fourneaux ou autres.

L'invention se rapporte à une disposition nouvelle de fours à cuve, soit cubilots, hauts-fourneaux ou autres, et consiste dans les points suivants :

1° Introduire le vent par une, deux ou un plus grand nombre d'ouvertures à grande section, embrassant, si possible, toute la périphérie du creuset ; 2° élever graduellement la température de l'air, d'abord dans les parois de l'appareil, puis surtout, d'une façon toute particulière, lors de son passage de la circonférence au centre du four, à travers la couche incandescente répandue à la surface du métal dans l'élargissement du creuset ; 3° offrir, comme résultat de ce mode de construction, un récipient de surface beaucoup plus considérable pour le métal fondu.

N° 76,993. — Lurmann. — 3 juillet 1867.

Système de haut-fourneau perfectionné.

Ce système comprend les points caractéristiques suivants :

1° La construction de l'ouvrage du haut-fourneau ;

2° La construction et la fixation de la tuyère au laitier ;

3° L'application d'un réfrigérant à cette tuyère ainsi qu'à la plaque qui la surmonte ;

4° La manipulation du four, ou le travail des fondeurs.

La dame et l'avant-creuset sont supprimés.

La paroi antérieure de l'ouvrage descend jusqu'à la pierre de fond du creuset, lequel se trouve ainsi fermé sur tout son pourtour. Le laitier s'écoule par une tuyère à eau en métal, adaptée dans une paroi du creuset au niveau habituel des laitiers dans ce dernier. L'ouverture de cette tuyère est cylindrique au milieu et s'élargit coniquement aux deux extrémités, un peu plus pour celle qui regarde à l'intérieur du creuset que pour l'autre.

Pour faciliter le placement ou remplacement, cette tuyère est munie d'un appendice en queue d'aronde, au moyen duquel elle se cale à la partie inférieure d'une plaque en métal, rafraîchie intérieurement par un courant d'eau et fixée contre la paroi correspondante de l'ouvrage. La suppression de l'avant-creuset ayant rendu libre un espace précieux à la partie antérieure de l'ouvrage, on y applique une ou plusieurs nouvelles tuyères à vent.

ADDITION, en date du 4 septembre 1869.

Pour obvier aux détériorations qui se produisent, l'inventeur a imaginé de rafraîchir les parties souffrantes internes et celles avoisinant le trou de coulée par un courant de vapeur rafraîchie, établi en utilisant soit de la vapeur directe, soit de la vapeur perdue et déjà employée. Cette vapeur rafraîchie produit et entretient un certain abaissement de température tant sur les parties internes que sur celles avoisinant le trou de coulée.

No 77,347. — **Stiehler.** — 31 juillet 1867.

Perfectionnements apportés aux machines soufflantes.

Ces perfectionnements sont caractérisés par l'application et l'emploi, dans les cylindres soufflants, de *clapets circulaires et à charnières*, dont les avantages sont les suivants :

1o Durée plus longue de ces organes d'aspiration et de refoulement ; 2o utilisation de tout l'effet produit, en évitant toute déperdition d'air.

L'inventeur se réserve toutes modifications de formes et de dimensions de ces organes, suivant les besoins, et la manière dont ils seront appliqués.

No 77,859. — **Karr.** — 30 septembre 1867.

Système de fourneau de fusion à calorique concentré pour les minerais de fer.

Les points caractéristiques sont les suivants :

1o Le mur enveloppant la cuve n'a, en moyenne, que 40 à 45 centimètres d'épaisseur, et la hauteur n'est que de $3^m,50$ à $4^m,20$;

2o Le mur entourant la cuve est en briques très-réfractaires, du sommet à la base, et la haute température à laquelle sont élevés en quelques heures l'intérieur de cette cuve et les matériaux qui l'entourent est conservée au moyen d'une pluie continuelle et bien nourrie d'eau froide qui tombe entre les deux enveloppes de ces fourneaux ;

3o La fraîcheur, maintenue autour de l'enveloppe intérieure, ne permet pas à la chaleur intérieure de se dépenser autrement qu'utilement et au bénéfice de la fusion des minerais.

Ces fourneaux peuvent remplacer les cubilots qui fondent en deuxième fusion.

Le vent nécessaire sera suffisant, s'il résulte d'une puissance de 8 à 9 chevaux-vapeur.

N° 78,366. — **Buttgenbach**. — 8 novembre 1867.

Système de construction de haut-fourneau à chemise réfractaire libre.

Les caractères distinctifs sont les suivants :

1° Le massif de maçonnerie ordinaire s'élève seulement jusque vers le milieu du haut-fourneau ; il est complétement indépendant de la chemise réfractaire. Les parois extérieures du creuset, de l'ouvrage, des étalages, ainsi que la cuve, sont complétement libres tout autour et facilement accessibles pour les réparations ;

2° Le ventre est maintenu par le cercle de maçonnerie ordinaire qui surmonte les piliers ;

3° La cuve du fourneau s'élève au-dessus du massif en maçonnerie ordinaire, complétement libre et dépourvue de toute enveloppe en briques, en tôle ou en fonte, et de toute double chemise ; elle est armée au moyen de cercle en fer. Les réparations y sont faciles, toutes les briques réfractaires étant accessibles ;

4° On emploiera, dans ce mode de construction, tel système de prise de gaz qu'on préférera, avec gueulard ouvert ou avec gueulard fermé. Mais on se servira des conduites de gaz verticales en tôle ou en fonte qui reposent sur des épurateurs en tôle ou en fonte, placés sur le massif, pour supporter la plate-forme du gueulard et le pont de chargement. La cuve du fourneau reste parfaitement indépendante de ces colonnes, de la plate-forme et du pont de chargement.

N° 78,513. — **Stanley**. — 15 novembre 1867.

Perfectionnements dans la production et augmentation de combustion dans les fourneaux à courant d'air forcé, hauts-fourneaux, fourneaux à fusion et autres, ainsi que dans la génération de vapeur et dans d'autres opérations semblables ou analogues.

Ces perfectionnements consistent dans l'emploi de vapeur d'eau décomposée, combinée avec l'air chaud, dans les fours à coupole, fourneaux de fusion, fourneaux à réverbère et tous les fourneaux où une très-forte chaleur est nécessaire. L'inventeur obtient ainsi une économie notable de combustible.

N° 78,731. — Higonnet. — 29 novembre 1867.

Cubilot de petite dimension à réservoir pour emmagasiner la fonte, pour la coulée des grosses pièces.

La nouveauté consiste à combiner avec les cubilots ordinaires, quels qu'ils soient, un *réservoir* emmagasinant le métal fondu, le conservant à l'état de fusion jusqu'à la coulée, et permettant de fondre ainsi des pièces d'un poids illimité. Les formes, les dimensions et la matière employée à sa construction sont, du reste, variables.

N° 79,429. — Hénon, Hardy, Jovin-Charlier et Jacob-Leuk. — 15 février 1868.

Mode de fondre les métaux et spécialement la fonte malléable, et de recuire les objets fabriqués, par l'emploi du gaz d'éclairage, de l'air et de fours d'une construction particulière.

Ces fours se composent d'un socle, surmonté d'une enveloppe, dans laquelle est ménagée, dans le haut, une ouverture fermée par un bouchon. En avant, ou sur le côté, est une bouche fermée par une porte. Au-dessous de cette porte, un peu en avant, se trouve un conduit qui reçoit les gaz en excès à leur sortie du fourneau, pour les transmettre dans les cheminées d'échappement.

Dans l'intérieur du four se trouve un âtre mobile qui repose sur le socle par ses côtés latéraux seulement, de telle façon que, entre les deux, il existe un large conduit destiné à recevoir le gaz et l'air. Au milieu de ce conduit se trouve une pyramide tronquée renversée, qui forme obstacle au passage direct de l'air et du gaz, et active ainsi la combustion de ce dernier.

Les creusets sont placés sur l'âtre, qui forme un plan parfaitement horizontal. L'arrivée du gaz et de l'air est réglée à l'aide de robinets.

Pour recuire, les inventeurs se servent de fours à réverbère, mais, comme le système est le même que celui employé par eux pour la fabrication de la fonte malléable, ils suppriment les foyers, ce qui leur permet de placer un plus grand nombre de cornues dans un four de même dimension. La chaleur peut être rendue très-régulière à l'aide d'un robinet d'où sort le gaz.

N° 80,176. — Ponsard. — 15 avril 1868.

Procédé de fabrication de la fonte, du fer et de l'acier.

Les points caractéristiques sont les suivants :

1° Procédé de fabrication de la fonte au réverbère et spécialement l'emploi des *tubes* et des *caisses-creusets* ;

2° Production du fer et de l'acier obtenus directement du minerai.

Le four à réverbère, chauffé au gaz par le système Siemens, contient une grande quantité de tubes en terre réfractaire, que l'inventeur appelle *tubes-creusets* ou bien des *chambres* ou *caisses* en terre.

Ces tubes traversent la voûte et reposent, en bas, sur la sole du four ; ils se chargent par la partie supérieure. Les matières fondues sortent à la base et se réunissent dans un bassin ménagé dans le four à réverbère.

Fonte. — Le minerai de fer, préalablement grillé et concassé, est chargé dans les tubes-creusets, ou bien dans les caisses, mélangé à la quantité voulue du fondant convenable, soit chaux, argile ou silice, alternant chaque charge de minerai avec une charge de charbon, de bois menu ou de coke, mais toujours mieux de charbon de bois.

On renouvelle les charges au fur et à mesure qu'elles s'abaissent et que la fusion a lieu.

Fer malléable. — Le minerai de fer est préalablement réduit à l'état de fer métallique, et on opère ensuite comme pour la fonte, en le chargeant dans des tubes-creusets, sans addition de charbon. Le fer fondu obtenu est coulé directement dans les lingotières.

Fabrication de l'acier. — On charge dans les tubes du minerai réduit à l'état métallique avec de la fonte. La quantité de fonte à ajouter aux charges doit être celle correspondante à la quantité de carbone de l'acier qu'on veut obtenir.

La coulée s'opère comme pour le fer.

ADDITION, en date du 2 septembre 1869.

Ce certificat d'addition définit plus exactement le brevet principal, et applique les tubes-creusets aux minerais de cuivre, plomb, étain, zinc, etc., et à la fusion du verre.

N° 80,695. — Coignet père et fils et Cⁱᵉ. — 28 avril 1868.

Fabrication de la fonte de fer et d'autres métaux par un nouveau système et l'application nouvelle de différents moyens.

Ce brevet comprend : 1° Le procédé d'alimentation des fourneaux de tous genres, spécialement des fourneaux à flammes renversées, avec des briquettes constituées par les minerais dont on veut extraire le métal, et combinées avec le carbone destiné à produire la réduction du minerai et avec les matières nécessaires pour faciliter cette réduction ; 2° la préparation de ces briquettes contenant, au besoin, la totalité du combustible nécessaire pour produire la réduction et la fusion ; 3° le mode de traitement de ces briquettes par les fours isothermes à flamme renversée, système Coignet, avec ou sans addition, par couches successives, de combustible séparé des briquettes ; 4° l'emploi d'appareils réfrigérants destinés à refroidir les gaz à leur sortie du four par la partie inférieure et avant qu'ils arrivent à l'appareil aspiratoire ; 5° l'ensemble des moyens connus ou nouveaux propres à constituer les briquettes de minerai, et à les traiter par le four à flamme renversée, supprimant ainsi le système de fusion par haut-fourneau jusqu'ici suivi pour l'obtention de la fonte de fer.

Les inventeurs se réservent, pour faciliter la mise en train et le travail, de percer des trous à diverses hauteurs du four, pour y permettre, à volonté, l'arrivée de courants d'air supplémentaires.

Addition, en date du 19 mai 1868.

Les inventeurs étendent leur procédé à la fabrication de l'acier et du zinc. Il s'agira, pour obtenir le résultat voulu, d'ajouter aux briquettes la dose de carbone exacte qu'indique l'expérience pour telle qualité d'acier. S'il s'agit d'oxyde ou de carbonate de zinc, le minerai sera réduit en poudre fine, ainsi que le carbone nécessaire, et les fondants. On en fera des briquettes qui seront chargées dans le four à flamme renversée.

On procédera de même pour les minerais de plomb, de cuivre, etc.

N° 81,235. — Deligny. — 8 juin 1868.

Procédés pour l'emploi, dans les hauts-fourneaux, des oxydes de fer provenant de la combustion des pyrites de fer.

On a cherché à agglutiner les poussières de pyrites de fer grillées (oxyde de fer presque pur) soit avec de l'argile, soit avec de la chaux, mais l'argile a l'inconvénient d'introduire dans le lit de fusion une matière réfractaire ; la chaux, par sa déshydratation à la chaleur, perd sa cohésion et les briquettes formées se désagrègent. Le procédé actuel, qui a deux variantes, consiste à former des agglomérés d'oxyde de fer pulvérulent et de houille avec mélange de goudron. Ceux-ci, exposés à la chaleur, loin de se désagréger, sont agglutinés par la houille qui entre dans le mélange. Ce mélange est dans les meilleures conditions pour la réduction de l'oxyde de fer et la carburation.

La proportion de houille à faire entrer dans l'aggloméré peut varier de 10 à 20 p. 100, suivant la qualité plus ou moins grasse de la houille.

Le deuxième procédé consiste à mélanger sec 40 à 60 parties de houille grasse avec 60 à 40 parties d'oxyde de fer pulvérulent et de jeter le mélange dans un four à coke ordinaire ; on obtient un coke contenant le fer presque entièrement réduit et carburé et dans les meilleures conditions pour être jeté dans le haut-fourneau. C'est un procédé analogue à celui de MM. Jordan et Maslaing pour l'utilisation des scories de forge, mais appliqué à une autre matière.

Enfin, utilisant, de même que les résidus d'oxyde de fer, un autre résidu des fabriques de produits chimiques, l'inventeur mêle l'oxyde de fer avec le chlorure de manganèse pour obtenir des fontes manganésifères propres à la fabrication de l'acier Bessemer.

N° 81,390. — Stigler. — 17 juin 1868.

Four à fondre la fonte ou autre métal.

Ce genre de four évite l'emploi d'un courant d'air forcé pour activer la combustion, une cheminée suffisamment élevée étant seule nécessaire pour produire le tirage. Un nouveau genre de grille circulaire permet d'introduire sur tout le pourtour du fourneau la quantité d'air voulue, cette entrée d'air étant facilitée par la forme particulière des orifices d'introduction qui sont calculés d'après les données de l'expérience pour obtenir un écoulement constant et sans contraction de la veine fluide. Ce but a été atteint en adaptant aux fours une grille d'une forme particulière, destinée à laisser pénétrer latéralement l'air dans l'appareil, et en disposant au-dessus du fourneau une cheminée d'une hauteur suffisante pour y produire une circulation d'air très-active.

No 81,521. — Daire. — 2 juillet 1868.

Fourneau à un ou plusieurs réservoirs-réverbères, séparant
la fonte du coke.

Ce fourneau-cubilot est composé de un ou de plusieurs réservoirs-réverbères en briques ou autres matières réfractaires. L'inventeur revendique spécialement la forme cylindro-conique, le réservoir permettant d'opérer la fusion sur une quantité exactement déterminée, et de mettre la carburation et la récarburation à l'abri de l'oxygène. Cette forme empêche aussi la crasse de s'attacher facilement aux parois. Ce cubilot présente encore une grande facilité de débouchage, car la fonte étant séparée du coke, n'a d'autre pression que son poids spécifique, tandis que dans les cubilots ordinaires, la pression est produite par toute la quantité de coke et fonte contenue dans le cubilot. La fonte en fusion peut être écumée avec autant de facilité que lorsqu'elle est dans une poche. Elle peut être décarburée ou récarburée, à l'abri de l'oxygène de l'air, et cémentée très-facilement.

No 82,334. — Stanley. — 7 septembre 1868.

Perfectionnements dans la construction et la disposition des four-
neaux de fusion pour les minerais et autres métaux, et autres
fourneaux où une chaleur intense est nécessaire, et suppression
des barres à feu dans les fourneaux et autres foyers pour la
génération de la chaleur.

Le principe consiste dans la génération de la chaleur par combustion dans un endroit séparé du fourneau, et dans la manière de diriger cette chaleur immédiatement sur les substances qui doivent être chauffées, avant qu'elle puisse s'échapper du fourneau. La disposition des fourneaux est telle que les gaz volatils qui proviennent du combustible en état de combustion, passent sur les parties incandescentes et sont mêlés avec l'air chauffé préalablement à une haute température. Il se produit ainsi une combustion instantanée et entière qui agit immédiatement sur les matériaux qui doivent être chauffés, et s'épuise sur ces matériaux.

Il résulte une grande économie de combustible et de matériaux.

No 83,558. — Grosjean-Neuville. — 14 décembre 1868.

Disposition de fourneau qui permet d'utiliser les tournures de fonte, de fer, d'acier, de tôle et les découpures de fer-blanc.

Cette disposition perfectionnée de fourneau permet d'utiliser les tournures de fonte, fer, acier, seules et séparément, ou mélangées entre elles et même avec de la mine, pour obtenir des produits variés de nature et de qualité. L'appareil tient, à la fois, du cubilot et du haut-fourneau. La fusion, par suite de la disposition des tuyères, se faisant très-haut, la fonte prend, en traversant l'ouvrage, une certaine quantité de carbone, et se bonifie au lieu de se dénaturer, comme il arrive d'ordinaire dans les cubilots. De plus, la disposition des tuyères et la pression plus forte ou plus faible qu'on peut donner à chacune des buses, permettent d'obtenir les qualités de fonte que l'on veut. En effet, avec des tournures de fonte seules, on obtient des fontes noires à grain, résistantes et très-douces à la fois, et, suivant leurs mélanges avec d'autres tournures, des fontes encore plus résistantes et se travaillant parfaitement, quoiqu'à grain plus serré. Les moins bonnes qualités obtenues peuvent parfaitement servir à faire du moulage mécanique sur place, immédiatement à la sortie du fourneau.

ADDITION, en date du 15 novembre 1869.

Les dispositions particulières de ce système de fourneau et son genre de construction à gorge élevée et à tuyères étagées, permettent d'étendre son application avec utilité aux hauts-fourneaux, à la fusion du minerai seul, et à la fusion des scories de forge.

No 83,569. — Rémaury. — 14 décembre 1868.

Système de haut-fourneau à chemise extérieure en briques creuses.

Ce système consiste dans l'application aux hauts-fourneaux d'une chemise extérieure en briques creuses, laissant entre elle et la paroi extérieure du fourneau un intervalle dans lequel circule constamment de l'air froid qui vient lécher la paroi extérieure du fourneau et établir un équilibre de température qui s'oppose à la détérioration du four, cette chemise extérieure étant montée de telle sorte que l'on peut réparer toutes les autres parties du haut-fourneau sans le démolir ou le détériorer.

No 83,984. — Thomas. — 15 janvier 1869.

Perfectionnements dans les fourneaux de fusion.

Ces perfectionnements sont caractérisés :

1° Par la construction d'étalages à eau avec ou sans garniture de pointes à l'intérieur pour y appliquer l'enduit ou la maçonnerie réfractaire ;

2° Par l'emploi de colonnes creuses servant de réservoir pour l'eau d'alimentation des étalages ou coffres à eau ;

3° Par la construction générale du fourneau.

Les coffres ou étalages à eau et à pointes s'appliquent à toute espèce de fours ou fourneaux métallurgiques à vent, à gaz et à vapeur.

Le but à atteindre est de construire des fourneaux à air ou à vent qui résistent à l'action de la chaleur et à l'influence des fondants dans la fusion du fer, du cuivre, etc., ou dans la fonte des minerais de fer, de cuivre, ou des laitiers ou scories renfermant ces métaux.

No 84,619. — Rohrer et Bassler. — 1er mars 1869.

Perfectionnements dans les hauts-fourneaux et dans les appareils servant à oxyder et à désulfurer le fer et autres minerais.

L'invention consiste dans une nouvelle disposition, au-dessus du ventre du haut-fourneau, de tuyaux et de tuyères pour l'admission de l'eau, de la vapeur et de l'air, séparément ou ensemble, dans la masse incandescente, pendant l'opération de fusion du minerai, dans le but de séparer le soufre ou autres impuretés contenues dans le minerai et obtenir les meilleures qualités de métal.

L'invention comprend aussi l'emploi d'un tube vertical, et la disposition, à la partie supérieure du haut-fourneau, d'une tuyère à air.

No 84,714. — Baron d'Adelsward. — 8 avril 1869.

Appareil dit décrassage ou wagonnet à caisse articulée.

Cet appareil a pour but l'enlèvement économique des laitiers des hauts-fourneaux. Il se compose essentiellement :

1° D'un bâti fixe en fonte, établi à demeure sur un pavé ou sur une maçonnerie ;

2° De deux trains de wagonnets ordinaires portant un fond en fonte ;

3° De volets mobiles, mais dépendants du bâti, et destinés à composer les parois de la caisse ;

4° D'une tuyauterie utilisant la décharge des tuyères du haut-fourneau pour favoriser la solidification du laitier sur tout le pourtour du wagonnet.

Dans ce système, le laitier coulant constamment, le wagonnet mettra plus de temps à se remplir, 18 à 20 minutes au moins ; il en résultera que, par l'action de l'eau venant par la tuyauterie, le pain de laitier se figera et se formera assez lentement pour ne pas faire éclater les plaques de fonte formant la caisse du wagonnet.

N° 87,831. — Courtin. — 4 décembre 1869.

Système propre à faire de la fonte avec des pyrites de fer grillées.

Le procédé consiste à convertir les résidus de pyrites de fer grillées en fonte dans des cubilots ou hauts-fourneaux, en additionnant ces résidus de manganèse, de castine et de coke. L'inventeur fait aussi des briquettes, en pétrissant le manganèse, la castine et les résidus grillés avec de l'argile, aussi calcaire que possible, et il met ces briquettes. mélangées avec du coke, en fusion dans un cubilot ou dans un haut-fourneau.

N° 88,641. — Philippon. — 19 janvier 1870.

Perfectionnements dans le traitement et la purification de la fonte, du fer, et l'obtention des produits intermédiaires connus sous le nom générique d'aciers.

L'inventeur s'est proposé le but suivant :

1° Produire une température assez élevée pour que les impuretés ne puissent plus exister, ou, au moins, faire un bain assez fluide pour les séparer par densité ;

2° Faire le feu dans l'intérieur même du métal à travailler, afin que ce métal soit toujours plus chaud que le vase qui le contient, et qu'il soit ainsi plus facile de conserver ce vase ;

3° Produire, à volonté, dans le liquide un effet réducteur ou oxydant, et avoir, au-dessus de ce liquide, une atmosphère *neutre* au besoin, et cela, avec facilité et instantanément ;

4° Rendre l'opération facile à diriger.

Décarburant d'abord une partie de la fonte et obtenant un métal intermédiaire entre la fonte et l'acier Bessemer, l'inventeur mélange ce métal intermédiaire, à une température énorme, avec des déchets de fer et d'acier.

N° 88,847. — Bérard. — 8 février 1870.

Fourneau à travail continu, chauffé au gaz et à vent forcé pour la réduction des minerais de fer ou pour la deuxième fusion de la fonte, avec gazogène régénérateur.

Cet appareil permet d'obtenir économiquement des fontes très-carburées par la réduction des minerais de fer au moyen du gaz et d'un combustible solide en contact ou mélangé au minerai, et il permet aussi, dans la deuxième fusion de la fonte, d'éviter la décarburation et même d'augmenter la proportion de carbone primitivement contenue dans le métal.

Les appareils destinés à la réduction des minerais se composent : 1° de gazogènes fournissant les gaz destinés au fonctionnement du système ; 2° d'un four à réverbère à sole mobile, chauffé au gaz avec vent forcé, surmonté d'un demi-haut-fourneau ou cubilot, dans lequel on charge les minerais avec la proportion nécessaire de combustible, coke, charbon de bois ou autre, ainsi que les fondants, castine, chaux, etc., de manière à opérer la réduction des oxydes, tant par les gaz provenant du gazogène, qui peuvent être rendus plus ou moins réducteurs, à volonté, que par le carbone du combustible ajouté, qui saturera l'oxygène de l'oxyde à réduire. L'hydrogène des gaz exercera en même temps une action salutaire dont l'effet sera d'autant plus sensible qu'il se produira sur le fer à l'état naissant ; 3° d'appendices, destinés à utiliser les chaleurs perdues.

Les gaz arrivant dans l'appareil de régénération auront à traverser une couche de coke assez épaisse et portée à une température très-élevée au moyen de l'air lancé par le tuyau. Dans ce trajet, l'acide carbonique, s'il en existe mélangé au gaz, sera transformé en oxyde de carbone, les goudrons entraînés seront décomposés, ainsi que la vapeur d'eau provenant de la houille et de l'injection. Ces gaz seront, en outre, épurés par la chaux d'addition et ils posséderont une température très-élevée au moment de leur emploi.

Cette disposition des gazogènes, munis d'appareils spéciaux destinés à régénérer les gaz par une décomposition plus complète, les épurer et les surchauffer, n'est pas seulement applicable à refondre la fonte et réduire le minerai, mais aussi à tous les cas où il s'agit de développer de très-hautes températures.

ADDITION, en date du 18 août 1870.

Par une disposition symétrique, l'inventeur répartit *également* l'action des gaz, et toutes les parties du minerai à réduire sont ainsi mieux pénétrées par les gaz ; le travail est plus régulier, plus énergique, et la production est notablement accrue. Ces résultats s'obtiennent au moyen d'une galerie de pourtour, ménagée au bas de l'ouvrage, avec des carreaux qui permettent aux gaz de déboucher sur les côtés et sur le derrière du fourneau de réduction, ou, de préférence, en établissant une double batterie de tuyères agissant des deux côtés du fourneau. La sole est à double cuvette pour la réception de la fonte ; ces deux cuvettes ou creusets communiquent entre elles par un ou plusieurs conduits.

N° 88,868. — **Roche et Bazault.** — 8 février 1870.

Injecteur intermittent de liquide dans les foyers destinés à la réduction des métaux et dans tous les foyers chauffés par le coke.

Cet injecteur intermittent, agissant sous une forte pression, est applicable au lancement de liquides, notamment des hydrocarbures, dans tous les foyers chauffés au coke, etc. Les caractères qui le distinguent sont les suivants : 1° fumivorité des hydrocarbures et autres liquides brûlés ; 2° élévation de température due à la combinaison spéciale des deux combustibles ; 3° arrêt facultatif et immédiat de l'un d'eux, pendant la décarburation du métal au four à réverbère, ou combinaison des deux combustibles pour la récarburation dudit métal dans la réduction des minerais, pour faire du fer ou de l'acier ; 4° chauffage de locomotives, de chaudières de fabriques, de fours à porcelaines, etc., en utilisant même les anthracites.

N° 89,848. — Sadot. — 10 mai 1870.

Perfectionnements dans la construction des fourneaux à fondre les métaux ou les minerais.

Les hauts-fourneaux sont remplacés par des fours coulants, de forme analogue, mais disposés avec deux zones de combustion : l'une, la plus basse, maintenant à l'état fluide les matières fondues ; l'autre, à une certaine hauteur, pour agir sur les matières solides, les liquéfier, ou les réduire avec le concours des gaz chauds résultant de la combustion opérée dans la première zone.

N° 89,900. — Hachette fils et Driout. — 7 mai 1870.

Système de tuyère pour foyers, hauts-fourneaux, etc.

Les points caractéristiques sont les suivants :

1° La rivure et le brasage combinés pour la jonction de la feuille de tôle de chaque cône ;

2° La soudure de la rondelle sur le cône extérieur :

3° La soudure de la rondelle courbe sur le cône extérieur pour former le nez de la tuyère ;

4° Le serrage du fond et du couvercle au moyen de boulons à tête fraisée, avec joint de cuivre entre les deux rondelles ;

5° Le cuivrage total ou partiel de la tuyère par immersion.

N° 90,081. — Boblique. — 25 mai 1870.

Procédé perfectionné de fabrication de la fonte.

La réduction et la fusion sont, dans ce procédé, deux opérations séparées. Comme la première peut s'opérer à une température relativement peu élevée, cette circonstance permet d'y employer des combustibles de qualité inférieure. La fusion ne porte que sur le métal réduit, séparé de sa gangue, puisqu'il se forme très-peu de laitiers, et on comprend que cette seconde opération puisse se faire avec une grande économie de combustible.

L'inventeur fait subir aux minerais de fer les traitements suivants : 1° concasser le minerai en morceaux de la grosseur d'une noisette ; 2° réduire les minerais, soit en les calcinant avec du charbon, soit en les soumettant à l'action des gaz réducteurs ;

3º séparer, à l'aide d'un appareil électro-magnétique, le fer réduit de sa gangue ; 4º mélanger le minerai avec du combustible suffisamment pulvérisé, et faire de ce mélange des briquettes ou tout autre produit moulé, comprimé, analogue aux charbons agglomérés ; 5º brûler ces briquettes dans un cubilot ou Wilkinson, ou dans tout autre fourneau analogue, et obtenir ainsi directement la fonte.

No 90,123. — Henderson. — 27 mai 1870.

Procédé perfectionné d'affinage et de purification de la fonte pour la fonderie et autres usages.

Ce procédé permet d'enlever de la fonte de première fusion ou gueuse le silicium, le soufre et le phosphore ensemble, avec la somme requise de carbone, afin de perfectionner la qualité de la fonte et de la rendre propre à la fonderie et à d'autres usages. L'invention consiste à traiter le métal avec la chaux fluatée ou autre fluorure, en combinaison avec des oxydes.

Addition, en date du 29 avril 1871.

Le procédé consiste à employer de plus grandes proportions d'oxydes lorsqu'on traite les meilleures qualités de fonte, qui contiennent de petites quantités de phosphore et de soufre, pour oxyder la base métallique du fluor employé, et, si on le désire, oxyder aussi une partie du silicium ; de cette manière, on emploiera moins de fluor et plus d'oxydes.

No 91,494. — Blair. — 11 mars 1871.

Perfectionnements dans les moyens et appareils pour la réduction des minerais de fer et pour les préparer à la réduction.

Cette invention a pour objet d'effectuer la réduction par des dispositions perfectionnées, au moyen desquelles on obtient une action plus intime et, par suite, plus efficace des gaz réducteurs sur le minerai pulvérisé ou calciné ; en outre, le procédé peut être effectué sur une plus grande échelle, et en même temps dans des circonstances qui donnent un contrôle complet sur la durée du traitement du minerai.

Le point essentiel, à part toute disposition d'appareil spécial, est de faire réagir le minerai et le gaz, en soufflant le gaz, à la température requise, dans le minerai, avec un excès de pression, destinée à produire une forte agitation dans la masse et une action plus intime du gaz sur le minerai ; ou bien, en d'autres termes, en faisant bouillonner le minerai dans des gaz réducteurs chauds jusqu'à ce que l'oxygène soit éliminé. Tout vase ou récipient, convenable pour recevoir la charge de minerai et le courant de gaz réducteurs chauds, peut être employé ; ainsi, par exemple, un convertisseur Bessemer conviendrait, en lançant des gaz réducteurs chauds dans la masse du minerai par des ouvertures disposées dans le four du convertisseur. Mais, dans le travail en grand, l'opération doit être continue, c'est-à-dire, l'appareil doit être capable simultanément de recevoir, traiter et décharger le minerai.

N° 91,975. — **Minary.** — 8 juillet 1871.

Décrassage des hauts-fourneaux.

Pour opérer la désagrégation des laitiers des hauts-fourneaux, on les fait tomber, à l'état de fusion, dans un chenal de fonte, parcouru par un courant d'eau aussi rapide et aussi abondant que les circonstances le permettent. Ce chenal conduit dans la cuve de la machine à décrasser, l'eau et le laitier désagrégé ; de là, la machine les enlève et les charge automatiquement sur wagons. Pour obtenir le moyen de régler ou d'arrêter la sortie du laitier du haut-fourneau, l'inventeur a recours à l'emploi d'une sorte de robinet de fonte, dont les pièces creuses sont rafraîchies incessamment par une circulation intérieure d'eau froide.

N° 92,254. — **Blavier.** — 8 août 1871.

Tuyère à joint amovible et dilatable.

La tuyère se compose de deux chemises coniques en tôle, l'une de 15 millimètres d'épaisseur, l'autre de 12 millimètres. Un bourrelet en fer, soudé, réunit, du côté du plus petit bout, ces deux chemises, entre lesquelles circule un courant d'eau, amené par un tuyau qui pénètre jusqu'à 10 centimètres du bout de la tuyère ; l'eau sort par un autre tuyau qui s'emmanche au ras de la rondelle. Du côté du diamètre le plus grand, est disposée une rondelle en fer, forgé et tourné, qui s'emboîte exactement dans l'espace annulaire compris entre les deux tôles. Dans ce système, en cas de détérioration, on sépare les deux chemises et on soude isolément le bourrelet sur la petite chemise ; on peut donc chauffer au point voulu, frapper suffisamment pour souder sans être aucunement gêné, et la tuyère se trouve ainsi réparée complétement à neuf.

Un autre avantage de cette rondelle amovible, est qu'elle se prête aisément à la dilatation, laquelle ne se fait pas également pour les deux chemises dont les diamètres sont différents. Un peu de jeu se produit ici sans inconvénient, ce qui n'avait pas lieu avec les rondelles soudées.

Enfin, lorsque la tuyère, après plusieurs réparations, devient trop courte pour pouvoir être remise au fourneau, toutes les pièces dont nous avons parlé, rondelles, boulons, etc., peuvent servir pour une autre tuyère ; il suffit donc d'avoir un nombre très restreint de ces pièces qui durent indéfiniment.

N° 93,417. — **Hypersiel.** — 1er décembre 1871.

Appareil à air chaud.

Les divers systèmes employés jusqu'à ce jour pour chauffer l'air à une haute température, laissent beaucoup à désirer, parce que les appareils sont trop coûteux, qu'ils se détraquent en peu de temps, et que la plus haute température qu'on puisse atteindre pour l'air ne s'élève qu'à 400 ou 500 degrés centigrades.

L'appareil nouveau est beaucoup plus simple et, par conséquent, moins coûteux ; il peut élever l'air à la température de 800 degrés centigrades sans que l'appareil se détériore sensiblement.

Cet appareil peut être chauffé par n'importe quel combustible ou gaz.

L'ensemble de la nouvelle disposition permet de tirer parti de tout le pouvoir calorifique des gaz ou des combustibles. Toute la chaleur étant bien répartie dans une même chambre, les tuyaux formant l'ensemble de l'appareil seront tous chauffés à la même température, qui pourrait être portée à celle de fusion du métal dont sont composés ces tuyaux.

La quantité d'air, qui passe avec peu de vitesse par la section annulaire de ces tuyaux, peut être réduite ou augmentée selon les besoins ; et, plus cette quantité sera moindre, plus l'air prendra la température du métal.

N° 93,437. — Wilson. — 27 novembre 1871.

Perfectionnements dans les fourneaux à fondre le fer.

Cette invention se rapporte à un fourneau de construction telle, que de grandes et lourdes masses de fer puissent y être placées et réduites pour la refonte. Jusqu'à ce jour, il a été très-difficile d'utiliser de grandes masses de fer, telles que canons, arbres et blocs d'un grand poids qui auraient été cassés ou rendus hors d'état de servir, parce que de pareilles masses ne sauraient être fondues dans des fourneaux de construction ordinaire : de là, la nécessité de les casser, de les réduire en petits morceaux, et le prix que coûte cette réduction, par les moyens que l'on doit employer, est considérable, au point d'atteindre quelquefois la valeur intrinsèque du fer. Pour ces raisons, des masses énormes de fer ont été considérées comme étant presque de nulle valeur. Le nouveau fourneau résout ce problème par une disposition très-simple. Le fourneau a la forme d'un cubilot, mais sa section transversale est ovale. Le sommet est pourvu d'une cape, composée d'une garde de fer doublée de briques réfractaires ; cette cape est retirée quand il s'agit d'opérer une charge de charbon et de fer. Le fourneau est, comme d'habitude, pourvu de tuyères pour l'introduction de l'air forcé, et d'un trou de décharge pour le fer fondu. Sur le fond du fourneau sont placés deux supports s'élevant au-dessus du niveau du fond pour le soutien des masses de fer et pour empêcher qu'elles ne pèsent entièrement sur le charbon. Le fond du fourneau consiste dans des plaques à charnières qui ont l'avantage de procurer un accès facile dans le fond du fourneau, pour le nettoyage et les réparations. La cape s'enlève et se replace au moyen d'une grue.

N° 93,631. — Tildesley. — 21 décembre 1871.

Application de certaines substances à la production de la fonte malléable ou fer malléable par la cémentation.

Au lieu d'entourer la fonte de minerai de fer hématite, comme cela se fait ordinairement pour préparer la fonte malléable par la cémentation, l'inventeur emploie les substances suivantes seules ou mélangées, savoir : une substance vulgairement connue sous le nom de minerai pourpre, et qui est le résidu du minerai de sulfure de cuivre ou pyrite de cuivre, quand il a été grillé pour en séparer le soufre et traité pour en extraire le cuivre.

L'inventeur se sert aussi de pyrites de fer grillées, soit dans leur état habituel, quand c'est possible, soit, si cela est nécessaire, après une plus complète extraction du soufre.

Ce minerai pourpre ou ces pyrites grillées sont employées pour recuire ou cémenter de la même manière que le minerai de fer hématite, la fonte en est entourée. Ces minerais peuvent être ou non purifiés avant leur emploi.

N° 93,659. — Société métallurgique pour l'exploitation des procédés Ponsard. — 22 décembre 1871.

Mode de traitement des minerais en général, et plus particulièrement des minerais de fer, en vue de la fabrication de la fonte, du fer et de l'acier.

Les inventeurs revendiquent :

1° Le nouveau mode de traitement des minerais, qui est basé, d'une part, sur la séparation du combustible de réduction du combustible de chauffage, et, d'autre part, sur le passage successif et continu des matières dans une chambre de réduction, puis dans un laboratoire de fusion où l'opération se complète et se termine ;

2° Le genre particulier du four avec chauffage au gaz et récupérateur de chaleur, qui permet de réaliser pour le minerai de fer le traitement voulu, et d'effectuer dans un même appareil la réduction ainsi que la cémentation.

1re ADDITION, en date du 2 février 1872.

Dans le but de faciliter l'action des gaz réducteurs sortant du gazogène sur les minerais mélangés au charbon nécessaire à la carburation et à la réduction, les inventeurs répandent ceux-ci en couche peu épaisse sur une sole chauffée non-seulement à sa partie supérieure, mais encore par un courant de gaz passant au-dessous d'elle.

2° ADDITION, en date du 27 avril 1872.

L'application d'un système particulier de gazogène, produisant des gaz réducteurs à une température beaucoup plus élevée que les gazogènes ordinaires, permet d'obtenir, dans le traitement des minerais sur sole, dans d'excellentes conditions pratiques, soit de la fonte, soit du fer, soit de l'acier, suivant les dispositions particulières des fours, la nature des minerais employés et le genre spécial de traitement qu'on leur fait subir.

N° 93,744. — Poirier. — 10 janvier 1872.

*Mode de traitement complet des minerais de fer permettant d'opé-
rer à la fois le grillage, la réduction, la carburation et la fusion du métal réduit, qui est de la fonte ou de l'acier.*

L'appareil se compose de quatre parties principales :

1° Une première chambre, où la température est assez élevée
pour faire perdre l'eau aux minerais et opérer leur grillage ;

2° Une seconde chambre, de même grandeur à peu près que la
précédente, divisée en deux compartiments contenant chacun des
tubes verticaux de fonte ou d'argile réfractaire. L'un des compartiments contient les tubes destinés au réchauffage du gaz oxyde
de carbone à sa sortie du générateur ; l'autre compartiment renferme les tubes, de même nature, destinés au chauffage de l'air
nécessaire à la combustion du gaz. Cet air est appelé librement
du dehors, ou lancé sous une certaine pression.

Ces deux chambres sont chauffées par les gaz, produits de la
combustion qui a lieu dans le four à réverbère, avant leur écoulement dans la cheminée ;

3° Un four à réverbère dans lequel s'opère la combustion du
gaz oxyde de carbone par l'air chaud ; les deux gaz y sont amenés
par deux conduits passant sous le massif de ce four ;

4° Une tourelle cylindrique de 60 centimètres de diamètre intérieur, contenant les matières à traiter, s'élève sur la sole du four
à réverbère, au milieu ou sur le côté. Elle présente, à sa partie
inférieure, des ouvertures pour l'écoulement des matières fondues,
et elle est fermée, à sa partie supérieure, par un appareil de
chargement à fermeture autoclave. Cette tourelle est enveloppée,
à partir du sommet du four à réverbère, d'une autre tourelle,
reposant sur un cadre de fonte supporté par quatre pilastres.
Entre ces deux tourelles règne un vide annulaire destiné à permettre à la chaleur de se répandre dans la colonne de matières
contenues dans la tourelle, tant par le rayonnement des parois
chauffées que par de petites ouvertures ménagées sur son pourtour.

N° 94,199. — Martin. — 14 février 1872.

Utilisation des gaz combustibles des hauts-fourneaux.

Ce procédé consiste dans l'emploi d'un seul et même générateur
pour obtenir :

1° La fonte nécessaire à la fabrication de l'acier fondu ;

2° Le fer nécessaire à la fabrication de l'acier ;

3° Les lingots d'acier fondu ;

4° Les fontes destinées à tous usages du commerce.

Le même haut-fourneau gazogène, tout en fabriquant la fonte, fournit aussi les gaz combustibles nécessaires à l'alimentation des fours à réverbère, à puddler et à réchauffer, et des autres appareils métallurgiques.

Ce résultat s'obtient : 1° en disposant à la partie supérieure d'un haut-fourneau destiné à la fabrication de la fonte, une cornue verticale, chauffée directement par le haut-fourneau et contenant du bois desséché ou tout autre combustible hydrogéné pour rendre les gaz du haut-fourneau plus combustibles ; 2° en soumettant à la sortie du haut-fourneau les gaz combustibles à un refroidissement et à un lavage, destinés à les épurer pour obtenir un meilleur effet de leur emploi dans les fours à réverbère, à puddler et à réchauffer, qu'ils sont appelés à alimenter.

L'inventeur a combiné un haut-fourneau gazogène, produisant des gaz combustibles spécialement hydrogénés, puis épurés, pour servir à l'alimentation des appareils métallurgiques, sans l'intervention d'aucun autre foyer de génération.

ADDITION, en date du 29 février 1872.

L'inventeur ajoute une nouvelle condition qui consiste dans l'introduction, par la tuyère, à la partie inférieure du haut-fourneau gazogène, de la vapeur d'eau ou même de l'eau avec l'air surchauffé ou non chauffé. Cette intervention de la vapeur d'eau a pour résultat de supprimer l'azote, ce qui assimile, sous ce rapport, ce gazogène aux cornues.

N° 94,273. — Whitwell. — 20 février 1872.

Perfectionnements dans les fourneaux et appareils servant à chauffer l'air ou les gaz destinés à l'alimentation des hauts-fourneaux.

Ce brevet comprend :

1° La construction de fourneaux, fours ou chambres de chauffe (pour chauffer de l'air ou des gaz), de forme circulaire, avec des murs ou cloisons verticales, étayées par des murs transversaux, et avec des ouvertures susceptibles d'être fermées au moyen de tampons et de valves, dans le but de nettoyer l'intérieur de ces fourneaux, fours ou chambres de chauffe, et de les débarrasser de la poussière ;

2° L'admission d'air chauffé pour la combustion du gaz dans le fourneau, four ou chambre de chauffe ;

3° La construction de fourneaux, fours ou chambres de chauffe pour chauffer de l'air ou des gaz, avec des ouvertures de nettoyage dans le fond ;

4° La construction des valves creuses en métal, adaptées aux fourneaux, fours ou chambres de chauffe, pour éviter les dépôts de boue ou autre matière étrangère, ainsi que pour assurer le refroidissement effectif de la partie de la valve qui vient en contact avec le siège.

N° 94,387. — Société métallurgique exploitant les procédés Ponsard. — 29 février 1872.

Gazogène à haute température.

Pour réaliser la production du gaz à une température très-élevée, l'inventeur échauffe préalablement l'air nécessaire au gazogène, au moyen d'un récupérateur de chaleur chauffé par les flammes sortant du four auquel est appliqué le gazogène.

L'air chaud servant à la production du gaz, arrive par la force ascensionnelle qu'il acquiert en s'échauffant dans le récupérateur de chaleur ; mais il peut également être injecté, soit par un ventilateur, soit par un courant d'air forcé, produit soit par un jet de vapeur, soit par une machine soufflante quelconque.

Le courant d'air forcé produit par un jet de vapeur est préférable, parce que la vapeur surchauffée qui traverse le combustible s'y décompose en produisant un gaz riche en carbone, en même temps qu'elle diminue la quantité d'azote que renferme l'ensemble du mélange gazeux.

On arrive également à ce résultat, lorsque l'air n'est pas forcé, en injectant dans le bas du récupérateur un mince filet d'eau que l'on fait arriver au moyen d'un tube de fer qui pénètre dans les carneaux d'arrivée de l'air. Cette eau se vaporise dans le tube de fer et s'échappe à l'état de vapeur dans le récupérateur, en produisant une aspiration d'air. La vapeur et l'air s'échauffent en montant à travers le récupérateur, et la vapeur, en se surchauffant considérablement, prend une forte tension qui provoque une soufflerie énergique.

En résumé, ce brevet comprend :

1° Un nouveau gazogène pour la production de gaz carburés, ou

autres, à haute température, ainsi que les dispositions particulières
qui le caractérisent ;

2° L'alimentation du gazogène avec de l'air ou autre gaz soufflé
ou non, chauffé à une haute température.

1re ADDITION, en date du 27 avril 1872.

Cette addition comprend :

1° Des perfectionnements dans la construction du gazogène à
haute température, qui permettent de faire passer l'air chaud,
arrivant du récupérateur, transversalement dans le gazogène, en
évitant ainsi de faire rencontrer le charbon frais, chargé dans
l'appareil, avec les gaz réducteurs qui y sont produits, et dont la
haute température se trouve ainsi intégralement conservée, l'é-
chauffement et la distillation du combustible s'effectuant lentement
dans la partie supérieure du gazogène ;

2° Diverses applications du gazogène à haute température aux
fours métallurgiques, notamment l'application pour le traitement
des minerais de fer sur sole, en vue de la fabrication de la fonte,
du fer et de l'acier, le four ainsi constitué permettant de réaliser
la production directe du fer, sans passer par la fonte, ainsi que le
puddlage des fontes impures, dont la qualité se trouve améliorée
par l'addition d'une quantité nouvelle de minerais riches et purs,
préalablement réduits sur la sole du four.

2° ADDITION, en date du 15 septembre 1873.

Ce certificat a pour but plusieurs perfectionnements dans le
gazogène à haute température et qui portent principalement sur
l'application d'un système de refroidissement à diverses parties
de l'appareil, qui se trouvent plus particulièrement altérées par la
chaleur.

N° 94,477. — Bradburn. — 12 mars 1872.

Perfectionnements dans l'adoucissement de la fonte.

L'invention consiste à enfouir la fonte à adoucir dans de la
chaux éteinte ou hydratée, avec ou sans addition de minerai de
fer hématite, de minerai de fer pourpre ou oxyde de fer, de paillettes ou limailles de fer. La fonte est mise dans un four à recuire,
dans lequel elle est soumise à une température suffisamment
haute et pendant un temps assez long pour adoucir ou recuire la
fonte. On la laisse refroidir lentement. Il y a combustion d'un peu
de carbone.

L'invention consiste encore à ajouter un nitrate, tel que du nitrate de soude, à la chaux éteinte ou au mélange de chaux éteinte et des autres substances décrites plus haut. La soude ou autre base se combine avec la silice et l'alumine, et forme un verre.

N° 95,109. — Demeure. — 1er mai 1872.

Appareil à chauffer l'air des hauts-fourneaux.

Cet appareil est à circulation multiple d'air, utilisant toute la surface de chauffe pour chauffer l'air à haute température.

L'air froid venant de la soufflerie arrive dans un tuyau horizontal divisé en deux parties sur toute sa longueur par une cloison intérieure venue de fonte avec le tuyau. Celui-ci porte, à sa partie supérieure, six tubulures dans lesquelles viennent s'emboîter les branches verticales de six siphons, dits habituellement fer à cheval. L'ensemble de cette disposition constitue une circulation multiple de l'air, qui permet d'atteindre une très-haute température, avec économie de combustible.

N° 95,228. — Société métallurgique exploitant les procédés Ponsard. — 11 mai 1872.

Procédé servant au soufflage de l'air chaud dans les hauts-fourneaux.

Ce procédé est basé essentiellement sur l'application du récupérateur Ponsard au chauffage de l'air, en remplacement des appareils métalliques habituellement employés à cet usage, le chauffage de ce récupérateur étant produit par la combustion des gaz qui s'échappent du gueulard.

Cette application permet de réaliser un chauffage régulier de l'air et une économie considérable sur le prix d'installation des appareils.

L'inventeur indique deux dispositions qui permettent de réaliser cette application.

ADDITION, en date du 17 août 1872.

Dans cette nouvelle disposition, l'air soufflé par la machine arrive à la partie inférieure du récupérateur, qui se trouve ainsi soumis intérieurement à la pression du vent, et est conduit ensuite au haut-fourneau après s'être échauffé dans l'appareil ; d'autre

part, les gaz combustibles sont brûlés à la partie supérieure de
l'appareil, au moyen d'une certaine quantité d'air qui s'échauffe
également par son passage dans l'épaisseur des murs du récupérateur.

N° 95,578. — Jones. — 11 juin 1872.

Cubilot propre à réduire les oxydes de fer au moyen de gaz réducteurs.

Le point caractéristique de cette invention réside dans l'emploi
de gaz carbonés qui sont soufflés ou refoulés à travers les oxydes
fondus dans un cubilot ou autre four approprié, disposition au
moyen de laquelle les oxydes sont réduits à l'état liquide.

L'invention consiste également dans l'emploi de chlorure de
sodium ou de spath-fluor ou de substances gazeuses, ainsi que
d'oxydes pulvérisés ou de sels, conjointement avec les gaz carbonés, dans le but de purifier et d'améliorer le fer.

N° 95,933. — Tessié du Motay. — 6 juillet 1872.

Méthode d'épuration mécanique et chimique des fontes pour les rendre propres à être transformées directement en fer ou en acier.

L'inventeur s'est proposé, d'une façon générale, de pouvoir
utiliser pour la fabrication de l'acier et du fer pur, les fontes de
toutes origines, contenant du soufre, du phosphore, de l'arsenic
et du silicium.

On sait que jusqu'à présent ces fontes n'ont pu, ni dans l'appareil Bessemer, ni dans les appareils analogues, ni dans les fours à
réverbère à gaz, être transformées en acier malléable propre à être
laminé pour rails, tôles, bandages, etc., etc.

La nouvelle méthode embrasse, comme caractères distinctifs :

1° Un appareil dit *épurateur aérodynamique*, permettant de
faire passer à travers les fontes en fusion, par voie de différence
de densité, des composés chimiques fusibles, ayant pour propriété
de s'emparer des métalloïdes qui les souillent, pendant tout le
temps que dure l'action oxydante de l'air ou de l'oxygène sur lesdites fontes, en vue de les décarburer soit complétement, lorsqu'il s'agit de les transformer en acier ou en fer, soit partiellement, lorsqu'il s'agit de les transformer en fin métal ;

2° Un mode de préparation des fontes destinées à être traitées dans cet appareil, ou tout autre analogue, à cette fin que le raffinage puisse se continuer sans qu'elles cessent d'être liquides jusqu'à élimination complète du carbone ;

3° La constitution d'une lave ou scorie spéciale, contenant des agents chimiques épurateurs, fusibles au-dessous de la température de fusion des fontes, et d'une densité moindre que celles-ci, et ayant pour objet essentiel la fusibilité de la chaux qui se trouve dans le fluorure de calcium et des oxydes de fer et de manganèse, cette base étant apte, plus que toute autre, à fixer, en présence du chlorure de calcium, le soufre, le phosphore et l'arsenic sous la forme de sulfate, de phosphate et d'arséniate, tant que dure l'action oxydante de l'air ou de l'oxygène ;

4° L'emploi, par additions successives, du spiegeleisen et du ferro-manganèse pour compléter l'action de ladite lave épuratrice, pendant le passage de l'air à travers les fontes à décarburer ;

5° L'utilisation nouvelle de la propriété que possède le ferro-manganèse ou le manganèse pur, ou allié au tungstène et au titane, de rendre soudables et malléables les aciers contenant encore une proportion définie de soufre, de phosphore ou d'arsenic, lorsque les fers fondus, avec lesquels ils sont produits, sont au préalable complétement ou presque complétement décarburés, soit dans un appareil épurateur ou dans tout autre analogue, soit dans les fours à réverbère à gaz ;

6° Enfin, un procédé permettant de transformer indirectement en acier les fontes de fer contenant du phosphore, du soufre, de l'arsenic ou du silicium en excès, sans préparation préalable, en les convertissant en fin métal dans cet appareil ou dans tout autre analogue, en présence des agents chimiques épurateurs.

N° 96,452. — Tessié du Motay. — 2 septembre 1872.

Perfectionnements dans la construction et l'emploi des hauts-fourneaux, en vue de la production des fontes riches en silicium, manganèse, titane, tungstène, etc.

L'invention consiste essentiellement, d'une part, à engendrer dans un haut-fourneau une température supérieure à celle obtenue actuellement en augmentant la surchauffe de l'air, et, d'autre part, à étendre la zone de réduction par l'envoi, à une hauteur convenable dans le haut-fourneau, de gaz réducteurs préalablement surchauffés.

Ces gaz réducteurs sont obtenus dans des gazogènes, et foulés par une machine soufflante à une pression convenable. La surchauffe de l'air pour les tuyères basses, et des gaz réducteurs pour les tuyères hautes, s'obtient dans des chambres récurrentielles en briques croisées, enfermées dans des caisses en tôle disposées par couples. Un ou plusieurs couples peuvent être employés pour surchauffer séparément l'air et les gaz réducteurs.

Dans chaque couple, une chambre est chauffée par la combustion des gaz perdus du haut-fourneau, pendant que l'autre chambre cède sa chaleur à l'air ou aux gaz lancés dans le haut-fourneau, et ainsi de suite, alternativement, par le renversement des valves.

N° 96,387. — Charrière. — 2 octobre 1872.

Méthode de réduction s'appliquant aux minerais et oxydes métalliques.

Cette invention comprend :

1° La séparation constante du minerai et du combustible ;

2° L'impossibilité où se trouve le minerai d'arriver jamais dans la zone de combustion vive, où les réoxydations, scorifications et autres désordres seraient à craindre ;

3° Une grande facilité, au contraire, de régler, selon les cas, par quelques tâtonnements sur la position de la grille en hauteur, la température et l'état chimique de l'agent réducteur gazeux au moment de sa plus grande action sur le minerai ;

4° Enfin, le maintien, malgré tout cela, du four à cuve avec ses avantages d'économie de marche.

N° 96,764. — Ferrie. — 3 septembre 1872.

Perfectionnements aux hauts-fourneaux.

Ces perfectionnements permettent d'éviter la transformation préalable du charbon en coke, ainsi que les pertes qui se produisent ordinairement par le gueulard des hauts-fourneaux alimentés par le charbon cru, tandis que l'on obtient, par ce procédé, un gaz relativement plus pur, utilisé dans le haut-fourneau. Une partie de ces perfectionnements s'applique aussi au chargement du coke suivant les méthodes ordinaires.

Ces fourneaux perfectionnés sont convenables aussi pour opérer sur le minerai de fer brut ou sur le minerai grillé, carbonaté ou argileux.

N° 97,407. — Thomas. — 5 décembre 1872.

Perfectionnements dans les fours de fusion ou cubilots.

Cette invention a pour objet la construction d'un four de fusion ou cubilot propre à être employé dans les fabriques de fer où l'on a installé des fours à puddler du système Danks ou d'autres fours à puddler, et, généralement, là où l'on demande de la fonte en fusion.

Ce système de four de fusion est beaucoup plus durable que tout autre système, ce qui est d'une grande importance dans les fabriques de fer où l'on fond continuellement.

N° 97,408. — Thomas. — 6 décembre 1872.

Perfectionnements dans les fours de génération des gaz et de fusion des métaux.

Cette invention comprend :

1° L'adaptation ou la combinaison avec des fours gazogènes de boîtes à eau ;

2° Le placement de briques dans le conduit principal des gaz ;

3° Les portes étanches ;

4° La trémie, ou dispositif équivalent, pour introduire les charbons ou autres matières carbonées dans le gueulard du conduit principal des gaz;

5° La fusion du métal et des fondants dans les fours gazogènes, et l'envoi du métal fondu de ces fours aux fours convertisseurs.

N° 98,713. — Withy et Gibson. — 27 mars 1873.

Perfectionnements dans le mélange, le chargement et la mise en fusion des minerais de fer.

Les minerais, pulvérisés très-fins, sont mélangés avec la quantité voulue de chaux et d'eau pour en faire une pâte ferme. Cette pâte est introduite dans des moules où on la fait passer par des matrices faites de manière à donner aux sections de chargement une forme qui fournira la plus grande surface de chauffe. Ces sections sont chargées dans les hauts-fourneaux, les fours à puddler, les cubilots et les fours oscillants. Quelquefois il est préférable de mélanger les minerais et la chaux avec de la sciure de bois, ou du coke ou de la houille pulvérisée.

Quand le minéral et la chaux sont mélangés avec la houille et ont été chargés, les charges descendent graduellement ; en même temps la chaleur augmente. Quand le mélange a acquis une certaine chaleur, la houille se convertit en gaz qui s'enflamme sous l'action du vent chaud ou de l'air chaud provenant des fours. Il en résulte une haute température ; les minerais se fondent rapidement avec une dépense de combustible relativement minime.

N° 98,759. — Delgobe. — 28 février 1873.

Un cubilot.

Les points caractéristiques de cet appareil sont les suivants :

1° Par suite de la forme de la cuve, les matériaux chargés dans le fourneau avec soin, restent serrés et compactes dans la descente, la section de la cuve restant constante. Il en résulte que les gaz de la combustion traversent mieux la masse des charges, et ne s'échappent pas, comme dans le cubilot ordinaire, pour une grande part, le long des parois sans produire d'effet utile. En outre, cette disposition s'oppose à ce que le feu monte aux charges, comme cela a lieu dans le four ordinaire. De la suppression des deux inconvénients précités résulte une économie évidente de combustible.

2° L'air est chauffé dans la chambre à air avant son entrée dans le four.

3° Les fentes d'introduction d'air offrent les avantages suivants : la section de passage qu'elles offrent à l'air est très-grande et permet de souffler des quantités d'air considérables dans le four. En lançant cet air sur toute la largeur de la paroi, la distribution en est plus régulière sur toute la section de l'ouvrage ; l'intensité de la combustion est plus grande, ce qui assure une meilleure utilisation du combustible. L'air ne peut jamais agir directement sur le métal en fusion tombant dans le creuset, puisqu'il doit passer dans le coke sous le sommier avant d'entrer dans l'ouvrage. La fonte n'est donc pas dénaturée par la seconde fusion comme dans le cubilot ordinaire. Il est donc possible d'introduire dans les charges une plus grande proportion de déchets de moulage. L'emploi de ce four est également très-avantageux pour la seconde fusion des fontes Bessemer.

Nº 98,910. — Voisin. — 3 mai 1873.

Un cubilot.

L'appareil est basé sur le principe de la combustion des gaz à l'intérieur du four à l'aide d'une distribution d'air s'échauffant au contact de la chemise intérieure ou extérieure, cet air étant introduit à des hauteurs différentes. L'une de ces régions produit les gaz, l'autre les régénère, en leur fournissant l'air nécessaire à la combustion.

ADDITION, en date du 27 mai 1874.

Ce certificat d'addition a trait à une disposition qui consiste à placer le premier rang de tuyères, inclinées à 45 degrés, sous un redan formé par l'agrandissement du creuset.

Nº 99,482. — Compagnie de l'Horme. — 26 juin 1873.

Appareil en briques réfractaires servant au chauffage du vent dans les hauts-fourneaux.

Les caractères distinctifs sont :

1º Division des gaz chauffants en plusieurs courants distincts allant de la circonférence au centre, ce qui permet d'avoir, avec une surface de chauffe considérable, des conduits à larges sections et un parcours faible, conditions indispensables à un bon chauffage et à un tirage facile ;

2º Facilité de nettoyage de toutes les portes du four, sans refroidissement préalable de l'appareil, avec mode spécial de nettoyage par carneaux horizontaux et par étage pour les compartiments remplis de briques en quadrillage ;

3º Installation de deux grilles spacieuses dans l'intérieur du four pour permettre, spécialement en cas de dérangements aux hauts-fourneaux, l'emploi direct des combustibles solides au chauffage de l'appareil ;

4º Perte de pression à peu près nulle, la masse du vent circulant à très-faible vitesse du centre à la circonférence dans des conduits courts et à sections larges et croissantes.

Nº 99,878. — Collignon. — 8 août 1873.

Appareil à épurer les gaz des hauts-fourneaux.

La méthode consiste dans le passage forcé du gaz dans une masse d'eau à l'aide de la disposition de viroles. L'une plonge, par exemple, de 1 centimètre dans la masse d'eau et l'autre de 12 centimètres. Le passage des gaz, au lieu d'avoir lieu au-dessus de la nappe d'eau, se fait dans cette même masse, à l'aide d'une disposition qui les force à plonger, et, par suite, à y déposer toutes les matières étrangères que l'on recueille au fur et à mesure. Quant à l'eau qui se trouve infectée, elle est renouvelée sans cesse, et un conduit laisse passer le trop-plein. Cet appareil peut s'appliquer aux fours Martin, Siemens, Ponsard, etc., au four à réverbère, à puddler et à réchauffer.

N° 99,922. — Kintzelé. — 11 août 1873.

Système d'appareil à chauffer l'air à haute température, applicable à tous les besoins industriels réclamant l'emploi de l'air chaud et notamment à l'insufflation de l'air comprimé dans les hauts-fourneaux.

Dans ce système d'appareil, les tuyaux, de section circulaire, sont chauffés intérieurement par les gaz de la combustion. Il arrive alors que la chaleur rayonnante passe entièrement dans l'enveloppe extérieure des tuyaux, dont le pouvoir émissif est égal au pouvoir absorbant, et toute cette enveloppe devient ainsi surface travaillante, et chauffe puissamment l'air. Dans ces conditions, l'air destiné à être chauffé, circulant extérieurement à ces tuyaux, se chauffe à la fois par contact et par rayonnement, ce qui permet, à surface de chauffe égale, à consommation égale de combustible, de chauffer l'air à une température plus élevée que dans les autres systèmes à chauffage extérieur.

N° 100,688. — Miner. — 27 septembre 1873.

Perfectionnements apportés aux hauts-fourneaux destinés à la fonte des minerais de fer et autres.

Ces perfectionnements sont plus particulièrement applicables aux fourneaux fonctionnant avec un système de soufflerie à air chaud.

Une partie de l'invention se rapporte à une disposition ayant pour but de recueillir les gaz se dégageant des matières en travail dans le haut-fourneau, pour les conduire, éteints et froids, vers l'endroit où ils doivent être utilisés, soit au chauffage du vent, soit à la production de vapeur, soit à l'éclairage, etc.

La seconde partie se rapporte à une disposition nouvelle de la plaque qui précède la rigole d'écoulement des laitiers, obviant à la difficulté que l'on a rencontrée jusqu'ici d'empêcher cette plaque d'être détruite ou brûlée par le contact des laitiers s'écoulant à chaque nettoyage du creuset. Cette plaque est construite en forme de cuvette ou bassin, c'est-à-dire avec des rebords d'une hauteur suffisante ; on obtient ainsi une plaque à eau qui peut être entretenue constamment au moyen d'un tuyau d'alimentation et d'un tuyau de décharge.

Nº 101,022. — Pugh. — 4 novembre 1873.

Appareils à gaz applicables aux hauts-fourneaux.

L'appareil de chargement se compose :

1º D'une cuve en fonte du diamètre du fourneau ;

2º D'une série de 6 clapets ou bascules, également en fonte, et tournant sur leur axe en fer ;

3º D'une articulation motrice, commandée par un levier qui lui-même est retenu au moyen d'une chaîne qui s'enroule sur un tambour. Cette articulation commande les bascules qui s'ouvrent quand le levier vient se mettre dans une position déterminée, et, par un mouvement opposé, les bascules se referment. L'appareil à gaz est très-simple, il suffit de deux prises latérales.

Nº 101,078. — Grebel. — 10 novembre 1873.

Fours à chalumeaux applicables à la métallurgie.

Ce système est caractérisé par les deux points suivants :

Le premier concerne les fours à chalumeaux dans lesquels on peut traiter ou fondre tous les métaux et réduire, au besoin, les minerais. Ces fours sont appelés à remplacer, avec un avantage marqué et une économie considérable, les wilkinson dans les fonderies de seconde fusion. Ils sont accompagnés d'appareils à chauffer les gaz au moyen de la chaleur perdue des fours.

Le deuxième point comprend les fours de distillation, ainsi que les appareils spéciaux qui servent à mettre les gaz en communication avec les chalumeaux des fours de fusion. Ces appareils de distillation sont, dans certains cas, des fours ordinaires, aménagés de façon à se chauffer mutuellement et alternativement ou simultanément, à volonté, et dont le carneau de sortie des gaz communique avec un réfrigérant servant de barillet. Dans d'autres cas, les générateurs de la combustion sont des fours à cornues comme ceux employés dans la fabrication du gaz d'éclairage, et parfois des appareils métalliques destinés à opérer la volatilisation, à température élevée, de divers hydrocarbures.

ADDITION, en date du 4 janvier 1875.

Cette addition comprend : 1° le mode de chargement, et divers perfectionnements dans la disposition des fours à chalumeaux et de leurs réchauffeurs ; 2° l'addition d'un four portatif à chalumeaux, construit de la même façon que les poêles à four en fonte de fer.

N° 101,464. — Brandon. — 12 décembre 1873.

Chauffage de l'air insufflé dans les hauts-fourneaux et les foyers métallurgiques.

Lorsqu'on veut chauffer à plus de 400 ou 500 degrés l'air destiné à être insufflé dans les hauts-fourneaux et autres foyers métallurgiques, on est obligé de recourir aux matériaux réfractaires pour former les parois des appareils chauffeurs, au lieu et place de la fonte qu'on employait d'habitude à cet usage. On a été ainsi amené, en Angleterre, à composer, pour obtenir de très-hautes températures, l'appareil à air chaud de deux capacités remplies de murettes en briques, qui sont alternativement chauffées par la flamme d'un foyer et chauffent ensuite l'air qu'on y fait passer, après cessation de la circulation de la flamme.

Dans cet appareil et dans ses similaires, la totalité de l'air destiné au soufflage est chauffée ainsi par son contact avec les parois de briques, préalablement échauffées, parois dont l'étendue doit être par conséquent considérable. Cet appareil est sujet, en outre, pour son nettoyage si essentiel cependant, à de graves inconvénients. Au lieu d'appliquer le système de l'appareil alternatif précité au chauffage de la totalité de l'air destiné au soufflage, l'inventeur se propose de ne l'appliquer qu'à la surchauffe de cet air, de telle sorte que l'air de la soufflerie serait d'abord chauffé dans un appareil de fonte à la température de 300 degrés environ, température que la fonte peut supporter longtemps sans fatigue, et introduit, à cette température, dans l'appareil de briques ou de poteries, pour y être porté à 600 ou 800 degrés, et même plus haut, si on le désirait. La nouvelle disposition consiste donc d'abord à combiner ensemble l'appareil à air chaud en fonte et l'appareil alternatif en poteries, tout en les laissant distincts l'un de l'autre. Elle peut se réaliser avec des appareils de fonte de dispositions nouvelles, présentant des avantages sur les anciennes ; mais encore elle permet d'utiliser les appareils de fonte existant dans les usines. Ainsi, pour des hauts-fourneaux que l'on aurait intérêt à souffler avec de l'air chaud à 700 degrés par exemple, on ne serait plus forcé de mettre au rebut les appareils de fonte dont on se servait, il suffirait de leur adjoindre un appareil de surchauffage en briques, bien moins considérable et bien moins coûteux à établir que s'il s'agissait d'adopter ce genre d'appareil en vue du chauffage de la totalité de l'air de soufflage.

Nº 104,702. — Jacquot. — 21 janvier 1874.

Fabrication de pièces en fonte malléable.

Cette fabrication consiste à fondre de première fusion, par l'emploi du haut-fourneau, les pièces devant être rendues malléables, au lieu de les fondre de deuxième fusion, comme cela s'est toujours fait. Pour rendre malléables ces pièces fondues en première fusion, on les fait recuire au même degré de chaleur que d'après l'ancien procédé, dans des fours, quels qu'ils soient, en utilisant les gaz et la chaleur perdue venant du haut-fourneau par des conduits disposés à cet usage.

Par ce procédé, l'inventeur obtient une économie de moitié sur l'ancienne fabrication.

Nº 104,954. — Bichon. — 27 janvier 1874.

Disposition de wilkinson à creuset intérieur.

Cette disposition permet de fondre les tournures de fonte ou de tout autre métal, sans les soumettre à l'action directe du vent des tuyères et par cela même de l'intensité du feu, ce qui est très-nuisible dans certaines fabrications, telles que la fonte des tournures ou déchets.

Le procédé consiste dans l'addition d'un creuset en terre réfractaire, placé au centre et à l'intérieur du wilkinson, allant de la sole jusqu'à l'orifice de chargement et soutenu dans sa longueur, depuis le dessus des tuyères jusqu'à sa partie supérieure, par trois cloisons verticales en briques réfractaires. Le métal à fondre placé dans ce creuset, qui est entouré de combustible, est ainsi à l'abri de l'intensité du feu et se chauffe progressivement; arrivé au point de fusion, il s'écoule par des orifices pratiqués à la partie inférieure et s'accumule sur la sole.

Nº 102,002. — Howatson. — 24 janvier 1874.

Perfectionnements apportés dans la construction des fourneaux destinés à chauffer, fondre et puddler les métaux, et dans les procédés usités à cet effet.

Ces perfectionnements ont pour but d'alimenter ces fourneaux d'air chaud au lieu d'air froid; ils peuvent s'appliquer à ces fourneaux, réunis ou employés isolément. L'air, avant de pénétrer dans le fourneau, traverse en s'échauffant un système de passages communiquant avec le fourneau même et en dépendant, de telle façon que, lorsque le feu du fourneau est allumé, l'air atmosphérique sera attiré dans ces passages et dirigé au-dessous de la grille, à travers laquelle il passera pour se mélanger aux gaz produits par la combustion du fourneau. L'état de chaleur de l'air, à son entrée, aura pour résultat la combustion parfaite des gaz, et produira, en conséquence, la chaleur nécessaire pour chauffer, fondre et puddler les métaux.

Nº 102,555. — Cordurié et Anthony. — 27 mars 1874.

Traitement des minerais sulfurés, oxydés et carbonatés, réduits directement, dans les fours à réverbère et sans autre réactif, par les gaz provenant de la décomposition de la vapeur d'eau par des charbons portés au rouge.

Ce traitement repose sur les principes suivants:
1º Utilisation de la réaction obtenue par les gaz provenant de la décomposition de la vapeur d'eau par les charbons portés au rouge ou tous autres gaz combustibles;
2º L'application desdits gaz à la réduction directe des minerais sulfurés, carbonatés et oxydés, gaz qui constituent une source nouvelle de calorique;
3º L'application du refroidissement par l'eau, avec introduction de vapeur d'eau dans les chambres de condensation, pour condenser et entraîner les vapeurs métalliques, afin d'éviter les pertes en métal.

On peut dire que la vapeur d'eau est rendue combustible par l'isolement de ses éléments.

N° 102,950. — Closson. — 9 avril 1874.

Mode de préparation des alliages de manganèse.

L'invention consiste à traiter par une base les résidus de la fabrication du chlore, pour l'élimination préalable de la silice, dans la préparation des mélanges qui, par réduction, fourniront soit le manganèse, soit un de ses alliages.

N° 102,982. — Crozet frères. — 25 avril 1874.

Système de hauts-fourneaux à produire la fonte, à foyers, laboratoires et réservoirs isolés.

Le principe consiste à traiter le minerai dans les hauts-fourneaux ou autres fours analogues, au moyen de la chaleur produite dans un appareil indépendant de celui dans lequel s'opèrent les réductions et la fusion, et cela d'une manière continue, sans interruption pour charger ou couler, et sans autre arrêt que celui nécessité par la reconstruction du four.

L'appareil permet de produire, à volonté et suivant les besoins, de petites ou de grandes quantités de fonte, sans que celle-ci puisse se refroidir.

Le point caractéristique de l'invention est le dispositif d'isolement, de séparation de chacune des opérations, et la facilité de faire converger vers un seul point, un, deux ou plusieurs foyers et laboratoires.

Les avantages de ce système sont : économie sur la quantité et sur la nature du combustible, car on peut employer un combustible quelconque ; emploi d'un cément ou carburant quelconque ; production de fonte de meilleure qualité ; régularité des opérations et plus grande durée des appareils.

N° 103,345. — Collignon. — 26 mai 1874.

Fonte lisse et brillante avec 80 p. 100 d'économie.

Ce système supprime, dans le moulage, le charbon de terre, le charbon de bois et le flambage au goudron ou à la résine qu'on était obligé de faire dans l'ancien système. Le point caractéristique consiste à adjoindre au sable vert, du goudron (un vingtième environ) en remplacement du charbon de terre, et de mélanger intimement ces deux corps. La fonte qu'on obtient, dans le moulage, est lisse et brillante ; le procédé donne une économie de 85 p. 100.

N° 105,212. — Stone. — 6 octobre 1874.

Perfectionnements dans la fusion ou extraction du fer, cuivre ou autres métaux de leurs minerais.

Les minerais sont pulvérisés très-fin et incorporés à de la tourbe broyée ; à ce mélange on ajoute de l'essence de pétrole et du goudron, et on le comprime sous forme de briquettes. On brûle ces agglomérés dans un haut-fourneau, ou dans des coupoles, avec un fondant.

La tourbe ne contenant ni soufre ni autre substance nuisible, améliore la qualité du métal. L'essence de pétrole a pour but de stimuler la combustion de la tourbe, d'intensifier la chaleur émise, et de rendre la combustion plus parfaite. On peut substituer à l'essence de pétrole d'autres essences ou des huiles inflammables, telles que huile de pétrole, huile de goudron, brai, résines, etc.

Le goudron est employé principalement pour fixer et retenir l'essence et pour faciliter l'agglomération.

N° 105,373. — Clapeyron. — 14 décembre 1874.

Cubilot à tuyères jointives.

Cette invention a pour but de faire pénétrer et répartir le vent sur le pourtour entier d'une section, d'une étendue quelconque, de matières à brûler ou à fondre. Le problème dépend de la détermination des vides donnant passage au vent, et des pleins nécessaires au soutien des matériaux du four. Pour le résoudre, l'inventeur emploie l'anneau circulaire à vent, usité dans beaucoup de fonderies. De cet anneau, et à un même niveau, on fait converger autour du foyer un nombre de tuyères assez grand, afin qu'en se touchant, elles enveloppent en entier le foyer. Elles sont rondes à leur attache sur l'anneau, et aplaties à l'autre extrémité. De la sorte, pendant que les bords intérieurs se touchent, ceux extérieurs contre l'anneau restent assez écartés pour donner place aux matériaux réfractaires du cubilot. La surface du bout ovalisé est d'ailleurs la même que celle du bout rond, et le grand axe de l'ovale est posé horizontalement.

N° 106,094. — Meunier. — 16 décembre 1874.

Mode de fabrication de la fonte malléable.

Le caractère distinctif de cette invention réside dans un mode de fabrication, rationnelle et économique, de la fonte malléable, quelle que soit d'ailleurs la variété à obtenir ; ces moyens consistent dans *la fusion directe au cubilot spécial, sans le secours de creusets ; et dans le recuit en cornue réfractaire, sans le secours des pots en fonte.*

N° 106,904. — Brandon. — 2 janvier 1875.

Utilisation et prise des gaz des hauts-fourneaux.

L'inventeur s'est proposé de maintenir la pression constante dans le haut-fourneau, et, par suite, de faire la charge de telle manière qu'il n'y ait pas de variations sensibles dans la pression des gaz du gueulard. Il résultera un autre avantage, c'est la constance du volume des gaz affluant dans les foyers des appareils utilisateurs de ces gaz, et, par suite, la régularité de la chauffe que l'on opère dans ceux-ci. Ce point est surtout important pour le chauffage de l'air, depuis surtout qu'on a cherché à porter l'air insufflé dans les hauts-fourneaux à des températures beaucoup plus élevées que précédemment.

De plus, quand les gaz de plusieurs hauts-fourneaux sont réunis dans une conduite commune, pour être, de là, répartis entre les divers appareils utilisateurs, le gueulard, que l'on ouvre, perd sa pression et les gaz de la conduite tendent à refluer et à s'échapper par le gueulard. Pour éviter cet inconvénient, on ferme les valves situées à la sortie des gaz du haut-fourneau en chargement, et on se prive ainsi momentanément de ces gaz. Cet inconvénient et la manœuvre des valves sont supprimés par le chargement sous pression.

Il importe aussi à la bonne marche d'un haut-fourneau que le minerai et le combustible entrent dans la cuve avec méthode et régularité, surtout lorsque l'on veut obtenir journellement des fontes de moulage. Les appareils, objet de cette invention, obtiennent ces résultats simultanément ou isolément.

Procédé de fabrication directe de la fonte, de l'acier et du fer au four à réverbère.

Les procédés, applications et dispositions qui font l'objet du présent brevet, consistent principalement dans ce qui suit :

1° L'application des fours Siemens à la réduction des minerais de fer par le contact du charbon végétal ou minéral, et à leur transformation en éponge de fer sur une sole horizontale, sans emploi de cornues, moufles ou autres moyens préservateurs, le courant gazeux étant rendu réducteur par la prédominance des gaz combustibles ;

2° La fusion, dans des fours de même système, des minerais réduits et mélangés de fondants convenables, de manière à en obtenir directement de la fonte, de l'acier fondu ou du fer doux ;

3° La transformation immédiate et dans le même four de la fonte obtenue en acier fondu ou en fer doux ;

4° La réduction des minerais et leur fusion pour fonte ou acier dans le même four, en maintenant d'abord la température modérée et le courant de gaz réducteur, puis, en donnant un coup de feu final, pour produire la liquation de la charge ;

5° Les dispositions spéciales du four Siemens, ayant pour objet d'obtenir, dans le laboratoire du four, un courant de gaz réducteur, tout en conservant une température suffisamment élevée dans le régénérateur.

ADDITION, en date du 18 décembre 1875. Les éléments nouveaux compris dans la présente addition sont les suivants :

1° La superposition aux registres, placés aux extrémités de la voûte du four Siemens, d'une caisse étanche en fonte ou en tôle, recevant l'air d'un ventilateur et traversée par une tige qui permet d'ouvrir et de fermer le registre du dehors ;

2° L'application du même système de registre et de caisse étanche aux fours à réverbère à gaz, à courant constant, du système Ebelmen et Ponsard ou autres du même genre, employés à la réduction et à la fusion des minerais de fer, ladite application ayant pour but de chauffer l'air destiné à alimenter le gazogène pendant la période de réduction, et de produire ainsi des gaz réducteurs à haute température ;

3° L'emploi de gazogènes à flamme renversée, quand on brûle du bois, du lignite ou de la tourbe pour alimenter les fours de réduction et de fusion des minerais de fer.

Nº 106,872. — Hamoir. — 18 février 1875.

Procédé destiné à la fabrication et à l'emploi des fontes soufflées.

L'inventeur a essayé de profiter de l'état fluide des fontes, au sortir du creuset, pour les désilicer et les décarburer, en un mot, pour les avancer par l'injection de l'air.

Le convertisseur Bessemer est un appareil si complet que l'on chercherait en vain une modification qui en rendit l'emploi plus pratique, mais son installation coûteuse nécessite une force motrice considérable, une très-haute pression de vent (75 centimètres de mercure au minimum).

Dans l'appareil, objet de ce brevet, avec des fontes soufflées pendant une minute et demie à deux minutes, on obtient facilement, au four à puddler, une charge de plus en 24 heures ; le fer, produit de ces fontes, est parfaitement affiné, parfaitement soudant, peut se marteler comme du plomb et se laminer comme du corroyé. Le déchet n'a pas dépassé 7,88 p. 100.

La fonte ne se refroidit pas sensiblement par l'injection de l'air, les réactions chimiques entretenant sa fluidité ; après 15 à 20 minutes seulement, la matière commence à prendre l'état pâteux, c'est une limite qu'il ne faut pas atteindre, à cause de la difficulté des manipulations.

Par l'addition des scories provenant des marteaux-pilons, scories que les puddleurs jettent habituellement sur la sole du four avant de charger la fonte, ou par l'emploi de battitures, dites « pailles de laminoir », on arrive à des résultats remarquables comme rapidité d'affinage. On a constaté une augmentation de 28 p. 100 sur la production moyenne ordinaire avec un déchet de 8,65 au lieu de 10,50 p. 100. Voici le moyen d'opérer directement au four à puddler. La fonte étant en fusion, on se sert pour la brasser d'un rabot en fer creux, communiquant par un tuyau de caoutchouc avec un puissant ventilateur, mais le puddleur doit arrêter l'opération à temps ; en effet, s'il continue à souffler, quand le fer a pris nature, le fer brûle très-rapidement, et la diminution du produit en est la conséquence.

ADDITION, en date du 24 août 1875.

Ce certificat d'addition indique quelques dispositions pour éviter que la chaleur intense qui se produit à la fin de l'opération, ne détruise rapidement les tuyères et le cadre en fonte servant de récipient, et aussi pour éviter que la fonte ne passe dans la boîte à vent et n'obstrue les tuyaux. L'inventeur indique également une disposition pour conserver étanche le joint entre le cadre supérieur et la boîte à vent.

N° 107,866. — Lloyd. — 20 avril 1875.

Perfectionnements dans les tuyères de hauts-fourneaux et autres fours et forges.

Cette invention a pour but d'éviter entièrement le danger des explosions dans les tuyères.

Pour construire une tuyère d'après cette invention, l'inventeur fait un tube conique en fer, ayant des parois creuses comme les tuyères de construction ordinaire. Il supprime cependant l'anneau de fermeture au bout extérieur, ou base de la tuyère, mais il conserve l'anneau de fermeture au bout antérieur ou nez de la tuyère.

On supprime aussi le tube qui sert dans les tuyères ordinaires pour l'introduction de l'eau et de sa sortie.

On introduit et on fixe dans l'espace creux ou annulaire, contenu entre les parois de la tuyère, un tube en spirale dont la forme est telle que ses circonvolutions, quand ledit tube est fixé en place, sont situées à mi-chemin entre les parois concentriques de la tuyère. Ce tube en spirale est garni d'une série de petits trous ou perforations sur les côtés intérieurs et extérieurs des circonvolutions. Un courant d'eau, sous une certaine pression, passe à travers la spirale, et de nombreux petits jets, très-divisés, sont projetés dans chaque partie de l'intérieur de la tuyère, ce qui l'empêche de se chauffer trop. Au lieu d'un tube en spirale, on peut employer un châssis garni de tubes ou un système de tubes de forme convenable pour s'adapter dans l'intérieur de la tuyère ; enfin, au lieu des petits trous ou perforations décrites, on peut employer une série de fentes.

N° 108,667. — Réotor. — 26 juin 1875.

Procédés pour traiter les minerais de manganèse et de fer à gangues calcaires.

Les minerais de manganèse ou de manganèse ferrugineux, ou de fer à gangues calcaires, se réduisent très-bien par la chaleur. Pour obtenir ce résultat, on mélange ces minerais avec du spath-fluor, qui, ainsi employé, rend les laitiers très-coulants, et évite l'inconvénient, qu'ont les laitiers très-siliceux, de se combiner avec le fer et le manganèse, avec ce dernier principalement. Par l'emploi du fluorure de calcium, on conserve surtout aux minerais de manganèse, à gangues calcaires, la faculté qu'ils ont de se réduire facilement et d'éviter une partie des déchets, tout en ayant des laitiers coulants.

L'inventeur se réserve cette façon de procéder, soit pour le traitement au haut-fourneau, soit pour le traitement sur sole de four, soit pour le traitement au creuset.

N° 108,794. — Helson et Cie. — 12 juillet 1875.

Emploi des scories de fours à réchauffer et à puddler, pailles de trains de laminage et puddlage, ainsi que des minerais difficilement réductibles pour production de fonte de moulage et d'affinage.

Le principal obstacle à l'emploi des scories de fours à réchauffer dans la fabrication de la fonte de moulage, provient de ce fait, que ces scories sont très-réfractaires, difficiles à réduire. Elles varient dans un travail insuffisamment préparé, et viennent décarburer la fonte. Pour parer à cet inconvénient et généraliser l'emploi de ces scories, on les fait d'abord couler, au sortir dudit four à réchauffer, dans des bassins remplis d'eau, contenant environ un mètre cube ; de cette façon, les scories se granulent en petits fragments, variant de 1 à 15 ou 20 millimètres environ.

Lorsqu'elles sont arrivées à cet état et refroidies, on les charge à la chaîne à godets, et on les fait passer dans des broyeurs quelconques ; elles sont alors concassées et réduites en poussière. Dans cet état, on les mélange avec le charbon.

Ce mélange de scories et de charbon peut être employé également pour la production de la fonte d'affinage ; il donne des résultats très-avantageux, la réduction est parfaite, et l'on obtient le rendement presque complet du fer.

N° 109,072. — De Wilde et Gillieaux. — 31 juillet 1875.

Procédé d'épuration des fontes et aciers par l'emploi de la kryolithe.

Pour éliminer le silicium, le soufre et le phosphore, les inventeurs introduisent, soit dans le haut-fourneau, soit dans le four à

puddler, soit dans les fours à acier, soit dans les cornues Bessemer, soit enfin dans tous autres appareils, servant à l'élaboration
de la fonte, du fer ou de l'acier, une certaine quantité de kryolithe
ou fluorure double d'aluminium et de sodium (Al^3 Fl^{18} Na^6).

Le dosage de cette substance épurante dépend de la composition
chimique des matières premières traitées.

L'action utile de la kryolithe s'explique par la facilité avec laquelle le silicium, contenu dans la fonte, peut former, avec le fluor,
un composé gazeux de fluorure de silicium.

De son côté, le sodium enlève le soufre et le phosphore qu'il
fait passer dans la scorie.

Quant à l'aluminium, dans l'hypothèse qu'il vienne à rester partiellement dans le métal, il ne peut qu'ajouter aux qualités de ce
dernier.

N° 110,061. — Verdié. — 6 novembre 1875.

Perfectionnements dans la fabrication de la fonte, du fer et de l'acier.

Pour enlever le phosphore, le soufre, l'arsenic et la plupart des
impuretés qui rendent si souvent le fer, l'acier ou la fonte impropres à certains emplois, l'inventeur se sert de bromure de potassium et de ses dérivés, ainsi que de tous les corps pouvant donner
du brome, tels que le bromure de sodium. Il emploie aussi les chlorures et les fluorures de potassium et leurs dérivés. A ces corps il
mélange des carbonates de potasse ou de soude, des nitrates ou
du borax.

De toutes ces matières, celle qui donne les meilleurs résultats
est le bromure de potassium, introduit soit dans le haut-fourneau,
soit dans le four à puddler, soit dans un four Martin pour fabriquer
l'acier, ou dans une cornue Bessemer ou dans des creusets pour
fondre l'acier; enfin, dans tout appareil pouvant produire de la
fonte, du fer ou de l'acier.

N° 110,334. — Crossley. — 16 novembre 1875.

Perfectionnements dans la disposition des fours et des tuyaux pour le chauffage de l'air des hauts-fourneaux.

Ces perfectionnements consistent à disposer les fours et tuyaux
à air chaud connus, établis ordinairement sur un seul plan hori-

zontal, dans des chambres superposées, et en nombre tel, que les produits de la combustion d'une de ces chambres, après y avoir chauffé les tuyaux conduisant l'air, soient dirigés dans une autre chambre similaire, contenant une deuxième série de tuyaux, et, après y avoir chauffé cette seconde série de tuyaux, soient, au besoin, dirigés dans une troisième chambre similaire, garnie avec une troisième série de tuyaux, et ainsi de suite.

La puissance de ce nouveau four est tellement considérable, en raison du tirage résultant de l'augmentation de sa hauteur ainsi que de l'étendue de la surface de chauffe, qu'il s'établit un contrôle sur la température de l'air forcé, laquelle température est ainsi maintenue à peu près constante, malgré les changements d'allure des hauts-fourneaux et les modifications qui en résultent dans la qualité ou dans la quantité du gaz émis, destiné au chauffage des fours à air chaud.

N° 110,438. — Helson. — 23 novembre 1875.

Appareil dit injecteur-aspirateur des gaz du gueulard des hauts-fourneaux.

L'appareil en question permet d'utiliser les machines soufflantes à une double fin : d'abord, à refouler l'air chaud dans le haut-fourneau, ensuite, à obtenir, par ce refoulement même de l'air, l'entraînement des gaz perdus du haut-fourneau, pour faire rentrer ceux-ci par les tuyères dans le haut-fourneau. L'inventeur a désigné ce nouvel engin sous le nom d'*Injecteur-aspirateur des gaz du gueulard du haut-fourneau*. Il obtient, par son emploi, une température plus élevée de l'air introduit, et une diminution de dépense en combustible.

N° 110,631. — Dalifol. — 10 décembre 1875.

Système de fusion au moyen d'un four dit four compensateur.

Le haut-fourneau produit tantôt de la fonte blanche, tantôt de la fonte grise, et même, comme intermédiaire, de la fonte truitée. Les produits obtenus avec ces diverses fontes sont bien différents au point de vue de la malléabilité, de la résistance et du retrait ; l'emploi, dans ces conditions, en serait impossible ; aussi, le fondeur de fonte malléable a-t-il bien soin de casser préalablement les gueuses de fonte, de façon à pouvoir composer, par leur mélange, le lit de fusion qu'il veut obtenir.

Dans certains cas, on est même obligé, si l'on tient à avoir une qualité supérieure, de refondre les gueuses pour obtenir des lingots débarrassés des métalloïdes nuisibles.

Il ressort de là que la production de la fonte malléable au haut-fourneau, ne devient pratique qu'à la condition d'y annexer une seconde fusion par une méthode quelconque, creuset, cubilot, four à réverbère ou four à gaz, appelé *four compensateur*, afin de permettre de faire, avec la fonte en fusion, comme on le fait avec la fonte en gueuses, les mélanges dont on a besoin. Ainsi, le haut-fourneau a-t-il tendance à faire trop blanc, on fond à part, pour l'avoir à sa disposition au moment de la coulée, de la fonte grise, et une éprouvette, prise au haut-fourneau au dernier moment, sert à déterminer la proportion de fonte grise à ajouter dans la poche.

Le peu de fonte dont on aura besoin pour les moulages d'acier, pourra être prise, de la même façon, au haut-fourneau.

Dans ce dernier cas, le four compensateur devra être évidemment le four à sole, qui permettra de convertir directement la fonte du haut-fourneau en acier.

Pour la fabrication du métal mixte, qui emploie une plus forte proportion de fonte, l'économie et les avantages seront encore plus sensibles.

En résumé, l'inventeur revendique l'application du four dit *compensateur*, de quelque sorte qu'il soit, comme addition au haut-fourneau, pour la fabrication de la fonte malléable, du métal mixte et des moulages d'acier.

N° 110,718. — Hachette fils et Driout. — 16 décembre 1875.

Système perfectionné de tuyère à eau pour haut-fourneau.

Ces tuyères sont construites partie en cuivre rouge et partie en tôle, fer ou fonte.

Le nez extérieur de la tuyère est en cuivre rouge embouti d'une seule pièce, se réunissant au reste de l'enveloppe extérieure, qui est en cuivre rouge laminé, au moyen, soit d'une rivure avec soudure en cuivre, soit seulement avec une soudure toujours en cuivre. Ce même nez se réunit aussi avec la partie inférieure ou cône, qui est en tôle, au moyen d'une soudure.

La plaque du fond, qui est mobile, est en fer ou fonte, se fixant sur la tuyère au moyen de boulons en fer se vissant sur des pattes en fer taraudées et rivées à cette dernière. Deux rainures sont ménagées dans cette plaque pour placer des bandes de caoutchouc devant faire joint avec la tuyère.

Enfin, des tuyaux d'introduction et de sortie de l'eau froide permettent de rafraîchir efficacement les surfaces de la tuyère.

N° 111,572. — Muller et Fichet. — 18 février 1876.

Perfectionnements aux fours coulants et à cuve.

Ces dispositions perfectionnées s'appliquent aux fours de tous les systèmes et ont pour objet d'améliorer la marche et le service du four, et de donner une régularité d'allure plus grande.

Quand on ne veut pas mélanger le combustible avec les matières que l'on traite, on dispose un ou plusieurs foyers à la partie inférieure du four, dans le massif central qui forme la base de l'appareil. Ces foyers jouent le rôle d'alandiers placés à la base du four et près de l'axe, au lieu d'être répartis sur leur pourtour à diverses hauteurs. Par cette disposition, plus centrale, le tirage est plus énergique et la chaleur pénètre mieux dans la masse, en même temps qu'on réduit les pertes de chaleur par l'intérieur. Pour faciliter la pénétration des flammes, les foyers sont surmontés de cheminées qui s'élèvent au milieu même de la masse à cuire, et y portent la chaleur avec les produits de la combustion. Des orifices de dégagement sont répartis suivant la hauteur, en raison de l'étendue que l'on veut donner à la zone de haute température. Au moyen d'autres cheminées, ménagées dans les parois, on peut également distribuer les produits du foyer en autant de points qu'on le juge convenable sur l'étendue de la paroi intérieure du four.

Les inventeurs se réservent aussi la faculté de faire marcher leurs foyers en allure de gazogènes et, dans ce cas, d'envoyer dans le four des gaz combustibles au lieu de n'y envoyer que les produits de la combustion.

N° 112,127. — Cuvier fils. — 8 avril 1876.

Cubilot à four-réservoir gazovore.

Les caractères distinctifs de ce système sont :

1° L'accouplement d'un cubilot à un four-réservoir, tant par sa sortie de coulée que par son sommet, d'où il lance dans ce four-réservoir ses produits de fusion, son excès d'air et ses gaz combustibles, qui y sont brûlés.

2° L'agencement qui permet d'employer simultanément avec les gaz combustibles du cubilot, des combustibles additionnels pulvérulents ou liquides, avec ou sans addition spéciale d'air, pour les comburer, et d'obtenir ainsi des températures énormes, et, à volonté, la carburation et la décarburation rapide et économique des fontes qui y sont traitées.

Au moyen de ces dispositions, on obtient une grande quantité de fonte liquide, très-chaude, dans un cubilot de petite dimension et avec une consommation réduite de combustible. On peut modifier facilement la qualité de la fonte, et on peut obtenir de l'acier fondu par un mélange rationnel de fer crû avec des déchets de fer, avec addition de ferro-manganèse ou de tous autres produits chimiques convenables.

Dans un certificat d'addition l'inventeur remplace le four-réservoir par un four à sole, disposé soit pour puddlage à la main, soit pour puddlage mécanique à sole tournante ou oscillante, ou à râbles automatiques, qui reçoivent le métal en fusion à traiter, sortant du cubilot, en même temps que les gaz combustibles, lesquels s'y rendent de la façon spécifiée dans le brevet principal. Les avantages obtenus sont : 1° économie de combustible ; 2° la fonte, à sa fusion, subit un mazéage très-complet ; 3° faculté de modifier très-facilement les propriétés oxydantes, réductrices ou neutres de la flamme dans le four à puddler et d'obtenir une meilleure qualité de fer ; 4° faculté de faire intervenir dans le puddlage des agents chimiques en vapeurs, à l'état gazeux et en poussières fines.

N° 143,163. — Robin et Mauloise. — 13 juin 1876.

Vidage en dessous des wilkinson, *au moyen d'une porte.*

Ce système consiste en une porte à deux ventaux à recouvrement, dont la rotation tient à une plaque sur laquelle repose le wilkinson, au moyen de quatre colonnes en fonte. Cette porte est tenue sous cette plaque pour le temps de la coulée par une longue clavette venant se fixer sous la plaque au moyen de deux supports à galets ; cette clavette est destinée à supporter toute la charge qui peut se trouver dans le wilkinson pour la coulée. La coulée terminée, et n'ayant plus dans le wilkinson que la petite quantité restante de coke et de crasses, par conséquent un poids très-faible à supporter, le fondeur n'a qu'à arracher cette clavette et qu'à faire jouer un petit levier sur son point de rotation, de moins de un dixième de la circonférence de la plaque, et immédiatement tout ce qui est dans le wilkinson tombe soit par terre, soit dans un wagonnet placé au-dessous de la porte.

Avec ce système, la chappe du wilkinson est facile à réparer et n'a pas besoin d'être refaite si souvent ; elle dure 4 ou 5 fois plus longtemps que celles réparées par les moyens actuels.

No 113,364. — Servais et Feltgen. — 22 juin 1876.

Emploi de la vapeur d'eau à l'épuration des fontes et notamment des fontes phosphoreuses et sulfureuses.

Ce mode d'épuration des fontes est appliqué de deux manières différentes : 1° aux fontes dès leur sortie du haut-fourneau ou du cubilot, mais dans des appareils différents de ceux employés aujourd'hui à la fabrication de l'acier ; 2° aux fontes contenues dans des appareils servant aujourd'hui à la fabrication de l'acier, et pendant cette dernière opération.

Le principe de tous ces appareils est le même. Ils se composent d'une cuve en matières réfractaires de forme ronde ou elliptique, chauffée extérieurement pour compenser la déperdition de chaleur occasionnée par la décomposition de la vapeur d'eau ; à cet effet, les produits de la combustion traversent le carneau dans lequel la cuve est logée et s'échappent par une cheminée, soit directement, soit après avoir traversé la cuve même.

La cuve et le carneau sont couverts d'une voûte que l'on peut rendre mobile, percée en son milieu d'une couverture pour l'introduction de la fonte liquide. Une coulée permet de recueillir le produit de l'épuration.

La cuve repose sur une caisse métallique dont le fond supérieur est percé de petits trous pour permettre l'échappement de la vapeur vers la cuve ; le fond inférieur est muni d'une tubulure pour l'entrée de la vapeur d'eau. Le choix du combustible est indifférent.

No 113,745. — Héral. — 19 juillet 1876.

Fourneau de métallurgie.

Le point caractéristique de ce fourneau est le mouvement du gaz à l'intérieur du laboratoire ; ce mouvement se fait dans le même sens que le mouvement des charges ; l'air pénètre dans la cuve à la hauteur du gueulard, qui est bouché pendant la marche, et les produits gazeux sont aspirés par des tuyères placées au bas. Cette aspiration permet de faire facilement varier la température et de rendre à volonté le courant gazeux oxydant, réducteur ou neutre dans une zone quelconque de la cuve. Un réchauffeur ou condenseur, composé de deux circuits parfaitement isolés, laisse passer, par un des circuits, l'air aspiré dans le laboratoire, et, par l'autre circuit, les produits gazeux aspirés au dehors. Ce réchauffeur se distingue par l'étagement de compartiments formés par des cloisons s'étendant de la cuve à l'enveloppe extérieure du fourneau. L'aspirateur est composé d'une suite de ventilateurs ordinaires, réunis sur un même axe et disposés de telle sorte que le premier ventilateur aspire dans le réchauffeur, le deuxième aspirant les gaz abandonnés par le premier, le troisième les gaz abandonnés par le deuxième, et ainsi de suite jusqu'au dernier qui lance les gaz dans l'atmosphère.

N° 113,896. — Dubois et François. — 26 juillet 1876.

Système de soupapes d'aspiration d'air applicable aux machines à comprimer l'air et aux machines soufflantes.

Les inventeurs se sont proposé d'obtenir que l'ouverture et la fermeture des soupapes d'aspiration se fassent instantanément et sans résistance, pour permettre de donner, dans de bonnes conditions de marche, une grande vitesse aux pistons des appareils comprimants ou soufflants de l'air ou du gaz.

Le système consiste dans la réunion des soupapes d'aspiration des appareils à double effet, par des tiges, tringles ou leviers, de telle sorte qu'en s'ouvrant, la soupape d'un côté du piston ferme celle de l'autre côté.

N° 113,940. — Heurtier, Carré et Cie. — 26 juillet 1876.

Système de cubilot pour la fonte du fer.

Ce système se compose d'un cylindre formant le corps du cubilot proprement dit. Sur ce cylindre est fixée une enveloppe en tôle faisant l'office de réservoir de vent en communication avec un ventilateur. Le vent est distribué dans le four par des tuyères placées sur tout le pourtour du cubilot. Leur nombre et leurs dimensions varient selon la plus ou moins grande quantité de métal que l'on désire fondre. À une certaine distance au-dessus de cette première rangée de tuyères il s'en trouve une seconde de dimensions plus petites et communiquant au réservoir à vent au moyen de tubulures et de robinets. Leur nombre est également variable, mais il reste subordonné au nombre de tuyères de la zone inférieure, et il doit être toujours le même.

N° 114,022. — Champion. — 2 août 1876.

Purification de la fonte de fer par l'électricité.

Ce procédé consiste dans la purification de la fonte de fer, prise à l'état pâteux ou de fusion, à l'aide du courant électrique, sous l'influence duquel les matières étrangères, telles que le soufre, le phosphore, etc., sont éliminées en partie ou en totalité. On fait agir le courant soit pendant le traitement des minerais, soit sur le métal extrait.

Suivant les cas, la fonte est additionnée de flux ou autres substances facilitant la décomposition par l'action de l'électricité.

N° 114,071. — Gerspacher. — 16 août 1876.

Amélioration de la qualité de la fonte brute et facilité de son affinage en fer.

On fait couler la fonte, à sa sortie du haut-fourneau, dans un appareil ayant à peu près la forme d'un haut-fourneau, dont les dimensions, très-restreintes, varient suivant la nature de la fonte que l'on traite. Cet appareil est rempli, de préférence, avec du charbon de bois allumé, et soufflé, à une certaine pression, avec de l'air froid, pendant le passage de la fonte dans le charbon. L'air froid est distribué, selon les besoins, au moyen de deux ou plusieurs tuyères, placées en face l'une de l'autre, et même de plusieurs rangs de tuyères superposés.

L'appareil en question est un vase en tôle forte, de forme conique, entouré de briques ou de terre réfractaire, ayant 2 mètres de hauteur sur 55 centimètres de diamètre dans sa plus grande largeur, et 28 centimètres de diamètre dans la partie supérieure.

Ce procédé a pour résultat, non-seulement d'améliorer la qualité des fontes secondaires, en les débarrassant des matières impures qu'elles contiennent et qui sont entraînées dans les scories, mais encore d'en opérer l'affinage en grande partie, sinon en totalité.

Perfectionnements dans la production des métaux ou alliages
métalliques, et dans les procédés employés à cet effet.

L'invention consiste en ceci:

1° Produire un coke métallique composé par le mélange de minéral ferro-manganésifère, de manganèse et de fer, ou tout autre de ce genre, avec du charbon et des fondants. Ce coke composé, fondu dans un haut-fourneau ou par d'autres moyens de réduction, sera capable de produire de la fonte blanche ou du spiegel ou du ferro-manganèse.

2° Produire un coke composé, en dehors des divers genres de minerais amalgamés avec des substances carbonifères, coke qui, lorsqu'il aura été postérieurement fondu, donnera un saumon métallique tiré des éléments constitutifs des matières employées.

Dans un certificat d'addition, l'auteur produit un siliciure de fer et de manganèse. Il prend du minerai ferro-manganésifère, du minerai de manganèse, et autres substances manganésifères et ferreuses, il les mélange avec du charbon et du bitume, et, au besoin, avec une certaine quantité de silice. Ces substances, ainsi mélangées, et carbonisées, produiront un coke qui, fondu, donnera du siliciure de fer et de manganèse.

Mode d'utilisation de la chaleur perdue dans les cubilots et autres
fours.

Au cubilot ou à tout autre four est adaptée une chambre de chauffage, que traversent les gaz produits par la combustion. Ceux-ci transmettent une partie de leur chaleur à une série de tuyaux à air, disposés à l'intérieur de cette chambre et arrangés de façon que le courant d'air qu'on y fait passer se trouve chauffé avant d'être conduit dans le four. Par ce moyen, la combustion est activée, et la fusion du métal ou du minerai s'opère très-rapidement, avec économie considérable de combustible. Les tuyaux servant au chauffage de l'air peuvent être placés verticalement, obliquement ou de toute autre façon. L'inventeur préfère disposer, dans la chambre de chauffage, une série de tuyaux annulaires horizontaux en fonte. Chaque tuyau annulaire est muni, pour l'entrée et la sortie de l'air, de deux orifices qui font communiquer entre eux tous les tuyaux de la série.

Nº 118,425. — Frison. — 17 janvier 1877.

Perfectionnements apportés dans les hauts-fourneaux.

Le trait caractéristique de ce perfectionnement est la séparation, au moment du chargement, du combustible d'avec les autres matières, en *zones verticales*. Le minerai et la castine sont séparés verticalement de tout ou partie du combustible, ce dernier devant occuper le centre de la cuve et s'élever assez haut pour empêcher le minerai et la castine de rouler sur lui. Par cette disposition, le minerai est maintenu contre les parois pendant une partie de son parcours, le calorique dont sont chargés les gaz est absorbé par lui, au lieu de l'être par les parois ou entraîné par eux, d'où économie de combustible. Le minerai, ainsi placé, tamise moins facilement à travers le combustible et arrive, mieux réduit, à l'ouvrage.

Nº 118,300. — Willans. — 30 avril 1877.

Perfectionnements dans la fabrication des fontes métalliques.

Ce perfectionnement consiste à fabriquer, par des mélanges appropriés, des fontes d'acier ou de fer qui contiennent moins de soufre que de carbone, la quantité de carbone étant toujours moindre que 1 p. 100.

L'inventeur fabrique des fontes d'acier ou de fer qui contiennent environ la 500ᵉ partie de leur poids de soufre, moins de 1 p. 100 de carbone, et, en même temps, un métal allié.

Nº 118,682. — Imbs et Jouanne. — 25 mai 1877.

Perfectionnements dans le traitement des minerais de fer et autres métaux.

Le système repose sur le travail de fusion par charges intermittentes, au lieu du travail de fusion par charges continues. La méthode consiste principalement dans le mode de chargement, dans

le traitement mécanique et chimique des minerais, dans l'injection
de jets de gaz enflammés, projetés par l'air comprimé, faisant cha
lumeau, dans la hauteur et dans le croisement des jets, enfin
dans le filtrage des matières fondues.

Dans un certificat d'addition, les inventeurs revendiquent l
principe et la méthode de la projection des métaux en fusion
travers des mélanges gazeux destinés à les échauffer ou à les mo
difier chimiquement.

N° 118,964. — Boutté. — 11 juin 1877.

Four rotatif pour recuire la fonte malléable.

Ce four, rotatif et continu, possède, comme accessoire impor
tant, un système de joints hermétiques d'une grande utilité a
point de vue de l'économie du combustible.

La sole rotative est divisée en x segments sur lesquels sont pla
cés les caissons, en nombre indéterminé ; toutes les 12 heures, o
fait tourner la sole de la valeur d'un segment ; la révolution com
plète aura donc lieu en 96 heures ou 4 jours, temps suffisant pou
obtenir un bon recuit. Les premiers caissons commencent leu
recuit quand les derniers caissons sont suffisamment recuits pou
être défournés.

Un seul four circulaire produit autant que quatre autres four
ordinaires de même contenance, et la fonte est de meilleur
qualité.

N° 119,390. — Plum. — 11 juillet 1877.

Perfectionnements dans les tuyères pour hauts-fourneaux
et autres.

L'auteur revendique les perfectionnements suivants :

1° La construction et l'emploi de tuyères dont le bout extérieur
est partiellement fermé, la pièce de fermeture ayant des trous de
mire pour examiner le travail ;

2° L'emploi d'une plaque de doublure, ou étendeur, pour main
tenir de l'eau contre le haut et conduire de l'eau au bout de l
pomme d'arrosoir et le long des côtés des tuyères, fournissant
ainsi l'eau nécessaire pour enlever les obstructions, les dépôts e
les saillies ;

3° L'emploi d'un moufle diviseur dans les tuyères et canons pour varier la pression de la soufflerie;

4° L'emploi des pièces à pomme d'arrosoir jointes dans les tuyères, dans lesquelles l'eau n'est pas sous pression.

N° 119,416. — Gilson. — 9 juillet 1877.

Four continu à sole mobile pour la décarburation de la fonte malléable.

La sole, sur laquelle sont posés les pots ou creusets renfermant la fonte, est montée sur roues à nervures, tournant sur des rails fixés au sol. La sortie de la sole du four s'effectue très-facilement à l'aide d'un treuil; la mise au four de la sole froide, préparée à l'avance, en dehors et de l'autre côté du four, a lieu par la même opération; les deux soles sont reliées entre elles par une chaîne; la même traction qui fait sortir l'une fait rentrer l'autre.

Ce système s'applique également aux anciens fours n'ayant qu'une seule porte; la sole chaude étant sortie, on fait prendre à la sole froide la ligne des rails d'entrée au moyen d'un aiguillage ou d'une plaque tournante. Cette sole mobile présente l'avantage d'avoir toujours le four au degré de température exigé pour la décarburation, sans avoir besoin de laisser éteindre et d'allumer à chaque recuit. Il y a, enfin, économie de combustible et de temps.

N° 119,559. — Krupp. — 23 juillet 1877.

Procédé nouveau de fabrication, en grandes charges, de la fonte épurée, de l'acier, du fer et des produits analogues.

Dans un brevet principal et dans un certificat d'addition, l'auteur revendique comme son invention, le procédé d'épuration qui consiste à couler une grosse charge de fonte dans un four à sole basique, garnie, revêtue et approvisionnée d'oxyde de fer et de manganèse, mélangés ou non à de la chaux, dolomie, etc., ces oxydes servant, en partie comme revêtement, en partie comme réactifs. Aussitôt que les impuretés de la fonte liquide ont été oxydées ou éliminées, le phosphore et le soufre, pour la plus grande partie, le silicium et le manganèse, jusqu'à traces minimes, le carbone de la fonte est à son tour attaqué énergiquement par les oxydes, ce qui se voit par le soulèvement du bain et par la formation d'écumes ou de bulles d'oxyde de carbone. A ce moment, on soutire et on coule la fonte épurée. La fonte est alors facilement séparée du laitier impur qui surnage.

L'inventeur revendique aussi la manière d'opérer, dans l'application et l'emploi de son procédé d'épuration dans tous les fours, fixes ou mobiles.

N° 120,332. — Hütte Phœnix, Actien-Gesellschaft für Bergbau und Hüttenbetrieb. — 14 septembre 1877.

Procédé de fabrication du ferro-manganèse dans les hauts-fourneaux.

La production du ferro-manganèse s'est heurtée contre deux difficultés de nature chimique : la première est la grande affinité entre le manganèse et l'oxygène, la deuxième, l'affinité encore plus grande, peut-être, entre le protoxyde de manganèse et l'acide silicique.

Pour combattre l'affinité du protoxyde de manganèse pour l'acide silicique, l'inventeur met en présence de ce dernier une ou plusieurs bases dont l'affinité pour cet acide est suffisante pour équilibrer celle du protoxyde de manganèse. Dès lors, il ne reste plus qu'une seule force à vaincre, l'affinité de l'oxygène pour le manganèse, affinité qu'il sera facile de vaincre à l'aide des moyens ordinaires de réduction. Les bases dont l'auteur fait usage sont la chaux, la magnésie et l'alumine, employées sous forme de pierre calcaire ordinaire.

Les revendications sont : 1° un procédé de fusion dans le haut-fourneau permettant de réduire 75 à 100 p. 100 du manganèse contenu dans les minerais, et cela à l'aide des laitiers dans lesquels la quantité d'oxygène contenue dans $Ca\,O + Mg\,O + Al_2\,O_3$ est supérieure à la quantité d'oxygène de $Si\,O_2$. — 2° L'inventeur revendique aussi la propriété du produit obtenu par son procédé, c'est-à-dire le ferro-manganèse obtenu dans le haut-fourneau.

N° 120,482. — Feltgen et Servais. — 28 septembre 1877.

Emploi de la vapeur d'eau combinée avec des matières carburées et hydrogénées à l'épuration des fontes et à la fabrication du fer et de l'acier.

Les inventeurs ont reconnu que la vapeur d'eau purifie les fontes en leur enlevant le soufre, le phosphore et le silicium, et qu'elle produit un affinage très-énergique. Mais l'oxygène naissant, résultant de la décomposition de la vapeur d'eau, est un comburant beaucoup plus énergique que l'air atmosphérique qui produit l'affinage dans le procédé Bessemer; il en résulte une oxydation telle du bain métallique que l'oxyde de fer formé en grande quantité lui fait perdre son état liquide.

Pour obvier à cet inconvénient, les inventeurs emploient, non plus de la vapeur d'eau seule, mais celle-ci mélangée aux produits de la distillation de la houille, ou des résidus du pétrole, ou au carbone en poudre, matières qui, convenablement dosées, peuvent saisir l'oxygène et l'empêcher de se porter sur le fer. Le mélange gazeux vient traverser le bain métallique en y pénétrant par une série de petits tubes verticaux logés dans le fond du creuset. Celui-ci est construit en briques réfractaires et est entouré de carneaux de flammes; une ouverture est ménagée à la voûte qui recouvre le creuset pour l'introduction de la fonte en fusion.

Pour appliquer le procédé aux appareils ordinaires et notamment à la cornue Bessemer, il suffit de remplacer le courant de vent forcé par un courant du mélange gazeux indiqué ci-dessus, convenablement préparé et surchauffé.

N° 120,576. — Dormoy-Denayer. — 3 octobre 1877.

Appareil à air chaud, propre au chauffage de l'air insufflé dans les hauts-fourneaux et foyers métallurgiques.

L'appareil à air chaud est caractérisé essentiellement :

1° Par la section elliptique, plus ou moins allongée, des tuyaux en fonte conducteurs de l'air à chauffer, et leur arrangement particulier;

2° Par la jonction, deux à deux, des tuyaux à l'aide de caisses en fonte à emboîtements intérieurs et plaques de fermeture rendues réfractaires;

3° Par la marche ondulée des gaz de la combustion, allant du sommet d'un tuyau à la base du suivant, et ainsi de suite, serpentant à travers toute la série des tuyaux à vent.

N° 121,339. — Cie des Forges de Terrenoire, La Voulte et Bessèges. — 1er décembre 1877.

Disposition de four à fondre, à puddler et à réchauffer les métaux, et plus particulièrement la fonte, le fer et l'acier.

Cette disposition consiste dans la suppression de la grille et dans l'application, pour le chauffage des fours, d'une sorte de gazogène. Ce gazogène est de forme circulaire et son profil rappelle un peu celui d'un haut-fourneau. Il est muni de deux prises de gaz, ce qui permet de recueillir séparément l'oxyde de carbone et les hydrogènes carbonés. Il est soufflé par un jet d'air et un jet de vapeur d'eau, ces deux jets étant introduits, séparément ou mélangés, dans le gazogène. Ce moyen permet d'utiliser dans ce gazogène toutes sortes de combustibles, notamment les houilles maigres et même les fraisils, restés jusqu'à ce jour sans emploi dans les usines métallurgiques. Par cette combinaison, on obtient dans le puddlage, dans le réchauffage et dans la fusion des métaux, autant d'économie de combustible et de réduction de déchet qu'avec les derniers fours inventés récemment. De plus, en disposant les chaudières à la suite des fours, il se produit plus de vapeur qu'avec les fours à griller ordinaires.

Ce gazogène est également destiné au chauffage des fours Siemens et Martin, dans le but, non-seulement d'arriver à l'utilisation des houilles très-ordinaires pour la fabrication des aciers, mais surtout pour obtenir une meilleure utilisation du combustible employé, et diminuer ainsi, dans une forte proportion, cette quantité considérable d'escarbilles qu'on retire de tous les gazogènes existants.

N° 121,977. — Sagnes. — 8 janvier 1878.

Système de chauffage à air surchauffé, s'appliquant aux cubilots, fours à creusets et autres.

Ce système de chauffage à air surchauffé s'applique avantageusement aux cubilots, aux fours à creusets et à manche, et autres analogues. Prenons un cubilot. A sa partie supérieure est adaptée une chambre annulaire, métallique, qui porte deux tuyaux; l'un est relié au ventilateur, l'autre descend le long du cubilot et s'amorce, dans ce parcours, à deux couronnes entourant complètement le cubilot et communiquant à son intérieur par deux orifices. Le tuyau venant du ventilateur amène l'air froid dans la chambre supérieure, lequel est obligé de lécher les parois intérieures de la chambre, fortement échauffées par les gaz venant de l'intérieur du cubilot. Par cette disposition, l'air, entré froid dans la chambre, s'échauffe et sort surchauffé à la température de 300 à 400 degrés. Il se rend dans la deuxième couronne pour pénétrer de là, par des orifices, dans l'intérieur du cubilot, et y activer la fusion du métal. L'inventeur a reconnu qu'avec la même charge de combustible on peut augmenter la charge du métal ; la fusion s'opère dans un espace de temps moindre. Les scories sont plus fluides et n'encrassent pas le fourneau ; cette circonstance permet de fondre plus longtemps dans un même fourneau.

No 122,892. — Boiffin. — 8 mars 1878.

Mode d'élimination du soufre et du phosphore des fontes.

Le trait caractéristique de ce mode d'épuration des fontes réside dans l'emploi d'un courant électrique, agissant sur la masse en fusion, dans une cornue Bessemer par exemple. Le phosphure et le sulfure de fer sont décomposés, le métal vient au pôle négatif, le soufre et le phosphore se dégagent au pôle positif. Un diaphragme réfractaire et poreux sépare la masse liquide en deux compartiments. Le soufre et le phosphore, volatils à la température de liquéfaction de la fonte, traversent ce diaphragme et se dégagent à l'état de vapeurs.

No 123,707. — Kraft. — 8 avril 1878.

Trempe de la fonte à la potasse.

Cette méthode, plus économique que toutes les autres, consiste à tremper la fonte, chauffée comme d'habitude au rouge vif, dans de l'eau froide contenant en dissolution une quantité de potasse proportionnelle à la dureté que l'on veut obtenir. Avec 750 grammes de potasse par litre d'eau, on rend la fonte aussi dure que le verre.

N° 123,956. — Criner. — 18 avril 1878.

Perfectionnements à la marche des hauts-fourneaux et demi-hauts-fourneaux par l'emploi de combustibles liquides.

Pour éviter les variations d'allure dans les hauts-fourneaux et tous les inconvénients qui en résultent, l'inventeur injecte dans la zone de combustion, des combustibles liquides, au moment nécessaire. Le tube injecteur, après avoir traversé la paroi du porte-vent, peut s'y loger et venir déboucher dans le fourneau par le busillon, extrémité du porte-vent. Avec cet appareil on peut, à un moment quelconque, injecter dans le fourneau telle quantité de combustible que l'on voudra, de façon à provoquer les réactions nécessaires à une marche normale. Les combustibles liquides sont les huiles, les essences, les goudrons, brais, etc., etc.

ADDITION. — Le combustible liquide est réduit en vapeurs *avant* d'entrer dans le porte-vent, tandis que, précédemment, il s'échauffait et se vaporisait en soustrayant une quantité notable de calorique à l'air insufflé.

N° 124,144. — Bérard. — 27 avril 1878.

Système de hauts-fourneaux au gaz, dit « Système Bérard » et ses applications.

Le but proposé est celui-ci : soumettre les oxydes à réduire à la plus haute température possible sous l'action de gaz constamment réducteurs, ou tout au moins neutres, avec addition du minimum de charbon pour la saturation de l'oxygène de l'oxyde. Les appareils suivants remplissent les conditions voulues :

1° Un four de réduction, chauffé au gaz, avec ses accessoires pour l'utilisation des chaleurs perdues ;

2° Des gazogènes, comprenant le régénérateur ;

3° La combinaison de deux fours à réverbère au gaz à un haut-fourneau à cuve servant à la réduction ;

4° L'extracteur formant appel des gaz au sortir de la cuve de réduction, ou intercalé entre le gazogène et le régénérateur ;

5° La mobilité de la sole à double creuset, dans ses applications à la réduction des minerais ;

6° Le système de refroidissement de la voûte des réverbères ;

7° L'appareil nouveau de chauffage de l'air, sous pression, par les flammes perdues ;

8° Un ensemble de dispositions nouvelles pour l'utilisation des chaleurs perdues à la production de vapeur, etc., etc.

N° 124,977. — Wollheim. — 7 juin 1878.

Système d'appareil pour la fermeture et la charge des hauts-fourneaux, des fourneaux à cuve servant à la métallurgie et autres usages industriels.

Le système est caractérisé par un couvercle de charge qui empêche l'échappement des gaz et produits volatils à travers la charge, et cela d'une manière continue, sans soulever le couvercle pendant la marche du fourneau, et au moyen d'une garniture entre le couvercle et le châssis sur lequel il repose. Cette garniture est pratiquée en faisant venir de fonte avec le châssis un espace cylindrique annulaire qui se remplit d'eau, et en faisant plonger la partie inférieure cylindrique de ce couvercle dans cette eau. A la partie supérieure du couvercle de charge on applique une ou plusieurs boîtes de chargement, dans le but de recevoir préalablement la matière destinée à passer dans le fourneau. Il y a un canal circulaire d'écoulement à travers lequel les matières renfermées dans la boîte s'écoulent dans le fourneau, en ouvrant préalablement la fermeture du canal par le jeu d'un tiroir ou d'une valve.

Ce système de fermeture permet, en outre, de recueillir les gaz pour les utiliser ultérieurement, gaz qui, sans cette disposition, seraient perdus pendant le chargement.

N° 125,134. — Fageol. — 17 juin 1878.

Perfectionnements aux fours à fondre les métaux.

Ce perfectionnement réside dans un mode de construction spécial de la voûte déflectrice. La voûte est formée, dans le sens transversal, par des séries de deux grands voussoirs en terre réfractaire, buttant, par leur extrémité verticale, au milieu de la voûte, et s'appuyant, par l'autre extrémité, sur des sommiers en maçonnerie. La symétrie des profils de chaque voussoir permet, après la détérioration de la voûte du fond, de n'avoir, pour en établir une nouvelle, qu'à retourner les voussoirs qui la constituent. La courbure n'est pas altérée, et la voûte reste toujours déflectrice.

N° 125,194. — Helmholz. — 2 juillet 1878.

Procédé et four pour l'épuration de la fonte.

MM. Stead et Bell ont reconnu que la fonte de fer se laisse désilicer et déphosphorer à tout degré par les oxydes de fer. Pour appliquer cette réaction en métallurgie, l'inventeur a imaginé la voie suivante :

1° Application du principe des contre-courants entre le métal et les scories ;

2° Emploi du principe des contre-courants pour débarrasser la fonte du phosphore et du silicium ;

3° Production d'un courant de scories et modification de la composition chimique de cette scorie par l'addition successive de matières contenant des oxydes de fer, de manganèse, de la chaux ou autres terres alcalines, et, enfin, l'épuration de la fonte du silicium et du phosphore par la réaction chimique du courant de scories ;

4° La conduite du courant de fonte sur un lit dont on peut changer, à volonté, le caractère chimique, en employant des oxydes, du carbone, de la chaux, de la magnésie, de l'argile ;

5° Emploi d'une sole de chaux, d'argile ou de magnésie pour l'épuration de la fonte par des oxydes de fer ;

6° Emploi de digues avec ou sans noyaux, permanentes et refroidies ;

7° Disposition de rigoles permettant de réparer et de changer la composition du revêtement de ces rigoles, sans que la marche continue du four soit interrompue ;

8° Préparation de la fonte, sortant du four d'épuration, pour la décarburer ultérieurement dans le four Martin-Siemens, en la mélangeant avec de la poudre contenant des oxydes de fer.

N° 125,390. — Martin. — 1er juillet 1878.

Procédé de réduction préalable applicable à la fabrication du ferromanganèse, ferro-chrome, nickel, cobalt, etc., et même à des qualités spéciales de fontes malléables et aciéreuses.

Le procédé est basé sur la réduction préalable des oxydes métalliques, avant de les porter directement dans l'appareil de fusion, haut-fourneau ou autre.

A cet effet, on se servira des appareils de réduction, tels que cornues, tubes réducteurs, creusets, etc. Ces appareils sont de préférence chauffés par les gaz s'échappant du haut-fourneau ou autres appareils de fusion ; ces gaz forment un courant réducteur à l'intérieur des tubes ou cornues, et se brûlent ensuite, chauffant l'extérieur de ces tubes ou cornues. Par ce procédé, on économise beaucoup le combustible employé dans les hauts-fourneaux ou autres à la fabrication directe de ces alliages métalliques, puisqu'au lieu de se contenter de les charger directement dans le haut-fourneau ou autre appareil de réduction et de fusion à l'état brut, ce qui exige beaucoup de combustible réducteur, on les fera passer économiquement par la réduction préalable citée plus haut, qui, en utilisant les gaz perdus, et n'employant à la réduction que des combustibles de peu de valeur, économisera d'autant la quantité de bon combustible du haut-fourneau ou autre appareil de réduction et de fusion. La qualité des alliages est supérieure. L'inventeur obtient aussi une qualité spéciale de fonte de fer avec des minerais de fer ordinaires ou spéciaux.

N° 125,536. — Fabre. — 19 juillet 1878.

Système de haut-fourneau à chaleur régénérée, donnant une grande économie de coke, une augmentation de production et une amélioration dans la qualité des fontes, dit « système Fabre ».

Cette invention consiste à placer aux hauts-fourneaux une série de tuyères supplémentaires, dans le but de régénérer l'oxyde de carbone que l'on brûle ensuite. L'oxygène de l'air, lancé par les tuyères placées au bas du fourneau, produit de l'acide carbonique en dégageant 7,600 calories par kilogramme de carbone combiné. Ce gaz, en s'élevant au milieu d'une masse de coke incandescent, se récarbure et se transforme en oxyde de carbone, et cela en absorbant 3,800 calories environ. Il se produit donc dans la région de carburation un grand abaissement de température, et la fusion cesse à quelques décimètres au-dessus des tuyères. C'est dans cette zone que l'inventeur place des tuyères supplémentaires dans un même plan horizontal distant de 30 à 50 centimètres du plan inférieur des anciennes tuyères, ou même plus haut.

Ce système ne change rien à la disposition générale des hauts-fourneaux existants, il n'exige que l'addition de quelques tuyères. Le travail n'est point modifié, le rendement est augmenté, et la qualité de la fonte est améliorée.

N° 125,813. — **Martin**. — 25 juillet 1878.

Fabrication d'une fonte spéciale obtenue avec des riblons de métal Bessemer ou autres métaux provenant des fours à sole.

L'opération a lieu dans un cubilot ordinaire, mais de préférence dans un cubilot système Voisin.

On carbure, au préalable, du coke ou du charbon de bois au moyen d'un hydrocarbure quelconque, l'huile de schiste, le pétrole, etc., et l'on place ce coke avec ce charbon carburé dans le cubilot avec le métal à transformer. Il se produit un dégagement d'hydrogène provenant de la décomposition de l'hydrocarbure absorbé, ce qui permet, avec l'air atmosphérique insufflé, d'obtenir une température très-élevée et une grande économie de temps dans l'opération. L'hydrogène produit enlève le soufre en formant de l'hydrogène sulfuré, et élimine également les autres métalloïdes contenus dans le métal. La fonte obtenue est d'une grande ténacité et absolument exempte de métalloïdes nuisibles. On peut l'employer à la fabrication de la fonte malléable ; mais elle est surtout précieuse pour la fabrication du bon fer à grain et de l'acier de puddlage, principalement si l'on considère attentivement tous les inconvénients de la fabrication du métal Bessemer qui ne peut se faire qu'avec des fontes exemptes de métalloïdes.

L'auteur revendique aussi la fabrication d'une fonte spéciale au moyen de riblons de métal Bessemer ou autres métaux provenant des fours à sole.

1re ADDITION. — Ce certificat d'addition spécifie les diverses manipulations qu'il faut faire subir à cette fonte spéciale pour la convertir en véritable acier. L'inventeur revendique : 1° les applications de sa fonte spéciale avec les riblons Bessemer, mis en fusion et décapés ; 2° la fusion desdits mélanges sur sole, afin d'obtenir des plaques de blindage ou des rails de chemins de fer en véritable acier, ayant toute la teneur de carbone que l'on désire ; 3° le mélange de cette même fonte spéciale dans le convertisseur Bessemer pour être transformée en acier vrai en sortant du convertisseur ; 4° la fabrication avec la fonte spéciale d'un acier de puddlage affiné ayant toutes les propriétés du meilleur acier fondu.

2e ADDITION. — Ce deuxième certificat d'addition spécifie un appareil propre, à la fois, à mélanger intimement la fonte spéciale et le métal Bessemer, sans l'intervention de la soufflerie, indispensable quand ce mélange se fait dans le convertisseur même, et à la décarburation rapide et complète de cette fonte pour la transformer en fer chimiquement pur, susceptible d'applications ultérieures variées, telles que fabrication du fer doux à grain, fer éminemment propre à la transformation par cémentation en aciers de toutes qualités.

Nº 125,968. — Martin. — 3 août 1878.

Système de gazogène destiné à servir en même temps à la réduction et à la fusion des minerais.

Ce gazogène à tube est destiné à faciliter l'emploi des combustibles hydrogénés pour la fabrication des fontes, et à augmenter le volume et la qualité des gaz utilisables.

Sur un four à cuve ou sur un haut-fourneau on ajoute un tube-cône en fonte et tôle ou en briques réfractaires. Pour un fourneau de 10 mètres de hauteur, ce tube a environ 1 mètre à une extrémité et 0^m,60 à l'autre et 7 mètres de hauteur. Ce tube est placé verticalement sur le gueulard, de façon que sa partie la plus évasée se trouve posée sur la trémie du gueulard et le ferme complétement. On charge le gazogène par la partie supérieure du tube. L'ouverture supérieure peut se fermer à volonté par un couvercle en tôle ou en fonte quand on veut éviter les déperditions de gaz ou modérer le tirage excessif du fourneau. Ce tube conique est enfermé dans une tour en briques, de façon à ce qu'il reste un espace libre de 15 à 20 centimètres entre le tube et la maçonnerie. On fait arriver dans cet espace vide un mélange d'air et de gaz venant de la cuve du gazogène ; ces gaz s'échappent au pourtour du cône de chargement et descendent dans l'espace annulaire ; à la base, ils rencontrent des courants d'air et s'enflamment ; la température développée est suffisante pour dessécher le bois et la tourbe et même pour évaporer une partie des matières volatiles.

Nº 126,297. — Krupp. — 29 août 1878.

Épuration de la fonte dans les cubilots et nouveaux arrangements aux cubilots.

L'inventeur revendique comme lui appartenant les procédés suivants :

1º L'épuration de la fonte du phosphore, du manganèse, du sili-

cium et du soufre, en la fondant avec des oxydes basiques de fer
avec ou sans addition d'oxyde de manganèse et de chaux, dans un
cubilot de n'importe quelle construction, revêtu à l'intérieur
d'oxyde de fer, bauxite, magnésie, argile schisteuse, ou d'une
autre matière basique, ou muni d'un revêtement composé principalement de carbone. L'inventeur se sert également de cubilots
dont le revêtement est remplacé par un refroidissement à l'eau et
dont le creuset ou l'avant-creuset sont revêtus d'une matière basique ou de carbone ; '

2° L'épuration de la fonte liquide, à sa sortie du haut-fourneau
du phosphore, manganèse, silicium et soufre, en la faisant passer
par un cubilot rempli de coke et d'oxyde de fer, avec ou sans addition d'oxyde de manganèse et de chaux ;

3° L'emploi de briquettes à minerai, au lieu de coke et de minerai séparés ;

4° L'emploi réitéré du minerai d'épuration au procédé ci-dessus
indiqué ;

5° L'idée de placer la région où la fusion doit se produire dans
la partie supérieure du cubilot au moyen d'une série de tuyères
haut placées, afin de faire parcourir aux matières liquides réunies
le plus de chemin possible, et l'emploi d'une ou de plusieurs séries inférieures de tuyères à l'effet de maintenir la chaleur de la
fonte liquide ;

6° La construction d'un avant-creuset sur chariot à l'usage du
procédé décrit ;

7° La construction d'un four à étage ;

8° L'application d'un barrage à scories, de construction connue,
entre les deux étages et entre la cuve et l'avant-creuset d'un
cubilot.

N° 126,310. — Lürmann. — 29 août 1878.

Perfectionnements dans la disposition des creusets des hauts-fourneaux.

L'inventeur introduit des modifications dans la disposition de
l'ouvrage et du creuset, en vue de faciliter particulièrement l'installation et le fonctionnement de la tuyère à laitier. Les autres caractères distinctifs sont :

1° La disposition du creuset sans dame ni avant-creuset ; 2° la
construction de la tuyère à laitier, coulée en fonte, bronze, cuivre,

etc., avec circulation d'eau annulaire ; 3° l'adaptation de cette tuyère, conique extérieurement, dans une boîte, un caniveau, une tuyère ; ces boîte, caniveau, tuyère, étant rafraîchis également par une circulation d'eau ; 4° la manœuvre des fourneaux munis de ces perfectionnements.

N° 128,209. — Aubertin. — 31 décembre 1878.

Procédé de déphosphoration des fontes, aciers, etc.

Le caractère distinctif du procédé est l'emploi, pour l'épuration des fontes, aciers, etc., contenant du phosphore, des *aluminates fusibles*, ou, à leur défaut, des composés, également fusibles, formés par l'oxyde de fer, la chaux ou la magnésie ; enfin, du mélange fusible de borate et de carbonate de chaux, mais en tous cas, avec *exclusion* aussi complète que possible, de la *silice*, soit dans les mélanges fusibles, soit dans les soles ou dans les matériaux des appareils, afin d'éviter la recomposition du métal phosphoré, la silice tendant à déplacer l'acide phosphorique des phosphates et à reporter le phosphore sur le fer.

N° 128,390. — Salisbury. — 10 janvier 1879.

Perfectionnements dans les souffleries à chaud pour les hauts-fourneaux métallurgiques et autres emplois.

L'auteur décrit en détail un appareil de soufflerie à chaud consistant essentiellement en un four à soufflerie à chaud, un générateur de vapeur, un injecteur à courant d'air forcé prenant la vapeur audit générateur à une haute pression.

Il indique aussi un procédé continu pour convertir le liquide hydrocarburé en gaz en injectant, au moyen de vapeur surchauffée à haute pression, un embrun ou jet pulvérisé d'hydrocarbure liquide dans un courant d'air chaud forcé, par lequel il est transmis dans et à travers une série de cornues chaudes où sa conversion en gaz inflammable est complète.

L'inventeur combine, enfin, sa soufflerie à air chaud de façon à recevoir et à chauffer un jet d'hydrocarbure liquide avec un jet de vapeur surchauffée à haute pression pour vaporiser l'hydrocarbure et le forcer à passer avec l'air chaud à travers les cornues fixes. Par ce procédé, l'inventeur se dispense entièrement d'employer la machine soufflante et le moteur. Il réduit matériellement la dimension du générateur, et diminue notablement les frais de main-d'œuvre. Enfin, la pression de la soufflerie à chaud est parfaitement uniforme et constante.

N° 129,074. — Les sieurs Le Blanc. — 11 février 1879.

Perfectionnements apportés à la fabrication des fontes améliorées, permettant l'obtention des laitiers ou résidus propres à la fabrication du verre.

La fabrication des fontes améliorées est combinée avec la fabrication du verre par l'emploi de soude et de potasse comme fondants auxiliaires, et d'un four de verrerie annexé au haut-fourneau pour utiliser chauds les laitiers.

Ce résultat s'obtient soit à l'aide de briquettes dans la composition desquelles entrent des sables, du minerai pilé, de la chaux, de la poussière de charbon ou de coke, enfin, de la soude et de la potasse ; soit par l'insufflation, par la tuyère, des matières telles que : soude, silice, manganèse en poudre, etc. ; soit, enfin, par l'introduction de ces matières à la pelle dans l'intérieur du haut-fourneau.

N° 130,458. — Ponsard. — 3 mai 1879.

Procédé de purification des fontes.

L'inventeur purifie les fontes de fer et autres en les refondant dans un cubilot ou dans un petit haut-fourneau (dont le creuset et la chemise sont faits en calcaire, en carbone, en magnésie, en dolomie, ou en agglomérés à base de chaux), en présence d'un laitier basique en quantité variable, ce laitier étant composé de calcaire ou de chaux et de minerais de fer ou de tous autres oxydes métalliques convenables.

N° 131,141. — Gerspacher. — 16 juin 1879.

Perfectionnements apportés au chauffage de l'air dans les tuyaux d'appareils à air chaud employés pour les hauts-fourneaux ou les calorifères.

Ces perfectionnements ont pour but d'obtenir, sans développer la surface de chauffe de l'appareil, une puissance calorifique plus grande avec la même consommation de combustible, et, par suite, de permettre, pour un temps donné, de réaliser une économie sur les frais d'installation et sur la consommation do combustible.

En outre, ce système est applicable à presque tous les appareils existants.

Il consiste dans l'introduction dans les tuyaux à air chaud ordinaires d'un second tuyau dit « diviseur » en tôle ou en fonte, qui force l'air à lécher la paroi chauffée des tuyaux, pour faciliter l'absorption de la chaleur, ce qui permettra également d'exposer les tuyères à une température plus élevée sans pour cela avoir à craindre pour la résistance et la durée de celles-ci.

Le tuyau diviseur est porté sur des supports qui permettent la dilatation et rendent l'enlèvement facile pour les nettoyages. Il se termine en pointe pour faciliter l'emmanchement ou le raccordement.

N° 131,155. — De Montblanc et Gaulard. — 11 juin 1879.

Procédé d'élimination des métalloïdes dans les minerais et fontes de fer.

Quand on fait passer un courant de vapeur d'eau sur du fer chauffé au rouge, cette vapeur est décomposée en oxygène, qui se fixe sur le fer, et en hydrogène. Par suite de son pouvoir d'occlusion, ce dernier gaz filtre, pour ainsi dire, à travers la masse du métal et pénètre dans tous les pores.

L'hydrogène naissant se combine ainsi avec tous les métalloïdes contenus dans le minerai, notamment avec le phosphore, pour former de l'hydrogène phosphoré, qui est éliminé.

Pour l'application industrielle de ce procédé de déphosphoration et aussi pour l'élimination de tous les autres métalloïdes, on établit dans l'axe même de la tuyère du haut-fourneau ou du cubilot un cône d'introduction de vapeur d'eau qui pénètre dans l'appareil avec l'air insufflé.

N° 131,622. — Garnier. — 5 juillet 1879.

Procédé pour éliminer le phosphore des fontes de fer par l'intervention d'une quantité proportionnelle de silicium.

L'inventeur ajoute du silicium au bain de fonte à déphosphorer, soit sur les soles, soit dans les convertisseurs, ces appareils étant munis de garnissages basiques. Le silicium a pour véhicule principal le fer ; on le produit séparément à l'état de siliciure de fer.

Le procédé consiste aussi dans l'emploi de fontes extra-siliceuses, obtenues directement de minerais phosphoreux au moyen de lits de fusion siliceux convenables, et l'application de l'air très-surchauffé.

Pendant l'opération au convertisseur Bessemer, on ajoute au bain la proportion de bases voulue pour l'absorption de la silice et de l'acide phosphorique, et on maintient la scorie à 30 p. 100 de silice au maximum.

Quand on agit sur sole au gaz surchauffé, les parois sont garnies de minerais de fer riches ou de briques basiques, et on ajoute aussi des bases au bain. Aussitôt que les bulles d'oxyde de carbone apparaissent, on coule rapidement, et les fers fondus peuvent être repris, pour la décarburation, par un des systèmes quelconques employés.

L'auteur se réserve de substituer, à la fin de l'opération, du siliciure de fer ou de manganèse à la fonte manganésée que l'on ajoute habituellement.

No 132,334. — Coventry et Wilks. — 20 août 1879.

Perfectionnements dans l'application du pétrole ou autres hydrocarbures à la fonte des métaux, et dans les appareils y employés.

Cette méthode consiste à traiter les métaux et les minerais par des courants d'air imprégnés de vapeurs d'hydrocarbures. L'hydrocarbure est vaporisé, soit avant son entrée dans le tuyau à air, soit pendant son trajet entre le point d'entrée et le récipient contenant le métal à traiter.

L'invention porte aussi sur l'emploi, en combinaison avec les fourneaux et autres récipients en usage dans la fonte des métaux, d'un appareil à l'effet d'imprégner de vapeurs d'hydrocarbure l'air admis à la masse et, par suite, de maintenir et de régler la chaleur exigée pour la réussite de l'opération.

No 132,744. — Ibrügger. — 13 septembre 1879.

Perfectionnements aux cubilots, ainsi qu'au procédé employé dans ces appareils pour fondre le fer avec les fontes.

Les parties caractéristiques de ces perfectionnements sont :
1° Un espace-réceptacle est disposé immédiatement au-dessous

du fourneau de fusion et est relié à ce dernier au moyen d'une ouverture située dans l'axe vertical du fourneau. Cet espace-réceptacle peut éventuellement être disposé mobile;

2° L'application, dans les cubilots, d'ouvertures à vent verticalement fendues;

3° Un procédé pour fondre, dans les cubilots, le fer forgé avec la fonte, dans des proportions voulues, procédé qui consiste essentiellement à répandre ou diffuser le fer forgé suffisamment pour qu'il se combine avec la fonte liquide sortant du cubilot, sans préjudicier au degré de fusibilité des produits.

Dans un certificat d'addition, l'auteur revendique comme son invention :

1° La chambre de fusion disposée au-dessous ou devant le fourneau à coupole avec lequel elle communique par une ou plusieurs ouvertures et qui est munie d'un trou de coulée, d'une porte pour l'introduction du fer forgé, et d'une ouverture pour l'échappement des produits gazeux de la combustion. Ceux-ci sont utilisés au chauffage et pour la fonte des métaux, et débouchent dans le conduit du ventilateur;

2° La disposition, dans la chambre à fusion, d'un autel pour recevoir le fer forgé en préparation.

N° 132,937. — Delanois. — 29 septembre 1879.

Système perfectionné de cubilot.

Ce système a en vue la rapidité et la simplification du travail. Le cubilot, relativement de petite dimension, présente un espace suffisant pour fondre en une seule fois le métal qui est nécessaire pour la pièce, au lieu de fondre lentement et de constituer d'immenses poches ou réservoirs qu'on remplit peu à peu par des coulées successives et où la fonte se refroidit toujours beaucoup.

La fonte obtenue dans ce cubilot vient toujours bien douce, bien homogène. Les frais d'entretien de l'appareil sont pour ainsi dire nuls, et la marche, plus régulière, plus rapide, donne un produit de meilleure qualité.

Pour obtenir ces avantages, l'inventeur constitue autour du cubilot, doublé d'une enveloppe en tôle, un réservoir d'air formé d'une seconde enveloppe en tôle qui occupe toute la hauteur du cubilot. Cette enveloppe empêche les déperditions de vent. Les tuyères sont disposées de façon que les courants d'air se répartissent mieux dans la masse en ignition ; l'opération de la fonte est par suite plus rapide.

La contenance du cubilot peut être, à volonté, aussi petite et aussi grande qu'on le veut ; on obtiendra ce résultat par les tuyères du bas, qui peuvent être supprimées et bouchées au fur et à mesure que la fonte se produit, sans déranger en rien la marche. La contenance peut être d'environ 12,000 kilogr. pour un cubilot de grandeur moyenne de ce système ; pour les cubilots ordinaires, elle n'est que de 2,500 kilogr.

N° 133,067. — Hope et Ripley. — 6 octobre 1878.

Perfectionnements dans les procédés et appareils pour la réduction, la fusion, l'épuration et autres traitements des minerais, métaux, métalloïdes et substances similaires, spécialement en vue de la fabrication des canons, mais applicables aussi à d'autres usages.

Les parties caractéristiques de cette invention sont les suivantes :

Les inventeurs réduisent, fondent et épurent les minerais, les métaux, les alliages, etc., au moyen de soufflages gazeux ayant une action chimique apte à produire le résultat voulu. Les gaz insufflés traversent les substances fondues, auxquelles on a additionné, s'il y a lieu, une matière solide pulvérisée, ou des liquides vaporisés, insufflés avec les gaz. Les gaz employés sont l'air atmosphérique, l'oxygène, l'hydrogène, l'oxyde de carbone, le gaz d'éclairage.

La seconde partie de ces perfectionnements consiste à imprimer au métal en fusion dans un moule chauffé, un mouvement de rotation très-rapide, l'action de la force centrifuge comprimant ainsi énergiquement les métaux.

Les inventeurs décrivent la réduction d'un oxyde par un courant chaud d'hydrogène.

Ces perfectionnements sont spécialement applicables à la fabrication des canons et d'autres objets d'une seule pièce, moulés à l'état liquide, qui jusqu'ici ont été habituellement forgés ou laminés à l'état solide, ainsi que pour des moulages exigeant une grande densité et beaucoup de force, les plaques de blindage par exemple.

N° 133,363. — **Misson**. — 27 octobre 1879.

Appareil à chauffer l'air avant de l'introduire dans les foyers.

Cette disposition consiste dans l'adjonction à tous les foyers, en général, et, entre autres, aux fours à puddler ou à réchauffer d'un appareil indépendant qui utilise la chaleur rayonnante perdue par les parois du foyer, pour chauffer, à la température voulue, l'air nécessaire à la combustion. Cet appareil se compose d'un ou de plusieurs serpentins métalliques, logés dans l'intérieur desdites parois, et dans lequel serpentin l'air atmosphérique froid extérieur s'introduit par des ouvertures ménagées à cet effet à l'une de ses extrémités. L'air y circule en s'échauffant progressivement et s'en échappe par des sommiers tubulaires creux (de section rectangulaire, carrée ou de toute autre forme) supportant les barreaux de la grille du foyer.

CHAPITRE III

FER

—

———

N° 43,764. — Tourangin. — 30 janvier 1860.

Procédé de fabrication du fer par la réduction préalable des minerais.

Ce procédé consiste à réduire le minerai, en concentrant dans la même enceinte le calorique et le réducteur, qui ne font qu'un, avec le minerai. L'agent réducteur est l'oxyde de carbone. On dispose deux fourneaux qu'on remplit de charbon jusqu'à la partie supérieure. Des portes en fonte servent à l'introduction du charbon et ferment hermétiquement, pour empêcher toute issue de gaz. Des tuyères servent à introduire l'air destiné à brûler le charbon des fourneaux.

Le gaz oxyde de carbone, produit dans le fourneau à charbon, passera successivement par des ouvertures et s'échappera par un orifice du four à minerai, après avoir traversé tout le minerai, puisqu'il n'a pas d'autre issue. Il communiquera bientôt à cette masse de minerai une température élevée, et, dans cette position, le gaz sans cesse affluant se combinera avec l'oxygène du minerai pour former de l'acide carbonique, qui s'échappera par l'orifice, après avoir traversé toute la masse du minerai.

Un affinage incomplet de la fonte donne toujours, on le sait, des fers durs et cassants. La réduction par l'oxyde de carbone n'a point cet inconvénient, car ce gaz n'a pas la propriété de carburer, et le minerai, ainsi réduit, ne peut donner que du fer doux et malléable.

Nº 44,247. — Bordet. — 17 mars 1860.

Système de puddlage et affinage de la fonte.

Ce nouveau mode consiste à opérer la fusion de la fonte, quelle qu'elle soit, dans un appareil séparé, soit dans un cubilot, soit dans une mazerie, et à la faire couler directement, ou à la verser par le moyen de poches, soit dans les fours d'affinerie, soit dans les fours à puddler. L'affluage et le puddlage se font en tout comme à l'ordinaire. Par ce procédé, on arrive : 1º à opérer des mélanges de fontes parfaitement convenables pour toutes les qualités de fer que l'on veut obtenir ; 2º à diminuer de moitié et même de plus de moitié la durée de l'opération ; 3º à diminuer, dans une proportion considérable, non-seulement tous les frais de main-d'œuvre, mais encore la consommation en combustible végétal ou minéral dans les fours d'affinerie et dans les fours à puddler ; 4º à diminuer d'une manière notable le prix de revient.

Nº 44,841. — Martin-Bruère et Cⁱᵉ et Irroy. — 26 avril 1860.

Procédés relatifs à la combustibilité et à la métallurgie.

Ces procédés consistent :

1º Dans l'introduction de l'air dans les hauts-fourneaux au moyen d'un grand nombre de tuyères, les courants d'air convergeant les uns vers les autres ;

2º Dans l'injection de la vapeur d'eau à haute température par les tuyères à air ;

3º Dans la méthode qui consiste à jeter dans les fours à puddler la fonte en petits morceaux susceptibles de recevoir promptement et régulièrement l'action de la chaleur. Les inventeurs préfèrent jeter ces morceaux de fonte dans le four à puddler après les avoir portés à l'état incandescent pour éviter le refroidissement du four et accélérer le travail ;

4º Dans l'introduction de la vapeur d'eau sous les grilles, et dessus les grilles.

Par ces perfectionnements, les conditions de l'industrie du fer se trouvent améliorées, soit par la possibilité d'employer des combustibles peu recherchés, soit en rendant la combustion plus avantageuse et plus complète.

N° 44,896. — Daelen. — 30 avril 1860.

Four à puddler.

Ce brevet a trait à l'emploi combiné du cubilot et du four à puddler, en vue d'obtenir toute espèce de fer ou d'acier. La méthode s'appuie sur ce principe que la fonte liquide peut passer par toutes ses nuances jusqu'au fer, sous l'influence alternative d'un courant d'air naturel et de gaz carburants. Dans les cas les plus ordinaires, la décarburation est trop complète, et l'on obtient du fer au lieu d'acier. Comme la fonte chauffée dans le four à puddler devient liquide seulement peu à peu, les premières parties liquides sont exposées plus longtemps aux gaz décarburants. Si l'on essaie de liquéfier la fonte sur la sole d'un fourneau, le fer est trop exposé à être privé de son carbone ; mais en le liquéfiant dans un four à manche ou cubilot, on peut conserver à la fonte une certaine quantité de son carbone.

La combinaison de ces deux méthodes met la fonte, servant à la fabrication de l'acier puddlé, dans des conditions qui permettent de fixer, en toutes circonstances, la quantité nécessaire de carbone.

N° 45,901. — Martin. — 11 juillet 1860.

Perfectionnements à la qualité du fer dans le four à puddler.

Le procédé consiste à ajouter à la fonte en fusion, dans le four à puddler, un mélange pulvérulent préparé de la manière suivante :

Une partie en poids de chaux fluatée, une partie de peroxyde de manganèse et deux parties de chlorure de sodium fondus ensemble, puis pulvérisés après refroidissement de la masse fondue. On peut, dans certains cas, remplacer le chlorure de sodium, dans cette préparation, par la chaux grasse ou alumineuse ; on peut aussi faire varier les proportions des éléments suivant les qualités de la fonte.

Ce mélange est ajouté dans le four à puddler, en proportions variables, suivant la nature de la fonte à traiter. La proportion moyenne est de 2 kilogr. pour 100 kilogr. de fonte.

L'inventeur revendique l'emploi du mélange des substances indiquées, après fusion préalable, soit dans le four à puddler, soit dans tout autre appareil d'affinage.

N° 46,226. — Tooth. — 2 février 1860.

Perfectionnements dans les appareils et machines propres à la fusion, le raffinage et la fabrication du fer et de l'acier.

Dans cette nouvelle disposition d'appareils, le fer à traiter est mis dans un cylindre horizontal et tournant, où entrent la flamme et les gaz chauffés, provenant d'un foyer, d'un fourneau ou d'un générateur à gaz, placés à un des bouts du cylindre à rotation. Celui-ci est monté sur des rouleaux ou des rails, ou suspendu par des chaînes, et le mouvement rotatoire lui est imprimé par un appareil convenable, de sorte que les charges, dans son intérieur, se culbutent et roulent durant la rotation. Le fourneau est monté sur un bâti mobile, de telle façon qu'on puisse l'éloigner du cylindre rotatoire ; ou bien aussi on peut rendre la grille, le fourneau ou le générateur à gaz stationnaires, et établir le cylindre de manière qu'il puisse être monté sur un bâti à plate-forme mobile, ou sur une plaque tournante, de sorte qu'on puisse le faire tourner et l'éloigner de la grille ou du générateur à gaz, pour le charger, le décharger ou le réparer.

La flamme et les gaz sortant du fourneau ou du générateur à gaz sont dirigés dans le cylindre rotatoire et s'échappent par le côté opposé du cylindre, dans la cheminée.

N° 46,799. Petin, Gaudet et Cie. — 19 septembre 1860.

Perfectionnements apportés au puddlage de la fonte.

Cette invention consiste dans les moyens de puddler par la seule utilisation des flammes et de la chaleur des feux d'affinerie. Le procédé a ainsi pour but d'économiser totalement la dépense de combustible, dans l'opération du puddlage. Le charbon de bois employé pour l'avalage, lorsqu'on y a recours, est inférieur au quart de la quantité nécessaire à l'affinage complet. Ces perfectionnements ont, en outre, l'avantage de produire du fer de qualité supérieure, attendu que le fer puddlé par cette méthode est exempt de matières terreuses et souvent sulfureuses, qui sont emportées mécaniquement de la grille par le courant d'air.

Le trait caractéristique de ces perfectionnements est la disposition de fours propres au puddlage parfait et avantageux de la fonte, sans l'emploi d'aucun combustible particulier, mais par l'utilisation seule de la chaleur et des flammes qui proviennent des foyers ordinaires d'affinerie.

N° 48,474. — Rogers. — 11 février 1861.

Four propre au traitement des minerais de fer.

L'invention se rapporte à une disposition particulière d'appareils pour désoxygéner les minerais de fer, à l'aide de laquelle on exclut complétement l'air atmosphérique pendant que le minerai est soumis à la désoxygénation. Le degré de chaleur nécessaire auquel l'appareil à désoxygéner doit être amené, est réglé avec soin, pour produire une combinaison du fer avec le charbon introduit en même temps que le minerai; par ce moyen, l'oxygène éliminé se combine avec le carbone. Cette disposition d'appareil permet de fabriquer directement une excellente qualité de fer de forge, et non des gueuses, par le seul traitement du minerai lui-même.

N° 49,039. — Warner. — 26 mars 1861.

Perfectionnements dans la fabrication du fer, de l'acier, du cuivre, du plomb, de l'étain, du zinc et de leurs alliages, et dans la fabrication du coke.

L'invention consiste en certains moyens d'introduire des matières liquides et solides, des métaux et leurs oxydes, dans le fer, le cuivre, le plomb, l'étain, le zinc et leurs alliages, lorsqu'ils sont à l'état fluide.

Les matières liquides employées sont de l'acide sulfurique, de l'eau, du goudron, des huiles, du sang, de l'urine et autres. Les matières solides sont de la chaux fluatée, du manganèse, du chlorhydrate d'ammoniaque, du prussiate de potasse, aussi bien que d'autres matières, alcalines et autres, suivant l'action qu'on désire produire.

La matière liquide à employer est placée dans un vase en métal, en verre ou autre convenable, pouvant être fermé de manière que le liquide ne puisse s'échapper avant le moment voulu. Lorsqu'on doit employer une matière liquide avec une ou plusieurs matières solides, les vases contenant la quantité requise sont introduits dans une boîte susceptible de contenir le liquide avec les matières solides qui doivent y être associées; cette boîte peut être en métal recouvert de bois, ou d'un bois capable, malgré la chaleur et la pression du métal fondu, de retenir ensemble, pendant quelque temps, les matières durant l'immersion dans le métal en fusion. Les boîtes contenant la quantité convenable de matières fluides et solides (tenues séparées les unes des autres) doivent être introduites dans le vase dans lequel est le métal fondu, ou dans celui où il doit être coulé, et sont maintenues au fond du vase par une tige en métal ou autrement. Le métal fondu détruira la caisse contenant la matière solide ainsi que le vase contenant la matière fluide, et alors se produira l'action du fluide sur les matières solides, les produits agissant sur le métal en fusion.

Pour débarrasser le fer de la silice et autres impuretés terreuses et en chasser le carbone, le soufre, le phosphore et autres matières volatiles, et pour rendre le métal plus malléable et tenace, on se sert de certains gaz, savoir: d'acide fluorhydrique, d'azote, d'oxygène, de chlore, d'hydrogène et d'hydrogène carboné, lesquels sont dégagés et appliqués au métal de la manière suivante: des paquets ou cylindres en papier fort, en feuilles métalliques ou en autre matière convenable, contenant les proportions nécessaires d'ingrédients pour la formation des gaz requis, sont placés dans la poche ou vase dans lequel le métal fondu est coulé du four à vent, cubilot ou autre fourneau. Ces paquets sont maintenus au fond du vase, et lorsqu'on y verse le métal liquide, ils déchargent leur contenu, dégageant les gaz. Les gaz traversent la masse du métal, causant une violente ébullition qui continue pendant très-longtemps, jusqu'à ce que les impuretés contenues dans le fer soient ou volatilisées ou fondues et s'élèvent à la surface sous forme de crasse.

N° 49,068. — Siemens. — 14 mars 1861.

Perfectionnements apportés dans la disposition et le chauffage des fourneaux employés dans la métallurgie, la verrerie, etc.

Ces perfectionnements ont rapport à cette classe de fourneaux où des régénérateurs sont employés pour utiliser la chaleur provenant des produits de la combustion et pour communiquer ensuite cette chaleur à l'air alimentant la combustion. L'invention consiste, d'abord, dans le chauffage des gaz combustibles provenant d'un générateur à gaz, séparé du fourneau qu'on veut chauffer, et de l'air atmosphérique qui doit servir à la combustion de ces gaz, on les faisant passer par deux ou quatre régénérateurs séparés, situés à côté l'un de l'autre, au-dessous de la sole du fourneau, et en faisant passer ensuite les produits de la combustion de ces gaz et de l'air (laquelle combustion a lieu dans le fourneau même) à travers les deux autres régénérateurs séparés, en sens inverse, lesquels retiennent par absorption la plus grande partie de la chaleur des produits de la combustion. Quand ces deux derniers régénérateurs ont été suffisamment chauffés par ce moyen, on renverse, à l'aide de clapets, la direction des courants de gaz et d'air ; ainsi, on fait qu'ils entrent séparément dans les deux régénérateurs ci-dessus mentionnés, et, devenus fortement chauffés en y passant, ils sont mis en ignition quand ils entrent dans le fourneau. Les produits de la combustion passent alors à travers les deux premiers régénérateurs en les chauffant de nouveau, et ils s'échappent ensuite par une cheminée. De cette manière, une paire de régénérateurs sert à chauffer l'air et le gaz avant d'être enflammés, tandis que l'autre paire est chauffée par les produits chauds provenant de la combustion, et *rice versa.*

Une autre partie de cette invention a rapport à la manière de développer des gaz combustibles pour chauffer les fourneaux ci-dessus décrits, à l'aide des générateurs à gaz. Il est nécessaire que les gaz combustibles, provenant de la distillation du charbon, de la tourbe ou d'autre combustible, soient principalement composés d'hydrogène, d'hydrogène carboné et d'oxyde de carbone, ayant fort peu d'acide carbonique, d'azote ou d'autres gaz incombustibles. L'appareil doit être très-régulier dans son action et facilement chargé et débarrassé des cendres. Il est aussi important que les gaz qui sortent du générateur ne soient pas attirés à travers le fourneau par l'action de la cheminée, mais que la pression dans les conduits soit la même que celle de l'atmosphère, afin d'empêcher que l'air atmosphérique n'y pénètre par les fissures et ne cause une combustion incomplète des gaz dans les passages mêmes.

ADDITION en date du 9 janvier 1862.

Ce certificat d'addition est relatif à un four à verre circulaire, à un fourneau pour fondre le zinc qui pourrait être employé aussi pour la production du gaz d'éclairage, enfin, d'un four à puddler, construit de la manière suivante : Sous la chambre de puddlage sont placés les quatre régénérateurs, les conduits pour l'air chaud et ceux pour les gaz. Les régénérateurs sont placés dans un ordre convenable pour la forme du fourneau. Au-dessus des valves à renversement sont disposés deux tubes en fer garnis chacun d'une soupape régulatrice pour régulariser l'admission de l'air et des gaz. Le tuyau communique du four au générateur à gaz, et le gaz produit dans ce dernier est conduit par la valve à renversement sous le régénérateur, pendant que l'air passe dans le même temps par le tube à la valve sous le régénérateur, après avoir traversé les échappements des ouvertures, où il est rencontré par le gaz qui arrive dans une direction contraire. La flamme passe sur la chambre à puddler et entoure le fer qui y est contenu, puis va, par des ouvertures, à la seconde partie des générateurs et de là à la cheminée. La chambre de puddlage est composée d'une double chaudière ou sole, d'une forme analogue à celle des fours à puddler ordinaires ; l'espace compris entre les deux parois est rempli avec de l'eau froide amenée par un tuyau situé près du fond de la chaudière.

L'inventeur décrit aussi les dispositions spéciales d'un four à recuire, auquel il applique sa méthode.

N° 49,521. — Dumont. — 29 avril 1861.

Perfectionnements dans la construction des fours à puddler et à réchauffer.

Ces perfectionnements consistent principalement :

1° Dans une disposition nouvelle de la grille du foyer : les barreaux, au lieu de reposer à plat sur leurs sommiers, s'y trouvent entaillés et maintenus sur champ ;

2° Dans une disposition nouvelle de maçonnerie du foyer, par une inclinaison vers la grille, ayant pour effet d'accélérer le tirage, et une combustion plus parfaite et plus économique ;

3° Dans une forme nouvelle donnée aux taques d'intérieur du four à puddler, et dans leurs dispositions ; elles sont à gradins et placées d'une manière inclinée.

N° 49,562. — Paquet, Boucly et Caffiaux. — 22 mai 1861.

Nouveau four à puddler à deux portes opposées et à grille inclinée.

Ce système de four à puddler présente deux particularités : La première gît dans l'augmentation de longueur de la sole, laquelle est, dans ce four, allongée d'un tiers environ. Cette augmentation de longueur permet alors de construire deux portes opposées, au moyen desquelles le four peut être desservi par deux maîtres puddleurs et leur second sans que le travail soit gêné. La seconde particularité réside dans l'inclinaison de la grille, dont la partie inférieure est de 20 centimètres, environ, en contre-bas du grand autel. Trois trous sont ménagés dans la plaque de grille pour égaliser le charbon sur la grille. Le gueulard à charbon est le gueulard ordinaire. Au reste, il n'y a de changé que la voûte du foyer, qui suit une pente régulière et proportionnée à celle de la grille. La flamme ou la chaleur perdue de ce four peut, comme celle de tous les autres fours analogues, servir à chauffer des générateurs ou tous autres fours ou appareils, quelle qu'en soit, du reste, la destination.

N° 49,740. — Gillot. — 21 mai 1861.

Perfectionnements apportés dans les procédés de fabrication du fer et de l'acier.

Ce système, appliqué à la fabrication du fer et de l'acier, comprend, en principe, les quatre parties essentielles suivantes :

1° L'épuration des gaz produits dans des générateurs spéciaux, ou provenant de hauts-fourneaux ou d'autres foyers métallurgiques : cette opération peut être produite soit par des moyens connus, soit par des appareils particuliers et avec des matières convenables ;

2° La compression et l'emmagasinage de ces gaz, que l'on peut également obtenir à l'aide d'appareils connus ou perfectionnés ;

3° L'application de ces gaz épurés et comprimés à la conversion de la fonte en fer ou en acier, soit au moyen des fours employés et modifiés, selon les besoins, soit au moyen de fours spéciaux et convenablement appropriés à cette opération ;

4° L'emploi de l'oxyde de fer en poudre, avec ou sans laitier, soit pour décarburer la fonte, soit pour en prévenir ou compenser les déchets.

N° 49,898. — Frèrejean. — 13 juin 1861.

Nouveau feu d'affinerie.

Jusqu'à ce jour, les feux d'affinerie, dits à la comtoise, chauffés au charbon de bois, n'ont été soufflés que par une ou deux tuyères au plus, et le travail s'y faisait à l'aide d'un seul ouvrier, l'ouverture ne permettant pas le travail simultané de deux ouvriers ou plus. Le perfectionnement dont il s'agit, consiste: 1° dans l'emploi d'un nombre de tuyères ou buses excédant le nombre de deux, usité jusqu'à ce jour, soit qu'on les place d'un seul ou de plusieurs côtés; 2° dans l'emploi de deux ouvertures dont chacune permet le travail d'un ouvrier affineur, chacun de ces deux ouvriers opérant son travail comme cela se pratiquait dans la seule ouverture des foyers d'affinerie dits à la comtoise.

N° 50,838. — Lemut et Dumény. — 24 août 1861.

Puddleur mécanique.

Cette invention a pour objet de substituer une force mécanique quelconque à la force musculaire de l'ouvrier, pour opérer le brassage d'un bain de métal soumis à l'action de la flamme dans le laboratoire d'un four à réverbère. Les appareils ont pour but de brasser le métal sur la sole du four au moyen de divers outils, tels que ringards, crochets, palettes, etc., introduits par les parties du four où il est le plus convenable de pratiquer des ouvertures. Leurs dispositions permettent de faire manœuvrer ces outils dans toutes les parties du bain d'une façon aussi variée que s'ils étaient conduits par la main du puddleur, et d'imiter, dans la plupart de ses phases, le travail habituel de celui-ci. La célérité de l'outil varie au gré de l'ouvrier qui règle l'appareil, tout aussi bien que l'amplitude, la position et la direction de ses oscillations sur la surface de la sole; en sorte que l'affinage se fait non-seulement sans travail, mais en bien moins de temps et avec moins de frais que dans les conditions ordinaires.

N° 54,032. — Martin. — 30 août 1861.

Appareil servant à fabriquer la fonte, l'acier et le fer par fusion continue et sans contact du minerai avec le combustible.

Le caractère distinctif de l'appareil est la séparation du combustible et des minerais préparés. Un tube vertical, d'un diamètre variant de 10 à 30 centimètres et au-dessus, est disposé au centre du four et est chauffé à l'extérieur par un ou deux foyers. Le minerai pulvérisé, mélangé à du charbon en poudre ou à un réducteur tel que le prussiate de potasse ou le sel ammoniac, est placé à l'intérieur du tube, y est chauffé progressivement jusqu'à sa transformation complète, et arrive finalement, suffisamment préparé et réduit, à la zone inférieure, soit pour y être fondu, soit pour y être transformé en fer non fondu. Le mélange peut être additionné de manganèse, wolfram, titane et autres oxydes métalliques, suivant la qualité du produit qu'on veut obtenir.

1re ADDITION, en date du 30 novembre 1861.

L'inventeur y décrit une disposition perfectionnée d'un four de fusion continue et sans contact du minerai avec le combustible.

2e ADDITION, en date du 1er avril 1862.

Le nouveau perfectionnement consiste à ajouter, pour la fabrication de l'acier fondu, du minerai pulvérisé au bain de fonte dans le four à réverbère. Les proportions de minerai pour 100 kilogr. de fonte varient suivant la richesse du minerai et suivant le degré de carburation, dans les limites de 10 à 40 p. 100 environ. L'inventeur obtient également de l'acier fondu dans le creuset par le mélange de fonte et de minerai. Mais, s'il n'atteint pas complètement l'acier fondu, il obtient cependant un mélange fondu doué d'une certaine malléabilité et ayant une très-grande résistance. Ce métal paraît propre à la fabrication des canons et autres pièces exigeant une grande résistance.

N° 51,105. — Aaron-Bonehill. — 21 septembre 1861.

Four de réchauffage disposé sur un côté du four à puddler et qui reçoit à volonté, par un registre, la flamme de ce four à puddler.

L'inventeur revendique la propriété de tout système de petit four à échauffer la fonte, avant son introduction dans le four de travail, par l'emploi des flammes perdues du four à puddler, détournées du conduit principal par un carneau spécial d'appel, lequel est muni d'un registre pouvant régler, à volonté, la température, quelles que soient, du reste, la forme et la position de ce petit four latéral. Les avantages sont : économie de combustible et rapidité du travail.

N° 52,043. — Simencourt et Blackwell. — 7 novembre 1861.

Four à réverbère chauffé par un vent forcé et muni d'une grille à barreaux triangulaires.

Le trait caractéristique de cette invention est l'application du *vent forcé* aux fours à réverbère, et autres fourneaux ordinairement construits avec des cendriers ouverts qui dépendent, pour l'air nécessaire à la combustion, du tirage produit par la cheminée. Les inventeurs obtiennent une combustion plus régulière et plus complète en lançant de petits jets de vent entre des barreaux de grille, dont la coupe verticale est profonde et va en s'amincissant, afin d'introduire l'air en lames minces dans le foyer. Le combustible employé peut même être de qualité inférieure.

N° 52,272. — Bessemer. — 13 décembre 1861.

Perfectionnements dans la fabrication du fer et de l'acier.

L'inventeur indique les dispositions qui lui paraissent être actuellement les meilleures, pour la mise en œuvre du procédé de conversion de la fonte de fer en fer malléable ou en acier par insufflation d'air atmosphérique dans la masse métallique en fusion.

Deux vases à conversion sont placés, l'un par rapport à l'autre, de telle façon que l'on puisse agir pendant que l'autre est en réparation ; de plus, leur position relative est telle que tous deux puissent agir en même temps et verser leur contenu dans une seule poche, formant ainsi une seule masse de fer malléable ou d'acier. Afin de faciliter la manœuvre des vases à conversion, on fait usage d'un appareil hydraulique, disposé de telle façon que la course du piston d'un bout à l'autre du cylindre, produise une demi-rotation du vase, le piston étant commandé par une pression hydraulique, réglée au moyen de valves convenables.

Il est clair qu'au lieu de deux vases à conversion, on pourra en établir plusieurs, disposés, les uns par rapport aux autres, de manière à être desservis par une poche commune.

La boîte à tuyères est construite en fonte, avec sept ou tout autre nombre convenable de compartiments distincts, dont chacun contient une tuyère ou bouche conique en brique réfractaire, percée dans toute sa longueur de douze ou tout autre nombre convenable de trous.

L'acier ou le fer, obtenu par la conversion, est versé du vase dans une poche convenable, arrangée de manière à pouvoir facilement se promener successivement au-dessus de plusieurs moules et produire ainsi les lingots ou autres moulages voulus. Pour cela, le métal est élevé assez haut pour pouvoir entrer dans l'embouchure des moules, et, à cet effet, on emploie une grue hydraulique.

N° 52,595. — Clerc. — 14 janvier 1862.

Perfectionnements dans les fours de réduction des minerais.

Ces perfectionnements ont particulièrement pour objet d'utiliser les flammes perdues des feux d'affinerie afin de chauffer l'air et, en même temps, sécher les minerais au fur et à mesure qu'ils sont soumis à l'opération de la réduction. Ils portent aussi sur la construction même du four, qui est disposé de telle sorte qu'on peut le décharger avec une extrême promptitude sans la moindre fatigue pour l'ouvrier.

A cet effet, la sole est mobile et au-dessous se trouve placé un chariot qui, roulant sur un chemin de fer, permet de le manœuvrer avec une grande facilité. Une autre amélioration est l'application de registres ou soupapes mobiles adaptées aux conduits verticaux qui amènent le combustible aux deux foyers du four.

ADDITION, en date du 14 janvier 1863.

Les modifications portent sur le mode d'emploi des gaz perdus d'un feu d'affinerie, ainsi que sur la construction des cuves, qui sont exécutées maintenant en terre réfractaire. Un serpentin entourait la partie inférieure de la cuve ; il est supprimé et remplacé par un tuyau droit, placé directement dans la cheminée du feu d'affinerie.

N° 52,708. — Margueritte et Lalouël de Sourdeval. — 18 janvier 1862.

Mode d'épuration du fer et de la fonte malléable, et un procédé de cémentation du fer.

Cette invention comprend :

1° L'épuration, l'affinage et la cémentation simultanés du fer par sa calcination au sein d'un mélange de houille et d'un carbonate alcalin ou alcalino-terreux, donnant dans tous les cas la préférence à la chaux ou à son carbonate ;

2° L'emploi des cornues et fours de la Vieille-Montagne pour que tout le fer puisse être porté à la température la plus favorable à la cémentation, et pour que, par des charges successives, l'opération soit continue et, par conséquent, très-économique ;

3° L'emploi de tout autre combustible que la houille ou matière pouvant fournir à la distillation de l'hydrogène, tels que les lignites, les anthracites, la tourbe, le bois, etc., mélangés avec la chaux pour épurer à la fois et cémenter le fer ;

4° Le contact simultané de l'hydrogène non carboné et de la chaux avec le fer divisé ou réduit en lames minces pour l'épurer spécialement sans le cémenter. Dans ce cas, l'hydrogène peut être produit par le passage de la vapeur d'eau sur le charbon, ou par la calcination de l'hydrate de chaux avec le charbon, ou par l'action des acides sulfurique ou chlorhydrique sur le zinc ou le fer. Le passage de l'hydrogène, à une température élevée, sur le fer entouré de chaux a pour effet de l'épurer au point de transformer un très-mauvais minerai en fer de très-bonne qualité.

Addition, en date du 22 mars 1862.

Cette addition comprend : 1° l'affinage ou épuration de la fonte par sa calcination au contact d'un mélange de chaux ou tout autre alcali ou carbonate alcalin et de houille ou autre matière hydrogénée ; 2° l'épuration de la fonte et du fer par le passage, en présence de la chaux, d'un courant d'hydrogène carboné ou non carboné.

N° 53,015. — Martin. — 13 février 1862.

Procédé de malléabilisation de la fonte et de cémentation du fer, de l'acier puddlé et de la fonte malléable.

Ce procédé consiste à placer les pièces en fonte de fer, de formes et dimensions quelconques, dans un espace clos, d'y faire arriver de la vapeur surchauffée, à une pression variant de 1 à 6 atmosphères et au delà, et de maintenir la pièce plongée ainsi dans un milieu gazeux jusqu'à transformation, c'est-à-dire jusqu'à ce que la vapeur, ayant imbibé suffisamment la pièce à la température rouge, se soit en partie décomposée, brûlant le carbone de la fonte et dégageant de l'hydrogène.

On peut employer, soit de l'air surchauffé, soit de l'air mélangé de vapeur dans les mêmes conditions indiquées pour la vapeur surchauffée.

N° 53,241 — Bérard. — 6 mars 1862.

Transformation directe de la fonte en acier fondu ou en fer fondu.

Les points principaux sur lesquels repose l'invention sont les suivants :

1° Opérer par voie d'oxydations et de réductions successives pour l'épuration de la fonte et sa conversion directe en acier fondu ou en fer ; c'est le principe du système ;

2° L'emploi de la vapeur d'eau comme agent chimique dans l'opération de la conversion directe de la fonte en fer ou en acier, en traversant le bain métallique dans un fourneau à réverbère ;

3° L'emploi simultané de l'air et de la vapeur au travers du métal liquide, pour produire l'oxydation dans un fourneau à réverbère ;

4° L'emploi simultané, dans le même bain, de l'air, de la vapeur et des gaz passant au travers de la masse liquide ;

5° L'action des gaz réducteurs agissant dans l'intérieur du bain métallique en liquéfaction, et alternativement ;

6° La vapeur d'eau agissant mécaniquement comme moyen d'entraînement de l'air ou des gaz, appliquée à l'opération ci-dessus de la transformation de la fonte en acier ;

7° Injection de la poussière de charbon dans le bain de fonte ;

8° Dispositions spéciales du fourneau à réverbère à doubles soles jumelles ;

9° Mobilité des soles ;

10° Autel de séparation des soles avec couche de combustible pour la réduction ;

11° Application de la brasque à charbon pour la formation des soles ;

12° L'appareil d'injection à vapeur appliqué comme moyen général de ventilation par absorption de l'air.

N° 53,589. — Chenot. — 1er avril 1862.

Perfectionnements dans la fabrication du fer et autres métaux, et de leurs composés.

Ce brevet comprend un ensemble de perfectionnements dans les opérations métallurgiques du fer, de l'acier, de la fonte, du cuivre, du plomb, de l'étain, de l'antimoine, etc. Ces perfectionnements portent principalement sur la préparation mécanique des minerais au moyen de machines électro-trieuses et de machines à comprimer ; sur la réduction des minerais soit dans des fourneaux à chauffage extérieur, soit dans un fourneau à chauffage intérieur ; sur l'utilisation des flammes et des gaz perdus de feux d'affinerie et de hauts-fourneaux ; enfin, sur un ensemble d'observations pratiques en métallurgie, et très-instructives.

N° 53,988. — Poncin. — 9 mai 1862.

*Application à la métallurgie du fer, de la voie humide
et de la voie sèche, combinées.*

L'inventeur propose l'emploi successif des deux méthodes :

1° l'roduction de l'oxyde pur, en pulvérisant grossièrement le minerai, puis en le mettant dans une chaudière en fonte émaillée et le traitant par l'acide chlorhydrique qui sépare la gangue du fer et forme un perchlorure de fer. On chauffe ensuite le perchlorure dans une chaudière plate ; il y a séparation en acide chlorhydrique et en oxyde de fer.

2° Réduction de l'oxyde de fer, en chauffant 143 kilogr. d'oxyde (pour avoir 100 kilogr. de fer) avec 34 kilogr. de charbon de bois bien sec, il se produit ainsi de l'acier fondu ; ou bien avec 36 et même 40 kilogr. de charbon pour 143 kilogr. d'oxyde et l'on obtient, dans ce cas, de la fonte aciéreuse. Pour obtenir du fer doux, il faut employer 33 kilogr. de charbon seulement pour 143 kilogr. d'oxyde.

L'inventeur se sert de fours à réverbère ou de fours à creusets.

N° 54,208. — Parry. — 17 mai 1862.

Perfectionnements dans la fabrication du fer et de l'acier.

L'objet de cette invention est d'assurer la production d'un fer de qualité supérieure à celle du fer obtenu par les procédés ordinaires, de même que la production, en grandes masses, de l'acier fondu, cet acier étant, en outre, de beaucoup supérieur à celui obtenu au moyen de la décarburation directe du fer. Pour arriver à ces résultats, on prend du fer qui a précédemment subi le procédé de puddlage. On peut aussi prendre des débris de fer et les introduire, convenablement mélangés avec du coke ou autres combustibles et des fondants, dans un fourneau à courant d'air forcé, semblable à ceux ordinairement employés pour fondre la fonte crue. Ce fourneau est, en outre, disposé de manière que les tuyères puissent maintenir dans le fourneau une température beaucoup plus élevée que celle nécessaire pour fondre le fer. Par ces moyens, on peut effectuer la carburation rapide et économique du fer en traitement. Ayant ainsi carburé le fer, on le transporte, sous n'importe quelle forme, dans un four à puddler où il perd une nouvelle quantité de soufre et de phosphore. Si on le juge nécessaire, le fer peut ensuite être de nouveau carburé et subir une troisième fois le procédé de puddlage.

N° 54,719 — Wilson. — 4 juillet 1862.

Perfectionnements aux appareils employés pour la fabrication du fer et de l'acier.

Dans les appareils pour la préparation du fer malléable et de l'acier, les tuyères plongent dans le liquide fondu et se détériorent rapidement. Le perfectionnement consiste à mettre les tuyères hors du contact du métal fondu. Pour cela, le creuset qui contient la fonte porte un tuyau en forme de siphon renversé, où le métal se nivelle, et dans lequel on insuffle de l'air, qui traverse la fonte du siphon pour arriver dans le creuset. Le cubilot lui-même est en métal, tôle, fonte ou acier, revêtu à l'intérieur de briques réfractaires.

N° 54,975. — Martin. — 24 juillet 1862.

Procédé de transformation directe du minerai en fer, fonte et acier.

Ce procédé consiste à faire des boules de 50 kilogr. environ, dans les proportions suivantes :

70 parties de minerai.
10 — charbon.
20 — d'argile.

Ces boules sont portées dans un four qui les réduit et les cémente. L'ouvrier les porte ensuite dans un second four où se trouve du laitier. On élève la température considérablement et, quand la réduction est opérée, on porte les boules sous le marteau-pilon. On peut ajouter au mélange ci-dessus du ferro-cyanure de potassium, du muriate d'ammoniaque, du charbon pulvérisé, du manganèse, wolfram, titane et des oxydes divers.
Les proportions sont, du reste, variables.

N° 55,009. — Martin. — 24 juillet 1862.

Procédé de fabrication directe du fer et de l'acier.

Ce procédé consiste à fondre de la fonte dans un four à réverbère, à puddler ou autre, et à ajouter à cette fonte en fusion 1/3 de minerai réduit et cémenté ou 1/8 de minerai non réduit. On pourra aussi ajouter au bain des matières réductrices et carburantes pulvérisées, telles que prussiate de potasse, chlorhydrate d'ammoniaque et charbon pulvérisé, plus des additions de manganèse, wolfram, titane et oxydes métalliques. Suivant la marche de l'action, on aura de l'acier fondu ou un métal mixte entre l'acier et la fonte. Ce dernier sera puddlé.

N° 55,143. — **Wilson et Picard**. — 5 août 1862.

Perfectionnements à la fabrication du fer et de l'acier.

Cette invention comprend les points suivants :

1° Verser directement le métal du vase de conversion dans une gouttière reliée au moule, ce qui évite la poche ou cuiller ; 2° rendre portative une grue ordinaire ou montée sur roues, ou sur un chariot ; par ce système, on peut faire des fontes d'un grand poids ; 3° les moules sont portés sur un chariot monté sur roues, sur rails ou autrement, avec plaques tournantes.

N° 55,981. — **Mushet**. — 16 octobre 1862.

Perfectionnements apportés aux moyens de garnir, réparer
ou entretenir en bon état les fours à puddler.

Ordinairement on répare les parois des fours à puddler en les garnissant de scories de fer calcinées. L'invention présente consiste à employer le minerai de titane dit *ilménite*, au lieu du bull-dog ou autres substances, pour garnir ou réparer les parois des fours à puddler. On garnit les parois du four à puddler de morceaux ou blocs d'ilménite. On introduit ainsi de 100 à 250 kilogr. de blocs d'ilménite, suivant la grandeur du four à puddler. L'ilménite est un minerai de titane qui contient, en moyenne, environ 43 p. 100 d'acide titanique.

N° 56,737. — **Sudre**. — 22 décembre 1862.

Procédé de fabrication du fer et de l'acier fondu par l'insufflation,
à travers la fonte liquide, de différents gaz et vapeurs destinés
à décarburer ou recarburer le métal.

Les fontes du commerce contiennent toujours du silicium, du soufre, du phosphore, de l'oxygène et de l'azote. Voici comment on procède pour enlever ces matières nuisibles.

L'oxyde de carbone et le siliciure de fer, en présence à une température élevée, donnent de la silice et du carbure de fer. Il suffira donc de faire passer dans le bain un courant d'oxyde de carbone pour éliminer le silicium.

Le soufre et le phosphore sont plus difficiles à enlever. On a remarqué que le grillage des sulfures et des phosphures se fait bien plus facilement dans un mélange d'air et de vapeur. L'inventeur fait donc passer dans la fonte un mélange d'air et de vapeur. Dans l'appareil de Galy-Cazalat, c'est ce procédé qu'on emploie, et on pourrait, avec avantage, à la place de l'air, insuffler de l'acide carbonique, qui, se transformant en oxyde de carbone, enlèverait en même temps le silicium.

Les aciers fondus absorbent l'azote en plus forte proportion quand ils sont moins carburés. L'azote et l'oxygène, en se dégageant pendant le refroidissement, sont très-nuisibles à l'homogénéité du fer. L'inventeur fait traverser le fer par de l'hydrogène qui forme avec l'azote de l'ammoniaque. L'oxygène, que les aciers contiennent à l'état d'oxyde de fer, est également éliminé par l'hydrogène.

Dans le procédé Bessemer, on décarbure complétement la fonte, puis on rend du carbone au fer. Ce moyen est défectueux, d'abord parce que la fonte est toujours impure, ensuite parce qu'on n'est pas maître d'arrêter le vent au moment juste où la fonte ne contient plus de carbone.

Dans le procédé actuel, on arrive à une bonne carburation à l'aide d'un gaz carburé, le gaz d'éclairage par exemple, qui carbure par son carbone et qui enlève l'oxygène de l'oxyde de fer par son hydrogène.

En résumé, ce brevet comprend :

1° La décarburation de la fonte par l'insufflation, à travers le bain métallique, d'un mélange de vapeur d'eau et d'air ; 2° l'expulsion du silicium par l'air et l'oxyde de carbone ; 3° l'expulsion de l'azote et de l'oxygène par un courant d'hydrogène ; 4° la recarburation du fer par un hydrogène carboné quelconque.

N° 56,844. — Godart-Desmarest. — 31 décembre 1862.

Applications du four Siemens à la métallurgie.

Le point caractéristique de cette invention est l'application nouvelle à un four double à puddler de l'alternance de direction de la flamme qui résulte du système Siemens. Mais cette méthode peut s'appliquer à toute fabrication chimique ou métallurgique se faisant dans un four à réverbère, chauffé à une haute température et dans laquelle l'opération peut se diviser en deux phases distinctes exigeant des températures différentes.

Le four Siemens se compose de quatre générateurs, dont deux recueillent la chaleur des produits de la combustion qui sont forcés de les traverser pour se rendre à la cheminée. Des deux autres, l'un reçoit les gaz émanant du gazéificateur et les échauffe à sa propre température, l'autre fait de même pour l'air nécessaire à la combustion des gaz. On inverse ensuite la marche des gaz dans les quatre générateurs.

L'inventeur a donc imaginé de combiner l'action de cette alternance du four Siemens avec deux phases d'une même opération métallurgique ou chimique. Ainsi, par exemple, dans le four à puddler il y a deux opérations distinctes : la fusion de la fonte, qui a besoin d'une moindre température, et l'affinage, qui exige une température très-élevée. L'inventeur décrit dans son brevet un four double à puddler avec application du système Siemens.

N° 57,521. — Boigues et Rambourg. — 24 février 1863.

Perfectionnements dans la fabrication du fer et de l'acier.

Le présent brevet a pour objet la fabrication du fer, de l'acier et du fer plus ou moins aciéreux par une opération qui consiste à terminer l'affinage proprement dit, si l'on opère sur la fonte, ou la réduction, si l'on opère directement sur les minerais, par un coup de feu qui liquéfie le produit, ou le maintienne fluide sur la sole du four à réverbère, de telle sorte qu'on puisse l'évacuer du four en le coulant. Ce mode de fabrication est fondé sur l'emploi de très-hautes températures, et principalement sur l'emploi du four à chaleur régénérée de M. Siemens, et sur l'emploi, pour la confection des soles et pour celle des matériaux de la chemise intérieure du four, de l'alumine, plus ou moins pure, ou de la bauxite.

ADDITION, en date du 4 octobre 1864.

Les inventeurs soutirent le métal en fusion et le séparent ainsi de la scorie pour le verser sur la sole d'un nouveau four ou dans des creusets chauffés à haute température. Ils font subir une sorte de lavage au métal liquide et le dépouillent de l'oxyde de fer et des scories dont il peut être imbibé, en le recouvrant et le brassant avec des matières fusibles non ferrugineuses, telles que spath-fluor, silicates terreux ou manganésifères, oxydes de manganèse, etc. Le soutirage du métal liquide est le meilleur moyen d'arriver à compléter l'épuration, ou à donner au métal, par l'addition des réactifs nécessaires, sa composition finale. Il permettra d'incorporer au bain métallique les corps employés pour modifier les propriétés du fer et de l'acier : manganèse, tungstène, vanadium, aluminium, etc.

N° 57,752. — Calixte-Mineur. — 18 mars 1863.

Perfectionnement dans la construction des fours à puddler et à réchauffer le fer.

Pour obtenir une combustion plus parfaite des produits gazeux, l'inventeur dispose, au-dessus de la grille, trois petits carneaux qui viennent donner de l'air et enflammer les produits de la combustion non brûlés. Si l'air est trop abondant, il met sur un ou deux des carneaux un bouchon en terre réfractaire. Par cette disposition d'une grande simplicité et qui n'exige aucun changement dans le four, on obtient une économie de combustible de 25 à 30 p. 100 et une usure moins rapide des barreaux de grille. On augmente aussi le nombre des fournées, le rendement des produits, et la qualité du fer est améliorée.

N° 58,022. — Bessemer. — 1er avril 1863.

Perfectionnements dans les procédés et appareils de fabrication du fer malléable et de l'acier.

Dans la fabrication du fer malléable et de l'acier par le procédé Bessemer, on a trouvé de grands avantages à douer le convertisseur d'un mouvement axial permettant d'amener les tuyères dans une position où la totalité du métal puisse être introduite dans le convertisseur avant l'arrivée du vent, et d'arrêter l'opération à un moment voulu par un simple changement de position du convertisseur et des tuyères qui interrompe le vent durant la décharge de métal converti. Mais, lorsqu'on veut obtenir des masses de 20 à 40 tonnes, le convertisseur, avec tous ces accessoires indispensables, devient un appareil fort coûteux, d'une manœuvre difficile, à cause de son grand poids. L'inventeur préfère, dans ce cas, faire usage d'un vase fixe qu'il décrit dans ce brevet, en indiquant tous les avantages de son nouveau système.

La seconde partie de son invention se rapporte à des perfectionnements dans la construction des convertisseurs oscillants et dans la manière de changer et réparer les tuyères employées dans ces vases.

Enfin, la dernière partie consiste dans un mode de traitement des lingots ou masses de fer malléable ou d'acier coulé, afin de les préparer pour la fabrication de plaques ou de feuilles par le procédé de laminage. Pour cela, le lingot coulé, de préférence lorsqu'il est encore chaud de la coulée, est soumis à l'action de la presse hydraulique, qui réduit son volume et allonge un peu la masse. Lorsqu'on veut avoir des plaques rondes, on presse le lingot en un seul cylindre massif ; si l'on veut en faire des plaques carrées ou rectangulaires, on presse le lingot en une forme carrée ou rectangulaire, après quoi on le découpe en tranches de toute épaisseur requise, au moyen d'un découpoir hydraulique ou de toute autre manière.

N° 58,134. — De Rostaing. — 7 avril 1880.

Fabrication du fer avec de la fonte en état de division.

Les moyens décrits dans ce brevet consistent : 1° à agglomérer la fonte prise à l'état de grenaille, limaille ou poussière métallique, en l'humectant et en la comprimant à froid dans un moule ; 2° à introduire cette agglomération dans un four à réchauffer, où, sous l'action oxydante des flammes s'exerçant sur un corps poreux, les parcelles de fonte se décarburent rapidement et deviennent fer ; 3° à soumettre cette agglomération, dès qu'elle est parvenue à la chaleur blanc soudant, à l'action, d'abord modérée, puis successivement de plus en plus énergique, d'un marteau-pilon pour rapprocher les parties divisées. Après ce rapprochement, la masse agglomérée se comportera, au corroyage ultérieur, exactement comme la loupe, quand elle a été cinglée au sortir du four à puddler.

L'agglomération de la fonte, prise en état de division, peut être effectuée à froid ou à chaud.

Addition, en date du 15 juin 1863.

Cette addition a pour caractères distinctifs principaux : 1° l'emploi, comme point de départ, de la fonte prise à l'état de division ; 2° l'agglomération, à froid, de ces parcelles de fonte, en les humectant au préalable d'eau pure ou d'eau acidulée, avec mélange ou non d'un réactif quelconque, solide ou liquide, et en comprimant dans un moule ; 3° la fusion de ces mêmes parcelles de fonte agglomérées en les tenant à l'abri de l'action de l'air ou des flammes, si l'on veut obtenir de l'acier fondu, ou en tempérant cette action à l'aide d'une chemise d'argile, silice ou chaux, enveloppant les blocs agglomérés, si, usant d'un four à réverbère ou d'un four à réchauffer, sans pousser jusqu'à la fusion, on veut obtenir un acier analogue à celui dit *puddlé* ou des fers aciéreux.

N° 59,308. — Henderson. — 9 juillet 1863.

Procédés d'extraction du fer et de l'acier de certains minerais résidus.

Après la fabrication de l'acide sulfurique avec les pyrites de fer, on ne peut pas extraire du fer des résidus pyriteux, parce qu'ils contiennent encore 3 à 9 p. 100 de soufre. De même pour les pyrites de fer et de cuivre, parce que le fer contiendrait du cuivre.

Dans le traitement des pyrites de cuivre, par le procédé Henderson, la totalité du cuivre et du soufre est extraite, et le résidu n'est plus qu'un oxyde de fer très-pur ou un mélange d'oxydes divers.

Ces résidus peuvent servir avantageusement dans un haut-fourneau pour la production de la fonte. Le procédé actuel a pour objet : 1° les moyens d'extraire la fonte de fer de ces résidus ou d'un mélange de ces résidus avec d'autres minerais ; 2° les procédés pour obtenir de l'acier de ces résidus ou de leur mélange avec d'autres minerais ; 3° un moyen d'obtenir du fer malléable de ces résidus ou de leur mélange ; 4° les procédés pour obtenir d'autres qualités de fer de ces résidus ou d'un mélange. L'opération a lieu de la manière suivante : Pour produire de la fonte de fer égale à la meilleure fonte hématite, on mélange les résidus avec 25 ou 30 p. 100 de houille bitumineuse exempte de soufre, on ajoute 3 p. 100 de sel commun, de chlorure de manganèse ou de chlorure de fer et 3 p. 100 de chaux vive, le tout en fine poussière. On moud le mélange et on le chauffe dans un four à une chaleur vive pendant 3 ou 4 heures, puis au rouge intense, ensuite on coule en sable.

Pour obtenir de l'acier, les résidus sont réduits en poudre fine avec 20 p. 100 de leur poids de poussier de charbon, 10 parties de carbonate de manganèse ou 8 parties de manganèse, 3 parties de sel commun, 2 parties de minerai de fer et 3 parties de chaux. On porte à la chaleur rouge. On obtient un acier plus riche en manganèse en portant la proportion de carbonate de manganèse à 20 par-

ties et du poussier de charbon à 26 parties, les autres matières
restant dans les mêmes proportions. On peut aussi employer le
goudron ou le brai quand il est à bon marché; on le mélange
avec l'oxyde de fer et on procède comme ci-dessus.

N° 59,505. — Petin et Gaudet. — 7 juillet 1863.
Perfectionnements apportés à la disposition des fours métallurgiques.

Les descentes ou rampants des fours à puddler construits jusqu'ici ont le grave inconvénient de brûler rapidement; pour remédier à cet état de choses, les inventeurs ont imaginé un système
de préservation de ces rampants, qui consiste à envoyer un courant d'air et de vapeur combinés. Le courant ainsi obtenu refroidit constamment la descente, qui brûle beaucoup moins vite, d'où
résulte une grande économie sur l'entretien de cette partie, qui
ne durait que 15 jours environ, tandis qu'elle peut résister aujour-
d'hui autant que le four lui-même, c'est-à-dire 8 à 9 mois.

N° 59,530. — Martin. — 21 juillet 1863.
Appareil de réduction préalable appliqué au feu catalan.

Le but proposé est d'économiser le temps et le combustible
employés à la préparation du minerai dans le feu ordinaire.

Le foyer catalan est conservé avec la forme ordinaire.

Dans la cheminée se trouve disposé verticalement un tube de
fonte ou de matières réfractaires; ce tube est chauffé, extérieurement, par la flamme perdue du foyer catalan qui traverse le minerai
au bas, à l'endroit où il s'échappe du tube. Le minerai, réduit et
plus ou moins cémenté dans le tube, est poussé, au fur et à mesure des besoins, dans le feu catalan, où il s'agglomère et se transforme en loupe par le charbon descendant et par le vent de la
tuyère. Une tympe de fonte à air ou à eau ou de matières réfractaires, a pour objet la séparation du minerai d'avec le charbon. Le
travail, à partir du moment où l'on aura poussé le minerai, se sui-
vra comme dans le feu catalan ordinaire. Après quatre heures,
employées au réchauffage des loupes et à la préparation du minerai, on donne tout le vent en poussant le minerai devant la
tuyère pour commencer la formation de la loupe. On gagne ainsi
tout le temps et le charbon employés à la préparation du minerai
dans le feu ordinaire.

N° 59,913. — Fleury. — 2 septembre 1863.

Perfectionnements dans la fabrication du fer et de l'acier.

Cette invention consiste dans l'utilisation des scories et rebuts des fours à puddler et autres et des minerais siliceux. Les scories pulvérisées sont mélangées avec de la chaux vive et de l'eau en quantité suffisante pour former une masse pâteuse, et le mélange est porté dans un cubilot, four à puddler ou autre. Pour chasser le soufre, le phosphore, l'arsenic et autres impuretés existant dans le fer, l'inventeur introduit dans le mélange un sel quelconque de chlore.

La quantité de chaux vive varie de 10 à 15 p. 100 du poids des scories, et, suivant la qualité, on additionne aussi 10 à 15 p. 100 d'argile.

Dans le travail au four à puddler, la proportion de chaux est de 5 à 25 p. 100; cette chaux est éteinte avec de l'eau contenant du chlorure de sodium, calcium, potassium, etc., dans la proportion de 2 à 10 p. 100 du poids des scories. Dans le travail au haut-fourneau ou au cubilot, on ajoute encore au dernier mélange 20 à 25 p. 100 de scories, charbon en poudre, sciure de bois, rebut de goudron ou autres substances hydrocarbonées.

N° 60,217. — Gerhardt. — 18 septembre 1863.

Perfectionnements dans la fabrication du fer et de l'acier.

Une partie de l'invention consiste à chauffer, à haute température, dans des creusets, des riblons de fer ou des morceaux de fer forgé, puis d'y introduire de l'oxyde de fer ou toute autre substance oxygénée appropriée, et, enfin, une certaine quantité de fonte liquide. On peut varier la qualité de l'acier en ajoutant des oxydes de chrome, de tungstène ou de titane.

L'inventeur fait passer aussi dans l'acier liquide un courant voltaïque au moment où il se refroidit; il se forme alors un arrangement des molécules dans le sens du courant qui donne au métal une contexture longitudinale et lamellée très-solide.

S'il y a du soufre dans le fer, on ajoute du chlorure de sodium, de calcium, de chaux, etc.

N° 60,880. — Martin. — 17 novembre 1863.

Nouveau procédé de fusion et d'affinage des métaux.

Ce procédé a pour objet la fusion de l'acier et l'affinage de la fonte d'acier et de fer, dans des cornues fixes substituées aux creusets mobiles exclusivement employés jusqu'ici à cette fabrication. Cette application nouvelle de cornues fixes est également applicable à la réduction et à la fusion des minerais de fer, de cuivre, de plomb, etc., et même à l'affinage de ces métaux. L'appareil se compose de cornues placées dans un four à réverbère, ou de toute autre forme, pour être chauffées par leur surface extérieure. Ces cornues ont la forme soit de cornues à gaz, soit de tubes. On peut les établir de diverses grandeurs, pouvant contenir depuis 200 kilogr. et au-dessous, jusqu'à 1,500 kilogr. et au-dessus de métal fondu. Elles peuvent se placer horizontalement, verticalement ou inclinées dans le four; elles s'y trouvent fixées à demeure et l'écoulement a lieu sur place, différence essentielle du nouveau procédé avec celui en usage, où les creusets mobiles sont retirés du four lors de la coulée.

N° 61,341. — Griffiths. — 16 décembre 1863.

Perfectionnements apportés aux fours à puddler le fer et l'acier.

Cette invention consiste dans les arrangements mécaniques servant à exécuter l'opération du puddlage dans la conversion de la fonte en fer malléable ou en acier.

Le procédé de puddlage s'exécute ordinairement au moyen d'un ringard ou *râble,* avec lequel l'ouvrier brasse la fonte. Dans le nouveau système, le même genre de mouvement est communiqué au râble mécaniquement, et le puddlage s'effectue sans travail manuel. L'arbre vertical ayant été mis en mouvement, le ringard puddleur reçoit de la manivelle et de la bielle un mouvement de va-et-vient à travers le four. Pour faciliter le procédé de puddlage et aussi pour affiner le fer, l'inventeur remplace, à des époques convenables, le râble solide par un râble creux, et transmet au fer, par le creux du râble, de l'air atmosphérique chaud ou froid. Il fournit l'air au râble creux par un tube flexible qu'on peut facilement attacher ou détacher du râble.

No 62,059. — Sudre. — 24 février 1864.

Procédé de réchauffage et de soudage du fer et de l'acier.

Le réchauffage et le soudage des fers bruts en paquets, lopins, etc., destinés à être corroyés et terminés au laminoir ou au marteau-pilon, s'opèrent actuellement dans des fours à réverbère où le fer est exposé directement au contact de la flamme, d'où oxydation considérable, déchet de 10 p. 100 et même de 40 p. 100 pour certains fers spéciaux devant subir plusieurs chaudes. Pour éviter ces inconvénients, l'inventeur se sert d'une sole creuse où les matières à chauffer sont entourées de silicates à bases terreuses ou de laitiers de hauts-fourneaux. On change le laitier quand il est devenu trop ferreux. Dans ce système, le laitier décape le fer, et le déchet est complétement évité.

No 62,275. — Onions. — 9 mars 1864.

Perfectionnements dans la fabrication du fer et de l'acier.

Le point caractéristique de l'invention réside dans l'utilisation des produits de la combustion, des gaz non consumés et des vapeurs, en les faisant passer dans un réservoir où se trouve de la tournure de fer ou d'autres ingrédients donnant de l'hydrogène. De ce réservoir les produits passent sur de la chaux, pour y être épurés, et sont enfin lancés, par une machine soufflante, sur le minerai chauffé à une haute température, et ils en opèrent la réduction et la carburation.

No 62,508. — Thooth. — 24 mars 1864.

Perfectionnements dans la fabrication du fer et de l'acier.

Cette invention a pour objet :
1° Le raffinage de la fonte et sa transformation en fer ;
2° La transformation de la fonte en fer homogène et en acier puddlé ;
3° La transformation directe de la fonte en acier ;
4° La production du gaz cyanogène et son emploi dans les procédés précités, de même que la nouvelle application de l'oxyde de carbone, de l'hydrogène protocarboné et de l'acide carbonique ;

5° La fabrication des loupes ou renards de riblons de fer;

6° L'application de quelques appareils nécessaires pour les opérations susmentionnées à la fabrication du verre et de l'alcali.

De plus, l'invention comprend : 1° La construction et le mode d'opération des chambres et cylindres rotatifs, afin d'agir sur le métal en fusion ;

2° L'emploi de bras ou râbles creux animés d'un mouvement de rotation, continu ou alternatif, agissant sur le métal en fusion ;

3° L'appareil pour la production des gaz nécessaires dans la fabrication du fer et de l'acier, de même que leur mode de production ;

4° L'application des chambres et cylindres rotatifs pour la fabrication du verre et la fonte des matières qui servent pour la production de l'alcali.

N° 62,542. — Bessemer. — 7 avril 1864.

Perfectionnements dans la fabrication des rails de chemins de f .

Cette invention a pour but d'utiliser les matières dont les vieux rails de fer forgé sont composés, en les employant en combinaison avec de la fonte ou autre carbure de fer, et en traitant ainsi les vieux rails, de manière à produire des rails en acier fondu, par la combinaison du fer et de la fonte.

L'inventeur emploie de préférence les convertisseurs Bessemer; il y place les vieux rails, destinés à être retraités, après les avoir découpés aux longueurs voulues et les avoir amenés à une chaleur rouge, puis, sans perdre de temps, il coule ou verse dans les convertisseurs, sur les morceaux chauffés de vieux rails, de la fonte brute ou affinée, ou autre refondue, ou du carbure de fer à l'état de fusion, préférant cependant pour cela, l'espèce de gueuse connue sous le nom de *fonte d'hématite à air chaud, n°* 1. Aussitôt que le métal fondu a coulé dans le convertisseur, ce dernier doit être mis en révolution sur son axe; le soufflage de l'air atmosphérique dans et à travers les particules du métal fluide se continue jusqu'à ce que les morceaux de rails soient entièrement fondus et incorporés à la masse fluide.

On peut continuer l'opération jusqu'à ce que le métal soit décarburé au degré voulu pour former de l'acier, ou bien jusqu'à ce que la décarburation soit complète, ajoutant alors du carbure de fer fondu contenant de préférence du manganèse à l'état d'alliage, comme dans la gueuse connue sous le nom de *franklinite*, ou dans celle connue sous le nom de *spiegeleisen* ; la quantité de carbure de fer ainsi ajoutée déterminera la dureté ou trempe de l'acier ; on coulera ensuite en lingots ou en plaques, de la manière ordinaire.

On peut faire usage de combustible solide, ou bien on peut employer de l'oxyde de carbone, ou les gaz perdus des hauts-fourneaux, faisant, pour cela, une division convenable dans la boîte de la tuyère pour l'introduction de jets de gaz et d'air atmosphérique, de façon à produire une vive combustion des gaz et à élever la température des rails au plus haut degré possible.

N⁰ 62,655. — **Martin.** — 13 avril 1864.

Perfectionnements des fers dans les feux d'affinage et les fours catalans.

Les points principaux de cette invention sont, en résumé :

1° Production du fer doux à grain, en ajoutant, au moment de la fusion, 2 parties de chlorure de sodium et 1 partie de spathfluor ;

2° Production du fer à grain dur aciéreux par un mélange de 2 parties de chlorure de sodium et de 1 partie de peroxyde de manganèse.

On peut remplacer le chlorure de sodium par des sels de soude et de potasse.

N⁰ 62,988. — **Laboulais.** — 9 mai 1864.

Production directe du fer, de l'acier, de la fonte et autres métaux.

Cette invention a pour but de produire les métaux et de les recueillir à l'état liquide, en les préservant des combinaisons chimiques qui peuvent les vicier pendant la période de production du métal, pendant sa fusion et après sa fusion.

C'est dans les étalages ou ouvrage du haut-fourneau que le fer contracte la plus forte partie de ses combinaisons avec les métaux terreux. L'inventeur pare à cet inconvénient en brusquant la fusion, de façon que les combinaisons nuisibles n'aient pas le temps de s'effectuer. D'autre part, il place la matière à fondre dans les meilleures conditions pour éviter son contact intime et général avec le combustible. L'appareil qui remplit ces conditions de fusion rapide et de séparation du combustible et du mineral ou métal à traiter ou à fondre, comprend tous les organes essentiels d'un haut-fourneau. On réalise la fusion rapide du métal par un bon vent, nombre de tuyères suffisant, creuset aboutissant presque immédiatement aux étalages, et étalages très-courts. On complète ce résultat par l'enlèvement rapide des produits fondus.

La séparation du combustible et du mineral se produit par un cloisonnement en briques réfractaires, ou en graphite ou en poudingue quartzeux, en matière enfin qui supporte assez la chaleur et les frottements des charges.

Tout ce qui vient d'être dit de la réduction s'applique à la fusion, qui se produit, de préférence, au moyen d'un foyer soufflé, tel que ceux d'affinerie, comtois, catalan, four à masse, four à manche, cubilot ou wilkinson et haut-fourneau.

Les feux ou fourneaux qui précèdent sont du domaine public ainsi que le four à réverbère pour la fusion de l'acier sur sole. Mais l'inventeur combine deux appareils connus pour en former un appareil conjugué nouveau et jouissant de propriétés nouvelles qu'aucun des deux appareils ne possède étant pris isolément. Ainsi, le cubilot-réverbère n'est plus ni le cubilot ni le réverbère, c'est un hybride jouissant de propriétés tout à fait nouvelles et donnant les avantages suivants :

1° Fusion rapide et économique ; 2° faculté de faire varier le produit dans la fusion au cubilot ; 3° élimination immédiate du produit du cubilot ; 4° conservation et amélioration du produit dans le réverbère ; 5° accumulation de telle quantité que l'on veut dans le réverbère ; 6° faculté de charger le réverbère en tout temps de telle substance métallique, saline ou autre, jugée utile au résultat ; 7° travail et examen possibles du bain de métal dans le réverbère ; 8° mélange rendu intime, au besoin, de toutes les parties du bain par un brassage ; 9° décarburation par puddlage ou, si l'on veut, par des sornes riches.

ADDITION, en date du 9 mai 1865.

Dans ce certificat, l'inventeur insiste sur l'utilité de la séparation du combustible et du mineral dans la hauteur correspondante à la région où la réduction, complète ou au moins très-avancée, se produit, afin d'éviter le contact direct des combustibles impurs, ainsi qu'une perte de gaz réducteurs par leur décomposition sur le charbon ambiant comme cela se passe dans les hauts-fourneaux.

Nº 63,164. — Harrison. — 23 mai 1864.

Perfectionnements dans le puddlage mécanique du fer et de l'acier.

On avait déjà proposé, pour le puddlage du fer, d'employer un appareil avec roues, leviers et manivelles dont le mouvement devait être produit par une force motrice ; au moyen de cette combinaison, on se proposait de communiquer un mouvement composé longitudinal et transversal aux instruments pour puddler. L'appareil était excessivement compliqué et le résultat imparfait et sans succès.

L'invention a pour objet la simplification et le perfectionnement de cet appareil, et elle consiste en une méthode nouvelle de communiquer par des moyens mécaniques le mouvement latéralement et transversalement aux instruments de puddlage, ce mouvement latéral et transversal étant produit simultanément d'une façon continue, et pouvant aussi, en ce qui touche le mouvement transversal, être renversé par le moyen d'un engrenage automoteur.

Nº 63,268. — Petin et Gaudet. — 31 mai 1864.

Système de puddlage du fer et de l'acier.

Cette invention est caractérisée par un principe nouveau qui, appliqué au puddlage, donne un résultat industriel très-important, comparativement au mode employé jusqu'à ce jour. Ce système consiste dans le brassage du bain au moyen d'un ringard creux communiquant par l'une de ses extrémités à un conducteur de vent auquel il est raccordé par un tube de caoutchouc ; l'autre extrémité plonge dans le bain en brassage, et, au moyen de petites ouvertures pratiquées au bout du ringard, l'on y introduit le vent forcé. L'ouvrier, en brassant le bain, envoie dans la masse de l'air qui, en se décomposant, active la décarburation ; l'on obtient ainsi un brassage rapide et économique, tout en produisant du fer ou de l'acier d'une grande pureté.

Nº 64,110. — Williams et Bedson. — 5 juillet 1864.

Perfectionnements aux fours à puddler.

Cette invention se rattache aux fours à puddler, dans lesquels les fonds sont construits en fer manufacturé et creux, de manière à constituer une chambre à travers laquelle coule de l'eau. Elle consiste à monter ces fonds sur un axe auquel on imprime un mouvement de rotation, de manière qu'un ou plusieurs remueurs, avançant dans le four où ils sont maintenus stationnaires, puissent effectuer le puddlage nécessaire.

Cette invention est également caractérisée par une méthode de répartition d'eau, ainsi que par le moyen d'enlever du fond creux la surabondance de cette eau.

N° 64,180. — Clayton. — 20 août 1864.

Perfectionnements à la construction des fours à réverbère et autres servant à chauffer et fondre le fer et l'acier.

Cette invention consiste essentiellement dans la construction de la sole des fourneaux, de manière qu'elle tourne ou oscille entièrement sur un plan horizontal, et que, par ces mouvements, chaque partie de la masse entière de fer ou d'acier soit exposée, à son tour, à la partie la plus incandescente du foyer, que ces masses soient chauffées ou qu'elles soient fondues sur cette plaque.

La sole a la forme circulaire, avec un diamètre presque égal à la largeur du fourneau; cette plaque tourne sur un arbre vertical, qui reçoit un mouvement rotatif ou d'oscillation par un engrenage ou par tout autre moyen; mais, dans le cas où elle est mobile et dans le but de l'enlever, elle est portée sur des montants pourvus de galets tournant sur un chemin de fer circulaire, placé au-dessous du fourneau. Le chauffage se fait au moyen d'un seul foyer ou de deux. On peut aussi chauffer les fourneaux en employant la combustion du gaz ou des composés gazeux; des jets de vapeur peuvent être également introduits dans les fourneaux pour le même but. Ces perfectionnements sont également applicables à d'autres fourneaux que ceux à réverbère.

N° 64,218. — Le Clerc. — 23 août 1864.

Fourneau horizontal pour la réduction des minerais de fer à l'état d'éponge de fer, et pour l'emploi de l'éponge de fer dans les appareils Bessemer et autres analogues.

Cette invention a pour but :

1° L'emploi des fourneaux horizontaux à la réduction des minerais de fer, aussi bien pour des fours à une seule caisse et quelle que soit leur contenance, que pour des fours à deux ou à plusieurs caisses ;

2° L'emploi de l'éponge de fer pour la production de l'acier, du fer aciéreux, ou du fer malléable, dans les appareils du système Bessemer ou autres systèmes d'appareils de ce genre, soit en mélange avec la fonte liquide ou non liquide, soit seulement pulvérisée et chauffée préalablement, en morceaux ou fragments.

ADDITION, en date du 16 août 1865.

Pour la réduction des minerais de fer à l'état d'éponges métalliques, comme aussi pour la cémentation du fer ou de l'acier dans les fourneaux horizontaux ou tous autres fours, on peut employer avec avantage du coke pilé, soit seul, soit en mélange avec du charbon de bois ou avec de la houille.

L'inventeur se réserve l'emploi de l'éponge de fer dans toutes espèces de fourneaux d'affinage, tels que feux comtois, feux catalans et autres employant le charbon de bois, bois torréfiés, etc. ; ou dans des fours à puddler ou à souder employant la houille, ou le bois, ou la tourbe, ou les gaz, etc., avec ou sans mélange de fonte, riblons, tournures de fer, etc. L'éponge de fer peut également être employée pour la fusion dans les fours à réverbère, cubilots, wilkinson, etc., soit que les matières à fondre soient ou non en contact avec le combustible, soit que l'on fonde l'éponge seule ou en mélange avec de la fonte, du fer, de l'acier, ou toutes espèces de riblons de fer ou d'aciers quelconques. Par la combinaison de l'éponge avec des riblons, tournures de fer, copeaux de fer, et la fusion rapide dans un cubilot, avec ou sans fondants, tungstène, nickel, manganèse, etc., on obtient, par le moulage soit en coquille, soit en terre ou en sable, à des prix peu élevés, des pièces d'acier à peu près exemptes de soufflures, que l'on peut forger et même tremper.

N° 64,505. — Clayton. — 19 septembre 1864.

Perfectionnements aux fours à réverbère pour fondre le fer et autres métaux, et pour chauffer les lingots, paquets ou masses de fer, acier ou autres métaux.

Ces fours sont spécialement applicables à fondre la fonte de fer que l'on veut convertir, par le procédé pneumatique ou procédé Bessemer, en demi-acier ou fer homogène ou acier fondu. Ce procédé pneumatique consiste à faire passer un ou plusieurs courants

d'air à travers la fonte en fusion, de manière à la décarburer entiè
rement ou partiellement et à la convertir, par ce moyen, en fe
homogène ou acier.

L'inventeur emploie aussi des fours construits selon cette parti
de son invention pour fondre le spiegeleisen qu'on mélange o
qu'on ajoute au fer après le procédé de la décarburation, pour l
convertir en acier ou demi-acier.

N° 65,589. — Ménélaus. — 21 décembre 1864.

Perfectionnements apportés aux fours à puddler.

Ces perfectionnements sont caractérisés par la combinaison d'u
four à puddler tournant, qui rend le procédé de puddlage entière
ment indépendant des connaissances de l'ouvrier, et qui perme
de traiter aussi aisément des blocs de 350 kilogr. que les plu
petits; de plus, un seul homme peut aisément diriger deux fours
la fois.

Ce four comprend une capacité tournante dont le contour inté
rieur est creusé de manière à former des poches réunies par un
sorte d'anneaux creux ou gorge, inclinée par rapport à l'axe d
four, pour donner au métal en travail un mouvement de transla
tion, tout en empêchant le glissement en arrière. Le four peut êtr
au besoin, facilement enlevé de dessus ses supports pour verse
l'acier là où il est nécessaire.

N° 65,587. — Chenot. — 22 décembre 1864.

Fabrication directe du fer et de l'acier au haut-fourneau.

Cette invention consiste à produire d'une manière directe, con
tinue et automatique, et en pièces d'un poids illimité, le fer e
l'acier dans des appareils de la classe des hauts-fourneaux, en em
ployant un combustible et des matières ferrifères quelconques.

Le chargement a lieu comme dans les hauts-fourneaux ordi
naires. La proportion de minerai est réglée d'après la loi suivante
Une charge donnée produisant de la fonte, une charge plus for
donnera de l'acier; une charge encore plus forte fournira du fer
et, enfin, une charge exagérée fera passer tout le minerai dans le
laitiers.

On voit, d'après cela, que ces fourneaux doivent marcher e

allure froide par surcharge de minerai. Il en résulte que le métal arrive à la hauteur des tuyères peu ou point carburé, souvent même incomplétement réduit et jamais fondu. Sous l'influence de la haute température qui règne à cette hauteur et de l'excès d'oxygène qui s'y trouve, le métal se soude et s'épure parfaitement, et se dépose successivement dans le creuset, sous la forme d'une pièce ou loupe semblable à celle des feux d'affinerie et des foyers catalans; en même temps, les gangues, scorifiées et très-fusibles en raison de l'oxyde de fer qui s'y ajoute, sont évacuées en temps opportun et à une hauteur convenable au moyen de trous de chio ménagés dans les faces du creuset. Lorsque la pièce atteint un volume convenable, l'ouvrier ferme ou diminue le vent et procède à l'enlèvement de la pièce.

N° 65,707. — Martin. — 31 décembre 1864.

Fabrication du fer fondu.

Cette invention a pour objet la fabrication du fer fondu et son emploi pour remplacer le fer forgé dans les pièces de mécanique et de quincaillerie, blindages, canons de fusils, etc., et le bronze et la fonte dans la fabrication des bouches à feu.

En faisant fondre dans un four à réverbère à grille, ou chauffé par le gaz à la température de 1,500 à 2,000 degrés centigrades, 300 kilogr., par exemple, de fonte douce au bois ou au coke, et en y projetant des morceaux de fer doux, préalablement chauffés autant que possible au blanc, successivement et à mesure de leur fusion dans le bain jusqu'au poids de 600 kilogr., on obtiendra du fer doux fondu non susceptible de trempe, ayant la cassure du fer forgé, pouvant se traiter et se souder comme le fer à la température blanche; cette proportion de un tiers de fonte et de deux tiers de fer varie, comme pour l'acier fondu, suivant les qualités des matières employées. De plus, comme pour l'acier fondu, il sera convenable de tenir compte de la qualité du laitier noir qu'il sera bon d'avoir d'un noir vitreux; la proportion d'oxyde contenu dans ce laitier agit suffisamment, à la haute température de la transformation, pour enlever au métal fondu les propriétés aciéreuses, en tant cependant que, pour aider à cette action, on aura suivi le procédé du fer fondu, pour la proportion de un tiers de fonte et deux tiers de fer; car, en forçant la proportion du fer ajouté à la fonte, même avec le laitier clair, on arrivera toujours au fer fondu : par exemple, une partie de fonte et cinq parties de fer.

Avec un tiers de fonte douce de première qualité du Périgord, deux tiers de fer à grain ou à nerf provenant de la même fonte, on obtient du fer fondu de qualité convenable pour les pièces de mécanique, telles que têtes de bielles, essieux coudés, etc.

Ce fer fondu est essentiellement ductile et résistant, ainsi qu'il est prouvé par la qualité des canons de fusil étirés à froid.

Comme le cuivre, il est malléable après avoir été coulé sans avoir été martelé; cette propriété le distingue de l'acier fondu ordinaire, ainsi que la propriété de s'étirer et se souder au blanc comme le fer forgé dont il a la cassure. Ce fer fondu peut, par suite, être substitué au fer forgé dans toutes les pièces difficiles de forge et de quincaillerie avec ou sans estampage ou laminage de ces pièces.

Puisque, par l'affinage des fontes aciéreuses, on obtient, dans le four à puddler, à volonté de l'acier puddlé ou fer à grain ou à nerf, de même, avec les fontes aciéreuses, on obtient à volonté, suivant la marche de l'opération, soit de l'acier fondu, soit du fer fondu.

N° 65,828. — Tourangin. — 10 janvier 1865.

Procédé pour le traitement direct du fer et de l'acier.

Ce procédé a pour but : 1° de produire directement du fer malléable, sans carburation préalable, dans des appareils continus, et l'acier sans autre carburation que celle nécessaire à sa constitution ; 2° de souder les minerais réduits, la ferraille dans des fourneaux spéciaux à marche continue.

Pour obtenir le fer des minerais, il faut éliminer l'oxygène et les gangues. Ces deux opérations se font très-facilement dans les hauts-fourneaux ordinaires. Les appareils nouveaux n'en diffèrent pas beaucoup, mais au lieu de fonte, on obtient *directement* du fer malléable. Pour cela, l'inventeur supprime la zone où s'effectue la carburation. Il sépare le minerai du combustible dans la zone de réduction et dispose son foyer de réduction de telle façon que tout l'acide carbonique qui s'y produit, se change en oxyde de carbone, avant d'entrer dans le compartiment de réduction, en ayant soin que le courant gazeux soit exclusivement dirigé sur le minerai. Dans ces conditions, le minerai, réduit par le charbon et par la seule influence du courant gazeux, descendra dans le creuset, traversant la zone neutre où se trouve encore de l'acide carbonique et de l'oxyde de carbone, et la zone oxydante où l'acide carbonique règne exclusivement. C'est l'acide carbonique qui décarbure la fonte en passant à l'état d'oxyde de carbone. Il faut alors reconstituer l'acide carbonique, par une nouvelle addition de carbone, pour rendre la marche continue.

Pour obtenir de l'acier, il suffit de mélanger le minerai avec la quantité théoriquement nécessaire pour la carburation, ayant soin d'éviter l'action décarburante des scories, en formant un silicate neutre irréductible par l'addition d'oxyde de manganèse.

Pour le soudage des minerais réduits et de la ferraille qui sont très-oxydables, il suffira d'une atmosphère neutre ou réductrice.

Le four est en maçonnerie, revêtu de briques réfractaires ; dans son intérieur se trouve disposé un autre fourneau concentrique, en tôle ou en fonte, dans lequel on met le minerai, tandis que la gaine reçoit le combustible. Au-dessous, se trouve le creuset ; en haut, une fermeture hydraulique.

N° 67,535. — Hawes. — 31 mai 1865.

Perfectionnements aux fours à puddler et à réchauffer et autres fours à réverbère.

Dans ce nouveau système de fours à puddler, on construit la grille et la sole de la manière ordinaire, excepté qu'on laisse une chambre sous la sole pour le passage de l'air vers le foyer. Dans les murs latéraux du foyer sont ménagés deux carneaux verticaux qui aboutissent, en bas, dans le cendrier, et, en haut, au-dessus de la grille. Sur le devant du fourneau est pratiquée une ouverture qui donne accès à l'air au-dessus de la grille, et un registre, placé devant cette ouverture, règle la quantité d'air fournie à la grille.

Le bout de la chambre, sous la sole, est ouvert ; la chambre est séparée du cendrier par un mur latéral dans lequel il y a un grillage, donnant passage à l'air dans le cendrier et entre les barreaux de la grille. La combustion est parfaite, sans fumée, le tirage étant réglé par le registre sur le devant du four.

Cette disposition s'applique aussi aux générateurs de vapeur.

N° 67,602. — Valdenaire. — 3 juin 1865.

Conversion des fontes en fonte malléable, fer épuré et acier.

Ce procédé est propre à transformer les fontes de deuxième fusion en fonte malléable, en fer épuré et en acier. On obtient ces trois qualités en faisant passer ou de l'air, ou du gaz, ou de la vapeur surchauffée à travers un bain de fonte. La vapeur surchauffée, décomposée à cette haute température, décarbure la fonte par son oxygène, mis en liberté, et l'hydrogène la purge des corps étrangers, tels que soufre, phosphore, etc.

L'affinage, qui est des plus complets et des plus économiques, s'obtient par une seule opération. L'appareil se compose : 1° d'un four à réverbère ; 2° d'une locomobile produisant la vapeur nécessaire à l'affinage et une force motrice, utilisée par le ventilateur destiné à accélérer la combustion.

La sole du four est partagée en deux compartiments égaux, séparés par une digue en briques et en terre réfractaire ; dans le premier, la fonte est mise en fusion ; le second reçoit, par une percée, le métal liquéfié, au moment où l'on veut le soumettre à l'action du courant de vapeur. Un gros cylindre creux, armé de plusieurs tubes, à l'extrémité desquels sont des ouvertures capillaires, amène la vapeur ; il est mobile sur son axe. Quand l'opération de décarburation est terminée, on jette sur la matière un flux composé de verre de bouteille pulvérisé avec un quart de chaux ou simplement de laitiers de hauts-fourneaux au bois, pour empêcher l'oxydation du métal.

ADDITION, en date du 5 mars 1866.

Ce certificat d'addition embrasse trois perfectionnements :

1° Garniture des boîtes à étoupes, nécessaires à l'articulation des conduites qui amènent la vapeur ou le gaz surchauffé à 500 degrés, au moyen de l'amiante ;

2° Revêtement en platine ou en palladium, par la galvanisation ou par le plaqué, des tubes en fer ou en fonte à travers lesquels passent la vapeur ou le gaz surchauffé ;

3° Disposition dans la chambre d'un réservoir revêtu intérieurement de platine ou de palladium.

N° 67,962. — **Gaudin**. — 3 juillet 1865.

Transformation expéditive, économique et en grand de la fonte de fer, fer aciéreux et acier.

Le principe fondamental de cette invention consiste dans la *division* de la fonte en fusion, au sein d'un fourneau à réverbère, porté à la plus haute température possible, de manière à la réunir aussitôt en un bain sous laitier, avec adjonction de substances propres à accroître la température et à expulser les substances nuisibles qui font différer la fusion du fer, du fer aciéreux et de l'acier. L'inventeur se réserve, au besoin, de lancer la fonte en fusion dans le fourneau à réverbère par un moyen très-énergique, qui produira une sorte de *pulvérisation* de la matière, et activera les réactions.

N° 69,540. — Chatelain. — 1er décembre 1865.

Perfectionnements au traitement de la ferraille et de la fonte.

La transformation de la ferraille en fer marchand se fait ordinairement par quatre opérations principales : deux chauffes et deux laminages. L'inventeur réduit de moitié le temps nécessaire pour chacune de ces opérations, c'est-à-dire, en doublant la production dans le même temps et avec le même combustible. Il faut, pour cela, se servir de fours doubles à réchauffer, de préférence à vent forcé par un ventilateur. Les diverses opérations sont alors abrégées de moitié de la manière suivante :

La *première*, en chargeant d'abord les paquets de ferraille, à froid, dans le four à flamme perdue, où elle acquiert déjà la température rouge-blanc ; il ne faut plus alors que la moitié du temps, dans le four à souder, pour arriver à la température convenable ;

La *seconde* opération, celle du laminage de la ferraille en fer ébauché, se fait aussi dans la moitié de temps, en doublant le jeu de laminoirs et en passant le fer, avec le concours de quelques ouvriers de plus, simultanément dans le double jeu.

La *troisième*, celle du réchauffage du fer ébauché, se fait en le rechargeant dans le four à flamme perdue, au fur et à mesure qu'il est laminé ; étant encore chaud, il est déjà amené dans celui-ci à la température rouge-blanc, pendant qu'on y passe la chaude ; ensuite il est placé dans le four à souder aussitôt que celui-ci est vide, et y est, en très-peu de temps, chauffé à la température convenable.

Enfin, la *quatrième* et dernière opération, celle du laminage du fer marchand, se fait, comme celle du fer ébauché, dans plusieurs jeux de laminoirs, en faisant, à la fois, un ou plusieurs échantillons.

N° 69,550. — Dupuy. — 30 novembre 1865.

Perfectionnements à la fabrication du fer.

Ce procédé est principalement applicable au traitement des minerais, tels que les oxydes riches primaires et les oxydes de fer hydratés ; il peut néanmoins servir aussi à obtenir du fer des carbonates riches. Les oxydes primaires, s'ils contiennent du soufre, et les carbonates doivent être grillés préalablement. Le minerai, purifié et pulvérisé, est mélangé à 10 à 12 p. 100 de charbon de bois pulvérisé, et chargé dans des boîtes cylindriques en tôle mince. Le mieux est de pratiquer toute l'opération dans un four à réverbère, semblable à ceux à puddler et à réchauffer, mais de plus grande capacité, ou pourvu d'une seconde chambre.

L'inventeur obtient ainsi du fer directement des minerais en soumettant ceux-ci à la chaleur, mélangés avec une matière carbonifère, après les avoir chargés dans des boîtes de fer, qui sont alors soudées ou mises en loupes avec leur contenu.

N° 69,576. — Cailletet. — 8 décembre 1865.

Fabrication du fer fin au moyen de ferrailles triées.

Autrefois, tout le fer employé était obtenu au charbon de bois, il était de bonne qualité, par conséquent ; actuellement, on rencontre dans les ferrailles et riblons une quantité variable de ces anciens fers, qu'un œil exercé peut facilement reconnaître. On trie ces débris avec soin ; on les réunit en paquets ou trousses, et on les chauffe dans un four à houille (ce combustible n'altérant la qualité du produit qu'au moment où la fonte se transforme en fer) ; puis, les trousses de riblons, chauffées au rouge-blanc, sont soudées et étirées sous le marteau. Ce que l'inventeur fait breveter, c'est l'idée de trier les ferrailles et de profiter des fers de qualité supérieure qu'elles contiennent, pour en obtenir, par un soudage et un forgeage appropriés, un produit de qualité égale, sinon supérieure, au fer obtenu dans les forges au charbon de bois.

N° 70,053. — Rouquayrol. — 17 janvier 1866.

Procédé pour préserver le fer de tout déchet dans les fours à réverbère.

Actuellement, quand on réchauffe soit un bloc, soit un paquet de fer dans un four à réverbère pour être soumis à diverses opérations de forgeage, une partie de ce fer est brûlée dans le four, et on éprouve, par suite, un déchet très-considérable ; de plus, lorsqu'il s'agit d'un paquet, on peut éprouver des difficultés pour en opérer la soudure, soit en le martelant, soit en le laminant. Pour préserver le fer du déchet qu'il éprouve dans les fours à réverbère, l'inventeur l'enveloppe d'une couche plus ou moins épaisse de terre glaise.

N° 70,684. — Caumon. — 9 mars 1866.

Perfectionnements dans la fabrication du fer, de l'acier et des alliages métalliques, et dans le traitement des minerais.

Le trait caractéristique de cette invention consiste essentiellement dans l'emploi de dispositions spéciales permettant de créer et d'utiliser le *vide* dans les fourneaux, creusets ou cornues qui contiennent les métaux, les minerais ou les alliages à traiter. L'inventeur ne s'attache à aucun moyen particulier de produire le vide, que ce dernier soit obtenu par l'action directe de la vapeur, de l'air comprimé des pompes aspirantes ou par d'autres combinaisons.

Le procédé se distingue par les applications suivantes :

1° Dans la fabrication du fer et de l'acier, par la création d'un vide à l'intérieur du fourneau ou de la cornue ;

2° Dans la fonte du fer, de l'acier ou d'autres métaux, à l'aide d'un vent produit par le vide ;

3° Dans la fabrication de l'acier et l'affinage du fer ou d'autres métaux, en faisant évaporer, dilater ou brûler les impuretés et le charbon à l'aide d'un vent produit par le vide ;

4° Dans la fabrication directe de l'acier brut du fer en saumons, au moyen d'un vent produit par le vide ;

5° Dans l'extraction du soufre, du phosphore, de l'arsenic et autres impuretés du fer ou de l'acier, par la distillation ou la sublimation par le vide ;

6° Dans la fabrication de l'acier fondu par la fonte de l'acier poule ou autre fer ou acier carburé dans un creuset, fourneau ou cornue, dans lequel est créé le vide ;

7° Dans la fabrication directe de l'acier fondu, du fer, par la fonte de ces métaux en contact avec une substance carburante, soit séparément, soit en combinaison avec d'autres fers ou aciers carburés, au moyen du vide total ;

8° Dans le recuit dans le vide desdits fers, aciers et autres métaux ;

9° Dans le grillage et la fusion des minerais et des métaux à l'aide d'un courant d'air produit par le vide ;

10° Enfin, dans l'extraction dans le vide des impuretés desdits minerais.

N° 70,867. — Wilson. — 8 mars 1866.

Perfectionnements apportés dans la construction des fours.

Ces perfectionnements comprennent :

1° La construction générale des fours avec application et emploi, dans ces fours, d'une plaque de fer, munie ou non de passages ou conduits, pour supporter le combustible ; 2° l'application et l'emploi d'une chambre à air chaud pour alimenter le combustible d'un courant d'air chaud ; 3° l'application et l'emploi d'un grillage entre la chambre à air chaud et le combustible ; 4° l'application et l'emploi de passages ou conduits d'air, combinés et disposés pour porter l'air qui vient du dessous du four soit sur la sole, soit à tout autre point convenable. L'air est quelquefois fourni dans ces conduits par des portes ménagées sur le côté du four entre les plaques latérales et la maçonnerie, et les gaz perdus peuvent être utilisés au chauffage de l'air avant de s'échapper par la cheminée.

ADDITION, en date du 8 mars 1867.

Pour construire un four à puddler, l'inventeur dispose une trémie au sommet pour l'alimentation du combustible. Cette trémie peut être disposée avec une porte en avant ou sur les côtés. Sous la trémie est disposée une table sur laquelle repose le combustible. Elle peut être formée d'un simple plateau en briques réfractaires. L'air est admis par le sommet à travers plusieurs ouvertures, en face desquelles ouvertures se trouve une chambre avec une ou plusieurs portes, et au-dessus de la table glissante est construit un plateau qui forme un conduit à air dans ladite chambre.

La partie inférieure est construite avec des plateaux glissants, admettant l'air de chaque côté, et, sous les admissions d'air, est disposée une chambre avec ou sans porte pour le nettoyage.

L'inventeur applique aussi son système aux bouilleurs de la marine.

N° 71,463. — Haserick. — 3 mai 1866.

Perfectionnements dans la fusion et l'agrégation des copeaux et rognures de fer.

Ce procédé a pour but d'empêcher les copeaux, rognures et autres déchets de fer d'être brûlés, et emportés par l'air forcé ; il consiste à mêler au fer divisé, de la terre glaise diluée dans de l'eau.

On brasse le tout intimement jusqu'à ce que le liquide couvre bien le fer ; c'est alors le moment de le mettre au feu ; la fusion s'obtient bien vite sans préjudice pour la qualité du fer, et sans beaucoup de déperdition de matière.

Au lieu de terre glaise, toute sorte de terre peut servir. L'inventeur a même obtenu un résultat parfait en employant de l'eau mêlée de terre et de cendres.

N° 74,898. — Kernot et Symons. — 9 juin 1866.

Perfectionnements dans les fours à coupoles de forges et fonderies.

Ces perfectionnements consistent :

1° A séparer la partie inférieure, formant la sole des fourneaux, de la partie supérieure ou de charge, ce qui permet à cette dernière de contenir une plus grande quantité de métal que dans les appareils actuellement en usage. La partie supérieure du four est portée par des colonnes, et la partie inférieure, mobile, peut être montée sur des roues, tout en restant en rapport avec la partie supérieure au moyen de plaques métalliques fermant hermétiquement ; l'espace existant entre les deux parties forme une chambre à air circulaire entourant le feu ; l'air ou la fumée passe à travers un trou établi à l'une des deux plaques ;

2° A disposer une couche plus régulière et plus uniforme sans l'aide de cloisons à jour ou tuyaux, et avec une économie de 25 p. 100 de combustible sur l'ancienne méthode. Pour cela, on établit une espèce de récipient ou chambre à air tout autour du feu et dans l'intérieur du four ; l'air pénètre par le fond, introduit à l'aide d'une machine soufflante. Ce mode d'admission uniforme de l'air produit un effet plus utile sur les métaux employés, effet égal à celui obtenu par les fours à réverbère.

N° 74,911. — Salomon. — 9 juin 1866.

Procédés et appareils destinés à la fusion industrielle du fer et à la fusion aciéreuse de ce même fer, à la production d'une fonte factice aciérante et d'une fonte mixte aciérable, et à la cémentation superficielle du fer rouge par voie mécanique ou par affinité chimique.

Ces procédés sont basés sur les faits suivants :

Du fer ou de la ferraille, rougi à blanc dans un bain de laitier contenant du plomb, s'y fond à l'aide d'un courant d'air, si le laitier en fusion le couvre entièrement. Par ce moyen, le fer se moule comme de la fonte et peut être coulé en grosses pièces.

Le même fer, porté à la chaleur blanche, dans un bain de laitier contenant du verre, s'y fond également sous l'influence d'un courant de vapeur surchauffée, pourvu que la matière vitreuse employée y surnage ; par ce traitement, le fer devient plus dur, plus homogène que le fer en barre.

Enfin, en fondant du fer dans une quantité voulue de fonte en fusion avec le concours simultané de l'air et de la vapeur d'eau, il en résulte de l'acier, par la double décarburation de la fonte, qui s'incorpore dans ce fer ; mais en décarburant complétement ce bain, on en obtient du fer pour moulage.

La carburation du fer, rendu pâteux, dans l'un des bains précités, puis liquéfié par l'intervention de l'air ou de la vapeur, doit avoir lieu par 10 p. 100 de fonte factice ordinaire ou par la même proportion de fonte factice manganésée, ou encore par de la fonte au bois, épurée au contact du plomb. La fonte factice ordinaire consiste dans la fusion de battitures de fer dans un excès de poudre de charbon de bois en ignition, et la fonte factice manganésée, dans la fusion des mêmes battitures dans une réduction ignée d'oxyde noir de manganèse.

Quant à la cémentation superficielle du fer par voie mécanique, elle s'obtient en fixant de la plombagine à la surface de ce métal porté au blanc vif et soumis à un laminage ou un étirage répété plusieurs fois, si le graphite destiné à cet effet le couvre uniformément. D'où il suit qu'on peut cémenter le fer rouge par la pression et durcir superficiellement les rails en fer, en y imprégnant de la plombagine pendant leur ignition, puisque le graphite ainsi incorporé y adhère assez fortement pour résister aux chocs et supporter le frottement. Il en est de même des plaques de blindage, qui acquièrent de la dureté et deviennent inoxydables par l'application ignée de la plombagine incrustée en les façonnant.

ADDITION, en date du 9 février 1867.

L'inventeur signale les faits suivants :

1° Un mélange inexplosible d'air et de gaz éclairant remplace le charbon insufflé dans la désagrégation du fer ;

2° La vapeur d'eau, carbonée par une huile lourde, produit le même effet ;

3° Une insufflation de poudre de charbon de bois malléabilise directement la fonte de fer, au blanc éblouissant ;

4° On achève la malléabilisation de cette fonte par une addition de litharge ;

5° Une insufflation de blanc de zinc et de noir de fumée convertit la fonte de fer en acier à la chaleur blanche. On emploie, à cet effet, parties égales de noir de fumée et de blanc de zinc.

6° Un dixième de salpêtre, mélangé à du verre pilé et à de la litharge, convertit la fonte de fer en acier par l'effet d'un brassage ; on agglomère ce mélange par de l'argile pour l'introduire dans la fonte.

N° 72,537. — Young. — 8 août 1866.

Perfectionnements apportés aux grilles des foyers et au moyen de les fixer.

L'inventeur revendique comme son invention l'adaptation et l'application, dans le but de fixer les grilles, de bâtis ou châssis fixes et de bâtis ou carcasses mobiles, ayant la forme correspondante à celle que doit avoir la partie arrière de la maçonnerie, de manière à servir ainsi de guides pour la construction de cette partie du foyer.

N° 72,578. — Dormoy. — 21 août 1866.

Procédé mécanique de puddlage ou d'affinage de la fonte pour obtenir soit du fer ou de l'acier, au moyen d'outils tournant au sein du métal en fusion.

Ce système a pour caractère distinctif l'action combinée et simultanée d'un effet mécanique et d'une fonction manuelle dans l'opération du puddlage ; il consiste à faire tourner mécaniquement, à toute vitesse désirable, des outils que la main de l'ouvrier dirige en même temps dans le métal en fusion, de manière à l'agiter très-fortement et dans toutes les directions. La forme du bout de ces outils, qui pénètre dans le métal, est excessivement variable ; les outils peuvent tourner soit verticalement, soit obliquement, soit horizontalement sur eux-mêmes, de droite à gauche ou de gauche à droite, ou bien alternativement et instantanément dans l'un et dans l'autre sens.

N° 73,523. — Heusser. — 2 novembre 1866.

Perfectionnements dans les fours à puddler, souder, acidrer, etc.

Ces perfectionnements sont relatifs aux fours à réverbère à générateurs de gaz, en vue de l'emploi simple et efficace de l'air chaud pour obtenir une haute température et une grande économie de combustible. Les caractères distinctifs sont les suivants :

1° L'air froid est appelé dans des tuyaux en U, disposés verticalement à l'intérieur d'une chambre située entre le foyer et la cheminée ;

2° Cette chambre, qui renferme l'appareil à air chaud, reçoit une fraction des gaz qui s'échappent du foyer, circulent autour des tuyaux, chauffent l'air qui y passe, et retournent, enfin, au foyer ;

3° L'air chaud qui sort de la chambre est conduit à l'entrée du foyer, et, par deux tuyères, est projeté sur les gaz, qu'il allume.

4° Une distribution particulière d'orifices autour de la grille permet aux gaz, tels que l'oxyde de carbone, de se rendre, non brûlés, dans le foyer, seul endroit où ils doivent être allumés par l'air chaud qui vient à leur rencontre ;

5° Ce four est moins compliqué que le four Siemens. Il est facile à régler ;

6° Il est applicable à toute espèce de combustible, spécialement à la houille, à l'anthracite et aux lignites.

N° 74,140. — Huot. — 22 décembre 1866.

Améliorations apportées dans le réaffinage des fers vieux ou neufs par l'emploi du manganèse.

Ces améliorations comprennent :

1° Emploi du manganèse, soit au four à puddler, soit au feu d'affinerie, dans le travail de toutes les fontes, avec addition d'une quantité plus ou moins importante de ferraille ou même sans addition de ferraille ;

2° Pour obtenir du fer d'une qualité supérieure, travailler la fonte dans un four à puddler, en mettant dans ce four une certaine quantité de manganèse pur ; lorsque cette fonte est suffisamment décarburée et convertie en fer malléable, le prendre en petites boules et le mettre dans un feu d'affinerie à la comtoise, toujours avec une addition de manganèse ;

3° La ténacité, la densité et la malléabilité qu'acquiert le fer traité avec une addition de manganèse, proviennent de deux causes combinées : l'élévation de la température amenant une fusion entière du métal, et l'élimination par le manganèse du soufre et du silicium, qui sont entraînés dans les scories;

ADDITION, en date du 11 mars 1868.

L'inventeur propose comme le meilleur procédé pour obtenir économiquement du fer fin, de travailler la fonte, fabriquée soit au coke, soit au charbon de bois, dans un four à puddler. Lorsque cette fonte est assez décarburée et convertie en fonte malléable, on la prend en boules, que l'on pilonne jusqu'à ce que les laitiers soient suffisamment expulsés, ou que l'on fait passer dans un cylindre cingleur. La masse est ensuite divisée en morceaux, plus ou moins gros, et introduite dans un feu d'affinerie au charbon de bois, avec une addition plus ou moins forte de manganèse.

N° 74,398. — Siemens. — 5 janvier 1867.

Perfectionnements apportés dans la réduction des minerais et dans les fours destinés à effectuer cette réduction.

Cette invention a pour but la production de la fonte, de l'acier ou du fer directement de minerais et d'une manière continue. Elle consiste à exposer sur un plan incliné une masse de minerai mélangée ou non avec des agents réducteurs ou flux, ou avec des matières azotées, à l'action d'une chaleur intense, en introduisant en même temps dans la masse, à la partie inférieure du plan incliné, un ou plusieurs courants de gaz combustibles ou de gaz azotés lorsqu'on veut produire de l'acier, ou bien de l'huile de pétrole, de façon que les gaz puissent s'infiltrer à travers le minerai, effectuant ainsi ou aidant à effectuer sa réduction, et enveloppant en même temps sa surface, exposée à l'action de la flamme, d'une atmosphère non oxydante ou réductrice et tendant à faciliter sa fusion. Le métal fondu, ainsi que les laitiers ou scories qui s'accumulent au fond du plan incliné, sont retirés de temps en temps. Tandis qu'une masse de minerai est maintenue sur le plan incliné par son propre poids, on charge du minerai nouveau, en quantités et à intervalles déterminés, par des ouvreaux ménagés à cet effet à l'extrémité supérieure du plan incliné.

Cette invention consiste, en outre, dans la construction de fours dans lesquels l'opération ci-dessus peut être effectuée, ces fours étant, en ce qui concerne la fabrication de l'acier, une modification des fours à gaz et à chaleur régénérée.

Lorsqu'on a en vue la production de la fonte ou de l'acier, l'arrangement consiste de préférence en une chambre oblongue ou semi-circulaire, construite en briques réfractaires, deux ou trois de ses côtés étant disposés en plans inclinés et recouverts d'une voûte également en briques réfractaires, pourvues d'ouvreaux à travers lesquels on charge le minerai du haut des plans inclinés. De petites ouvertures sont ménagées dans les plans inclinés pour l'admission des gaz combustibles réducteurs ou du pétrole liquide ou du gaz d'éclairage qu'on aura fait préalablement passer à travers de la chaux pour le débarrasser du soufre qu'il pourrait contenir.

Lorsqu'il s'agit de produire simplement de la fonte et en grandes masses, il n'est pas besoin d'employer de régénérateurs. Si, au contraire, c'est de l'acier fondu qu'on se propose de produire, la température requise devant être plus élevée, il faudra employer des régénérateurs, et cela dispensera généralement d'une soufflerie. Si, enfin, on a en vue spécialement la fabrication du fer puddlé, il sera préférable d'employer un four à réverbère du même genre que les fours à puddler construits d'après les dispositions de MM. Siemens, le minerai étant chargé par un orifice ménagé dans la voûte du four au fond, et les gaz réducteurs ou le pétrole introduits dans la masse par un ou plusieurs tubes y pénétrant.

Quel que soit d'ailleurs le métal à produire, fonte, acier ou fer, le chargement du minerai dépend de la composition de celui-ci. Il peut ou non être calciné préalablement, mais il est toujours préférable que les matières à fondre soient écrasées et mêlées intimement. Le travail peut être facilité par l'addition de poussier de charbon ou de fonte granulée ou de spiegeleisen au minerai ; s'il contient de la silice ou de l'alumine, il faudra y ajouter une substance calcaire en faible proportion. Si le minerai ou le fondant contient du soufre ou du phosphore, il sera bon d'ajouter du manganèse, mélangé préalablement avec du bitume, fondu et écrasé en poussière, afin de favoriser la réduction. On peut aussi désulfurer l'acier fondu par l'addition dans le bain d'un minerai de fer manganésifère ou de spiegeleisen.

Selon qu'on aura l'intention de produire soit de la fonte, soit de l'acier fondu naturel, soit du fer aciéreux ou du fer pur malléable, il faudra fournir amplement ou parcimonieusement les agents de carburation. Pour obtenir, par exemple, le fer malléable, on ajoutera peu de carbone, on remuera le bain fluide après avoir fait couler les laitiers ; on procédera ensuite au puddlage et à la division en loupes que l'on retirera pour les cingler, comme cela se fait d'ordinaire.

1re Addition, en date du 18 janvier 1868.

Pour cette addition, l'inventeur modifie son four, chauffé au moyen des gaz et de ses régénérateurs de chaleur qui font l'objet de son brevet du 13 mars 1861. Ce four avait ses parois inclinées et le minerai, chargé à la partie supérieure de ces plans inclinés, devait descendre en se réduisant jusqu'à la partie inférieure.

L'expérience a démontré que cette disposition ne convient pas toujours, parce que le minerai peut s'arrêter sur ces plans, et que d'ailleurs le fer réduit reste trop longtemps exposé à l'action de la flamme. La forme de four adoptée maintenant est celle d'un four à réchauffer du système de M. Siemens.

Les 4 régénérateurs sont placés au-dessous de la sole et les entrées de gaz et d'air sont ménagées aux deux extrémités du grand axe du four et de façon à concentrer la chaleur sur la face antérieure du four où se trouvera le bain d'acier fondu. Un peu plus près de la face postérieure, au contraire, deux ouvertures circulaires sont pratiquées dans la voûte et donnent passage à deux larges tubes réfractaires, composés de plusieurs anneaux superposés soutenus en l'air de telle sorte que la partie inférieure de ces tubes se trouve à peu près à égale distance de la voûte et de la sole du four. Par leur position un peu en arrière, ces tubes sont protégés contre l'action trop directe de la flamme. Ils sont d'ailleurs entourés d'une chemise en briques concentrique, et, à une petite distance des tubes, l'espace annulaire ainsi formé présente deux ou trois demi-cloisons horizontales, disposées de façon à former des chicanes.

Comme l'ouverture de la voûte est un peu plus large que le diamètre extérieur du tube lorsque le four sera plein de flammes, une portion de cette flamme s'échappera dans cet espace annulaire et circulera autour, enveloppant de toutes parts, à cause des chicanes, le tube réfractaire. L'espace annulaire est fermé à sa partie supérieure ; il est simplement muni d'un petit tuyau de dégagement portant un registre et aboutissant à la cheminée du four, de manière à régler la quantité de flamme que l'on veut faire circuler le long du tube. C'est dans l'intérieur de ces tubes (il peut y en avoir deux ou un seul plus large, ou même un plus grand nombre) qu'est chargé le minerai pur, ou, suivant sa qualité, mélangé d'agents de réduction tels que de la sciure de bois, du charbon de bois ou du goudron ; au besoin, suivant la nature des gangues, on ajoutera de la silice ou du calcaire, ou mieux, on mélangera des minerais siliceux avec des minerais calcaires, après les avoir calcinés, et en proportions convenables pour former des flux. Une plate-forme de chargement est ménagée à la partie supérieure du four. Le minerai chargé à intervalles réglés forme donc dans chacun des tubes, une colonne qui vient reposer sur la sole du four. Un tube en fer de petit diamètre descend, au centre de la masse de minerai, jusque près de l'extrémité inférieure du large tube réfractaire. Ce petit tube est destiné à introduire à la partie inférieure de la colonne de minerai du gaz réducteur oxyde de carbone, provenant des gazogènes Siemens, qui servent, en même temps, à fournir au four le gaz nécessaire au développement de la température. Le gaz sortant des gazogènes est mis en mouvement par un jet de vapeur sous une pression assez notable ; il entre à la partie inférieure au-dessous d'une grille, chargée d'une certaine épaisseur de coke, et s'échappe par un tuyau latéral placé dans la partie haute de l'épurateur, tandis que l'eau en pluie est versée d'en haut sur le coke qu'elle traverse en sens inverse du gaz pour s'échapper par un trou placé à la partie inférieure. La vapeur d'eau se trouve condensée et les goudrons et poussières que peut contenir le gaz sont arrêtés par cet épurateur en même temps que l'acide sulfureux, s'il s'en trouve, est dissous. La sole du four est faite avec un mélange de 4 parties de sable blanc et 1 partie de sable rouge ordinaire. La colonne de minerai est traversée par un courant de gaz réducteurs, et le fer spongieux résultant de cette réduction vient plonger et se dissoudre dans un bain de fonte qui le carbure au fur et à mesure de sa formation et au degré voulu. On règle la liquidité du bain en mettant plus ou moins de fonte, et on conduit l'opération de façon que le bain soit à peine liquide sous la température maxima du four ; puis, on ajoute du ferro-manganèse ou du spiegeleisen dans la proportion de 1 à 3 p. 100 suivant la carburation voulue de l'acier. La marche de l'opération se continue, sans aucune interruption. Les matières arrivent chauffées graduellement jusqu'à atteindre la température même du four. L'inventeur indique aussi une disposition simplifiée du four précédent, lorsqu'il s'agit de fabriquer de l'acier à l'aide du fer et de la fonte, de transformer, par exemple, en acier fondu de vieux rails de fer.

2e ADDITION, en date du 20 mai 1868.

L'inventeur introduit la fonte par des ouvertures inclinées situées à la partie postérieure du four, disposées au-dessous de celles destinées à l'introduction du fer. La température du four en est plus élevée et plus constante.

L'inventeur élimine de l'acier les impuretés, silicium, soufre et phosphore, en introduisant dans le bain un mélange de litharge et de nitrate de soude, préparé en fondant d'abord une partie de nitrate et en plongeant ensuite dedans de deux à trois parties de litharge et ajoutant du peroxyde de manganèse. Par le refroidissement, ces métaux se prennent en gâteaux que l'on projette dans le bain vers la fin de l'opération. Il se produit une forte ébullition : l'oxygène, mis en liberté, attaque le carbone et le silicium, le plomb métallique et la soude se combinent, l'un avec le soufre, l'autre avec la silice produite et, jusqu'à un certain point, avec le phosphore. Le bain peut, en outre, recevoir une addition de ferromanganèse. On peut employer avec avantage, dans le même but, des stannates, manganates et titanates, ou des acides ou oxydes de ces métaux.

N° 75,471. — Salisbury. — 14 mars 1867.

Perfectionnements dans la réduction et l'affinage des minerais et spécialement des minerais de fer, ainsi que dans la transformation du fer en acier, et moyens et appareils employés à cet effet.

L'inventeur revendique les perfectionnements suivants :

1° L'emploi, pour la réduction des minerais et des oxydes métalliques, d'un courant de gaz hydrogène et oxygène ou de leurs équivalents, élevés à une température de 370 à 425 degrés centigrades environ ou au-dessus ;

2° L'emploi des susdits gaz, chauffés à une température élevée, avec du gaz carbonique ou du gaz hydrogène carboné, privés de soufre, de phosphore, d'ammoniaque et d'autres impuretés ;

3° L'emploi des gaz, en combinaison avec le courant d'air forcé ordinaire ;

4° La tuyère composée ou divisée et disposée d'une manière spéciale ;

5° L'emploi du manganèse pour la réduction des minerais ;

6° La transformation du fer en acier pendant que ce fer est à l'état fluide et à mesure qu'il sort du fourneau employé pour la réduction, cette transformation en acier s'opérant à l'aide d'un courant de vapeur ou d'hydrogène et d'oxygène élevés à une température de 370 à 425 degrés centigrades, ce courant se trouvant combiné avec l'emploi, premièrement, d'un courant d'air, et, ensuite, de gaz carbonique ou hydrocarbonique, privée de soufre, de phosphore et d'ammoniaque, avec ou sans manganèse.

7° La combinaison du générateur de vapeur et du chauffeur avec une chambre d'aspiration, de vide ou d'épuisement, et d'un mélangeur muni de tuyaux d'entrée et de sortie pour engendrer, chauffer et mêler les gaz et le courant d'air, dans le but de transformer le fer en acier, ou pour leur emploi en hauts-fourneaux ou en d'autres fourneaux.

8° L'emploi de plomb pour transformer le fer en acier.

N° 75,931. — Benson et Valentin. — 5 avril 1867.

Perfectionnements apportés à la fabrication du fer et de l'acier.

La première partie concerne l'emploi des gaz combustibles, tels qu'on les obtient dans les générateurs de gaz. Les inventeurs revendiquent : 1° la conversion de fer brut en acier ou en fer malléable par l'action combinée de deux flammes provenant des produits de la combustion, avec plus ou moins d'air fortement chauffé, ou de gaz combustibles chauds, afin de produire, à volonté, une action oxydante, et pour obtenir une flamme qui agit sur la surface du fer fondu, tandis que l'autre flamme pénètre le métal en filets minces ; 2° l'emploi de gaz combustibles mélangés d'air, afin de produire l'effet calorifique nécessaire pour effectuer la conversion du fer brut en acier ou en fer malléable, et, de plus, l'effet purifiant des gaz combustibles, ainsi que de l'air fortement chauffé, et l'application de ces gaz et de cet air ; 3° la disposition et la construction des appareils et l'ensemble des moyens pour agir sur le fer brut avec des gaz combustibles ou avec l'air.

La seconde partie concerne un procédé perfectionné pour fondre l'acier, il comprend : 1° la fusion de l'acier à l'aide d'une température intense et concentrée produite par la combustion parfaite des gaz et de l'atmosphère fortement chauffée, sous une pression faible ; 2° l'alimentation des gaz et de l'air chauffé, de manière à obtenir un contrôle parfait sur l'action des flammes, et d'en modifier ou d'en régler l'action pendant que la fonte se fait, de sorte que la qualité de l'acier ne soit pas altérée et qu'il ne se produise aucune perte matérielle par l'oxydation ; 3° la construction géné-

rale et les dispositions de l'appareil à l'aide duquel on est à même
de produire une chaleur intense et concentrée et capable de fondre
l'acier, et aussi de contrôler l'action du gaz et de l'air pendant que
la fonte se fait.

La troisième partie consiste en un procédé perfectionné ayant
pour objet l'emploi des gaz combustibles dans les fours à puddler.
Les inventeurs revendiquent ceci : 1° traiter la fonte dans les
fours à puddler à l'aide de combustibles gazeux, au moyen desquels on peut contrôler ou modifier le puddlage à l'aide de flammes
sortant du rang inférieur et au moyen desquelles on peut également produire de l'acier puddlé de qualité plus certaine qu'autrefois ; 2° la construction et la disposition d'appareils pour le traitement, au moyen de combustibles gazeux, de la fonte de fer dans
les fours à puddler.

La quatrième partie consiste dans un perfectionnement apporté
au procédé Bessemer, et comprend : 1° la réduction de l'oxyde de
fer contenu dans le métal Bessemer à l'aide de matières carbonées ou de ferro ou ferro-cyanure de manganèse, préalablement à
l'introduction de spiegeleisen ou de l'alliage de manganèse et de
fer ou d'autres fers bien conditionnés pour recarburer le métal Bessemer et le convertir en acier ; 2° l'emploi du ferro ou ferro-cyanure
de manganèse à la place du spiegeleisen pour recarburer le métal
Bessemer, soit seul, soit en combinaison avec de bons fers bruts
d'origine hématite ou spathique ou avec d'autres fers bien conditionnés.

N° 76,073. — Griffiths et Beard. — 12 avril 1867.

*Perfectionnements dans les fourneaux et dans la construction
et le mode d'actionner les barreaux mobiles des fourneaux.*

Ces perfectionnements comprennent :

1° L'introduction dans les parois latérales, dans le bout et le
dessus ou ciel des foyers, d'étalages perforés pour admettre de
l'air ou du gaz dans les foyers, les étalages étant construits et le
passage de l'air ou du gaz étant réglé d'une manière particulièrement favorable ;

2° Les perfectionnements dans la construction et le mode d'actionner les barreaux mobiles des fourneaux et foyers, c'est-à-dire,
de donner aux barres porteuses qui supportent les barreaux une
section en forme de losange et de faire en dessous du bout de

chaque barreau une cavité en forme de V, pour s'adapter et porter sur les barres porteuses en forme de losange, afin que, quand on donne des mouvements en sens opposés aux barres porteuses, un mouvement d'oscillation ou de vibration soit communiqué aux barreaux.

N° 76,391. — Korshunoff. — 10 mai 1867.

Perfectionnements dans la fabrication et le coulage du fer malléable et de l'acier, et dans les fourneaux et appareils employés dans cette fabrication ; une partie de ces perfectionnements est applicable à d'autres usages.

Le point caractéristique est l'introduction dans le métal en fusion, dans le four à puddler ou autre fourneau employé pour convertir la fonte en fer malléable ou en acier, de la vapeur d'acide nitrique, d'acide chlorique ou autre acide riche en oxygène, ou leurs sels, et aussi la vapeur d'hydro-acides ou autres substances riches en hydrogène, ou les sels hydracides ou des mélanges de cette vapeur d'acide, soit seuls, soit combinés avec de l'air. On peut aussi introduire dans le métal liquide de l'hydro-carbure liquide, à l'état de vapeur.

L'introduction des composés oxydants gazeux, liquides ou solides, produit la décarburation du fer et l'oxydation du silicium.

Quand on fait passer des hydracides, ou des substances riches en hydrogène, ou des sels d'hydracides à travers le métal en fusion, ils se décomposent et, au moment de leur décomposition, ou quand les éléments sont à l'état naissant, ils agissent sur le métal et en améliorent la qualité.

N° 76,722. — Richardson. — 6 juin 1867.

Perfectionnements dans la fabrication du fer et dans les moyens employés à cet effet.

L'inventeur revendique l'idée d'introduire des courants d'air ou d'air et de vapeur, séparés ou combinés, dans la masse de métal de la chambre de puddlage, dans le but de faciliter la fabrication et d'améliorer la qualité du fer. Le procédé consiste à introduire d'abord de l'air ou de la vapeur dans la masse à l'intérieur de la chambre de puddlage, et à finir l'opération de la manière ordinaire.

L'inventeur fait aussi usage de ringards creux, avec passages et ouvertures, dans le but d'introduire l'air ou la vapeur dans la masse de métal fondu. Enfin, il additionne le bain métallique d'oxyde de manganèse ou d'autres corps oxygénés.

N° 77,000. — York. — 2 juillet 1867.

Perfectionnements dans la fabrication du fer et de l'acier.

Cette invention consiste à fabriquer et à convertir en fer et en acier fondu la fonte de fer, en décarburant cette dernière pendant qu'elle est à l'état solide, et puis, en fondant ce fer ainsi décarburé avec une certaine proportion de spiegeleisen ou toute autre sorte de fer fondu contenant du carbone.

Pour mettre en œuvre ce procédé, on prend du fer cru en gueuse ou tout autre fer préalablement chauffé à une température au-dessus du point de fusion ; ou coupe, on réduit ce fer en petites parcelles au moyen de scies circulaires marchant à une certaine vitesse. Les parcelles de fer, ainsi divisées, traversent, pour un moment, l'atmosphère avant de tomber, ce qui fait que le fer se trouve plus ou moins décarburé et purifié, suivant la distance que lesdites parcelles ont eu à parcourir dans l'atmosphère. On peut également soumettre les particules chauffées à l'action oxydante d'un courant d'air.

N° 77,531. — Cambridge. — 10 août 1867.

Système de barreaux de fourneaux.

Cette construction perfectionnée d'un barreau de fourneau permet d'obtenir une diffusion plus égale de l'air d'alimentation, de maintenir le combustible à l'état dégagé et muni de vides, et de produire une plus grande quantité de chaleur avec économie de combustible. Ledit barreau est muni d'une nervure venue de fonte avec lui, et qui s'élève d'environ 13 millimètres au-dessus du sommet du barreau. Il est également pourvu d'une série de petites ouvertures de forme oblique, qui diminuent de largeur jusqu'en haut.

Chaque barreau est muni de saillies venues de fonte avec lui et qui servent à ménager un intervalle entre les barreaux.

N° 77,622. — Blanchard et Fletcher. — 27 août 1867.

Perfectionnements dans la fabrication du fer et de l'acier, et dans les appareils y employés.

Ces perfectionnements consistent à décarburer ou à affiner le fer fondu, dans le but de le convertir en acier ou en fer malléable, ou d'améliorer sa qualité par la pulvérisation du métal fondu, à l'aide d'un ou de plusieurs jets de vapeur, d'air ou d'un mélange des deux ou de trois autres éléments gazeux. Cette opération se fait dans un récipient où chaque globule de métal fondu est mis librement et directement en contact avec l'élément gazeux ; par ce moyen, l'élimination des impuretés est effectuée d'une manière rapide et complète.

N° 77,631. — Dormoy. — 27 août 1867.

Procédé mécanique à mouvement alternatif ou continu pour former les loupes de fer ou d'acier dans les fours à puddler.

C'est un procédé mécanique à mouvement alternatif ou continu pour la formation des loupes de fer ou d'acier dans les fours à puddler de toutes sortes, en se servant du fond du four comme point d'appui pour comprimer le métal entre la sole et un disque ou manchon de configuration variable, ce disque agissant sur le métal verticalement, obliquement ou horizontalement, tournant, soulevant et comprimant la matière, simultanément entre le disque et la sole, ou comprimant seulement le fer ou l'acier sur la sole, au moyen d'un disque ou coquille oscillant de côté, en avant, en arrière ou de haut en bas.

ADDITION, en date du 5 août 1868.

Ce certificat a trait à l'application des trois dispositions pour la compression et la formation des loupes dans les fours à puddler, par une action mécanique et simultanée avec le concours de l'ouvrier qui comprime le fer, tout en l'introduisant au-dessous de l'outil compresseur. C'est près de la porte de travail de l'un des côtés de droite ou de gauche, à l'endroit même où les ouvriers puddleurs forment leurs loupes ordinairement et les compriment, que l'on devra placer et faire agir un outil, mû mécaniquement, pour comprimer le fer et former les loupes simultanément avec le concours de l'ouvrier puddleur.

Nº 77,710. — Karr. — 6 septembre 1867.

Système de feux d'affinerie pour les forges.

Ce système de feux d'affinerie est simple ou multiple, en cela qu'il peut être utilisé avec un, deux ou trois feux d'affinerie, pouvant dès lors être appliqué à toutes les usines qui fabriquent les fers avec le combustible végétal, quelle que soit d'ailleurs leur importance. Les plaques en fonte boulonnées, enveloppant les feux d'affinerie, sont confectionnées de telle sorte que l'on peut, après avoir construit un feu simple, ajouter les plaques nécessaires, soit à un, soit à deux nouveaux feux, en utilisant la construction primitivement faite, et, réciproquement, réduire leur nombre. Soit que l'on fasse usage d'un seul feu, de deux ou de trois feux, travaillant simultanément, la disposition isolée de chaque affinerie dont les dimensions intérieures sont très-réduites, la voûte surbaissée et inclinée dans le sens où doivent être dirigées les flammes et tout le calorique développé pendant l'affinage, est telle que le même combustible, employé à cette opération, sert à chauffer, au blanc et à cœur et dans un temps relativement très-court, les fers qui doivent être étirés ou fendus et dont la grosseur est proportionnée au nombre d'affineries activées, ces fers étant disposés dans un four à la suite ou central aux feux d'affinerie composant l'appareil, et représentant un four à réverbère, chauffé au charbon de bois, à une, deux ou trois grilles, qui sont les affineries.

Les flammes, appelées par une cheminée à fort tirage, sont dirigées, au sortir du four à réverbère, sous une chaudière dont les dimensions et la puissance sont subordonnées également au nombre d'affineries activées.

Nº 77,950. — Field. — 28 septembre 1867.

Perfectionnements dans la fusion et le traitement du fer, ainsi que dans les moyens et appareils employés pour effectuer ce traitement.

Ce brevet présente les points caractéristiques suivants :

1º Les dispositions de fours de fusion qui permettent de décarburer la fonte et d'enlever les substances nuisibles ;

2º La construction de hauts-fourneaux en deux parties avec

contraction au milieu, de manière que le métal puisse être fondu dans la partie supérieure et descendre dans la partie inférieure où il est traité;

3° L'emploi de la vapeur surchauffée en combinaison avec les gaz perdus, l'air chaud et autres gaz, le pétrole, etc., dans le but de remplacer l'effet des machines soufflantes;

4° La construction d'un appareil injecteur avec orifices aplatis ou elliptiques et sorties ajustables, à travers lesquelles sort la vapeur dans son passage vers le courant de combustible liquide pour être projetée dans le fourneau;

5° L'emploi d'un appareil injecteur;

6° La construction d'un appareil injecteur avec un espace annulaire par lequel le combustible liquide, lors de son passage au bec de sortie, est projeté;

7° L'emploi d'un appareil injecteur disposé de manière qu'un ou plusieurs jets de vapeur, combinée au combustible liquide, se mélangent et soient projetés dans la chambre de combustion par un ou plusieurs autres jets composés de vapeur surchauffée mélangée d'air et d'autres gaz et de combustibles désintégrés;

8° L'emploi, en combinaison avec l'appareil injecteur, d'obstacles contre lesquels le combustible est projeté pour faciliter sa décomposition et sa combustion;

9° La construction de surchauffeurs-vaporisateurs ou fours à air chaud;

10° La construction de conduits en fer, recouverts de terre réfractaire ou de mine de plomb, pour transporter les fluides.

N° 78,654. — Wilson. — 22 novembre 1867.

Perfectionnements dans la construction des fourneaux pour le puddlage du fer.

Ce brevet comporte les perfectionnements suivants:

1° L'application et l'emploi d'une plaque métallique inclinée oscillante pour porter le combustible dans le fourneau, avec un levier ou autre disposition mécanique connue pour produire l'oscillation;

2° L'application et l'emploi d'un pont creux pour l'admission de l'air sur et dans le combustible incandescent, ainsi que pour son passage à travers la partie supérieure du pont, en vue de sa combinaison avec les gaz provenant du générateur;

3° L'application et l'emploi d'un quart de cercle ou son équivalent, commandé par un levier ou autre disposition mécanique connue, pour nettoyer le bas du fourneau ;

4° L'application et l'emploi des plaques de fond tombantes, pour permettre le nettoyage du bas du fourneau, le combustible étant tenu par des plaques, qui sont levées ou abaissées par un levier ou autre disposition mécanique connue ;

5° De travailler avec le registre très-peu ouvert pour retenir la chaleur dans la chambre de travail ;

6° L'emploi d'eau ou de vapeur dans le fourneau ;

7° L'application et l'emploi d'une arche en briques perforées, la construction et l'emploi de segments en terre réfractaire, et la combinaison relative aux fourneaux à foyers intérieurs.

N° 78,770. — Richardson. — 6 décembre 1867.

Perfectionnements dans la fabrication du fer et de l'acier.

L'invention comprend les perfectionnements suivants :

1° L'emploi d'un four à puddler ou à fondre comme vase ou récipient dans lequel le métal perfectionné, destiné à produire des fontes, est fabriqué, ou dans lequel on produit l'acier naturel ;

2° Le procédé de purification du fer dans un vase séparé, et son déchargement dans un four à puddler où l'on ajoute de la gueuse ou autre composé de fer et de carbone pour finir l'acier par les opérations ordinaires ;

3° Le procédé de déchargement du fer fondu naturel d'un haut-fourneau dans un four à puddler, où il est raffiné par la diffusion dans la masse d'air et de vapeur ;

4° Le procédé de refusion du fer pour le fuser dans un four stationnaire ou rotatif, en contradiction avec le système qui consiste à prendre le fer directement, à l'état fondu, du haut-fourneau et à le convertir en fonte ou en acier ;

5° Le procédé de fabrication de l'acier en faisant refondre le fer dans un four au lieu de prendre ce fer directement du haut-fourneau, à l'état fondu, pour le convertir en acier ;

6° L'application du ringard tubulaire pour injecter dans le métal fondu l'air, la vapeur, ou ces deux fluides, afin d'obtenir des fontes et aciers de meilleure qualité.

N° 79,215. — Greener et Ellis. — 18 janvier 1868.

Perfectionnements dans la fabrication du fer et dans la production des matières dites fetling, employées pour le revêtement intérieur des fours à puddler.

Ces perfectionnements comprennent :

1° L'emploi pour les soles de fours de chaufferie de minerais et autres substances, ne contenant ni soufre ni phosphore, et ayant un excédant considérable d'oxyde de fer. Les minerais hématites du Cumberland et du Lancashire, le minerai magnétique de Suède et les sables ferrugineux de la Nouvelle-Zélande sont spécialement applicables à cette destination ;

2° Le moyen de recueillir les scories provenant du fer dans four de chaufferie, et l'emploi de ces scories comme « fetling » pour garnir intérieurement les fours à puddler, soit seules, soit combinées à d'autres substances.

N° 79,308. — Labat. — 5 février 1868.

Appareil pour l'affinage des ferrailles, sornes et débris de fonte.

L'appareil est composé de trois parties distinctes et ne formant qu'un seul feu :

1° Un feu d'affinerie ; 2° un feu à souder ; 3° un feu à réchauffer.

Le feu d'affinerie et celui à souder sont jumeaux. L'intérieur du feu à souder est de même dimension que celui d'affinerie et peut servir au même usage en plaçant une deuxième tuyère dont l'aménagement a été préalablement préparé.

Le feu d'affinerie et celui à souder, réunis et travaillant ensemble, concourent à obtenir une plus grande concentration de chaleur au four à réchauffer. On se sert de charbon de bois dans le feu d'affinerie et de houille dans celui à souder. On donne le vent dans le feu d'affinerie par deux tuyères, et par une seule dans celui à souder.

N° 79,509. — Bennett. — 10 février 1868.

Procédé perfectionné pour enlever le soufre, le phosphore et autres impuretés des métaux en général, et spécialement du fer cru, dans la fabrication du fer et de l'acier.

Le point caractéristique de ce brevet est l'emploi du gaz acide carbonique, soit seul, soit mêlé avec l'air atmosphérique ou avec d'autres gaz ou vapeurs, en l'introduisant dans la masse de fonte en fusion, dans le but d'en chasser le soufre, le phosphore et autres impuretés, en formant des combinaisons avec l'oxygène de l'acide carbonique et en mettant le carbone en liberté.

N° 80,174. — Martin. — 26 mars 1868.

Disposition perfectionnée de foyer pour four à réverbère à fondre, ressuer ou puddler.

Ce perfectionnement consiste essentiellement dans la disposition combinée d'une grille avec avant-foyer et d'une soufflerie en dessus, pour favoriser la combustion et brûler la fumée que développe le combustible introduit sur le foyer. Cette disposition est surtout avantageuse, appliquée aux fours à réverbère, à fondre, à ressuer et à puddler.

N° 80,485. — Sirot-Wagret. — 14 avril 1868.

Système de construction métallique tubulaire des fours à réverbère.

Ces perfectionnements aux fours à puddler, fours à réverbère, etc., résident spécialement dans la construction métallique creuse des parois intérieures du four et de la chaufferie ou boîte à feu. Ils consistent tout spécialement dans l'établissement d'un bâti métallique tubulaire, entourant les parois intérieures du four et de la chaufferie avec circulation, à l'intérieur, d'un courant d'air rafraîchissant naturel ou forcé, pour neutraliser l'action destructive du feu.

N° 80,911. — Korshunoff. — 12 mai 1868.

Perfectionnements dans la fabrication et le moulage du fer et de l'acier malléables.

Ces perfectionnements consistent d'abord dans la conversion directe du minerai en fer ou en acier malléables, en saturant le minerai et le combustible d'une solution de carbonate de soude, de potasse, de sel commun, de nitrate de soude ou autres substances pouvant accélérer l'épuration des produits. Après avoir subi ce traitement, les matières sont stratifiées dans un cubilot ordinaire, dans un four à gaz, ou dans tout autre four convenable, généralement sans fondants ordinaires. Le métal, transformé en fer ou en acier, est coulé dans les moules ou dans les lingotières.

Ces perfectionnements portent aussi sur les procédés de moulage, et consistent dans un genre de moule destiné au moulage des pièces complètement ou partiellement creuses; il comporte un nombre de noyaux en acier correspondant à celui des ouvertures qui doivent être ménagées dans la pièce à couler, ces noyaux pouvant, au moment où la compression est terminée et où le refroidissement commence à se produire, être relevés rapidement et par un moyen quelconque, soit tout entiers, soit seulement leur partie centrale

Le coulage du métal liquide peut être fait de deux manières différentes : 1° par une ouverture centrale du moule, produite par l'enlèvement du noyau ; 2° par deux ou un plus grand nombre d'orifices, disposés dans la face supérieure du moule, et fermés par des coulisses, manœuvrées à l'aide de la presse hydraulique reliée au moule, disposition qui permettra de relever et d'abaisser très-rapidement la partie mobile du moule. Cette rapidité est très-nécessaire au moment où le métal commence à se solidifier.

N° 81,419. — Sanderson. — 19 juin 1868.

Perfectionnements dans la fabrication du fer et de l'acier.

Le but est d'enlever à la fonte brute le soufre, le phosphore et les autres impuretés volatiles, afin que la fonte, ainsi épurée, puisse être convertie en acier ou en fer forgé de bonne qualité.

Les gueuses sont fondues sur la sole d'un four à puddler, chauffé à haute température, et dont le registre est réglé de manière à ce que toute la masse puisse être fondue aussi vite que possible. On commence alors à charger le sulfate de fer ou toute autre substance oxydante appropriée qu'on mélange avec la fonte pendant que l'ouvrier ouvre le registre de manière à produire un courant d'air à travers le fourneau. Le feu doit également être activé. Pendant l'ébullition, l'acide phosphorique et les autres impuretés volatiles sont ainsi expulsées, non pas en se combinant avec un agent réactif chargé dans le four, comme cela s'est fait jusqu'à présent, et formant des composés solides nouveaux qui restent dans le four, mais, au contraire, en formant des composés gazeux, qui, à cet état, peuvent être enlevés entièrement. Cette expulsion des impuretés étant effectuée par le fort tirage et la haute température oxydante du four, il faut veiller à ce que ces impuretés ne se désoxydent de nouveau, car, en cet état, elles se réuniraient de nouveau au fer. Les impuretés, on le voit, sont oxydées par l'oxygène, dégagé du sulfate de fer et, en partie aussi, au moyen de courant oxydant passant à travers le four.

Le courant d'air peut être chauffé, et refoulé au moyen d'une machine soufflante.

N° 81,436. — Hinde (les sieurs). — 23 juin 1868.

Perfectionnements dans la fabrication du fer et de l'acier et dans les fourneaux et appareils employés dans cette fabrication.

Ces perfectionnements comprennent :
1° La fusion des minerais de fer et la production soit du fer malléable, soit de l'acier ou de la fonte, en soumettant un mélange de minerai de fer et de fondant, avec ou sans matière carburée, à l'action d'un mélange de gaz oxyde de carbone et d'azote, fortement chauffés, ce mélange étant produit en faisant passer de l'air atmosphérique à travers une couche de combustible enflammé ; 2° les dispositions de fourneaux et les appareils à employer pour la fabrication de l'acier par cette nouvelle méthode.

N° 81,817. — Lewis et les sieurs Alston. — 23 juillet 1868.

Perfectionnements aux grilles mobiles des foyers.

Ces perfectionnements comprennent :
1° La disposition générale et la construction des barreaux mobiles pour donner à tous les barreaux un mouvement de bas en haut et

de haut en bas, qui a pour effet d'ouvrir le feu en même temps qu'il rejette le menu consumé avant qu'il ait eu le temps de s'agglutiner, et, si l'agglutination a eu lieu, de la briser sans qu'il soit nécessaire d'ouvrir la porte du foyer; 2° le système ou le mode de construction de ces barreaux qui, au moyen du coup de levier obtenu par les extrémités des barreaux longs, permet de soulever et d'abaisser alternativement les barreaux courts; 3° la construction de chaque barreau alternatif en deux parties réunies au centre et mues alternativement à chaque extrémité au moyen des barreaux longs et des bossettes.

N° 32,005. — Sibert. — 11 août 1862.

Perfectionnements apportés dans la fabrication du fer et de l'acier.

Ces perfectionnements comprennent deux parties :

1° Le traitement du minerai de fer ou de la gueuse ou autre fonte dans le four de réduction ou de fusion, dans lequel on emploie un fondant composé de manganèse, de sel commun et de pierre à chaux ou de coquillages (shells) ;

2° Le traitement du fer ou de l'acier à l'état fluide avec du sulfate de magnésie.

L'inventeur compose un fondant avec du manganèse, du sel commun, de la pierre à chaux ou de coquillages, et l'introduit dans le four qui contient le minerai ou le fer, sur lequel il agit pendant et après la fusion du mélange, lequel est soumis, en même temps, à l'action de l'air insufflé. Le métal se trouve ainsi décarburé et purgé de la silice, du soufre, du phosphore et autres impuretés, de telle sorte qu'étant simplement jeté dans les moules, il présente le caractère de l'acier fondu.

La quantité de fondant est variable. Dans le traitement de la gueuse ou de la fonte, les proportions peuvent être, pour 100 parties en poids de fer, 20 parties de manganèse sous forme d'oxyde noir, $2^{1}/_{2}$ parties de sel, et la quantité de pierres à chaux ou de coquillages que l'on emploierait avec les moyens ordinaires de fabrication.

Lorsqu'on veut fabriquer un métal d'une meilleure qualité encore et ressemblant aux meilleurs aciers fondus, au lieu de le couler en lingotières au sortir du fourneau réducteur ou de fusion, on le coule dans des creusets qu'on place dans un fourneau de chaufferie. Le métal se trouve ainsi maintenu à l'état liquide pendant plusieurs heures avant d'être jeté dans les lingotières ou autres moules. Environ 20 minutes avant la coulée, on introduit dans le métal, en brassant fortement, du sulfate de magnésie, dans la proportion d'environ 1 partie en poids pour 1,000 parties de métal. Cette dernière opération rend le métal excessivement fluide, et le met ainsi dans des circonstances meilleures pour la coulée; de plus, elle le purifie du phosphore et de la silice qu'il contenait.

Nº 82,041. — Villans. — 12 août 1868.

Perfectionnements dans la fabrication du fer et de l'acier.

Le procédé consiste dans le traitement par le carbone des granules de fonte non raffinée, ou de fonte ayant subi un procédé quelconque d'affinage, quelle que soit d'ailleurs la manière dont ces fontes aient été produites, pour qu'elles soient cémentées avec le carbone, puis fondues, sans employer une quantité de vent pouvant brûler le carbone. De cette manière, si c'est de la fonte grise foncée qui a été ainsi traitée, elle est rendue plus convenable pour le procédé pneumatique; si c'est de la fonte moins grise, ou du métal blanc, qui a été ainsi granulée et traitée, elle sera, par l'absorption du carbone, rendue plus fluide et plus convenable pour certains moulages, notamment ceux où le métal blanc est employé.

La granulation de la fonte aura un effet bienfaisant sur la qualité, après qu'elle aura été soumise au procédé ordinaire de la fabrication du fer malléable. Le charbon de bois en poussière est mélangé avec les granules à l'état sec, ou bien on humecte d'abord les granules avec de l'eau ou une matière huileuse ou gluante, dépourvue de soufre ou autres matières nuisibles; puis, on fait fondre le mélange dans un fourneau à gaz Siemens, ou bien dans des creusets comme ceux employés pour la fusion de l'acier.

L'invention consiste aussi à appliquer le procédé suivi dans le traitement des minerais de fer manganésifères pour la fabrication du spiegeleisen, au traitement des minerais ordinaires et oxydes de fer ne renfermant pas d'oxyde de manganèse ou en renfermant une trop petite quantité pour qu'ils soient applicables à la fabrication du spiegeleisen. On fait un mélange de minerai et d'oxyde de fer avec de la houille bitumineuse ou telle autre houille qui, par l'emploi de la poix ou du goudron puisse former un coke cohérent, dans des proportions telles que la matière charbonneuse soit en excès sur la quantité requise pour réduire le minerai, mais insuffisante pour fournir, au moyen du vent, assez de chaleur pour fondre le fer qu'elle contient, la chaleur nécessaire étant, dans tous les cas, fournie par le vent agissant sur du combustible ajouté séparément.

N° 82,283. — Gerin. — 1er septembre 1868.

Moyens d'améliorer, perfectionner et achever l'affinage et la ductilité du fer ou de l'acier naturel.

Ce mode de traitement consiste à prendre dans le four à puddler la loupe de métal, amenée à l'état de malléabilité convenable, ou la trousse de corroyage, chauffée au blanc soudant, et à les plonger dans un bain de laitier où ils séjournent un temps plus ou moins long, pour leur donner l'affinage cherché; ils subissent ensuite les opérations ordinaires. Cette immersion et ce séjour dans le laitier en fusion peut se répéter autant de fois qu'il est nécessaire.

Le traitement est appliqué à toutes les natures de fer ou d'acier.

N° 82,543. — Chalas. — 25 septembre 1868.

Système de machine à puddler le fer, l'acier et autres métaux.

Cette machine à puddler le fer, l'acier ou autres métaux, est mue par la vapeur, les gaz comprimés ou par l'eau, dont la puissance motrice agit directement sur les organes du mécanisme du levier porte-ringard, de telle façon que l'ouvrier qui gouverne la distribution de la puissance, puisse imprimer à son outil les mouvements nécessités dans le cas du puddlage à la main. Tous ces résultats sont obtenus indépendamment de la forme de l'appareil et de sa position par rapport au four à puddler.

N° 82,611. — Blair. — 30 septembre 1868.

Perfectionnements dans la conversion de la fonte en fer malléable et dans le mélange des oxydes et fondants avec la fonte liquide.

Ces perfectionnements comprennent :
1° Le procédé pour effectuer un mélange mécanique d'oxydes,

de fondants ou autres substances étrangères, avec le fer en fusion, en versant le fer fondu dans un moule récepteur ou autre réceptacle analogue, et, pendant ce temps, mélangeant ou brassant les oxydes, flux ou fondants;

2° Le traitement de la fonte liquide et sa conversion partielle en fer malléable, en y mélangeant les oxydes ou les substances oxydantes dans un état solide, soit seuls, soit en combinaison avec d'autres agents chimiques;

3° La réduction à l'état de fer malléable, de qualité homogène, des lingots, plaques, feuilles, barres, dalles, loupes, etc., composées d'oxydes à l'état solide, mélangés avec le fer fondu à l'état liquide, en soumettant lesdits lingots, plaques, feuilles, etc., à l'action de la chaleur.

1re ADDITION, en date du 3 décembre 1868.

L'inventeur revendique : 1° un nouvel article de manufacture, le pigbloon ou le pigscrap, assemblage de fonte, d'oxydes, de fer malléable, produit obtenu en mettant en contact la fonte à l'état de fusion avec des substances oxydantes à l'état solide en proportion telle que la masse prenne l'état solide; 2° le mélange de fonte avec un agent d'oxydation, l'une ou l'autre de ces substances étant rendue fluide par l'application préalable de la chaleur; 3° la production de fer malléable par la transformation de la fonte, en mélangeant cette dernière, à l'état de fusion, avec une quantité de matières oxydantes suffisante pour amener la masse à l'état solide; 4° la production de fer malléable par les oxydes de fer, en mélangeant ces derniers avec de la fonte en fusion, en quantité nécessaire pour produire l'agglomération à l'état solide.

2° ADDITION, en date du 25 juin 1869.

Ces perfectionnements consistent dans un appareil permettant l'application efficace du procédé de mélange de l'oxyde métallique ou autre avec la fonte liquide. Le point caractéristique est la disposition d'une auge tournante agissant en combinaison avec le réceptacle recevant la fonte liquide, et la rigole pour l'oxyde pulvérisé.

N° 82,813. — Gorman. — 16 octobre 1868.

Perfectionnements dans la fabrication du fer et de l'acier, et dans les appareils y employés.

Une couche de combustible est interposée entre le minerai et l'air entrant pour la combustion, sur une épaisseur suffisante pour neutraliser l'oxygène, de sorte que la fusion du métal s'opère sans oxydation. Les minerais, calcinés ou non calcinés, sont réduits dans la chambre supérieure du fourneau, où ils se trouvent mélangés, dans les proportions voulues, avec la chaux et le charbon ou autre matière carbonée. La chaleur nécessaire pour la réduction totale ou partielle est fournie par des gaz venant de dessous, mais ces gaz sont de nature à ne pas réoxyder le fer réduit pendant sa descente graduelle à la sole du fourneau. Le bas de la chambre supérieure du fourneau communique avec un espace qui est également en communication avec une ou plusieurs chambres, s'étendant, plus ou moins, à côté de celle supérieure, et munies, à leur sommet, de portes ou clapets pour l'introduction du coke ou autres combustibles carbonés.

N° 82,987. — Yates. — 26 octobre 1868.

Perfectionnements apportés aux fours et aux outils employés dans les opérations métallurgiques.

Ces perfectionnements ont rapport plus particulièrement aux fours à puddler et à réchauffer dans lesquels on travaille le fer et l'acier. Ils consistent à construire lesdits fours de telle manière, qu'en protégeant leurs parois internes par un revêtement, ils puissent mieux résister à la grande chaleur à laquelle ils sont exposés. En construisant un nouveau four, tel, par exemple, qu'un four rotatif à puddler, on compose le cylindre d'un nombre approprié de barres en forme de coins, de fonte malléable, acier ou autre alliage de fer qui ne peut pas être soudé, ou qui ne peut l'être que difficilement et qui ne fond qu'à une température très-élevée. Le fer forgé ordinaire, à son état naturel, n'est pas propre à la fabrication de ces barreaux, mais des barreaux en fer forgé ordinaire, chauffés dans un bain de prussiate de potasse en fusion, deviendront assez durs, sur leur surface, pour que leur soudage soit très-difficile, et qu'ils puissent servir à doubler les fours dont il est question.

Les barreaux coniques sont assujettis, soit en les disposant à l'intérieur d'une enveloppe en tôle, soit en les retenant par des bandes métalliques ou bagues.

Au lieu de doubler le cylindre rotatif avec des barreaux longitudinaux, on peut le former d'une série d'anneaux ou segments. Ces barreaux de fonte malléable peuvent, du reste, être ou pleins ou creux ou perforés.

N° 83,014. — Schneider et Cie. — 30 octobre 1868.

Application de la disposition connue sous le nom d'accumulateur de chaleur, ou encore de régénérateur de chaleur Siemens, au chauffage de la totalité de l'air employé à la combustion dans les fours à température élevée.

Dans la disposition Siemens, l'emploi des régénérateurs de chaleur a été combiné avec le chauffage au gaz. L'objet du présent brevet est une application de l'accumulateur de chaleur sans transformation préalable du combustible en gaz, ou du moins en produisant le gaz dans la chauffe même du four, de façon à profiter de la totalité de la chaleur développée par la combustion.

A cet effet, la flamme, au sortir du four et avant de se rendre à la cheminée, traverse une chambre remplie de briques réfractaires. Elle leur cède sa chaleur en descendant et les échauffe de plus en plus, en commençant par le haut et finissant par la partie inférieure. Si on prolongeait indéfiniment cette marche, la chambre entière prendrait une température uniforme et la flamme ne serait plus refroidie, mais on arrête le passage de la flamme quand sa température, à la sortie, dépasse celle jugée utile pour le tirage de la cheminée, soit 300 degrés, par exemple. Après avoir ainsi échauffé la chambre par la flamme perdue, on la refroidit en la faisant traverser par l'air qui sert à brûler le combustible. On comprend que deux chambres sont nécessaires, servant chacune alternativement au refroidissement de la flamme perdue, puis à l'échauffement de l'air de combustion. M. Siemens avait compris l'impossibilité d'utiliser la chaleur sensible des gaz, aussi les refroidit-il dans leur trajet entre le producteur et le four. Il utilise ce refroidissement à produire un appel ou générateur en même temps qu'une pression au four. Grâce à ce refroidissement, les flammes perdues sortent du régénérateur à une température moins élevée. Mais la chaleur sensible de production du gaz n'en a pas été moins perdue pour le travail du four ; elle a été employée uniquement à produire le tirage.

Par la nouvelle disposition, on évite cette perte, ou du moins on la limite à la quantité de chaleur nécessaire pour produire le tirage. Or, en employant une cheminée de hauteur suffisante, on peut laisser échapper les produits de la combustion à une température comprise entre 200 et 300 degrés. Dans ces conditions, le rapport de la chaleur produite à celle utilisée pour le chauffage à haute température, approchera de la proportion utilisée sous la chaudière à vapeur, soit environ les deux tiers de la chaleur totale développée par la combustion. La différence résultera uniquement de la perte plus grande due au rayonnement des enveloppes chauffées à une plus haute température. Les pertes par rayonnement seront plus grandes à cause de la plus haute température, mais, par compensation, la combustion, ayant lieu dans un milieu à haute température, s'effectuera plus parfaitement et sans *excès d'air*, tandis que dans les foyers de chaudières, la quantité d'air qui traverse est environ le double de la quantité théoriquement nécessaire.

Le *gain de température* ne sera pas moins remarquable que l'économie réalisée sur la quantité de combustible consommé.

D'où l'on peut conclure qu'à la condition d'une consommation de combustible suffisante et d'un accumulateur de chaleur d'une capacité calorifique suffisante, on pourra toujours obtenir le degré de chauffage que l'on se sera fixé, quelque élevé qu'il soit, en sorte que la véritable limite pratique sera dans la nature des matériaux réfractaires dont on dispose pour la construction du four.

Ces considérations théoriques servent à faire apprécier quelles sont les parties essentielles de l'invention. Le programme que les inventeurs se sont tracé est le suivant :

Produire à la fois une plus haute température et une consommation moindre en combustible, en accumulant la chaleur de la flamme perdue des fours dans des matériaux solides, qui la céderont ensuite à l'air employé à la combustion de la houille ou de tout autre combustible, sans transformation préalable des combustibles en gaz dans un appareil spécial.

N° 84,493. — Roche. — 29 janvier 1869.

Amélioration des tôles et des fers laminés aux fours à puddler par le mélange du minerai magnétique et titanique de l'île de la Réunion.

Les points caractéristiques du procédé sont :

1° Projection à la main, dans la proportion de 10 à 20 p. 100 des fontes locales en fusion, dans le four à réverbère de minerais aciéreux, magnétiques et titaniques de l'île de la Réunion;

2° Présence de ce même minerai mélangé, dans les mêmes proportions, avec la matière réfractaire formant la sole et les cordons de garniture du four à puddler, que l'ouvrier renouvelle pendant son travail de quinzaine.

ADDITION, en date du 29 janvier 1869.

Le procédé consiste à introduire dans la fonte liquide des fours à puddler de tous systèmes, le minerai magnétique et titanique de l'île de la Réunion, renfermé dans des gueuses creuses, lutées aux deux extrémités, afin de faciliter la réduction dudit minerai pendant le temps que ces gueuses creuses mettront elles-mêmes à fondre.

Nº 84,197. — Webster. — 29 janvier 1869.

Perfectionnements dans la fabrication de gaz et de vapeur et dans l'application de ces gaz et vapeur dans la fabrication du fer et autres métaux, et pour en tirer certains produits.

Le procédé consiste à faire passer un courant d'air atmosphérique mêlé avec de la vapeur d'eau, en proportions égales, à travers ou sur de l'acide chlorhydrique, et ensuite à travers ou sur du naphte provenant du bois, puis à travers ou sur de l'eau. C'est ce courant qu'on fait passer finalement dans ou sur les métaux (fer, acier, cuivre, nickel) pendant qu'ils sont en fusion, afin de les épurer, en absorbant le soufre, le phosphore, le carbone, le silicium, etc.

Nº 84,212. — Heaton. — 30 janvier 1869.

Perfectionnements dans la fabrication du fer et de l'acier et dans les appareils employés dans ce but.

L'invention consiste : 1º dans des perfectionnements apportés aux vases convertisseurs, employés dans la fabrication du fer et de l'acier, par l'addition du nitrate de potasse ou de soude, et d'une disposition pour faciliter la vidange du contenu du vase convertisseur une fois la conversion effectuée ; 2º dans certaines méthodes pour la production de l'acier; 3º dans des procédés relatifs au puddlage du fer.

Au lieu d'un convertisseur mobile, l'inventeur emploie un vase convertisseur fixe, pourvu à la partie inférieure d'une ouverture de vidange, munie soit d'un tampon, soit d'une porte mobile, actionnée au moyen d'une vis, d'un levier, etc. Dans la fabrication du fer, le fourneau employé doit être un fourneau à réchauffer, attendu que l'on n'a pas besoin de faire fondre le métal, mais seulement de l'amener à l'état convenable pour le martelage. On peut recouvrir le métal de scories provenant de l'appareil convertisseur, pour le protéger contre l'oxydation. La seconde partie de l'invention consiste dans la purification de la fonte, en la soumettant dans un convertisseur, avec ou sans insufflation d'air, à l'action du nitrate de soude ou de potasse, pour enlever les impuretés en détruisant le moins possible le carbone, car le but est la purification et non la conversion en acier ou fer malléable. On prend soit directement la fonte en fusion au sortir du haut-fourneau, ou bien on la fait refondre dans un four à coupole ou autre, et on la dirige dans un convertisseur. On y ajoute soit du nitrate de soude ou de potasse, soit un mélange de ces deux corps, pour enlever complètement la silice, le soufre et le phosphore, en détruisant le moins possible le carbone. Généralement, l'inventeur introduit dans la fonte en fusion 6 parties en poids de nitrate de soude pour 100 parties de fonte, le métal recevant ou non une insufflation d'air, lorsque la fonte est contenue dans le convertisseur où elle est mise en présence d'éponge métallique, de riblons ou autre genre de fer métallique ou malléable.

Une dernière partie de l'invention consiste à employer une scorie résultant de la mise en loupes d'acier ou de fer aciéré, et qui a été obtenue par l'action exercée par le nitrate de soude ou de potasse sur la fonte dans un vase ou appareil convertisseur. On emploie cette scorie d'après la méthode de puddlage usitée pour la production de fer malléable ou d'acier, au moyen de fonte, ou dans le haut-fourneau, dans le but d'améliorer la qualité de la fonte. Enfin, l'inventeur emploie également le produit obtenu, en chauffant ensemble de l'oxyde de fer et du carbonate de soude ou de la soude caustique, ou encore des mélanges de ces corps pour produire du fer malléable ou de l'acier au moyen de fonte, suivant la méthode de puddlage, et aussi dans le haut-fourneau dans le but d'obtenir une fonte de qualité supérieure.

N° 84,323. — Samuelson. — 4 février 1869.

Perfectionnements dans la fabrication du fer et de l'acier.

Le procédé consiste à charger dans un four à réverbère de la fonte de première fusion et à la fondre en contact avec des matières riches en oxygène et du fer. Dans ce but, on prend de preférence des minerals de fer naturels très-purs, soit seuls, soit mélangés avec des corps salins, tels que chlorure de sodium, etc. Le fer, pendant qu'il est à l'état liquide, ne se trouve pas en contact sur la sole avec des matières siliceuses, car on a soin de recouvrir la sole du fourneau avec des riblons fondus de fer forgé. La proportion de phosphore, dans la fonte, diminue sensiblement, et se trouve bientôt réduite de moitié.

La proportion des matières oxydantes à ajouter est du reste variable. Pour une charge de 1,000 kilogr. de fonte crue, on emploie environ 150 kilogr. d'oxyde magnétique de fer, renfermant à peu près 58 p. 100 de fer, et on obtient, avec cette charge, de 975 à 1,025 kilogr. de métal purifié.

N° 84,585. — Henderson. — 26 février 1869.

Perfectionnements dans la fabrication des alliages de fer et plus particulièrement ceux de manganèse et de fer, et dans les fourneaux y relatifs.

La fabrication d'alliages de fer et de manganèse, par la fusion des minerais de fer manganésifères dans les hauts-fourneaux au coke ou au charbon de bois, résulte de l'emploi d'un alliage de fer, de manganèse et de carbone, bien connu dans le commerce sous le nom de *spiegeleisen*. Cet alliage contient d'ordinaire 4 à 7 p. 100 de carbone et de 5 à 10 p. 100 de manganèse. Pour beaucoup de cas dans la fabrication de l'acier, l'emploi d'un alliage contenant autant de carbone et aussi peu de manganèse métallique présente des inconvénients. L'objet de cette invention est la fabrication, par un procédé simple et efficace, d'un alliage de fer et de manganèse, contenant beaucoup plus de manganèse et, en même temps, moins de carbone que le spiegeleisen ordinaire; l'inventeur dénomme cet alliage : *ferro-manganèse.*

Pour produire cet alliage, il est préférable d'employer des minerais purs et aussi exempts que possible de soufre, de phosphore et de silice. Le manganèse employé sera, par exemple, un carbonate ou un oxyde, artificiellement préparé. mais un oxyde ou un carbonate pur naturel, s'il est exempt de silice, satisfera au but proposé. Cependant, comme un carbonate et un oxyde artificiel peuvent être généralement obtenus en grandes quantités, à bon marché et parfaitement libres de silice, l'inventeur préfère les utiliser.

Un minerai très-pur de fer peut être obtenu de la meilleure

classe des hématites, ou en calcinant les sortes les plus pures de
minerais carbonatés. La présence dans ces minerais de la chaux,
de la magnésie ou autres terres alcalines, en petite proportion,
n'est pas un obstacle, si ces matières sont libres de sulfates et de
silice. Un minéral, très-convenable, peut aussi être produit par les
pyrites de cuivre brûlées dont on a extrait le cuivre par le procédé
Henderson, lequel laisse un oxyde de fer dans un état très-divisé
et remarquablement libre de soufre et de silice.

Un oxyde de manganèse très-pur peut également être obtenu
des solutions, résidus produits dans la fabrication du chlore. On
sature ces solutions par le carbonate de chaux, de préférence la
craie en poudre avec de l'eau en fine pluie; on agite le liquide
acide concentré avec le carbonate de chaux, en léger excès. Celui-
ci précipite tout le fer, la silice et l'alumine, et, après agitation, on
laisse reposer; le liquide surnageant est envoyé dans un autre
vase. Dans ce liquide coule un lait de chaux, mais en quantité insuffisante pour précipiter tout le manganèse. On dirige de la vapeur à 4 ou 5 atmosphères et de l'air dans la masse gélatineuse
produite, en vue d'effectuer la conversion de l'oxyde hydraté géla-
tineux en oxyde rouge dense. Si, en prenant un échantillon, on
trouve que l'oxyde s'épaissit et que le manganèse cesse d'être
tenu en dissolution, on ajoute alors une plus grande quantité de
lait de chaux, et on continue l'injection d'air et de vapeur jusqu'à
ce que le manganèse soit précipité et converti en oxyde rouge. On
calcine ensuite, dans un fourneau à surface vaporisatrice ordinaire, la substance gélatineuse, l'oxyde hydraté précipité et le chlorure de chaux, pendant environ une heure. Le sel sec est alors
bien lavé, pour le débarrasser du chlorure de chaux. Pour produire
le carbonate, le liquide neutre est coulé dans des chaudières et il
est agité avec du carbonate de chaux à l'état de grande division.

L'inventeur donne ses préférences à la préparation artificielle de
l'oxyde rouge.

Les oxydes ou carbonates sont réduits de la manière suivante:
S'il s'agit de produire un alliage de fer contenant 18 à 25 p. 100 de
manganèse métallique, on prend 22 parties d'oxyde de fer riche
hématite, 12 1/2 parties d'oxyde artificiel ou son équivalent de carbonate de manganèse, 11 parties de charbon ou son équivalent en
coke, libre de soufre, 2 parties de chaux caustique, 1/2 partie de
chlorure de sodium ou autre chlorure, le tout broyé et chargé dans
un four à réverbère à gaz, de manière à recouvrir tout le fond
d'une couche d'environ 15 centimètres d'épaisseur.

Le fond de ce fourneau doit être fait en agglomérés solides, ainsi que les côtés sous le fond, sur une hauteur de 2 ou 3 assises.

La proportion de manganèse et de carbone peut être variable; cependant, avec le fourneau à réverbère seul, il est difficile de produire un alliage au-dessus de 30 p. 100 de manganèse.

N° 84,720. — Danks. — 10 mars 1869.

Revêtement intérieur pour fours à puddler et autres foyers.

L'inventeur revendique l'emploi de scories de coulée, d'escarbilles écrasées, de minerais de fer fondus ou pulvérisés, ces substances étant mélangées avec un alcali ou des alcalis, ou avec de la chaux, ou avec du sel commun, ou avec de la potasse ou de la soude, ensemble, ou en combinaison et dans des proportions favorables au but qu'on cherche à atteindre.

On mélangera de préférence une quantité déterminée de bonne chaux vive dans de l'eau pure ou dans de la saumure d'un degré convenable jusqu'à ce qu'elle atteigne la consistance d'une crème épaisse, à laquelle on ajoutera un mélange de minerai de fer et de paillettes, dans des proportions telles, que, pour chaque kilogramme et demi de silice qui existe dans le minerai, il entre, en combinaison avec ladite quantité, un kilogramme de chaux, de sel commun, d'alcalis, mélangés intimement et appliqués aux foyers, suivant les besoins.

N° 84,751. — Danks. — 12 mars 1869.

Perfectionnements dans les fours à puddler rotatifs pour le traitement du fer et de l'acier.

Ces perfectionnements sont surtout destinés à cette classe de fours à puddler dans laquelle la loupe de fer est formée par l'action mécanique d'une chambre à affiner rotative.

La première partie de l'invention consiste dans une chambre rotative propre à maintenir et à conserver l'ébarbement, et de construction telle, qu'elle puisse être préservée, par l'eau, du surchauffage. La deuxième partie consiste à rendre mobile cette portion du carneau, qui fait face à l'affinerie rotative, de manière à lui faire remplir, tour à tour, les fonctions de carneau et de porte.

La troisième partie consiste dans la combinaison d'une buttée d'eau avec une chambre d'affinerie rotative. Tous ces perfectionnements s'appliquent non-seulement à un four à puddler, mais, en tout ou en partie, à diverses formes de fourneaux à chauffer ou à affiner, en usage dans la fabrication du fer ou de l'acier.

N° 85,392. — Hewitt. — 23 avril 1869.

Perfectionnements dans les procédés de puddlage pour la fabrication du fer.

Le point caractéristique du procédé consiste à mélanger la fonte, divisée en grossiers fragments, avec de l'oxyde de fer, en fondant, brassant et cuisant le tout ensemble, et mettant le fer en loupe dans un four à puddler.

L'inventeur prépare, par la division en fragments de la grosseur des granules de fer, un riche oxyde de minerai de fer; il le mélange avec la fonte pour la décarburer.

Il mêle intimement et uniformement le fer et le minerai, granulés, dans des proportions convenables, et charge dans le four à puddler. La chaleur est alors appliquée; dans un quart d'heure, le fer et le minerai sont complétement fondus. Vient ensuite la mise en ébullition et le brassage. En moins de 12 minutes, l'oxyde se sépare du fer, qui alors reste à l'état spongieux; au bout de 10 minutes de brassage, sa décarburation est complète, et le fer se présente en un grand état de pureté.

N° 85,616. — Lyon. — 10 mai 1869.

Perfectionnements dans le traitement de la fonte pour la production du fer et de l'acier.

Ce procédé consiste à mêler avec de la fonte de fer en fusion des matières carbonées, pulvérisées, soit seules, soit accompagnées d'oxydes en poudre, en telles proportions et de telle manière qu'on produise une masse solide agglomérée de fonte et de matières carbonées; le mélange est ensuite traité dans un fourneau avec ou sans addition de substances oxydantes pour être converti en fer et en acier.

N° 85,817. — Siemens. — 28 mai 1869.

Perfectionnements apportés au chauffage des fours.

Ce brevet comprend :

1° Une disposition d'appareils pour la calcination des minerais ; 2° une disposition nouvelle de four à puddler, avec les régénérateurs horizontaux ; 3° un four destiné au traitement du plomb et du cuivre ; 4° une disposition de four pour la cuisson de la faïence, de la porcelaine, etc. ; 5° un four pour la cuisson de la chaux, du plâtre, du ciment ou d'autres substances analogues ; 6° une disposition de chaudière à vapeur chauffée par le gaz ; 7° une disposition de four pour la fabrication de la soude.

La question métallurgique présentant ici le principal intérêt, nous ne parlerons que du four à puddler. C'est un four à gaz et à chaleur régénérée, d'une disposition spéciale, qui n'exige, au-dessous du sol de la halle, qu'une profondeur beaucoup moindre, les régénérateurs étant horizontaux. La chaleur développée est très-intense, et permet d'obtenir du fer tout à fait supérieur. On peut aisément accoler deux de ces fours, dos à dos ; mais l'inventeur préfère employer des fours doubles, soit deux fours de ce genre, côte à côte, avec deux parties accolées, ou, si l'on veut voir un four double avec deux parties opposées l'une à l'autre, un four de ce genre de dimensions doubles, le mur étant supprimé et les deux portes se trouvant placées en regard l'une de l'autre.

N° 85,895. — Burt. — 5 juin 1869.

Perfectionnements dans la fabrication du fer.

Ce brevet comprend :

1° La fabrication des loupes crues en soumettant le métal fondu à l'oxydation, ou à l'oxydation et à la carburation, au moyen d'agents appropriés dans un creuset soit fermé, soit ouvert ;

2° Le maintien de la chaleur du creuset pendant la formation de la loupe crue, en la chauffant extérieurement ou en mélangeant les agents calorifiques avec la masse qui se trouve dans le creuset ;

3° L'emploi, dans la fabrication de la loupe crue, d'un creuset ou moule renversable fermé ;

4° Le mélange dans le creuset du métal fondu avec une mixtion d'oxyde et de carbone ;

5° L'addition au métal fondu et à l'oxyde, de riblons, tournures ou limailles de fer malléable ou de fonte.

Cette invention est destinée : 1° à la production d'un fer homogène avec le minerai fondu dans un haut-fourneau ou four à fondre, ou avec la fonte brute venue par coulée ; 2° à la production, avec la fonte brute, de la loupe crue, destinée à la fabrication du fer et de l'acier.

N° 85,993. — Williams. — 6 avril 1869.

Perfectionnements dans la fabrication du fer et de l'acier.

Le perfectionnement consiste, dans la fabrication de l'acier, à chauffer les granules de fer avec l'oxyde de fer, de manière à les amener à l'état de fer malléable, et à fondre ces granules et cet oxyde réduit avec de la fonte, du charbon de bois ou autres matières employées d'habitude par les fabricants d'acier.

Un autre perfectionnement consiste à granuler la fonte fondue, brute ou affinée, dans de l'eau, aiguisée d'acide chlorhydrique et contenant le résidu liquide des alambics à chlore. Les dissolutions de matières oxydantes, telles que celles renfermant de l'acide nitrique et des nitrates, produisent aussi un excellent effet, non dans le but d'enlever le carbone du métal, mais pour éliminer le soufre et le phosphore.

N° 86,784. — Girard et Poulain. — 17 août 1869.

Traitement de la fonte en fusion, propre à la transformer en fer.

Le principe consiste à faire réagir sur la fonte en fusion les vapeurs des métaux alcalins, soit seules, soit en présence de l'azote ou de l'oxyde de carbone, pour enlever à la fonte la plus grande partie des métalloïdes nuisibles qu'elle renferme, et obtenir du fer de très-bonne qualité. Le procédé consiste à fondre et vaporiser entre 200° et 250° du sodium, par exemple, dans une cornue en fer, en soutenant la pression jusqu'à 5 ou 6 atmosphères ; les vapeurs sont alors dirigées dans le sein de la masse en fusion et leur action est maintenue jusqu'à ce que le métal refroidi puisse être martelé. On peut aussi remplacer l'action directe du sodium ou du potassium en vapeurs, par du chlorure de sodium ou du carbonate de soude ou des sels correspondants de potasse, qu'on ajoute au mélange de minerai de fer, de combustible et de castine. Ces sels sont dissous dans un réservoir supérieur au fourneau, et, au moment du chargement, on laisse couler dans la masse la quantité de dissolution nécessaire. L'effet est très-remarquable quand la houille est employée comme combustible. En effet, le but du procédé est d'ajouter aux combustibles fossiles, tels que houille, coke, etc., les principes alcalins contenus dans les combustibles végétaux, principes qui communiquent aux fontes, traitées par ces derniers, des qualités supérieures.

Nº 86,822. — Johnson. — 20 août 1869.

Perfectionnements dans la fabrication du fer et de l'acier.

Les points caractéristiques sont :

1º La production, comme nouvel article de fabrication, de plaques ou barres de fer, effectuée en amenant la fonte à sa plus grande fluidité, puis en la purifiant et l'affinant par l'addition d'un oxyde métallique, le métal étant ensuite coulé dans les lingotières ;

2º La production du fer au moyen de la fonte, en mêlant à cette dernière, pendant qu'elle se trouve à l'état liquide, une quantité d'oxyde suffisante pour la purifier et l'affiner, puis en coulant le métal dans des lingotières ;

3º L'emploi d'agents purificateurs qui sont mélangés au minerai de fer pulvérisé ;

4º L'emploi de lingotières métalliques, revêtues d'une matière pâteuse, composée de minerai de fer pulvérisé et d'eau.

Nº 86,862. — Martin. — 21 août 1869.

Procédé de fabrication directe du fer avec un appareil à tube réducteur.

Cet appareil se distingue par la combinaison d'un tube ou cône central réducteur, destiné à réduire les minerais de fer, en vue de fabriquer du fer et de l'acier. Ce tube réducteur a une hauteur de 6 à 9 mètres ; à sa partie inférieure, il est renfermé dans un cône extérieur en maçonnerie, et les deux cônes sont séparés par un conduit annulaire fonctionnant comme une cheminée d'appel. Le tube réducteur est encastré, à sa base, dans une cage voûtée qui surmonte le foyer et qui est percée d'ouvertures latérales, par lesquelles s'échappe la chaleur. Au niveau du sol sont pratiquées, dans le cône extérieur, les rentrées, à l'intérieur desquelles on introduit les tuyères. A son sommet, le tube réducteur se raccorde avec le col d'une trémie contenant les charges et munie d'une soupape conique. Cet appareil, combiné avec le *four à réverbère*, donne le moyen de convertir en loupes, en acier, en métal homogène, en métal mixte. C'est une méthode nouvelle pour obtenir les métaux et leur donner, par l'emploi de dosages convenables et de réactifs appropriés, les qualités spéciales voulues.

N° 86,976. — Budd. — 28 août 1869.

Perfectionnements dans la fabrication du fer et de l'acier.

Le caractère distinctif de cette invention est le suivant : verser de la fonte en fusion dans des bassines de peu de profondeur, revêtues d'une pâte contenant du nitrate de soude et du minerai hématite ou autre oxyde de fer, ou l'une ou l'autre de ces matières ; puis, subséquemment, opérer le puddlage de la fonte ainsi traitée.

Quand on désire produire des barres de fer forgé qui doivent être laminées en tôle noire ou en feuilles minces, destinées à être ensuite converties en feuilles de fer-blanc, on revêt les bassines peu profondes d'une pâte d'affinage dont voici la composition, la fonte employée dans ce cas étant la fonte blanche : on mélange une certaine quantité de minerai de fer hématite ne contenant point de phosphore, ni de soufre, si c'est possible, mais seulement une quantité modérée de silice, avec moitié en volume ou ³/₄ en poids de nitrate de soude, soit 15 kilogr. environ de minerai hématite pour 10 kilogr. environ de nitrate de soude. On coule ensuite la fonte, en ne dépassant pas une épaisseur de métal fondu de plus de 7 ¹/₂ à 12 ¹/₂ centimètres. Il se produit une violente ébullition, et une forte proportion de silice avec une partie du carbone, du phosphore et du soufre est entraînée dans les laitiers.

On peut agir avec avantage sur la fonte de fer, si elle est d'une qualité convenable, pour faire de l'acier au moyen d'une pâte contenant du nitrate de soude ou du minerai hématite ou tous les deux combinés, avant de décarburer la fonte pour la convertir en acier. Quand on emploie de la fonte grise ou carburée, on augmente

la proportion de nitrate de soude ajouté au minerai hématite :
15 kilogr. environ de nitrate de soude, avec 15 kilogr. environ de
minerai hématite.

Si le fer malléable que l'on cherche à produire dans le four à
puddler n'est pas destiné à être de la qualité convenable pour la
fabrication du fer-blanc, mais doit être d'une qualité plus douce,
convenable pour rails et barres de commerce, on n'emploie pas,
dans ce cas, de nitrate de soude dans la pâte d'affinage, mais on
compose la pâte uniquement de minerai hématite ; la silice est
ainsi éliminée du fer dans une forte proportion.

D'autres oxydes de fer peuvent être substitués à l'hématite pour
former la pâte d'affinage, comme, par exemple, les résidus des
pyrites de fer, dont on a extrait le soufre pour la fabrication de
l'acide sulfurique, ainsi que le cuivre et les autres métaux qu'elles
contiennent. On peut incorporer dans la pâte de l'oxyde de manganèse, des écailles de fer ou autres substances pouvant fournir
de l'oxygène quand on les expose à la chaleur.

N° 87,349. — Ponsard. — 5 octobre 1869.

Appareil pour la réduction et la fusion des minerais et des
métaux.

Cet appareil de réduction et de fusion continue a pour objet la
fusion des minerais, en général, et, en particulier, la fusion des
minerais de cuivre, d'étain, de plomb, de zinc, d'or, d'argent et
les cendres d'orfèvres, de la fonte, du fer, de l'acier, au four à
réverbère, d'une manière continue, dans des tubes-creusets verticaux à fonds percés. L'appareil est un four à réverbère, chauffé
soit au gaz, soit directement par le combustible. Le courant
enflammé de gaz et d'air chauffe toute la chambre du fond au travers de laquelle passe une série de tubes-creusets verticaux, percés
de trous à leur partie inférieure et ouverts à leur partie supérieure
pour recevoir les matières à fondre. Ces tubes, traversant la voûte,
se trouvent ainsi à l'air libre en haut, tandis que la partie inférieure repose sur la sole du four, percée elle-même d'une série de
trous à encastrement, dans lesquels reposent les tubes-creusets.
Les matières fondues, sortant des creusets, tombent liquides sur
la deuxième sole, composée de deux plans inclinés se réunissant
au centre du four pour former un bassin où les matières fondues
se rendent et se classent par ordre de densité. Le courant enflammé

de gaz, sortant du carneau, chauffe sur son passage la chambre de réduction ou de grillage préalable des minerais. A la voûte de cette chambre sont suspendus une quantité de tubes renfermant les matières à réduire ou à griller. L'inventeur emploie aussi le four de fusion pour la réduction des minerais de fer, qui sont réduits dans les tubes et tombent, à l'état d'éponges métalliques, dans la chambre formée entre les deux soles, d'où la matière réduite est retirée pour être jetée ensuite dans un four de fusion. L'opération marche d'une manière continue, car on renouvelle par le haut les charges du minerai, mélangé au fondant et au charbon, au fur et à mesure de la descente des matières.

1re ADDITION, en date du 2 juin 1870.

Le four est pourvu d'un gazogène et d'un récupérateur de chaleur ; l'air froid, aspiré par le carneau, traverse le récupérateur et arrive par un conduit dans la chambre de combustion où il rencontre les gaz formés dans le gazogène qui se brûlent en chauffant les tubes-creusets, et les produits de la combustion s'échappent enfin par la cheminée, après avoir traversé la chambre de grillage et le récupérateur. En résumé, cette addition comprend : 1° four spécialement destiné au grillage et à la réduction des minerais ; 2° application aux voûtes des fours de pièces à trous en terre réfractaire, destinées à recevoir les tubes-creusets ; 3° disposition particulière de la chambre destinée au grillage des minerais ou à la cuisson des tubes-creusets.

2e ADDITION, en date du 30 décembre 1871.

Dans cette addition, l'inventeur revendique spécialement l'application de son four de grillage à la cémentation des minerais. La pratique lui a démontré que, dans ce procédé de fabrication de la fonte de fer et de l'acier, il était, dans la plupart des cas, nécessaire de pousser dans cet appareil l'opération jusqu'à la cémentation du minerai, afin de faciliter l'opération définitive de fusion et d'obtenir des résultats parfaits.

N° 87,487. — Player. — 16 octobre 1869.

Perfectionnements dans la fabrication du fer et de l'acier.

Ces perfectionnements sont :

1° Comme procédé de préparation à la conversion du fer brut en acier ou en fer malléable, la division, opérée mécaniquement, de la fonte en fragments, en grains, en poussière, en la coulant à 'état fluide, soit seule, soit mélangée avec d'autres substances, entre des cylindres ou autres surfaces écrasantes ou broyantes en mouvement ;

2° Le procédé de conversion du fer brut en acier ou fer malléable, en soumettant au procédé de puddlage ou à tout autre traitement convenable le fer préalablement réduit à l'état ci-dessus décrit, soit seul, soit mélangé à d'autres substances en pièces, fragments ou poussière, et puis mélangé, dans cet état solide, avec les oxydes ou d'autres agents ou ingrédients, également à l'état solide, soit avant de le jeter dans le four à puddler, soit avant que de notables parties de ces matières soient réduites à l'état de fusion.

Par cette méthode de mélange intime du fer fluide, des oxydes et des ingrédients purifiants, on réalise une grande économie de main-d'œuvre et de combustible et l'on produit un fer forgeable, en acier, ou fer puddlé plus satisfaisant qu'on ne l'a pu obtenir, en pratique, jusqu'à ce jour.

N° 87,762. — Bessemer. — 10 novembre 1869.

Perfectionnements dans la fabrication de fer malléable et acier, et dans les fourneaux et appareils employés pour leur fusion et leur traitement.

Les caractères principaux de ces perfectionnements sont :

1° L'emploi d'une chambre d'alimentation verticale pour alimenter le scrap ou autre fer malléable décarburé ou non carburé ou acier les fourneaux à réverbère au point où la fusion a lieu sous une haute pression des gaz qui y sont confinés ;

2° L'arrangement des piles de scrap ou autre fer malléable ou acier, reposant par des supports sur la sole du four à réverbère où la fusion du métal est effectuée sous haute pression des matières gazeuses qui y sont confinées, et la disposition dans ces fourneaux d'une porte d'alimentation à leur extrémité pour faciliter l'introduction de ces piles ;

3° La construction de four à réverbère à haute pression, pour la fusion du scrap ou autre fer malléable décarburé ou non carburé ou acier, avec une voûte ou arche mobile ;

4° Le refroidissement de la coquille extérieure ou enveloppe en fer des fours à réverbère à haute pression, employés pour la fusion du scrap ou autre fer malléable décarburé ou non carburé ou acier, au moyen du contact d'un courant d'eau ;

5° La construction et l'emploi de fours à réverbère pour la f
sion du scrap ou autre fer malléable décarburé ou non carbu
ou acier, de manière à permettre de brûler des combustibles s
des grilles par un tirage de cheminée ordinaire, au commenc
ment de l'opération, et de les brûler aussi, sous la haute pressi
des matières gazeuses confinées, vers la fin de la fusion ;

6° L'emploi d'un double conduit mobile pour changer le tirage
ouvrir le trou d'alimentation des fourneaux employés à la fusio
du scrap ou autre fer malléable décarburé où non carburé ou acie
afin d'obtenir des lingots ou autres masses de fer malléable o
d'acier ;

7° La carburation totale ou partielle de gueuse fondue ou aut
carbure de fer sur les soles du four à réverbère, et la fusion sub
séquente de scrap ou autre fer malléable décarburé ou non ca
buré ou acier dans ces fourneaux sous la pression des matière
gazeuses confinées, dans le but de produire, par leur union, d
fer malléable ou de l'acier ;

8° L'arrangement général et la combinaison des diverses partie
constituant le four de fusion perfectionné ;

9° L'emploi du cubilot et du four à réverbère combinés, fonc
tionnant sous la pression des matières gazeuses confinées ;

.10° Plusieurs dispositions de détail, concernant les orifice
d'échappement et les ouvertures de dégagement en métal, avec de
passages à eau pour empêcher leur rapide destruction par l'effe
de la chaleur.

Nº 87,946. — Ponsard. — 19 novembre 1869.

Puddleur mécanique à air comprimé.

Le caractère distinctif de cette invention est l'application de
l'air comprimé au puddlage de la fonte et à la fabrication de l'acie
au four à réverbère, au moyen d'un ringard creux formant tuyère,
pour supprimer le brassage pénible du puddleur.

Addition, en date du 31 décembre 1869.
Cette addition a pour objet de revêtir le ringard en fer creux
d'un petit tube en métal, enroulé en spires jointives, et dans lequel
on fait circuler de l'eau d'une façon continue pour empêcher la
détérioration du nouveau puddleur. L'inventeur applique également
ment ce perfectionnement aux buses destinées à l'insufflation de
l'air dans les foyers métallurgiques.

Nº 88,350. — Hopkins et Collins. — 30 décembre 1869.

Perfectionnements dans la fabrication du fer et de l'acier.

L'invention consiste dans l'emploi, conjointement avec de la fonte, de minerai de fer connu sous le nom de « Leadez-Hill » (ou tout autre minerai de même composition), lequel forme flux dans le four à puddler et sert à débarrasser la fonte, alors qu'elle est en fusion ou à l'état semi-fluide, des impuretés qu'elle contient ; la combinaison de certains des ingrédients, renfermés dans le minerai avec la fonte purifiée, permet à l'ouvrier de produire, à volonté, avec les mêmes matières et pendant la même chauffe, une qualité supérieure d'acier ou de fer malléable.

On place sur la sole du four à puddler environ 35 kilogr. de minerai de fer Leadez-Hill et par-dessus on met environ 150 kilogr. de fonte. On fait fondre ces substances dans le four à puddler de la manière ordinaire ; le puddleur travaille la masse absolument comme pour puddler de la fonte ordinaire ; il en résulte un mélange intime du minerai de fer et de la fonte en fusion. Quand les deux ingrédients sont parfaitement mélangés, on abaisse le registre et on le maintient dans cette position jusqu'à ce que la masse commence à prendre corps. Alors, on règle le registre et on laisse bouillir la masse semi-fluide, en la brassant avec un râble jusqu'à ce que le métal soit partiellement décarburé et adhère à l'outil. A ce moment, il est bon, il est mis en loupe et retiré du fourneau pour être martelé, passé au pilon ou au squeezer, afin d'enlever les scories, puis on peut le passer au laminoir et en former des rails ou des barres de bonne qualité.

Si c'est du fer que l'on veut produire, il faut laisser le métal un peu plus longtemps dans le four et le brasser encore afin de le décarburer d'une manière plus complète. On obtient alors un fer malléable de qualité supérieure.

Nº 88,794. — Henderson. — 2 février 1870.

Perfectionnements dans le procédé de fabrication du fer et de l'acier.

Ce procédé, qui a pour but d'enlever le carbone, le silicium, le soufre et le phosphore de la fonte brute, consiste dans l'emploi combiné de la chaux fluatée avec le fer ou les minerais titanifères.

La méthode consiste à refondre la fonte en gueuses dans une coupole en y ajoutant des minerais titanifères et des fondants convenables, et à couler ce métal fondu dans des creusets ou dans des fours à réverbère à affiner, ou dans des fours pour la fonte ou la conversion de l'acier, qui ont été précédemment chargés de chaux fluatée, rendue plastique, en la mélangeant avec de l'amidon ou de l'eau gommée, ou autre mucilage, et appliquée à la surface interne des creusets ou appareils à convertir et ensuite séchée. Lorsque le métal liquide est versé dans les creusets ou appareils à convertir, ainsi préparés, la chaleur enflamme et consume la matière combustible du mucilage et dissout ensuite la chaux fluatée qui se combine avec le titane, en raison de l'affinité de ces deux substances pour le carbone, le silicium, le soufre et le phosphore. Ces substances sont enlevées du fer sous forme de vapeurs ou de laitiers, laissant, comme résultat, le métal à l'état voulu pour être martelé ou laminé comme fer malléable, ou pour être converti en acier. L'inventeur indique les proportions convenables.

No 89,079. — Stanley. — 26 février 1870.

Perfectionnements dans la fabrication de fer et d'acier et dans les fourneaux et creusets de réduction desquels on se sert dans ces opérations.

Les caractères distinctifs de ces perfectionnements sont les suivants :

1° Utilisation de la chaleur qui se dégage pendant l'opération de décarburation dans les creusets pour fondre les minerais ou pour refondre les métaux qui sont placés dans un tas à part et qu'on fait couler dans un autre réceptacle ; 2° l'emploi d'un fourneau supplémentaire ou de fourneaux supplémentaires, soit joints au fourneau principal, soit en communication avec ce dernier pour fournir la chaleur dégagée, afin de maintenir la quantité nécessaire de métal fondu ; 3° la formation de creusets avec une branche latérale dans laquelle le métal s'élève au même niveau que celui qui est dans le creuset, pour forcer le courant ou les vapeurs à effectuer par ladite branche l'opération de décarburation dans la masse de métal fondu dans les creusets au fond de ces derniers.

N° 90,835. — Smith. — 7 juillet 1870.

Procédés et appareils de séparation et de réduction du fer magnétique ou oxydulé.

La première partie de cette invention est relative à une machine perfectionnée, destinée à être employée pour séparer les molécules du fer magnétique ou fer oxydulé des impuretés qui s'y trouvent mélangées et qui ne sont pas magnétiques. Ce résultat est obtenu au moyen d'aimants en fer à cheval permanents, ou d'électro-aimants portés par un cylindre tournant.

La deuxième partie est relative à des fours ou fourneaux destinés à fondre les métaux ou minerais, après qu'ils ont été convenablement nettoyés, et à les convertir en fonte, en fer forgé ou en acier.

La troisième partie est relative à un appareil pour injecter des combustibles pulvérulents dans la chambre de combustion. Dans cet appareil, la force d'un jet de vapeur est appliquée pour porter le combustible dans la chambre de combustion ainsi qu'une quantité d'air atmosphérique suffisante pour alimenter cette combustion.

N° 90,902. — Danks. — 2 septembre 1870.

Perfectionnements dans les fourneaux de puddlage rotatifs.

Ces perfectionnements consistent dans la construction et dans la disposition de plusieurs séries de tuyaux pour la conduite de l'eau, de la vapeur, de l'air et autres substances convenables refroidissantes, près ou à ras des passages de va-et-vient de la chambre de raffinage rotative, des coins projetants et des surfaces des fourneaux de puddlage. L'invention consiste aussi en une enveloppe à eau, à air ou à vapeur entourant la chambre de raffinage, dans le but d'abaisser la température de ces parties du fourneau, les plus exposées à une chaleur intense.

Enfin, l'invention comprend encore les revêtements ou parements métalliques annulaires, fixés à la chambre de raffinage, pour la protéger contre une chaleur excessive.

N° 91,171. — Crozet (les sieurs). — 14 juillet 1870.

Système de mazéage et puddlage simultanés pour fabrication du fer et de l'acier.

Un seul et même appareil permet, dans un temps relativement court, d'effectuer la série des deux opérations du mazéage et du puddlage.

L'appareil consiste en deux fours à réverbère, accolés l'un à l'autre et posés à un niveau inférieur de quelques centimètres l'un de l'autre, de façon à permettre aux produits du plus élevé de se déverser dans celui qui est plus bas. Ils sont de même forme et à peu près de mêmes dimensions que les fours à puddler, employés dans l'industrie. On peut les établir soit simples, soit bouillants, c'est-à-dire avec circulation d'eau, de vapeur ou d'air tout le tour de la sole, comme pour les fours servant à la fabrication de l'acier puddlé. Théoriquement, le but est : 1° d'enlever par la vapeur d'eau le soufre, le phosphore, l'arsenic, et un peu du carbone contenu dans la fonte, absolument comme avec l'eau dans l'opération du mazéage ; 2° de débarrasser par l'air la fonte du reste de son carbone, du silicium et du manganèse, comme dans le puddlage ordinaire ; 3° par le second four, de donner plus d'homogénéité à la matière en la ressuant et en la mélangeant pour former des boules.

Ces opérations sont connexes et n'en forment plus qu'une seule, dès lors : diminution de main-d'œuvre, économie de combustible et durée moins longue des opérations. Le travail de puddlage, le plus pénible de tous les travaux, est presque complétement supprimé, un simple brassage, à la fin de l'opération, suffit.

N° 91,301. — Henderson. — 7 novembre 1870.

Perfectionnements dans la fabrication du fer et de l'acier, et dans les fourneaux employés dans cette fabrication, applicables en partie à la fusion des minerais de plomb et de cuivre.

Ce procédé ne concerne qu'en partie la métallurgie du fer. Le principe consiste dans la composition du vent, qui est chargé de combustible et de fondant, et dans une disposition particulière du fourneau pour faciliter et rendre plus efficace le travail mécanique et chimique. Selon les cas, ce procédé peut aussi s'appliquer à la fusion des minerais de plomb et de cuivre.

No 91,550. — **Russel.** — 9 janvier 1871.

Perfectionnements aux fours à puddler et à réchauffer.

Ces perfectionnements ont surtout pour objet de protéger le four à puddler contre la chaleur intense à laquelle il est exposé.

Des abris ou plaques protectrices, détachés du fourneau, sont supportés parallèlement à la face du fourneau et à une petite distance de la face; deux des plaques couvrent la face du fourneau de chaque côté de la porte de l'embrasure du travail, tandis que la plaque du milieu couvre presque ladite embrasure. Les bords de la plaque-abri du milieu sont en saillie au-dessus des bords intérieurs des plaques-abris de côté. Ces trois plaques protectrices sont refroidies, pendant le travail du four, au sommet et à l'extérieur de ces plaques d'abri, par un tuyau à eau horizontal, alimenté d'eau sous pression.

Quand le four travaille, la chaleur qui en rayonne au côté où le puddleur se tient, est reçue et absorbée par les plaques d'abri; le puddleur est ainsi protégé contre la chaleur du fourneau, et ces plaques d'abri sont tenues froides par les jets d'eau qui jaillissent du tuyau à eau.

On peut employer la même garniture de plaques d'abri pour plusieurs fours à puddler.

No 91,552. — **Sherman.** — 26 janvier 1871.

Perfectionnements dans la fabrication du fer et de l'acier.

Cette invention a pour objet l'emploi de l'iode ou de composés iodés dans le traitement de la fonte, afin d'obtenir de la fonte de qualité supérieure ainsi que du fer ou de l'acier d'une qualité supérieure, et dans le traitement du fer pour produire l'acier, l'emploi de l'iode éliminant les impuretés.

Les proportions d'iode, iodures ou composés iodés varient suivant la nature et la qualité du métal sur lequel on opère; de bons résultats peuvent être obtenus en employant les proportions suivantes d'iode libre ou en combinaison, savoir: $0^{gr},648$ à $3^{gr},240$ par $45^{gr},354$ de fonte, fer, ou acier à traiter.

Perfectionnements dans la fabrication du fer et de l'acier.

L'inventeur revendique :

1ᵒ Le nouvel acier ou métal, équivalant à l'acier, dénommé acier-silicium, dans lequel la proportion de silice par rapport au carbone n'est pas moindre de 1 à 2 ;

2ᵒ La fabrication d'un acier malléable ou fondu par l'emploi du minerai spécifié, en combinaison avec de la fonte en gueuse ou fer fondu ;

3ᵒ L'emploi dudit minerai spécifié pour purifier la fonte et restaurer le métal ;

4ᵒ Le procédé pour faire de l'acier fondu dans un four à réverbère avec du métal de fonte et le minerai spécifié ;

5ᵒ Les méthodes pour produire du fer malléable, de l'acier fondu ou de l'acier puddlé avec des fragments ou lingots défectueux, des vieux rails, riblons, etc., du métal Bessemer ;

6ᵒ L'emploi de minerais titanifères ou autres analogues dans le procédé de revivification de l'acier Bessemer.

Perfectionnements dans la fabrication du fer et de l'acier.

Cette invention comprend :

1ᵒ Le traitement des minerais de fer, dans le but d'obtenir du fer et de l'acier, par des procédés de réduction sans fusion ni agglutination des particules fines ou poussière métallique avant de les mettre en loupes ou de les souder en fer forgé ou de les fondre en fonte ou acier ;

2ᵒ La disposition générale ou la combinaison des parties des fourneaux et appareils devant servir dans la fabrication du fer et de l'acier ;

3ᵒ L'application des fourneaux à la génération de la vapeur, au chauffage en général et aux usages métallurgiques.

N° 92,197. — Dormoy. — 15 juillet 1871.

Procédé de fabrication économique de fers et d'aciers homogènes, trempés, pulvérisés, fondus et corroyés, au bois ou à la houille, à grande production, au moyen d'appareils à foyers à flamme renversée, à double grille, avec canal générateur régulateur et bassin de fusion.

Les caractères distinctifs de l'invention sont :

1° Le principe d'une très-grande division du métal, en le projetant à l'état incandescent, en petits morceaux, et sans le réunir en loupes, dans un courant d'eau froide, opération qui a pour but d'épurer le métal et de le rendre facile à écraser par la grande dureté qu'il acquiert, tout en le débarrassant des impuretés qu'il contient ; d'obtenir aisément l'homogénéité d'une très-grande masse de métal ; de pouvoir en modifier la nature, à froid, d'une manière certaine, déterminée par les analyses, et favorisée par un mélange du tout, facile à faire, en raison des molécules très-divisées de la matière ;

2° Le principe de la grille à flamme renversée au moyen de la voûte très-surbaissée ; du canal générateur régulateur, à voûte aussi très-surbaissée, de dimensions variables, et à grille mobile régulatrice ; du bassin de fusion et de réchauffage, placé en avant du four d'affinage, qui permet de charger le métal fondu prêt à travailler, ce qui accélère sensiblement les charges et augmente la production, sans que pour cela la consommation du combustible soit augmentée.

N° 92,245. — Rougeault et Alart. — 20 juillet 1871.

Perfectionnements dans le traitement des minerais de fer.

Ces perfectionnements se rapportent au traitement des minerais de fer à l'aide d'aimants pour séparer les particules de fer des autres matières qu'ils renferment, de manière à pouvoir livrer à la métallurgie un produit naturel d'une richesse et d'une pureté aussi grandes que possible.

La machine imaginée à cet effet est simple et facilement transportable, se manœuvrant aisément à la main ou par un moteur quelconque, et qui remplit la condition essentielle d'effectuer la séparation complète des parcelles métalliques d'une façon prompte et économique.

Cette machine consiste en un cylindre creux et mince, soit en fer lisse cannelé, soit en cuivre ou en bois, garni intérieurement de lames de fer disposées en hélice sur toute la longueur. Dans l'un et l'autre cas, le fer est aimanté, soit par un courant électrique, soit par des aimants ou par un autre moyen quelconque. Il reçoit un mouvement de rotation, plus ou moins rapide, par une manivelle ou par une poulie, suivant le genre de moteur qui lui est appliqué. Une brosse cylindrique, également creuse, reçoit dans son intérieur le minerai que l'on veut traiter, et qui est amené par un conduit extérieur. Le conduit est adapté à la base d'une trémie, dans laquelle on apporte le minerai, et qu'un distributeur laisse tomber régulièrement en petites quantités.

Le cylindre étant aimanté, les parcelles de fer tendent à s'y attacher, tandis que les matières étrangères suivent leur chemin incliné et sont projetées au dehors.

N° 92,314. — Théron et Vaillant. — 25 juillet 1871.

Four servant à l'affinage de la fonte.

Ce brevet consiste dans la disposition particulière du four, qui permet de traiter de grandes masses et de maintenir constamment le bain à la température que l'on désire.

Le convertisseur est fixe. Il est combiné avec un four Siemens ou autre, afin d'utiliser cette énorme chaleur qui s'échappe par la gueule des convertisseurs et pour qu'on puisse maintenir le bain à la température nécessaire.

De cette manière, on se trouve dans les mêmes conditions qu'avec un four à réverbère où, étant maître de l'opération, on peut, au moyen de réactifs et de scories, éliminer le soufre et le phosphore.

En dehors de l'affinage pneumatique, le même convertisseur peut résoudre l'affinage à la vapeur d'eau et même l'affinage combiné de vapeur et d'air, soit ensemble, soit l'un après l'autre, car il y a avantage réel à chauffer plutôt le métal liquide que la vapeur, à cause de sa chaleur spécifique et de sa conductibilité.

N° 92,614. — Anderson. — 2 septembre 1871.

Perfectionnements dans la réduction des oxydes, afin d'en obtenir du fer, du sodium, du potassium, du phosphore, du chlore, ou leurs composés, ainsi que dans l'appareil employé à cet effet.

Cette méthode a pour but d'obtenir une qualité supérieure de fer, d'une nature plus carburée et moins chargée de phosphore et de soufre que le fer qu'on obtient par les procédés métallurgiques employés actuellement, et, en même temps, de diminuer le prix de revient du métal.

La présente invention consiste à introduire dans le fourneau des silicates naturels ou artificiels, ou des aluminates avec les substances ordinaires, c'est-à-dire le minerai et la chaux, ou le flux et le coke ou charbon de terre. A mesure que ces matières descendent, la potasse et la soude, non encore combinées avec la silice ou l'alumine, se combinent avec ces dernières, desquelles elles sont ensuite séparées, à une température plus élevée, par l'action de la chaux. L'acide phosphorique, combiné avec les alcalis ou terres alcalines, est également séparé de ces dernières par la silice ou l'alumine.

L'oxygène de la potasse, de la soude et l'acide phosphorique se combinent avec le carbone de la houille, et les vapeurs de potassium, sodium et de phosphore ou de leurs composés sont conduites en dehors du fourneau par un ou plusieurs passages, pratiqués sur un côté, en même temps que s'échappe par la même issue une portion des gaz chauds. Les composés de soufre sont également réduits, le soufre est volatilisé et les produits gazeux s'écoulent du fourneau, conjointement avec les autres gaz et vapeurs. Les vapeurs sont séparées des gaz par le refroidissement, par la condensation, ou encore au moyen d'un lavage.

Les cyanures, phosphures et sulfures, carbures ou carbonates, ainsi obtenus, sont recueillis et utilisés.

L'oxyde de carbone et les composés d'azote dont on a séparé les vapeurs sont ramenés de nouveau au fourneau par un ou plusieurs passages, ménagés sur le côté, à un niveau plus élevé que celui de leur sortie. Ils peuvent être réchauffés avant leur réintroduction.

Perfectionnements apportés au puddlage du fer et aux appareils qui s'y rapportent.

L'invention comprend :

1° Le perfectionnement apporté au puddlage mécanique, qui consiste à faire entrer et sortir les produits de la combustion sur une même face de la chambre rotative de puddlage ;

2° La combinaison de la chambre tournante de puddlage, ayant son axe horizontal, et présentant une seule ouverture qui reçoit les produits de la combustion, chargés d'effectuer le travail, et les laisse ensuite échapper dans la direction de l'axe ;

3° La combinaison de la chambre rotative de puddlage, avec axe horizontal, et des carneaux à travers lesquels les produits de la combustion sont respectivement distribués pour pénétrer dans ladite chambre et s'en échapper ensuite, les carneaux débouchant respectivement sur la même face de la chambre ;

4° La combinaison de la chambre de puddlage et de son support ou bâti, avec les carneaux dans lesquels passent les produits de la combustion, qui entrent et sortent sur la même face de ladite chambre ;

5° La combinaison de la chambre, de son bâti mobile et du mécanisme qui permet de la régler verticalement et horizontalement dans n'importe quelle direction ;

6° La combinaison de la chambre, de son bâti et du mécanisme qui fait tourner ladite chambre, chaque mécanisme étant monté sur le support ou bâti mobile ;

7° La combinaison de la chambre, de son bâti, du mécanisme qui le met en mouvement, et des carneaux qui distribuent respectivement les produits de la combustion ;

8° La combinaison de la chambre tournante, à axe horizontal et à support combiné, avec un mécanisme qui le met en mouvement aux moments voulus, et qui peut être ajusté verticalement et horizontalement dans toute direction, avec un moteur destiné à lui donner le mouvement rotatif voulu, et avec les carneaux ;

9° La combinaison de la chambre de puddlage avec un moyeu ou axe creux.

N° 93,525. — Larkin, Leighton et White. — 8 décembre 1871.

Perfectionnements dans la production du fer, de l'acier et de l'oxyde de fer.

Le brevet comprend :

1° Le procédé et l'appareil pour dissoudre le fer ou le minerai de fer dans l'acide hydrochlorique, de manière à obtenir un chlorure dont on extrait du fer métallique ou de l'acier ;

2° Le traitement de la liqueur obtenue par la dissolution du fer ou du minerai de fer dans l'acide hydrochlorique, en le faisant bouillir avec du fer métallique, de manière à obtenir une solution neutralisée de chlorure ferreux, franc de chlorure ferrique, dont on obtient une solution de fer métallique ou d'acier ;

3° La purification de cette solution de chlorure ferreux par la précipitation du phosphore et du soufre, soit de l'un d'eux, soit de tous deux, et la production de fer ou d'acier provenant de cette solution purifiée ;

4° L'évaporation et la cristallisation de la solution de chlorure ferreux, et la réduction de ce chlorure ferreux cristallisé en fer métallique ou acier ;

5° Le traitement du chlorure ferreux en le chauffant avec de la tourbe ou autre substance hydrocarburée, de manière à chasser l'acide hydrochlorique et le recueillir pour un usage subséquent, tandis que le chlorure ferreux est décomposé.

N° 93,533. — Sellers. — 9 décembre 1871.

Perfectionnements apportés dans la fabrication du fer et de l'acier.

Les caractères principaux de l'invention sont :

1° Le traitement du fer ou de l'acier en le fondant sans employer de bain ;

2° La méthode de purifier le fer en le puddlant d'abord, et en le fondant ensuite ;

3° La méthode qui consiste à traiter une charge composée seulement d'une loupe puddlée, de fer travaillé ou de riblons d'acier, ou de l'une de ces trois matières, sans l'emploi d'un bain, et avec l'addition de spiegel, de manganèse ou de tout équivalent.

N° 93,906. — **Siemens**. — 18 janvier 1872.

Perfectionnements dans le traitement, la réduction et l'affinage des minerais de fer et de la fonte pour la production du fer et de l'acier.

Ces perfectionnements ont pour but:

1° La réduction à l'état métallique, par le mélange intime avec du carbone dans un état de division convenable, gazeux ou solide, et sous l'influence d'une température suffisamment élevée, des minerais de fer préalablement fondus, et dont les gangues ont été convenablement scorifiées, ce procédé permettant d'obtenir du fer pur, du fer aciéreux, ou de l'acier naturel, même avec des minerais et des combustibles impurs;

2° Le procédé de fabrication de l'acier fondu par la dissolution dans un bain de fonte, maintenu liquide et chaud sur la sole d'un four à réverbère, des loupes obtenues par les moyens susindiqués. cette dissolution pouvant être effectuée, soit dans un four séparé, soit dans le four même où a été opérée la réduction à l'état de loupe de fer, après l'évacuation du laitier et son remplacement par de la fonte liquide, les opérations préalables de fusion et de réduction du minerai ayant eu lieu, soit dans le seul et même four, le four fixe ou le four rotatif, soit dans les deux fours successivement;

3° L'application du four rotatif Siemens à ce procédé de fabrication, aussi bien que l'application à cet appareil du chauffage au gaz, avec régénérateurs de chaleur, soit pour le puddlage du minerai, soit pour le puddlage de la fonte, ainsi que la disposition qui permet de n'occuper, pour l'entrée de la flamme et sa sortie, qu'un côté de l'appareil, aussi bien pour le four fixe que pour le four rotatif, disposition fort avantageuse en pratique par suite de la liberté qu'elle donne pour les mouvements et les opérations diverses;

4° Les dispositions d'ensemble de ces différents fours, et leur combinaison pour compléter l'opération.

ADDITION, en date du 24 octobre 1872.

L'inventeur effectue la fusion du minerai d'une façon continue. et sa réduction en fer métallique, ainsi que la transformation de ce fer en acier fondu, d'une façon intermittente ou périodique, dans un seul et même four, de préférence dans un des fours Siemens à gaz et à chaleur régénérée.

N° 94,088. — Estoublon. — 3 février 1872.

Mode de production directe du fer puddlé et de l'acier.

L'appareil se compose de trois parties distinctes :

1° Celle où s'opère la réduction du minerai de fer et la carburation du fer métallique qui en provient ;

2° Celle où s'effectue la fusion du carbure de fer qui s'est produit dans la première partie ;

3° Celle où s'accomplit le puddlage de la fonte, qui a été obtenue dans la deuxième partie et qui s'est accumulée dans cette dernière.

La chaleur qui est nécessaire à l'opération est produite par une grille ordinaire ou par un générateur à gaz, ces appareils marchant à l'air libre ou à l'air soufflé.

La première partie de l'appareil se compose d'une ou de plusieurs chambres en briques, dont les deux extrémités sont ouvertes, mais qui peuvent se fermer par des portes, de manière à clore ces chambres quand on veut.

La seconde partie est un four dont la sole, inclinée et légèrement concave, est disposée de manière que le métal fondu ait son écoulement naturel vers la troisième partie du four.

La troisième partie du four est un four à puddler ordinaire dont la sole peut être refroidie, s'il est nécessaire, par un courant d'air ou d'eau, ou tout autre moyen.

En résumé, cette invention comprend la réduction du minerai et la carburation du métal qui en provient, dans des chambres placées à la partie supérieure du four, et la fusion du métal produit et carburé sur une sole inclinée placée à la suite, et le puddlage ou l'affinage pour fer ou pour acier de la fonte obtenue dans le four à puddler, qui forme la troisième partie de l'appareil.

ADDITION, en date du 20 février 1872.

Pour traiter les minerais riches, l'inventeur se sert d'un four qui ne contient pas de sole inclinée ; le minerai réduit est conduit directement de la chambre de réduction sur une sole creuse, où il est formé en loupes.

Nᵒ 94,662. — Parkes. — 23 mars 1872.

Perfectionnements dans la fabrication du fer.

L'inventeur décarbure la fonte dans un convertisseur Bessemer en y ajoutant du nickel, du cuivre, ou des alliages contenant ces métaux. Il commence par décarburer entièrement le fer, puis il y ajoute environ moitié de la quantité habituelle de spiegeleisen avec les métaux formant l'alliage. Ceux-ci sont employés dans diverses proportions. Une quantité même de $\frac{1}{8}$ p. 100 rend le lingot très-sain et très-résistant. Le métal devient plus sain et plus dur à mesure que l'on augmente la quantité d'alliage.

Si le métal est destiné à être laminé à chaud, il convient de ne pas dépasser la proportion de 1 partie d'alliage pour 60 parties de fer.

Lorsqu'on veut un métal à laminer à froid ou pour des moulages, on peut augmenter la quantité jusqu'à la proportion de 1 partie d'alliage pour 10 parties de fer. Le métal allié au cuivre est un peu plus doux que celui allié au nickel, et, lorsqu'on emploie à la fois le nickel et le cuivre, on obtient un produit de qualité intermédiaire.

L'inventeur combine quelquefois l'alliage avec du phosphore dans des proportions variables jusqu'à 20 p. 100, avant d'ajouter l'alliage au fer. Le phosphore rend le métal plus fluide et la fluidité augmente avec la quantité de phosphore. Les moulages obtenus ainsi sont très-sains et peuvent se limer et se tourner sans difficulté.

L'emploi de spiegeleisen, dans ce procédé, a principalement pour but de soutenir la chaleur et la fluidité du métal jusqu'à ce que l'alliage soit intimement mélangé, mais le métal ne doit pas être coulé avant que le carbone soit brûlé aussi complétement que possible.

Au lieu d'employer le convertisseur Bessemer, on peut fondre des riblons avec l'alliage, dans les proportions ci-dessus indiquées, dans un four à réverbère Siemens; ou bien, on peut fondre dans des pots à acier; ou bien encore l'alliage peut être ajouté au fer dans un four à puddler, après qu'il est fondu, et avant de le louper; mais, dans ce cas, la proportion ne doit pas être trop forte, car le métal deviendrait impropre au laminage à chaud.

N° 95,165. — Zenger. — 4 mai 1872.

Perfectionnements dans l'épuration du fer et du cuivre.

Cette invention a pour objet d'enlever le phosphore et le soufre, contenus dans la fonte, au moyen des hydrates d'alcalis et de terres alcalines, prises séparément ou conjointement avec les hydrates des oxydes de manganèse et de fer, avec addition de sciure de bois ou autre substance carbonée convenable; il faut avoir soin que les métaux en traitement et destinés à être épurés, soient protégés, durant cette opération, contre le contact de l'oxygène libre, pour éviter l'oxydation fâcheuse qui en résulterait.

N° 95,225. — Post. — 10 mai 1872.

Perfectionnements dans les appareils servant au puddlage et à la fusion de la fonte.

L'objet de cette invention est de perfectionner la machine à puddler rotative afin de surmonter toutes les difficultés qu'elle rencontre dans ses conditions actuelles et de la rendre propre à de nouveaux usages.

Le principe consiste à faire tourner le bassin sur un axe suffisamment incliné pour que le métal fondu s'écoule en tournant vers le bas du bassin, et pas assez pour que la charge soit projetée par la partie découverte du bassin. On peut ainsi surveiller la masse et enlever la loupe par une porte, comme dans les fours à puddler ordinaires, sans intercepter la chaleur ni déranger l'appareil qui fait agir la machine. Le bassin peut être placé avec son axe à un angle d'environ 30 degrés de la perpendiculaire, mais l'inclinaison peut être augmentée en faisant le bassin plus concave pour retenir la loupe, et le bassin peut être monté de façon à recevoir les flammes à un angle différent du fourneau, qui, dans ce cas, serait arrondi davantage sur le devant du bassin.

N° 95,491. — Richardson et Spencer. — 29 mai 1872.

Perfectionnements dans les fours à puddler rotatifs.

Ce brevet comprend :

1° Le mode de construction du convertisseur en panneaux métalliques, garnis d'enduit isolant et boulonnés aux fonds, garnis de la même manière;

2° La disposition cellulaire, alvéolaire ou caverneuse de ces panneaux, ou des carcasses ou caissons qui y sont substitués;

3° La manière d'introduire et de fixer l'enduit, au moyen du moulage et de la coulée.

N° 95,531. — Martin. — 10 juin 1872.

Procédé de puddlage direct des minerais de fer.

Ce procédé consiste à puddler directement, comme on puddlerait de la fonte, un mélange de minerai grillé pulvérisé, avec du charbon.

L'opération se fait dans les mêmes conditions que le puddlage de la fonte.

Pour arriver à ce but, on chauffe à part, soit sur une deuxième sole, dite *petit four*, faisant suite à la sole de puddlage et servant d'ordinaire à réchauffer la fonte du puddlage, soit dans un tube réducteur, chauffé par les flammes perdues du four à puddler, ou autrement, un mélange composé de minerai grillé pulvérisé, additionné de 25 à 50 p. 100 de charbon, ce mélange étant chauffé au rouge clair et jusqu'au blanc jaune dans le tube ou cornue, ou dans le petit four.

Le puddleur pousse ou porte ledit mélange dans le four à puddler en y ajoutant au besoin un fondant. Il élève la température jusqu'à ce que la réaction gazeuse du mélange se manifeste avec violence par de petits jets de flamme sur toute l'étendue de la couche de minerai et même par un commencement de fusion. Il commence alors le brassage au crochet, fait les boules et les porte au pilon pour y être cinglées.

Cette méthode a l'avantage de débarrasser le fer obtenu de minerais impurs de la plus grande partie de leur soufre et de leur phosphore.

ADDITION, en date du 21 juin 1872.

L'inventeur annexe les additions suivantes:

1° Emploi des réducteurs hydrogénés, tels que sciure de bois, charbon de terre, lignite, tourbe, etc.

2° Addition au minerai grillé pulvérisé, de chrome, titane, wolfram et manganèse, soit à l'état isolé, soit à l'état de combinaison dans les minerais de fer ou autres, oxydés ou réduits dans la proportion de 5 à 20 p. 100 du mélange, et au delà pour le manganèse ;

3° Addition au mélange de spath-fluor, chlorure de sodium, azotate de soude ou tout autre sel destiné à épurer le mélange, en faisant passer dans le laitier le plus possible de phosphore et de soufre.

N° 95,949. — Sellers. — 9 juillet 1872.

Perfectionnements apportés à la fabrication du fer, et pour un appareil de régénération de la chaleur employée dans les opérations métallurgiques.

Cette invention comprend :

1° Les perfectionnements apportés dans les moyens de régénérer la chaleur des fours, et qui consistent à soumettre l'air et le gaz qui se rendent au four en courants continus à une température augmentant progressivement, tandis que les produits de la combustion s'échappent du four à la cheminée en courant continu, en décroissant constamment de température, par suite de leur rencontre avec les courants d'air et de gaz ;

2° La combinaison d'une chambre centrale qui reçoit les produits de la combustion venant du four, de séries de tuyaux qui donnent passage auxdits produits et sur lesquels passent l'air et le gaz qui se rendent au four ; de plus, la combinaison de chambres latérales dans lesquelles s'écoulent les produits de la combustion qui se rendent dans la cheminée ;

3° La combinaison d'une chambre centrale dans laquelle les produits de la combustion sont reçus du four et de tuyaux dans lesquels ils passent pour se rendre dans les chambres latérales d'où ils reviennent dans une seconde chambre centrale qui communique avec la cheminée, tandis que l'air et le gaz, qui se meuvent pour aller au four, passent sur les tuyaux que les produits ont chauffés ;

4° La combinaison d'une chambre dans laquelle les produits de la combustion sont reçus directement du four et qui est entourée de chambres à air et à gaz et des carneaux qui leur donnent passage ;

5° La combinaison, en lignes verticales, des chambres, des séries de tuyaux traversés par les produits de la combustion qui se rendent à la cheminée, avec les chambres dans lesquelles passent l'air et le gaz arrivant par leur entrée respective ;

6° La combinaison de séries de chambres et de séries de tuyaux qui relient une chambre à l'autre avec les chambres à air et à gaz, de sorte que les tuyaux traversent lesdites chambres à air et à gaz ;

7° La combinaison avec la chambre à air de moyens de chauffage préalable de l'air de cette chambre ;

8° Dans un appareil régénérateur de chaleur, la combinaison avec l'ouverture pratiquée dans le four, d'un carneau à air et d'un carneau à gaz qui sont disposés de telle manière que l'air et le gaz arrivent en directions opposées et se rencontrent là où l'inflammation doit avoir lieu ;

9° Une chambre formée de quatre murs verticaux et d'une voûte qui repose dessus, qui est reliée avec deux des murs et qui est interposée entre les deux autres, sans y être rattachée ;

10° La combinaison d'une chambre construite comme ci-dessus, avec une garniture de sable ;

11° La combinaison du régénérateur de chaleur avec le four puddleur rotatif.

N° 95,944. — Hinde. — 12 juillet 1872.

Perfectionnements dans la fabrication du fer et de l'acier.

Pour effectuer la décarburation, on prend de la fonte en gueuse ou bien du fer partiellement décarburé dans le fourneau d'affinerie, matières que l'on fait broyer ou bocarder de manière à les réduire à l'état granulaire, ce qui s'effectue facilement quand la fonte ou le fer affiné sont rougis au feu, la cohésion étant alors très-faible. La fonte broyée est grillée, calcinée ou décarburée dans un four à réverbère ou autre four clos, la combustion dans le four étant conduite de manière qu'il y ait excès d'oxygène, et qu'une atmosphère oxydante règne dans la chambre qui contient la fonte broyée.

La fonte broyée peut être traitée dans le fourneau, soit seule ou mêlée avec des oxydes de fer ou de manganèse, ou autres corps oxydants.

Si l'on veut produire du fer malléable, on poursuit la décarburation aussi loin que cela est praticable ; mais si l'on veut produire de l'acier, la décarburation doit être poursuivie à un degré moindre et réglée par la qualité d'acier que l'on veut obtenir.

Le fourneau, pour cette opération de décarburation, peut être du genre ordinaire à réverbère, ou il peut être un cylindre creux rotatif. Si l'on veut obtenir de l'acier forgé, le procédé est le même que pour le fer malléable, excepté qu'on arrête la décarburation quand le carbone est réduit au point nécessaire pour produire l'acier voulu.

Si l'on veut obtenir de l'acier fondu, le fer décarburé au point voulu est transféré de la partie décarburante du fourneau à la chambre inférieure, et là, il est chauffé jusqu'à fusion complète, la trempe de l'acier étant ajustée, si cela est nécessaire, par l'addition du spiegeleisen ou autre substance analogue.

N° 96,259. — Bodmer. — 16 août 1872.

Perfectionnements à la fabrication du fer et de l'acier.

Ces perfectionnements ont rapport, principalement, à l'application de l'injection par la pression aux matières employées dans la fabrication du fer et de l'acier. Ces matières sont : toutes les espèces d'oxydes métalliques minéraux, métaux, carbone sous toute forme, condition ou combinaison; toutes matières ou mélanges qui ont une action purifiante sur le fer, dans une condition suffisamment subdivisée pour permettre leur injection dans un métal soit sec, soit dissous ou mélangé avec des liquides.

L'invention se rapporte aussi au mode de garnir, revêtir et alimenter les fourneaux rotatifs ou oscillants.

L'appareil d'injection au moyen duquel on obtient un degré plus élevé de chaleur ou une purification plus complète de la charge, est construit d'après le principe de l'injecteur Giffard.

N° 96,691. — Crampton. — 27 septembre 1872.

Perfectionnements dans les fours à puddler ou autres fours
industriels.

Le four tournant pour puddler et fondre les métaux à une température élevée, est composé d'un cylindre tournant, renfermant une chambre de combustion et une chambre de travail. Le combustible employé est finement pulvérisé et divisé, et il est continuellement alimenté, à la chambre de combustion, avec la quantité d'air nécessaire pour le brûler. Le combustible et l'air sont convenablement admis dans la chambre de combustion, en un certain nombre de courants, qui sont dirigés de façon que leur action sur l'intérieur du four puisse être contrôlée et rendue aussi peu préjudiciable que possible à la garniture du four, et que leur alimentation soit faite pour assurer la combustion complète du combustible.

La rotation de la chambre de combustion fait que les courants de combustible agissent successivement tout autour de ladite chambre, de telle sorte que le revêtement de la chambre est moins exposé à une usure inégale, et que chaque partie de la circonférence de la chambre de combustion, en tournant, vient à sa position la plus basse; un peu de laitier reste dans le fond de la chambre et la suit partiellement dans sa rotation, de façon qu'il protège la garniture du four contre l'usure.

Le cylindre tournant est construit avec une double enveloppe de métal dans laquelle circule de l'eau, de l'air ou autre fluide pour le maintenir froid.

N° 98,798. — Greener et Ellis. — 7 octobre 1872.

Perfectionnements dans la fabrication du fer et dans le revêtement intérieur des fours.

Cette invention consiste dans la combinaison de certaines substances, qui, à l'état de fusion, peuvent être employées comme revêtement intérieur des fours à puddler, et dont l'emploi augmente le rendement du fer, tout en améliorant la qualité.

Le minerai, qui doit être exempt de tout ingrédient nuisible au fer, est préalablement concassé et étendu, à la base inférieure du four, en couche d'épaisseur convenable, disons de 12 à 15 centimètres par exemple; sur ce premier fond est placée une deuxième couche de la même matière réduite en poudre de la grosseur du gros sable. On obtient ainsi un fond sec, formé d'une matière qui est, non-seulement exempte de tout ce qui peut nuire au fer, mais qui tend à améliorer la qualité et à augmenter le rendement de celui-ci.

Le fond du four est incliné en arrière de haut en bas dans la direction de la cheminée.

En résumé, cette invention comprend :

1° L'emploi, pour les soles des fours de chaufferie, de minerais ou matières contenant de l'oxyde de fer;

2° Le mode de réserver les scories obtenues du fer dans le four de chaufferie, à l'aide d'une sole sèche, et l'utilisation de ces scories pour le revêtement des fours à puddler, soit seules, soit combinées avec d'autres matières.

N° 97,186. — Compagnie des fonderies et forges de Terre-Noire, la Voulte et Bessèges. — 18 novembre 1872.

Nouveau procédé de fabrication des alliages de fer avec le manganèse, le titane, le tungstène, le silicium, etc., pour l'agglomération de ces matières, et enfin pour leur traitement dans un fourneau spécial à ouvrage et creuset mobiles en carbone, en chaux ou en magnésie.

Cette invention comprend :

1° Le procédé d'agglomération consistant à mélanger des débris de fer, de fonte ou d'acier, à l'état métallique, avec les minerais à réduire, et à oxyder légèrement le fer par voie humide, pour produire, à la faveur de cette oxydation, une masse compacte contenant les éléments de l'alliage ;

2° Le traitement de ces agglomérés au haut-fourneau dans le but d'obtenir des alliages de fer et de différents métaux pouvant contenir de 25 à 75 p. 100 de manganèse, ou de 18 à 22 p. 100 de silicium, ou de 10 à 50 p. 100 de tungstène ou de titane, ou différentes combinaisons de ces métaux entre eux à des dosages quelconques ;

3° La disposition de haut-fourneau à ouvrage et à creuset mobiles, en magnésie, en chaux, en alumine ou en carbone ;

4° Et le procédé de construction du creuset en carbone.

N° 97,810. — Siemens. — 13 janvier 1873.

Perfectionnements dans le traitement des minerais de fer et dans la fabrication du fer et de l'acier.

L'inventeur effectue l'opération entière, la fusion du minerai, sa réduction à l'état métallique, la formation des loupes et leur carburation, permettant leur dissolution, dans un seul four rotatif, analogue à celui décrit dans un brevet précédent de l'auteur, en 1872, mais sensiblement perfectionné.

Le minerai est écrasé, puis mélangé avec une proportion convenable de chaux, de manganèse ou d'autres flux, de façon à former une scorie fluide.

Un poids donné de ce mélange est introduit dans le four rotatif, préalablement porté à une haute température, puis on laisse la masse se chauffer et se fondre.

On introduit ensuite les agents réducteurs, soit de la houille pure, soit de l'anthracite ou du coke préalablement écrasé, ou du charbon de bois. Il s'ensuit une réduction rapide avec un grand dégagement d'oxyde de carbone, dont la combustion développe une température élevée dans la chambre rotative; cela suffit presque comme combustible; la consommation de gaz venant des gazogènes est donc presque complétement supprimée.

Au bout d'une heure environ, la réduction est complète; on évacue la scorie liquide, puis on redonne du gaz des gazogènes, et l'on augmente considérablement la vitesse de rotation; le métal réduit se forme alors rapidement en une ou plusieurs loupes, que l'on enlève et que l'on cingle sous une presse, un marteau ou des laminoirs; on obtient ainsi un fer extrêmement pur.

L'inventeur supprime aussi complétement le four à fondre l'acier, et convertit directement, dans le four rotatif, les loupes en un produit pur, intermédiaire entre la fonte et l'acier fondu.

Si l'on veut produire de l'acier fondu malléable, on introduit, au lieu de coke ou d'anthracite, du spiegeleisen ou du ferro-manganèse.

Par ce procédé, on le voit, on n'emploie pas d'autres éléments que le combustible, le minerai et le fondant, ce qui permet, concurremment avec l'emploi des fours à gaz et à chaleur régénérée, de traiter sur place, avec des combustibles de qualité inférieure, des minerais qui ne supporteraient pas l'exportation.

1re ADDITION, en date du 23 mai 1873.

L'inventeur a trouvé qu'il n'est pas nécessaire de fondre tout à fait le minerai avant d'en opérer la réduction : il suffit de le chauffer fortement, puis, lorsque la masse a été portée à une haute température, d'introduire le carbone réduit à l'état de petits fragments, en quantité variable, suivant la nature du minerai, mais à peu près de $\frac{1}{4}$ à $\frac{1}{6}$ de la charge du minerai. On augmente alors la vitesse de rotation; il s'ensuit une réaction rapide; le peroxyde de fer, se réduisant à l'état d'oxyde magnétique, commence à fondre, le fer métallique se précipite, la gangue du minerai forme avec les fondants une scorie liquide, et il se dégage de la masse des quantités considérables d'oxyde de carbone.

2ª ADDITION, en date du 18 octobre 1873.

Ce certificat d'addition donne des indications pratiques sur la garniture du four rotatif en briques de bauxite, aux extrémités coniques de l'appareil, et en briques réfractaires ordinaires, posées à plat, dans la partie cylindrique, etc.

Nº 98,438. — Riley et Henley. — 10 mars 1873.

Perfectionnements dans les fours à puddler et leurs accessoires.

L'invention consiste principalement dans la construction et l'emploi de fours à puddler, comportant une capacité circulaire à rebords renversés et entourés d'un chéneau ou réservoir correspondant, constamment rempli d'eau, de manière que ce rebord de la capacité circulaire plonge toujours dans l'eau. Un mouvement rotatoire est communiqué à cette capacité ou chaudière, contenant le fer, mais l'air extérieur n'a aucun accès dans l'intérieur de la chaudière, puisque le rebord de celle-ci plonge dans le chéneau rempli d'eau pendant la rotation.

Nº 98,474. — Micolon. — 12 mars 1873.

Système de fours, appareils et préparations de minerais divers servant à leur réduction à l'état d'éponges métalliques, à leur fusion et à leur transformation rapide en métal.

L'invention a pour objet la réduction des minerais de fer à l'état d'éponges et leur fusion directe en métal, par l'emploi des appareils et des préparations mécaniques suivantes :

1º Les minerais sont triés, broyés, lavés et criblés mécaniquement, puis séchés sans grillage ;

2º On agglomère le minerai en briquettes au moyen de machines à comprimer, après les avoir préalablement mélangés avec des goudrons riches, du brai, des résines, des poussières de chaux grasse éteinte, etc., le tout en proportion convenable pour obtenir à la fois une bonne et solide agglomération, en même temps qu'un mélange aussi intime que possible de corps réducteurs mélangés aux minerais ;

3º Les fours employés se composent de cornues horizontales, en matières réfractaires, fonte, etc., qui permettent de conduire les opérations en vases clos, sans danger et avec une pratique économique. On chauffe à l'aide de foyers ordinaires ou avec les gazogènes et appareils Siemens, Ponsard, Martin, etc.

Ces fours à cornues sont horizontaux et commodément installés, tant pour le service que pour les réparations.

1re ADDITION, en date du 10 février 1874.

L'inventeur installe dans une chemise de tôle de fer, fonte ou toute autre enveloppe quelconque, les minerais de fer et produits réducteurs; cette chemise une fois pleine, est placée comme noyau au centre d'un moule de fonte, de fer ou de sable, d'un diamètre supérieur, et à proximité d'un haut-fourneau; on coule en première fusion sur cette chemise une couche de fonte d'épaisseur variable.

Pour que le refroidissement se fasse très-lentement, on recouvre les caisses de poussier de coke ou de bois. En un mot, le minerai et l'enveloppe de fonte constituent un procédé perfectionné pour la réduction et la transformation des minerais; ils constituent aussi un produit nouveau pour l'art métallurgique, produit que l'on pourrait désigner sous le nom de *caisses métallurgiques.* Ainsi, ces caisses établies peuvent être mises sur la sole d'un four, systèmes Martin, Ponsard ou tout autre, ainsi que dans les appareils Bessemer, sans autre addition, et donner directement des aciers fondus de bonne qualité et de différente dureté, en employant plus ou moins de minerai.

2e ADDITION, en date du 11 mars 1874.

Les caisses de fer ou de fonte enveloppant les minerais, les corps réducteurs et les riblons mélangés, sont introduites, contenant et contenu, dans le bain de fonte, et le tout est fondu et entre dans la masse avec très-peu de perte ou réduction de poids. Dans cette opération et au moment de la fusion des caisses, les gaz réducteurs et gaz décarburants emprisonnés se répandent dans le bain et y produisent un bouillonnement dont le résultat est comparable au brassage le plus énergique d'un puddlage, soit mécanique, soit à la main.

No 98,787. — Decées. — 3 avril 1873.

Perfectionnements apportés au puddlage du fer et de l'acier.

Le perfectionnement consiste dans une disposition de four à puddler, pourvu d'un foyer et d'un système de ventilation particuliers, disposition.qui permet d'éviter l'entraînement, du foyer à la chambre de puddlage, des matières telles que charbon, soufre, etc., qui nuisent à la qualité du fer.

Les parois latérales de la chambre du four, sont formées d'un conduit de fonte, dans lequel on fait circuler de l'air provenant d'une soufflerie ou d'un ventilateur. Ce conduit, formant trois des côtés de la chambre, reçoit l'air par un tuyau, et se raccorde avec un autre tuyau, celui-ci serpentant dans un espace ménagé entre le foyer et la chambre et remontant vers la voûte du four, dans laquelle est encastrée une buse qui communique avec lui et projette l'air chaud qu'il amène dans les flammes provenant du foyer, afin d'activer la combustion du gaz et de produire une grande élévation de température.

Le foyer se compose d'une plate-forme en maçonnerie sur laquelle on jette la houille; cette houille se distille, et quand elle est arrivée presque à l'état de coke, on le fait tomber sur les grilles où elle finit de se consumer.

Une chambre, située à l'extrémité du four, reçoit les saumons de fonte qui atteignent un certain degré de température avant de subir l'opération du puddlage.

L'avantage que présente encore ce four, est que, par suite de la haute température obtenue, le travail du puddleur est beaucoup moins pénible et la réduction plus rapide.

ADDITION, en date du 30 mai 1874.

Au lieu de faire circuler l'air dans les boîtes de fonte qui enveloppent la sole du four, on supprime cette circulation d'air et on la remplace par un courant d'eau. L'air à chauffer chemine dans les tuyaux qui sont étendus sur un autel en plan incliné, remplissant le même but que l'espace existant primitivement entre le foyer et la chambre de puddlage. Ces tuyaux traversent trois fois l'autel; l'air, après les avoir parcourus, monte vers le brûleur par un conduit vertical.

No 98,829. — Larkin et White. — 8 avril 1873.

Perfectionnements dans la production du fer et de l'acier.

Cette invention comprend :

1º La production de fer et d'acier;
2º Le procédé dans la fabrication de fer ou d'acier consistant à

réduire le minerai de fer en le chauffant avec de la matière charbonneuse, puis, après avoir éprouvé le produit, à ajuster les proportions de carbone et d'oxygène, et à réchauffer le mélange;

3° Le procédé dans la fabrication de l'acier consistant à produire un mélange ajusté et intime de minerai de fer réduit et de matière charbonneuse dans un état très-divisé, puis à ajouter un fondant en poudre à ce mélange et à le fondre;

4° Le procédé dans la fabrication de fer et d'acier consistant à mélanger du minerai de fer réduit dans un état très-divisé, avec ou sans addition de matière charbonneuse, avec un fondant en poudre, à chauffer ce mélange et à le souder;

5° La manière d'empêcher la séparation de la matière charbonneuse d'avec le minerai de fer durant le grillage;

6° La compression du minerai de fer réduit et des matières avec lesquelles il est mélangé en pains ou blocs pour faciliter l'opération subséquente de la fusion ou du soudage.

N° 98,987. — Compagnie des hauts-fourneaux, forges et aciéries de la marine et des chemins de fer.

Perfectionnements apportés dans le mode de chauffage des fours, et principalement de ceux employés pour les opérations sidérurgiques.

Ce système de chauffage peut s'appliquer :

1° A la transformation d'un minerai de fer en fonte, acier ou fer, en passant, à volonté, par les intermédiaires fonte, acier ou fer;

2° A la transformation de la fonte solide en fonte liquide, sans contact du combustible, qui peut être quelconque;

3° Au chauffage d'un four à réchauffer ou à puddler avec un combustible quelconque.

Une sorte de gazogène à colonne, soufflé, à la base, à l'air froid ou chaud, envoie ses produits gazeux dans une capacité cylindrique où ils rencontrent des couches alternatives de minerais et de fondants. Sous l'influence de la haute température, la transformation s'opère, puis s'achève dans le four placé à la suite, dans lequel se rendent les matières obtenues. Ce four est chauffé par un moyen analogue à celui employé pour la capacité cylindrique.

Cet appareil peut, suivant la manière dont on le conduit, servir à la transformation d'un minerai de fer en fonte, acier ou fer, en permettant de passer, à volonté, par les intermédiaires fonte, acier ou fer. Il suit de là que l'on pourra, suivant la marche donnée à l'opération, l'utiliser pour l'alimentation des fours à puddler, ou d'appareils Bessemer, ou encore de fours Martin, etc.

Pour la transformation de la fonte solide en fonte liquide, la disposition a beaucoup d'analogie avec la précédente ; les produits de la combustion se rendent dans la capacité cylindrique formant, dans ce cas, cubilot, et contenant la fonte à traiter ; celle-ci ne tarde pas à entrer en fusion et elle s'écoule par l'ouverture ménagée à cet effet. Il n'y a pas, on le voit, contact de la matière à traiter avec le combustible.

Pour le chauffage d'un four à réchauffer ou à puddler, on remplace le cubilot par un four à réchauffer ou à puddler en relation avec le gazogène ; on obtient ainsi un dispositif à l'aide duquel on peut, à volonté, chauffer du fer, fondre de l'acier ou puddler de la fonte avec un combustible quelconque.

N° 99,884. — Farinaux, Fichaux et Girol. — 29 juillet 1873.

Gazogène applicable aux fours à réverbère.

Le principe de cette invention repose dans l'application du gazogène *sous le générateur ou dans le four même*. Une injection d'air produit la combustion des gaz dégagés au-dessus du gazogène et donne, par ce moyen, la direction à la flamme ; une insufflation d'air sur tout le parcours finit par brûler presque complétement les gaz.

L'économie de combustible est considérable, car on produit 10 à 11 kilogrammes de vapeur par kilogramme de houille brûlée. Le montage peut se faire sans rien changer aux dispositions ordinaires des chaudières.

N° 99,974. — Dupont et Giuannotte. — 26 juillet 1873.

Nouveau système de grilles à courant d'air applicables aux fours à puddler.

Les barreaux ont une hauteur presque double de celle des anciens, et sont unis deux à deux, par les extrémités et au milieu, à l'aide de coussinets d'une forme particulière, traversés par une broche rivée pour les maintenir à l'écartement voulu et pour les rendre solidaires les uns des autres, de manière à augmenter encore leur rigidité.

Par ce système, on arrive à rendre deux barreaux accouplés plus légers qu'un simple barreau des anciennes grilles, en diminuant sensiblement l'épaisseur de la partie inférieure sans nuire à leur stabilité et sans diminuer leur force de résistance.

N° 100,128. — Pernot. — 9 août 1873.

Four mécanique avec sole tournante inclinée appliquée au puddlage.

La sole de ce four à puddler est mobile et inclinée; elle peut se charger à volonté et en marche, avantage énorme sur les anciens fours; on peut faire dans ce four de très-grosses charges ou des charges ordinaires; on peut donc faire une seule boule ou plusieurs boules, encore un avantage marqué sur tout ce qui se fait.

Non-seulement la sole est mobile, mais elle est aussi rotative et inclinée, ce qui lui permet de se chauffer uniformément, et, par conséquent, de transmettre au bain qu'elle contient une chaleur uniforme; de là un travail bien régulier de la matière.

N° 100,196. — Stanley. — 18 août 1873.

Fours à puddler.

Ces perfectionnements consistent dans la forme des fourneaux dont on se sert pour générer et transporter la chaleur dans les récipients ou cylindres de fourneaux rotatoires à puddlage ou autres, et pour ramener les gaz perdus desdits récipients à travers le même bout ou goulot que celui par lequel la chaleur est admise.

Le but est d'économiser le combustible, de réduire les frais de construction de tels fourneaux et de diminuer la main-d'œuvre pour placer et retirer les charges.

N° 100,199. — Wood. — 18 août 1873.

Perfectionnements dans la fabrication du fer et de l'acier, et dans la granulation de la fonte.

Suivant cette invention, on charge le four rotatif avec du métal granulé; on peut, dans ce cas, faire tourner le four aussitôt qu'il

a reçu sa charge, ce qui permet de maintenir la température uniforme tout autour du four, et ce qui amène chaque portion du
métal successivement au contact avec la garniture, par l'effet du
roulement continuel de la charge de granules à l'intérieur du four,
opération qui facilite la réduction du métal, et fait, en même
temps, absorber très-rapidement par les granules la chaleur du
four, tout en les exposant successivement à l'action de la flamme.

La machine employée de préférence pour granuler le métal consiste en une roue ou auge rotative garnie d'aubes, d'augets et
d'agitateurs.

N° 100,353. — De Meckenheim. — 1er septembre 1873.

Fours de puddlage.

L'inventeur a pour but d'améliorer la qualité du fer, d'augmenter sa production, mais surtout d'économiser le combustible. Il
améliore, en effet, la qualité par un mode de travail et de combinaison chimico-mécanique, qui facilite singulièrement l'affinage. Il
augmente la production en gagnant, et au delà, tout le temps employé aujourd'hui à l'introduction de la fonte dans le four et à sa
fusion, ainsi que par de nouvelles conditions de travail. Enfin, il
économise le combustible par une plus grande somme d'effet
utile.

L'invention consiste en deux moyens principaux et essentiels,
qui en constituent la nature, à part les diverses dispositions ou
modifications qu'on peut faire subir aux appareils.

Premier moyen. — Le puddlage du fer se fait par deux opérations
distinctes dans deux fours différents. Dans la première opération,
c'est-à-dire dans un four spécial, cubilot, haut-fourneau, ou tout
autre appareil, s'opère la fusion de la fonte et même un commencement de décarburation. Dans la deuxième opération, c'est-à-dire
dans un four à puddler, la décarburation se complète, et, en même
temps, a lieu la formation des boules ou loupes qui sont portées
ensuite au cinglage.

Deuxième moyen. — Il réside dans l'emploi de l'oxyde de carbone recueilli du four de fusion et qui sert au chauffage des fours
à puddler. Ainsi, la fonte, mise en fusion dans un four, passe dans
un autre four pour y être affinée, le travail étant continu.

Dans la deuxième opération, l'air est projeté au moyen d'un ventilateur ou de toute autre machine soufflante. S'il vaut mieux (sans

être indispensable) de chauffer l'air dans la première opération, il y a nécessité de le faire dans la deuxième au moyen d'un appareil quelconque, la température de l'air devant être portée, au minimum, à 300 degrés.

Appareil à employer en connexion avec des fours rotatifs à puddler.

Cette invention consiste dans l'addition de lames coupantes aux cingleurs rotatifs employés pour comprimer les loupes sortant des fours à puddler rotatifs. Par ce moyen, le cinglage et la division des boules s'effectuent en une seule opération.

Elle consiste aussi dans la construction d'un élévateur pour élever la loupe à travailler dans le cingleur. Cet élévateur est un cylindre tournant, monté sur un axe horizontal, et qui tourne dans une case de fonte ayant une surface intérieure courbe excentrique, de façon que la distance entre le cylindre tournant et la case s'amoindrisse graduellement du point auquel la loupe du four à puddler est introduite dans le cingleur jusqu'au point auquel la loupe ou le lopin comprimé quitte l'appareil. Par le mouvement du cylindre tournant, la loupe est entraînée en bas et graduellement comprimée entre le cylindre tournant et la surface à courbe excentrique de la cage, jusqu'à sa réduction à un diamètre convenable pour le laminage.

Perfectionnements apportés au puddlage mécanique du fer.

Cette invention comprend principalement :

1° La combinaison particulière de la commande du four rotatif de puddlage et de son moteur, le tout étant disposé pour donner une plus grande vitesse au four qu'on ne l'a fait jusqu'à présent, et pour effectuer l'étendage de la charge pendant son ébullition ;

2° La méthode qui permet de faire tourner le vase de puddlage quand il est chargé, par la même puissance que quand il est séparé des carneaux et qu'il est chargé ou déchargé ;

3° Le moyen de fermer le bâti mobile quand le four à puddler rotatif est placé entre les carneaux ;

4° La combinaison transposable des parties constitutives de la commande, de sorte que le vase de puddlage puisse être mobilisé à volonté à droite ou à gauche ;

5° La construction et l'emploi d'un four cylindrique rotatif à puddler, ouvert à une extrémité seulement ;

6° Plusieurs combinaisons spéciales du four rotatif avec des appareils servant au déchargement, etc. ;

7° Le producteur de gaz ayant des cendriers indépendants ;

8° La combinaison du producteur de gaz avec un système de régénérateur continu de chaleur, système qui permet à l'air qui alimente la combustion des gaz d'arriver sous pression ;

9° La combinaison du producteur de gaz, d'un fourneau ou chambre de combustion, d'un générateur et d'une cheminée avec une chaudière à vapeur ;

10° La combinaison d'un producteur de gaz, d'une chambre de combustion ou fourneau, d'un appareil régénérateur, à travers lequel est soufflé l'air destiné à la combustion dans le fourneau, et d'un appareil régénérateur à travers lequel l'air est soufflé pour alimenter la combustion dans le producteur de gaz, etc., etc., etc.

N° 101,160. — Baker. — 19 novembre 1873.

Perfectionnements dans les appareils de fabrication du fer et de l'acier.

Ces perfectionnements consistent :

1° Dans le procédé de la conversion de la fonte en acier, en décarburant le fer fondu dans un four, c'est-à-dire en obligeant le fer fondu à recevoir les agents volatils décarburants et surchauffés ;

2° Dans la conversion de la fonte en acier pour opérer partiellement la décarburation du métal, alors qu'il tombe dans un creuset, par l'action d'agents décarburants volatils, et d'admettre dans la masse fondue des agents non volatils ;

3° Dans la réduction des minerais et leur conversion en fer et en acier, la disposition qui force les agents désoxydants volatils à frapper contre le minerai dans une direction contraire à celle dans laquelle le métal doit couler ;

4° Dans la fabrication du fer provenant de la fonte, en dirigeant les agents décarburants volatils surchauffés à travers la chambre de puddlage sur la charge de fer ;

5° Dans un four à réduire les minerais par l'emploi d'une charge de charbon bitumineux, située d'une manière telle que les gaz qui en proviennent frappent contre la charge de minerai placée sur le plan incliné, derrière lequel le métal doit passer dans un réservoir suivant une direction contraire à celle des gaz ;

6° La combinaison avec un four d'un creuset dont la base s'adapte sur le lit du four ;

7° La combinaison du creuset placé dans le four et de la tablette, formant une partie dudit four et faisant saillie dans une ouverture du creuset ;

8° La combinaison avec la tablette et avec l'ouverture du creuset d'un passage placé dedans ou au-dessous de ladite tablette ;

9° La combinaison avec le creuset d'une tablette mobile adaptée à l'ouverture du creuset ;

10° La disposition du creuset présentant à l'arrière une ouverture, et de face une bouche, un orifice et un trou de coulée ;

11° La combinaison du creuset avec la chambre des fours et les carneaux ;

12° La combinaison du creuset avec la porte du four ;

13° La tablette de chargement disposée par rapport aux carneaux d'une manière spéciale.

N° 101,254. — Siemens. — 26 novembre 1873.

Disposition des fours Siemens applicable au puddlage de la fonte, au réchauffage du fer et à d'autres opérations.

L'invention a pour but d'éviter la profondeur qu'exigent au-dessous du sol des usines, les régénérateurs, et la difficulté d'approcher facilement des régénérateurs ; elle consiste aussi à y disposer des chambres de dépôt, destinées à arrêter soit les poussières, soit les crasses ou les sarrasins, qui sont entraînés par le tirage et vont obstruer les passages des régénérateurs en fondant les briques qui les composent.

C'est un supplément ou correctif aux brevets de 1861 et 1869.

N° 101,582. — Pernot. — 24 décembre 1873.

Perfectionnements apportés aux fours à sole tournante inclinée, appliqués au puddlage.

Ces perfectionnements consistent :

1° Dans l'emploi d'un courant d'eau autour de la sole ;

2° Dans l'emploi du vent forcé permettant de donner, entre autres avantages, une pression intérieure dispensant d'un joint étanche entre les rebords de la sole mobile et les parois du four, et empêchant les rentrées d'air extérieur ;

3° Dans l'emploi du chauffage au gaz ;

4° Dans l'emploi d'une sole mobile de grandes dimensions, permettant de faire des charges d'un poids quelconque, sole combinée avec un four à deux ou plusieurs portes pour faciliter le travail des loupes ;

5° Dans l'emploi d'un four double, c'est-à-dire de deux fours accolés ou superposés : le premier, à sole tournante, laboratoire servant à la formation du fer; le deuxième, fixe ou mobile, destiné au finissage du fer et à la formation des loupes.

N° 101,629. — Compagnie des fonderies et forges de Terre-Noire, la Voulte et Bessèges. — 29 décembre 1873.

Nouveaux perfectionnements apportés à la fabrication des alliages de fer avec le manganèse, le titane, le tungstène, le silicium, etc.

Le présent brevet a pour objets les procédés suivants :

En ce qui concerne les dosages :

1° Dosage raisonné des matières à mélanger, dans le but d'obtenir une scorie définie excessivement basique ;

2° En vertu de ces dosages, production, aux fours à réverbère, à grille ou à gaz Siemens, ou Ponsard, ou rotatif, des alliages ou combinaisons de fer, carbone et manganèse contenant de 30 à 82 p. 100 de manganèse, ce qui n'avait jamais été réalisé;

3° Liquéfaction de la scorie basique par l'introduction, à la fin de l'opération, de quartz ou de spath fluor;

4° Introduction dans le four, vers la fin de l'opération, de fontes siliceuses ou manganésées, ou d'alliages riches de fer et de manganèse pour achever la réduction, étendre le bain à la teneur cherchée et rassembler les globules métalliques ;

5° Production, par les mêmes procédés, des alliages de carbone et de fer avec le silicium, le tungstène, le titane, etc.

En ce qui concerne l'agglomération :

1° Fabrication de briquettes ou d'agglomérés contenant les éléments des alliages métalliques du fer avec le carbone, le manganèse, le silicium, le tungstène, le titane, etc. ;

2° Réduction préparatoire et dans un four séparé des briquettes ainsi fabriquées ;

3° Fabrication d'un coke métallurgique contenant en quantité suffisante les éléments de ces mêmes alliages ;

4° Fabrication des susdits alliages métalliques par la réduction et la fusion de ces briquettes dans les fours à réverbère, ou dans les fours à gaz Siemens ou Ponsard, ou dans les fours rotatifs, ou enfin dans un fourneau vertical analogue à celui décrit dans un brevet précédent.

ADDITION en date du 30 juillet 1874.

Pour diminuer la consommation de coke, qui était de 825 kilogr. par 100 kilogr. de manganèse, les inventeurs ont résolu la difficulté de plusieurs manières :

1° La nécessité d'introduire dans le mélange du fer qui, avec le manganèse contenu dans le coke, donne le ferro-manganèse au titre voulu, a amené les inventeurs à charger dans le fourneau sur le coke une certaine quantité de spiegeleisen, calculée de manière à arriver à la richesse voulue. Le fer en fusion s'allie avec le manganèse, et le ferro-manganèse se trouve ainsi rassemblé dans le creuset.

2° On peut encore, à la place du spiegeleisen, ou en mélange avec lui, faire passer des minerais de manganèse pur ou des minerais de fer et de manganèse, comme il s'en trouve beaucoup dans la nature. Mais dans ce cas, il paraît préférable de faire subir aux minerais dont nous venons de parler une réduction préalable.

3° On peut encore introduire dans le fourneau les agglomérés et les briquettes, tels qu'ils sont obtenus par les procédés indiqués dans de précédents brevets, notamment dans celui du 29 décembre 1873, auquel la présente addition se rattache plus spécialement.

4° Pour obtenir, sur une plus grande échelle encore, l'économie de combustible et l'enrichissement de l'alliage en manganèse, ou peut encore introduire par les tuyères des oxydes de manganèse en poudre, en prenant plus spécialement les oxydes régénérés.

N° 101,852. — Swain. — 31 décembre 1873.

Perfectionnements dans la construction des fours ou fourneaux servant à la fabrication du fer et de l'acier.

Cette invention a trait spécialement à la construction des cubilots ou fours à manche, que l'on emploie pour la fabrication du fer et de l'acier.

Au lieu de placer les tuyères, par lesquelles l'air insufflé est introduit, à l'étalage ou à quelque distance au-dessus de la sole du four, comme cela s'est pratiqué jusqu'ici, on les place juste au-dessus de ladite sole, ou bien on élève cette dernière presque au niveau des tuyères, en la faisant incliner en biais vers la face, où sont formées des perforations qui conduisent, par un plan incliné, dans le récepteur, placé plus bas que le niveau de la sole du four.

Au fond du récepteur et sur le côté opposé aux passages inclinés susdésignés, est un trou de décharge que l'on peut ouvrir et fermer à volonté, et, plus haut, dans le côté du récepteur, presque à niveau de la sole du cubilot, et en dessous des tuyères, est une autre issue pour les grenailles de scories provenant de la surface du métal fondu. Sur l'autre côté du récepteur, à peu près vis-à-vis du trou de décharge des scories, est un carneau conduisant à la cheminée et muni d'un registre.

N° 102,942. — Société générale de métallurgie (procédé Ponsard). — 4 avril 1874.

Mode de rafraîchissement, par un courant d'eau, des garnitures des fours tournants.

Cette invention comprend :

1° Le mode de rafraîchissement des garnitures de fours tournants par un courant d'eau arrivant et sortant par le pivot ou tourillon ;

2° L'application de ce système de rafraîchissement, non-seulement aux fours à puddler et aux fours à acier rotatifs, mais encore à tous genres de fours tournants, quelle que soit l'industrie à laquelle ils sont appliqués, tels que fours métallurgiques, fours Sellers, fours pour la production des alliages de fer, de manganèse et d'autres métaux ou métalloïdes, fours de verrerie, fours à soude et autres pour la fabrication de produits chimiques.

N° 102,994. — Masion. — 14 avril 1874.

Four à puddler dit système Masion.

Le point caractéristique de cette invention est la disposition d'un four à puddler ou à réchauffer dans lequel le foyer, diminué comme surface de chauffe, est alimenté d'air par des ouvertures pratiquées sur la face du four, en dessous de l'ouverture d'enfournement du combustible, l'air arrivant néanmoins, comme dans les anciens fours, sur le côté.

Cette disposition fournit une plus grande quantité d'air à la combustion du charbon, et celui-ci est brûlé plus complètement. L'inventeur réalise une économie de 25 à 30 p. 100 sur le charbon employé. Le déchet sur le fer est beaucoup moindre, le puddlage est plus rapide; enfin, il y a économie sur les barreaux de grille, ceux-ci durant plus longtemps.

N° 103,056. — Fabre et Pouff. — 4 mai 1874.

Sole oscillante à mouvement continu et produisant le brassage mécanique dans les fours métallurgiques tels que ceux à puddlage ordinaire, ou de système Martin, Siemens, Ponsard, etc.

Cette disposition de brassage mécanique a pour but de remplacer le brassage à la main, et de suppléer à l'emploi des procédés de brassage mécanique d'une installation trop coûteuse.

La sole est oscillante par son point de centre sur un appui fixe au moyen d'une rotule qui lui permet d'osciller dans tous les sens.

Le mouvement est tel que la sole décrit autour du centre de la rotule une zone sphérique. Il est donc nécessaire que la partie fixe du four soit elle-même une zone sphérique concentrique. La sole oscillante remplace la sole ordinaire des fours à puddler, fours Martin, etc.; il faut donc que ces fours soient évidés de telle façon que le chariot porte-sole puisse s'avancer dans l'intérieur jusqu'à ce que la sole soit dans l'axe. Par ce système, on produit une oxydation rapide et souvent répétée de la légère couche de métal adhérant aux parties émergentes de la sole. De plus, le reploiement du courant ou flux métallique, produit par le mouvement oscillant, a pour effet de ramener successivement dans le bain les oxydes ou scories riches flottant à la surface, et de produire ainsi la réaction épurante et décarburante. Cette sole s'applique à tous les fours à puddler, chauffés à la houille ou au gaz, d'après les procédés Siemens, Ponsard, Lencauchez, etc., à air libre ou à vent forcé. Elle permet de traiter des charges bien supérieures à celle des fours à puddler et des fours Martin ordinaires, et pendant un temps bien moindre.

N° 103,387. — Grant. — 8 mai 1874.

Perfectionnements dans les fourneaux applicables à la réduction des minerais de fer préalablement à leur transformation en fer.

Ces perfectionnements comprennent :

1° Un système de direction des produits chauds de la combustion, directement d'un four à puddler, ou autre, dans une chambre du four réducteur.

2° Une manière de conduire une partie des produits de la combustion, s'échappant d'un four à puddler, ou autre, sous des cornues placées aux côtés opposés d'ouvertures de décharges, disposées à cet effet, et dans un carneau annulaire situé à l'extérieur de ces cornues.

3° Une manière d'augmenter les espaces de tirage au sommet des carneaux, entre les cornues, sans, en aucune façon, affaiblir les cornues par cette augmentation de tirage.

N° 103,406. — Crampton. — 12 mai 1874.

Perfectionnements dans la fabrication du fer et de l'acier et dans la construction et le revêtement des fours rotatifs, ainsi que dans les appareils qui s'y rattachent.

Cette invention comprend :

1° La construction et l'emploi de fours ayant une seule chambre tournante, chauffée par l'injection de combustible et d'air, et servant comme chambre de production de gaz, comme chambre de combustion et aussi comme chambre de travail et d'utilisation.

2° La méthode de conduire l'opération de réchauffage du fer ou de l'acier pour le préparer à être laminé, forgé ou autrement travaillé, en employant un four ayant une chambre de travail qui est stationnaire pendant la période du réchauffage, mais qui peut être mise en rotation, et en garnissant cette chambre avec de l'oxyde de fer, puis en la faisant tourner partiellement entre les chaudes successives, de manière à permettre les réparations de la garniture ;

3° La construction et l'emploi de fours avec une chambre tournante de production de gaz et de combustion, chambre combinée avec une chaudière à vapeur ou autre appareil dans lequel la chaleur est utilisée, le combustible et l'air étant injectés dans la chambre rotative de combustion à une extrémité, et les produits sortant de la chambre à la même extrémité et passant dans le oyer de la chaudière ou autre appareil où la chaleur doit être utilisée ;

4° La disposition pour alimenter un certain nombre de fours avec de l'air et du combustible pulvérisé, provenant d'une source commune ;

5° La combinaison, avec la chambre tournante d'un four, d'un cercle de garniture séparé et creux, fixé à la chambre et tournant avec elle, ledit cercle ayant de l'eau qui y circule intérieurement.

6° La construction et l'emploi des fours, ayant des chambres tournantes et des rampants munis de cercles de garnitures ;

7° Les moyens de purger l'air des enveloppes à eau des chambres tournantes de fours, à l'aide d'un tuyau d'échappement radial tournant ;

8° La combinaison d'une chambre de four tournante, avec plusieurs tuyaux, à travers lesquels l'air et le combustible sont injectés dans cette chambre, de telle manière que cet air et ce combustible, en entrant dans la chambre rotative, sont forcés de passer à travers le carneau par lequel les produits de la combustion s'échappent de la chambre rotative.

CERTIFICAT D'ADDITION, en date du 21 avril 1875.

Cette addition comprend :

1° La construction et l'emploi de cercles composés de petites pièces de métal ;

2° La construction des enveloppes des fours rotatifs, de telle manière qu'au moyen de plusieurs tuyaux et d'un robinet muni de passages, tout l'air accumulé dans l'enveloppe puisse s'échapper;

3° L'emploi de chambres à combustion rotatives, ayant des enveloppes par circulation d'eau et un revêtement intérieur ou garniture de scorie produite dans la chambre même, ladite garniture se renouvelant automatiquement et étant maintenue au moyen de projections;

4° L'emploi de l'appareil pour régler l'alimentation du combustible en poudre.

N° 103,411. — Gelas. — 11 mai 1874.

Système de four oscillant servant au puddlage du fer
ou à la fabrication de l'acier.

Le point caractéristique de cette invention réside dans le mouvement particulier d'oscillation ou de balancement imprimé au four afin d'obtenir, par ce système, du fer ou de l'acier. Il se produit sur le bain un mouvement de flux et de reflux; la sole se trouve tantôt à couvert et tantôt à découvert; l'oxydation se produit par le contact de la flamme, et la réaction de l'affinage se produit par le retour du bain.

Ces fours peuvent être chauffés soit par une grille au tirage ordinaire ou à vent forcé, soit par des gazogènes.

N° 103,479. — Espinasse. — 2 juin 1874.

Emploi, aux fours de fusion et d'affinage de tous métaux et aux
fours de grillage des minerais, d'un appareil mécanique de
brassage.

Cet appareil a pour objet :

1° Aux fours de fusion, d'activer l'opération en ramenant au contact de la flamme les couches inférieures des bains et de rendre homogène toute la masse traitée ;

2° Aux fours à puddler, d'activer la décarburation de la fonte, en ramenant à l'action de la flamme les parties inférieures du bain.

Dans le cas de fours d'affinage ou de fours de grillage de minerais, l'appareil fonctionne de même et dans le même sens.

Toutes les opérations nouvelles de brassage et même de division des boules, dans le cas des fours à puddler, sont remplacées par le mouvement d'un outil mû mécaniquement. Dans le cas d'application à tous les autres fours susmentionnés, l'appareil est identiquement le même, l'arbre porte-outil restant normal à la sole.

Le fonctionnement de l'appareil est très-simple. L'arbre porte-outil, d'abord suspendu au-dessus de la voûte, est, au moment voulu, descendu dans le bain; l'engrènement des pignons se fait aussitôt, et le mouvement de rotation imprimé à l'arbre communique au bain, par l'effet des palettes, un mouvement ascensionnel à peu près dans le sens du rayon, et un brassage très-énergique en résulte.

Parmi les avantages de cet appareil, les principaux sont les suivants :

1° Le travail manuel de l'ouvrier, un des plus pénibles connus dans le puddlage, est réduit à la surveillance du four et à l'entretien du feu ;

2° Très-peu de frais d'installation, l'appareil se trouvant réduit à deux ou trois organes très-simples, et pouvant être appliqué à tous les fours, sans modification de ces derniers.

N° 103,571. — Burgess. — 4 mai 1874.

Perfectionnements dans la fabrication du fer et de l'acier.

Ces perfectionnements comprennent :

1° Le procédé pour la fabrication de la fonte de fer finée ou affinée en partie, en soumettant le métal à une chaleur élevée, à part du combustible, dans un fourneau couvert, jusqu'au moment où la masse se gonfle et laisse apparaître des jets de flamme bleue ;

2° La fabrication de l'acier, directement de la fonte de fer, en un fourneau à puddler, en maintenant le fourneau et la masse bouillante à une chaleur suffisante au moment où le métal commence à bouillir, de sorte que l'achèvement du bouillonnement et le retrait de la balle puissent s'effectuer sans ajouter de combustible. On fait en sorte qu'il y ait aussi peu de flammes que possible dans le fourneau, au moment où le métal arrive à l'ébullition complète, et on ferme le registre quand l'ébullition est atteinte ;

3° Une fonte de fer composée, produite par le mélange de fonte de fer finée ou partiellement affinée avec de la fonte de fer grise douce ;

4° Le procédé de finage ou affinage partiel de la fonte de fer, comme un pas dans la fabrication des fontes de fer malléables.

N° 103,999. — Barbe et Lencauchez. — 30 juin 1874.

Perfectionnements au système de fours métallurgiques
dits à sole tournante.

Ces perfectionnements, s'appliquant spécialement au four Maudslay, comprennent :

1° La fermeture de la chambre qui renferme le mécanisme et le chariot ;

2° Un système de réfrigération de l'appareil ;

3° Une disposition spéciale d'armatures ;

Les dispositions spéciales que les inventeurs ont appliquées à ces fours sont : 1° leurs gazogènes distillateurs ; 2° leurs laveurs condenseurs du gaz ; 3° leurs brûleurs à chalumeaux ; 4° leurs calorifères récupérateurs ; 5° leurs chariots de coulée.

Un des perfectionnements les plus importants apportés au système du four tournant Maudslay, est l'emploi des pluies réfrigérantes qui sont appliquées non-seulement à la cuvette, mais à toutes les autres pièces de l'appareil qui doivent être refroidies. Ces pluies sont de beaucoup préférables aux pièces à courant d'eau, dont la rupture peut produire des explosions terribles ; elles refroidissent aussi plus énergiquement que les pièces à courant d'eau, et évitent les accumulations d'eau dans des appareils renfermant des produits en fusion, et dans lesquels des crevasses ou des fissures peuvent se produire accidentellement.

CERTIFICAT D'ADDITION, en date du 16 octobre 1874.

Les inventeurs ont ajouté au système de four, décrit dans le brevet principal, diverses dispositions relatives à la coulée des laitiers et du métal, qui le complètent, en améliorent le fonctionnement et en facilitent l'emploi.

N° 104,062. — Stone. — 26 juin 1874.

Perfectionnements dans la fabrication du fer et dans les fours
et appareils qui s'y rapportent.

L'inventeur emploie deux fours et un four d'affinerie. Chaque four a une grille et est construit soit avec une, soit avec deux chambres. Dans un four, qui peut être à vent forcé, on fond le fer qui va alors au feu d'affinerie et on l'affine avec un courant d'air comprimé, de vapeur, de gaz de coke ou de charbon de bois ou de tout autre combustible. Quand le fer est affiné, on le place dans le four à puddler ou on le travaille de la manière ordinaire. Les fours et les feux d'affinerie sont différents de ceux dont on fait usage ordinairement; ils sont beaucoup plus petits et disposés avec une grille et deux chambres, ce qui leur permet de produire une plus grande quantité de fer que les fours de construction ordinaire.

Par la construction et la combinaison de ces fours et d'affineurs perfectionnés, on peut travailler deux charges de fer dans les fours à une seule grille et une seule chambre, et quatre charges dans ceux à une seule grille et à deux chambres en même temps, ce qui permet de réaliser une grande économie de combustible et de main-d'œuvre; le travail de ces fours, étant continu, évite les pertes de chaleur par les refroidissements qui ont lieu entre les opérations successives suivies jusqu'ici.

N° 104,091. — Smith. — 29 juin 1874.

Perfectionnements dans le traitement des métaux en les soumettant à l'action de gaz produits par a combustion de gaz chargés de carbone, et dans les appareils propres à ce traitement.

Ce brevet a pour objet le traitement des métaux et particulièrement du fer, soumis, pendant qu'ils sont chauffés dans des vaisseaux, des creusets ou des cornues convenables, à l'action des produits obtenus par l'ignition de gaz chargés de carbone, tels que les gaz hydrocarburés, dont la combustion est effectuée dans des chambres, tubes, dits brûleurs, dans lesquels on introduit une quantité suffisante d'air atmosphérique pour brûler les gaz hydrocarburés, tandis que les produits de la combustion sont conduits par des ouvertures convenables faites dans les vaisseaux, et forcés d'agir sur le métal qui y est contenu et qui est, par suite, carburé et complétement purifié, la carburation s'effectuant d'une manière plus rapide et plus économique qu'on ne l'a fait jusqu'à ce jour.

N° 104,152. — Mennessier. — 7 juillet 1874.

Four à sole oscillante pour le puddlage du fer, de l'acier, la production de l'acier Martin, et, en général, pour toutes les opérations métallurgiques nécessitant un brassage à haute température.

Ce four est un cylindre creux dont l'enveloppe est formée, partie par une paroi métallique, fonte ou tôle, partie par une voûte en briques réfractaires. Cette voûte est percée d'une ou plusieurs portes suivant la longueur et les dimensions du four et selon l'amplitude de l'oscillation qu'on veut lui imprimer. Le mouvement d'oscillation est donné au four par deux bielles agissant sur deux axes placés vers ses extrémités. Cette oscillation est de 90 degrés, mais son amplitude peut être augmentée jusqu'à près de 180 degrés.

L'invention comprend essentiellement la substitution d'un mouvement d'oscillation à un mouvement de rotation, et la disposition, à la partie supérieure du cylindre oscillant, d'une ou de plusieurs portes par lesquelles se font facilement la division de la loupe obtenue et l'extraction des divers fragments qui en résultent.

Si l'on veut obtenir de l'acier Martin, quelques mouvements d'oscillation imprimés de temps en temps à l'appareil suffisent pour mélanger les matières et renouveler les surfaces, de façon que la température de toutes les parties du bain reste la même.

Si l'on puddle pour fer ou pour acier, le mouvement d'oscillation lent et continu produit un brassage assez énergique pour amener la décarburation.

Nᵒ 104,420. — Siemens. — 1ᵉʳ août 1874.

Squeezer hydraulique ou machine à cingler les loupes.

Cette invention a pour objet d'effectuer le cinglage de telle sorte, que le laitier ait le temps et la facilité d'être expulsé dans toutes les directions, tandis qu'une pression constante, appliquée simultanément et progressivement dans plusieurs directions, soude ensemble plus complétement les particules de métal. Dans ce but, on dispose, autour d'un centre commun, un certain nombre, quatre, par exemple, de presses hydrauliques dont les axes rayonnent dans un plan horizontal, leur action se concentrant vers l'axe où est placée la balle puddlée, sur un plateau susceptible de rotation. Ces presses sont actionnées simultanément, et compriment la balle, ou bien reviennent en arrière en même temps. On fait alors décrire au plateau horizontal un léger mouvement de rotation, de façon à présenter de nouvelles portions de la circonférence de la balle pour recevoir la pression, et cette action est répétée plusieurs fois, de façon à effectuer la compression latérale de la balle dans toutes les directions. Il est cependant nécessaire également que la masse soit comprimée dans la direction verticale, et, dans

ce but, un cylindre hydraulique est placé verticalement au-dessus
du centre du plateau tournant, de façon à agir sur la balle en descendant, en même temps que la pression latérale est appliquée.

La disposition adoptée permet d'agir, pour ainsi dire, directement et instantanément, mais progressivement, sur les cinq pistons
hydrauliques.

Cet appareil est éminemment propre au cinglage des loupes
obtenues par le procédé de traitement direct des minerais de fer
(procédé de M. Siemens), comme aussi des loupes obtenues par
le puddlage de la fonte soit dans les fours fixes, soit dans les
fours tournants ; il permet de superposer et de souder ensemble
avec la plus grande facilité plusieurs loupes, de façon à obtenir un
bloom de fortes dimensions. Agissant par une compression lente
et graduée, que l'on peut régler aisément, il permet, si l'on y
cingle des loupes obtenues par le procédé direct, de les comprimer simplement de façon à expulser le laitier, et à les consolider
grossièrement, après quoi on les passe au four à réchauffer de
façon à les amener à la température du blanc soudant, puis au laminoir.

Grâce à cet appareil compresseur on pourra, après avoir puddlé
à une basse température, température insuffisante pour le soudage,
comprimer grossièrement la loupe de façon à en expulser la majeure partie de la scorie et à rapprocher les particules métalliques,
puis porter le bloom obtenu au blanc soudant dans un four à réchauffer et le cingler ensuite soit au marteau, soit au laminoir ; on
obtiendra ainsi une élimination plus complète du phosphore et,
par suite, une qualité supérieure du produit.

N° 104,735. — Jacqmart. — 7 septembre 1874.

Système de grilles à bascule pour fours à puddler et à réchauffer
le fer.

Ce système consiste à placer un second jeu de grilles qu'on fait
basculer complétement d'un bout à l'autre et de côté. Il y a ainsi
toujours une de ces grilles en place pour le travail du four, et
lorsque celle-ci, par exemple, a besoin d'être nettoyée, on l'abaisse
en relevant le contrepoids ; ensuite, en faisant basculer la grille,
complétement nettoyée et refroidie, on lui fait prendre la place de
l'autre. Ainsi, pendant que l'une des grilles fonctionne, l'autre,

qui est abaissée, se refroidit et les crasses, dont elle est chargée, tombent. En résumé, le travail est beaucoup moins pénible pour les ouvriers, et il y a économie de matériel et de combustible.

N° 105,081. — Warner. — 23 septembre 1874.

Perfectionnements dans la fabrication du fer et dans les appareils employés à cette fabrication.

Les points caractéristiques sont les suivants :

1° Le procédé de purification du fer par l'emploi des agents que voici : 20 kilogr. de cendres de soude et 20 kilogr. de carbonate de chaux pour chaque 1 p. 100 de silicium sur 1,000 kilogr. de fer ;

2° L'emploi de mélange formé des matières fusibles et non fusibles, de telle manière que ces dernières soient rendues actives par la présence des premières ;

3° L'emploi de récepteurs dans le but de contenir des couches, relativement épaisses, d'agents purificateurs, et de recevoir par-dessus ces couches la charge du métal en fusion, à l'effet d'effectuer sa purification, lesdits récipients étant plus larges du fond que par le sommet.

N° 105,185. — Bouniard. — 24 octobre 1874.

Four à transformer la fonte en fer ou en acier, par injection d'air et brassage mécanique, avec partie mobile oscillante pour la coulée des pièces.

Cette invention a pour but et pour moyens :

1° De fondre la fonte sur la sole même du four, ce qui simplifie et diminue les frais d'installation ;

2° D'activer l'affinage de la fonte par l'injection de l'air dans le bain, comme dans le Bessemer, et par le mouvement de brassage d'un injecteur de forme hélicoïdale ;

3° La facilité de faire des additions de fer et, pour la fin de l'opération, d'employer le mode de dosage comme dans le procédé Martin ;

4° La mobilité oscillante de la partie du four correspondante à la sole, qui permet de verser le métal à volonté et en quantité déterminée, sans avoir à percer de trou de coulée.

5° La suppression des causes d'arrêt, comme dans les fours ordinaires, pour les réparations, la partie mobile du four pouvant s changer facilement, même en marche, et être remplacée par un autre partie mobile de rechange, qu'on aura eu soin de répare à l'avance et de chauffer dans un four analogue au four de fusio

N° 105,234. — Henderson. — 8 octobre 1874.

Perfectionnements dans la fabrication du fer et de l'acier et dans les fours employés à cet effet.

Ces perfectionnements comprennent :

1° L'usage d'une sole ou fond mobile appliqué aux fours à réver bère, dans lesquels on se sert de hautes températures pour pro duire de l'acier et du fer malléable ;

2° Les moyens de régler la quantité d'air atmosphérique néces saire à la transformation du combustible employé dans les fours réverbère et à gaz, destinés à produire de l'acier, en oxyde d carbone, et à la transformation de ce dernier en acide carbonique

3° Le mode de fabrication de l'acier et du fer malléable avec fonte dans un four à réverbère, dans lequel la première partie d procédé est conduite à une plus haute température que l'autre ;

4° Le mode de fabrication de l'acier fondu et du fer malléabl homogène dans deux fours à réverbère, munis chacun d'une sol mobile, et dans l'un desquels le métal est soumis à une plus haut température que dans l'autre ;

5° L'arrangement général et la construction de différents fours réverbère ;

6° Le moyen de donner au fer la propriété aciéreuse.

N° 105,706. — Stanley. — 14 novembre 1874.

Perfectionnements dans la construction et dans les arrangement de fourneaux pour puddler à la machine, réduire, calciner e griller.

Ces perfectionnements comprennent:

1° La méthode de la suspension des fourneaux sur des tourillon évidés à l'intérieur, de manière que lesdits fourneaux puissen recevoir un mouvement de balancement ou oscillatoire ;

2° La méthode de faire passer le combustible pulvérisé, les gaz ou la chaleur nécessaire dans lesdits fourneaux, et l'arrangement pour l'échappement des produits de la combustion ou de la chaleur perdue à travers des tourillons évidés à l'intérieur;

3° La méthode d'introduire des matières dans ledit fourneau et d'en retirer le contenu par la couronne du fourneau.

N° 107,079. — Schofield. — 27 février 1875.

Perfectionnements dans les fourneaux et les appareils qui y sont reliés.

Les caractères distinctifs de cette invention sont les suivants:

1° L'application et l'emploi, en combinaison avec un four à sole rotative annulaire, d'un appareil construit et disposé pour actionner les agitateurs, les abaisser pour leur permettre d'agir sur les matières placées sur la sole, et les relever pour faciliter leur changement;

2° La construction de fours à soles annulaires tournantes, avec espaces ménagés entre les bords supérieurs des côtés annulaires de la sole et de la voûte, et l'adaptation de plaques ou déflecteurs disposés, par rapport à la sole et aux ouvertures formées dans les côtés du four, de manière à constituer des cloisons contre lesquelles les matériaux, par suite de la rotation de la sole, viennent s'accumuler sur les côtés de celle-ci pour permettre leur enlèvement;

3° L'application et l'emploi, en combinaison avec un fourneau à sole annulaire tournante, de plaques ou déflecteurs disposés parallèlement, mais suivant de certains angles relativement à la direction de la sole annulaire, de manière à changer, à chaque rotation de la sole, la position des fragments de minerai en traitement, et non-seulement à les retourner, mais à mouvoir le contenu entier de la sole le plus près possible du côté opposé à celui de l'alimentation, et, finalement, à rejeter hors du four les matières convenablement traitées;

4° L'adaptation et l'emploi, en combinaison avec un four à sole annulaire rotative, d'une chambre dans laquelle de l'eau circule en contact avec les parois extérieures de la sole annulaire rotative de manière à l'empêcher d'être détériorée par une chaleur excessive.

N° 107,276. — Lyttle. — 15 mars 1875.

Perfectionnements dans la production et la fabrication du fer, de l'acier et autres métaux.

Ces perfectionnements comprennent :

1° La méthode pour la fusion des métaux de leurs minerais, en agglomérant les minerais avec des fondants convenables et des matières carburantes pour en former des briques, dont on charge une coupole, où elles sont soumises à la chaleur nécessaire à leur fusion ;

2° Le fourneau de fusion, consistant en une coupole centrale, chargée avec le composé du minerai, et en des chambres latérales pour le combustible, dans lesquelles la combustion est effectuée sans aucun mélange avec les matières en traitement ;

3° Le mode de réduire les oxydes métalliques sans fondre le métal, en exposant les briques, composées de minerai et de matières agglutinantes, à l'action de l'oxyde de carbone chaud, ou en refroidissant ces briques avant leur exposition à l'atmosphère ;

4° Le fourneau réducteur consistant en une chambre réductrice, avec chambres latérales de combustible pour la production des gaz réducteurs ;

5° Le mode pour séparer le métal réduit à l'état spongieux ou pulvérulent des matières terreuses, des fragments, en pulvérisant le produit du fourneau réducteur et en le tamisant ou le vannant ;

6° Le mode pour produire l'acier, directement, du minerai ou du fer spongieux ou pulvérulent, en exposant le composé de minerai de fer et de la matière carburante à la cémentation dans le four réducteur, composant le produit avec des fondants et le nettant en fusion ;

7° L'appareil d'aération pour affiner le métal fondu, en faisant presser sur lui, et bouillonner à travers, un courant d'air, de manière à créer un courant de métal par la bouche aératrice.

N° 107,551. — Velge. — 7 avril 1875.

Procédé d'enlèvement du phosphore aux minerais de fer et aux scories d'affinage.

Si, au minerai de fer phosphoreux ou aux scories provenant de la fabrication du fer, on mélange intimement une quantité déterminée de base ou de sels alcalins, variable avec la teneur en phosphore, et qu'on porte le mélange au rouge, il se forme un phosphate soluble dans l'eau ou dans l'eau légèrement acidulée. Quand la réaction sera terminée, on pourra donc, au moyen de lavages, séparer le phosphore du fer, ce dernier restant insoluble. Parmi les composés alcalins, celui que son bon marché désigne naturellement, est le chlorure de sodium.

Nº 107,675. — Schneider et Cⁱᵉ. — 19 avril 1875.

Perfectionnements aux fours à puddler rotatifs.

Cette invention a pour objet des perfectionnements dans la construction des fours à puddler rotatifs, consistant dans l'application d'une double paroi avec circulation d'eau, en tant qu'il s'agit de fours ouverts à leurs deux extrémités.

Cette circulation d'eau atteint deux buts :

1º Elle rafraîchit la garniture intérieure du four et en assure la conservation, à la manière des courants d'eau ou d'air usités dans les fours à puddler ordinaires ;

2º Elle maintient froide l'enveloppe tournante, prévenant ainsi les déformations dues aux dilatations, en sorte que le tambour renfermant le laboratoire de puddlage, devient indéformable, et peut faire partie d'un ensemble mécanique d'un fonctionnement assuré.

Les inventeurs revendiquent, d'une façon générale, la partie à courant d'eau, tant dans la longueur du tambour tournant que dans ses extrémités, quelles que soient d'ailleurs les formes et sections du four, sauf le cas où celui-ci étant ouvert à une extrémité seulement, on peut adapter au fond opposé un tourillon par lequel on fait entrer et sortir l'eau de circulation.

Nº 107,826. — Armanet, Frèrejean, Roux et Cⁱᵉ. — 24 avril 1875.

Procédé de transformation en fer au bois des déchets d'acier de toute nature, et spécialement des bouts de rails et des rognures de tôle d'acier.

Cette invention comprend l'application nouvelle du procédé d'affinage au bas foyer et au charbon de bois, à la transformation en fer des déchets d'acier, et notamment des bouts de rails et rognures de tôle, aciers Bessemer et Martin, seuls ou avec addition de rognures de tôle et ferrailles.

Ce procédé de transformation, analogue au procédé d'affinage de la fonte au feu comtois, en diffère par plusieurs points importants.

Ainsi, la période de fusion est complétement supprimée et elle est remplacée par une opération beaucoup plus courte, qui est celle de la décarburation de l'acier ou de décémentation, qui se fait, non pas uniquement à cause de la température, mais surtout grâce à la présence des scories riches, appelées sornes, provenant d'opérations précédentes. Notons qu'il vaut mieux employer des sornes produites aux feux comtois marchant en fontes fines. Ces scories sont des silicates renfermant du protoxyde et du sesquioxyde de fer, éléments par lesquels elles agissent pour décarburer et pour épurer en même temps. L'oxyde de fer, en se réduisant, forme d'abord la silice, puis le silicate de fer. Les scories peuvent céder un peu de leur fer, mais ce n'est qu'une faible partie de leur rôle, qui consiste surtout à enlever du silicium. Les impuretés, telles que le soufre et le phosphore, sont éliminées par la présence du manganèse, qui maintient la scorie basique à l'état de sulfates et de phosphates.

N° 107,903. — Stone. — 1er mai 1875.

Perfectionnements dans les fourneaux et appareils employés dans la fabrication et le coulage du fer et de l'acier et autres métaux.

On a éprouvé jusqu'ici beaucoup de difficultés et de grands inconvénients pour transporter le métal fondu des hauts-fourneaux, fours à coupoles ou autres fours de fusion, aux fours à affiner, à puddler et autres, pour le traitement subséquent, ainsi que pour couler des grandes quantités de métal fondu dans des moules, etc.

Les perfectionnements qui font l'objet de ce brevet, se rapportent à la construction et à la disposition de fours ou appareils employés dans la fabrication des métaux, montés sur des roues et rendus par cela même portatifs ou locomobiles, le but de ces fours étant de maintenir le métal à l'état de fusion pendant qu'on le transporte d'un haut-fourneau ou d'un four à un autre four, sans perte de chaleur.

N° 107,978. — Smyth et Simpson. — 7 mai 1875.

Perfectionnements dans la production et la fabrication du fer et de l'acier et dans les appareils et procédés employés.

Cette invention a pour objet :

1° Des perfectionnements dans la fonte des métaux, l'épuration et l'affinage du fer. La conversion de ce fer a lieu dans un haut-fourneau où le minerai de fer ou les lingots de fer sont reçus pour être épurés et affinés ;

2° De convertir le métal en fer façonné ou acier doux et de fondre en lingots ou fonte coulée ;

3° De convertir le métal en acier dur ou tendre par un procédé direct, au moyen du haut-fourneau. Cet appareil peut être employé également pour la fonte et l'affinage d'autres métaux auxquels ces procédés sont applicables ;

4° Des perfectionnements dans les fours à puddler, à réchauffer et à recuire, que les inventeurs appellent fours ou fourneaux à cornues, ainsi que dans la manipulation du fer ou acier à l'aide d'un combustible gazeux ;

5° Enfin un appareil consistant en un creuset tournant, receveur du métal.

N° 108,301. — Rogers. — 3 juin 1875.

Perfectionnements dans la fabrication du fer et dans les fours employés à cet usage.

Cette invention est relative à des perfectionnements dans la fusion des minerais métalliques et dans la fabrication du fer, dans les fours employés à cet usage, et dans la génération de la chaleur dans les chambres de travail desdits fours ; elle consiste :

1° Dans le procédé de fusion du minerai de fer, à développer la chaleur dans la chambre de fusion d'un four par l'union de l'air atmosphérique, ou ses équivalents chimiques, avec une matière gazeuse inflammable, en opposition avec la matière solide, produisant, par ce moyen, sur le fer, une action et un effet analogues à ceux que produit la tuyère composée ;

2° Dans le procédé de puddlage et de chauffage du fer, à développer la chaleur dans la chambre de travail d'un four par l'union de l'air atmosphérique, ou ses équivalents chimiques, avec une

matière gazeuse inflammable, par contraste avec la matière solide
par ce moyen est produite sur le fer, dans le cours du puddlage
du chauffage, lors de sa fabrication en loupes ou autres forme
commerciales, une action analogue à celle de la tuyère composée

3° Dans la construction particulière des fours et dans la généra
tion de la chaleur dans les chambres de travail de ces derniers.

N° 109,550. — Espinasse. — 20 septembre 1875.

Emploi, aux fours à puddler, à réchauffer et souder, du ve
forcé, réchauffé à son passage dans les conduits ou carneau
préalablement chauffés, soit que ces conduits aient été ménagé
dans le four qui doit employer le vent, soit qu'ils en soie
indépendants.

Le principe consiste à diriger un ou plusieurs jets de vent, sou
pression, dans des conduits faisant de nombreux circuits et abou
tissant dans l'espace de la grille. Le vent s'échauffe dans son pa
cours au contact des parois des conduits et arrive à la grille à un
température élevée, très-favorable à la combustion. De là, un
plus haute température dans le foyer et une économie notable d
combustible.

En résumé, ce que revendique l'inventeur est l'emploi du ven
forcé, réchauffé à son passage dans des conduits préalableme
chauffés, soit que ces conduits appartiennent aux fours eux-même
soit qu'ils en soient indépendants, dans le but d'avantager l
chauffage.

N° 110,283. — Middleton. — 12 novembre 1875.

Perfectionnements dans les moyens ou appareils employés pour l
fusion, l'affinage, la conversion et le puddlage du fer.

Ce brevet concerne une disposition de four à fondre, affiner, o
transformer, qui, combinée avec un four à puddler, donne un
grande économie de temps et de combustible, tout en améliora
la qualité du fer. En résumé, cette invention comprend : 1° l'ap
plication d'un four ou cornue servant à la fusion, à l'affinage et
la conversion des minerais, et placé entre le four à puddler et l
fourneau ; 2° la disposition et la combinaison des différentes pa
ties composant le four servant au chauffage, à la fusion, à l'af
nage ou à la conversion et au puddlage.

N° 111,250. — Savage. (Brevet anglais devant expirer le 24 janvier 1890). — 26 janvier 1876.

Perfectionnements dans les fourneaux métallurgiques.

Dans les fours d'un usage ordinaire pour fabriquer le fer forgé, l'atmosphère de la chambre de chauffe est habituellement maintenue à un état tel que l'oxydation du fer, pendant qu'on le chauffe, ne peut avoir lieu. Ceci est effectué en dirigeant une grande quantité de carbone dans la chambre de combustion, lequel carbone doit nécessairement être brûlé dans une proportion limitée d'air, d'où il résulte une perte considérable de combustible.

L'inventeur obvie à ces inconvénients par un ensemble de dispositions permettant de ralentir la combustion dans la chambre, en réglant convenablement l'admission de l'air dans les conduits. Il alimente ainsi cette chambre de gaz de réduction au degré de chaleur voulu pour opérer la fusion du métal, sans produire cependant une combustion complète dans la chambre.

De plus, il empêche la perte de combustible par l'addition aux gaz de réduction, après qu'ils ont quitté la chambre de fusion, d'une nouvelle dose d'oxygène, afin de produire une combustion complète et d'utiliser la chaleur, ainsi produite, pour chauffer les gaz de réduction à la température voulue, avant leur entrée dans la chambre de fusion.

N° 111,600. — Haythorne. (Brevet anglais devant expirer le 28 août 1889). — 21 février 1876.

Perfectionnements dans la purification et l'amélioration de la qualité du fer dans le procédé du puddlage.

L'inventeur produit dans le four à puddler une qualité supérieure de fer par l'emploi d'un composé qu'il jette dans le four quand le métal est fondu et avant « qu'il prenne nature »; par ce moyen les impuretés sont éliminées et la qualité du fer est améliorée. Le fer obtenu n'est pas cassant à chaud et est plus malléable.

Le composé qui réussit le mieux consiste en :

Peroxyde de manganèse.	283 à 340 gr
Oxyde d'étain, de zinc, ou litharge.	283 à 340
Salpêtre, chaux vive ou sel de potasse, de soude ou d'ammoniaque	113 à 170
Argile calcinée ou poussière de briques	56

La charge employée, dans le four à puddler, se compose de 204 kilogr. de fonte de fer, et le poids du compose, exigé pour la fabrication d'une tonne de fer, est d'environ 4 kilogr. 530 grammes. Au moment de l'introduction du composé, la masse en fusion doit être énergiquement remuée pendant 5 minutes au moins; le registre doit être tenu fermé quand on jette le composé dans le four.

L'inventeur emploie la litharge pour faire les tôles, l'oxyde d'étain pour les rails, et l'oxyde de zinc pour les clous et autres petits articles. Il divise la quantité destinée à chaque chaude en deux parties, et les jette dans le four justement avant que le feu ne prenne nature, à un intervalle qui ne dépasse pas 2 minutes.

Nº 111,772. — Marland. — 18 mars 1876.

Application aux fours à puddler du mouvement rectiligne alter
natif à secousse, avec arrêt brusque.

La nouvelle disposition consiste dans une double sole, supportée par des galets à rainures, sur lesquels glissent, ensemble, le laboratoire du four à puddler et les courants d'eau, obéissant à un mouvement de va-et-vient, à arrêt brusque, donné par un moteur quelconque, de manière à produire des soulèvements du métal fondu, déplaçant les molécules, les mélangeant avec les oxydes métalliques servant de réactifs, et les mettant souvent en contact avec la flamme, pour précipiter la décarburation.

Ce travail mécanique, énergique et régulier, améliore le travail du puddlage; il empêche les molécules de fer, déjà réduites, de s'attacher à la sole, comme cela arrive souvent dans le travail ordinaire. Enfin, la rentrée de l'air nuisible par le joint ou jeu entre le four fixe et le four mobile n'est plus à craindre, puisque dans la bâche d'eau ou de sable mouillé plonge un cadre en fer qui doit intercepter complétement toute rentrée d'air.

Nº 111,773. — Marland. — 18 mars 1876.

Application aux fours à puddler du mouvement circulaire
alternatif.

Le procédé consiste à se servir de traverses armées, animées d'un mouvement circulaire alternatif, pour brasser les métaux fondus, les affiner et faire les boules mécaniquement, sans le secours d'aucun ouvrier. Ces traverses sont armées de râbles, cro chets, hélices, charrues, ailettes et moulinets, et sont appliquées à tous les fours à puddler à mouvements mécaniques, soit circulaire alternatif, soit circulaire continu, soit rectiligne alternatif. L'appareil s'applique également aux malaxeurs, pour opérer la transformation ou réduction des matières fondues en fer ou en acier.

N° 112,082. — Berneau et Sommer. — 27 mars 1876.

Système de foyer s'appliquant particulièrement aux fours à puddler, chauffer, réchauffer, recuire, ainsi qu'aux chaudières à vapeur.

Ce système a ceci de particulier que le mode d'utilisation du combustible peut être comparé, en quelque sorte, à une cornue à gaz à chauffage intérieur, avec la différence seulement que la combustion des gaz se fait instantanément et rationnellement sur le lieu même de leur production. Le point caractéristique et essentiel du système consiste dans la combinaison d'une grille, placée au bas d'un foyer, avec une paroi inclinée, de telle manière que le combustible, en se chargeant par un orifice large, puisse s'y masser de lui-même en une couche régulière d'environ 4 pouces d'épaisseur. En outre, la disposition précédente est combinée avec un autel *élevé,* à l'effet d'obtenir une chambre de combustion spacieuse, de sorte que le charbon, reposant sur la paroi inclinée, se distille et arrive à chaleur intense, tant par l'effet du feu sur la petite grille que par la chaleur réfléchie des murs de la voûte. La combustion directe et instantanée des gaz produits par cette distillation, à l'aide de l'oxygène de l'air passant à travers le combustible incandescent de la grille, donne des températures excessivement élevées. On fait pénétrer plus ou moins d'oxygène dans l'intérieur du four en diminuant ou en augmentant le nombre des barreaux de la grille.

L'économie de combustible, obtenue par ce système de chauffage, comparé à celui des foyers ordinaires, a été de 40 p. 100.

N° 112,340. — Vanderheym. — 6 avril 1876.

Emploi des alcalis et terres alcalines pour la production du fer doux.

La dureté du fer à grain, obtenu avec les fontes ordinaires, est due à la présence d'une quantité considérable de silicium. Par

l'emploi des carbonates alcalins, l'inventeur a obtenu, dans le four
à puddler, et avec les mêmes fontes, des fers beaucoup plus doux,
plus ductiles, plus malléables. Les effets des alcalis sont d'autant
plus sensibles que le fer à grain, le seul qui convienne au travail
à froid, ne peut s'obtenir qu'avec des fontes d'allure très-chaude,
d'autant plus chargées de silicium par ce fait, qu'elles proviennent d'un lit de fusion siliceux, et c'est toujours le cas des fontes
ordinaires.

L'alcali agit aussi dans le laitier sur l'oxyde de fer, et y déplace
une quantité équivalente de fer; il en résulte un rendement plus
élevé au four à puddler.

Parmi les avantages obtenus, il faut aussi compter celui d'éviter
le ballage qui multiplie les surfaces de soudure et rend plus nombreuses les chances d'avoir du fer fendu.

On a reconnu aussi que les terres alcalines améliorent la qualité
du fer; la chaux élimine plus complètement le soufre. Ces réactifs
rendent le fer plus facile à travailler à chaud et à froid. Mais la
chaux est impropre au soudage du fer, et l'inventeur introduit,
pour corriger ce défaut, l'alumine sous forme de terre argileuse.

Les matières alcalines employées doivent être jetées dans le four
à puddler quelque temps après la fusion de la fonte et un peu
avant le moment où le fer prend naissance.

N° 112,452. — Daelen. — 18 avril 1876.

Four à puddler, système Édouard Daelen.

Les parties caractéristiques sont les suivantes :

La sole est animée d'un mouvement oscillatoire. Le four se compose : de la partie fixe du four; de la sole oscillante avec son mécanisme; de l'appareil pour diviser les loupes.

On obtient, par le mouvement oscillatoire de la sole, sans manœuvre, une loupe cylindrique. La loupe formée est portée dans
une chambre en communication avec la sole, où elle est divisée
au moyen d'un ciseau et donne ainsi un produit propre à être fini
par les machines ordinaires des laminoirs.

La partie fixe du four se compose d'armatures et d'un revêtement intérieur en maçonnerie réfractaire. Le four comprend trois
chambres : le foyer, la sole, et une troisième chambre de laquelle
sortent deux conduits qui mènent les produits de la combustion
sous les chaudières. La sole consiste dans une cuve à double paroi

en tôle, munie d'une ouverture latérale pour l'évacuation de la scorie. A la cuve sont fixées deux pièces segmentaires posées sur des galets en fonte dont les axes sont maintenus au moyen de supports. Le revêtement de la sole consiste en scories ; il est fait de la manière ordinaire ou d'un mélange de minerai de fer et de battitures. Les autels, devant et derrière la sole, sont munis de tuyaux à rafraîchissement. Enfin, le four peut être chauffé à la manière ordinaire ou au gaz.

N° 112,460. — De Langlade. — 15 avril 1876.

Perfectionnements au puddlage du fer et de l'acier.

Depuis un certain nombre d'années l'attention s'est portée sur l'application des fours à gaz aux diverses opérations de la métallurgie. Ces fours, et notamment ceux de M. Siemens, ont déjà reçu la consécration de la pratique et sont employés couramment pour le réchauffage du fer et la fabrication de l'acier fondu. Mais, jusqu'à présent, les nombreuses tentatives faites pour les appliquer au puddlage du fer et de l'acier, en employant la houille et les combustibles analogues, n'avaient pas reçu de solution pratique. L'inventeur pense avoir résolu le problème par un nouveau mode de puddlage à la houille du fer et de l'acier, et qui consiste dans l'application de deux appareils spéciaux ayant pour but de purifier les gaz pendant leur trajet du gazogène au four, ces deux appareils étant d'ailleurs employés soit isolément, soit réunis, et les fours à puddler étant des fours à gaz de forme quelconque.

ADDITION en date du 18 décembre 1877.
Une condition essentielle pour la bonne marche du four est que le gaz y arrive avec une légère pression. On peut, si la disposition des gazogènes ne la donne pas naturellement, l'obtenir artificiellement en faisant passer les gaz de haut en bas dans un tuyau vertical dans lequel tombe une pluie d'eau : cet appareil est appelé le compresseur. Pourvu que le gaz de houille ou de combustible, donnant des gaz hydrocarburés, soit suffisamment lavé et refroidi au contact de l'eau, on pourra employer avantageusement ces gaz au puddlage du fer ou de l'acier dans les fours à régénérateurs ou récupérateurs, et l'encombrement par les sarrazins, qui rendait cette opération pratiquement impossible, n'existera qu'à un degré extrêmement faible, de telle sorte que le puddlage dans ces fours donnera, par cet artifice, des résultats excellents et continus.

Nº 11',435. — Clough et Ridealgh. — 22 juin 1876.

Perfectionnements aux fours à puddler.

Ce perfectionnement se rapporte à l'appareil de support. Celui-ci tourne sur une colonne montée sur le four, et il est mis en mouvement, dans la position désirée, afin d'effectuer le brassage et l'agitation du métal fondu. Le moteur employé est de ceux qui fonctionnent sans volant et qui n'ont pas de point mort.

Le mécanisme à puddler peut également recevoir son mouvement directement, sans l'intervention de tout mouvement rotatif.

Les tiges de suspension, servant à porter les ringards, sont à téléscope.

Nº 113,820. — Stein. — 18 juillet 1876.

Perfectionnements à la fabrication du fer et de l'acier.

Ce perfectionnement consiste dans l'application du cyanure d'ammonium pour éliminer le phosphore et le soufre de la fonte, du fer et de l'acier, et dans la méthode pour produire du cyanure d'ammonium dans les hauts-fourneaux, par l'emploi de minerais titanés ou d'un sel de potasse, en combinaison avec de la vapeur d'eau, de pétrole ou d'hydrogène carboné.

Nº 114,294. — Côte. — 29 août 1876.

Four à puddler à cuvette oscillante.

Ce four, d'une installation peu coûteuse, supprime le brassage de la matière en fusion et économise, par conséquent, les frais de main-d'œuvre.

La cuvette de ce four est composée d'une carcasse métallique montée par ses tourillons sur des paliers placés dans le bâtis du four. Elle peut osciller sur ses tourillons. Ce mouvement de va-et-vient est commandé par un excentrique dont là bielle est articulée à l'extrémité d'une manivelle placée à un des tourillons.

Dans l'intérieur de la cuvette, sont placés, de distance en distance, des chevilles servant d'étais à un doublage en terre réfractaire. C'est sur cet enduit qu'est placée la fonte qui est ainsi constamment agitée, et qui, une fois grumelée, est façonnée et prise en boule comme à l'ordinaire.

Cette disposition présente l'avantage de pouvoir s'adapter facilement aux fours ordinaires, déjà construits, par la simple application, à la place de la sole, de la cuvette oscillante.

N° 114,499. — Holley. — 9 septembre 1876.

Perfectionnements dans la construction des fourneaux métallurgiques et autres.

Le point caractéristique de ce perfectionnement réside dans la combinaison avec la voûte ou le mur du fourneau, de conduites pour l'eau, l'air ou d'autres agents réfrigérants, dans le but de soutenir, de consolider la voûte ou le mur. En réalité, la construction de ces conduites a un double but : consolider d'abord le mur, et le défendre ensuite contre la chaleur.

Ce résultat est atteint par une espèce de grillage, formé de tuyaux cintrés, réunis aux extrémités au moyen de colliers ; ces tuyaux contournent le foyer et tendent à soutenir la voûte en briques dont ils sont enveloppés.

N° 114,612. — Sellers. — 16 septembre 1876.

Procédé de raffinage et de compression ou condensation du fer ou de l'acier, et les moyens ou appareils qui s'y rapportent.

Ce procédé se compose des parties suivantes :

1° Le procédé de raffinage et de compression ou de condensation du fer, ou de compression de l'acier, en allongeant alternativement la masse par une compression latérale et en la condensant dans une chambre au moyen d'une compression longitudinale, la surface de la section transversale étant alternativement réduite et augmentée à chaque phase du procédé ;

2° La combinaison avec le train de laminoir et sa table d'une chambre de condensation ou compression ;

3° La combinaison avec le train de laminoir, sa table et la chambre de condensation, d'une disposition permettant d'élever et d'abaisser la chambre de condensation ;

4° La combinaison du plongeur comprimeur du bloc comprimeur avec l'élévation et l'abaissement de la chambre de condensation ;

5° La combinaison avec la chambre de condensation d'un appareil chargeur et déchargeur;

6° La combinaison avec l'appareil chargeur et déchargeur d'un essuyeur et nettoyeur;

7° La combinaison de la chambre de condensation et des galets qui la portent.

N° 115,489. — Gillieaux. — 13 novembre 1876.

Système de foyer.

Ce foyer est constitué par quatre parois en maçonnerie réfractaire : les deux parois parallèles à l'axe longitudinal du four sont verticales, les deux autres sont inclinées, et leur écartement diminue vers le bas pour se terminer par une partie verticale à une faible distance de la grille.

Deux plaques en fonte, emmuraillées dans les parois de chaque côté du foyer, ont pour but de conserver au foyer ses dimensions en ce point, où, par le frottement des outils de décrassage, les matériaux réfractaires seraient bientôt endommagés, et laisseraient un vide nuisible entre la grille et les parois.

Les barreaux de grille sont parallèles à l'axe du four, et reposent sur un cadre en fonte mobile qui permet, par son glissement, de nettoyer facilement la grille, sans occasionner les rentrées d'air froid nuisibles.

N° 116,158. — Mitford et Lester. — 23 décembre 1876.

Perfectionnements dans la fabrication du fer ou de l'acier puddlé.

Le perfectionnement consiste dans l'addition au fer à traiter de spiegeleisen ou autre matière carburante analogue, à l'état chauffé, granulé ou fondu, mais de préférence ce dernier.

Le spiegel, préalablement fondu, chauffé ou granulé, suivant le cas, est introduit dans le four à puddler aussitôt que le fer, y contenu, est prêt à le recevoir, ce qui, dans la plupart des cas, sera à peu près à la fin du travail de puddlage. Les proportions du spiegel doivent nécessairement être variées suivant la nature de l'acier ou du fer à obtenir.

N° 116,263. — Kunkel. — 30 décembre 1876.

Perfectionnements dans les procédés d'élimination du phosphore du fer.

Le premier perfectionnement consiste à éliminer le phosphore, en réduisant l'oxyde de fer à l'état métallique en présence de la dolomite, double carbonate de chaux et de magnésie.

Le second perfectionnement réside dans le procédé de purification du fer métallique du phosphore qu'il contient, en traitant le métal en fusion sous l'action de la dolomite.

La dolomite se charge dans le haut-fourneau, comme on le fait généralement, avec le fondant calcaire ou castine. Le fourneau est gouverné dans les mêmes conditions. Si le minerai est extraordinairement phosphoreux, on augmente la charge de dolomite.

Quand on opère sur le fer métallique, pour en éliminer le phosphore, on y applique la dolomite, soit dans un four à coupole à réverbère, soit dans un four à puddler. On introduit la dolomite dans le four de façon à former une couche de 5 à 25 centimètres de hauteur; on ajoute ensuite le combustible, puis la fonte en gueuse; le fer, à mesure qu'il fond, passe à travers la dolomite et s'y purifie de la quantité de phosphore qu'il contient.

Quand on opère dans un four à puddler, on applique la dolomite en même temps que la charge de fonte en gueuse, de telle sorte que, pendant l'action du bouillonnement, le métal est mis en contact intime avec la dolomite, et se dépouille de son phosphore.

N° 116,828. — Oakley et Sherman. — 2 février 1877.

Perfectionnements dans les procédés de traitement des métaux.

Les inventeurs améliorent la qualité de certains métaux par l'addition, pendant la fabrication, de sel ammoniac, de prussiate de potasse et de Fincal à l'état de poudre, dans les proportions suivantes:

Sel ammoniac de.	30 à 50 kilogrammes.	
Prussiate de potasse	20 à 30	—
Fincal.	65 à 85	—

Dans le four à puddler ils ajoutent 100 à 150 grammes de cette composition par chaque 1,000 kilogrammes de métal sous traitement. Cette petite charge est introduite dans le métal par la porte de travail; au moment où il arrive à son point d'ébullition ou de forte dilatation, on brasse la masse énergiquement pendant quelques minutes. Le métal produit est excellent, nerveux, tenace et très-malléable, le soufre, le phosphore et le silicium ayant été complétement éliminés.

Pour le traitement de l'acier dans le four Martin-Siemens ou tout autre four à réverbère, on prend de la susdite composition 100 à 150 grammes pour chaque 1,000 kilogrammes de la charge ; on l'introduit, de préférence, dans le bain de métal fondu au moment où l'on ajoute le spiegeleisen, et on brasse rapidement la masse.

Pour la fabrication de l'acier par le procédé Bessemer, on prend toujours 100 à 150 grammes de la même composition par 1,000 kilogrammes d'acier et on jette cette dose dans la gueule du convertisseur au moment où on l'abaisse pour recevoir le spiegeleisen ; ou bien encore, elle peut être placée dans la bouche avant d'y verser le métal fondu.

Pour la fabrication de l'acier dans les creusets, la proportion est toujours la même, on introduit la dose indiquée en même temps que le métal, et on procède comme d'ordinaire.

N° 117,510. — Smyth. — 14 mars 1877.

Perfectionnements dans la fabrication et la manipulation du fer, de l'acier et autres métaux, et dans les appareils employés à cet usage.

Le premier perfectionnement consiste dans l'emploi d'un agitateur automatique vertical en fer, qui remplace l'opération manuelle, et peut s'appliquer à tous les fours. A l'opposé de chaque trou de fourneau est fixé un support vertical, à l'extrémité duquel est une tige en fer rond, à boule ou godet, qui porte l'agitateur. Le support est fixé sur l'arbre par une grille à rainure, et porte un levier mis en marche ou arrêté par un débrayage. Cet agitateur mécanique agit comme un puddleur et peut s'appliquer à tous genres de fours à puddler.

Le second perfectionnement est une presse pour presser, cingler, dresser et forger, par laquelle une grande quantité de métal, fer, acier ou autre, peut être manipulée en une seule opération.

Cette presse est placée verticalement. Une extrémité est fixée à la face de la fonte formant deux plaques de dressage, auxquels sont clavetées deux faces creuses, servant de buttée à deux moutons qui ont des faces semblables et sont munis de guides pour supporter la charge.

N° 118,280. — Justice. — 28 avril 1877.

Perfectionnements dans le traitement des minerais de fer pour la production directe du fer ou de l'acier.

Ce perfectionnement réside dans l'emploi de boîtes en fer, que l'on charge de minerai à réduire, lesquelles boîtes font masse avec le métal produit, et subissent avec celui-ci les travaux ultérieurs de forge, etc. Ce système permet de chauffer, plus efficacement et à moindres frais que par les procédés connus, des masses plus considérables de minerai.

La boîte se compose de deux cylindres en tôle, l'un plus petit que l'autre, mais tous deux de même longueur. Le plus petit est placé dans l'autre de manière à y laisser un espace annulaire dans lequel le minerai est chargé. Les cylindres, percés de trous pour donner passage aux gaz dégagés, sont maintenus en position à l'aide d'un fond en tôle.

Le minerai pulvérisé, les matières carbonées et les fondants sont mélangés intimement, et tassés dans l'espace annulaire. Les boîtes remplies sont posées sur un lit de coke, de charbon de bois ou d'anthracite de 25 à 30 centimètres d'épaisseur, placé au fond d'un fourneau à gaz de Siemens ou autre four à réverbère. Le travail dure de 5 à 7 heures et doit être conduit sous l'action d'une flamme réductrice fumeuse. Divers ingrédients sont habituellement additionnés au mélange pour se combiner avec les impuretés du minerai. Le chlorure de sodium volatilise le soufre; les alcalis annulent l'affinité de la silice pour l'oxyde de fer et donnent naissance à une matière vernissante, qui, en recouvrant l'atome de fer, le garantit contre l'action oxydante des gaz du four. Le phosphore aussi est facilement éliminé à une température modérée.

Dans un certificat d'addition l'inventeur perfectionne sa méthode en supprimant les couvercles et les fonds des boîtes en tôle dans lesquelles s'opère la réduction du minerai.

N° 118,640. — Vanderheym. — 22 mai 1877.

Procédé de fabrication, au puddlage, de fer doux à grain.

Le procédé est basé sur l'emploi du carbonate de soude en vue de transformer les fontes au coke ordinaires en fers grenus, homogènes et doux, susceptibles de subir, à chaud et à froid, des épreuves de torsion, de traction, d'écrasement, de filetage et autres déformations, sans se criquer et se gercer, le carbonate de soude enlevant le silicium de la fonte au coke. Dans une addition, l'auteur revendique l'emploi du carbonate de soude pour le traitement de toutes les fontes, quelle que soit leur origine.

N° 119,859. — Gidlow et Abbott. — 11 août 1877.

Perfectionnements dans les fourneaux employés pour la fabrication du fer et de l'acier.

Dans ce fourneau, le fer et l'acier sont puddlés et mis en loupe automatiquement. Les particularités sont : 1° La suspension du four à puddler et de son foyer, de sorte qu'il puisse osciller ou vibrer; 2° la suspension d'un même four, mais disposé pour recevoir le gaz combustible; 3° liaison d'un four à puddler, construit suivant l'un ou l'autre système, avec une cheminée ou un carneau, par un joint flexible ou mobile, permettant d'enlever les produits de la combustion et les gaz chauffés; 4° la transmission du mouvement oscillatoire au fourneau.

N° 120,133. — Fabre. — 7 septembre 1877.

Appareil à chauffer l'air des fours à puddler et à réchauffer.

L'appareil de chauffage est placé *sous* la sole du four à puddler ou à réchauffer; il peut être construit en fonte, en fer, en briques ou toute autre substance supportant et communiquant la chaleur; il est disposé de façon à faire circuler l'air dans un long parcours de serpentage, notamment à le faire mouvoir dans une série de petits carneaux qui ont pour but de le diviser en tranches très-minces, afin de le chauffer plus rapidement dans toutes ses parties. On arrive ainsi, par le seul fait du rayonnement de la chaleur de la sole sur l'appareil, à chauffer l'air, qui circule dans l'intérieur, à la température de 350 degrés. On réalise une économie de 30 p. 100 sur le combustible employé.

Dans de nombreux certificats d'addition, l'auteur perfectionne son appareil et en étend l'application.

L'air chauffé est non-seulement utilisé sous la grille pour alimenter la combustion, mais il est amené aussi partiellement ou en totalité au-dessus de l'autel pour brûler les gaz inflammables et produire dans le four de longues flammes très-riches en oxygène et, par conséquent, très-aptes à produire un affinage rapide de la fonte. L'inventeur combine aussi son appareil perfectionné avec un gazogène qu'il décrit, et il obtient des flammes oxydantes très-propres à la décarburation du métal. Il varie aussi l'introduction de l'air froid dans son appareil cloisonné, et le fait finalement entrer, de préférence, par le haut, c'est-à-dire, directement en contact avec le dessous de la sole ; la chaleur est ainsi mieux utilisée, et la sole se détériore moins rapidement.

N° 120,270. — Howson. — 11 septembre 1877.

Perfectionnements dans la fabrication du fer et de l'acier.

Le trait caractéristique de ce perfectionnement réside dans l'incorporation d'oxydes solides et secs au métal fondu dans le four tournant et au sein d'une flamme intermittente. Par cette méthode, non-seulement tout le bouillonnement violent est évité, mais l'opération entière est simplifiée, tout en donnant un produit de bonne qualité, soit pour l'opération ordinaire et subséquente de la fabrication du fer, soit pour sa transformation en acier fondu par le procédé Atwood ou par le procédé Siemens-Martin.

N° 120,343. — Siemens. — 15 septembre 1877.

Perfectionnements dans la fabrication du fer et de l'acier, et dans les fours et appareils destinés à cette fabrication.

L'inventeur prépare un mélange intime de minerais de fer comparativement riches et d'oxydes tels que les crasses de marteaux et de laminoirs, de fondants tels que de la chaux, de l'alumine, du manganèse et de la soude, avec des agents de réduction tels que de l'anthracite, du charbon de bois, du coke, ou de la houille, en ayant soin d'employer ces substances en proportions telles que les matières fondantes forment un laitier fusible, n'enlevant au minerai qu'une faible proportion d'oxyde de fer, et que la matière carbonée suffise pour la réduction à l'état métallique de la totalité des oxydes de fer. Le mélange intime s'effectue dans un broyeur Carr.

Le four employé pour la production de l'acier fondu, au moyen de la « composition » ainsi préparée, est d'une construction semblable aux fours bien connus, à gaz et à chaleur régénérée, pour la production de l'acier sur sole.

Une bonne sole en silice ayant été préparée dans ce four de la façon ordinaire, et la température du four ayant été portée jusqu'au blanc, on étale, sur la sole et sur les côtés de la chambre du four, de 50 à 100 kilogr. d'anthracite ou de coke écrasé, et l'on introduit dessus une charge de « composition » variant de trois à six tonnes, ou plus, suivant les dimensions du four ; on étale cette charge uniformément sur la sole du four qu'elle recouvre d'une forte épaisseur.

Les portes du four étant fermées, on fait agir pendant plusieurs heures une chaleur intense sur la surface du mélange ; l'effet de cette action est de former une épaisse croûte de fer métallique compacte ne renfermant qu'un peu de laitier fluide qui sert à protéger le métal contre l'action oxydante et sulfurante de la flamme. On introduit alors de la fonte en proportions variables, de préférence, chauffée préalablement ; cette fonte, en fondant, dissout la croûte de fer métallique sur laquelle elle est chargée, et produit ainsi un bain métallique fluide dans lequel s'incorpore graduellement tout le mélange de minerai, ou la « composition » renfermée dans le four, sauf l'agent de réduction, qui est volatilisé, et les gangues, qui forment un laitier surnageant à la surface du bain métallique. On peut faire écouler ce laitier partiellement ou totalement par les portes de travail, si l'on trouve qu'il y en a en excès.

Si, lorsqu'on prend un échantillon du métal, on trouve qu'il contient un excès de carbone, on peut introduire du minerai cru ou de l'oxyde qui ramène la teneur en carbone au degré voulu. Ou bien, si l'on a des riblons, on peut s'en servir pour réduire la teneur en carbone du métal fluide, tout en augmentant la quantité.

Lorsqu'un échantillon, pris dans le bain, indique que la teneur en carbone est celle que l'on désire, on ajoute, dans la proportion ordinaire, du spiegeleisen ou du ferro-manganèse, et on coule le métal fluide dans des lingotière s dans d'autres moules, suivant la pratique ordinaire. On ajoute aussi un alliage de fer et de silicium, peu de temps avant de mettre le spiegeleisen ou ferro-manganèse, dans le but d'obtenir des lingots ou des moulages sains, sans soufflures.

Si l'on a des riblons de petit échantillon, tels que des copeaux, ou de la tournure de fer ou d'acier, on peut, avec avantage, les mélanger avec la « composition », et augmenter ainsi le bain métallique produit. Ou bien, on peut employer avec la composition de la fonte granulée ; dans ce cas, la fusion s'opère rapidement sans que l'on soit ensuite obligé d'ajouter de la fonte.

Si l'on veut produire du fer métallique, on charge la « composition » dans un four à gaz et à chaleur régénérée, chaud, disposé convenablement pour être d'un accès facile, et, lorsqu'une croûte métallique a été formée, on l'enlève au moyen de crochets, et on la passe entre les deux cylindres d'un laminoir, distants de 12 millimètres environ. Par ce laminage une notable portion de la scorie mélangée avec le fer en est séparée, et on obtient une sorte de tôle brute que l'on découpe ensuite en petits morceaux à la cisaille. On porte ces morceaux dans un feu d'affinerie au charbon de bois, et on les soude ensemble, puis les martelle, et, finalement, on les lamine en fer marchand ou en tôles de la façon ordinaire. On obtient ainsi un fer très-pur qui peut remplacer le fer suédois ou le fer au bois pour la production de l'acier à outils, ou des tôles minces, ou de tous autres objets. Lorsqu'on a enlevé une croûte de fer de la surface d'une charge de « composition » dans le four, on ferme de nouveau les portes, et il se forme une seconde croûte métallique semblable, que l'on enlève de même que la première. On peut répéter l'opération plusieurs fois avant d'introduire dans le four une nouvelle composition. Si l'on emploie des minerais comparativement pauvres, le laitier fluide s'accumule dans le four, et on doit l'évacuer de temps en temps. Dans ce cas, il est bon de former les côtés de la chambre du four d'une garniture composée de charbon solide, tel que anthracite ou poussière de coke et de terre réfractaire, et de faire écouler entièrement le métal et la scorie avant de faire une nouvelle charge de composition. La composition peut, dans ce cas, être également mélangée avec des riblons de petit échantillon, ou de la fonte granulée, afin d'augmenter le rendement quotidien de chaque four.

N° 120,728. — Bouniard. — 19 octobre 1877.

Four convertisseur de la fonte en fer ou en acier.

Le four se compose d'une chambre de fusion, chauffée par les gaz comme dans le système du régénérateur Siemens ; il diffère des formes ordinaires, en ce que les orifices d'arrivée d'air et des gaz, au lieu de se trouver au niveau des extrémités de la sole du four, sont disposés d'une manière particulière. Les séparations en briques réfractaires, qui forment ces orifices, s'élèvent au-dessus de la voûte du four, d'une quantité suffisante pour redescendre ensuite jusqu'à l'entrée dans le four, afin d'imprimer aux gaz une direction sur la sole, où ils viennent s'enflammer.

La température développée est mieux absorbée par le métal en fusion, et la voûte du four, se trouvant ménagée, donne un plus long service. Un bouchon, enlevé à volonté au moyen d'un levier, ferme un trou ménagé dans la voûte correspondant au milieu de la sole du four. Cet orifice est destiné à laisser plonger dans le four un injecteur d'air qui a pour but, comme dans le Bessemer, de décarburer la fonte en fusion. En même temps, l'injecteur reçoit un mouvement de rotation, et, par ses formes hélicoïdales, il communique ce mouvement au métal fondu, de sorte que la décarburation se fait uniformément dans toutes les parties de la masse fondue.

Lorsque la conversion de la fonte en fer ou en acier est jugée suffisamment avancée, on retire l'injecteur et on prend des éprouvettes; si le métal n'est pas assez décarburé on redescend l'injecteur et on pousse plus loin l'opération. On la termine ensuite, comme dans le Bessemer, en ajoutant une certaine quantité de fonte spiegeleisen; ou bien on opère comme par le procédé Martin.

On termine l'opération en dosant le métal par quelques charges de fer; enfin, on opère la coulée du métal en lingotières.

Dans un certificat d'addition, l'inventeur indique diverses dispositions de fours, basées sur le même principe, et aboutissant au même résultat, c'est-à-dire: augmenter la surface de chauffe des régénérateurs, et donner aux gaz une direction qui les oblige à ne s'enflammer que dans le four et sur la sole, en ménageant ainsi les deux extrémités du four.

N° 121,352. — Hollway. — 27 novembre 1877.

Perfectionnements dans la fabrication du fer et de l'acier, ainsi que dans les appareils qui y sont employés.

Ces perfectionnements se distinguent par les caractères suivants:

1° L'introduction de carbone dans le fer lors de la purification, et le remplacement en totalité ou en partie, par du carbone, du silicium oxydé pendant l'opération, de sorte que le métal peut être maintenu liquide à une température suffisamment basse pour permettre d'enlever le phosphore.

2° L'enlèvement du phosphore au fer, par l'introduction d'air, de gaz ou de mélanges de ceux-ci, avec du carbone, des oxydes et des matières produisant des scories, de manière à oxyder le phosphore et les autres impuretés, et à permettre, par l'introduction du carbone, le maintien du métal à peu près à la température la plus basse, à laquelle la fluidité complète est possible, de manière que la scorie oxydante, produite en quantité suffisante dans la masse de métal, élimine l'acide phosphorique et les phosphates formés par l'oxydation.

3° Le traitement du métal dans des récipients peu profonds, ou en filet mince, et en retirant la scorie au fur et à mesure qu'elle apparaît à la surface du métal, afin d'empêcher celui-ci de reprendre le phosphore à la scorie ;

4° L'introduction du silicium et du carbone dans le métal débarrassé de phosphore, lorsqu'il s'agit de le convertir en acier par le procédé Bessemer.

5° L'introduction du carbone et le maintien du métal à l'état liquide, à une température relativement peu élevée, en répétant l'opération aussi souvent qu'il sera nécessaire pour oxyder les impuretés et purifier le métal.

6° Un procédé simple et direct par lequel les minerais de fer, même contenant de grandes quantités de phosphore, peuvent, après avoir subi la première et la seconde fusion, s'écouler du four en vertu de la pesanteur, et ainsi de suite d'un récipient dans un autre, et être débarrassés de phosphore et convertis en acier de bonne qualité, même de dimensions considérables, sans nécessiter aucune manipulation de nouvelle fusion.

N° 121,411. — Société métallurgique de Tarn-et-Garonne. — 1er décembre 1877.

Procédé de fabrication des fers et aciers puddlés avec emploi de minerais de manganèse.

Le but constant des efforts des métallurgistes dans l'affinage des fontes par le puddlage, est d'arriver à obtenir des produits aussi bons que ceux donnés par l'affinage au charbon de bois.

Les inventeurs ont obtenu ce résultat, de la manière la plus complète, par l'emploi, dans les fours à puddler, des minerais de manganèse purs ou plus ou moins ferrugineux, soit comme garniture des parois, soit comme mélange avec la fonte et les scories.

Dans un certificat d'addition, les inventeurs ont reconnu qu'on améliorait la qualité des fers et aciers, traités par la méthode indiquée ci-dessus, en mettant dans le four à puddler, surtout sur le métal prêt à être mis en boule, soit des oxydes de manganèse, de chrome, de tungstène, de titane, soit des alliages de fer avec du manganèse, avec du chrome, avec du tungstène, avec du titane.

N° 111,863. — Drake. — 11 décembre 1877.

Perfectionnements dans la fabrication du fer, de l'acier et autre métaux.

On mélange avec le métal fondu, pour en perfectionner la qualité, la composition suivante : 1° du charbon de bois pulvérisé; 2° de la baryte espagnole ou anglaise, pulvérisée et épurée par l'acide sulfurique; 3° du sang de bœuf qui a été calciné ou desséché et pulvérisé (quelquefois, à l'état liquide ou humide). Les proportions les plus avantageuses sont : un quart en poids de charbon, un quart de sang de bœuf, et une partie de baryte. Le composé est projeté de temps en temps dans le métal fondu.

Pour traiter le fer ou l'acier à l'état de fusion dans le four puddler ou le four à coupole, l'inventeur ajoute environ 680 grammes du composé pour 50 kilogr. de métal.

La même composition, réduite en poudre, peut servir également à souder l'acier fondu ou l'acier Bessemer, et les métaux en général; il suffit de placer une petite quantité du composé en poudre sur ou entre les parties à souder. L'inventeur utilise, enfin, le composé de baryte, de sang de bœuf et de charbon pour émailler les vases et ustensiles en fonte, mais il est bien essentiel que la baryte ait été soigneusement épurée avant son emploi.

Dans un certificat d'addition le procédé a été perfectionné. Il consiste dans l'affinage et la fabrication du fer malléable directement dans la coupole du four, en mélangeant la composition, indiquée dans le brevet principal, avec plus ou moins de vieux riblons de fer forgé, de l'acier Bessemer ou autre acier, et en ajoutant le tout au métal brut, suffisamment fondu pour se mêler et devenir malléable quand il est sorti du four.

N° 121,861. — Gorman. — 3 octobre 1877.

Perfectionnements dans la fabrication du fer et de l'acier.

Les traits caractéristiques de l'invention sont les suivants :

1° L'appareil pour contenir les matières produisant du combustible ou des gaz réducteurs, du coke et du charbon de bois, ou pour réduire les minerais, cuire les pierres à chaux, calciner, etc., appareil qui consiste en chambres munies, à la partie supérieure, d'appareils de chargement et de moyens qui permettent à l'air d'être soufflé à travers les matières de haut en bas, ou, lorsque les gaz sont soufflés de bas en haut, qui permettent, à l'aide de carneaux, d'extraire le surplus des gaz. Les chambres peuvent, à volonté, être munies de grilles ouvertes;

2° La production de combustibles et de gaz réducteurs, de coke ou de charbon de bois, de bois ou de toutes autres substances carburées, en faisant passer préférablement l'air chauffé de haut en bas à travers lesdites substances contenues dans les chambres de l'appareil;

3° La réduction des minerais et la cuisson des pierres à chaux par la chaleur et les gaz produits par la carbonisation de la houille, du bois ou autres matières convenables, lesdites opérations étant conduites de la manière indiquée;

4° Les hauts-fourneaux, construits avec des chambres et des carneaux et des moyens de souffler l'air à la partie supérieure, d'où les produits gazeux du combustible, des minerais et du fondant sont convertis en gaz réducteurs utilisés;

5° Les fourneaux ou foyers pour la production de gaz et de coke, ou bien encore de charbon de bois, et qui sont munis de chambres et des accessoires qui s'y rattachent, pour la production directe du fer ou pour la fusion des métaux.

N° 122,187. — Gagnière. — 28 janvier 1878.

Appareil de support de crochets et ringards dans le puddlage des fontes.

L'appareil en question consiste en une plate-forme ou poulie très-mobile, placée sur le devant des portes de travail des fours à puddler. Cette poulie est portée par un support qui repose sur la plaque de fonte destinée à recevoir les scories en ébullition qui s'attachent aux ringards et crochets pendant le nettoyage et le brassage. Le puddleur, ayant à se servir de l'appareil, pose le manche du ringard ou du crochet dans l'entaille de la poulie et, par les plus simples impulsions, il peut l'élever ou l'abaisser (en bascule), le diriger de droite ou de gauche, l'avancer ou le reculer, à volonté, sans soutenir le poids de l'outil, qui obéit, ainsi que tout l'appareil, aux moindres mouvements imprimés par l'ouvrier.

N° 122,393. — Honnay. — 1er février 1878.

*Application aux fours des laminoirs, d'un appareil permettant
d'aérer les grilles des foyers de ces fours, à l'aide d'air chauffé
par la flamme qu'ils perdent, et d'enrichir les combustibles, utilisés pour leur chauffage, de gaz produit au moyen de l'eau.*

Les caractères distinctifs de cet appareil sont les suivants :
1° aération des grilles des foyers par la flamme perdue ; 2° emploi
de l'eau pour empêcher la détérioration des grilles ; 3° la production et l'utilisation des gaz provenant de l'eau pour augmenter la
quantité de calorique ; 4° l'emploi de grilles ou sommiers de grilles
en produits réfractaires ou entourés de produits réfractaires ;
5° l'emploi de grilles percées, refroidies par un filet d'eau ;
6° l'emploi de machines pour aérer les fours ; 7° l'application du
système aux fours soit à fusion ou à échauffement du fer, ou aux
fours à fabriquer, foudre ou chauffer l'acier.

N° 123,214. — Geoffray. — 27 mars 1878.

Système de four à puddler la fonte de fer.

Ce four à puddler ne diffère des autres que par les pièces de
fonte composant l'intérieur, et qui peuvent, à toute époque, être
facilement remplacées sans détériorer la sole sur laquelle on brasse
la fonte. La sole de fonte est faite en 3 pièces. Celle du milieu,
qui est généralement la plus fatiguée, est une plaque avec des
nervures, on la dispose pour pouvoir passer facilement entre les
montants ou armatures du four. Les deux autres parties, placées
aux extrémités du four, forment des espèces de bâches, venues
de fonte aux soles ; sur ces bâches se placent les autels. Le four,
ainsi monté, l'eau arrive, entre dans les autels et après les avoir
parcourus sur les 4/5 environ de leur longueur, elle tombe dans
les bâches. Au moyen de robinets on peut régler la hauteur
d'eau.

La grille du four est rendue mobile par une bascule très-simple,
qui se meut dans deux coussinets en fonte noyés dans les murs
latéraux. Cette bascule permet de remplacer facilement les barreaux de grille.

No 123,268. — **Willans (brevet anglais devant expirer le 11 septembre 1891). — 11 mars 1878.**

Perfectionnements dans la fabrication du fer et de l'acier et des produits qui en proviennent.

Les perfectionnements, objet de ce brevet, sont les suivants :

1o L'introduction dans un four tournant et chauffé à la température voulue, d'acier doux ou de fer à l'état fluide, et aussi de fonte, d'acier dur ou d'alliages métalliques, et le mélange bien complet de ces matières avant de les couler dans les moules.

2o Le brassage dans un four tournant, chauffé à la température voulue, d'un mélange de fontes diverses ou de fonte et d'acier pour faire la coulée dans les moules, ou pour granuler le mélange à la sortie du four.

3o La production de cylindres creux ou autres formes creuses, en acier ou en fer, en remplissant un moule de métal et en enlevant le métal qui reste, quand la partie extérieure est solidifiée à une épaisseur voulue.

4o La production de cylindres creux ou autres formes creuses, à l'aide d'un moule en métal, au centre duquel on place un noyau creux, ayant une ouverture à sa partie inférieure par laquelle le métal, qu'on verse dans le noyau, passe et vient remplir le vide annulaire entre le moule et le noyau.

5o La production de tubes en fer ou en acier en faisant d'abord un lingot cylindrique creux ; pour cela on aura fait couler la partie liquide dans le moule, quand la partie solidifiée aura atteint l'épaisseur voulue. Le lingot creux sera ensuite étiré et laminé comme d'ordinaire ;

6o La production de lingots mixtes, d'acier ou de fer, en enlevant le métal qui est encore fluide dans le moule et en le remplaçant immédiatement par du métal d'une nature différente.

7o La fabrication de projectiles cylindriques en acier avec des extrémités annulaires.

No 123,295. — **Owens. — 19 mars 1878.**

Perfectionnements dans les fours à puddler.

Ce perfectionnement consiste à placer une tablette ou foyer additionnel derrière et au-dessus du foyer principal, pour recevoir le charbon avant son alimentation à ce dernier. Ce foyer additionnel est chauffé en dessous par les produits perdus de la combustion, afin de décomposer le charbon et de produire des gaz hydro-carburés et de l'oxyde de carbone.

Les carneaux sont combinés au foyer principal de telle manière qu'ils peuvent être également chauffés par les produits de la combustion, de façon à élever continuellement la température de l'air qui passe dans les carneaux.

Il résulte de ces dispositions une grande économie de charbon et un haut degré de chaleur.

N° 123,657. — Piedbœuf. — 5 avril 1878.

Perfectionnements aux fours à puddler.

Les perfectionnements qui font l'objet de ce brevet, s'appliquent aux différentes parties des fours à puddler, et notamment : au foyer, qui est un générateur a gaz avec circulation d'air chaud et fermeture hydraulique, foyer applicable à tous les chauffages industriels; à la disposition de la sole, qui présente deux portes de travail placées du même côté; enfin, dans la construction du fléau, dont la paroi est mobile et peut se réparer rapidement.

Le foyer, qui est un gazogène, se distingue des autres gazogènes en ce qu'il utilise complétement la chaleur, et les gaz, achevant de brûler dans le four même, permettent d'y atteindre une température très-élevée.

La sole du four est plus grande que celle des fours à puddler ordinaires, afin qu'on y puisse travailler de fortes charges; cependant le personnel n'est pas augmenté; le foyer exigeant peu de travail, à cause des rares nettoyages des grilles, deux puddleurs suffisent à la conduite de l'opération. On obtient une augmentation de production de 30 à 40 p. 100, ainsi qu'une notable économie de combustible.

Le trou de coulée des scories est supprimé; un fléau à paroi mobile permet de maintenir régulières l'allure et la production du four.

L'enlèvement des dépôts solides peut se faire en quelques minutes, pendant la marche, et sans destruction de maçonneries.

N° 124,306. — Draye. — 6 mai 1878.

Système de sommiers à circulation d'eau pour fours à réchauffer,
à puddler et autres.

Dans les fours actuels à puddler et à réchauffer, il arrive qu'avec
les deux sommiers massifs en fonte, les grilles sont brûlées au
bout de 3 ou 4 jours. Il se forme des mâchefers qui font coller les
barreaux aux sommiers, et donnent aux ouvriers beaucoup de
peine pour effectuer le nettoyage et le changement des grilles
après chaque fournée.

Les sommiers qui sont l'objet de ce brevet, sont creux; dans
leur intérieur circule un courant d'eau continu; les faces supérieures étant rafraîchies par l'eau, ne s'échauffent jamais, et les
grilles ne peuvent plus adhérer. Le mâchefer ne peut plus s'attacher aux grilles, et celles-ci durent 4 ou 5 fois autant que les
autres.

N° 124,313. — Barnstorf et Schulze-Berge. — 16 mai 1878.

Procédé de déphosphoration des fers.

Les points caractéristiques du procédé sont:

1° L'introduction continue et régulière de sels haloïdes des métaux alcalino-terreux liquides, en état de fine division, dans le fer
liquide, et le mélange intime de ce dernier avec ces sels dans des
fours rotatifs;

2° L'éloignement complet, ou aussi complet que possible, de
l'air atmosphérique ou de tout autre oxydant, du fer liquide ou des
sels haloïdes liquides ou des phosphides des métaux alcalino-terreux qui doivent venir en contact avec lui;

3° L'extraction du phosphore hors du fer par les métaux alcalino-
terreux, et sa récupération sous une forme utilisable;

4° La récupération des sels haloïdes des métaux alcalino-terreux
pourvu qu'ils soient solubles dans l'eau;

5° La récupération du fer volatilisé à l'état d'oxyde de fer.

L'inventeur a calculé que pour 1,000 kilogr. de fonte d'affinage,
contenant 1.5 p. 100 de phosphore, 0.5 p. 100 de silicium, 0.3
p. 100 de soufre, on ne perd, dans ce procédé, que 26 kilogr. de
chlorure de chaux, en admettant le cas le plus défavorable.

N° 124,430. — Schneider et Cⁱᵉ. — 11 mai 1878.

Perfectionnements dans les fours à puddler rotatifs.

Ces perfectionnements portent sur les quatre parties essen
tielles : le foyer, la chambre tournante, la boîte à fumée, le système moteur.

Les points caractéristiques se résument comme suit :

1° L'ensemble de la disposition du foyer ;

2° La forme cylindrique de son enveloppe ;

3° La porte sans fumée ;

4° Le trou de vent sur l'autel ;

5° Les anneaux de friction à circulation d'eau ;

6° Le mode servant à l'introduction et à l'évacuation de l'ea
dans la double enveloppe de la chambre tournante ;

7° Le sectionnement de la charge en plusieurs boules ;

8° Le système d'assemblage de la paroi intérieure avec l'enveloppe extérieure ;

9° Le mode de fixation des cercles de friction sur les extrémités
du four ;

10° Le rétrécissement de l'ouverture du four du côté du
foyer ;

11° Le mode d'ouverture du four par la boîte à feu articulée
autour d'un axe horizontal avec action hydraulique ou autre ;

12° L'emploi d'une double transmission pour faire varier l'effet
du moteur suivant la résistance du four ;

13° L'emploi de paliers de butée pour les essieux des roues de
support ;

14° L'ensemble de la construction, combinaison des différentes
parties, dont les unes sont nouvelles et d'autres déjà connues.

N° 124,556. — Henvaux. — 14 mai 1878.

Four à puddler dit : le nec plus ultra du puddlage mécanique.

Le caractère distinctif de ce four réside dans la cuvette oscillante, qui permet, par sa disposition particulière, de produire par
heure, une fournée de 1,000 à 2,000 kilogr. de fer amélioré. Cette
cuvette est aussi simple que solide, aussi facile à monter qu'à démonter et qu'à réparer dans le four.

Dans les fours ordinaires, le fond de la cuvette est uni parce que le rabot du puddleur a besoin d'y travailler. Dans la disposition nouvelle, il y a, au contraire, avantage de faire la sole de la cuvette la plus raboteuse possible pour favoriser l'agitation, car la sole travaille elle-même la fonte à la place du rabot, en la divisant et la fouettant dans sa course, ce qui augmente beaucoup le renouvellement des surfaces et la division de la fonte. La sole a trois ondulations dans le sens de sa longueur et à chaque oscillation la fonte s'amincit en passant sur ces ondulations, qu'elle aura à franchir pour rouler du côté opposé. Ces ondulations travaillent plus et mieux que 10 rabots. Elles se font dans des moules au moyen d'un mélange décarburant composé de ⅓ limaille de fer et ⅓ minerai de fer en roche, pulvérisé. Les ondulations reposent sur les plaques réfractaires du fond.

Nᵒ 124,993. — Imbert. — 8 juin 1878.

Procédé destiné à extraire le fer des scories des fours à puddler et à réchauffer.

Les scories contiennent de 35 à 50 p. 100 de fer. Pour en extraire le fer, l'inventeur mêle les scories pulvérisées à de la chaux vive, réduite en poudre, et humecte le mélange avec de l'eau contenant en dissolution un chlorure alcalin, le chlorure de sodium, par exemple. Le tout est traité dans un four à puddler.

La seconde partie de l'invention consiste à traiter, dans un four à puddler ou à réchauffer, les riblons Bessemer par la chaux caustique, éteinte avec une solution de chlorure de sodium, que l'on projette dans le four 3 ou 4 minutes avant la formation du grain. Le fer obtenu ainsi est doux, d'un grain fin, et peut être employé à la clouterie et à la tréfilerie.

Nᵒ 125,537. — Brichaux. — 22 juillet 1878.

Système perfectionné de four à puddler.

Le système est caractérisé d'abord par la disposition de la grille, articulée et fortement inclinée, et ensuite, par la forme du four comprenant, sous la même voûte, une sole à puddler et un petit four latéral, disposé en face de la porte de travail, servant à la fusion ou au réchauffage de la fonte. Le four est à vent soufflé. Le vent avant d'être introduit sous la grille sert à refroidir les pa-

rois, il arrive ainsi à une température assez élevée. La grille es[t]
articulée et peut être abaissée au moment du décrassage. Les bar[r]eaux sont disposés de telle sorte que l'air pénètre plus par le ba[s]
que par le haut; cette disposition, genre gazogène, est prise dan[s]
le but de produire des gaz sur le dessus de la grille qui vienne[nt]
brûler vers l'autel par l'excès d'air introduit par le bas de [la]
grille.

No 125,789. — Martin. — 23 juillet 1878.

Système de four de réduction des minerais, en général, et d[u]
minerai de fer, en particulier, pour constituer une métho[de]
nouvelle de fabrication économique du fer malléable et de l'aci[er]
fondu.

Le principe est basé sur l'emploi d'un appareil spécial pour [la]
réduction des minerais, sur le puddlage de ces minerais réduits, o[u]
sur le puddlage particulier et nouveau d'un mélange de minera[i]
réduit et de fonte, et sur sa transformation en métal fondu, dan[s]
des conditions nouvelles, spéciales et économiques.

L'inventeur emploie *trois* modes pour la réduction, en chauffan[t]
de préférence avec les gaz du haut-fourneau, ce qui se fera ave[c]
plus d'économie, lorsque le haut-fourneau sera soufflé par une ma[chine hydraulique.

L'appareil de réduction est un four coulant continu. La périod[e]
de réduction est facilitée, le plus possible, par une grande surfac[e]
de chauffe extérieure, de façon à ce que le produit du minera[i]
réduit puisse être estimé à 500 kilogr. environ par heure.

L'inventeur se sert aussi de son haut-fourneau, à disposition
modifiée, pour le chauffage extérieur du tube, et applique c[e]
haut-fourneau comme appareil de réduction.

La transformation du minerai réduit en métal se fait, soit par
agglomération directe à haute température, soit par fusion. Par
agglomération elle se fait directement sur la sole d'un four à pud[dler, à sole fixe ou tournante, dans un feu d'affinerie, un feu cata[lan, etc., en chauffant le minerai réduit dans une zone gazeuse [à]
une température suffisante pour permettre la transformation de c[e]
minerai réduit en métal par le ressuage ou l'expulsion, à l'éta[t]
fondu, de la gangue de minerai, avec l'aide de fondants ajoutés a[u]
minerai réduit avant ou après la réduction.

La fusion se fera soit dans un four à manche, soit dans un four
de toute autre forme appropriée à la fusion, après y avoir ajouté

avant ou après la réduction, le fondant nécessaire pour l'expulsion de la gangue du minéral réduit.

L'inventeur indique un four de réduction qui pourra réduire environ 500 kilogr. de minéral brut à l'heure, avec 50 tubes contenant environ 30 litres de minéral préparé pour la réduction, soit à la fois 50 × 30 = 1,500 litres. En supposant le volume du réducteur égal à celui du minéral, on aurait 750 litres de minéral à 50 p. 100, soit environ 750 × 2ᵏ = 1,500 kilogr. ; si le minéral reste 2 heures dans chaque tube, on aura les 500 kilogr. à l'heure. En supposant qu'on fasse la transformation au four à puddler et que chaque charge comporte 250 kilogr. de minéral réduit, correspondant à 200 kilogr. de fer puddlé, martelé, on aurait 2,400 kilogr. de production par 12 heures, soit 4,800 kilogr. par 24 heures, et il faudrait deux fours à puddler pour une marche de 500 kilogr. de minéral réduit à l'heure, pour suivre le four de réduction.

La fabrication pourra se faire aussi en mélangeant le minéral à la fonte liquide. Dans le four à puddler, par exemple, on pourra à 100 kilogr. de fonte liquide ajouter 125 kilogr. de minéral réduit, ce qui, tout en constituant un mode tout à fait nouveau de fabrication, augmentera la production, en diminuant le prix de revient du fer fabriqué. Dans ce cas, il faudra quatre fours à puddler ordinaires pour suivre les deux appareils, haut-fourneau et four de réduction, ou deux grands fours doubles à puddler.

L'appareil de réduction et le four à puddler sont chauffés au gaz d'un haut-fourneau. On augmente par hydrogénation, par lavage et par épuration des gaz la puissance calorifique, pour atteindre la température nécessaire aux transformations.

N° 127,713. — Paur. — 12 décembre 1878.

Affinage de la fonte au bas foyer, au moyen de coke substitué au charbon de bois.

Si la loupe obtenue au moment de l'achèvement de l'affinage ne possède pas une chaleur suffisante pour maintenir les laitiers qu'elle contient dans un état de fluidité indispensable, l'expulsion des laitiers par le cinglage se fait mal, et l'on n'obtient que du fer de qualité médiocre. Jusqu'ici on employait le charbon de bois, qui seul donnait un résultat favorable. L'inventeur a reconnu que l'emploi du coke, obtenu avec de la houille d'une qualité convenable, donne de bons résultats, au point de vue de l'économie et de la qualité des produits. Il faut avoir recours à une houille contenant le moins de soufre possible et suffisamment grasse; la distillation n'en doit pas être prolongée au delà du point voulu pour conserver à ce combustible beaucoup d'éléments gazeux, sans qu'il y reste toutefois des matières goudronneuses.

N° 127,820. — Deit. — 13 décembre 1878.

Perfectionnements apportés au fourneau tourangin.

Les perfectionnements apportés au fourneau tourangin pour la réduction préalable des minerais sont les suivants :

1° Suppression des portes latérales nécessaires pour l'enlèvement du minerai au ringard ;

2° Suppression de la fonte nécessaire pour l'introduction des barres de fer, destinées à arrêter la charge supérieure ;

3° Déchargement des minerais réduits par une petite ouverture placée au centre de la sole du fourneau, ou sur une de ses faces en utilisant la force de la pesanteur des minerais. La fermeture hermétique de cette ouverture est obtenue à l'aide d'une vanne à coulisse sans le secours de la terre glaise ;

4° Forme de la sole du fourneau à minerai ;

5° Emploi des regards latéraux et de face pour nettoyer, le cas échéant, les conduites qui livrent passage au gaz réducteur, et pour surveiller la descente régulière des minerais ;

6° Forme de la sole des conduits qui livrent passage au gaz réducteur ;

7° Emploi du regard supérieur permettant, en cas d'accident, de faire descendre les minerais qui viendraient à s'arrêter dans la partie la plus étroite du fourneau à minerai ;

8° Emploi du gaz chaud avant sa sortie du gueulard, alors qu'il n'a plus d'effet utile sur les minerais, pour dessécher les charbons humides et les empêcher ainsi de nuire à la bonne fabrication des éponges ou minerais désoxydés.

N° 127,883. — Hollway. — 11 décembre 1878.

Perfectionnements dans la fabrication du fer et de l'acier, et dans les procédés employés à cet effet.

L'inventeur réalise une économie notable de combustible, en injectant de l'air dans le fer fondu, en présence de coke métallique ou d'oxyde de fer et de charbon, et en utilisant la chaleur produite par la combustion de l'oxyde de carbone ainsi formé. Le coke métallique ou l'oxyde de fer et le carbone s'ajoutent de temps en temps par petites quantités à la fois; l'opération devient ainsi continue. Le fourneau employé est muni de tuyères disposées de façon que, tandis qu'on introduit l'air de bas en haut à travers la masse du métal fondu, afin d'oxyder le carbone et autres métalloïdes contenus dans ce métal, on fait également passer de l'air de haut en bas dans le récipient; on brûle ainsi l'oxyde de carbone formé.

La chaleur des gaz dégagés est utilisée pour chauffer l'air injecté. La température obtenue permet au métal fondu de prendre du carbone afin de remplacer celui qui a été oxydé; en outre, non-seulement elle facilite la réduction de l'oxyde de fer qui est en contact avec le carbone ou avec le carbure de fer fondu, mais encore elle produit la fusion du fer, dès qu'il est réduit de son oxyde; c'est pourquoi les scories ajoutées ne sont nécessaires qu'à cause de la difficulté que l'on éprouve pour obtenir de l'oxyde de fer sans addition de substances étrangères; de plus, comme on peut employer de l'oxyde de fer en poudre, il est possible de le débarrasser de ses impuretés, et quand on le désire, on peut en former du coke métallique.

Cette méthode permet de réduire le fer contenu dans les scories ferrugineuses fondues, obtenues au moyen des pyrites. Quand il s'agit de produire de l'acier, il faut éliminer le soufre de la scorie par oxydation, soit en insufflant de l'air, soit en ajoutant de l'oxyde de fer, tout en ayant soin de maintenir la masse fondue à une température suffisamment élevée. Les scories sont maintenues basiques et l'oxyde de fer est décomposé par les substances réductrices ajoutées.

N° 128,140. — **Wheeler.** — 27 décembre 1878.

Perfectionnements dans la fabrication du fer et de l'acier, principalement pour l'obtention d'objets composés de fer et d'acier mélangés et combinés en toutes proportions.

Cette invention est relative à certains perfectionnements dans la fabrication de l'acier et du fer homogènes ou de ces sortes d'acier et de fer qui sont réduits à l'état fluide en étant convertis directement ou indirectement de fer en gueuse, comme, par exemple,

de l'acier au creuset, acier Bessemer, fer Bessemer, et du fer o
de l'acier homogènes obtenus par les procédés Siemens-Martin o
autres procédés de fabrication sur sole.

Ces perfectionnements sont caractérisés par les points princ
paux suivants :

1° La manière de réduire du fer ou de l'acier en lingot, en l
renfermant, soit seul, soit avec un autre métal, dans un moule o
caisse en métal malléable, et en chauffant et réduisant ensuite l
lingot enfermé, ainsi formé;

2° La manière de réduire du fer ou de l'acier en plaçant une o
plusieurs pièces du métal dans un moule ou caisse malléable, e
remplissant ledit moule ou caisse avec du métal liquide, et
enfin, en chauffant et en réduisant le lingot enfermé ains
produit;

3° Un lingot composé, consistant en un moule ou caisse mal
léable rempli ou partiellement rempli de métal liquide, le récipien
étant tel qu'il doit renfermer complètement le contenu, et étan
destiné à passer avec lui par les manipulations de réduction;

4° La combinaison d'un moule ou caisse en métal malléable
ayant une ouverture ou porte, avec un chapeau ou couvercle
adapté dans ladite ouverture de manière à la fermer et constitue
une partie du moule ou de la caisse lors de sa manipulation ulté
rieure;

5° La pile pour plaques d'armures, ou pour des buts sembla
bles, ladite pile consistant en plaques, barres d'acier, plaqué ou
recouvert de fer, empilées en croix;

6° La pile, pour plaques d'armures ou objets semblables, con
sistant en plaques, barres ou billes d'acier plaqué de fer, empilées
en croix et combinées avec des plaques ou tables de fer forgé;

7° Comme nouvel objet de fabrication, une loupe, plaque ou
bille d'acier, ayant un revêtement extérieur ou recouvrement en
fer.

N° 128,183. — Ripley. — 30 décembre 1878.

Perfectionnements dans le puddlage et dans les fours, plus
spécialement dans ceux employés à cette opération.

Ce four à puddler, adapté à l'emploi de combustibles gazeux, est
à double base contenant deux cuvettes séparées par un pont ou
arche; le système est complété par des chambres de chauffe, des

brûleurs à gaz, et une chaudière à vapeur, dont les dispositions sont nouvelles.

Le four à puddler est rotatif et applicable à l'emploi de combustibles gazeux, en alternant, d'une des cuvettes du four à l'autre, le chauffage du gaz et de l'air, à une haute température, avant de les enflammer, et en utilisant la chaleur perdue.

N° 128,308. — Pettitt. — 4 janvier 1879.

Perfectionnements dans la fabrication du fer et les appareils employés.

Le perfectionnement consiste à mélanger avec le fer fondu les matières suivantes : le verre, la scorie de verre, le feldspath, les éclaboussures ou paillettes de fer qui s'échappent du métal lorsqu'il est laminé, les battitures. On ajoute aussi, dans certains cas, un minerai de fer, du protoxyde de manganèse, de l'anthracite, du sel de soude. Un appareil spécial, dont l'auteur revendique aussi la propriété, sert à introduire ces matières à l'état de poudre sèche dans le bain métallique au moyen d'une insufflation d'air.

Le fer fondu est coulé et traité par les ingrédients ci-dessus dans un convertisseur ordinaire ou dans un four à puddler.

Les proportions et la nature des matières étrangères additionnées dépendent de la composition du métal et de la qualité de l'article marchand qu'on veut obtenir ; mais l'expérience a démontré que la proportion ne doit pas être inférieure à un demi pour cent, ni supérieure à 6 pour cent du poids du fer employé.

N° 128,643. — Riley. — 25 janvier 1879.

Fabrication des briques et revêtements réfractaires appliqués à la métallurgie.

Ce nouveau produit réfractaire s'obtient en gâchant la chaux avec de l'huile de pétrole ou ses succédanés dépourvus d'eau.

La chaux est rendue plastique ou cohérente sans la convertir en hydrate, et sert à la fabrication de briques, creusets, revêtements, etc.

Pour le moulage on opère avec ou sans pression, mais de préférence avec pression.

La chaux peut être mélangée aussi à la silice, à l'oxyde de fer, à l'alumine, à la magnésie, etc., pour la rendre plus cohérente après la cuisson.

Les briques moulées sont chauffées dans des cornues fermées de façon à distiller les huiles et à les utiliser de nouveau. Les briques et les autres objets, faits de matériaux à l'épreuve du feu, doivent, dans ce cas, être cuits en les soumettant à l'action ordinaire du feu.

N° 129,111. — Harmet. — 13 février 1879.

Perfectionnements dans le traitement des fontes.

La déphosphoration des fontes se fait par la division de l'affinage, au convertisseur, en deux opérations distinctes; l'une, dans un convertisseur à garniture ordinaire, ayant pour but principal de faire disparaître le silicium et d'élever la température du bain métallique; l'autre dans un convertisseur à garniture basique pour éliminer le phosphore en présence d'un laitier basique.

Le transvasement qui se fait entre les deux opérations a pour but l'enlèvement du laitier siliceux, produit par la première opération, laitier qui rendrait la déphosphoration impossible.

N° 129,605. — Martin et Cordier. — 15 mars 1879.

Système combiné de procédés et appareils pour la transformation de la fonte, en vue de la fabrication d'un fer spécial à grain et homogène, sans passer par le puddlage.

Ce système est caractérisé par la succession des opérations que voici :

1° L'épuration de la fonte par sa fusion dans un cubilot dans lequel on a préalablement mis 50 kilogr. de coke, immergé dans une solution concentrée de chlorure de sodium. Si l'analyse n'a révélé que l'existence seule du soufre, on ajoute par 100 kilogr. de fonte 200 grammes environ de chaux, éteinte au moyen d'une solution de chlorure de sodium. S'il y a de l'arsenic, on fait intervenir l'hydrogène. S'il y a du phosphore, on ajoute à la chaux sodée ci-dessus, de 100 à 500 grammes de litharge par 100 kilogr. de fonte suivant la proportion de phosphore à enlever ;

2° La décarburation de la fonte, ainsi épurée, dans un convertisseur Bessemer ou autre, alimenté d'air par un réservoir accumulateur et régulateur de pression ;

3° La faculté de supprimer l'arrivée de l'air et de le remplacer par un courant de gaz acide carbonique à la même pression, pour éviter une décarburation trop prompte, et récarburer au besoin, tout en affinant le métal et le purifiant, cela lorsqu'on désire obtenir un métal plus particulièrement propre à être transformé en véritable acier fin. L'acide carbonique et l'air peuvent aussi être employés simultanément.

Dans un certificat d'addition, les inventeurs introduisent des perfectionnements dans la construction du récipient accumulateur d'air.

N° 130,087. — Ozann. — 9 avril 1879.

Procédé de fabrication du fer homogène fondu et de l'acier fondu dans le convertisseur Bessemer par l'emploi de la fonte phosphoreuse.

Le procédé est basé sur ce fait qu'une fonte phosphoreuse, partiellement ou totalement convertie par le procédé Bessemer et séparée des scories acides, donne un métal admirablement préparé à la déphosphoration. En effet, ce métal ne contient presque plus de matières étrangères, exigeant l'action oxydante des oxydes de fer, à l'exception du *phosphore*. Dans cet état, il suffira donc de le traiter par les oxydes de fer pour éliminer le phosphore en totalité.

La température, en outre, est tellement élevée que les réactions chimiques s'opéreront rapidement et complètement. On produira ainsi du fer homogène fondu ou de l'acier fondu par l'emploi d'une fonte Bessemer phosphoreuse.

N° 130,102. — Frykmann. — 10 juillet 1878.

Perfectionnements dans le traitement des composés ferrugineux pour en produire du fer, de l'acier ou des articles industriels qui peuvent en résulter et être obtenus, et dans les appareils employés à cet effet.

Les caractères principaux de ces perfectionnements sont les suivants :

Les minerais subissent d'abord un premier traitement, éliminant la majeure partie des impuretés, puis, par le travail dans les fours, les matières sont traitées, comme des dissolutions chimiques, par des précipitants convenables. La scorie retient les impuretés et s'écoule au moment de la formation du précipité de métal pur. La scorie ne retient bien les impuretés que quand elle possède une certaine teneur de fer, et ce résultat s'obtient en maintenant une couche d'oxyde de fer à la surface du bain ferrugineux pendant la précipitation et le traitement du bain par les réactifs propres. Pour empêcher l'oxyde de la scorie de se réduire, l'inventeur introduit au-dessus de sa surface des corps auxiliaires oxydants. Ces procédés sont appliqués sur sole quelconque.

Quand on traite la fonte par l'air comprimé, les gaz qui traversent la masse sont riches en oxyde de carbone; au lieu de les évacuer, on les utilise et on les brûle dans le four même.

Un autre perfectionnement a été introduit : dans le cas de réduction, les gaz, après leur passage à travers la masse, ne sont pas complétement décomposés; l'inventeur les brûle dans le four par arrivée d'air, et utilise leur chaleur de combustion.

Quand le métal est purifié, on introduit dans la masse les composés convenables pour donner au métal les qualités requises : c'est ainsi qu'on peut employer les substances contenant du manganèse, du chrome, du nickel, du carbone, etc.

Les différents réactifs sont introduits, au moyen de tuyères indépendantes du four, soit sur la surface, soit dans la masse du bain à traiter. Les combustibles sont employés à l'état gazeux.

N° 130,147. — Société Karcher et Westermann. — 15 avril 1879.

Procédé de puddlage ayant pour objet la diminution de la teneur en phosphore du fer puddlé.

Ce procédé consiste à puddler la fonte phosphoreuse dans une scorie contenant le moins possible de phosphore. Après chaque opération de puddlage, on enlève totalement ou partiellement le bain de scorie et on le remplace, en quantité équivalente, par des oxydes ou minerais de fer peu ou point phosphoreux, c'est-à-dire, aptes à absorber une quantité de phosphore supérieure à celle qu'ils renferment naturellement. On peut également additionner le manganèse.

N° 130,205. — Wilks et Howson. — 18 avril 1879.

Perfectionnements dans la fabrication du fer et de l'acier.

Ces perfectionnements reposent sur la combinaison du procédé pneumatique, ou du procédé à foyer ouvert, avec un système consistant à injecter des hydrocarbures dans le métal en fusion. On introduit dans le vent du pétrole ou un autre hydrocarbure, à l'aide d'une tour à coke construite en tôle et pourvue de réservoirs pour l'hydrocarbure. Une prise, aboutissant à la chambre inférieure de la tour, y conduit le vent qui, remontant par la grille, s'empare de l'hydrocarbure et le débite, à l'état de fine division, par le tuyau à vent au récipient de la charge. La chaleur du métal fondu est, par ce moyen, portée et maintenue au degré nécessaire pour la conservation de la fluidité de la masse.

Ce procédé est également applicable à la production du fer affiné, du fer malléable et de l'acier.

N° 130,344. — André. — 26 avril 1879.

Procédé perfectionné de déphosphoration du fer.

Ce procédé consiste à déphosphorer, désulfurer et désilicater le métal *au haut-fourneau lui-même*, au moment où la fonte, après avoir passé par la zone des tuyères, entre dans la partie inférieure du creuset, et avant d'être coulée en gueuses ou coquilles, à l'aide de fosses réfractaires ou de chaudières à fusion, fixes ou mobiles, garnies d'un revêtement à base réfractaire, munies de couvercles et contenant de l'oxyde de fer ou de manganèse ou les deux, sous forme de minerais. Ces fosses peuvent contenir aussi des produits grillés, ou des produits accessoires provenant d'autres fabrications, ou des scories avec ou sans addition de chaux, de magnésie ou d'alumine, ou des chlorures et des fluorures de potassium et de sodium ou, enfin, des terres alcalines.

N° 130,626. — Lemut. — 12 mai 1879.

Procédé de puddlage favorisant l'épuration de la fonte.

Ce procédé permet de faire, à bon marché, du bon fer avec des fontes à bas prix. Il repose sur l'emploi d'un four à double sole, l'une servant à la fusion de la fonte et à une première épuration, l'autre étant réservée à l'affinage proprement dit. L'enceinte de fusion est garnie de matières basiques, chaux, scories riches, battitures, minerais de choix, qui retiennent une grande partie du silicium, du phosphore et du soufre. La fonte, liquéfiée et partiellement épurée sur cette première sole, s'écoule sur la seconde, où son affinage se complète, en même temps que s'opère la décarburation.

Les deux soles sont chauffées par une même grille et sont séparées par un autel à courant d'eau. Pendant que le puddleur travaille une charge dans le compartiment le plus rapproché de la grille, la charge suivante se fond et s'épure dans le compartiment voisin, et, en outre, une troisième charge s'échauffe par la flamme perdue dans un casin placé à la suite du four. Lorsque le métal liquide est introduit dans le four d'affinage, il a perdu plus des trois quarts de son silicium, près de la moitié de son phosphore et de son soufre; il retient, au contraire, presque tout son carbone.

Dans ce système, au lieu de faire 8 ou 9 charges en 12 heures, on fait 14 à 15 charges. La consommation de charbon n'augmente que de 25 p. 100, tandis que la production est accrue de 50 à 60 p. 100.

N° 131,074. — Würtenberger. — 6 juin 1879.

Perfectionnements dans la fabrication du fer ou de l'acier fondus par grandes quantités, au four régénérateur à gaz, au moyen des fontes phosphoreuses, en se servant d'un procédé de déphosphoration basé sur l'introduction ou l'insufflation de réactifs en poudre fine dans l'intérieur du bain de métal.

Les parties caractéristiques sont les suivantes :

1° Procédé d'injection de réactifs, finement pulvérisés, dans l'intérieur du bain de métal à l'aide d'air comprimé, dans le but de déphosphorer les fontes et de les transformer en acier ou en fer fondus, par grandes quantités;

2° L'injection de réactifs peut aussi avoir lieu au moyen d'autres agents, tels que la vapeur d'eau ou autres gaz comprimés, et ce procédé peut également servir pour la déphosphoration et l'épuration de la fonte brute;

3° Le brevet porte aussi sur la construction même de l'appareil à injecter l'air et les réactifs;

4° L'emploi de plusieurs appareils semblables pour fabriquer le fer ou l'acier fondus au four régénérateur à gaz à l'aide d'une simple introduction d'air, au moyen des variétés de fontes blanches, truitées ou grises.

Dans un certificat d'addition l'auteur revendique :

1° L'appareil de tuyères qui, lorsqu'il est introduit dans le bain métallique, sert pour l'introduction du vent et de réactifs tels qu'oxydes de fer, etc., dans le bain métallique fondu au four à gaz à chaleur régénérée, dans le but de produire du fer fondu et de l'acier fondu au moyen de fontes blanches ou truitées de teneur différente en phosphore ;

2° L'application de l'appareil au procédé actuel de fabrication de l'acier Martin, afin de rendre possible l'emploi de plus grandes quantités de fontes ainsi que l'emploi de matières phosphoreuses ;

3° L'emploi du procédé et de l'appareil pour la déphosphoration des fontes, en introduisant avec le vent les réactifs dans la fonte venant directement du haut-fourneau dans un bassin ;

4° L'emploi du procédé et de l'appareil pour la déphosphoration d'une charge Bessemer, traitée dans un convertisseur Bessemer ordinaire jusqu'à la décarburation, et introduite de là dans un four à gaz à chaleur régénérée.

N° 131,864. — Claus. — 9 juillet 1879.

Perfectionnements dans la fabrication du fer malléable et de l'acier, et dans la préparation des matières pour la construction des fourneaux et autres appareils employés dans ce but.

L'invention a pour objet les perfectionnements suivants :

1° Préparation de briques et de matériaux pour garnir ou revêtir les foyers ou récipients employés dans la fabrication du fer malléable et de l'acier. A cet effet, l'inventeur combine le fluorure de calcium, le chlorure de calcium, le chlorure de magnésium, le chlorure de fer, le chlorure de sodium, avec le calcaire, le calcaire magnésien et la bauxite, ou avec des mélanges de ces matières ;

2° L'application du fluorure de calcium, chlorure de calcium, chlorure de magnésium, chlorure de sodium, avec le calcaire, ou avec le calcaire et l'oxyde de fer, dans le but d'éliminer le phosphore du fer et de maintenir le laitier basique en état de fusion dans des fourneaux, récipients ou creusets basiques ;

3° Le recueillement du chlore qui s'est volatilisé et échappé des chlorures ;

4° Le recueillement et l'utilisation de l'excès de calcaire dans le laitier produit dans ce procédé.

N° 131,672. — Parisot. — 15 juillet 1879.

Système de four à foyer perfectionné.

Ce foyer perfectionné est applicable à tous les fours usités dans la métallurgie.

Les parties caractéristiques sont :

1° Un pique-grille mécanique, composé d'un arbre sur lequel sont fixés un certain nombre de couperets en nombre égal à la moitié ou au tiers des vides entre les barreaux. Cet arbre est manœuvré par un levier. Au moment voulu, on manœuvre le levier et tous les couperets viennent progressivement, grâce à leur taillant courbe, trancher les crasses et soulever le combustible pour donner de l'air. Un instant après, on fait avancer l'arbre d'un cran, on manœuvre de nouveau et on pique les barreaux qui ne l'avaient pas été la première fois ;

2° Un système de grille articulée, composée de barreaux munis d'un talon et placés sur deux porte-grille ayant des encoches qui sont destinées à fixer la place de chaque barreau.

Chaque porte-grille est articulé et tourne autour d'un axe ; ils sont accouplés par des leviers et une bielle.

Un décrassage étant devenu nécessaire, on introduit, par des fentes pratiquées dans le sommier, une série de barreaux qu'on fait glisser sur les crans, puis on manœuvre le levier, et toute la grille vient prendre une nouvelle position. En cet état, on enlève rapidement les crasses, puis, par un mouvement inverse, on replace la grille à sa position normale. On enlève les faux-barreaux, et l'opération est terminée sans perte de combustible. En un mot, c'est un foyer de combustion méthodique pour l'aération et le décrassage de la grille.

N° 131,945. — Chenot. — 31 janvier 1879.

Méthode rationnelle de réduction des minerais en éponges métalliques industrielles.

Des vapeurs ou gaz *excessivement chauds* sont injectés dans la masse à traiter, et produisent un *surchauffage* énergique des charges dans les appareils mêmes de réduction. Une contraction moléculaire considérable des charges a lieu, et on obtient de l'éponge industrielle, dure, dense, non pyrophorique, en grandes masses et à bon marché; c'est le but dominant. Une disposition spéciale des carneaux horizontaux de serpentage donne, sur une faible hauteur relative, un très-grand développement de parcours des flammes de chauffage, et permet de produire et de localiser, à volonté, un surchauffage, intermittent ou continu, des parois de la partie inférieure de la cornue de réduction.

L'auteur applique également ladite disposition spéciale aux fourneaux réducteurs existants, pour les transformer économiquement en appareils perfectionnés.

Il décrit également un wagon à éboulement, et un wagon-fermeture. Enfin, il indique un moyen pratique et efficace pour introduire un gaz préservateur dans les refroidissoirs ou dans les orifices de déchargement des cornues de réduction.

N° 132,143. — Gussander. — 8 août 1879.

Nouvelle méthode pour la production directe de fer et d'acier des meilleures qualités, même de minerais impurs, et sans passer, comme jusqu'ici, par le procédé intermédiaire de la fonte, y compris, en outre, un procédé pour la séparation de minerais réunis mécaniquement, ainsi qu'une méthode pour l'oxydation ou le grillage de matières pulvérulentes.

L'enrichissement et l'épuration des minerais s'effectuent de la manière suivante :

Le minerai et sa gangue sont, avec ou sans réchauffement préalable, réduits en poussière au moyen de concasseurs appropriés. Cette poussière, parfaitement sèche, est introduite dans un courant d'air uniforme par le moyen d'une machine soufflante ou d'un ventilateur à pression réglée, et est disséminée par le courant dans une chambre, protégée contre l'action perturbatrice de tout autre courant d'air. Là, la force de la pesanteur agit sur les poussières dispersées dans l'air, de manière que celles-ci se déposent dans leur chute par ordre de densité, la poussière la plus pesante tombant plus près, et la plus légère plus loin.

Une opération analogue est appliquée quand l'un ou l'autre des constituants du mélange est magnétique. On utilise, à cet effet, le même principe que pour l'enrichissement. Le disséminateur à vent lance la poussière contre une série de plaques de fer, rendues ma-

gnétiques. Ces plaques, disposées l'une derrière l'autre devant
l'ouverture d'arrivée du vent, sont mises en mouvement de va-et-
vient. Les poussières s'y attachent, et sont enlevées par un râble.

La méthode pour le grillage et l'oxydation des matières pulvérulentes est la suivante: dans un four, composé d'un cylindre,
couché ou vertical, en tôle, en briques réfractaires se meut une
vis creuse, munie, çà et là, de trous par lesquels on fait entrer
l'air atmosphérique, à la pression convenable. Le four est chauffé
soit du dehors, soit du dedans. La poussière du minerai à griller
est transportée dans le four par la vis creuse dont le mouvement
est convenablement réglé pour que le grillage soit complet. La
poussière grillée tombe ensuite directement dans le four de réduction. Celui-ci contient un râble pour remuer la poussière. Le gaz
réducteur, l'oxyde de carbone, est introduit dans le four par une
disposition analogue à celle qui a été indiquée plus haut pour
l'introduction de l'air dans le four à griller.

L'auteur indique aussi une méthode pour produire du fer et de
l'acier de minerais de fer pulvériformes.

N° 132,194. — Dering. — 11 août 1879.

Fabrication du fer et de l'acier.

L'invention consiste à traiter d'abord la fonte dans un convertisseur Bessemer, ou vase ou fourneau fixe ou mobile, portant une
garniture siliceuse qui peut être facilement renouvelée et réparée,
et qui est recouverte, dans certains cas, d'une garniture carburée.

Dans cette première opération, le silicium et une grande partie
du carbone de la fonte sont enlevés en insufflant de l'air ou en introduisant autrement de l'oxygène; ou bien aussi, la proportion
de ces éléments est diminuée par l'infusion dans la masse d'une
certaine proportion de métal malléable ou partiellement réduit.

Le métal fondu est ensuite transféré dans un autre convertisseur
ou vase ou fourneau, en ayant bien soin d'enlever toute la scorie
qui s'y trouve à la fin de la première opération. Ce nouveau vase
est pourvu d'une garniture basique, suffisamment réfractaire, pour
y compléter l'épuration du métal fondu, en enlevant son phosphore
par l'effet de la réaction d'oxydes métalliques ou autres agents déphosphorants. On enlève ainsi le phosphore du métal avec une
faible usure de la garniture basique du second convertisseur.

Après que le phosphore a été enlevé, on ajoute, comme d'habitude, du spiegeleisen ou du ferro-manganèse.

Le procédé consistant, comme nous venons de le voir, à oxyder dans une première opération le silicium et le carbone, puis à enlever dans une seconde opération le phosphore et autres impuretés, permet d'employer des matières comparativement coûteuses, telles que le nitrate de soude, le fluorure de calcium et autres réactifs énergiques, attendu qu'il en faudra une bien moindre quantité.

Une autre modification consiste à substituer une garniture carburée à la garniture basique du second convertisseur; l'épuration par les réactifs déphosphorants peut s'y faire avec ou sans l'aide de courant d'air ou de gaz, et avec ou sans emploi de moyens mécaniques pour effectuer l'agitation. La nouveauté ne consiste pas dans l'emploi de convertisseurs à garniture carburée, mais elle consiste ici dans la combinaison et l'ordre successif des opérations.

N° 132,589. — Lencauchez. — 4 septembre 1879.

Nouvelle méthode de déphosphoration des fontes pour la production du fer fin, de l'acier naturel ou de l'acier fondu.

Cette méthode de déphosphatation des fontes est basée essentiellement sur l'emploi, pour la purification du métal, de deux convertisseurs, le premier à parois siliceuses, le second à parois basiques, en prenant le soin d'empêcher les scories siliceuses provenant du premier convertisseur de pénétrer dans le second, et de prolonger dans le second convertisseur la durée du soufflage de quelques minutes après que le silicium et le carbone y ont été brûlés en totalité, afin d'y produire l'oxydation du phosphore et sa combinaison avec les bases ajoutées à cet effet. Ces bases sont : la chaux, la magnésie, la dolomie, les oxydes de fer, les oxydes de manganèse, la soude, etc.

Le métal, purifié et débarrassé de sa scorie basique, est ensuite coulé dans un four Martin, Maudslay, ou autre ordinaire, et y est enfin transformé en acier fondu ou en métal spécial, pour la production des aciers corroyés, ou des fers supérieurs dits à grain fin.

N° 132,945. — Smith. — 30 septembre 1879.

Perfectionnements dans les fours employés dans la fabrication des tubes en fer et en acier soudés.

Le perfectionnement réside dans la disposition suivante : Le carneau commun du four, dans lequel la flamme et les produits de la

combustion passent, au sortir de la chambre à chauffer principale,
est converti en une chambre à chauffer préliminaire, dans laquelle
les maquettes en fer ou en acier, qui doivent être converties en
tubes soudés, subissent une chauffe préliminaire avant d'entrer
dans la chambre à chauffer principale où elles doivent subir la
chaude soudante.

N° 133,573. — Dupriez. — 11 novembre 1879.

*Procédé de déphosphoration et de désulfuration des fers, fontes et
aciers, dans les hauts-fourneaux, fours et autres appareils
fondant ou transformant ce métal, par injection avec suppression du spiegeleisen.*

Le procédé consiste à introduire, par injection dans le métal en
fusion et au moment le plus convenable, un réactif capable de
s'emparer du phosphore ou de chasser le soufre.

L'injection du réactif dans le métal en fusion peut se faire par
le courant de vent lui-même au moyen d'une disposition convenable sur le conduit de la soufflerie. Un grand avantage du procédé
est qu'on peut, par l'injection d'un réactif convenable, opérer ou
la déphosphoration ou la désulfuration, en *supprimant le spiegeleisen.*

Le réactif le meilleur est la chaux caustique, réduite en poudre
aussi fine que possible. Pour la désulfuration, avec suppression
du spiegeleisen, l'injection d'un corps riche en manganèse suffit
pour faire passer le soufre dans les scories.

N° 133,586. — Birrenbach et Rémaury. — 8 novembre 1879.

*Procédé de déphosphoration des fontes au puddlage à l'aide d'un
appareil à réchauffer les matières épurantes.*

Ce procédé de déphosphoration des fontes est caractérisé essentiellement par le *réchauffement préalable* des matières épurantes,
qui sont contenues à cet effet dans une caisse logée dans la voûte
du four à puddler.

N° 133,835. — Allen. — 25 novembre 1879.

Perfectionnements dans le chauffage des lingots lopins ou blettes de fer et d'acier, ainsi que dans les fours employés à cet effet.

Ces perfectionnements portent principalement sur l'économie dans le chauffage, et sur l'alimentation régulière et continue des lingots, lopins ou blettes chauffés.

Ce résultat est obtenu par leur arrangement, côte à côte, sur des cloisons longitudinales placées dans le four, où ils sont soumis à l'action de la chaleur. La manœuvre d'avancement des lingots, etc., se fait graduellement, suivant la longueur du four, de la partie la plus froide vers la partie la plus chaude. La disposition spéciale de murs ou cloisons longitudinales permet au feu et aux gaz chauds de passer au-dessous les lingots aussi bien qu'au-dessus.

CHAPITRE IV

ACIER

N° 46,524. — Duhesme, de Kuolz et de Fontenay. — 31 août 1860.

Régénération des vieux aciers.

Les inventeurs revendiquent le procédé de régénération des vieux aciers, pour reconstituer l'acier fondu, au moyen de deux combinaisons, dont l'une repose sur l'emploi du prussiate rouge de potasse et l'autre sur l'emploi du prussiate jaune de potasse, suivant le dosage indiqué dans le brevet.

N° 46,557 — Duhesme, de Kuolz et de Fontenay. — 31 août 1860.

Perfectionnements dans la fabrication de l'acier fondu.

Ces perfectionnements dans la fabrication de l'acier fondu ont pour base l'emploi du prussiate rouge de potasse, avec divers mélanges de fer, de fonte, d'oxyde de fer et de vieux aciers, dans des proportions déterminées, obtenues dans le laboratoire et dans une usine. Quatre mélanges sont indiqués par les inventeurs, qui se réservent de les modifier dans de certaines limites.

N° 47,536. — Alexandre. — 26 novembre 1860.

Procédé de fabrication de l'acier fondu.

Ces procédés ont pour but d'obtenir de l'acier fondu sans ampoules ni soufflures, etc., et pouvant être moulé en objets de toutes formes et de toutes dimensions, sans que le corroyage soit nécessaire pour lui donner la ténacité voulue. L'acier pur ne doit être coulé que lorsqu'il surnage sur du fer à l'état pâteux; il s'obtient au moyen des mélanges suivants en proportions convenables:

1° De limaille de fonte oxydée et de limaille de fonte non oxydée, traitées dans des creusets en plombagine;

2° De limaille de fonte oxydée et de fonte de première ou de seconde fusion, traitées, soit dans des creusets, soit dans des fours à puddler;

3° Par le puddlage ordinaire, dans un four à réverbère convenablement disposé, du fer avec de la limaille de fonte oxydée.

N° 48,130. — Duhesme et Muaux. — 10 janvier 1861.

Mode de fabrication des aciers fondus en général.

Ce procédé a pour caractère distinctif l'emploi de la fonte que l'on décarbure, au lieu de prendre des fers qu'il faut carburer, pour la fabrication des aciers fondus en général. On met dans les creusets les matières suivantes:

Fonte.	1000 parties.
Oxyde de manganèse	40 —
Nitrate de potasse	20 —
Wolfram	1 —

On chauffe dans un four à courant d'air naturel, et on opère comme par les procédés ordinaires.

N° 48,370. — Martin. — 1er février 1861.

Procédé de fabrication de l'acier fondu directement du minerai, de la tournure de fer et du riblon concassé, employés isolément ou combinés.

Le minerai est pulvérisé, puis mélangé à du charbon en poudre ou à un réducteur, comme un mélange de ferro-cyanure jaune ou bleu et de sel ammoniac, en proportion convenable, pour obtenir, par une seule fusion directe, de l'acier, c'est-à-dire l'intermédiaire du fer à la fonte de fer. Il faudra donc faire le mélange en proportion telle, que l'on n'arrive pas au degré de carburation de la fonte ; ensuite, on ajoutera, en proportion réglée, suivant la nature du minerai, les matières convenables pour donner une qualité spéciale à l'acier que l'on se propose d'obtenir ; on pourra ajouter du manganèse, du wolfram, du titane, du nitrate de potasse, etc., dans la proportion, chacun, d'environ 1 à 4 p. 100. Puis, à ce mélange de matières diverses on ajoutera le fondant nécessaire, suivant la gangue du minerai. Ce fondant aura pour but, si le mélange est fondu au creuset ou en vase clos, d'aider à ne produire la fusion complète qu'à une température prévue, de préserver le métal, et d'absorber les matières nuisibles du minerai, telles que le soufre, l'arsenic, le phosphore, l'excès de silice, etc.

Si le mélange est fondu directement avec le combustible, on fera une pâte en malaxant toutes ces matières, et en les convertissant en boules ou sous toute autre forme, de la grosseur d'une noix à celle d'une pomme. Le fondant devra aussi avoir un degré de fusibilité tel qu'il ne rende la fusion possible qu'à la température correspondant à la constitution de l'acier fondu ; alors, chaque boule fera, par rapport au minerai contenu, l'office d'un creuset, en le préservant de l'action de l'air et des gaz.

N° 48,618. — Lemaire. — 21 février 1861.

Nouveau mode de cémentation par les carbonates alcalins, terreux ou autres.

Les appareils de toutes formes, caisses ou autres, sont chargés avec un mélange de poussière de charbon et de carbonate de baryte naturel pulvérisé, de manière à ce qu'il y ait, au plus, 50 p. 100 de carbonate. On peut aussi remplacer ce sel par le carbonate de strontiane. On ferme complétement les extrémités des vases dans lesquels on fait la cémentation, et on porte le tout au rouge vif ; quand la température paraît suffisamment élevée, on ouvre une des extrémités des caisses et on introduit des barres de fer minces au milieu du cément, de manière à ce qu'elles soient entièrement couvertes du mélange ; on ferme l'ouverture lorsque la caisse est pleine. Si l'on veut suivre la marche de la cémentation, on peut retirer une des barres en train de se cémenter ; on lui donne une légère passe au laminoir, ensuite on la trempe et on la casse. À l'aspect du grain, il est impossible de se tromper et de ne pas obtenir exactement la cémentation désirée.

N° 48,875. — Mushet. — 13 mars 1861.

Perfectionnements apportés à la fabrication de l'acier fondu et d'un alliage métallique.

Le procédé consiste à prendre de l'acier et à faire fondre avec lui des minerais de titane qui contiennent, outre l'acide titanique, une forte proportion d'oxyde de fer, tels que les minerais appelés ilménite et isérine; ces minerais de titane ont été désoxydés avant d'être employés, en les chauffant en contact avec une substance carbonée, solide ou gazeuse. Pour effectuer cet alliage, on introduit les minerais de titane désoxydés, avec l'acier, dans un creuset placé dans un fourneau à fondre l'acier ordinaire et on y fait chauffer ces substances jusqu'à ce qu'elles soient fondues et alliées; alors on fait couler l'acier fondu, ainsi obtenu, dans des lingotières ou autres moules convenables. Les minerais de titane à employer de préférence sont ceux qui contiennent, outre l'acide titanique, une forte proportion d'oxyde de fer: l'isérine et l'ilménite remplissent ces conditions, surtout l'isérine appelée « sable de fer de la Nouvelle-Zélande », qui contient 8 à 11 $\frac{1}{2}$ p. 100 d'oxyde de titane, le restant se composant essentiellement d'oxyde de fer.

N° 49,122. — Margueritte et Lalouël de Sourdeval. — 4 avril 1861.

Fabrication de l'acier au moyen des cyanures.

Si l'on calcine, à une température élevée, des barreaux de fer au contact de charbon cyanuré, en ayant soin de ringarder de temps en temps pour renouveler les surfaces réagissantes, on arrive à saturer d'azote et de carbone toute la masse du fer et à la transformer ainsi en acier dont le grain et la qualité sont tout à fait remarquables. Par le présent brevet les inventeurs revendiquent :

1° L'aciération ou l'azote-carburation du fer au moyen des cyanures de potassium, de sodium, de baryum, préparés, soit comme celui de baryum, avec l'air atmosphérique, soit, comme celui de

en le soumettant à de grandes pressions, pendant qu'il est liquide, dans les moules; 6° la grille formée de barreaux de vieux rails sur lesquels on dispose, après la coulée, une nouvelle charge de fonte à convertir en acier, sans laisser refroidir le four; 7° e moyen de convertir à peu de frais les minerais les plus riches en acier fondu ou en fer épuré; 8° le moyen de donner au bain décarburé une fluidité plus grande en y laissant tomber une certaine quantité de fonte spéculaire de Prusse, maintenue en fusion, à une haute température, dans un creuset ou cornue.

2° ADDITION, en date du 25 février 1867.

Ce certificat d'addition a pour but de convertir en acier fondu, homogène, sans soufflures, les canons de fonte, de toutes dimensions, pour l'artillerie et l'infanterie.

La décarburation de la fonte liquide dans le moule s'opère par les courants de vapeur surchauffée qui traversent, obliquement de bas en haut, la fonte, la brassent et agissent chimiquement. L'oxygène brûle progressivement les $^9/_{10}$ du carbone et le silicium, contenus dans la fonte, pour la convertir en acier, tandis que l'hydrogène enlève à ce dernier tout le soufre et les autres métalloïdes qui le rendraient cassant. De plus, la grande vitesse ascensionnelle de l'hydrogène, à 1,400 degrés, efface les soufflures en entraînant les gaz carbonés et l'air, emprisonnés dans le métal liquide.

N° 61,224. — Mushet. — 22 décembre 1863.

Perfectionnements apportés à la fabrication de l'acier et du fer.

L'addition de la fonte hématite ou suédoise en fusion à la fonte décarburée en fusion, conjointement avec le spiegeleisen, constitue cette invention.

Quand la fonte en fusion est décarburée en la soumettant au procédé dit pneumatique, on y ajoute ordinairement, à la fin de l'opération, une certaine quantité de spiegeleisen ou de fonte de fer manganique en fusion, afin d'améliorer la qualité du fer et de l'acier. Ce spiegeleisen est une fonte de fer manganique fabriquée dans la Prusse rhénane et bien connue dans le commerce. On fait fondre le spiegeleisen dans un fourneau à vent ou dans des creusets, et on le verse ensuite dans la fonte décarburée en fusion contenue dans le vaisseau de conversion pneumatique, de manière à les mélanger ensemble. L'addition à la fonte décarburée en fusion d'une partie de fonte hématite ou de fonte suédoise au charbon de bois, ou autre fonte pure hématite et au charbon de bois en fusion, avec le spiegeleisen en fusion, améliore la qualité du fer ou de l'acier et produit une économie dans le prix de la fabrication.

N° 61,825. — Mushet. — 8 janvier 1864.

Perfectionnement dans la fabrication de l'acier fondu.

Lorsque, par le procédé de décarburation dit pneumatique, on prive la fonte de presque tout son carbone, on obtient un fer malléable que l'on appelle fer pneumatique.

Le perfectionnement actuel consiste à ajouter au fer malléable pneumatique, en fusion, une certaine quantité de fonte; on rend ainsi du carbone au fer et on fait de l'acier. L'inventeur préfère employer de la fonte affinée, préparée avec de la fonte très-pure, telle que fonte suédoise, fonte indienne; il ajoute au fer malléable pour 50 kilogr., 10 à 25 kilogr. de fonte affinée. On peut mélanger les deux métaux soit en les faisant couler d'un four dans l'autre, soit en versant la fonte fondue dans des creusets.

N° 61,828. — Salomon. — 8 février 1864.

Mode de production de l'ammoniaque dans l'affinage de la fonte.

D'après MM. Frémy et Senderson, l'acier ne serait autre qu'un azoto-carbure de fer mélangé de fer carbonaté. On l'obtient, jusqu'ici, en demandant l'azote à l'ammoniaque et le carbone au gaz d'éclairage, mais le procédé est coûteux.

L'inventeur arrive au même résultat en envoyant la fonte affinée dans des fours à réverbère, où elle est convertie en azoto-carbure de fer et en carbonate de fer sous l'action d'un mélange d'air, de vapeurs d'huiles essentielles et d'eau vaporisée, mélange qui a passé par une série de réservoirs, où il s'est saturé de carbonate d'ammoniaque. On fait pénétrer dans la masse, pour chaque 100 kilogr. de fonte, 35 mètres cubes d'air, 50 litres d'eau et 20 litres d'huile pyrogénée. On obtient ainsi de l'acier et de l'ammoniaque. L'air chaud élimine les sulfures et les phosphures, et l'hydrocarbure redonne le carbone qui constitue l'acier.

N° 61,846. — Chambeyron. — 12 février 1864.

Appareils et moyens de cémentation des fers et d'inoxydation des métaux.

D'après les systèmes de cémentation mis en pratique, les gaz, ayant servi à la saturation, sont abandonnés après l'opération. Trouver un moyen de conserver ces gaz en les emmagasinant, de les revivifier lorsqu'ils sont appauvris, c'est remplir la condition d'économie dans la dépense.

On a reconnu que, sous la pression ambiante et dans un bain sans déplacement de gaz azoto-carburés, la cémentation se fait très-lentement et d'une manière incomplète. Or, l'inventeur a construit des chambres capables de résister aux températures les plus élevées et aux fortes pressions, pour donner aux gaz qu'elles renferment un mouvement continu et les obliger, sous une pression de plusieurs atmosphères, à pénétrer très-rapidement le fer, en le transformant en acier de première qualité, en un mot, pour forcer la saturation et atteindre ainsi la condition de rapidité dans l'exécution.

La cémentation complète des fers, d'après ces procédés, n'exige pas plus de 12 heures et doit s'opérer beaucoup plus rapidement, s'il ne s'agit que d'une cémentation partielle.

L'invention porte ensuite sur l'inoxydation du fer. Elle consiste à incorporer dans le fer lui-même et à une certaine profondeur un métal ou alliage peu impressionnable à l'action de l'oxygène et considéré pratiquement comme inoxydable.

Ces moyens préservatifs sont les suivants : il s'agit d'introduire dans le fer et à l'état de vapeur, soit le zinc seul, lorsqu'il n'y aura à redouter que le contact de l'oxygène, soit, lorsque le fer devra séjourner dans des eaux corrosives, un alliage volatil composé de : étain, 1 volume ; plomb, 1 volume ; zinc, 3 volumes. Une haute température étant indispensable à la vaporisation des métaux à incorporer, l'opération devra être faite dans les chambres à cémenter. Lorsque les vapeurs métalliques se seront incorporées dans les pores du fer, elles s'y condenseront par un abaissement de température qu'on fera précéder de l'introduction d'une certaine quantité de borax qui, se volatilisant dans les appareils, fixera les métaux incorporés.

Enfin, cette invention a trait à la revivification du gaz de cémentation et à un pyromètre spiroïdal, pour évaluer les hautes températures des cornues.

ADDITION, en date du 30 octobre 1865.

Dans le nombre des matières à distiller pour la production des gaz azoto-carburés, l'auteur indique le sang desséché, mélangé à la sciure de bois, et transformé en briquettes.

N° 63,272. — Rastouin. — 31 mai 1864.

Procédé de cémentation.

Les minerais qui produisent les fers français n'étant pas spathiques et carbonatés comme les minerais qui produisent les aciers d'Allemagne, l'inventeur a composé un cément qui donne aux aciers faits avec les fers français, la qualité aciéreuse des fers de Suède. Il opère par un décapage du fer et un enduit fait par un cément liquide composé de cendre de chêne, de suie, d'ail et d'eau dans les proportions suivantes :

Suie.	0k,000
Cendre	4 ,500
Ail broyé	1 ,500
Eau.	72 ,000

Le cément, dont les barres de fer doivent être couvertes dans le four à cémenter, est un cément sec, se combinant immédiatement avec l'enduit du cément liquide et fixant le carbone sur les barres. Il est composé de charbon de bois broyé, de chaux vive, de suie calcinée et broyée, de sel de cuisine décrépité, le tout mélangé dans les proportions suivantes :

Charbon.	37k,500
Chaux. . . . . :	37 ,500
Suie.	12 ,500
Sel	3 ,125

Des éprouvettes sont placées dans le bout de la caisse du four et servent à connaître la marche de la cémentation.

N° 64,097. — Martin. — 10 août 1864.

Procédé de fabrication de l'acier fondu.

Ce procédé est applicable au four à gaz, système Siemens, et, par extension, à toute autre forme de four à réverbère ; il est applicable aussi au four à manche dit « four à la Wilkinson » et autres fours de forme et usages analogues.

Ce procédé nouveau de fabrication de l'acier fondu avec le four à réverbère consiste :

1° A fondre le fer ou l'acier naturel dans un bain de fonte échauffé dans le four à réverbère, de préférence dans le four à gaz Siemens, et à continuer l'opération par le coulage successif d'une partie du bain amenée aux proportions de température et de mélange des matières métalliques pour la formation de l'acier fondu, ce qui établit un travail continu ;

2° A purifier les bains des laitiers lourds et noirs, chargés d'oxyde de fer, et à les remplacer par des laitiers exempts, autant que possible, d'oxyde de fer et d'autres oxydes ; tels sont les laitiers vitreux du haut-fourneau au bois en bonne marche, le sable siliceux et autres flux vitrifiables et préservateurs.

Dans l'application du procédé au four à manche, il faudra éviter avec soin le laitier noir et, pour cela, on fondra abondamment, avec les boules de puddlage et la fonte en mélange, du laitier ou flux vitrifiable exempt d'oxyde de fer, pour l'écouler par l'orifice du four à manche, jusqu'à ce que le laitier devienne clair et exempt d'oxyde.

1re ADDITION, en date du 24 août 1864.

Cette addition repose sur l'emploi du four à réverbère Siemens ou autre four à réverbère de forme quelconque, et sur l'emploi d'un four à manche ou ses analogues à la fabrication directe de l'acier fondu, soit dans le four à réverbère directement avec la fonte, soit avec un mélange de fonte et fer ou acier naturel fondus ensemble, l'acier fondu étant obtenu par une méthode particulière d'affinage de la matière fondue, qui consiste à modifier la nature du laitier du bain pour l'amener à être exempt d'oxyde, résultat indispensable à la transformation de la matière fondue en acier. Cette condition d'un laitier clair a été reconnue nécessaire au bon acier, même à celui fabriqué en creusets, non-seulement pour que sa nature soit convenable comme résistance, mais encore pour qu'il soit exempt de soufflures.

2e ADDITION, en date du 26 août 1864.

Cette addition a pour but l'emploi de la plombagine, du coke pilé, du charbon de terre ou de bois et, en général, de toutes matières réductives et comburantes à la surface du bain ou en mélange avec les matières à fondre à l'état d'acier, dans la transformation du laitier chargé d'oxyde en laitier exempt d'oxyde ou n'en renfermant qu'une moindre proportion.

3° ADDITION, en date du 26 décembre 1864.

Cette addition donne la composition du bain, se modifiant à volonté, suivant la qualité du produit que l'on veut obtenir en acier fondu.

4° ADDITION, en date du 10 octobre 1865.

Cette addition se rapporte au problème réciproque, c'est-à-dire, qu'en fabriquant dans le four à puddler directement l'acier puddlé, on pourra arrêter l'opération d'affinage au point où l'acier prend nature en changeant le laitier noir pour du laitier clair et en ajoutant au métal, par la porte de travail, de la fonte liquide à la chaleur blanche. Le but de cette addition de fonte liquide est de refondre l'acier puddlé ou le fer déjà obtenu, pour le transformer directement en acier fondu, en élevant fortement la température du four, qui devra, à volonté, atteindre de 1,800 à 2,000 degrés ; dans ce but, on se servira de préférence d'un four à puddler chauffé au gaz, système Siemens ou autre.

5° ADDITION, en date du 11 octobre 1865.

Cette addition a pour but la préparation préalable du minerai, avant de le porter dans le bain de fonte au four à réverbère.

Cet emploi du minerai préparé comporte également l'emploi de l'addition facultative au bain du mélange de sel marin avec manganèse et spath-fluor.

6° ADDITION, en date du 11 octobre 1865.

Cette addition est relative à l'emploi du sel marin, du manganèse et du spath-fluor dans la fabrication de l'acier fondu.

7° ADDITION, en date du 23 août 1866.
Cette addition comprend :

1° Dans son principe, la transformation des riblons de fer et d'acier, et notamment les déchets et rebuts du procédé Bessemer, en acier de bonne qualité, à l'aide de leur fusion successive dans un bain de fonte de fer convenablement choisie ;

2° Dans son mode de fonctionnement, l'emploi d'un four, soit à grille, soit à réverbère, mais de préférence d'un four Siemens à régénérateurs à gaz, et à la prédominance des fontes aciéreuses, rubanées et lamelleuses à grandes facettes pour la composition des bains, lesquelles fontes n'ont pu être, jusqu'à présent, employées qu'en très-petite portion pour l'obtention de l'acier par le procédé Bessemer ;

3° Dans la possibilité de rendre le procédé continu.

N° 65,614. — Van Langenhove et Boullet. — 22 décembre 1864.

Procédé de fabrication des aciers.

Ce procédé de cémentation consiste à employer dans les fours un mélange de tan, de marcs de raisins, auxquels, selon les qualités d'acier qu'on désire obtenir, on ajoute des tourteaux d'huilerie, du poussier de charbon de bois dur et, au besoin, des albuminoïdes pour arriver à produire des aciers doux ou secs, selon les besoins. Le chargement du four se fait par couches alternatives de mélange de cément et de métal ou de minerai dans la proportion de 4 parties d'agent et de 1 partie de métal (volume). Le four étant chargé aux 4 cinquièmes de sa hauteur intérieure, on recouvre le tout d'une feuille de tôle sur laquelle on met un lit de sable fin ou de cendres pour éviter les fuites de gaz que produit le cément ; ensuite, on recouvre le tout d'une voûte de briques qui laisse, entre le sable et la voûte, un espace de 12 à 15 centimètres que parcourt la flamme, après avoir suivi les parois du four, le dessous de la caisse, les côtés, les bouts et le dessus, et avant d'aller se perdre dans l'échappatoire qui mène au chenal général souterrain ou à la cheminée.

Après cémentation, les minerais sont mis en creusets clos et couverts, pour être fondus et, une fois liquides, coulés en lingotières formant des fuseaux de toutes formes, forces et poids, qui, retirés des moules, seront étirés et amenés à l'échantillon demandé.

N° 65,860. — Vickers. — 12 janvier 1865.

Perfectionnement dans la fabrication de l'acier fondu.

Cette invention a pour but d'empêcher, pendant le refroidissement du métal, la formation de gros cristaux qui sont préjudiciables aux fontes d'acier. Le moyen consiste à imprimer au moule un mouvement de va-et-vient ou de rotation alternatif, qui entretient le métal dans une perpétuelle agitation. Les moules sont disposés sur tourillons et mis en mouvement par un levier ou un autre mécanisme.

N° 66,423. — Martin. — 3 mars 1865.

Procédé de fabrication de l'acier fondu, du fer fondu et du métal mixte.

Le caractère essentiel du procédé consiste dans la transformation, sur la sole d'un four à réverbère, en bain métallique, des creusets fusibles (en fonte de fer) et des matières qu'ils renferment (minerai de fer, flux, matières carburées et produits chimiques en proportion convenable) pour produire soit l'acier fondu, soit le fer fondu, soit le métal mixte.

Le four est chauffé au rouge vif jusqu'à ce qu'on ait reconnu la réduction suffisamment avancée, puis on élève graduellement la température pour fondre et transformer en bain métallique les creusets et les matières qu'ils renferment.

ADDITION, en date du 6 avril 1865.

L'inventeur signale, à titre de perfectionnement, qu'il peut, au lieu de minerai, charger dans les creusets fusibles des riblons (vieux bandages) avec mélange de cémentation, pour en opérer la transformation en acier fondu, etc.

N° 66,424. — Martin. — 3 mars 1865.

Méthode de fabrication d'un métal mixte.

Ce métal est applicable à la fabrication des bouches à feu, de leurs projectiles, des pointes de croisement de voies de chemins de fer et, en général, de toutes les pièces mécaniques et de constructions en fonte réclamant plus de résistance que les pièces de fonte ordinaire.

Il est fabriqué dans un four à gaz, de préférence dans le four Siemens, parce que ce four permet d'obtenir à volonté, condition essentielle du procédé, une température de 2,000 degrés.

On fait fondre sur la sole du four, disposée en cuvette, du laitier réduit de haut-fourneau ou autre flux préservateur, neutre ou basique, puis deux tiers de fonte à facettes ou autre. Lorsque le mélange est bien fondu, on y ajoute, en moyenne, un tiers d'acier puddlé ou de fer à grain ou à nerf en barre ou riblon, chauffé préalablement au rouge pour en faciliter la plus prompte fusion ; le tout étant bien fondu et préservé par la couche de laitier, on coule dans les moules.

Ce procédé diffère du procédé Sterling et des autres procédés comportant la fusion du fer dans la fonte :

1° Par l'appareil donnant une température de 2,000 degrés ;

2° Par la conduite même de l'opération, comprenant l'emploi du laitier préservateur : deux conditions qui permettent d'obtenir ce métal mixte, aussi résistant et homogène que possible.

1re ADDITION, en date du 6 avril 1865.

On augmente la malléabilité d'une pièce coulée par le procédé suivant : on coulera la pièce dans un moule de terre ou de sable, soit une bouche à feu, soit un engrenage, soit un bandage de roue ; cette pièce coulée, on la fera recuire, suivant son épaisseur, de 48 à 72 heures, et au delà, si la pièce dépasse 10 centimètres d'épaisseur. Cette pièce ainsi recuite sera réchauffée et rebattue ; elle pourra, cependant, être employée sans avoir été rebattue.

2e ADDITION, en date du 28 juillet 1865.

Ce certificat d'addition traite plus particulièrement la question du recuit, qui augmente la résistance des barreaux au choc.

Le recuit se fait dans un four ordinaire à grille et au milieu d'un courant de gaz légèrement oxydant ; c'est un affinage lent à la température rouge.

N° 66,941. — **Martin**. — 6 avril 1865.

Procédé de fabrication de l'acier fondu, fer fondu et métal mixte au four à puddler.

On se sert d'un four à puddler à grille ou chauffé au gaz, disposé pour acier puddlé ou fer à grain. Au moment de l'opération du puddlage où le fer paraît en pointes blanches, on apporte une poche de fonte de 100 kilogr. environ pour 200 kilogr. de puddlage ou de fer puddlé, soit $\frac{1}{3}$ de fonte à facettes ou rubanée très-chaude ; elle doit être, autant que possible, à la chaleur blanche ; on la verse dans le four par la porte de travail, puis, le clapet étant ouvert, le puddleur passe un crochet dans le four pour bien mélanger les deux matières, ce qui permet la transformation complète de ces 300 kilogr. en acier fondu, que l'on coule, aussitôt cette transformation opérée.

En variant les proportions respectives de fonte et de fer puddlé, on obtient, par le même procédé, soit du fer fondu, soit un métal mixte.

N° 67,252. — Picard. — 4 mai 1865.

Perfectionnements aux tuyères pour l'appareil Bessemer.

Le premier perfectionnement consiste, sans changer la forme de la tuyère, à rendre le fond de l'appareil facilement amovible. Lorsque le fond est usé, il suffit de l'enlever et de le remplacer par un autre, préparé à l'avance. Par ce système, la durée des tuyères n'est pas augmentée, c'est vrai, mais les réparations se font très-rapidement et avec une très-grande facilité.

Le second perfectionnement est le suivant : le fond de l'appareil est formé d'une brique unique monolithe, percée d'une série de trous très-régulièrement répartis. Ces briques, bien fabriquées, ont une durée 4 à 5 fois plus considérable que les briques ordinaires. Elles donnent lieu à une répartition parfaitement régulière du vent, et leur remplacement, lorsqu'elles sont usées, se fait facilement et sans perte de temps sensible. Ces briques sont supportées par un croisillon en fonte ou en fer.

N° 67,661. — Salomon. — 9 juin 1865.

Production économique de grandes masses d'acier fondu.

Pour convertir le fer en acier fondu, sans avoir recours à la cémentation ordinaire, il suffit de faire fondre ce métal dans des caisses à puddler, munies de plaques en guise de couvercles, au contact du tiers environ de son poids de fonte neuve en brocaille, et de brasser lentement ce composé au fur et à mesure de la fusion. L'acier de cette provenance est d'une qualité supérieure, quand on emploie, pour le produire, de la fonte affinée et du fer forgé, mais il est d'une qualité relativement inférieure lorsqu'on se sert, à cet effet, de fonte commune et de fer à l'état brut.

Dans cette opération, la fonte employée joue le rôle de flux par rapport au fer qu'on lui ajoute, en cédant à ce dernier les deux tiers du carbone qu'elle contient, et l'acier qui résulte de cet alliage renferme alors le centième de carbone qui caractérise ce produit.

Néanmoins, un mélange de $^2/_3$ de fonte concassée et de $^1/_3$ de fer, liquéfié sur la sole du four à réverbère, donne également de l'acier fondu, au moyen d'un puddlage suffisant dans un milieu de peroxyde de manganèse, préalablement lithargiré.

N° 68,220. — Martin. — 28 juillet 1865.

Procédé de fabrication, au four à réverbère, de l'acier fondu, du fer fondu et d'un métal mixte.

1° *Acier fondu.* — On fabrique d'abord de l'acier puddlé, purifié autant que possible du soufre et du phosphore, en opérant comme suit : le puddleur compose la sole en riblons brûlés, et les courants d'air sont garnis de minerais riches en oxydes ; pendant le travail, il projette sur la fonte, à mesure de l'affinage, un flux composé de sel marin et de manganèse, fondus ensemble ; ce flux élève considérablement la température, rend le laitier noir plus liquide et, en même temps, purifie le métal du soufre et du phosphore, en faisant passer ces corps nuisibles dans le laitier. L'acier puddlé, ainsi obtenu au degré de carburation et de pureté qui constitue sa bonne qualité, est laminé ou piloné et coupé en fragments de 1 à 2 kilogr. pour être employé à la fabrication de l'acier fondu ainsi qu'il suit :

Dans un four à réverbère, chauffé au gaz par le procédé Siemens et élevé à la température de 1,800 à 2,000 degrés, on porte 350 kilogr. de fonte en fragments, pesant chacun environ 2 kilogr., préalablement chauffés à la température blanche, et l'on obtient un bain de fonte liquide à haute température. On y projette des fragments d'acier puddlé du poids de 1 à 2 kilogr., préalablement chauffés au blanc, successivement, jusqu'au poids de 100 kilogr. ; 15 à 20 minutes suffisent pour la fusion de ces 100 kilogr. dans le bain de fonte. On projette alors la deuxième charge de 100 kilogr. de fragments d'acier puddlé, chauffés au blanc toujours successivement ; après la troisième charge d'acier, mise en fusion dans le bain, on retire les laitiers noirs oxydants et on les remplace par des laitiers clairs, vitreux, tels que les laitiers de haut-fourneau au bois en bonne allure, en y ajoutant un poids égal de sable siliceux. Ce laitier préserve le bain de toute oxydation, tandis que le sable siliceux empêche le métal de devenir rouverin et s'oppose à ce que l'acier bouillonne et monte au coulage dans les moules et lingotières. On continue de porter dans le bain des charges de 100 kilogr. de fragments d'acier puddlé, comme il est dit ci-dessus, à mesure de leur fusion rapide dans le bain, lequel se composera, par exemple, de 1,700 kilogr., provenant de 850 kilogr. de fonte, de 1,150 kilogr. d'acier puddlé et de 200 kilogr. de débris ou jets d'acier des fusions précédentes ; à ce point, on brasse le tout, on reconnaît, par les essais qu'on retire du bain, le grain du métal obtenu, et, suivant la qualité du métal, on ajoute de 20 à 50 kilogr. de fonte semblable ou à facettes, préalablement chauffée au blanc. Cette addition détermine le grain de l'acier fondu. Pour élever la température et purifier le bain à la fin de l'opération, s'il y a lieu, on projette un flux de manganèse, de sel marin et de spath-fluor, fondus ensemble.

Le métal, brassé et reconnu de bonne qualité, est coulé dans des moules ou lingotières rangés à la circonférence d'un plateau tournant qui, en faisant sa révolution, présente successivement chaque moule sous le trou du fourneau.

2° Fer fondu ou acier doux non susceptible de trempe. — Le procédé pour obtenir l'acier doux, non susceptible de trempe, ne diffère de celui ci-dessus employé pour la fabrication de l'acier fondu que par l'emploi du fer à grain, substitué à celui de l'acier puddlé, et l'emploi des fontes à grandes facettes. Cet acier doux présente une qualité comparable à celle du métal homogène des Anglais, par sa ductilité à froid, qui le rend propre à la fabrication des canons de fusil par l'étirage à froid.

3° Métal mixte ou métal intermédiaire entre l'acier fondu et la fonte de fer. — Si, dans les fours à réverbère, on fait fondre, à la température blanche, 500 kilogr. de fonte, et si l'on y projette 100 kilogr. d'acier ou de fer en fragments, élevés à la même température, le fer et l'acier fondent rapidement dans le bain de fonte. Après avoir brassé et enlevé le laitier noir, qu'on remplace par du laitier clair, on obtient un métal mixte susceptible d'étirage à chaud ; ce métal, d'un grain égal, plein et serré, très-dur, malléable à chaud, est moins fragile au choc que la fonte de fer. On augmente, par le recuit, la résistance des pièces en métal mixte.

1re ADDITION, en date du 16 décembre 1865.

Ce certificat rappelle les trois modes de fabrication établis dans les brevets précédents, savoir :

1° Bain préalable de fonte aciéreuse, dans lequel on rapporte, successivement et dans les proportions indiquées, de l'acier puddlé et du fer aciéreux fabriqué avec les mêmes fontes ;

2° Bain préalable de fonte aciéreuse, auquel on ajoute successivement du minerai aciéreux cru, grillé ou réduit, principalement les minerais oxydulés magnétiques, spathiques, oligistes et hématites anhydres ;

3° Après avoir obtenu le premier bain d'acier fondu par l'une des deux méthodes précédentes, le continuer en ajoutant seulement, successivement et par petites portions, de la fonte qui, par assimilation, se convertit directement en l'un des quatre produits mentionnés plus haut.

Ce certificat rappelle, au sujet de ces trois modes de fabrication, quelques détails et proportions obtenus par la pratique.

2ᵉ ADDITION, en date du 21 février 1866.

L'inventeur consigne, dans ce certificat, des résultats obtenus, soit au four à gaz Siemens, soit au four à réverbère à grille, pour la fusion de très-grosses pièces.

3ᵉ ADDITION, en date du 2 mars 1866.

Les perfectionnements introduits consistent dans l'application au nouveau métal du recuit prolongé, pour en changer tout à fait l'état moléculaire et en augmenter considérablement la résistance au choc et à la traction.

4ᵉ ADDITION, en date du 3 mars 1866.

L'expérience a fait reconnaître un résultat avantageux dans l'emploi du peroxyde de manganèse, seul ou mélangé au minerai de fer préparé avec les battitures ou les scories riches de puddlage. pour en obtenir du fer fondu. Ainsi, pour 1,000 kilogr. de fonte, on portera 250 kilogr. de minerai riche préparé par le grillage et par une cémentation préalable de 50 à 100 kilogr. de peroxyde de manganèse. Les scories riches et les battitures seront ajoutées dans les mêmes proportions que le minerai au peroxyde de manganèse. On pourra. d'ailleurs, à volonté, joindre au bain de fonte le mélange pour puddlage de 1 kilogr. de peroxyde de manganèse et de 2 kilogr. de sel marin.

5° ADDITION, en date du 19 décembre 1866.

Cette addition concerne diverses améliorations ayant pour objet la réalisation industrielle et manufacturière du procédé.

6° ADDITION, en date du 11 janvier 1867.

L'inventeur revendique l'emploi direct des oxydes de fer par fusion avec la fonte dans un four à réverbère chauffé au gaz, système Siemens ou autre, pour produire de l'acier, du fer fondu, du métal homogène, etc., par les procédés décrits dans le brevet du 28 juillet 1865 et dans les additions.

7° ADDITION, en date du 17 avril 1867.

Ce certificat indique comment, en employant les fontes spiegeleisen, les fontes cristallisées à grandes facettes manganésifères, on arrive à produire le métal homogène, métal qui, n'étant plus propre, par sa trempe trop faible, à la fabrication des burins, instruments tranchants et ressorts, n'est, commercialement parlant, plus de l'acier, mais du fer plus ou moins dégagé de carbone, pouvant se souder et se forger comme le fer d'affinage le plus pur et, par suite, de la meilleure qualité. Ainsi, la distinction bien tranchée entre l'acier fondu et le métal homogène consiste en ce que ce dernier métal ne peut présenter la trempe de l'acier fondu ; mais il se travaille comme le fer forgé et présente, à un haut degré, toutes les qualités de résistance et de ductilité, à froid comme à chaud, des fers les plus purs de la meilleure qualité. Le métal homogène ou fer pur fusible présente, en outre, l'avantage de reprendre, par la cémentation, les qualités d'acier les plus supérieures, ayant le plus de corps et de finesse.

8° ADDITION, en date du 26 avril 1867.
L'inventeur réclame, comme addition à son brevet de fabrication de métal homogène au four à réverbère, la propriété de ce métal fabriqué avec les fontes de Ria et celles de qualités analogues, présentant, à la fois, la malléabilité, à chaud et à froid, et la soudabilité du fer et la trempe de l'acier doux propre à la fabrication des instruments tranchants.

9° ADDITION, en date du 7 mai 1867.
Cette addition comprend l'application spéciale du recuit aux tubes intérieurs des bouches à feu.

10° ADDITION, en date du 18 mai 1867.
Ce certificat d'addition se rattache à des conséquences pratiques découlant de l'observation de phénomènes de dissociation et volatilisation du fer et de ses combinaisons par une haute température et, par suite, la purification du métal en bain, ayant pour résultat la production d'une qualité d'acier plus pure et supérieure à celle qu'on eût obtenue au creuset en employant les mêmes fontes.

11° ADDITION, en date du 28 mai 1867.
L'inventeur signale une disposition apportant une économie notable sur le prix de revient. Elle consiste à disposer, aux deux extrémités du four Siemens, deux petits fours ou soles, sur lesquelles on place les matières à réchauffer avant de les porter dans le bain.

12° ADDITION, en date du 31 décembre 1867.
Les perfectionnements comportent les points suivants :
1° L'addition, vers les extrémités du four, de deux petits fours de préparation ;

2° La disposition à jour des autels entre le four principal et les petits fours, dans le but d'éviter l'encombrement des régénérateurs dans le cas où ces autels viendraient à fondre ;

3° L'addition d'une voûte, de préférence inclinée, pour protéger les carneaux contre les cendres et matières fondues qui les obstruent à la longue et restreignent le nombre des fusions ;

4° Disposition particulière des régénérateurs du four Siemens, où les carneaux sont remplacés par des conduits de circulation du gaz.

13° ADDITION, en date du 28 mai 1870.

Le perfectionnement consiste dans une disposition spéciale d'armature des fours, de façon à pouvoir, entre deux opérations successives, reconstruire la partie détériorée par la couche de laitier pendant le travail, en vue de permettre la réparation des fours sans arrêt, et, par conséquent, de faire un nombre triple ou quadruple d'opérations.

N° 68,312. — Petin, Gaudet et Cⁱᵉ. — 5 août 1865.

Perfectionnements au travail des pièces en acier fondu.

Les caractères de cette invention sont les suivants :

1° La préparation en forme de cylindres creux ou de tubes coulés, de toutes pièces d'acier qui, terminées, peuvent dériver de cette forme, et le façonnage de ces pièces, ainsi préparées ou constituées d'avance, à l'aide des moyens ordinaires de martelage, de laminage, etc. ;

2° L'application spéciale de cette méthode à la fabrication des bandages par rondelles débitées dans un cylindre et soumises ensuite au forgeage et au laminage circulaire agrandisseur, suivant les procédés ordinaires des inventeurs.

Ce brevet a trait aussi à la fabrication des arbres de transmission et d'hélices, des essieux, des pièces d'artillerie, etc.

N° 69,826. — Rosenthal et Gierow. — 22 décembre 1865.

Perfectionnements à la fabrication de l'acier.

Cette invention consiste dans la fabrication de l'acier fondu avec de la ferraille ou du fer ordinaire. À cet effet, le fer est fondu dans des creusets ou dans des fourneaux avec du borax, du carbonate de cadmium, des marrons d'Inde, broyés en poudre, du tartre de lie de vin, du bois ordinaire et du charbon de bois.

Dans le cas où l'on veut obtenir un acier dur, on adjoint aussi un peu de spath-fluor. Toutes ces matières sont fondues ensemble, et le résultat est un acier de la meilleure qualité.

N° 69,845. — Jullien. — 26 décembre 1865.

Fabrication des aciers sans fer.

Il résulte des travaux de l'inventeur concernant la théorie de la trempe, que l'acier, avant d'être un alliage de carbone et de fer, est d'abord un alliage de carbone avec un métal quelconque, ayant pour propriété fondamentale la faculté d'acquérir une dureté comparable à celle du diamant, quand, après avoir été chauffé au rouge, il est plongé dans l'eau fraiche ou dans le mercure froid.

Le platine est aussi tenace et aussi réfractaire que le fer ; de plus, il s'allie facilement au carbone. Il y a donc d'autres aciers que ceux que l'on fabrique en cémentant le fer dans le charbon de bois ; ce sont ces aciers qui constituent ce que l'inventeur appelle *aciers sans fer*. Pour fabriquer ces aciers, il suffit de remplacer le fer par un autre métal, soit dans les caisses à cémenter, soit dans les creusets à fondre, après l'avoir préalablement mélangé avec du charbon de bois ou du graphite.

Les avantages qui résultent de cette fabrication sont de deux sortes, savoir :

1° Il devient possible de substituer des métaux inoxydables au fer éminemment oxydable, dans la fabrication des aciers pour chirurgie, horlogerie, optique, bijouterie, etc. ;

2° Il devient possible de substituer aux métaux, tantôt infusibles comme le platine, tantôt trop mous comme l'argent, qu'il faut ou forger ou allier au cuivre, quand on les emploie au naturel, des aciers fusibles et prenant la trempe provenant de l'alliage du carbone avec ces métaux eux-mêmes.

N° 71,437. — Martin (les sieurs). — 3 mai 1866.

Disposition spéciale de four à gaz pour la fabrication, la fusion et le réchauffage de l'acier fondu d'après leurs procédés.

Cet appareil se distingue du four déjà breveté par les inventeurs, à la date du 16 décembre 1865, en ce que le gazogène ou générateur de gaz se trouve dans le four lui-même. Il jouit, du reste, des propriétés de l'appareil mixte, à gaz et à grille combinés. Les inventeurs revendiquent également l'application de ce four à la fabrication, la fusion et le réchauffage de l'acier fondu d'après leurs procédés brevetés.

Nº 71,469. — Martin. — 4 mai 1866.

Procédé de recuit des pièces en fonte de fer, en métal mixte et en acier.

Ce procédé repose sur l'application de l'électricité au recuit des pièces moulées en fonte de fer, en métal mixte et en acier. A cet effet, on fait passer un courant, de préférence dynamique, produit par une batterie de Bunsen ou autre, à travers la pièce moulée à recuire. Cette pièce est placée dans un four à gaz ou à grille, de préférence chauffée au gaz, au milieu de la zone gazeuse légèrement oxydante et maintenue à la température rouge clair. Le pôle positif est appliqué à une extrémité de la pièce et le pôle négatif à l'autre extrémité. La pièce est isolée en la faisant reposer sur des briques en matières isolantes, comme la porcelaine, la terre réfractaire bien cuite, le sable siliceux. On pourra activer le recuit de la pièce en l'enveloppant de minerai de fer, de préférence spathique, manganésifère ou d'un sel fortement oxygéné. La durée du recuit sera proportionnée à l'épaisseur de la pièce.

Le recuit a pour but d'adoucir la matière moulée en augmentant sa résistance ; plus il est prolongé, plus il rapproche la nature de la matière de celle du fer forgé.

Nº 71,674. — Bérard. — 24 mai 1866.

Fabrication de l'acier au gaz par la transformation directe de la fonte.

Les points principaux sont les suivants :

1º L'emploi des gaz comme moyen d'échauffement pour la fabrication de l'acier fondu au réverbère en général ;

2º Disposition du four à réverbère à doubles soles mobiles ;

3º Mobilité des soles ; mode de fermeture hermétique ;

4º Interposition d'une couche de combustible dans le courant des gaz, placée sur l'autel entre les deux soles ;

5° Application de la brasque à base de carbone pour la formation du fond de soles ;

6° Emploi simultané de l'air et de la vapeur suchauffée ou de l'air seul ordinaire agisssant sur ou au travers du métal liquide pour produire l'oxydation dans un système quelconque de fours à réverbère en vue de la fabrication de l'acier fondu ;

7° Action des gaz réducteurs agissant sur ou dans l'intérieur du bain métallique dans un four à réverbère destiné à produire de l'acier fondu ;

8° Dispositions qui permettent de prolonger, aussi longtemps que l'on veut, la réaction des scories sur le métal pour l'élimination des corps nuisibles et particulièrement du phosphore ;

9° Réaction de la chaleur de la sole d'oxydation sur celle de réduction ;

10° Possibilité d'opérer, à volonté, par voie d'oxydation ou de réductions successives pour l'épuration de la fonte et sa conversion directe en acier fondu ou en fer ; c'est un des principes les plus essentiels du système ;

11° Dispositions spéciales des carneaux d'arrivée et de sortie du gaz de chauffage, ainsi que la forme particulière de la voûte du four ;

12° Dispositions nouvelles pour échauffer l'air et le gaz, et l'application qui peut en être faite à d'autres cas ;

13° Mode de fermeture conjuguée pour le renversement des courants et l'introduction de l'air devant alimenter la combustion des gaz dans les rampants ;

14° Utilisation de la chaleur perdue, à la production de la vapeur dans un générateur vertical, servant de cheminée pour le cas spécial de la fabrication de l'acier fondu.

N° 72,364. — Savage. — 21 juillet 1866.

Perfectionnements dans le traitement du fer dans le but de le convertir en acier ou métal dur, ainsi que dans le placage, l'enduit et la trempe du fer et de l'acier.

Ce brevet a rapport à une méthode perfectionnée de chauffer le fer dans le but de le convertir en acier ou métal dur et de le préserver de l'oxydation. Cette invention concerne également un procédé de trempe du fer et de l'acier, en vue d'obtenir sur la surface du métal le premier dépôt d'un métal, tel que l'argent, le cuivre et l'or, dans le but d'effectuer le placage pendant l'opération de la trempe.

ADDITION, en date du 22 août 1866.

Cette addition a trait à un procédé qui consiste à recouvrir d'acier les vieux rails ou barres de fer ainsi que les feuilles métalliques. A cet effet, on chauffe le rail dans un four à réverbère jusqu'à la température du blanc soudant ; d'un autre côté, on prend une feuille d'acier, d'une épaisseur donnée, préparée avec du cyanure de potassium et on la chauffe à une chaleur blanche. Après avoir placé l'acier sur le fer chauffé au blanc, on passe le tout dans les cylindres d'un laminoir jusqu'à ce que le fer et l'acier ne forment plus qu'une seule et même pièce, après quoi l'acier peut être trempé.

N° 73,347. — Bouniard. — 3 novembre 1866.

Appareil de décarburation de la fonte.

L'inventeur réclame l'application, dans un convertisseur quelconque, de tuyères mobiles qui y sont introduites et retirées suivant les besoins de l'opération de la décarburation de la fonte, afin que la fabrication soit suivie et sans interruption. Il indique spécialement un appareil à *double tuyère*, conduisant l'air ou la vapeur.

N° 73,962. — Le Guen. — 4 décembre 1866.

Procédé de fabrication d'acier Bessemer au tungstène.

L'invention consiste dans l'emploi d'une fonte au wolfram, contenant en moyenne 6,42 p. 100 de tungstène, pour remplacer la fonte blanche lamelleuse, habituellement employée pour récarburer le métal dans le convertisseur. Cette fonte, alliée au tungstène et préalablement fondue au réverbère, est ajoutée vers la fin de l'opération. Ainsi, à 3,200 kilogr. de fonte grise, l'inventeur ajoute 400 kilogr. de cette fonte alliée au tungstène. Il en résulte un acier prenant bien la trempe, se forgeant et se laminant bien. On en a fait des rails, des feuilles de ressorts de wagons et de la tôle, qui ont bien résisté aux épreuves.

N° 74,283. — Barron. — 31 décembre 1866.

Moyen ou procédé pour la conversion du fer en acier par l'action de certains gaz, et production desdits gaz.

Ce brevet comprend :

1° Le système d'aciérer, revêtir d'acier et transformer en acier le fer et la fonte et tous objets en fer ou fonte par l'emploi des gaz et mélanges ou composés gazeux, tels que hydrogène carboné avec l'azote et le cyanogène ou bien avec l'azote ou le cyanogène ou bien encore avec l'azote et l'oxyde de carbone, soit avec, soit sans ammoniaque et chlore ;

2° L'emploi, dans le susdit système, des gaz de chlore préalablement à l'opération ;

3° La méthode d'abriter le métal aciéré du contact de l'air atmosphérique avant ou pendant la trempe ;

4° La production de l'azote, de l'oxyde de carbone et du cyanogène gazeux par de l'air atmosphérique chaud ou non que l'on fait passer sur du charbon, coke ou combustible incandescent ;

5° L'emploi d'hydrocarbures liquides ou non pour la production de l'hydrogène carboné, de l'azote, de l'oxyde de carbone et du cyanogène.

N° 75,837. — Buzlau. — 1er avril 1867.

Acier obtenu directement par le moulage et la fusion.

Ce procédé, destiné à donner directement de l'acier moulable dans les formes requises, consiste en un mélange de matières métalliques soumises à la fusion. Les pièces sont moulées en sable vert ou en sable d'étuve. Les fontes employées sont : les fontes au bois et au coke des Pyrénées, seules ou mélangées à une quantité combinée de fonte d'Écosse au bois et au coke, provenant d'hématite rouge ; de fonte au bois de Suède ; de fonte au bois de Corse, de riblons d'acier. Ces diverses fontes sont blanches, lamelleuses ou truitées ; elles sont à propension aciéreuse ;

La fonte est fondue dans des creusets en terre réfractaire, ou dans un cubilot, ou dans un four à réchauffer. La décarburation des pièces s'obtient au moyen d'oxyde de mine de fer, de fer oxydé, d'hématite rouge broyée. On les place dans des creusets en fonte et elles sont disposées par couches alternant avec les oxydes ci-dessus. Les creusets sont empilés dans des fours ou chambres rectangulaires, fermées hermétiquement. On allume le feu que l'on a soin d'entretenir à une température égale et assez élevée, rouge-cerise foncé, pendant 4, 5 et 6 fois 24 heures, suivant l'épaisseur des pièces. Pour des pièces de fortes dimensions, il est nécessaire de faire subir cette opération deux fois.

L'acier obtenu par le moulage et la fusion se trempe comme tous les autres aciers.

N° 76,356. — Heaton. — 9 mai 1867.

Perfectionnements dans la conversion de la fonte en acier et dans les moyens ou appareils employés à cet effet, lesdits perfectionnements étant aussi applicables à la conversion de la fonte en fer forgé.

Ces perfectionnements ont rapport à l'obtention de l'acier ainsi que du fer forgé, à l'état fondu, au moyen du nitrate de soude ou de potasse ou du chlorate de soude ou de potasse, placé dans des chambres ou compartiments à l'intérieur du récipient du métal fondu ou en position pour agir ascensionnellement sur ledit métal fondu.

Supposant que le fer fondu sous opération contienne environ 5 p. 100 de carbone, la proportion de nitrate employée pour produire l'acier fondu est d'environ 50 kilogr. pour 1,000 kilogr. de fer fondu. Pour produire le fer forgé, on emploie une quantité additionnelle de nitrate, environ 15 p. 100 de plus qu'il n'en serait employé pour la même fonte, si on voulait la convertir en acier fondu. Dans presque tous les cas, la conversion du fer en fusion sera obtenue en trois minutes environ, à partir du moment de l'introduction du nitrate. Lorsqu'on emploie le chlorate, l'action se produit en moins de temps.

N° 76,885. — Cⁱᵉ anonyme des forges de Châtillon et Commentry. — 25 juin 1867.

Perfectionnements dans la fabrication du métal Bessemer.

Le principe de l'addition de fonte spéciale, à la fin de l'affinage Bessemer, est appliqué d'une manière différente dans cette nouvelle méthode. L'opération consiste à laisser la fonte spéciale dans le four qui a servi à la liquéfier et à faire couler dans ce bain, peu à peu, le métal contenu dans le convertisseur. Déjà, par le seul fait que chaque goutte, pour ainsi dire, de ce métal est enveloppée de son réactif, l'action de celui-ci est plus efficace et plus régulière ; en outre, on est sûr que toute la proportion de fonte spéciale, chargée dans le four, est incorporée au métal. Enfin, au lieu de brasser le métal Bessemer et la fonte spéciale par le courant d'air, on peut brasser pendant quelques minutes avec un ringard, manipulation simple et peu coûteuse dont l'effet sera toujours plus sûr que celui de jets d'air qui n'agissent jamais également sur tous les points de la masse en réaction. Les moyens pour réaliser cette modification au procédé Bessemer sont bien simples et consistent à placer le four à fondre la fonte spéciale de telle sorte qu'une porte, ouverte sur l'une des faces du four, soit au niveau du bec du convertisseur quand celui-ci s'abaisse pour la coulée du métal. Vis-à-vis de cette première porte et sur la face opposée du four se trouve une autre porte par laquelle un ouvrier peut brasser, dès l'introduction du métal Bessemer dans le bain de fonte spéciale. Enfin, le trou de coulée du four à fonte spéciale est placé de façon à amener le jet de métal affiné dans la poche qui le distribue au lingotier.

Tous les fours appliqués ou applicables à la deuxième fusion de la fonte (réverbères à courants d'air naturels ou artificiels, réverbère avec gazogènes, four Siemens, Boëtius ou autres) peuvent se disposer aisément pour répondre à ces conditions.

Addition, en date du 26 décembre 1871.

L'inventeur modifie le procédé Bessemer en ne poursuivant pas l'opération jusqu'à l'affinage complet. Le régule, amené liquide dans le réverbère, y est, selon son degré d'affinage dans la cornue Bessemer, raffiné à l'aide, tantôt de métaux aciéreux plus doux, neufs ou vieux, tantôt par des scories ferrugineuses manganésées ou par des réactifs oxydants, minerais ou oxydes de fer, purs ou manganésés. Cette modification permet d'éviter l'usure des parois et du fond des appareils.

N° 77,030. — Martin (les sieurs). — 5 juillet 1867.

Procédé d'affinage direct pour la transformation de la fonte en acier fondu et ses dérivés.

Cette invention a pour objet un procédé d'affinage direct pour la transformation de la fonte en acier fondu et ses dérivés, par l'emploi du minerai et d'une addition de fer, acier puddlé ou riblons d'acier fondu. Les inventeurs produisent à volonté :

1° L'acier fondu dur du commerce pour la fabrication des outils ;

2° L'acier fondu doux (métal homogène) susceptible d'être soudé et forgé à chaud, comme le fer, et d'être étiré à froid. Ce métal qui, après la coulée, n'est soumis qu'au laminage, jouit des mêmes propriétés que le fer, sans subir, comme ce dernier, la façon onéreuse du puddlage et du corroyage ;

3° Le fer fondu ayant la résistance du fer forgé sans avoir subi ni martelage ni laminage ;

4° Le métal mixte, pouvant remplacer la fonte de fer pour pièces de moulage, en présentant plus de résistance au choc.

Le procédé consiste à former sur la sole d'un four à réverbère (de préférence le four Siemens), disposé en cuvette, un bain de fonte que l'on a amené à une haute température, ce que l'on obtient en faisant chauffer la fonte en bain pendant une demi-heure environ. On y projette alors soit du minerai simplement grillé, mais de préférence grillé, puis cémenté par petites portions de 10 à 20 kilogr., ou bien on y projettera des morceaux d'acier puddlé, de fer à grain ou à nerf, de vieux rails ou de ferrailles, du poids chacun de 8 à 10 kilogr., que l'on aura préalablement amenés à la température rouge clair ou blanc-jaune dans un four voisin ou dans un compartiment spécial du même four à réverbère. Le minerai sera aussi lui-même chauffé préalablement avant d'être porté dans le bain de fonte. La température du four est maintenue constante, pendant toute l'opération, de 1,600 à 2,000 degrés, et la flamme est maintenue réductive par l'abondance des gaz combustibles. L'addition du minerai ou des morceaux de fer, d'acier, etc., est faite par charges de 100 à 200 kilogr., suivant l'importance du bain préalable de fonte, de 20 en 20 minutes environ. Le degré d'affinage du bain est jugé par une éprouvette. Arrivé au point d'affinage où le bain passe à l'état de fer fondu, on ajoute de la fonte, de préférence manganésifère, dite spiegeleisen. Les proportions de cette fonte, ajoutée à la fin, varient suivant l'appréciation du fondeur, suivant la qualité de son éprouvette et suivant la nature du métal qu'il doit obtenir. A mesure que le temps se prolonge sans couler, après la fusion de l'addition de fonte, le bain devient de plus en plus doux. Les trois divisions de l'opération sont ainsi tout à fait définies et caractéristiques, savoir : bain de fonte préalable, affinage poussé plus loin qu'il n'est nécessaire par l'addition du fer et du minerai, et retour du bain au point voulu et cherché, en y ajoutant une proportion de fonte en qualité et en poids convenables. A la rigueur, l'addition finale de fonte n'est pas indispensable, mais elle a l'avantage de donner des aciers ayant du corps et qui ne sont pas rouverins. Par la différence du dosage, on obtient chacune des qualités citées plus haut.

Les inventeurs revendiquent, en conséquence : 1° leur procédé d'affinage direct de la fonte en acier fondu et ses dérivés sur la sole d'un four à réverbère à gaz, avec la particularité toute nouvelle de la marche et du dosage du minerai et des métaux additionnés ; 2° la production économique et manufacturière de produits industriels d'une qualité supérieure et d'une nature nouvelle, notamment en ce qui concerne le métal homogène, le métal mixte et le fer fondu.

1re ADDITION, en date du 7 août 1867.

Cette addition sert à bien définir et à caractériser l'invention principale. Ainsi, elle consiste essentiellement et uniquement : 1° comme moyen, dans un procédé pratique qui consiste à affiner la fonte dans un four à réverbère par l'action chimique des matières composant le bain sans emploi du travail manuel ; ce procédé pratique, assurant l'avantage de régler à volonté le degré de *carburation* du bain et ses alliages au *silicium*, *titane*, *tungstène* et *manganèse*, depuis le degré qui constitue l'acier dur à outils du commerce jusqu'au degré lui conservant sa fusibilité ; 2° comme résultats, dans la fabrication de l'*acier fondu du commerce* de qualité supérieure et plus économiquement que par les procédés en usage ; dans la fabrication du *métal homogène* (acier doux), se forgeant et se soudant comme le fer ; dans la fabrication nouvelle du *fer fondu*, présentant, à froid, la résistance du fer, ce métal étant essentiellement propre à la fabrication des plaques de blindages, etc. ; enfin, dans le *métal mixte*, produit nouveau, sans soufflures, remplaçant la fonte de moulage et présentant une résistance au choc quatre fois plus grande.

2e ADDITION, en date du 16 août 1867.

Par l'emploi du four Siemens, MM. Martin ont obtenu la température élevée et constante requise. Le mélange d'air avec excès de gaz remplit les conditions d'éviter la destruction du four, en plaçant entre le courant de gaz enflammé et la voûte du four une couche plus légère de gaz non brûlé préservant la voûte. Les laitiers deviennent blancs, exempts de silicates.

3e ADDITION, en date du 6 septembre 1867.

La proportion d'oxyde de fer à ajouter au bain est fixée par la quantité de carbone à enlever à la fonte. La meilleure manière d'opérer est la suivante : on fabrique des briques ou boules avec le peroxyde de fer et le charbon de bois en poudre, en y ajoutant un peu de chaux en poudre pour rendre la pâte liante. Ces boules sont projetées dans le bain, où elles se trouvent alors, sous l'influence du courant réducteur du four, dans des conditions de réduction analogues à ce qui se passe dans un creuset clos. Le peroxyde est réduit à l'état de protoxyde et passe à l'état de fusion en enlevant le carbone du bain de fonte jusqu'au point d'affinage que l'on veut obtenir.

4° ADDITION, en date du 20 septembre 1867.
Cette addition concerne le choix des fontes pour la fabrication de l'acier. Les inventeurs revendiquent pour eux la découverte du choix des fontes à grandes facettes produisant le métal homogène.

5° ADDITION, en date du 7 février 1868.
Ce certificat signale l'emploi du gaz oxygène pur dans le mélange du gaz oxyde de carbone *en excès*, substitué à l'emploi de l'air atmosphérique pour la fabrication de l'acier fondu, du métal homogène, du métal mixte et la réduction de l'oxyde de fer, minerais, etc., sur la sole du four à réverbère.

6° ADDITION, en date du 2 mars 1868.
Cette addition concerne l'invention de l'emploi du gaz en excès dans le four à réverbère, dans le but, en élevant le fou. à la température nécessaire, d'assurer la durée du foyer dans les conditions d'un bon travail pratique, et le travail du bain métallique (quels qu'en soient les composants) à l'abri de tout contact nuisible de l'air atmosphérique. Sans ces deux conditions, l'obtention d'acier, métal homogène et métal mixte, de qualité supérieure, n'eût pas été possible.

N° 77,253. — Cie anonyme des fonderies et forges de Terre-Noire, la Voulte et Bessèges. — 1er août 1867.

Emploi direct et immédial de la fonte sortant du haut-fourneau dans le convertisseur Bessemer, et dispositions mécaniques destinées à rendre cet emploi possible.

Jusqu'à ce jour, toutes les usines qui ont fabriqué l'acier par le procédé Bessemer ont été obligées d'avoir des fours à une certaine hauteur au-dessus des convertisseurs. La fonte y est introduite pour y être amenée à l'état de fusion et, de là, coulée dans le convertisseurs au moyen d'un chenal disposé en conséquence. Ce moyen présente des inconvénients sérieux, tant au point de vue du bon emploi des matières qu'à celui de l'économie. Les inventeurs font disparaître tous ces inconvénients par le procédé qui consiste à placer les convertisseurs Bessemer auprès du haut fourneau et à y prendre la fonte chaude et liquide au moment où elle coule du fourneau pour la faire passer dans le convertisseur. Ce procédé est d'installation facile et très-rapide, toutes les opérations se succédant rapidement et de la manière la plus économique. L'élévation de la fonte du niveau de coulée du fourneau au niveau du convertisseur peut être pratiquée par différents moyens : on peut employer une grue fixe prenant la poche de fonte pour la porter du fourneau au convertisseur ; on peut encore employer un élévateur hydraulique à contre-poids, ainsi que cela est depuis longtemps pratiqué dans les hauts-fourneaux en rase campagne. On pourrait encore appliquer un élévateur à vapeur, le cylindre moteur étant placé en haut ou en bas, suivant les besoins. Les inventeurs revendiquent le *principe d'élévation* et, comme moyen nouveau, un élévateur dont ils donnent la description détaillée.

N° 77,898. — Gallet. — 20 septembre 1867.

Perfectionnements dans la fabrication des aciers.

Ce procédé de transformation des fers en aciers fondus ou cémentés s'appuie, en principe, sur l'action du carbone sur les carbonates alcalins pour carburer plus uniformément le fer et lui enlever les métalloïdes qu'il contient.

Addition, en date du 6 juin 1868.

L'inventeur revendique : 1° l'action du carbone sur les carbonates alcalins pour carburer uniformément le fer et lui enlever les métalloïdes qu'il contient ; 2° la composition du cément et la cémentation dans le creuset.

N° 77,907. — Sudre. — 23 septembre 1867.

Fours à réverbère pour la fabrication de l'acier fondu.

Les points caractéristiques sont les suivants :

1° Réchauffage à haute température des gaz combustibles et de l'air, destinés à alimenter les fours à acier, au moyen de leur passage dans des conduits réfractaires à minces parois, enveloppés par les produits de la combustion, de manière à former des courants adjacents marchant en sens inverse. Division des produits de la combustion en deux courants appliqués, l'un au chauffage des gaz combustibles, l'autre à celui de l'air; 2° application aux gaz combustibles destinés à l'alimention du four à acier, de chambres d'épuration à cloisons alternantes; 3° application à la construction des fours à réverbère destinés à la fabrication de l'acier fondu des matériaux suivants : la chaux vive, la magnésie agglomérée par pression dans le vide, la silice en blocs naturels ou agglomérée par l'acide borique ou par un silicate alcalin. Dispositions des fours nécessaires pour réaliser cette application; 4° emploi des flammes perdues du four de fusion au mazéage de la fonte et dispositions nécessaires pour jeter directement la fonte mazée liquide dans le four de fusion de l'acier.

Addition, en date du 16 décembre 1868.

Ce certificat d'addition comprend : 1° l'emploi comme cément dans la fabrication des briques de silice gélatineuse, de matières siliceuses naturelles pulvérulentes et en partie gélatineuses, combiné avec l'emploi de la solution d'acide borique, d'une solution de silicate alcalin ou d'une solution simplement alcaline. Emploi, concurremment avec lesdites solutions, de matières agglutinantes d'origine végétale ou animale ou d'une très-faible proportion d'argile réfractaire; 2° préparation et durcissement des grès siliceux tendres par immersion des blocs, préalablement taillés dans la solution borique, silico-alcaline ou alcaline, et par leur cuisson à haute température; 3° fabrication de soles en sable siliceux aggloméré par les solutions ci-dessus; 4° emploi pour garnir l'intérieur des joints d'un mortier formé de sable siliceux, humecté de solution borique, silico-alcaline ou alcaline, et rendue plastique par l'addition de matières agglutinantes végétales ou animales. Le tout est applicable à la construction des fours à réverbère destinés à la fabrication de l'acier fondu.

N° 78,039. — Ellershausen. — 11 octobre 1867.

Fourneau-creuset propre à la fabrication de l'acier fondu de premier jet avec le minerai de fer seul ou combiné avec du fer forgé.

Ce fourneau-creuset permet de fabriquer l'acier fondu avec du minerai seul ou mélangé avec du fer forgé. Dans cette nouvelle disposition, les fourneaux sont superposés, divisés par la plaque du foyer, en matière réfractaire, et combinés avec la grille inférieure, avec la tuyère, le conduit pour l'introduction du fer carburé, la tuyère du fourneau supérieur et les conduits de décharge.

ADDITION, en date du 12 novembre 1867.

L'inventeur revendique la fabrication de la fonte malléable par la fusion des loupes ou particules de fer obtenues directement du minerai dans son fourneau-creuset ou dans tout autre fourneau-creuset analogue.

N° 78,600. — Hargreaves et Robinson. — 21 novembre 1867.

Perfectionnements dans la fabrication de l'acier et du fer doux avec la fonte de fer.

Ces perfectionnements consistent dans l'emploi des nitrates, chlorates, chromates, manganates et stannates, mêlés ou combinés avec les oxydes de fer, de manganèse ou toute autre substance granuleuse pour agir sur la fonte en fusion, afin d'en éliminer, à toute vitesse voulue, en le brûlant, l'excès de carbone dans ladite fonte, et d'enlever en même temps toutes autres impuretés, et, de cette manière, convertir la fonte en acier ou en fer doux par une seule opération. L'inventeur donne la préférence au nitrate de soude, en raison de son bas prix et de la grande proportion d'oxygène qu'il émet, et aussi parce que la soude qu'il contient, agit avec efficacité pour enlever le silicium, le soufre et le phosphore.

N° 79,034. — Bonnand. — 2 janvier 1868.

Fabrication de l'acier fondu.

Ce système consiste à employer le four à puddler, chauffé au gaz régénéré du système Siemens et à y introduire, quand il a atteint une température très-élevée, une certaine quantité de fonte, soit froide, soit chauffée dans un four séparé ou autrement. Quand cette fonte est en fusion, on y introduit des éponges métalliques produites par le système Chenot ou tout autre système produisant cette éponge ; la décarburation de la fonte s'opère rapidement par cette matière qui se liquéfie et s'unit intimement à la fonte liquide.

Ces éponges métalliques peuvent être introduites froides ou préalablement chauffées, en une ou plusieurs fois, dans le bain, en brassant fortement.

N° 79,102. — Martin. — 6 janvier 1868.

Transformation, en acier fondu doux, des vieux rails en fer de toute provenance.

L'inventeur réclame la nouvelle application de son procédé (des 28 juillet 1865 et 5 juillet 1867) de fabrication de l'acier par fusion de vieux rails en fer dans un bain de fonte, ainsi que la régénération, par le même système, de vieux rails d'acier en acier doux. Voici un exemple des proportions employées :

Fonte spéculaire.	700 kilogrammes.
Vieux rails de fer.	1,100 —
Total. . . .	1,800 —

Le produit en lingots d'acier fondu doux a été de 1,500 kilogr., le métal étant doux, d'un grain fin, homogène et susceptible d'une faible trempe, résistant aux mêmes épreuves au choc que celles des rails en fer.

ADDITION, en date du 7 février 1868.

Dans les brevets précédents, l'inventeur faisait usage du régénérateur Siemens afin d'assurer la combustion du mélange d'oxyde de carbone et d'air, ce régénérateur, consistant à allumer un courant d'oxyde de carbone et d'air en les faisant traverser des chambres chaudes avant d'entrer dans le four à réverbère. Par la présente addition, l'inventeur revendique l'emploi de l'oxygène pur dans le mélange du gaz oxyde de carbone *en excès*, substitué à l'emploi de l'air atmosphérique pour la fabrication de l'acier fondu, du métal homogène, du métal mixte, et la réduction des oxydes de fer, minerais, etc., sur la sole du four à réverbère, par son procédé.

N° 79,164. — Hargreaves. — 13 janvier 1868.

Perfectionnements dans la fabrication de l'acier et du fer doux avec de la fonte de fer.

Ces perfectionnements consistent à affiner la fonte de fer, en y faisant passer des courants d'air par les méthodes connues, ou bien en faisant passer des courants sur sa surface supérieure, comme cela se fait dans les feux d'affinerie ordinaires. On soumet ensuite le fer, partiellement décarburé et affiné, à l'action des sels oxydants (nitrates, chlorates, manganates, chromates) en le versant, à l'état fluide, sur une masse desdits sels oxydants disposés au fond d'un vase approprié. Les sels oxydants sont décomposés et les produits de leur décomposition s'élèvent à travers le fer en fusion en complétant sa conversion en acier ou en fer doux.

La deuxième partie de l'invention se rapporte à l'amélioration de la qualité du fer produit dans les fours à puddler et d'affinage, ainsi que dans le procédé Bessemer, par l'emploi d'une matière appelée *scorie d'acier*. Ces scories sont produites par la réaction de la fonte brute ou par celle du fer, partiellement décarburé et épuré, sur lesdits sels oxydants, et elles consistent, lorsque le sel oxydant employé est du nitrate de soude, dans du carbonate, silicate, phosphate, sulfate et sulfite de soude, sulfure, chlorure, cyanure et ferro-cyanure de soude avec de l'oxyde de fer.

Lorsque l'oxyde de manganèse est employé, ou lorsqu'un manganate de soude ou de potasse est un des sels oxydants employés, l'oxyde de manganèse est présent dans lesdites scories d'acier.

Il en est de même de l'oxyde de chrome lorsqu'on fait usage d'un chromate.

Par l'emploi des scories d'acier, on enlève au fer une grande proportion de silicium, de soufre et de phosphore.

N° 79,591. — De La Roquette et Cie. — 27 février 1868.

Système de décarburation et d'affinage de la fonte et de production de l'acier.

Ce système consiste dans l'emploi successif du principe de l'insufflation de l'air à travers la fonte liquide et, par conséquent, des appareils qui se prêtent le mieux à cette opération, tels que fours à réverbère chauffés au gaz, soit par le procédé Siemens, soit par tous autres moyens capables de produire et de maintenir une haute température et une atmosphère oxydante ou réductrice à volonté. Avec l'insufflation directe à travers la fonte, l'opération est rapide, mais les produits pèchent sous le rapport de l'homogénéité. L'acier produit dans les fours d'affinage, chauffés au gaz, est obtenu lentement et par petites masses, soit à cause de l'action superficielle des gaz oxydants, soit par la nécessité où l'on est d'introduire, successivement et peu à peu, les éléments décarburants, tels que riblons de fer ou d'acier, minerais ou oxydes métalliques, afin de conserver l'homogénéité. Par la combinaison de ces deux procédés, on obtiendra, facilement et rapidement, tous les degrés de décarburation de la fonte, depuis un simple mazéage jusqu'à un affinage complet produisant du fer pur et exempt de carbone, soit par la translation du métal du convertisseur dans le four d'affinage, soit par son séjour plus ou moins prolongé dans celui-ci, qui permettra aux réactions, plus ou moins avancées, de s'équilibrer, soit enfin par le brassage qui donnera un degré d'homogénéité aussi complet que possible.

No 79,302. — Dalton. — 13 mars 1868.

Perfectionnements dans la fabrication du fer et de l'acier, et dans les fours employés à cet effet.

Ces perfectionnements consistent à traiter le fer d'une manière semblable à celle usitée pour le procédé de puddlage jusqu'à ce qu'il soit dans un état convenable pour être mis en loupes pour le corroyage ou le laminage, et à remplacer la mise en loupes par une fusion complète du métal, que l'on coule dans des moules. Le spiegeleisen, ou autre fonte de fer, est additionné au métal puddlé, lorsqu'il est dans un état propre à être mis en loupes pour le corroyage ou le laminage ; puis, le mélange, lorsqu'il est entièrement fondu, est coulé dans les moules. L'inventeur revendique enfin la construction des fours ayant des conduits sous la sole du four.

No 80,115. — Martin. — 24 mars 1868.

Procédé d'affinage préalable des fontes et fers à transformer en acier fondu, par son procédé au four à réverbère.

S'il s'agit de fonte de qualité inférieure, le procédé consiste dans l'affinage direct de la fonte au four à manche par de l'oxyde de fer, du manganèse, de la chaux, ou par l'un d'eux, dans le but d'en éliminer par leur passage dans les laitiers ou par volatilisation, le soufre, le phosphore et l'arsenic. On peut, à volonté, faire des additions de titane ou wolfram, sous forme de minerai, ou toutes autres additions, telles que chlorure de sodium, fluorures, etc., en les ajoutant au minerai ou en les faisant passer par les tuyères.

Comme variante, on peut faire le magma de fonte, minerai, manganèse et chaux dans un four à puddler ou à réverbère aussitôt la fonte fondue, puis refondre ce magma au four à manche, et achever l'opération au four à réverbère par le procédé Martin.

S'il s'agit de ferrailles de qualité inférieure et surtout de la transformation de vieux rails, on fond ensemble 100 kilogr. de ferraille avec ou sans addition de 100 kilogr. de bonnes fontes spéciales. On ajoute 25 kilogr. de chaux pure, 25 kilogr. de peroxyde de manganèse, 25 kilogr. de minerai de fer, de préférence spathique, manganésifère ou de l'oxyde de fer ou l'une de ces trois substances. On coule, à mesure de fusion du four à manche, sur 25 kilogr. de chaux, 25 kilogr. de minerai ou oxyde de fer, 25 kilogr. de peroxyde de manganèse. Le magma obtenu est refondu directement dans le même four, puis le produit, en lingots ou à l'état fondu, est traité par la méthode Martin au four à réverbère.

La fusion des ferrailles au four à manche est dans le domaine public, comme principe (voir le brevet Sterling et autres). L'application de la fusion directe des ferrailles avec fonte hématite, dans le but de leur transformation par le procédé Bessemer, a été brevetée par M. Parry. L'application est nouvelle pour la transformation des ferrailles par le procédé Martin. De plus, elle est spéciale comme procédé d'affinage et, en cela, elle constitue un procédé nouveau, ayant pour but de transformer des matières de qualité inférieure, comme fontes phosphoreuses, ferrailles et rails, en produits supérieurs. Le brevet du mois d'août 1864 indiquait la fabrication de l'acier fondu au four à manche et au four à réverbère. La réunion des deux procédés constitue le procédé actuel.

N° 80,226. — Chenot aîné. — 31 mars 1868.

Système de fusion rapide au creuset, applicable aux métaux en général.

L'inventeur place entre la voûte d'un *four à réverbère* et la sole une *fausse sole*, ou diaphragme, percée de trous ou puisards, d'un diamètre un peu plus grand que celui des creusets. Si, dans chaque trou ou puisard de la fausse sole, on place un creuset à la façon des burettes dans le porte-huilier, on aura autour de chaque creuset un espace vide, formé par la différence de diamètre des trous et des creusets. Les flammes sont forcées de suivre exactement le parcours qui leur est ainsi assigné, en passant très-serrées contre les parois des creusets et donnent le maximum de température. Ainsi, l'idée dominante de cette invention est de placer les creusets dans des *gaines* ou *enveloppes*, le plus rapprochées possible des parois des creusets. Les puisards font fonction de *carneaux de fuite* des flammes venues du foyer.

Nº 80,363. — Ellershausen. — 7 avril 1868.

Fourneau perfectionné pour la fabrication de l'acier et la refonte des métaux.

Ce fourneau perfectionné s'applique à la fabrication de l'acier fondu avec de la fonte en gueuse et du fer forgé ou du minerai de fer, ainsi qu'à la fonte de l'acier artificiel en grandes quantités ou à la refonte des métaux en général. Le brevet comprend : 1º le fourneau, avec la nouvelle combinaison de deux chambres à feux séparés par l'autel, une des chambres formant creuset et l'autre formant foyer à réverbère, toutes deux reliées ou en correspondance avec le creuset ; 2º le procédé de fusion et d'affinage des métaux par grandes masses et en peu de temps par l'emploi d'un grand creuset avec trou de décharge ; 3º le puddlage de la fonte dans un creuset placé dans le fourneau et entouré de feu pour produire l'acier fondu.

Nº 80,364. — Ellershausen. — 7 avril 1868.

Perfectionnements aux appareils et aux procédés pour la fabrication de l'acier fondu et du fer malléable avec la fonte.

Ces perfectionnements sont basés sur ce principe que le carbone ne peut exister à une chaleur blanche en présence de l'oxygène sans qu'une combustion s'ensuive et que la combustion a lieu d'autant plus rapidement que la surface, exposée à l'action du carbone et de l'oxygène combinés, est plus étendue ; en conséquence, en combinant ce principe avec certains moyens mécaniques on peut convertir promptement de la fonte en acier fondu ou en fer malléable.

On place dans le convertisseur des copeaux de tôle comme ceux de hêtre dont on se sert pour la fabrication du vinaigre. Le haut du convertisseur est ouvert ainsi que sa partie inférieure, pour que la flamme puisse s'élever dans son intérieur. On chauffe à blanc les copeaux de tôle pendant assez longtemps pour les oxyder complétement ; on verse alors par le haut du convertisseur une quantité suffisante de fonte en fusion pour la combiner avec l'oxyde de fer. Il est évident que, par suite de la manière dont la tôle est enroulée, puis convertie en oxyde de fer, une surface considérable d'oxyde de fer est exposée, dans un espace comparativement restreint, au contact de la fonte introduite dans le convertisseur. Les particules se combinent intimement, une combustion rapide s'opère dans toute la masse, la température s'élève à un degré tel que la conversion s'opère complétement, tandis que le métal est encore à l'état fluide.

Au lieu de copeaux de tôle, on peut employer le fer spongieux, provenant des fours à puddler.

Quand la conversion est achevée, on fait couler le métal et on recommence l'opération.

N° 81,189. — Tessié du Motay et Cie. — 2 juin 1868.

Appareil général de transformation des fontes de fer en acier ou en fer, et des fers en acier ou en fonte.

Les inventeurs ont eu pour but de constituer un appareil dans lequel les fontes de fer, préalablement fondues soit dans un haut-fourneau, soit dans un cubilot, puissent être, en présence d'oxyde et de silicate de fer et de manganèse et d'agents épurateurs, amenées à l'état d'acier ou de fer fondu, et, réciproquement, où les fers et les aciers fondus, en présence de gaz carburateurs, de carbone ou de cyanures, puissent être amenés à l'état d'acier ou de fonte. Pour atteindre ce but, ils ont pris pour base les faits généraux suivants :

1° Les oxydes et les silicates de fer, aussi bien que les silicates de manganèse ayant une densité moindre que les fontes de fer fondu, peuvent successivement et par effet alternatif dans les appareils, traverser incessamment les masses de métal en fusion et amener ainsi, par leur oxygène, le carbone des fontes de fer à l'état d'oxyde de carbone ou d'acide carbonique, et transformer ainsi ces fontes en acier ou en fer ;

2° Les corps carburateurs, tels que le carbone d'origine animale et les composés azotés ou hydrogénés du carbone, étant d'une densité moindre que les fers et les aciers fondus, peuvent de même, successivement et par effet alternatif dans lesdits appareils, traverser incessamment les masses de métal en fusion et, par leur carbone, opérer la transformation du fer eu acier ou en fonte, et de l'acier en fonte ;

3° Enfin, pour opérer ce double système de réduction ou de carburation, la chaleur à produire doit être graduée à volonté, ce qu'on obtient au moyen de gaz exempts d'azote d'une part, tels que les carbures d'hydrogène, l'hydrogène et l'oxyde de carbone, et, d'autre part, d'air, de mélange d'air et d'oxygène, ou d'oxygène pur.

C'est donc sur la densité différente des corps oxydants, d'une part, et de corps réducteurs, d'autre part, par rapport à la fonte de fer, qu'est fondé, en principe, ce système de traitement métallurgique de la fonte, de l'acier et du fer. Le moyen pratique de réalisation de ce système repose sur l'emploi de gaz capables de produire successivement et à volonté des températures variant entre la fusion de la fonte et la fusion du platine, c'est-à-dire dans les limites des plus hautes températures connues.

N° 81,254. — **Perkins et Smellie.** — 6 juin 1868.

Perfectionnements dans la fabrication d'un métal malléable acéré, en partie, avec du fer Bessemer ou autre métal acéreux.

Le but proposé est de produire un métal malléable homogène, ayant une qualité acérée, en utilisant les ferrailles Bessemer ou autres fragments d'acier sans valeur. Cette invention consiste à mélanger environ trois parties de métal Bessemer ou ferrailles d'acier ou autre métal acéré avec environ une partie de fonte de fer ordinaire ou gueuse du commerce, et à fondre ce mélange dans un cubilot ordinaire ou dans tout autre four semblable approprié, ce mélange étant retiré dudit four à l'état de fusion, ou coulé de suite en saumons pour être transporté, à l'état froid, dans un four à puddler. Là, on ajoute, à une partie de métal mélangé, trois parties de gueuse ordinaire et le tout est alors soumis au procédé de puddlage connu. Le métal ainsi produit est homogène, malléable, possédant la qualité d'acier ; il est applicable aux rails, aux jantes de roues et autres usages pour lesquels l'acier Bessemer a, jusqu'à présent, été employé. On met dans le four à puddler, avec chaque chargement de 224 kilogr., 2 1/2 kilogr. de sel ordinaire et 1 kilogr. de soude. Le métal produit par cette méthode peut être rendu plus doux de qualité en le mettant en paquets et le réduisant une ou deux fois.

N° 81,955. — Bœtius. — 7 août 1868.

Perfectionnements dans les fours et appareils pour la fabrication de l'acier.

Ces perfectionnements comprennent : 1° l'emploi pour la fabrication directe de l'acier ou du fer, par traitement de la fonte de fer, d'un four à double foyer disposé d'après les principes du brevet n° 67,607 du 22 mai 1865; 2° la disposition et l'emploi de la cuvette qui permet le chauffage régulier de toute la masse du métal, l'injection d'air ou autre fluide ou matières dans cette masse, ainsi que son brassage, puis son écoulement dans une poche, placée au-dessous de la cuvette; 3° l'emploi et la disposition de l'appareil injecteur à tubes qu'on peut, à volonté, faire descendre dans le bain de métal fondu ou retirer de ce dernier, ainsi que de l'intérieur du four, en faisant passer l'ensemble des tubes à travers des ouvertures correspondantes, établies dans la voûte du four, l'emploi de cet appareil permettant que, simultanément avec l'injection d'air, de vapeur ou autre fluide ou matières appropriées dans le bain, on puisse opérer le brassage de ce dernier au moyen de ringards de puddleur ou autres outils analogues.

N° 82,414. — Fitzmaurice. — 15 septembre 1868.

Perfectionnements dans la fabrication de l'acier fondu.

L'acier est soumis dans des creusets à une chauffe préalable, afin de l'amener à l'état mou ou pâteux au moyen de la combustion de l'air et de gaz chauds dans une chambre close, et en complétant ensuite la fonte de l'acier dans un second fourneau, chauffé au coke ou au coké combiné avec un courant chaud des gaz obtenus du générateur. L'air atmosphérique chauffé peut également être employé en combinaison avec le combustible.

N° 82,503. — Siemens. — 19 septembre 1868.

Perfectionnements apportés dans la fabrication de l'acier fondu.

L'inventeur réclame comme sa propriété :

1° Faire de l'acier fondu sur la sole d'un four en effectuant la réduction du minerai dans une ou plusieurs chambres ou moufles de réduction (dans lesquelles il est protégé contre la réoxydation par la présence d'une atmosphère réductrice) et par l'introduction du métal réduit et très-chaud, d'une façon continue ou alternative dans un bain de fonte liquide, ménagé dans le four;

2° L'application du four à gaz et à chaleur régénérée à des dispositions telles qu'une partie des produits de la combustion serve à chauffer le minerai dans la chambre de réduction, tandis que l'autre partie seulement desdits produits de la combustion, qui n'ont pas été refroidis par leur contact avec les matières froides, passe, à travers les régénérateurs, dans la cheminée de la façon ordinaire, disposition qui a pour effet de ne pas réduire la température du four par l'introduction de ces matières froides ;

3° L'introduction dans le bain d'acier liquide d'une certaine proportion de litharge, mélangée avec du nitrate de soude fondu ou d'autres sels fondus et moulés en blocs ou en gâteaux, ou dans des cylindres ou enveloppes de plomb ou de fer.

ADDITION, en date du 10 décembre 1868.

Le principe consiste à effectuer la réduction du minerai, soit seul, soit mélangé d'agents de réduction solides, dans un moufle où il est porté au rouge au milieu d'une atmosphère de gaz réducteurs.

Sous cette action, le minerai est rapidement réduit et transformé en fer métallique spongieux ou pulvérulent, tandis qu'il est continuellement tenu en mouvement et poussé graduellement, par la rotation du moufle, vers l'extrémité du moufle, d'où il tombe, par une ouverture verticale, dans le bain de fonte, où il se dissout rapidement pour donner de l'acier fondu de qualité et de dureté variables, suivant les proportions relatives de fer et de fonte employées.

N° 82,584. — Gallet. — 28 septembre 1868.

Procédé pour obtenir directement l'acier fondu du traitement des minerais de fer.

L'inventeur a expliqué, dans son brevet du 20 septembre 1867 et dans le certificat d'addition du 6 juin 1868, par quels procédés il arrivait à obtenir des aciers de toutes qualités par le traitement de fers de toutes provenances, et spécialement de fers puddlés, préalablement cinglés au laminoir dégrossisseur. En résumé, son brevet actuel comprend :

1° Le procédé de fabrication de l'acier fondu par le traitement direct des minerais de fer, traitement qui a pour résultat la réduction des minerais, la séparation du fer et des métalloïdes, qui peuvent lui être restés alliés, au moyen des métaux alcalins isolés par l'action du carbone sur leurs carbonates, et, enfin, la carburation du fer ainsi converti en acier;

2° La composition du cément avec faculté de varier les proportions des substances constitutives suivant la nature de l'acier fondu à obtenir.

ADDITION, en date du 5 janvier 1869.

Ce certificat d'addition précise le procédé de fabrication de l'acier fondu par le traitement direct des minerais de fer au moyen du cément dont voici la composition :

Carbonate de chaux	87 parties.
Argile	13 —
Carbonate de potasse	3,10 à 20
Oxyde de manganèse	3 —
Résine	5 —
Sel marin	1 —
Charbon de bois	50 —

Eau, environ 10 p. 100, dans laquelle le sel et la potasse sont préalablement dissous.

Le charbon de bois peut être remplacé par la suie, le noir de fumée et le gas-tar. Le carbonate de potasse peut être remplacé par le carbonate de soude.

Voici quelques proportions :

Pour l'*hématite brune*, contenant 55 p. 100 de fer, on emploie 5 à 30 p. 100 de cément; pour l'*hématite rouge*, contenant également 55 p. 100 de fer, la quantité de cément varie de 20 à 50 p. 100 du poids du minerai. Pour l'hématite rouge contenant 30 p. 100 de fer, on emploie 30 à 45 p. 100 de cément, selon la nature des aciers à obtenir.

N° 82,675. — Bérard. — 7 octobre 1868.

Perfectionnements dans les procédés et dans les appareils ayant pour but la transformation de la fonte en acier.

Ces perfectionnements comprennent :

1° L'emploi d'un four simple à réverbère et à une seule sole mobile chauffée au gaz, avec tuyères annulaires inclinées; 2° la disposition de la sole du plan incliné, des fours à recuire à la suite de la sole de travail pour la fusion des fontes d'addition et le réchauffage des jets d'acier et autres matières, ainsi que pour le recuit des lingots et autres pièces au moyen de la chaleur perdue et en présence d'un ou de plusieurs jets de gaz réducteurs ; 3° l'emploi de la presse hydraulique pour la manœuvre de la sole mobile ; 4° l'emploi de deux tuyères plongeantes, agissant simultanément en sens opposé, et placées de manière à déterminer un mouvement de rotation du bain métallique ; 5° l'usage d'un mélange, en proportions variables, à volonté, d'air et de gaz, dans l'injection à l'intérieur du bain de fonte, ou l'injection sur le même point de l'air et du gaz par des conduits indépendants, quelle que soit d'ailleurs la forme des fours ; 6° le retour du gaz épuré du trop-plein de l'injection sur la sole de fusion des fontes spéciales ; 7° l'injection dans le bain métallique lui-même de charbon pulvérisé ou de flux à base de sel, avec ou sans manganèse et chaux, en combinaison avec les autres agencements des appareils ; 8° l'échauffement au moyen du gaz de l'intérieur des lingotières ou des moules pour pièces de fonderies en acier ou en tout autre métal.

ADDITION, en date du 4 juin 1869.

L'inventeur se réserve de porter, au moyen de tuyères plongeantes, au sein de la masse fondue tout gaz ou tout mélange d'air et de gaz ou de vapeurs possédant une action oxydante ou réductrice. Ces gaz sont : l'oxygène pur ou mélangé d'azote ou de tout autre gaz neutre oxydant, combustible ou réducteur, l'air ordinaire ou enrichi d'oxygène, de vapeur d'eau, etc. A cette liste on peut ajouter les morceaux, granules ou poussières d'azotate de potasse ou de soude, de chromates, les sels ou minerais de tungstène, de chrome ou de titane, etc.

L'inventeur se réserve aussi d'injecter dans le bain de fonte, la vapeur de pétrole, d'huile de schiste, de goudron, au moyen d'un courant d'air ou de gaz, chaud ou froid.

N° 82,854. — Martin. — 19 octobre 1868.

Procédé de fabrication de l'acier fondu.

Ce nouveau procédé de fabrication, sur la sole des fours à réverbère, de l'acier fondu par réaction du fer et de l'oxyde de fer sur la fonte, présente les caractères distinctifs suivants :

Quatre conditions inséparables constituent le procédé : 1° le chauffage du bain sur la sole du four à chaleur régénérée par un flamme intense mais non oxydante, surchargée de carbone pour préserver la fonte contre la chaleur du courant enflammé, et convertir en acide carbonique l'air extérieur que le tirage de la cheminée fait continuellement entrer dans le four; 2° l'application de matières, produisant l'affinage, en doses répétées par intervalle précis, et déterminées par le progrès du travail; 3° la sole de fours préparée avec du sable siliceux en une couche de petite épaisseur et refroidie, dans la partie inférieure, par un courant d'air circulant au-dessous de la sole du four; 4° l'affinage continué à l'excès et plus longtemps qu'il ne serait nécessaire pour décarburer le métal au point désiré, et l'addition subséquente d'une fonte pure, de préférence, une fonte manganésifère, afin d'obtenir le dosage de carbone nécessaire à la réussite finale.

C'est à la réunion combinée de ces conditions qu'est dû le succès du procédé.

Parmi les applications importantes de ce procédé, on peut citer celle qui a permis d'obtenir la transformation des vieux rails en acier fondu.

N° 82,856. — Micolon. — 13 octobre 1868.

Application de l'aciérage par voie de fusion, à la fabrication de rails en métal mixte pour chemins de fer.

Le moyen employé pour aciérer les barres de fer consiste à placer celles-ci séparément dans un moule ou lingotière ayant une section plus grande que celle des fers de façon que, la pièce à traiter étant centrée, il reste autour d'elle un vide dans lequel on coule l'acier fondu, ce vide représentant l'épaisseur de l'acier dont on veut recouvrir le fer. Le fer, avant sa mise en place dans le moule, est chauffé à la température voulue pour l'amener à l'état désigné sous le nom de blanc suant, de telle sorte qu'il résulte, pour les molécules en contact des deux métaux, un alliage tel que dans les cassures de barres aciérées par ce système, il est impossible de distinguer la limite de contact de chacun de ces métaux.

L'inventeur revendique la fabrication de rails en métal mixte, trempés et quadrillés ou striés, qui se distinguent par la dureté de leurs parties frottantes, autant que par les aspérités qui recouvrent ces parties, et qui empêchent tout patinage des roues soit pour démarrer, soit durant le parcours des trains sur de fortes rampes.

N° 82,924. — Société anonyme des forges de Châtillon et Commentry. — 22 octobre 1868.

Perfectionnements au procédé Bessemer.

Les inventeurs appliquent l'excès de chaleur que produit dans les cornues Bessemer l'affinage de certaines fontes, à la réduction des *scories de forge, des battitures, ou des minerais de fer suffisamment riches et purs, et surtout les minerais riches en manganèse*. Le procédé consiste à introduire l'une ou l'autre de ces matières, préalablement réduite en poussière, ou tout au moins en fragments suffisamment menus, dans la cornue Bessemer, après un certain temps de soufflage. Ces matières sont introduites froides ou déjà chauffées, selon la nature des fontes en élaboration. Les proportions de scories de forge, de battitures ou de minerais riches qu'on peut ainsi charger dans une opération Bessemer, varient naturellement avec la nature des fontes qu'on y traite, et avec le volume des appareils eux-mêmes.

L'expérience a montré aussi qu'il n'y avait aucune crainte à concevoir de cette modification du procédé Bessemer pour la conservation des fonds et parois des cornues, si l'on observe bien les conditions données plus haut, indications fondées sur l'observation d'une propriété caractéristique de l'affinage Bessemer, la *prédominance* des actions réductrices pendant une certaine partie de sa durée.

Cette propriété étant bien appliquée, et grâce à l'agitation produite dans le bain par le courant d'air, on peut introduire ces matières oxydées dans l'appareil sans danger pour sa garniture, contrairement à ce que l'on croyait jusqu'ici.

Cette modification du procédé Bessemer donne le moyen d'employer, d'une façon tout à fait économique, des produits secondaires sans grande valeur dans les forges, comme les scories et les battitures, ou de traiter directement, sans passer par le haut-fourneau, des minerais riches et purs. Enfin, ce qui n'est pas moins important, cette modification permet de traiter pour métal Bessemer des fontes qui autrement n'y conviendraient nullement.

N° 83,452. — Blair. — 5 décembre 1868.

Perfectionnements dans la fabrication de l'acier.

Ces perfectionnements comprennent :

1° La fabrication de l'acier fondu dans le creuset avec le lopin de gueuse ou de riblon de gueuse ;

2° La fabrication de l'acier en fondant par le bas, dans un fourneau ouvert, le lopin de gueuse ou le riblon de gueuse, composé d'un mélange de fonte et d'un oxyde ou de plusieurs oxydes, en proportions convenables, de métal et d'oxyde, pour donner le degré nécessaire entre l'oxygène, le carbone et le fer, afin de produire le résultat désirable ;

3° La fabrication de l'acier avec la fonte, en ajoutant à la fonte, à l'état de fusion, un aggloméré, produit de la fonte et d'un oxyde de fer ;

4° La production de l'acier avec la fonte et le fer malléable, en fondant la fonte et en y faisant fondre une éponge de fer malléable, obtenue du lopin de gueuse.

N° 83,644. — Galy-Cazalat. — 21 décembre 1868.

Conversion des fontes et du minerai titano-magnétique en aciers fondus, sans soufflures, et en fers épurés.

On obtient des aciers excellents en fondant dans des creusets, élevés aux plus hautes températures, des mélanges de fontes et de esquioxyde de fer titano-magnétique. Cette fabrication en creusets était très-dispendieuse. L'inventeur est parvenu à fondre conjointement plusieurs milliers de kilogrammes de fonte et de minerai en poudre qui produisent des lingots d'acier, le meilleur et le moins coûteux.

Ce système comprend : 1° un four à réverbère continu dans lequel les gueuses de fonte et le minerai titano-magnétique sont fondus par des courants d'air chaud injecté et de la vapeur surchauffée par le calorique de la flamme perdue ; 2° un haut-fourneau dans lequel les minerais de fer sont réduits et mis en fusion pour être coulés directement dans le four convertisseur contenant le minerai titano-magnétique.

Dans ce nouveau système de four continu, l'air et la vapeur sont tellement surchauffés qu'ils donnent à l'acier fondu une telle flui-

dité que les gaz qui forment les ampoules s'en dégagent naturellement. Immédiatement après une coulée, on peut recharger le four
continu sans lui donner le temps de se refroidir.

On peut obtenir les différentes sortes d'acier fondu et de fer,
propres à tous les usages, en faisant varier les quantités et qualités des fontes traitées par le sesquioxyde de fer titano-magnétique.

N° 84,100. — Moysan. — 11 février 1869.

Procédé perfectionné de fabrication de l'acier.

Ce procédé se distingue par les points suivants :

1° Les matières premières employées sont fers, ferraille, ébou-
tures diverses de fer et d'acier, *avec ou sans mélange de fonte.*

2° Les agents chimiques de carburation et physiques de fusion
sont tous les gaz carbonés combustibles, soit l'hydrogène carboné,
l'oxyde de carbone, agissant dans des fours de cémentation et de
fusion continus.

Le procédé consiste dans l'emploi perfectionné de ces gaz passant à travers la masse du fer à cémenter, lesdits gaz, suivant la
marche du fer, participant de sa chaleur et venant se brûler au
contact de l'air, soit dans le creuset de fusion dans le cas de la
continuité, et retournant ensuite chauffer la masse du four, soit
directement dans les carneaux de chauffage du four dans le cas de
disjonction.

Les appareils se résument en un four à gaz d'un système nouveau dont le caractère distinctif consiste dans l'interposition d'un
moufle réchauffeur, régénérateur de gaz entre la source de ce gaz
et le four de travail. Quand ce moufle sera rempli de fer mélangé à
une certaine quantité de matières carbonées et à des hydrocarbures,
il sera bien un véritable réchauffeur, régénérateur du gaz qui le
traversera, et aucune parcelle d'acide carbonique ne pourra sub-
sister dans la masse gazeuse destinée à être brûlée dans le four.
Le gaz sera donc riche.

Les nouveaux procédés ont pour but la transformation directe de
la fonte en acier, mais pour obtenir des produits acceptables, il
faut employer des fontes *pures.* On procède à cette épuration pro-
gressive en passant par les phases suivantes : mazéage ou finage ;
puddlage avec produits épurateurs ; carburation du fer par les gaz
et vapeurs carbonés hydrogénés ; affinage sur sole du four de fu-

sion avec emploi de produits épurateurs ; récarburation finale par addition de fonte pure.

Les particularités du nouveau système résident surtout :

1° Dans l'emploi d'un moufle ; 2° dans le four à réverbère, dit four de travail ; 3° dans les gazogènes accolés ou non à l'appareil. Le moufle carburateur, réchauffeur du gaz est la base de tout le système, sa place est entre le gazogène et le four de travail ; il est traversé par les gaz qui se rendent à ce four.

N° 84,299. — Berger et Bichon. — 1ᵉʳ mars 1869.

Système de fours à fondre l'acier et autres métaux.

L'élément principalement brevetable dans ce système de four consiste dans l'établissement de deux foyers à tuyères, placés adversaires l'un de l'autre, et dont les courants de flammes contraires se combinent et se brisent, pour ainsi dire, au milieu du four sur les creusets. Ces deux courants de flammes se fortifient l'un par l'autre, la pression de l'air se régularise sur le milieu vertical de la sole, et les gaz enflammés, avant de sortir par l'orifice du four, ont circulé autour des creusets en y déposant leur plus grande quantité de calorique. Chaque creuset est ainsi exposé sur tout son pourtour à une température égale à celle des voisins.

On réalise par ce mode de construction une économie notable en combustible, entretien des fours, facilité de travail et sécurité d'opérations. Pour arriver à une juste mesure pour placer 4 à 6 creusets dans un seul foyer, avec une fusion rapide et économique, sans altération autre que l'usure ordinaire du fond, il faut nécessairement : 1° que le calorique se répartisse également dans le four et autour des creusets ; 2° qu'il se perde le moins possible de chaleur ; 3° qu'il n'attaque pas plus spécialement telle ou telle paroi du four. Ces trois conditions fondamentales se trouvent réalisées dans ce système de fours.

N° 84,454. — Boigues, Rambourg et Cⁱᵉ. — 17 février 1869.

Perfectionnements apportés à la fabrication du métal par le procédé Bessemer.

Ces perfectionnements se résument en :

1° Un mode de pesage des lingots de métal Bessemer pendant la coulée, avec facilité de couler dans ces mêmes lingotières des lingots de poids variables et déterminés d'avance avec toute la précision désirée;

2° Des dispositions des lingotières pour atteindre ce but;

3° Des dispositions des lingotières pour éviter les bavures, la chute des lingots, l'emploi des chaînes, et les fonds détachés.

N° 14,584. — Hargreaves. — 27 février 1869.

Perfectionnements dans la fabrication de l'acier et du fer, ainsi que dans les appareils employés à cet effet.

Ces perfectionnements sont basés sur les faits suivants :

L'inventeur a reconnu que le phosphore et le soufre étaient séparés plus facilement du fer, lorsque la scorie formée pendant la réaction contenait des oxydes métalliques, tels que ceux du fer, du manganèse, du sodium et du potassium, et qu'elle ne contenait aucune combinaison de silice ou autre; il a reconnu aussi que, quand l'oxyde de fer est à l'état de proto-sesquioxyde ou d'oxyde magnétique, le phosphore et le soufre sont plus facilement séparés du métal et transférés aux scories ou au mâchefer.

Dans la fabrication Bessemer, telle qu'elle se pratique actuellement, il se forme un très-faible excédant d'oxyde de fer au delà de ce qui est nécessaire pour combiner avec la silice (résultant de l'oxydation du silicium présent à l'origine dans la fonte) pour constituer un monosilicate de protoxyde de fer. Tout l'oxyde de fer ainsi combiné avec la silice est inerte en ce qui regarde l'extraction du phosphore. L'oxyde de fer qui pourrait se former aux tuyères dans l'appareil de conversion Bessemer, se trouve réduit très-rapidement pendant son ascension à travers le fer chargé de carbone, en fusion, et pour maintenir un excédant de matière basique destinée à se combiner avec le phosphore ou l'acide phosphorique, l'inventeur opère par la projection dans le bain de nitrate de soude ou de potasse ou tout autre sel émettant de l'oxygène. En fabriquant de l'acier ou du fer malléable par le procédé Bessemer ou par tout autre procédé de même nature, il ajoute des sels oxydants au moment où l'air est en train d'être refoulé à travers le fer en fusion. Lesdits sels sont préparés en les formant en une ou plusieurs masses solides, soit en les humectant et en les faisant ensuite sécher, soit en les faisant fondre et les laissant ensuite se refroidir. Il est préférable de mélanger avec lesdits sels oxydants, avant leur humectage et séchage, ou leur fusion et refroidissement, de l'oxyde de fer, de l'oxyde de manganèse ou de la chaux sèche, afin d'empêcher une décomposition trop rapide des masses solides, ainsi que pour fournir des substances basiques avec lesquelles la silice, le soufre et l'acide phosphorique peuvent se combiner et, sous d'autres rapports, réagir sur le fer. Les sels oxydants préparés sont le nitrate, le nitrite, le chromate ou le manganate de soude ou de potasse.

N° 84,735. — Muller. — 12 mars 1869.

Construction de garnitures magnésiennes des convertisseurs Bessemer et des fours Martin.

Le résultat que l'auteur a en vue est de débarrasser les produits de l'opération du soufre et surtout du phosphore, et d'empêcher, dans les fours Martin, une destruction rapide du four par l'oxyde de fer que l'on peut employer. Au lieu de faire les garnitures intérieures en produits réfractaires ordinaires, c'est-à-dire en silicates d'alumine, renfermant ou non une plus ou moins grande quantité de silice libre, l'inventeur les construit en magnésie à peu près pure.

Il en résulte que la silice des scories proviendra uniquement du silicium de la fonte, c'est-à-dire sera en quantité limitée et non renouvelable, donc : 1° les scories seront basiques, car, quand bien même les métaux oxydés formeraient une scorie acide, la garniture magnésienne de l'appareil la ramènerait toujours à l'état basique en se détruisant en partie; 2° le phosphore pourra passer à l'état de phosphates dans la scorie basique et être ainsi éliminé, tandis que les phosphates sont toujours décomposés par les scories siliceuses; 3° le départ du soufre sera facilité pour les fontes très-sulfureuses, soit par l'oxydation directe au moyen des silicates basiques, des oxydes fondus, etc., qui ne peuvent exister qu'en présence d'une garniture basique, soit par la proportion plus grande du manganèse dont le même poids forme une scorie moins abondante, soit encore par la formation d'un sulfure alcalin avec la magnésie de la garniture.

Addition, en date du 19 mai 1869.

L'emploi de la magnésie permet de mettre dans les appareils des corps solides capables de maintenir les scories basiques, en se dissolvant comme ferait la garniture elle-même, soit, par exemple, de la chaux vive, de la magnésie en morceaux ou en poudre.

L'inventeur entend aussi breveter, non pas l'emploi, proposé déjà, de certains corps oxydants, capables de donner aussi des scories basiques, tels que le nitrate de potasse, de soude, etc., mais de rendre possible l'emploi de ces corps par le fait de la garniture en magnésie, ce qui ne pourrait pas avoir lieu avec une garniture en terre siliceuse.

N° 84,993. — Martin. — 27 mars 1869.

Application métallurgique et céramique des hydrocarbures liquides pour obtenir de hautes températures.

Cette invention a pour objet l'application au four à régénérateurs Siemens des hydrocarbures liquides, pour obtenir de hautes températures, soit pour la fabrication de l'acier fondu, pour le puddlage et le réchauffage du fer, et la réduction des minerais, soit pour la cuisson de produits céramiques et pour la fusion du verre, etc.

L'inventeur indique trois méthodes permettant l'emploi des hydrocarbures par pulvérisation :

1° En laissant tomber, en un filet extrêmement mince soit 1 à 2 millimètres, les hydrocarbures dans un courant d'air et de gaz, à la température de 1,500 degrés ;

2° En lançant les hydrocarbures au moyen d'un jet de vapeur ou d'air, de façon qu'en dispersant les hydrocarbures, on les fasse passer à l'état pulvérisé, qui, à part la densité, semble être un certain état de vaporisation et de gazéifaction, que cela se fasse soit dans le four Siemens, soit dans tout autre four, c'est-à-dire avec ou sans l'aide d'une grille additionnelle ;

3° En lançant ces hydrocarbures par pression de vapeur, ou par tout autre moyen, comme un accumulateur, de façon à produire une pression suffisante pour qu'en s'échappant par un petit orifice de 1 à 2 millimètres de diamètre, l'hydrocarbure liquide passe à l'état pulvérisé.

1re ADDITION, en date du 9 juin 1869.

Ce certificat d'addition se rapporte à un four-réverbère gazogène, combiné pour la fusion de l'acier, et ayant pour principe de brûler les gaz avec de l'air surchauffé et d'augmenter le pouvoir calorifique de ces gaz par leur combustion avec celle des hydrocarbures. Ce four, selon l'auteur, est destiné à remplacer avantageusement le four régénérateur à gaz.

2e ADDITION, en date du 19 juin 1869.

Le système a pour principe la combustion spontanée des hydrocarbures à l'état de suspension dans un milieu ou courant d'air, de vapeur ou de gaz, surchauffés à la température de 1,800 à 2,000 degrés pour décomposer immédiatement les huiles et développer ainsi une immense température très-favorable aux opérations industrielles, métallurgiques et céramiques. Le système repose sur la double combinaison suivante : 1° enrichir la puissance calorifique des gaz combustibles provenant d'une grille de tout fourneau, par la projection d'hydrocarbures s'enflammant à l'état vésiculaire sans contact avec une grille ou plaque ; 2° produire la combustion spontanée du mélange des gaz combustibles azotés et d'hydrocarbures non azotés au moyen de l'air ou de la vapeur surchauffés au dehors ou dans l'appareil même.

3° ADDITION, en date du 4 octobre 1869.

L'inventeur a reconnu qu'il y a avantage de faire entrer des hydrocarbures dans le four de chauffage en pluie pulvérisée, au lieu de les laisser tomber goutte à goutte. Pour cela, il élève la caisse renfermant les hydrocarbures à hauteur suffisante, soit 10 mètres, ou bien il se sert d'une pompe foulante ou de tout autre moyen.

4° ADDITION, en date du 21 décembre 1870.

Les points caractéristiques sont : 1° appareil de distribution des hydrocarbures par leur entraînement et dispersion au moyen d'un jet de vapeur ; 2° appareil de distribution des hydrocarbures par pression dans un vase fermé, soit par la vapeur, soit par tout autre moyen de pression à la surface de l'hydrocarbure liquide ; 3° disposition de la grille pour faciliter la combustion.

5° ADDITION, en date du 28 décembre 1870.

Dans ce certificat d'addition se trouve décrit un appareil combiné pour l'emploi des hydrocarbures directement, sans grille additionnelle, le mélange de vapeur et d'air rent   aant toutes les proportions nécessaires pour une combustion complète.

N° 85,499. — Martin. — 9 avril 1869.

Four-réverbère gazogène à hydrocarbures pour chauffage et usages métallurgiques.

Ce four-réverbère gazogène pour la fusion de l'acier a pour principe de brûler les gaz avec l'air surchauffé, et d'augmenter le pouvoir calorifique de ces gaz par leur combustion avec celle des hydrocarbures.

L'appareil se compose : 1° d'un gazogène alimenté de combustible par l'ouverture supérieure, munie, au besoin, d'un tampon; le combustible repose sur une grille inclinée; 2° d'un foyer sous le cendrier duquel arrive l'air dont on règle l'entrée par un clapet. Cet air se surchauffe en traversant le combustible enflammé de la grille, pour servir à la combustion du gaz du gazogène et des hydrocarbures; 3° d'une sole contenant le bain d'acier, à la suite de laquelle est disposé un générateur; 4° d'un réservoir, placé au-dessus du four, contenant l'hydrocarbure. Cette huile se déverse et tombe goutte à goutte dans l'entonnoir à l'intérieur du four. Dans cette chute, l'hydrocarbure rencontre les gaz qui s'élèvent du gazogène et l'air surchauffé qui s'élève de la grille; il en résulte la combustion immédiate de l'hydrocarbure et un développement très-puissant de calorique qui détermine la fusion de l'acier sur la sole et, à la suite, le chauffage énergique du générateur.

N° 85,607. — Bessemer. — 10 mai 1869.

Perfectionnements dans la fabrication de l'acier fondu et du fer malléable homogène, ainsi que dans la fusion ou la fonte de différentes sortes ou qualités de fer ou d'acier et de leurs alliages, et dans la construction et le travail des fourneaux et appareils employés à cet effet.

L'inventeur utilise la compression des fluides gazeux pour augmenter la température; il construit, à cet effet, des fourneaux d'une force suffisante pour résister à une pression intérieure de 2 ou plusieurs atmosphères. Les produits de la combustion, comprimés dans l'intérieur des fourneaux, produisent les hautes températures nécessaires à la fusion rapide du fer malléable et des aciers de toutes sortes de qualités. Pour distinguer cette méthode, M. Bessemer a adopté les noms de : « cubilot à haute pression », « four à creuset à haute pression ». Une particularité importante de ce mode de travail, sous de hautes pressions des produits gazeux, c'est le mode d'échappement ou de dégagement de la flamme. Dans les cubilots ordinaires, la sortie des gaz est généralement égale au plein diamètre du fourneau; mais si l'on travaille sous pression dans un de ces fourneaux, il suffit d'une ouverture de 58 millimètres de diamètre environ pour un fourneau dont la section transversale présente une superficie de $0^{mc},369$, la sortie étant ainsi la 144° partie de la section du fourneau. Lorsque ces fourneaux sont destinés à la fusion du fer malléable et de l'acier, on charge les matières en les fractionnant : une partie forme le lit sur la sole du four, le reste est disposé en talus qui s'élèvent vers la sortie, de manière à intercepter le courant de flammes. Le métal malléable peut être fondu seul, ou bien l'on peut employer quelque bonne hématite grise ou autre fonte de fer, franche de soufre et de phosphore. Ou bien encore, on peut placer sur la sole du four du spiegeleisen et en former un bain où vont se réunir les autres matières fondues. La partie malléable de la charge peut aussi, une fois suffisamment chauffée, être poussée en avant dans les bains de carbure de fer fondu. Mais lorsque l'on doit fondre de l'acier, du fer forgé, de l'éponge de fer ou des briquettes de fer dans ces fourneaux, en l'absence de toute fonte de fer, il convient d'employer une plus haute pression, qui peut s'élever de $2^k,11$ à $3^k,51$ par centimètre carré. Le métal malléable fondu est coulé dans une poche, garnie d'une valve et d'un tampon, puis additionné de spiegeleisen ou de ferro-manganèse en fusion pour dépouiller le métal fluide de tout l'oxygène qu'il peut avoir ramassé et le décarburer au degré voulu.

Le combustible employé de préférence est le bon coke dur, auquel on ajoute quelquefois de l'hydrocarbure liquide.

N° 85,900. — Dalifol père et fils. — 2 juin 1869.

Application nouvelle de procédés connus à la fabrication d'acier sans soufflures, pouvant se forger et se travailler à chaud et à froid.

Pour préparer cet acier sans soufflures, l'inventeur emploie des fontes qui d'ordinaire servent à obtenir des fontes malléables, par exemple, les fontes de Lorin (d'Ulverston) ou bien certaines fontes de Suède. Ces fontes, très-carburées, jouissent de la propriété de se décarburer jusqu'à la plus extrême limite par un recuit plus ou moins prolongé à une très-haute température, en vase clos, dans les fours spéciaux consacrés, jusqu'à présent, au travail de préparation des fontes malléables. Par suite de cette propriété, on peut combiner ces fontes avec le fer ordinaire dans des proportions qui varient suivant qu'on veut obtenir un métal plus ou moins doux, par exemple : moitié, pour un produit sans soufflures pouvant se forger et se travailler à chaud et à froid; un tiers de fer seulement, pour un produit qui ne doit pas supporter un grand travail de forge.

Le traitement s'effectue comme pour la fabrication de la fonte malléable, avec cette différence essentielle que l'on agit sur un mélange de fonte et de fer, au lieu d'agir seulement sur des fontes ; on obtient par suite un produit sans soufflures qui est de l'acier.

N° 86,265. — Dorsett et Blythe. — 29 juin 1869.

Perfectionnements dans les moyens et appareils pour la fabrication de l'acier fondu, de l'acier cémenté, par l'emploi, comme combustible et comme carburant, des hydrocarbures liquides applicables à tous les foyers métallurgiques et industriels.

Les points caractéristiques sont les suivants :

1° L'emploi, comme combustible et comme comburant, des hydrocarbures liquides, distribués et brûlés à l'état de vapeur, dans les foyers industriels, la vapeur étant produite sous pression dans un générateur spécial, et mélangée, au point même de la combustion, avec de l'air chaud ou froid, forcé ou non ;

2° L'application, comme combustible, des hydrocarbures sous la forme précitée à la fabrication de l'acier fondu, au chauffage de fours à réchauffer ou autres foyers métallurgiques, aux fourneaux à fondre les métaux et les minerais, enfin, à tous les foyers industriels ou générateurs ;

3° L'application, comme combustible et comme comburant, à la cémentation du fer, et les dispositions spéciales et d'ensemble des appareils combinés pour l'emploi de ce procédé.

ADDITION, en date du 13 novembre 1869.

Disposition, pour la fabrication de l'acier fondu, de fourneaux circulaires avec chambres ou cubilots, dans lesquels sont traités soit l'acier fondu, soit tous autres métaux, pour leur fonte ou leur réduction, à l'aide de l'emploi, comme combustible et comme comburant, de vapeurs d'hydrocarbures liquides, vaporisés sous pression et brûlés sous pression en mélange avec un courant d'air forcé ou non.

N° 86,278. — De Langlade. — 24 juillet 1869.

Manière de chauffer les fours à réverbère employés dans la métallurgie du fer et de l'acier, en utilisant les gaz des hauts-fourneaux.

Le principe consiste à prendre les gaz près du gueulard du haut-fourneau et à les conduire dans les régénérateurs Siemens, après les avoir préalablement dépouillés des poussières qu'ils entraînent et de la majeure partie de la vapeur d'eau. L'inventeur décrit une série d'appareils qui permettent, soit d'épurer les gaz, soit de régler leur pression et les rendre, enfin, propres au but proposé. Ces gaz peuvent être employés seuls, ou, en cas d'insuffisance, mélangés à une certaine proportion de gaz provenant d'un gazogène.

1re ADDITION, en date du 14 juillet 1871.

L'inventeur rattache à son privilége l'emploi de toute espèce de régénérateurs, autres que les régénérateurs Siemens et pouvant les remplacer ou produire des résultats analogues. Il indique également l'emploi, pour condenser les vapeurs contenues dans les gaz, du condenseur Lundin et autres appareils de ce genre pouvant remplir le même but.

2° ADDITION, en date du 15 février 1873.

Cette addition concerne plus spécialement des appareils de préparation et d'épuration du gaz, employés, soit seuls, soit en combinaison avec les appareils décrits précédemment.

3° ADDITION, en date du 6 septembre 1875.

Cette addition est relative à l'emploi de deux générateurs soufflés; chacun d'eux communique avec un des régénérateurs à gaz ou avec le conduit qui va du régénérateur à gaz au four. Pendant la marche du four, on ne donne le vent que dans le générateur correspondant à l'arrivée de l'air, et il n'entre pas d'air dans l'autre générateur. Lors du renversement de sens, il est clair que l'on mettra en marche l'autre générateur en lui donnant le vent, et on arrêtera celui qui fonctionnait en arrêtant le vent.

N° 86,842. — Baur. — 24 août 1869.

Perfectionnements dans la fabrication de l'acier.

L'inventeur revendique comme nouveau :

1° Le procédé de faire de l'acier dans des creusets ou tout autre vaisseau en combinant ou alliant du chrome métallique à du fer métallique, de façon que le chrome métallique soit présent dans le produit fini, et lui communique des propriétés avantageuses ;

2° La fabrication de l'acier dans des creusets ou autrement, en alliant le chrome métallique avec le fer métallique ou les matières à produire le fer, de telle façon que le produit fini tirera ses propriétés aciérantes requises uniquement du chrome métallique présent dans lui et non pas du carbone ou des matières carbonées.

L'acier produit par ce procédé est de beaucoup supérieur à tout autre acier; cela s'explique par ce fait que l'oxygène a moins d'affinité pour le chrome que pour le carbone. Dans l'application du procédé, l'inventeur emploie le minerai ou oxyde de chrome. Le carbone sert simplement à accomplir la réduction du minerai de chrome en chrome métallique durant la fusion; c'est là la seule fonction que remplisse le carbone dans l'opération.

N° 86,870. — Sutter et Hinde. — 23 août 1869.

Perfectionnements dans les fourneaux et dans la combustion du combustible pour la fusion de l'acier et pour d'autres usages exigeant une température élevée.

Les inventeurs revendiquent :

1° La combinaison avec les fourneaux produisant un combustible gazeux, d'une chambre pour chauffer ou surchauffer, quand c'est nécessaire, le combustible gazeux produit dans ces fourneaux ;

2° Le surchauffage des combustibles gazeux, en les faisant passer, avant la combustion, à travers des tuyaux, tubes ou conduits, dans une chambre à chauffer ou à surchauffer, ou un appareil en connexion avec la chambre à produire les gaz du fourneau ;

3° Le surchauffage du combustible gazeux, en le faisant brûler en premier lieu, de manière à lui donner une température élevée, en faisant passer les combustibles gazeux brûlés à travers la matière carbonée en ignition, de manière à la révivifier ou lui rendre son caractère combustible, tout en conservant sa température élevée avant sa combustion finale.

N° 87,760. — Bessemer. — 10 novembre 1869.

Perfectionnements dans le traitement de la fonte de fer brute et autres carbures de fer, et dans les appareils employés pour cet usage.

Les parties caractéristiques de l'invention sont :

1° La carburation ou carburation additionnelle de la fonte brute en fusion, après qu'elle a quitté le haut-fourneau, préalablement à sa solidification, en la soumettant dans des vases clos à l'action du carbone ou de matières charbonneuses incandescentes dont la combustion n'est pas entretenue par une alimentation d'oxygène ;

2° La carburation ou carburation additionnelle de fonte refondue et de fer malléable et d'acier, ainsi que de fer affiné ou de finerie en fusion, par un procédé de cémentation fluide ;

3° La carburation additionnelle de carbures de fer en fusion, dans le but de rendre ce fer carburé, pendant qu'il est encore fluide, plus propre à être converti en fer malléable ou en acier par l'action de l'air atmosphérique, comme dans le procédé Bessemer ;

4° La carburation simultanée et l'épuration partielle du métal en fusion ;

5° Les forme et disposition générales de l'appareil pour carburer ou carburer additionnellement le métal en fusion.

N° 87,764. — Bessemer. — 10 novembre 1869.

Perfectionnements dans la conversion de la fonte brute liquide et de la gueuse fondue ou autres carbures de fer, en fer malléable homogène, fluide et acier, avec ou sans addition à la fonte d'une portion de fer malléable plus ou moins décarburé à l'état solide ou fluide.

Ces perfectionnements comportent :

1° L'augmentation de la température du métal dans le convertisseur Bessemer, au moyen d'une pression des gaz sur le métal qui y est contenu ;

2° La conversion de la gueuse en fusion ou autre carbure de fer en fer malléable ou en acier, par le passage d'air atmosphérique à travers le métal fluide contenu dans des vases où les produits gazeux en combustion sont retenus au-dessus de la surface du métal à une pression excédant 0^k,14 par centimètre carré, en sus de la pression atmosphérique ;

3° L'emploi d'embouchures mobiles dans les vases servant à la conversion de la gueuse en fusion ou autres carbures de fer en fer malléable ou en acier, par le passage d'air atmosphérique à travers le métal fondu ;

4° Le règlement de la pression des produits gazeux de la combustion dans le convertisseur Bessemer ;

5° Le traitement ou la conversion en fer malléable ou en acier, de gueuse fondue ou autre carbure de fer, au moyen de nitrate de soude ou de nitrate de potasse ou autres sels ou substances donnant de l'oxygène, lorsque ce traitement ou cette conversion est effectuée dans des vases ou chambres où les produits gazeux, qui en résultent, sont retenus sous pression ;

6° L'augmentation de la température du fer ou de l'acier soumis à l'action du nitrate de soude ou du nitrate de potasse ou autres substances donnant de l'oxygène, en retenant les produits gazeux résultant de cette opération, sous pression dans l'intérieur des vases ou chambres ;

7° L'appareil et les moyens pour effectuer et régler la pression des produits gazeux dans l'intérieur des vases ou chambres dans lesquels de la gueuse en fusion ou autres carbures de fer sont traités ou convertis en fer malléable ou en acier par l'action du nitrate de soude ou du nitrate de potasse ou autres sels ou substances fournissant de l'oxygène.

N° 87,763. — Bessemer. — 10 novembre 1869.

Perfectionnements dans la construction et le fonctionnement des fourneaux et appareils servant à fondre du fer malléable ou forgé et de l'acier, ainsi que de la gueuse ou autres carbures de fer, et à en obtenir de l'acier fondu ou du fer malléable homogène.

Le caractère essentiel de cette méthode consiste à fondre du fer malléable ou de l'acier, ainsi que de la gueuse ou autres carbures de fer, dans des fourneaux où les produits gazeux de la combustion à l'intérieur desdits fourneaux, sont retenus sous une pression très-supérieure à celle de l'atmosphère extérieure, dans le but d'obtenir, par la différence de pression, un puissant tirage à travers le combustible. Pour obtenir ce résultat, l'inventeur emploie à la fois le cubilot et le four à réverbère construits de la manière habituelle. Ces fourneaux sont composés à l'intérieur d'une forte chambre en fer close, dont l'enveloppe en fer s'étend au-dessous du sol de la chambre, ayant tous les joints solidement calfeutrés. Ces fourneaux sont pourvus d'une sortie pour l'échappement des produits gazeux de la combustion extérieurement à la chambre close ; cette sortie est assez petite pour empêcher le libre dégagement des produits gazeux et les retenir dans l'intérieur du fourneau jusqu'à ce que la pression soit très en excès de l'atmosphère extérieure. L'air nécessaire à la combustion, dans ces fourneaux à haute pression, est forcé par une puissante machine soufflante dans la chambre close, à l'intérieur de laquelle sont construits les fourneaux. Il est préférable d'introduire l'air dans un état très-divisé par son passage à travers un grand nombre de petits trous.

ADDITION, en date du 13 novembre 1869.

Le perfectionnement qui fait l'objet de cette addition consiste dans l'emploi d'un appareil de fusion de fer malléable, de fer décarburé ou non carburé ou de l'éponge de fer ou d'acier, ou de fer aciéreux, ces sortes de fer ou d'acier sous forme de scrap ou autrement étant employées seules ou en mélange avec autant de spiegeleisen ou autre carbure de fer. L'inventeur revendique :

1° L'emploi pour la fusion de scrap ou autre fer malléable décarburé ou non carburé ou acier, d'un cubilot renfermé entièrement ou en partie dans une chambre dans laquelle l'air pour la combustion est forcé à une pression excédant fortement celle de l'atmosphère extérieure ;

2° L'emploi pour la fusion du scrap ou autre fer malléable décarburé ou non carburé ou acier, de fours à réverbères renfermés dans une chambre dans laquelle l'air pour la combustion est forcé à une pression excédant fortement celle de l'atmosphère extérieure ;

3° Le mode de construction desdites chambres en fer fermées, dans lesquelles est disposé un four de fusion pour fondre du scrap ou autre fer malléable décarburé ou non carburé ou de l'acier à haute pression ;

4° La construction des chambres contenant des fourneaux à haute pression pour la fusion du scrap ou autre fer malléable décarburé ou non carburé ou acier, avec doubles portes d'entrée combinées avec des tuyaux d'entrée et de sortie ;

5° Faire passer l'air comprimé, avant son entrée, dans une chambre contenant un fourneau à haute pression pour la fusion de scrap, etc., à travers un appareil réfrigérent convenable.

N° 88,542. — Spencer et Saylor. — 7 janvier 1870.

Perfectionnements dans la fabrication du fer et de l'acier.

Cette invention consiste à convertir le minerai de fer directement en acier ou en fonte affinée par une seule opération.

Le four employé est un petit four rectangulaire de 18 décimètres carrés seulement, muni de quatre tuyères placées par paires sur les deux faces latérales et alimentées à l'air chaud.

Une porte, du type des clapets, ferme, sur la face du four, l'ouverture d'introduction des matières.

Le minerai traité consiste en fer magnétique, hématite rouge, fer titané, etc.

Le feu ayant été allumé, la surface du combustible enflammé est saupoudrée d'une couche de minerai granulé, puis on met dessus une couche de charbon de bois, en poursuivant ainsi le chargement par couche alternées de minerai et de charbon. Vers la fin de l'opération, quand la masse du métal parvient presque aux tuyères, on interrompt pendant un court espace de temps l'alimentation du charbon (non du minerai) et on augmente l'intensité du soufflage de 5 à 10 minutes, de manière à maintenir le métal à l'état d'ébullition avant la coulée.

Cette méthode se rapporte aux mode, procédé et mise en pratique de la fabrication du fer fondu raffiné (*cast iron*) et de l'acier, et non au four, car on peut faire usage d'un four à coupole ou de tout genre de haut-fourneau. Le mode de chargement ou d'alimentation peut varier suivant le genre du four et la nature du minerai. On peut, dans quelques cas, employer du combustible minéral à la place de charbon de bois. Le métal doit être maintenu à l'état très-fluide ; quand le minerai a été réduit, il faut redoubler le soufflage pour maintenir le métal à l'état d'ébullition, le purifier et le décarburer partiellement, après quoi le métal peut être coulé sous forme de lingots. De petites quantités de manganèse ou de chromate de fer peuvent être ajoutées au minerai pour produire de l'acier de différentes qualités. On peut aussi ajouter de petites quantités de fer forgé, de façon à aider à la décarburation et à modifier la qualité de l'acier.

N° 88,841. — Ansell. — 8 février 1870.

Perfectionnements dans la fabrication du fer et de l'acier.

Cette invention se rapporte à l'emploi du bisulfate de potasse, du bisulfate de soude ou du mélange de ces deux substances pour la conversion du fer en acier ou en fer purifié.

Le bisulfate est placé dans un récepteur ou vase garni de terre réfractaire où l'on fait arriver le métal fondu. Au moyen de l'oxygène contenu dans le bisulfate, le phosphore, le soufre, le carbone, le vanadium, le silicium, contenus dans le métal fondu, seront éliminés sous forme de scories qui se séparent aisément du métal. La quantité de bisulfate à employer dépend de la proportion des impuretés à éloigner et de la nature du métal que l'on veut produire, fer pur ou acier. Lorsqu'on veut produire de l'acier à l'aide du métal purifié, on doit ajouter une quantité suffisante de de spiegeleisen ou de tout équivalent pour récarburer le fer.

N° 88,875. — Cⁱᵉ anonyme des forges de Châtillon et Commentry. — 9 février 1870.

Amélioration et perfectionnement apportés dans le procédé Bessemer.

Ces améliorations consistent essentiellement dans la substitution aux *fontes spéciales*, employées jusqu'ici comme *addition finale* du procédé Bessemer, du produit de la fusion, au cubilot, des *rognures* et *déchets divers* provenant de l'élaboration mécanique du métal Bessemer.

Jusqu'ici, le procédé Bessemer emploie partout, comme addition finale, des fontes spéciales dites fontes blanches, spéculaires, cristallisées, ou encore les fontes spiegel par dérivation de la désignation allemande « spiegeleisen »; ces fontes spéciales sont toujours plus ou moins manganésées; c'est même, pour beaucoup de métallurgistes, à cette forte teneur en manganèse qu'il faut attribuer l'excellence de ces matières comme addition finale au travail Bessemer.

Les inventeurs ont trouvé que, pour certaines fontes et certains produits Bessemer, cette nature d'addition était plutôt nuisible, et ils ajoutent, à la place, avec avantage, les produits de la fusion, au cubilot, de bouts de rails et rognures diverses, c'est-à-dire de déchets divers auxquels donne lieu l'élaboration mécanique des produits Bessemer sur une grande échelle.

Ce procédé diffère essentiellement du procédé anglais connu sous le nom de Parry. Dans celui-ci, on prend les fontes impures qu'on épure et affine au four à puddler aussi complétement que possible, puis ce fer, découpé en fragments convenables, est additionné de rognures et autres déchets, et recarburé pour en faire une fonte qu'on ajoute à une autre fonte de qualité naturellement propre au travail Bessemer, pour, à partir de là, continuer l'opération comme d'ordinaire, en la terminant par une addition finale de fonte spéciale. Le procédé Parry avait pour but de rendre propres à l'affinage Bessemer des fontes qui ne le sont pas naturellement. Au contraire, ce procédé a pour but l'utilisation immédiate des déchets de l'élaboration Bessemer par voie d'incorporation de ces déchets, simplement refondus au cubilot, dans la cornue même à la fin de l'opération, au lieu et place des fontes spéciales, employées jusqu'ici comme addition finale.

1re ADDITION, en date du 19 février 1870.

Les lingots manqués, les bouts de lingots, fonds de poches ou autres résidus du travail Bessemer non encore travaillés mécaniquement, peuvent aussi être employés de la même façon, c'est-à-dire donner par la *fusion au cubilot, un métal directement applicable comme addition finale*, en remplacement des fontes employées jusqu'ici. Ce que nous venons de dire des riblons et des déchets divers du métal Bessemer peut s'appliquer à tous les riblons, barres et déchets de *fer à grain, d'acier naturel, d'acier puddlé, d'acier fondu*, de qualités convenables.

2e ADDITION, en date du 26 décembre 1871.

En réglant convenablement la marche du cubilot, sa température, son soufflage, ainsi que le chargement et le dosage, on peut produire, par la refonte des métaux précédemment indiqués, des carbures d'une teneur insignifiante en silicium, et éminemment propres, non-seulement au travail final Bessemer, mais aussi à donner très-rapidement de l'acier fondu, par un affinage approprié sur la sole d'un four à réverbère, à gaz ou autre, et à haute température. Avec certaines teneurs faibles de carbone, il suffit d'amener ces carbures liquéfiées sur la sole au sortir du cubilot, et de les laisser quelques heures sur cette sole, en les brassant de temps à autre pour obtenir des aciers propres au moulage en même temps qu'au travail mécanique. Avec des teneurs plus élevées en carbone, il suffit d'additions relativement très-peu importantes d'aciers doux puddlés ou fondus, ou de fer doux, ou encore d'un bain de scories ferrugineuses et manganésées, ou enfin de quelques additions d'oxyde de fer, pour obtenir le même résultat.

N° 89,918. — Siemens. — 7 mai 1870.

Perfectionnements dans le traitement des minerais de fer et la production de l'acier fondu directement de ces minerais.

Dans cette nouvelle disposition, les deux appareils de réduction et de fusion sont tout à fait séparés; l'acier fondu est obtenu par l'action conjuguée de deux opérations distinctes : l'une, ayant pour but et pour effet la conversion du minerai cru en gâteaux ou pains de matières calcinées, fluidifiées et désoxydées en partie, et l'autre, la fusion et la conversion de cette matière, avec ou sans emploi de fonte ou de spiegeleisen, en acier fondu, auquel on donne la dureté voulue.

Deux fours sont donc nécessaires pour accomplir ces deux opérations, et, pour éviter le refroidissement et la réoxydation des gâteaux réduits, entre le moment où ils sortent du four de réduction et celui où ils sont employés dans le four de fusion, on les conserve dans des chambres chaudes, ou moufles, sous une atmosphère réductrice.

L'opération préparatoire, la réduction du minerai et l'obtention des gâteaux de minerai réduit se font, de préférence, dans un four à gaz et à chaleur régénérée, ressemblant pour la forme à un grand four à puddler. Dès que l'opération est terminée, on retire du four la matière pâteuse et on la reçoit dans des moules disposés sur le sol devant la porte. Lorsqu'on a besoin de réparer les parois du four, on peut employer avec avantage des minerais de fer réfractaires, hématite ou autres, pour regarnir tout le tour du four.

Les gâteaux solidifiés sont enlevés et chargés dans des chambres chaudes qui consistent en une série de 3 ou 6 moufles chauffés au moyen de fours à gaz à chaleur régénérée. On charge dans la première le minerai réduit avec lequel on peut commencer le bain lorsqu'on n'emploie que du minerai, puis, dans la seconde, le minerai, justement réduit à l'état de fer métallique, pour ainsi dire, et, dans la troisième, le minerai très-carburé et manganésifère ou le spiegeleisen. On maintient ces gâteaux dans ces moufles sous une atmosphère réductrice d'oxyde de carbone; puis on les pousse dans le four de fusion. L'inventeur décrit avec le plus grand soin la construction de son four de fusion et de la sole; de la disposition particulière des entrées de gaz et d'air. Il indique ensuite le traitement de réduction d'une hématite contenant 10 p. 100 de silice, la conservation dans les chambres chaudes, la fusion, puis les opérations accessoires : la prise d'échantillons, la qualité des laitiers, les dosages divers, l'emploi des minerais seuls, l'emploi des minerais mélangés, la coulée et, finalement, l'installation générale d'une usine à acier. Le texte, très-substantiel, est accompagné d'un grand nombre de dessins.

ADDITION, en date du 2 août 1871.

L'inventeur revendique les dispositions et procédés suivants :

1° Préparer des blocs massifs de minerai réduit et de minerai fondu contenant certaines proportions de fondants ;

2° Préparer pour le même but des blocs massifs de minerai réduit et de fonte ;

3° Préparer des blocs de fonte (renfermant de préférence du manganèse) et de minerai partiellement réduit, riche en manganèse, destinés à être chargés dans le four de fusion, vers la fin de l'opération ;

4° Effectuer la réduction des minerais de fer pour la fabrication de l'acier fondu en les chargeant, mélangés avec des matières carbonées solides, dans une cornue verticale ou inclinée, à la partie inférieure de laquelle arrivent des gaz chauds fortement réducteurs produits dans un gazogène accolé, tandis que de l'air est admis, en proportion convenable, près du sommet de la cornue ;

5° Faire la sole du four de fusion sur sable, en l'entourant de blocs d'acier fondu ou de fer plus ou moins carburé, reposant sur des laques de fonte exposées à l'action rafraîchissante de courants d'air, ces blocs étant recouverts de matériaux éminemment réfractaires ;

6° Former le bain métallique d'acier fondu sur la sole, en introduisant, sous l'influence d'une forte chaleur, des gâteaux massifs de minerai réduit, empâtés, soit dans de la fonte, soit dans du minerai fondu, en ajoutant ou non au bain de la fonte et en employant les différents gâteaux dans des proportions telles que le bain métallique ne contienne qu'une faible proportion de carbone, et en ajoutant finalement au bain, du ferro-manganèse ou de la fonte manganésée, afin de rendre l'acier fondu malléable ;

7° L'usage combiné d'un four de réduction, d'un cubilot ou d'un haut-fourneau, d'un four à fondre le minerai et d'un four à fondre l'acier, à chaleur régénérée, ce qui constitue un procédé spécial et nouveau de fabrication d'acier fondu.

L'appareil producteur des gaz réducteurs est applicable, en général, à tous les appareils à gaz et même aux hauts-fourneaux. Il permet d'injecter le vent forcé sans entraîner toute la complication d'une machine à vapeur et d'une soufflerie ou d'un ventilateur. C'est simplement un jet de vapeur disposé à peu près comme l'appareil d'alimentation des chaudières à vapeur, connu sous le nom de « Giffard », mais agissant sur de l'air au lieu d'agir sur de l'eau. Il permet d'obtenir un entraînement d'air très-considérable à une forte pression, qui peut atteindre jusqu'à $^3/_4$ d'atmosphère.

N° 90,526. — Martin (les sieurs). — 24 juin 1870.

Procédé de transformation en métal homogène du métal Bessemer
à la sortie du convertisseur.

Les inventeurs appliquent leurs procédés brevetés en 1865 et
1867 à la transformation du métal Bessemer en métal homogène
ou autre acier d'une qualité supérieure. Cette nouvelle application
est rendue praticable par la haute température des fours à réverbère, avec régénération Siemens, par l'atmosphère neutre maintenue au-dessus du bain liquide, et, enfin, par les additions successives des matières réagissantes, choisies et dosées, suivant la
qualité du produit final à obtenir. Sans ces conditions réunies dans
ce procédé, disent les inventeurs, jamais la méthode de réaction
proposée par Réaumur n'aurait passé de l'idée abstraite à l'emploi
utile et fécond qu'on en fait aujourd'hui.

Le métal Bessemer, à l'état liquide, et au moment où on le coule
du convertisseur, est placé dans le four à réverbère au gaz, chauffé
au degré de température de l'acier fondu, et peut être rendu parfaitement homogène par des additions convenables de fonte, fer,
minerai, etc. Le bain de fonte préalable du procédé de fabrication
d'acier Martin est ici remplacé par un bain d'acier Bessemer, sortant
liquide du convertisseur, de même que la fonte était amenée liquide
d'un four à fondre auxiliaire. Mais, pour maintenir la parfaite fluidité du bain d'acier fondu, il faut une température deux fois au
moins plus élevée que celle qui suffit à liquéfier la fonte, soit, par
exemple, une température de 1,600 à 2,000 degrés au lieu de 700
à 800 degrés. C'est ce qu'on obtient facilement avec le four à régénération Siemens, qui fournit des chaleurs intenses au delà même
de 2,500 degrés. On aura soin de choisir tout spécialement la nature
des matières qui seront ajoutées dans le bain d'acier, carburatrices
et décarburatrices, oxydantes et désoxydantes, de façon à rectifier
dans le sens voulu la composition du métal Bessemer. La couche
gazeuse qui surmonte le bain sera maintenue dans un état parfaitement neutre et même plutôt réducteur qu'oxydant.

N° 90,820. — Mason et Parkes. — 6 août 1870.

Perfectionnements dans la fabrication de l'acier.

Cette invention consiste à mettre du fer forgé en contact avec
du métal et du charbon ou une matière charbonneuse, à fondre

ces matières ensemble et à obtenir ainsi de l'acier fondu. On place dans un pot à fondre l'acier ordinaire 25 kilogr. de fer forgé de bonne qualité en débris, en mélange avec du nickel (de 500 grammes à 2k,500), une petite quantité de charbon de bois en menu ou en poudre, 1k,50 à 2 kilogr. de spiegeleisen, 250 à 500 grammes d'oxyde noir de manganèse et pareille quantité de sel commun. Les inventeurs substituent aussi le laiton ou le cuivre au nickel, en tout ou en partie. On obtient un très-bon métal du mélange de 25 kilogr. de fer forgé avec 2k,500 à 3 kilogr. de laiton ou bronze et de 250 grammes de nickel. Ils obtiennent encore de l'acier fondu de qualité perfectionnée en prenant de l'acier poule ordinaire, ou même de l'acier fondu ordinaire, et le traitant comme il a été dit plus haut à propos de fer forgé, en supprimant le charbon en tout ou en partie.

Des indications intéressantes sont données sur l'emploi des chlorures alcalins et terreux, des nitrates, des chlorates en combinaison avec le chlorure de sodium pour aider à la conversion du métal, et enfin sur l'emploi des fluorures en place de chlorures.

No 91,913. — Siemens. — 13 juin 1871.

Perfectionnements dans la réduction des minerais de fer et la fabrication de l'acier fondu.

Ces perfectionnements ont, en partie, rapport aux fours à gaz et à chaleur régénérée de M. Siemens ; les principaux sont :

1° Emploi d'un jet de vapeur disposé à peu près comme l'appareil d'alimentation des chaudières à vapeur connu sous le nom de Giffard, mais agissant sur de l'air au lieu d'agir sur de l'eau ; ce système permet l'emploi du vent soufflé, sans entraîner toute la complication d'une machine à vapeur et d'une soufflerie ou d'un ventilateur. Cette disposition permet d'obtenir un entraînement d'air très-considérable, et à une forte pression qui peut atteindre jusqu'à ³/₄ d'atmosphère ;

2° Utilisation des gaz qui s'échappent du gueulard en profitant du pouvoir calorifique de l'oxyde de carbone perdu pour calciner le minerai et la castine, et porter le minerai à une température suffisante à sa réduction. A cet effet, on perce de trous, comme une pomme d'arrosoir, le bas du cône de répartition des charges, et on fait arriver par un tuyau au sommet de ce cône de l'air venant des appareils à air chaud du système Siemens, Cowper et Cochram ;

3° L'emploi d'une cornue verticale pyramidale d'environ 5 mètres de hauteur, pour réduire, après criblage, les morceaux dont le volume est supérieur à celui d'une noix. Le minerai est chargé, mélangé ou non d'agents de réduction solides par la partie supérieure où se trouve une plate-forme de chargement. A cette cornue, est accolé un gazogène spécial, où l'on transforme en gaz du bois ou de la houille ; la partie supérieure du gazogène communique directement avec le bas de la cornue, et le gaz, dès son entrée, rencontre du minerai chauffé assez fortement et le réduit ; à la partie supérieure de la cornue, le minerai se trouve facilement échauffé et calciné. Le minerai se calcine donc et se réduit dans sa descente verticale dans la cornue à la partie inférieure de laquelle se trouve une porte de déchargement d'où l'on fait tomber les morceaux de minerai réduit dans des moules de fonte portés sur un chariot roulant ; quant au menu qui s'est formé dans la cornue, il est séparé par un crible placé à l'intérieur immédiatement avant la grille. Les moules sont emportés près du cubilot ou du haut-fourneau, et les intervalles restant entre les morceaux de minerai réduit sont remplis avec de la fonte, de façon à faire des gâteaux compactes de minerai réduit et de fonte mélangés. Dès que la fonte est solidifiée et que ces gâteaux ont pris de la consistance, on les démoule et on les enfourne dans les moufles chauds. Deux cornues pareilles sont accolées et desservies par le même gazogène ;

4° On a trois sortes de gâteaux : d'abord un mélange de fonte et de minerai réduit ou d'éponges de fer ; puis un mélange de fonte et de minerai fondu contenant une certaine proportion de gangue fusible ; enfin, un mélange de minerai fondu et de fonte contenant une certaine proportion de manganèse. Tous les gâteaux sont emmagasinés dans des moufles fermés.

Enfin, lorsqu'on a besoin de ces gâteaux, on les introduit dans le four de fusion. La sole est faite en sable blanc, renfermant une petite quantité de verre pilé pour lui donner de la cohésion ; on la fait par couches successives, le four étant au blanc, et en attendant chaque fois que la couche précédente soit solidifiée. On introduit sur la sole les gâteaux de minerai réduit ou fondu et de fonte des deux premières sortes, en ayant soin de les mélanger les uns avec les autres dans des proportions telles que, lorsqu'ils sont fondus, le bain ne contienne que 2 à 3 dixièmes pour 100 de carbone et soit recouvert d'une couche de laitier protecteur. On coule alors le métal dans une poche et dans des moules.

ADDITION, en date du 11 septembre 1871.

L'inventeur donne, dans ce certificat d'addition, la description des appareils accessoires qu'il emploie pour effectuer les opérations décrites dans le brevet principal. Ces appareils sont d'une application plus générale et peuvent s'appliquer soit à tous les gazogènes Siemens, soit aux hauts-fourneaux.

N° 92,020. — Boistel. — 19 juin 1871.

Nouveau mode de traitement des minerais de fer et leur conversion directe en acier.

Les points caractéristiques sont :

1° L'emploi d'un four mobile autour d'un axe horizontal, qui permet de faire écouler les laitiers surabondants ;

2° Le chauffage, soit de l'air et du gaz destinés à porter la masse à la température convenable et à fondre le minerai, soit des gaz réducteurs, au moyen d'un système de régénérateurs ;

3° La réduction, postérieure à la fusion, par l'insufflation des gaz réducteurs au milieu de la masse d'oxyde de fer liquide.

ADDITION, en date du 19 juin 1872.

Il est nécessaire de continuer pendant toute l'opération de réduction, et même d'augmenter, s'il y a moyen, le chauffage extérieur par des gaz et de l'air, fortement chauffés dans un système de régénérateurs, afin de restituer constamment au bain la somme de chaleur qu'absorbe la réduction et qu'emportent les gaz injectés, et d'assurer la liquidité parfaite de la masse jusqu'à la fin de l'opération.

N° 94,575. — Bazault et Roche. — 18 mars 1872.

Procédé de fabrication de l'acier et du fer aciéreux ou fer homogène.

Ce procédé permet de fabriquer de l'acier et du fer malléable et, en général, un métal plus ou moins carburé, en cémentant à une basse température dans des creusets de métal, destinés à fondre ultérieurement avec le contenu, lequel est un mélange de fonte et de mineral, et en fondant ensuite soit dans le même four, soit dans un appareil séparé, le mélange et le creuset qui le renferme. Ce procédé est basé sur la propriété que possèdent les oxydes riches de fer naturel ou artificiel d'être complétement ou en partie réduits à la température rouge, au contact de la fonte de fer plus ou moins carburée.

On commence par couler dans des creusets en fonte dits *gueuses creuses,* soit par lits successifs horizontaux, soit intimement mélangés dans toute la masse, un mélange de fonte et de minerai riche ou d'oxyde de fer, avec ou sans addition de substance carburante ou autre, puis on porte ces gueuses ainsi remplies dans un four dit *four de cémentation,* chauffé à la température rouge et, en tous cas, à une température inférieure à celle de la fusion du métal.

L'oxyde du minerai et le carbone de la fonte réagissent à cette température l'un sur l'autre dans toute l'étendue de la masse ; ces matières étant intimement mélangées, la fonte est ainsi ramenée au degré de carburation voulu et déterminé d'avance, et le minerai se trouve lui-même en partie réduit. Lorsqu'on juge la cémentation suffisamment avancée, ce qui peut d'ailleurs se reconnaître à l'absence des flammes d'oxyde de carbone brûlant à la surface des creusets, on défourne ceux-ci et on les porte comme des gueuses de fonte ordinaire pour les fondre, soit au creuset, soit au four à réverbère ou même au cubilot.

ADDITION, en date du 8 octobre 1873.

Ce certificat d'addition a pour objet un four spécial destiné à maintenir les gueuses contenant le mélange de fonte et de minerai à la température nécessaire à leur transformation.

On peut également, pour la fabrication des aciers ordinaires, supprimer totalement les caisses et mettre directement les gueuses sur le sol du four en les préservant du contact trop immédiat du foyer par deux petits autels latéraux, ce qui, pour un four de même capacité, permettrait de mettre à la fois un plus grand nombre de gueuses dans le foyer.

N° 94,658. — Lepet. — 5 février 1872.

Surchauffeur appliqué à un four propre à la fonte de l'acier au creuset.

Voici de quelle façon sont établis les fours avec le nouveau surchauffeur. La chambre de combustion dans laquelle se trouvent placés les creusets est composée d'une fosse, ayant pour plancher une platine percée de trous destinés à recevoir les tuyères qui apportent l'air, et pour couverture un massif en briques, se plaçant à volonté au moyen d'une armature en fer servant d'ailleurs à sa consolidation.

La chaleur, qui est produite dans cette chambre, vient, en passant par une buse, contourner toutes les parties extérieures de la chambre ; cette chaleur, qui est elle-même concentrée dans une seconde enveloppe, parallèle aux parois de la chambre, est appelée dans le conduit menant à la cheminée d'appel. On voit par là que les parties extérieures de la chambre ainsi que l'enveloppe et les tubes qui unissent ces deux pièces, sont fortement chauffés et fondraient immédiatement s'ils n'étaient constamment rafraîchis par l'air amené par le ventilateur, qui vient contourner l'appareil, passer par les tubes pour entrer dans la chambre, et s'échapper par les tubes, en emportant le maximum de la chaleur de l'appareil, d'où il arrive par la galerie jusque dans la chambre de combustion en passant par les tuyères.

1re ADDITION, en date du 26 juillet 1872.

Par le présent certificat d'addition, l'inventeur, sans toucher en aucune façon au principe qui régit sa façon de traiter les aciers fondus au creuset, en perfectionne les organes.

La sole ou platine est rendue mobile, de façon à s'abaisser verticalement lorsque l'on procède au chargement ou au déchargement. Il résulte de cette disposition qu'au lieu de faire entrer les creusets par le haut, on les place sur la platine, que l'on exhausse ensuite à la place normale qu'elle doit occuper. En un mot, l'opération est conduite de la façon suivante : la platine qui doit apporter les creusets est placée sur un wagonnet, celui-ci est ensuite conduit dans le four au moyen de rails qui guident sa marche ; arrivé à un point déterminé, une presse hydraulique, une crémaillère ou tout autre engin ascenseur est mis en mouvement et vient saisir la platine, l'enlève et la maintient ainsi pendant tout le temps que s'exécute l'opération de la fonte de l'acier.

La partie sur laquelle repose la platine est formée de plusieurs branches se réunissant au centre, de façon à ne pas intercepter les trous des buses ou prises d'air.

Lorsque la fonte est terminée, on ouvre le robinet de décharge, si c'est une presse hydraulique, et on laisse descendre doucement la platine qui vient se poser sur le wagonnet, lequel est ensuite entraîné en dehors du four, du côté opposé où il est entré, et immédiatement remplacé par un autre tout chargé ; il ne reste plus qu'à remplir le four de combustible par le gueulard et à recommencer à chauffer.

2ᵉ ADDITION, en date du 9 janvier 1873.

Le four qui fait l'objet de ce certificat d'addition peut produire et brûler du gaz de houille simultanément avec le combustible qu'il consomme déjà. Cette disposition a pour mérite, tout en produisant du gaz, de produire aussi du coke nécessaire à l'alimentation du four, ce qui est précieux pour les usines métallurgiques.

Cette disposition présente encore l'avantage d'une grande économie de combustible ; le gaz, en se brûlant simultanément avec le combustible, apporte un maximum de chauffe sans entraîner d'autres dépenses.

Nᵒ 94,866. — Société métallurgique pour l'exploitation des procédés Ponsard. — 11 avril 1872.

Système de four métallurgique à haute température servant à la fabrication de l'acier.

Ce nouveau four se compose essentiellement d'un long réverbère suivi d'un récupérateur de chaleur, et précédé d'un générateur dans lequel la transformation du combustible en gaz s'opère sous l'action d'un courant d'air, préalablement porté à une très-haute température par son passage dans le récupérateur de chaleur. Dans cet appareil, la réduction du minerai s'effectue sur une longue sole, légèrement inclinée, par le passage des gaz réducteurs sortant du gazogène. Le minerai, concassé assez menu et mélangé, ou non, avec une certaine quantité de charbon aussi pur que possible, est versé avec une trémie, et étendu sur la sole, au moyen de râbles introduits par des ouvertures ménagées à cet effet dans les parois du four.

La réduction se produit, ainsi que nous venons de le dire, sous l'influence du courant de gaz oxyde de carbone qui vient du gazogène. Une fois la réduction complète, la charge de minerai est poussée dans le bain de fonte, préalablement fondue dans la sole du four, où il se dissout sous l'influence de la haute température qui se développe à partir du point où s'effectue l'entrée de l'air chaud qui arrive du récupérateur de chaleur pour enflammer et brûler les gaz chauds, lesquels, en sortant du gazogène, ont préatablement passé sur le minerai pour le réduire. On renouvelle successivement les charges de minerai jusqu'à ce que la quantité de fer introduite dans le bain soit suffisante pour la transformation en acier de la fonte qui y est contenue.

N° 95,010. — Henderson. — 23 avril 1872.

Perfectionnements dans la conversion de la fonte en acier et en fer, et dans la purification de la fonte destinée à la fonderie et à d'autres usages.

On se propose d'enlever le silicium, le soufre, le phosphore et le carbone contenus dans la fonte ou fer cru, pour convertir ce métal en acier ou en fer, ou pour le purifier. Dans ce but, on emploie du spath-fluor, ou du fluorure de calcium artificiel, du fluo-silicate de chaux, de la crysolithe, ou le fluorure de sodium et d'aluminium, avec d'autres substances de nature à dégager de l'oxygène, et des acides qui agissent sur la base métallique des fluorures ou du fluo-silicate de chaux, en libérant ainsi le fluor, qui vient réagir sur les impuretés. Les fluorures, excepté le fluo-silicate de chaux, sont employés en combinaison ou en mélange avec de la silice ou quartz, ou avec du silicate d'alumine ou argile, et ces substances, après avoir été pulvérisées et bien mélangées, sont mises en présence de la fonte dans des fours à réverbère, des fours à coupole, des fours d'affinerie ; à cet effet, on en forme le revêtement de la sole ou des parois des fours.

Lorsque le métal en fusion est introduit dans le four ainsi garni, les éléments des fluorures et ceux du silicate réagissent chimiquement sur le silicium, le carbone, le soufre et le phosphore contenus dans le métal ; ces derniers corps se dégagent alors sous forme de vapeurs ou de scories, ou sous ces deux formes à la fois.

N° 95,260. — Sheehan. — 13 mai 1872.

Procédé d'aciération du fer.

L'inventeur emploie les ingrédients suivants : sel commun, sel de soude, charbon de bois pulvérisé, oxyde noir de manganèse, résine noire commune, pierre de chaux vive. Ce procédé, convenablement appliqué, n'a pas l'inconvénient de gauchir les pièces, de les boursoufler, ni de les rendre cassantes, comme l'ancienne méthode de durcissement en boîte.

N° 95,370. — Brooks. — 23 mai 1872.

Perfectionnements dans la fabrication de l'acier.

Cette invention comprend :

1° Un acier supérieur pour outils, qui, pour se souder, n'a pas besoin de composés chimiques, de fondants ;

2° L'emploi du tungstène, du charbon de bois, du manganèse et du spath-fluor dans la fabrication de l'acier ;

3° Le procédé de conversion du fer en acier, les tungstates de calcium étant en combinaison avec les ingrédients susdésignés ;

4° Le procédé de conversion du fer en acier, le bismuth étant en combinaison avec les ingrédients employés, pour produire une fine qualité d'acier à limes ;

5° Le procédé de conversion du fer en acier, le spath-fluor ou chlorophane étant en combinaison avec les ingrédients employés, pour produire de l'acier à limes.

ADDITION, en date du 15 novembre 1872.

Cette addition est relative :

1° A la production d'une haute qualité d'acier, particulièrement propre à la fabrication des articles de coutellerie et autres outils demandant un tranchant bien acéré sans exclusion de la ténacité et de la malléabilité, et susceptible de recevoir une soudure parfaitement solide sans l'emploi de fondants ou autres composés chimiques ;

2° A l'emploi de certains composés chimiques dans la fabrication de l'acier.

N° 96,215. — Société exploitant les procédés Ponsard. — 8 août 1872.

Procédé de fusion de l'acier et autres métaux.

Ce système consiste à substituer aux creusets ordinaires, que l'on retire après chaque fusion, des cornues ou creusets en terre, plombagine ou autre matière, posés horizontalement dans le four, qui peut être un four à réverbère à gaz à haute température, ou tout autre four.

Les avantages de l'invention sont les suivants : 1° soustraire les cornues aux variations de température, puisqu'elles ne sont jamais retirées du four ; 2° faciliter le travail, puisque l'on supprime l'opération si pénible et si difficile de l'enlèvement des creusets ; 3° augmenter la durée des cornues ou creusets.

N° 97,161. — Hahn. — 15 novembre 1872.

Perfectionnements dans la fabrication de l'acier et du fer en barres ou fer malléable, ainsi que dans les fourneaux propres à cette fabrication.

Cette invention a pour objet la conversion directe du minerai de fer ou de la gueuse de fonte en acier fondu ou en fer malléable dans le haut-fourneau, sans employer pour cela des appareils, des procédés, des accessoires distincts ; c'est-à-dire que par ce procédé on convertit le fer fondu en fer malléable dans le haut-fourneau sans le soumettre au puddlage ou autre traitement, après qu'on l'a retiré du fourneau ; on convertit encore le fer fondu en acier fondu dans le même fourneau par le même procédé sans puddlage, cémentation ou autre traitement subséquent.

Pour fabriquer l'acier et le fer malléable, on fait descendre le fer fondu par une chambre ou un passage alimenté d'air chaud par une soufflerie convenable, et, par son passage à travers l'air chauffé, le métal se trouve si bien exposé à cet air chauffé qu'il se décarbure, en même temps qu'il se débarrasse des diverses impuretés existant d'ordinaire dans le minerai de fer ou la gueuse de fonte.

En d'autres termes, on peut produire de l'acier fondu ou du fer en barres au moyen du même fourneau employé pour la production du fer fondu, et par un procédé formant la continuation de la coulée du minerai de fer ou de la gueuse ; par ce moyen, on échappe aux frais et à la main-d'œuvre qu'exige le procédé spécial jusqu'ici employé pour la production du fer malléable et de l'acier.

N° 97,299. — Henderson. — 27 novembre 1872.

Perfectionnements apportés à la conversion de la fonte en acier et en fer, ainsi qu'à la purification de la fonte pour la fonderie et autres usages.

Le présent brevet a pour objet un procédé servant à débarrasser la fonte du carbone, de la silice, du soufre et du phosphore, procédé qui consiste à traiter la fonte liquide par le fluosilicate de chaux, joint à des oxydes de fer, et de façon à assurer les réactions simultanées des fluosilicates et des oxydes sur le métal. Un premier moyen d'exécuter cette invention consiste à appliquer un mélange du fluosilicate de chaux et de l'oxyde de fer à l'intérieur du four convertisseur ou autre appareil employé, et à faire couler sur ce revêtement la fonte liquide sur laquelle on veut agir. Après que les substances susmentionnées ont produit leur action, le métal en fusion peut être retiré du four.

Un autre moyen consiste dans l'emploi d'un mélange de fluosilicate de chaux et d'oxyde de fer, conjointement avec de la fonte granulée, celle-ci étant ensuite placée dans un four ou convertisseur dans lequel on la réduit en fusion.

N° 98,783. — Compagnie anonyme des fonderies et forges de Terre-Noire, la Voulte et Bességes. — 28 avril 1873.

Pour l'application d'un four tournant chauffé au gaz, ou par tout autre procédé, à la fabrication du ferro-manganèse et de tous autres alliages métalliques.

Les inventeurs produisent le brassage des matières *mécaniquement* par l'emploi d'un four rotatif du genre Danks, Siemens et autres, pour la production du fer avec la fonte ou les minerais.

Voici comment ils disposent l'appareil :

Deux grandes couronnes en fonte portant extérieurement un engrenage et une surface de roulement pour les galets, emboîtent un cylindre de tôle ou de fonte, pourvu en son milieu d'une ceinture portant deux tourillons. Ceci constitue le four proprement dit. Il repose par sa surface de roulement sur un système de galets portés par des paliers boulonnés sur un bâti de fonte qui peut se mouvoir dans un plan horizontal, parallèlement à l'axe de rotation, sur deux ou plusieurs glissières, le mouvement pouvant être produit par une vis, un vérin quelconque, ou un appareil hydraulique.

Une des faces du four tournant vient s'appliquer contre la partie fixe où se produit la flamme; l'autre face est bouchée par une plaque garnie comme le cylindre lui-même, présentant une ouverture centrale pour le chargement.

Le garnissage de l'appareil peut être fait en carbone, en chaux, en magnésie, en alumine, ou en silice.

Les inventeurs décrivent encore la préparation rationnelle d'un garnissage de carbone, et les détails pratiques du chargement du four.

Les avantages de l'application du four rotatif sont les suivants : 1° rapidité de l'opération ; 2° rendement plus considérable ; 3° économie de combustible ; 4° conservation du four, et particulièrement de l'enveloppe en carbone.

N° 99,845. — Gallet. — 11 juillet 1873.

Aciers fondus et cémentés.

Cette méthode comprend :

1° La composition générale du cément et ses proportions, qui doivent être modifiées nécessairement suivant la nature des fers employés ;

2° Le procédé consistant à traiter le fer et le minerai enduit de cément, de telle sorte que l'on puisse éviter le contact de l'air pendant le travail ;

3° L'emploi de l'alumine en proportions rationnelles, calculées d'après l'analyse des minerais, des fers, et des aciers à traiter, et suivant la combinaison chimique de l'alumine, de manière à obtenir toujours des résultats pratiques semblables avec les carbonates et les oxydes alumineux de potasse, pour former du potassium et du calcium, afin d'absorber le soufre, le phosphore, et les autres métalloïdes nuisibles ;

4° L'addition au cément d'une certaine quantité de carbonate de potasse dissous dans une quantité d'eau suffisante pour former une boue liquide propre à enduire les matières métalliques à traiter.

N° 100,790. — Sheehan. — 10 octobre 1873.

Procédé d'aciération du fer.

Cette invention consiste plus particulièrement dans l'addition du sulfate de soude à d'autres ingrédients, tels que sel commun, carbonate de soude, oxyde noir de manganèse, pierre à chaux, dans la suppression de la résine, et aussi dans l'emploi, par le moyen d'une plaque de tôle perforée, d'une couche de carbonate de chaux au haut de la boîte dans laquelle s'effectue le procédé d'aciération.

N° 101,337. — **La Compagnie des fonderies et forges de Terre-Noire, la Voulte et Bessèges.** — 2 décembre 1873.

Procédé de transformation des fontes, fer, etc., en acier ou en un métal ayant les propriétés de l'acier par l'emploi du ferro-manganèse ou du ferro-silicium.

Ce procédé peut se résumer dans les opérations suivantes :

1° Traiter à l'appareil Bessemer des fontes plus ou moins mélangées de bocages ou de vieux fers et vieux rails de provenance et de qualité quelconques, pourvu que ces matières contiennent les éléments nécessaires à la réussite de l'opération, c'est-à-dire les quantités de silicium, de carbone ou de manganèse reconnues convenables, et ajouter au métal, complétement décarburé, une quantité de ferro-manganèse ou de ferro-silicium telle, qu'elle apporte environ 1 p. 100 de manganèse ou ⅓ p. 100 de silicium au bain métallique; on obtient alors un métal susceptible de se laminer en rails et possédant les propriétés physiques et mécaniques de l'acier au carbone, pourvu que la proportion de phosphore ne dépasse pas 4/1000 ;

2° Refondre au four, et par les procédés Siemens-Martin, des fontes et des riblons, vieux rails, etc., de provenance et de qualité quelconques jusqu'à décarburation totale, et terminer l'opération par la même addition de ferro-manganèse ou de ferro-silicium, en prenant toujours la précaution de n'introduire dans le bain que 4/1000 de phosphore ;

3° Combiner les diverses matières, fontes, bocages, vieux fers, vieux rails, etc., de telle sorte qu'avant toute opération métallurgique les mélanges aient pour effet de diminuer autant que possible les doses de matières nuisibles, cet art des mélanges formant une partie importante de ce procédé ;

4° Arriver, par les procédés ci-dessus décrits, à transformer en acier ou en métal ayant les mêmes propriétés tous les vieux rails et vieux matériaux composant actuellement l'outillage des chemins de fer, de la marine et de l'industrie.

N° 101,850. — **Webster.** — 13 janvier 1874.

Perfectionnements dans la fabrication de l'acier.

Les points caractéristiques sont :

1° Un procédé perfectionné reposant sur le principe connu de carburation du fer par les gaz hydrogènes carbonés, additionnés d'air atmosphérique ;

2° Un appareil spécial propre à obtenir industriellement cette carburation. Cet appareil produit et règle le mélange d'air avec le gaz d'éclairage, mélange produisant l'aciération, dans les conditions voulues pour que, faisant la part de la combustion à l'intérieur même du vaisseau où se trouve le fer à traiter, il se produise une quantité de cyanogène suffisante pour se combiner au fer et produire l'aciération.

L'appareil consiste en une buse métallique d'insufflation, formée de trois parties distinctes, coniques, concentriques, s'ajustant l'une sur l'autre. La première partie est le tuyau donnant passage au gaz hydrogène carboné. La deuxième partie est un manchon conique, enveloppant l'extrémité du tuyau et destiné à l'admission de l'air autour des gaz. La troisième partie est également un manchon conique de plus grande dimension que le précédent ; il forme un espace annulaire, muni d'ouvertures pour le passage de l'air atmosphérique ambiant.

N° 102,123. — **Compagnie anonyme des forges de Chatillon et Commentry.** — 7 février 1874.

Perfectionnements dans l'utilisation des fontes manganésées et autres alliages de manganèse, fer, carbone, etc., pour la fabrication des aciers et des fers fondus.

Les inventeurs tirent très-bon parti des fontes manganésées et autres alliages de manganèse, carbone, fer, etc., dans la fabrication des diverses sortes de fers fondus, en les traitant préalablement par un chauffage, à l'état solide, en vase ou en four clos, dans les réactifs appliqués depuis longtemps à la fabrication de la fonte malléable.

En traitant ainsi les spiegels ou autres alliages ferro-manganésés, on les débarrasse du carbone qu'ils tiennent toujours en assez forte proportion, de même que de certains autres éléments volatils nuisibles, tandis que le résidu de l'opération, ci-dessus indiquée, convient éminemment comme addition à la fusion, par quelque procédé que ce soit, des fers de toute nature et de toute qualité.

N° 102,149. — Webster. — 6 février 1874.

Perfectionnements dans le montage et la mise en opération des convertisseurs employés dans la fabrication de l'acier et autres métaux.

Cette invention est relative à certains perfectionnements apportés à un convertisseur ayant une bride ou cordon circulaire, les tourillons pleins et l'air chaud traversant une enveloppe creuse en segment, dans laquelle fonctionne, étanche à l'air, ladite bride, et dans laquelle, au bas du convertisseur, une boîte à tuyère est formée. Il n'est pas besoin d'un couvercle fixe pour la boîte à tuyère, non plus que de l'emploi de tourillons creux et d'un tuyau de connexion comme pour les convertisseurs Bessemer; de plus, l'inspection des tuyères peut se faire sans que l'on ait à détacher aucune des parties, et le convertisseur peut être vidé sans qu'il soit besoin de le retourner sens dessus dessous.

Les perfectionnements se rapportent plus spécialement à la construction et à l'arrangement d'un chariot promeneur pour le convertisseur, afin d'éviter l'emploi du cordon circulaire formé autour du convertisseur.

Le chariot voyageur peut s'appliquer aussi aux convertisseurs Bessemer et autres genres de convertisseurs.

N° 103,006. — Sherman. — 14 avril 1874.

Perfectionnements aux convertisseurs Bessemer et aux hauts-fourneaux.

Cette invention a pour objet de faciliter l'introduction et l'injection de l'iode, ou des composés qui en contiennent, pour perfectionner la qualité du métal dans le convertisseur Bessemer et dans les hauts-fourneaux en général; elle consiste, lorsqu'elle est adaptée à un convertisseur Bessemer, dans l'emploi d'un tuyau d'embranchement séparé et d'une tuyère, reliés à la conduite de vent forcé. La tuyère de ce tuyau d'embranchement pénètre à travers la plaque de fond de la chambre de soufflage, immédiatement au-dessous de la plaque du convertisseur, de manière à injecter l'iode ou les composés qui le produisent directement à travers les tuyères.

N° 103,067. — Pernot. — 17 avril 1874.

Perfectionnements aux fours à sole tournante inclinée appliqués au puddlage et spécialement à la fabrication de l'acier.

Par ce brevet, l'inventeur se réserve le droit d'appliquer son four perfectionné à sole tournante à la fabrication des produits suivants :

1° *Produire de l'acier avec de la fonte seule.*

Par le moyen de la sole tournante inclinée, le bain de fonte remonte sur la sole inclinée par l'entraînement, et, arrivant au sommet, retombe en lames minces. Alors, l'action des gaz oxydants et des scories a beaucoup plus d'effet ; les réactions nécessaires pour obtenir l'acier s'accomplissent dans trois fois moins de temps. Le procédé devient donc très-pratique, économique et éminemment industriel.

2° *Produire de l'acier fondu avec un mélange de fonte et d'acier, ou de fonte et de fer, en mettant la charge tout entière à la fois dans le four.*

En effet, on peut tout charger à la fois, puisque la fonte est plus fusible que le reste de la charge ; elle sert de premier bain, et les autres matières, non encore fondues, viendront, par l'effet de la rotation de la sole inclinée, passer dans le bain de fonte, lui céder une partie de l'oxygène qu'elles contiennent, et, en même temps, se chargeront d'enlever une partie du carbone de la fonte. Le bain fondu deviendra promptement homogène ; le métal aura acquis la dureté et la malléabilité voulues.

Dans les fours Martin-Siemens on opère par charges successives, ce qui augmente la durée de l'opération par le temps nécessaire à la fusion de chacune des charges. On fait dans le four à sole mobile plus du double que dans le four Martin-Siemens actuel.

3° *Transformer de la fonte en acier directement,* en ajoutant, après la décarburation, le spiegeleisen ou tout autre métal récarburant dans tout four rotatif, opération qui ne s'est pas encore faite dans aucun four de ce genre, car l'on s'est borné à la transformation de la fonte en fer exclusivement et non en acier.

Les autres avantages de la méthode sont :

4° Produire un mélange *homogène*, d'une façon constante, par la rotation de la sole inclinée ;

5° Faire les réparations dans beaucoup moins de temps que dans les fours Martin-Siemens ;

6° Pouvoir chauffer le four, sans que le joint de la sole tournante soit parfait ; le fonctionnement a même lieu avec un joint ayant considérablement de jeu.

ADDITION, en date du 24 août 1875.

Cette addition se rattache à un perfectionnement apporté à la fusion de l'acier dans un four rotatif ou autre chauffé par le gaz.

Dans tous les fours de fusion d'acier, l'inflammation du gaz mélangé d'air se fait au-dessus de l'autel ; il en résulte une usure rapide soit de la voûte, soit de l'autel, soit du pourtour du four. L'inventeur remédie à cet inconvénient en reportant le point du mélange de gaz et d'air et de l'inflammation dans l'intérieur même du four de fusion. L'action destructrice de la chaleur sur les briques devient presque nulle, et l'extrême chaleur concentrée au milieu du four, dans la région de déflagration, est utilisée en totalité à fondre le métal.

N° 103,466. — **Willans.** — 15 mai 1874.

Perfectionnements dans la fabrication de l'acier et du fer et des objets en fer ou en acier.

Ces perfectionnements se distinguent par les caractères suivants :

1° L'application aux fontes de fer ou d'acier, portées au rouge ou environ, du gaz acide carbonique (provenant d'un carbonate), dans lequel les fontes n'avaient pas été placées à l'état froid, puis chauffées ensuite au contact avec ce gaz ;

2° Dans la fabrication des tubes d'acier, l'emploi d'acier doux peu carburé est susceptible de produire des tubes défectueux, et le travail de l'acier dur est plein de difficultés. Les perfectionnements, à cet égard, consistent à recuire les lingots creux ou autre acier tubulaire avec des minerais de fer ou autre agent oxydant, employé dans la fabrication des fontes malléables, dans le but de lui enlever du carbone avant qu'il soit allongé en forme de tube ; on recuit ainsi le tube partiellement fait avant qu'il soit complètement étiré à sa dimension ; en retirant un peu de carbone avant ou pendant la fabrication du tube, un acier plus défectueux peut y être employé. L'inventeur fait ainsi des tubes de fonte de fer au moyen d'un mélange de fonte et d'acier en fabricant d'abord des lingots creux ou de forme tubulaire, puis en les recuisant avec de l'oxyde, comme on recuit la fonte malléable. On peut ainsi les étirer à une température au-dessous du rouge sur un mandrin au marteau ou au laminoir, et ensuite, à froid, à l'aide d'une machine hydraulique. Si la matière du tube n'est pas suffisamment privée de carbone par un simple recuit, elle peut être recuite de nouveau en contact avec une substance oxydante avant d'être définitivement étirée à l'épaisseur voulue de tube.

Nº 103,475. — Deighton. — 2 mai 1874.

Perfectionnements dans la disposition et le mode de fonctionnement des appareils employés pour la fabrication de l'acier Bessemer.

Le but de cette invention est d'économiser le temps actuellement perdu pendant le travail et les réparations, par une disposition et une méthode de travailler au moyen desquelles l'appareil fonctionne presque sans interruption. Les convertisseurs sont construits et disposés de la manière ordinaire, avec les mêmes organes pour les mettre en marche; mais le récipient convertisseur lui-même est disposé de façon qu'il puisse être facilement détaché de ses organes de marche et enlevé complétement de ses supports par une grue appropriée.

Quand il devient nécessaire de regarnir ou de réparer un convertisseur, on l'enlève directement des paliers dans lesquels il se meut et on le dépose dans un réservoir rempli d'eau pour qu'il se refroidisse. Quand il est suffisamment refroidi, on le place sur un châssis où il peut être regarni et réparé.

Les cubilots qui alimentent le convertisseur de métal fondu sont placés, de préférence, en rangée parallèle à l'axe sur lequel tourne le convertisseur, ce dernier tournant vers les cubilots quand l'acier ou le métal fondu doit être versé dans la poche, laquelle, de préférence, est suspendue à une grue volante ou autre mécanisme, cette poche étant ainsi transportée à tout endroit approprié de l'usine, pour en verser le métal dans des moules de fer et former les lingots. Au lieu de soulever les convertisseurs en fonction, au moyen d'une grue volante, chaque convertisseur peut être placé sur un wagon roulant sur un chemin de fer, au moyen d'une ou de plusieurs plaques tournantes; les convertisseurs pourront être amenés en face et mis en communication avec la buse ainsi qu'avec le mécanisme, pour les tourner sur leurs tourillons et les enlever quand il faudra les réparer.

N° 103,498. — Verdié. — 5 juin 1874.

Application, soit aux fours à fondre l'acier, soit aux fours à puddler, d'un système de four oscillant, se mouvant autour d'un axe horizontal.

Le caractère distinctif de cette invention est l'application au four à fondre l'acier et au four à puddler d'une sole oscillante dont l'axe horizontal d'oscillation est placé suivant la longueur de la sole, c'est-à-dire allant du foyer à la cheminée.

La disposition et le mécanisme sont d'une grande simplicité et d'une construction peu coûteuse.

N° 103,885. — Peckham. — 16 juin 1874.

Fabrication du fer et de l'acier et fours s'y rapportant.

Cette invention a pour but la réalisation, par des appareils convenables et d'une manière pratique et peu coûteuse, des trois conditions suivantes:

1° Le minerai doit être réduit à une grosseur uniforme, et mélangé uniformément dans les cornues avec la quantité de houille voulue;

2° Il faut que le minerai, intimement mélangé avec le charbon, soit amené par degrés aux températures nécessaires à la désoxydation et à la carburation, de manière que les températures voulues puissent être maintenues constamment et uniformément dans les cornues, le temps nécessaire, pour opérer la désoxydation et la carburation;

3° Il faut encore que le minerai, étant convenablement traité, soit transporté directement au four de réduction (sans venir en contact avec aucun air froid) pour y être convenablement séparé de ses impuretés durant sa conversion en fer ou en acier.

L'inventeur décrit : 1° un four convertisseur à dix cornues, disposées sur deux rangées parallèles de cinq chacune; une chambre fermée, placée au-dessous, reçoit la charge de chaque cornue. Le minerai est retenu dans ces chambres prêt à être transporté à volonté au four à puddler relié au four convertisseur; 2° une disposition divisant chaque cornue en différentes zones ou bandes, qui permettent au minerai contenu dans une cornue d'être soumis à des chaleurs différentes, mais exactement déterminées, suivant la zone dans laquelle il est situé, tout le minerai passant à travers lesdites zones et étant soumis successivement à des chaleurs arrêtées à l'avance, et qui sont données séparément auxdites zones; 3° des fours destinés à traiter le minerai à différentes températures par le contact direct de la flamme, avec trois chambres à températures parfaitement réglées; 4° un four dans lequel l'appareil convertisseur est chauffé par un feu de forge dont les produits de la combustion se rendent dans les chambres à gaz; 5° un appareil convertisseur combiné à des fours à puddler, un de chaque côté dudit appareil, et pour chaque série de chambres à minerai; 6° un four à puddler ou à chauffer, destiné à fournir le fondant à employer pour purifier le fer et l'acier pendant leur manipulation dans ledit four ou à employer dans le réchauffage du fer et de l'acier; 7° enfin, un appareil servant à faire des *loupes d'acier* directement avec le minerai.

N° 104,635. — Herrenschmidt et Tondeur. — 6 août 1874.

Composition chimique pour l'amélioration et le raffinage de l'acier par la trempe, et la conversion instantanée en acier de tout objet fabriqué en fer.

Les inventeurs ont pour objet d'améliorer et de raffiner l'acier en le trempant dans une solution composée des substances suivantes :

1,000	parties d'eau,	
100	—	d'acide chlorhydrique,
8	—	d'acide nitrique,
22	—	de sulfate de zinc.

Les trois dernières substances sont d'abord mélangées ensemble, puis, quelques morceaux de fonte blanche sont mis dans le mélange où ils restent plongés pendant 24 heures; les morceaux de fonte, non décomposés, sont alors retirés, et la mixture est mêlée à 1,000 parties d'eau. Alors, la composition est faite, et bonne à être employée pour la trempe.

N° 104,873. — **Martin**. — 3 septembre 1874.

Fabrication et transformation directe du minerai de fer et des riblons de fer en véritable acier.

L'inventeur a utilisé la tourbe et surtout le gaz protocarboné qu'elle contient pour le faire agir, à la fois comme agent calorifique et réactif d'épuration, sur le minerai de fer ou la fonte brute, en faisant précéder l'affinage partiel de l'élimination des corps nuisibles qui sont généralement soufre, phosphore et arsenic.

Le minerai de fer est lavé, puis mélangé avec son égal volume de tourbe broyée. Si cette tourbe ne contient pas 10 p. 100 d'alumine, on ajoute dans le mélange de l'hydrate d'alumine et la quantité nécessaire d'azotate de soude ou de potasse susceptible, en se décomposant, de fournir l'oxygène nécessaire à la réduction du carbone, afin de ne laisser dans l'acier que $\frac{1}{100}$ de carbone.

Quand on veut produire de la fonte directement du minerai de fer, on opère de la même manière, mais avec cette différence qu'on prend de la tourbe carburée, obtenue en la trempant dans un bain de naphtaline, afin d'avoir du carbone à peu près pur.

On peut aussi faire intervenir dans le mélange en fusion un courant d'air qui se combine avec le gaz hydrogène protocarboné provenant de la tourbe en décomposition, afin de pouvoir agir alternativement par voie d'oxydation et de réduction.

CERTIFICAT D'ADDITION, en date du 3 décembre 1874.

C'est sur la théorie de M. Frémy, qui croit que l'acier est un azoto-carbure de fer, que l'inventeur s'est basé pour obtenir deux sortes d'aciers de différentes fabrications; l'un est de l'acier de cémentation, et l'autre de l'acier fondu coulé dans les creusets et moulé en sable vert ou en lingotière, sans recuit, et cela à un prix moins élevé que celui de la fonte de fer ordinaire.

Dans ce procédé, le fer se trouve en présence des deux gaz indiqués par M. Frémy, qui agissent simultanément sur le fer, à savoir, le gaz d'éclairage et le gaz ammoniacal. Ces deux gaz, se dégageant ensemble sur le fer, l'acièrent en très-peu de temps. L'inventeur emploie de la tourbe carburée ou non carburée, en combinaison avec un sel ammoniacal pour former un cément qui puisse dégager simultanément, en présence du fer, le gaz d'éclairage et le gaz ammoniacal, afin d'obtenir un acier de cémentation plus rapidement et avec des matières moins chères que le charbon de bois employe jusqu'à ce jour.

Nº 104,906. — Parsons. — 5 septembre 1874.

Perfectionnements dans le traitement de l'acier et du fer en fusion, et dans les appareils servant à cet usage.

Le but de cette invention est d'extraire du métal en fusion, l'air ou les gaz qui y sont tenus en suspension, solution ou combinaison, de manière à améliorer la qualité du métal, empêcher la formation de cellules et parties spongieuses, et le rendre compact et homogène. A cet effet, pendant que le métal est à l'état fluide, on le place dans un vase fermant hermétiquement, d'où l'on épuise l'air au moyen d'une pompe, ou bien en établissant une communication avec une chambre dans laquelle un vide partiel est maintenu.

Pour traiter, de cette manière, le métal Bessemer, on peut faire usage du vase à conversion lui-même, que l'on ferme hermétiquement en adaptant sur son embouchure un chapeau amovible.

Nº 104,948. — Siemens. — 10 septembre 1874.

Perfectionnements dans la fabrication de l'acier et dans les dispositions des fours employés pour cette fabrication.

Depuis quelques années, M. Siemens a pris une série de brevets relatifs au traitement direct des minerais de fer et à la fabrication de l'acier fondu au moyen du fer obtenu par ce traitement direct. Les procédés décrits dans ces brevets ont principalement pour but d'employer de grandes quantités de minerai, et, relativement, peu de fonte, ce métal n'étant destiné qu'à préparer un bain dans lequel se dissout le fer obtenu. Ces divers modes de fabrication exigent plusieurs appareils, tant pour la préparation du minerai et l'obtention, soit de gâteaux de minerai plus ou moins réduit ou fondu, soit de fer dans un état de réduction plus ou moins avancé, que pour la dissolution de ces matières dans le bain de fonte.

Dans certains cas, au contraire, il est avantageux d'employer surtout de la fonte, et d'obtenir l'acier par la décarburation de ce métal, soit au moyen des riblons, soit au moyen simplement de courants gazeux oxydants, et cette opération peut s'effectuer dans un seul four.

Le procédé de fabrication de l'acier par le mélange et l'action réciproque de fer ou d'acier et de fonte (procédé Siemens) et qui est principalement fondé sur l'emploi de procédés de chauffage, susceptible de variations dans les dosages, suivant les quantités respectives des divers matériaux que l'on veut utiliser, et la qualité du métal que l'on veut produire, est appliqué sur une grande échelle dans la métallurgie, et rend de grands services, en permettant d'utiliser des quantités considérables de bouts de rails Bessemer et d'autres déchets ou riblons de fer et d'acier.

Aujourd'hui que la quantité de riblons a beaucoup diminué, et que *leur prix s'est accru par suite de leur rareté*, il est nécessaire de recourir à un autre agent de décarburation de la fonte. Le minerai de fer, le minerai riche, surtout, est naturellement désigné pour cette opération. Mais, la fabrication de l'acier sur la sole d'un four à réverbère exige une très-haute température, température qu'il est impossible d'atteindre autrement qu'avec le système de chauffage au gaz et à chaleur régénérée, et l'introduction de minerai, surtout de minerai cru, dans le bain de fonte à décarburer, use rapidement le contour de la sole et les pieds-droits du four, et donne lieu à des projections de poussières, de métal, ou de scories, qui, entraînées par le courant gazeux, vont obstruer les conduites du gaz et de l'air, et fondre les parois de ces conduites, ainsi que les briques des régénérateurs. Il est donc utile, pour faire entrer complétement ce procédé dans la pratique, de modifier les dispositions ordinaires des fours à gaz et à chaleur régénérée. L'objet du présent brevet est de spécifier l'application des dispositions perfectionnées des fours à gaz, décrites dans le brevet de M. Siemens du 26 novembre 1873, et dans son addition du 2 septembre 1874, ainsi que de certains dispositifs permettant de mener le procédé plus rapidement, et d'obtenir d'un four, de mêmes dimensions, dans le même temps, des quantités d'acier plus considérables, et une masse plus homogène, notamment par la mobilité, soit du laboratoire entier du four, qui devient alors un four rotatif, soit seulement de la sole du four, que l'axe de rotation de cette sole soit vertical ou incliné.

La fabrication de l'acier au moyen de la décarburation de la fonte a lieu de la manière suivante :

Sur la sole du four, si c'est un four fixe ou à sole tournante, ou dans le laboratoire du four, si c'est un four rotatif, le four ayant été préalablement fortement chauffé, on introduit une certaine quantité de fonte, calculée d'après l'importance de la charge d'acier que l'on veut obtenir. Si le four est fixe, ou à sole tournante, on répartit la charge de fonte aussi uniformément que possible sur la sole, afin que la flamme puisse atteindre tous les morceaux également, et que la fusion s'opère plus rapidement; si le four est rotatif, on n'a pas à prendre cette précaution, mais il est alors convenable d'introduire dans le four la fonte liquide, soit qu'elle vienne directement du haut-fourneau, soit qu'elle ait été refondue au cubilot ou au réverbère. Il est également avantageux, lorsqu'on peut le faire, d'introduire la fonte liquide dans le four fixe, ou le four à sole tournante, car on abrège ainsi considérablement la durée de l'opération. Quoi qu'il en soit, que la fonte ait été chargée solide ou liquide, on a soin de porter d'abord le bain de fonte à la température du blanc, et, une fois ce degré de chaleur obtenu, on procède alors à l'addition du minerai. Le minerai doit avoir été préalablement écrasé de façon à ce qu'il n'y ait pas de morceaux plus gros qu'un œuf, et les additions successives de minerai se font par quantités d'environ 100 kilogr. à la fois. L'introduction du minerai détermine une ébullition énergique du bain, par suite de la réaction de son oxygène sur le carbone de la fonte; dès que cette ébullition se ralentit, on ajoute une nouvelle charge de minerai, et l'on procède ainsi par additions successives, en ayant soin que le bain, tant du métal que de la scorie qui le recouvre, reste toujours parfaitement liquide, jusqu'à ce que l'on ait ajouté en minerai environ 20 p. 100 du poids de la fonte chargée au début. La proportion de carbone du bain métallique se trouve alors notablement réduite, et, dans les conditions ordinaires, c'est-à-dire avec de la fonte à 4 ou 5 p. 100 de carbone, et du minerai à 55 ou 60 p. 100 de fer il n'y a guère plus alors que 1 p. 100 de carbone environ. A ce moment, on doit n'ajouter le minerai qu'avec grand soin, par fractions de 50 kilogr. seulement à la fois, et il faut, avant de faire chaque nouvelle addition, environ de quart d'heure en quart d'heure, prendre un échantillon du métal afin de s'assurer approximativement de sa teneur en carbone. Si le four est fixe, avant de prendre l'échantillon, on doit brasser le bain avec un crochet de puddlage, afin de lui donner de l'homogénéité. On prend alors l'échantillon avec une petite cuiller en fer, comme cela se fait ordinairement; on recouvre de sable fin et sec la cuiller qui contient l'échantillon, afin d'empêcher l'ébullition du métal; dès qu'il est solidifié, on le refroidit dans l'eau, on le sèche, et le casse sur une enclume. Tant que le métal contient plus de 0.2 p. 100 de carbone, l'échantillon se casse sec; mais, dès que cette faible teneur est atteinte, il ne se casse qu'après s'être légèrement forgé, et l'aspect de la cassure est soyeux. Lorsque l'échantillon présente ces caractères, on doit arrêter les additions de minerai. Au bout d'une demi-heure environ, la teneur en carbone se trouve réduite à 0.1 p. 100, et la scorie doit être neutralisée. C'est alors qu'on introduit dans le bain, le spiegeleisen renfermant au moins 10 p. 100 de manganèse ou le ferro-manganèse : on en charge une quantité calculée suivant la teneur, et suivant le degré de dureté de l'acier que l'on veut obtenir, et on râble énergiquement le bain. On procède à la coulée dès que cette fusion est opérée. Il est nécessaire que la scorie soit parfaitement neutralisée avant l'addition du spiegeleisen ou du ferro-manganèse, sans quoi le manganèse serait oxydé et disparaîtrait en entier avec la scorie.

'a coulée de l'acier peut se faire à l'aide d'une poche, préalablement chauffée, et portée sur un chariot mobile venant circuler sur la série des lingotières disposées en ligne droite. On peut aussi couler soit directement dans les lingotières, comme à l'ordinaire, soit en siphon, les lingotières se trouvant remplies par le fond, ce qui a l'avantage de donner des lingots plus sains, plus homogènes, et plus exempts de soufflures.

Si l'opération est bien conduite, le poids de l'acier coulé doit être au moins égal à la somme des poids de la fonte et du spiegel chargés ; et si la fonte, le minerai et le spiegel sont de bonne qualité, le produit se distingue par sa ténacité, sa résistance, et son homogénéité.

La fonte employée dans ce procédé peut être d'une qualité inférieure à celle qu'exige le procédé Bessemer, attendu qu'une notable proportion de soufre et de phosphore qu'elle contient disparaît avec la scorie. Mais elle ne doit pas contenir plus de 1 p. 100 de manganèse, à cause de l'action destructive qu'exerce l'oxyde de manganèse sur les matériaux formant la sole du four, et, dans aucun cas, la somme du soufre ou du phosphore, renfermé dans la fonte, ne doit être supérieure à 0.1 p. 100 de son poids.

Les minerais qui conviennent le mieux pour ce procédé sont les minerais spathiques grillés, ou magnétiques, l'hématite, et, en général, les minerais purs, dont la richesse dépasse 50 p. 100 de fer ; il est bon qu'ils soient manganésifères.

Mais, si les minerais sont moins purs, et surtout s'ils sont siliceux, il est très-avantageux, et, dans quelques cas, nécessaire de les fondre préalablement.

On fond les minerais dans un four spécial, avec la proportion de chaux nécessaire pour former une scorie basique avec la silice qu'ils renferment. Si le minerai est du peroxyde de fer, on doit ajouter 5 p. 100 de fraisil de coke afin de rendre l'oxyde de fer fusible. Si, par exemple, on emploie du minerai manganésifère, ou du spathique grillé, on devra les mélanger, après les avoir grossièrement écrasés, avec 5 p. 100 de coke, ou même de houille, et aussi avec de 6 à 8 p. 100 de chaux, ou de castine contenant cette proportion de chaux. Si le minerai ne contient pas de manganèse, on fera bien d'ajouter du minerai manganésifère, afin que le mélange contienne environ 1 p. 100 de manganèse métallique, ce qui facilite la formation d'une scorie liquide dans le four à fondre l'acier, tout en diminuant la proportion de soufre et de phosphore dans le bain ; mais il ne faut pas qu'il y ait plus de manganèse, car cela rongerait les parois du four.

La fusion préalable du minerai est une excellente chose au point de vue de la conservation du four de fusion de l'acier, car le minerai cru décrépitant attaque souvent les parois et la voûte du four.

Le four employé pour la fusion du minerai est un four à gaz et à chaleur régénérée, tel que celui décrit dans le brevet de M. Siemens en date du 18 janvier 1872.

Quant au four à fondre l'acier, l'inventeur emploie soit la disposition perfectionnée de fours à gaz et à chaleur régénérée, décrite dans le brevet du 26 novembre 1873 et dans son addition du 2 septembre 1874, soit la forme de four rotatif décrite dans les brevets des 18 janvier 1872 et 13 janvier 1873.

Les fours décrits dans les brevets relatés ci-dessus sont aussi applicables à la production de l'acier fondu sur la sole d'un four à réverbère par l'incorporation dans un bain de fonte initial de riblons quelconques de fer ou d'acier, ou de loupes obtenues soit par le puddlage, soit par le traitement direct des minerais dans le four rotatif, ces loupes pouvant être introduites dans le bain telles qu'elles sortent du four rotatif, ou après avoir été comprimées par un moyen quelconque, et, de préférence, sous le squeezer hydraulique, afin d'en expulser la majeure partie du laitier. On peut encore tirer un excellent parti de ces dispositions de fours pour la production de l'acier fondu au moyen de la décarburation de la fonte par l'action seule des courants gazeux, fortement chauffés et avec excès d'air, provenant des régénérateurs du four, la nature du bain étant finalement corrigée, comme dans le cas précédent, par l'addition de spiegeleisen ou de ferro-manganèse.

1ʳᵉ ADDITION, en date du 27 novembre 1874.

L'inventeur réclame comme sa propriété une manière de couler l'acier, ou tous autres métaux, au moyen d'une table tournante

sur laquelle sont disposées des lingotières que l'on amène successivement devant le trou de coulée du four par la rotation de la
table, ces lingotières pouvant être simples et remplies par le haut
ou bien disposées autour d'une lingotière-mère pour effectuer la
coulée en siphon.

2e ADDITION, en date du 15 juillet 1875.

La table tournante, disposée devant la face de coulée du four,
reçoit sur sa circonférence les lingotières, soit simples, soit
groupées pour la coulée en siphon. Les lingotières sont légèrement coniques, et leur partie supérieure est percée de petits trous
pour l'échappement de l'air. On fait arriver l'acier par une gouttière garnie de terre réfractaire ou de sable au-dessus d'une des
lingotières-mères, en faisant tourner la table à cet effet, puis, lorsque les lingotières dépendant de cette lingotière-mère sont remplies, on ferme la gouttière par un obturateur disposé *ad hoc*, et
l'on fait tourner la table tournante d'un certain angle convenable
pour amener devant le trou de coulée un autre jeu de lingotières,
et ainsi de suite.

No 105,642. — Wheeler. — 9 novembre 1874.

*Perfectionnements dans la réduction des minerais de fer ou autres,
dans la production de l'acier et dans les appareils employés à
cet effet.*

Le minerai, réduit en poudre ou poussière, est projeté dans le
bas d'une cheminée, ayant la partie supérieure remplie d'une colonne de flamme chauffante, ou à la fois chauffante et oxydante, et
sa partie inférieure remplie d'une colonne de gaz réducteurs, de
telle sorte que les particules tombent à travers la flamme et, pendant cette chute, sont chauffées à la température de fusion ou
d'incandescence, pour entrer ensuite et tomber à travers la colonne
de gaz réducteurs, en abandonnant leur oxygène au carbone, ou à
l'hydrogène, et finalement tomber dans un état réduit sur un four
ou un creuset au fond de la cheminée.

En réglant le degré de vitesse de chute, ou la richesse de la
colonne de gaz réducteurs, le fer peut être produit, à volonté, à
l'état neutre ou carbonaté.

N° 105,988. — Holtzer et Cie. — 30 novembre 1874.

Perfectionnements aux fours à souder et à corroyer l'acier.

Cette invention a pour but l'application du chauffage au gaz, avec récupérateurs de chaleur, aux fours soufflés, destinés à souder et à corroyer l'acier.

Ce qui distingue ces fours à gaz de ceux en usage jusqu'ici, c'est l'exiguïté du foyer ou laboratoire dans lequel s'opère la combustion.

Un autre perfectionnement consiste dans l'établissement, en avant des portes de travail, et à une hauteur convenable, d'un fort banc en fonte qui facilite l'introduction et la sortie des lingots, ainsi que le serrage des trousses chaudes avec la palette, et sur lequel on peut les ensabler; de plus, au-dessous de ce banc, est ménagée une ouverture qui permet de décrasser la sole de temps en temps.

Une disposition convenable, sur le devant du four, de poignées qui servent à actionner les soupapes d'arrivée d'air et de gaz et à manœuvrer les vannes de renversement, facilite beaucoup le travail de l'ouvrier corroyeur.

N° 106,279. — Micolon et Verdié. — 19 janvier 1875.

Traitement des minerais de fer à l'état brut et des battitures de fer dans un four spécial, à chargement et déchargement continus, à chaud et à froid, et emploi, directement ou indirectement, à froid ou à chaud, desdits minerais ou battitures à toutes fabrications d'aciers ou de fers.

Ce système consiste dans le traitement du minerai de fer, à l'état brut, et des battitures de fer, dans un four spécial, à chargement et déchargement continus, à chaud et à froid, et dans l'emploi, directement ou indirectement, à froid ou à chaud, desdits minerais ou battitures à toute fabrication d'aciers ou de fers, après avoir subi le traitement dans le four. En résumé, le procédé comprend: 1° le traitement des minerais de fer de toute nature et des battitures de fer dans l'appareil servant à la réduction des minerais; 2° le déchargement à chaud des minerais réduits, et leur emploi immédiat dans la fabrication du fer et de l'acier; 3° la cémentation des minerais réduits par l'introduction dans l'appareil de réduction de toutes matières carburantes, à l'état liquide ou solide; 4° le chargement et déchargement continus, l'emploi immédiat de tout le produit réducteur non consommé pendant l'opération de la réduction; 5° un ensemble de procédés simples, peu coûteux, et essentiellement pratiques et méthodiques.

N° 106,472. — Eyquem. — 19 janvier 1875.

Fabrication de l'acier.

M. Frémy pense que c'est sous l'influence simultanée du gaz ammoniac et du gaz hydrogène carboné que le fer, porté à une température suffisante, s'acière en passant à l'état d'azoto-carbure de fer. C'est cette réaction que l'inventeur a cherché à produire et à utiliser directement, par les moyens suivants : 1° l'emploi pour la cémentation du fer, en grand, de gaz ammoniac et d'hydrogène carboné, en proportions déterminées, agissant simultanément sur ce métal, au moment de leur production, par la décomposition à haute température d'un mélange de chlorhydrate d'ammoniaque et de substances fournissant de l'hydrogène proto ou bicarboné, comme la tourbe, la tannée, la sciure de bois, la houille, le lignite, les résines, les huiles, graisses, hydrocarbures, etc. ;

2° La fabrication de l'acier fondu, au moyen de riblons de fer cémenté, et fondus dans la même opération ;

3° La fabrication de l'acier, par la fusion de l'éponge de fer cémenté, après qu'elle a été produite par la réduction des minerais ou scories de forge, au moyen des gaz provenant de la tourbe ou de matières hydrogénées.

ADDITION, en date du 19 février 1875.

Ayant remarqué que la cémentation est singulièrement favorisée, si on aide la décomposition du sel ammoniac, l'inventeur a ajouté au cément du carbonate de chaux en poudre fine, qui se décomposant à la température où s'opère la cémentation, laisse la chaux en présence du sel et dégage l'ammoniaque. L'emploi de la chaux ou de toute autre terre alcaline présente, en outre, l'avantage de neutraliser les substances nuisibles qui se rencontrent dans les tourbes de mauvaise qualité.

Par ce mode d'opérer, l'inventeur cémente de petits riblons de fer, employant de 9 à 12 heures suivant leurs dimensions, et obtient, par la fusion, de l'acier malléable, si les riblons sont de bonne qualité, et de l'acier dur, s'ils proviennent de mauvais fer, mais se prêtant toujours admirablement au moulage des pièces mécaniques, à la fabrication de timbres, de cloches, etc.

N° 107,223. — Aroud. — 19 avril 1875.

Perfectionnements à la construction du convertisseur Bessemer à fabriquer l'acier.

Ces perfectionnements consistent dans la suppression des tuyères qui sont remplacées par de simples trous pratiqués dans la masse du fond du convertisseur. La suppression des tuyères amène dans la fabrication des avantages très-considérables ; en effet, on sait que l'appareil ordinaire fait environ de 15 à 20 coulées, au maximum, avant que le fond en soit usé, et que les tuyères (soit 7, 9, etc.) ne peuvent guère servir en moyenne que pour 5 opérations, de sorte qu'on est obligé de les changer trois ou quatre fois pour faire une vingtaine de coulées. Il en résulte une perte de temps assez considérable pour la pose des tuyères de rechange, auxquelles on est obligé de faire une garniture en terre mouillée, et aussi une perte de combustible, pour réchauffer à la température voulue l'appareil, où l'air froid a nécessairement pénétré.

L'inventeur supprime donc les tuyères ; il dispose les 49 trous qu'elles contenaient, non plus agglomérés par 7, mais également distribués sur le fond de l'appareil. Le vent est ainsi mieux distribué sur les matières en fusion, et le fond est divisé ou découpé d'une manière plus propre à la résistance. Cette disposition permet de faire 30 coulées pour un fond, au lieu de 15 à 20, dans un même laps de temps.

N° 108,188. — Gallet. — 26 mai 1875.

Perfectionnements dans la fabrication des aciers puddlés et aciers fondus.

Cette invention comprend :

1° La décarburation de la fonte au moyen d'un cément, dont l'inventeur indique la composition, en vue de l'obtention de l'acier puddlé ;

2° La production de l'acier fondu, au moyen de mélanges de fonte et de minerais, ou de fer puddlé et de riblons d'acier, enveloppés des céments dont la composition et les proportions sont données ;

3° La combinaison des divers éléments entrant dans la constitution des procédés, en vue de l'obtention des aciers puddlés ou fondus.

1ʳᵉ ADDITION, en date du 7 septembre 1875.

Cette addition fait voir que le cément, indiqué dans le brevet principal, peut s'appliquer à la fonte au coke et à la fonte avec mélange de minerai, en vue de l'amélioration de la fabrication des fers puddlés, aciers puddlés et aciers fondus.

2° ADDITION, en date du 3 mai 1876.

Cette addition a pour objet de démontrer que le cément épurateur, indiqué dans le brevet principal, peut s'appliquer : 1° à l'amélioration des fers corroyés et fers aciérés, obtenus de fontes de toutes natures, vieux rails fer et rails acier ; 2° fers puddlés obtenus de fonte au coke ; 3° fers puddlés obtenus de fonte au coke avec mélange de minerai ou scorie de minerai ; 4° aciers fondus obtenus de fontes au coke, fonte grise de préférence, avec mélange de minerai ; 5° aciers fondus obtenus de fonte au coke, fonte grise de préférence.

Nᵒ 109,495. — Scott. — 6 septembre 1875.

Perfectionnements dans la fabrication des lingots d'acier et dans les appareils de coulée et de laminage de l'acier, perfectionnements dont une partie est aussi applicable au laminage du fer.

Cette invention comprend les perfectionnements suivants :

1° Le moyen de remplir un groupe de lingotières disposées autour d'un ajutage central, en amenant cet ajutage au-dessous d'une espèce d'entonnoir dans lequel on coule du four de fusion, puis de faire couler la scorie dans une poche exprès, de remplir les lingotières par en dessous, et de couler le métal excédant par un bec, ménagé en haut de l'ajutage central, dans une ou plusieurs lingotières de réserve ;

2° La disposition d'un groupe de lingotières avec un ajutage central dans lequel on coule le métal du four de fusion au moyen d'une gouttière et d'un entonnoir, combinés avec une poche à scorie placée immédiatement au-dessous du trou de coulée du laitier, pour recevoir la scorie lorsque le métal a été coulé dans les lingotières ;

3° L'emploi d'un ajutage central en matière réfractaire, divisé longitudinalement en deux ou plusieurs parties reliées ensemble par des anneaux élastiques ;

4° L'emploi, pour relier ensemble les différentes parties de l'ajutage central, ou des lingotières, d'anneaux avec des parties courbées, de façon à leur donner de l'élasticité ;

5° L'emploi de lingotières, lorsque l'on veut couler des lingots à parois parallèles, avec une cavité dans le sommet, de façon à former une espèce de queue au lingot, pour en faciliter la manutention ;

6° La mise en communication de l'ajutage central avec les lingotières par des conduits réfractaires placés à un niveau supérieur au fond des lingotières ;

7° L'emploi d'enveloppes dans lesquelles on dame du sable autour de ces conduits pour rendre les joints étanches ;

8° L'emploi de pièces réfractaires dans le fond des lingotières pour permettre de varier la hauteur des lingots et pour protéger les angles inférieurs des lingotières ;

9° L'emploi d'une poche à laitier qui peut être montée sur un truc et manœuvrée avec un treuil pour la faire basculer ;

10° L'emploi, pour consolider les lingots, de cylindres cannelés qui impriment leurs cannelures sur les lingots ;

11° La manière de disposer et de conduire deux paires de cylindres au moyen d'un seul et même arbre, de façon à les faire tourner en sens opposé ;

12° L'emploi, pour porter les barres ou les lingots d'une paire de cylindres à l'autre, de chariots suspendus et mus par des grues.

ADDITION, en date du 13 janvier 1876.

Dans ce certificat d'addition, l'inventeur présente les dessins des divers appareils et dispositifs qu'il a décrits dans son brevet principal du 6 septembre 1875.

N° 109,925. — Vᵉ Roy. — 19 octobre 1875.

Système de traitement de la fonte et du fer leur faisant acquérir les propriétés de l'acier fondu.

Par le système de traitement objet de ce brevet, la transformation de la fonte en acier s'effectue avec rapidité, sûreté et économie. Il résulte de ce traitement un alliage fusible qui acquiert, après le refroidissement, l'aspect et les qualités de l'acier fondu, en ayant, de plus que ce dernier, l'avantage de pouvoir se mouler et couler comme la fonte de fer. Cet alliage a la composition suivante : .

Fonte de fer de première fusion ;

Fer puddlé ou martelé, en proportions variant du tiers à partie égale du poids de la fonte, qui est de six tonnes ; pour ce poids, on ajoute :

Sel ammoniac gris.	5 kilogrammes.
Cristaux de soude.	6 —
Manganèse.	6 —
Oxyde de fer rouge.	6 —

Ces divers corps sont fondus au creuset et coulés dans les moules.

ADDITION, en date du 5 mai 1876.

Grâce à l'injection dans le bain métallique en fusion d'un mélange de sel ammoniac gris, cristaux de soude, manganèse et oxyde de fer rouge, en quantités variables, il devient possible de faire entrer dans la coulée une proportion inusitée de fers inférieurs, notamment de vieux rails de fer. Dans une coulée de 7,000 kilogr., on peut en faire entrer jusqu'à 2,500 à 3,000 kilogr. sans altérer la qualité de l'acier produit. L'action épurante de ces agents chimiques permet l'élimination du phosphore, du soufre, de l'arsenic, et assure à l'acier les qualités désirables, avec une économie qui atteint 140 fr. par coulée de 7,000 kilogr.

N° 110,436. — **Hardt et Schleh.** — 23 novembre 1875.

Converter-Bessemer immobile, système Hardt et Schleh.

Les points caractéristiques de ce système sont :

1° Fixité ou mobilité facultative du convertisseur ;

2° Petit nombre de buses, mais grandes buses ;

3° Canaux à vent réfractaires.

Les avantages obtenus sont les suivants :

Moindres frais de construction ; économie de force et de matériaux réfractaires ; charges plus fortes et moins d'ouvriers ; travail moins fatigant et moins malsain pour les ouvriers.

N° 110,470. — De Bouhet (le Cᵗᵉ). — 26 novembre 1875.

Système d'aciération du fer.

Ce système consiste en moyens et procédés ayant pour objet l'utilisation de la carbonisation de la tourbe, et de la fabrication des agglomérés par le brai ou le goudron, autres que la houille, dans le but d'aciérer, à une basse température et dans un délai de quelques heures, le fer doux ordinaire, étiré, laminé, forgé ou en fragments, d'après des principes entièrement nouveaux.

N° 110,536. — Compagnie anonyme des forges de Châtillon et Commentry. — 2 décembre 1875.

Perfectionnements dans la fabrication de l'acier et du fer fondus.

Lorsqu'on décape par l'acide chlorhydrique le fer en barres, feuilles ou fils, il retient toujours du chlore. Or, si l'on traite ainsi un fer de qualité inférieure, phosphoreux notamment, le chlore, retenu par le fer, servira à l'élimination ou, peut être même simplement, à la neutralisation des effets du phosphore. Quelque chose d'analogue se produit avec le soufre, le silicium, etc.

Chaque fois qu'on emploie des fers de qualité inférieure à la fabrication des aciers doux et fers fondus, soit par fusion avec fonte sur sole de réverbère, soit par réincorporation dans la cornue Bessemer, soit enfin dans des creusets ou autres appareils, on commence par décaper, à froid ou à chaud, selon le cas, mais toujours à l'acide chlorhydrique. Ce décapage permet d'appliquer à la fabrication des aciers et des fers fondus, non-seulement des fers communs, mais des débris ou déchets des plus variés de forme et de nature, comme toutes les vieilles matières zinguées, étamées, etc.

ADDITION, en date du 3 février 1876.

Ce certificat d'addition, comme le brevet principal, se rattache à l'application de la chloruration préalable des fers neufs ou vieux, phosphoreux, siliceux, sulfureux et autres de qualité inférieure, avant leur emploi dans la fabrication des aciers et fers fondus, et indique les moyens de chloruration préalable qui donnent les meilleurs résultats.

Perfectionnements dans la fabrication de l'acier et des métaux fondus.

Ce brevet a pour objet plusieurs perfectionnements dans la fabrication de l'acier et des métaux fondus, qui portent essentiellement sur l'emploi d'un système mixte de fabrication, réunissant les avantages de la méthode Bessemer et de la méthode par réaction. Une disposition d'appareil dite « Forno-convertisseur Ponsard », consiste en un four dont la sole mobile est munie d'une série de tuyères et disposée de façon que l'insufflation de l'air se produise dans le bain métallique pendant l'opération, tandis que ces tuyères se trouvent placées au-dessus du bain, dès que l'on interrompt l'arrivée de l'air dans l'appareil.

Ce procédé de fabrication est un procédé mixte. La fonte en fusion, placée dans un four à sole mobile, est d'abord soumise à un fort courant d'air, comme dans le procédé Bessemer, puis le bain métallique, maintenu chaud dans le four, est traité comme dans la méthode par réaction, c'est-à-dire que l'on peut tâter le métal, le modifier par des additions de matières carburantes ou oxydantes, et le couler quand on est arrivé à la qualité voulue.

Le genre du four employé peut être un four à gaz ou autre à haute température, four Ponsard, Siemens, Crampton, four à huiles lourdes ou à grille directe, soufflée ou non, mais qui, dans tous les cas, est muni d'une sole mobile, pivotante, oscillante ou roulante et disposée de telle sorte que le bain liquide puisse se déplacer suffisamment pour découvrir les tuyères, servant à l'insufflation, dès que l'on arrête le vent dans l'appareil.

En résumé, les perfectionnements, objet de ce brevet, reposent essentiellement sur les points suivants :

1° Le mode mixte de fabrication de l'acier, du fer et des métaux fondus par insufflation et par réaction, au moyen d'appareils chauffés par un courant gazeux et disposés de façon que l'on puisse, en les déplaçant simplement, insuffler de l'air dans le bain liquide et dégager les tuyères du bain quand on veut arrêter le vent ;

2° Le mode de fabrication de l'acier, au moyen de l'air comprimé lancé dans le bain métallique, placé sous l'influence d'un courant gazeux chaud qui sert à le chauffer et à le maintenir fondu ;

3° Les dispositions générales et particulières d'appareils constituant ce système de forno-convertisseur ;

4° L'application de ces appareils au puddlage de la fonte ;

5° La déphosphoration des fontes par la production de scories en quantité voulue, scories que l'on peut facilement extraire du four, et l'adjonction de matières convenables pour la récarburation du métal.

ADDITION, en date du 13 mai 1876.

Ce perfectionnement consiste essentiellement dans l'application à la déphosphoration des fontes, d'un jet de vapeur d'eau surchauffée ou non, en mélange avec le jet d'air lancé par les tuyères dans le bain métallique.

La vapeur d'eau, en passant à travers le bain de fonte liquide, se décompose et le gaz hydrogène, qui se dégage, se combine avec le phosphore contenu dans la fonte, pour former du gaz hydrogène phosphoré qui s'échappe par la cheminée.

Dans le même but, l'inventeur substitue à l'air un jet de gaz hydrogène, fabriqué séparément et lancé par les tuyères. Il obtient par la combustion de ce gaz de très-hautes températures.

N° 111,583. — Tommasi. — 18 février 1876.

Compresseur hydrothermique pour expulser les bulles d'air ou de gaz de l'acier fondu pendant son état liquide, et pour le forger après sa fusion.

Cet appareil est un perfectionnement et une application nouvelle du moteur ou compresseur hydrothermique, décrit dans un brevet antérieur de l'auteur. Ce compresseur est apte, en même temps, à forger le tube d'acier après sa fusion, et à en expulser les bulles d'air ou de gaz pendant son état liquide dans le moule. Ce moule est composé de plusieurs pièces métalliques contenues dans une pièce cylindrique en métal, et combinées entre elles de telle sorte que les bulles d'air ou de gaz puissent toujours trouver une issue. Un levier permet au mécanicien de diminuer ou d'augmenter, à volonté, la pression, et d'agir soit sur le marteau, soit sur le piston expulseur de l'air et des gaz.

N° 112,124. — Compagnie anonyme des forges de Châtillon et Commentry. — 29 mars 1876.

Perfectionnements dans la compression des métaux liquides, et particulièrement des aciers et des fers fondus.

Le perfectionnement réside dans une préparation qu'on fait subir au moule, en vue d'obtenir une liquidité parfaite du métal, liquidité qui permet à la pression exercée de se transmettre facilement dans tous les points de la masse. Les moules sont préalablement revêtus à l'intérieur d'une garniture, d'épaisseur variable, en sable ou en terre réfractaire, avec ou sans mélange de matières charbonneuses, et portés ensuite à une température élevée, au rouge plus ou moins vif, par un chauffage au chalumeau à gaz Schlœsing ou par tout autre moyen. On peut utiliser, pour le chauffage, les gaz de toutes provenances, gaz d'éclairage, gaz de générateurs Siemens, etc. Tous les métaux fondus, quelle que soit leur nature, et plus particulièrement les fers et les aciers fondus, introduits dans les moules ainsi préparés, conservent une fluidité parfaite : la pression se transmet facilement ; l'homogénéité de texture de la pièce moulée ou des lingots se trouve assurée, sans qu'on ait même besoin de recourir aux pressions énormes appliquées jusqu'ici.

N° 112,242. — Baur. — 1er avril 1876.

Perfectionnements dans la fabrication de l'acier.

Ces perfectionnements comprennent :

1° Une composition formée de minerai de chrome, de graphite et de borax (ou fondant contenant du borax) de laquelle on fait un alliage convenable pour la fabrication de l'acier chromé ;

2° La combinaison de cet alliage avec le fer à transformer en acier, pour obtenir un acier chromé au degré voulu et d'une qualité uniforme ;

3° Le mélange, dans le creuset ou fourneau, du graphite, du borax (ou fondant de borax) et du minerai de chrome, avec le fer à faire l'acier, pour le convertir en acier chromé.

N° 112,281. — Baur. — 5 avril 1876.

Perfectionnements dans la fabrication de l'acier.

Ce perfectionnement consiste à produire de l'acier par la combinaison avec le fer, dans des proportions convenables, d'un alliage de chrome, de manganèse et de fer, ou, dans des proportions voulues, de fer chromé et de fer manganésé. On se sert, pour arriver à ce résultat, d'un mélange de fer, de chrome et de manganèse combinés dans des proportions convenables (avec ou sans carbone); on ajoute ce mélange, en une juste proportion, à la charge de fer à fabriquer l'acier, de façon à convertir ce fer en acier. Ce mélange varie, du reste, suivant le genre et la qualité de l'acier que l'on veut produire.

N° 112,249. — Bouniard. — 20 avril 1876.

Installation d'une aciérie avec appareils de compression.

Cette installation comprend :

1° La disposition d'ensemble appliquée à la fabrication de toute espèce de pièce ;

2° L'ensemble des pièces composant la lingotière à bandages, et la disposition du compresseur inférieur qui reçoit le noyau démoulé ;

3° La disposition du chenal oscillant qui permet de passer d'une lingotière à une autre, sans répandre de métal sur la lingotière ;

4° L'appareil de pesage du métal au moment de la coulée ;

5° L'appareil de translation de la plate-forme, appareil qui peut s'appliquer également à une plate-forme rectiligne ou à un chemin de fer circulaire ou rectiligne.

N° 112,785. — Compagnie des fonderies et forges de Terre-Noire, la Voulte et Bessèges. — 17 mai 1876.

Procédés de fabrication d'acier coulé sans soufflures, de toutes qualités, et application de ces aciers aux diverses nécessités de l'artillerie, de la marine, des chemins de fer et de l'industrie en général.

On sait que les nouvelles méthodes de fabrication de l'acier, le procédé Bessemer, et les procédés sur sole fixe ou mobile permettent d'obtenir des masses d'un poids pour ainsi dire illimité, mais les lingots que l'on produit ainsi présentent tous une résistance énorme à la transformation qu'on doit leur faire subir pour leur donner la forme des pièces définitives qu'on a pour but de fabriquer. Il a fallu créer des engins mécaniques formidables pour atteindre à cœur les lingots de 10, 20, 50 tonnes ; le coût de semblables manipulations est très-élevé, et les moyens qu'elles emploient sont toujours insuffisants, soit qu'on se serve de pilons gigantesques dont le marteau pèse plus de 50,000 kilogr., soit qu'on se serve de presses donnant des actions de plusieurs milliers d'atmosphères. Dès qu'on est obligé d'employer un métal un peu dur, le travail de la forge en devient impossible. Il est donc bien certain qu'on rendrait un service énorme si on arrivait à couler ces pièces directement avec leurs formes définitives. Mais ici se présentent de nouvelles difficultés : ce sont les soufflures. On a cherché à les éviter, tantôt en produisant, avec un mélange de fonte et de fer, un acier très-dur, très-carburé, pouvant demeurer longtemps liquide et permettant ainsi aux gaz de s'échapper, puis en cherchant à enlever au métal le carbone en excès par un chauffage modéré en vase clos en présence d'oxydes métalliques ; tantôt en soumettant ces mêmes pièces à un recuit de plusieurs jours, et même de plusieurs semaines, recuit qui permettait une lente élimination du carbone. Mais ces procédés devenaient inapplicables aux très-grosses pièces et ne donnaient jamais qu'un produit bâtard, intermédiaire entre l'acier dur et le fer, et sans homogénéité.

Les procédés nouveaux de fusion et de coulage s'appliquent aussi bien à la fabrication au creuset qu'au système Bessemer ou au procédé sur sole fixe ou mobile.

Supposons l'application du procédé faite dans un four Siemens-Martin. Le but, nous l'avons dit, est d'obtenir, du premier jet, un métal coulé réunissant toutes les qualités nécessaires pour être appliqué, sans aucun travail mécanique d'étirage, de martelage ou de compression, à tous les usages de l'industrie et de l'artillerie.

Il est important, tout d'abord, de n'introduire dans le bain métallique que des matières premières de qualité tout à fait supérieure, exemptes surtout de phosphore et de soufre.

La base la plus convenable pour servir de bain initial est la fonte spigeleisen contenant 6 à 12 p. 100 de manganèse et la dose de 5 à 5 $^1/_2$ p. 100 de carbone.

On pourrait aussi prendre pour point de départ une fonte siliceuse contenant environ 3 p. 100 de silicium, mais il faudrait ajouter au bain la proportion de manganèse indiquée.

Lorsque le bain est arrivé à un état de fusion complet, on ajoute des rognures ou riblons d'acier dur ou doux, des rognures ou riblons de fer, des fers puddlés sans éléments nuisibles.

Il importe que la température soit aussi élevée et la fusion aussi rapide que possible ; il faut donc réchauffer les matières avant de les introduire dans le bain. Des éprouvettes doivent être prises à divers moments de l'opération. Les échantillons doivent supporter le martelage habituel sans gerçures à la circonférence.

Pour que l'acier coulé réunisse toutes les qualités exigées, la première condition à remplir, c'est qu'il soit sans soufflures. Pour atteindre ce but, on a l'habitude depuis quelques années d'ajouter dans le bain liquide, un peu avant la coulée, une certaine dose de silicium. Ce procédé est efficace, mais il donne des aciers peu fluides, difficiles à couler.

L'addition d'une certaine dose de manganèse, avant la coulée, permet de diminuer la quantité de silicium, rend le métal plus fluide et facilite la séparation du métal et des scories.

Dans ce procédé, pour avoir des aciers durs, on ajoute jusqu'à 5 ou 6 millièmes de silicium, 7 à 12 millièmes de carbone et depuis 2 millièmes jusqu'à un maximum encore indéterminé de manganèse.

Pour les aciers très-doux, les proportions sont : 3 à 4 millièmes de silicium, 1 $\frac{1}{2}$ à 3 millièmes de carbone, 6 à 12 millièmes de manganèse.

On peut modifier les qualités du métal par l'addition de tungstène, de titane, de chrome, etc.

Au procédé Bessemer, on pourra prendre pour point de départ une fonte un peu manganésifère, ou bien une fonte siliceuse, mais, dans ce dernier cas, il est nécessaire que cette fonte contienne une certaine proportion de manganèse.

Il est à noter encore que, dans le moulage, le refroidissement rapide est toujours favorable à la production du métal coulé sans soufflures.

Les aciers obtenus par ce procédé ont une densité de 7,78 à 7,91. Ils sont sans soufflures et se laissent marteler et laminer sans déchirures. Pour obtenir une grande résistance au choc, les pièces coulées doivent être recuites lentement et refroidies avec soin.

Les applications des aciers coulés sans soufflures sont nombreuses : à l'artillerie, aux plaques de blindages, au matériel de chemins de fer, aux gros arbres droits ou coudés des machines, au matériel des usines métallurgiques, etc.

Nº 113,470. — Asbeck, Osthaus, Elcken et Cie. — 24 juin 1876.

Nouvel acier-fer, et sa méthode de fabrication.

Les inventeurs unissent l'acier au fer de forge si intimement par la fonte en coquille qu'ils forment en acier-fer une masse inséparable, possédant les qualités naturelles de chacun de ces métaux. Ils fabriquent les cinq sortes suivantes : acier sur fer; acier entre deux couches de fer; fer entre deux couches d'acier; cœur en acier et enveloppe en fer; cœur en fer et enveloppe en acier.

On procède de la manière suivante : une coquille en fer de fonte est divisée par une toile en deux compartiments. L'acier en fusion ainsi que le fer malléable, préalablement nettoyés des substances nuisibles, sont coulés dans la coquille divisée, de manière que la toile de séparation soude intimement les deux métaux et qu'ils forment ainsi une masse inséparable.

L'acier-fer est employé pour rails, enclumes et plaques de blindage.

Nº 115,728. — Krafft et Julien-Sauve fils. — 28 novembre 1876.

Transformation, sans fusion, en acier fin, de la fonte, du fer, du métal Bessemer, du métal Martin et autres métaux provenant de l'affinage de la fonte.

La méthode consiste, d'une part, à plonger du bois, du charbon de bois, de la tourbe, du coke, etc., bien secs et chauffés à 50 degrés environ dans un hydrocarbure quelconque, tel que l'huile lourde de schiste ; ce dernier est absorbé dans la proportion de 12 à 15 p. 100.

D'autre part, on forme avec des barres de métal Bessemer, Martin, etc., des lits alternatifs, et le tout est enfermé dans une espèce de cornue à gaz, et porté graduellement au rouge-cerise.

Par ce fait, l'excès d'oxygène que renferment les matières végétales, en présence d'hydrocarbures en vapeur, se transforme en oxyde de carbone, et leur azote en ammoniaque, de sorte que les métaux en question se trouvent plongés dans le milieu gazeux, reconnu le plus propre à les convertir en acier fin, en acier de cémentation. Pour entretenir la source productive des gaz cémentours, on fait traverser l'appareil par un courant d'acide carbonique ou d'oxyde de carbone, mêlé ou non d'azote. Les gaz cémenteurs peuvent, à leur sortie de l'appareil, être recueillis dans un gazomètre pour servir de nouveau au même usage ou être envoyés sous le foyer.

Les produits, ainsi préparés et fondus, donnent un acier de première qualité.

S'agit-il de fonte, on l'expose, portée au rouge, à un courant d'acide carbonique, seul ou mêlé d'air ; la fonte se transforme en acier, et le gaz devient de l'oxyde de carbone, lequel en passant dans une autre cornue chargée de métal Bessemer porté au rouge, achève la conversion de ce métal en véritable acier, en retournant lui-même à l'état d'acide carbonique.

Dans trois certificats d'addition, l'inventeur spécifie l'utilisation des gaz oxyde de carbone et acide carbonique, produits par un haut-fourneau ou par un four à coke pour la transformation des fers Bessemer en véritable acier. Il y est également question des manipulations complémentaires de ce procédé, et de son application aux rails, dits fer Bessemer.

N° 116,020. — Haws. — 15 décembre 1876.

Perfectionnements dans les machines à fabriquer les tuyères et les briques de formes variées pour les bassins convertisseurs de l'acier Bessemer, pour les blocs de hauts-fourneaux et autres emplois dans la construction des bassins de dégorgement des convertisseurs pour l'acier Bessemer.

Cette machine se compose d'un cylindre en fonte, pourvu, au fond, d'un balancier, moule ou formeur, à travers lequel la matière est pressée par l'action d'un plongeur. Les balanciers, moules, de formes variées, sont appliqués au fond du cylindre pour donner la forme requise aux briques, etc. La matière est pressée vers le bas à travers un châssis ouvert en dedans du cylindre, duquel se projettent, vers le bas, des tiges destinées à former des perforations dans la masse de l'argile descendant à travers le formeur.

Pour la construction des bassins des convertisseurs d'acier Bessemer, les briques sont faites d'une forme hexagone avec d'autres en forme de segment pour les contourner et s'adapter à la margelle ou coquille par laquelle elles sont tenues en place. Les briques sont pourvues de perforations longitudinales pour le passage de l'air et d'oreilles se projetant vers le bas, par lesquelles elles sont assujetties à la boîte de tuyère par des attaches convenables. Des rondelles annulaires sont insérées pour former, d'une manière imperméable, les jointures entre les oreilles de la tuyère en briques et le haut de la boîte de tuyère dans laquelle elles sont fixées.

N° 118,693. — Vallod. — 25 mai 1877.

Transformation, sans fusion, en acier fin, de la fonte, du fer, du métal Bessemer, du métal Martin, etc.

L'inventeur utilise les gaz produits dans les fours Ponsard, Siemens, Müller et tous autres fours à gazogène, pour transformer, avec ou sans fusion, le métal Bessemer en véritable acier, l'acier de puddlage en acier fin, et produire la cémentation du fer ainsi que la décarburation des lingots de fonte ou de toute pièce de fonte moulée. Il emploie aux mêmes usages les gaz des hauts-fourneaux, qu'ils aient été ou non, à leur sortie du gueulard, chargés d'ammoniaque ou d'hydrocarbures.

Les gaz peuvent être produits par tous combustibles, chargés ou non d'hydrocarbures, que ces hydrocarbures y aient été mis avant la combustion, ou qu'ils y soient projetés pendant la combustion.

N° 119,316. — Sudre. — 6 juillet 1877.

Méthode de fabrication de l'acier fondu, de la fonte et du fer.

La nouvelle méthode supprime l'emploi de hauts-fourneaux, et permet de produire l'acier fondu, le fer et la fonte avec des combustibles quelconques jusqu'ici impropres à cet usage. Elle consiste dans les trois opérations suivantes :

1° Réduction des minerais de fer oxydés à l'état métallique sous la forme d'éponges de fer au moyen d'appareils plus sûrs et plus économiques que ceux employés jusqu'ici ;

2° Compression des éponges obtenues jusqu'à une densité de 3, au moins, soit 3 kilogr. par décimètre cube, et leur mélange avec une matière carburante, si elles ne sont pas suffisamment cémentées dans la réduction ;

3° Fusion de ces éponges dans un four à réverbère à gaz et à chaleur régénérée du système Siemens, Ponsard ou de tout autre, sous la protection de silicates terreux.

N° 120,306. — Ponsard. — 13 septembre 1877.

Procédé pour l'emploi des fontes phosphoreuses et des fontes sul-
fureuses à la fabrication de l'acier et des fers fondus.

Le procédé consiste à traiter les fontes phosphoreuses et les
fontes sulfureuses dans les fours à puddler les plus perfectionnés,
fours rotatifs mécaniques, et particulièrement le four rotatif oscillant de Godfrey et Howson. La fonte est convertie en massiaux de
fer puddlé, qui n'ont pas besoin d'être martelés ni laminés; cependant, l'inventeur se réserve, dans certains cas, de faire subir aux
massiaux un simple martelage pour exprimer les scories qui pourraient rester dans la loupe. Après avoir transformé les fontes en
massiaux de fer puddlé, on les refond, avec ou sans addition de
fondants, manganésés ou non, dans un cubilot, un haut-fourneau,
un four à réverbère au gaz Siemens, Ponsard et autres, pour les
récarburer et obtenir ainsi de la fonte à peu près exempte de
phosphore et de soufre, laquelle fonte on traite ensuite, soit au
Bessemer, soit au four Siemens-Martin, soit au Four-convertisseur,
pour obtenir de l'acier et du fer homogène et toutes les gradations
des fers fondus.

N° 121,127. — Hamilton. — 13 novembre 1877.

Procédés et appareils propres à la conversion directe des minerais
de fer et du fer métallique.

L'inventeur étend le champ de la fabrication de l'acier, en utilisant les basses qualités de métal en saumons et certains riches
minerais qui sont actuellement écartés dans la fabrication de l'acier
en raison de la grande quantité de phosphore et de soufre qu'ils
contiennent. Il a aussi en vue d'économiser la production en substituant un procédé peu coûteux et direct aux procédés dispendieux
et indirects employés jusqu'ici.

Du métal, en saumons ou en gueuses fortement carburées, est
fondu dans un four à coupole, d'où il est conduit dans un convertisseur qui a été amené dans une position presque horizontale,
mais avec la gorge tellement abaissée, que le métal liquide ne peut
pas s'élever aussi haut que les trous des tuyères. Le soufflage est
alors mis en marche, et le convertisseur est amené dans une position verticale. Aussitôt que l'oxygène de l'air insufflé vient en contact avec la masse fondue, le silicium est oxydé, et, se combinant

avec une portion du fer, forme un silicate de protoxyde de fer. Le carbone est attaqué ensuite par l'oxygène. Quand le fer est ainsi décarburé, le convertisseur est amené dans la même position qu'il occupait pour recevoir la fonte venant du four à coupole. Le soufflage est alors interrompu et du spiegeleisen ou autre fer fortement carburé, à l'état fondu et dans une proportion déterminée, est alors versé dedans. En quelques instants, le carbone du spiegeleisen est répandu à travers la masse, et le fer est converti en acier. Tel est le procédé usuel. Le procédé, objet de ce brevet, en diffère essentiellement.

Le fond du convertisseur est d'abord convert d'une mince couche de combustible enflammé, et sur cette couche est placé le minerai à convertir; il doit être lavé et cassé, puis répandu aussi uniformément que possible sur le combustible enflammé. On envoie alors un courant d'air léger de manière à maintenir enflammé le combustible placé au fond du convertisseur. Un robinet est alors graduellement ouvert et donne passage à un courant d'oxyde de carbone qui va se mélanger à un courant d'air et traverse les tuyères. En venant en contact avec la flamme qui se trouve dans le fond du convertisseur, l'oxyde de carbone brûle et engendre une chaleur suffisante pour fondre le minerai. Du carbone en poudre peut également être insufflé par la tuyère à un moment donné. Le minerai, ainsi réduit, peut maintenant être additionné de fondant à l'état pulvérulent ou gazeux, suivant qu'on le juge le plus convenable. Quand le minerai a été ainsi réduit, un courant d'air atmosphérique ou d'acide carbonique est envoyé à travers le métal pour enlever tout le carbone qu'il pourrait y avoir en excès de la quantité voulue pour la réduction. Quand il est ainsi purifié, le métal peut être carburé à tout degré de dureté en faisant cesser l'arrivée de l'air atmosphérique et en envoyant à travers le métal en fusion un poids déterminé de carbone pulvérisé, venant du récepteur à carbone. Enfin, le métal est coulé en lingots.

En résumé, le procédé est essentiellement caractérisé par les points suivants : 1° désoxydation du minerai fondu par le soufflage de gaz oxyde de carbone avec ou sans carbone pulvérulent, à travers les tuyères du convertisseur et, de là, à travers la masse en fusion; 2° amenage du fondant au minerai en fusion ou au métal, par des jets d'agents fondants soufflés par les tuyères dans le convertisseur et, de là, à travers la masse en fusion; 3° carburation du métal en fusion par le gaz oxyde de carbone, avec ou sans carbone pulvérulent soufflé par les tuyères à travers le métal en fusion ; 4° le générateur à gaz, et le mode d'alimentation de combustible; la chambre de génération; le convertisseur mobile; les tuyères, etc., etc.

N° 121,233. — Cammell et Duffield. — 20 novembre 1877.

Méthode perfectionnée et appareils concernant le traitement des lingots d'acier fondu ou d'autres matières, préalablement à leur laminage, martelage ou forgeage.

Dans cette méthode perfectionnée, les lingots en acier fondu sont amenés à une température uniforme dans toute leur masse, sans les soumettre à l'action d'un four, en les enterrant ou enfouissant chauds dans quelque matière pulvérisée mauvaise conductrice de la chaleur, dans du charbon de bois pulvérisé, par exemple. Le but de cet enfouissement des lingots chauds est d'empêcher l'air d'accéder au lingot, d'en expulser complétement l'air, et de permettre à la chaleur de l'intérieur du lingot de rayonner vers l'extérieur, afin d'élever la température des parties plus froides du lingot et de répartir ainsi la chaleur dans la masse tout entière. Par cette répartition uniforme de la chaleur dans toute la masse, il devient possible de laminer, marteler ou forger le lingot et de le transformer en barres, rails, plaques, etc., sans avoir à le soumettre préalablement à l'action de la chaleur dans un four comme on le fait maintenant.

N° 121,490. — Sheehan et Welh. — 5 décembre 1877.

Perfectionnements dans la fabrication de l'acier.

Le procédé consiste à immerger le fer dans un cément convenable, de préférence un mélange de sel commun, de carbonate de soude ou sel de soude, de sulfate de soude, de charbon de bois et d'oxyde noir de manganèse; le tout est placé dans une caisse entre deux couches de calcaire brut, l'une en dessus, l'autre en dessous; ces couches de calcaire sont séparées du cément par des plaques percées de trous. La caisse, ainsi remplie, est placée dans un four pendant plusieurs heures, jusqu'à ce que le fer se soit transformé en acier. Pour enlever le phosphore et le soufre contenus dans le fer, il est nécessaire de soumettre celui-ci au procédé de transformation en acier pendant un temps suffisant; de cette façon, le degré de carburation est bien supérieur à celui qu'il doit atteindre pour former de l'acier trempé ou de l'acier fondu. C'est pourquoi il est nécessaire de décarburer le métal, afin de réduire sa quantité de carbone à la proportion voulue pour avoir de l'acier fondu ou de l'acier trempé. On y arrive de la manière suivante : Après que le fer a été traité par le procédé de transformation en acier, jusqu'à complète élimination du phosphore et du soufre, on le fond dans un creuset ordinaire avec un des fondants connus, si cela est nécessaire ; de plus, on ajoute pour un creuset de 14 kilogr. environ $0^k,45$ d'oxyde noir de manganèse ou d'un autre oxyde du même métal, environ $0^k,45$ de chaux vive, et $0^k,23$ de borax, soit séparément, soit ensemble. L'acier fondu ou l'acier trempé, ainsi obtenu, est coulé sous forme de lingots, à la manière ordinaire, et ensuite forgé ou laminé.

N° 122,012. — Krupp. — 9 janvier 1878.

Four combiné à réverbère et Bessemer, destiné à décarburer les fontes diverses, etc.

Le four combiné à réverbère et Bessemer est destiné à décarburer, par le procédé Bessemer, les fontes d'allure trop froide et surtout les fontes blanches à bon marché, et la fonte purifiée d'après le système Krupp. De plus, en convertissant ces fontes dans ce four, on peut ajouter, en n'importe quelles quantités, des riblons d'acier ou de fer ; en réchauffant le métal décarburé, on peut le laisser reposer, ce qui améliore ses qualités physiques et rend possible l'amélioration, à volonté, de sa compostion chimique par des additions quelconques. Tout cela est atteint par le four, objet de ce brevet, qui permet de chauffer ou de souffler (convertir) alternativement, à volonté. Ainsi, par exemple, on introduit de la fonte blanche, fondue dans n'importe quel four, par la bouche de cet appareil, et l'on commence à la surchauffer, puis on la décarbure dans l'appareil tourné. L'appareil ayant été retourné dans sa position primitive, on réchauffe la charge et y ajoutant des riblons, en quantité *voulue;* par ce réchauffage, le métal se repose, et, en y ajoutant les additions nécessaires, sa qualité s'améliore bien au delà de celle des produits Bessemer ordinaires.

Le four combiné à réverbère et Bessemer est formé d'un corps de four à réverbère, rendu rotatif autour de son axe longitudinal, et muni, du côté étroit de sa coupe transversale ovale, de tuyères Bessemer. Le chauffage est, de préférence, au générateur Siemens. En résumé, l'inventeur revendique, comme chose nouvelle et caractéristique, un four combiné à réverbère et Bessemer, qui permet de chauffer la charge ou de souffler (convertir) alternativement, à son gré, savoir :

1° Le four, rotatif autour de son axe longitudinal, de section ovale, muni de tuyères Bessemer sur l'un des côtés étroits, et chauffé des deux côtés frontaux, au moyen d'un régénérateur Siemens, ou d'un autre chauffage quelconque ;

2° Le four, rotatif à tourillons, comme un convertisseur, de section ovale, et muni de tuyères Bessemer sur le côté étroit et long du fond, et chauffé par la large bouche au moyen d'un chauffage, soit « Crampton », rotateur Siemens, ou tout autre ;

3° Le four, rotatif comme ci-dessus à tourillons, de section ovale, et muni de tuyères Bessemer sur le côté étroit et long du fond, mais chauffé par un arrangement qui permet d'y introduire par ces tuyères du gaz d'éclairage et de l'air ;

1re ADDITION, en date du 18 mai 1878.

L'auteur revendique, comme chose nouvelle et caractéristique, la construction d'un four combiné à réverbère et Bessemer, qui permet de chauffer ou de souffler la charge alternativement, savoir : un corps de four qui peut être tourné et retourné autour de son axe longitudinal ; ce four a dans le sens transversal la section ovale et porte sur le long d'un côté étroit des tuyères Bessemer, tandis qu'il peut être chauffé par des ouvertures appliquées sur l'autre côté étroit. Ce four peut être installé simple, ou il peut être établi par paires avec chauffage commun.

2e ADDITION, en date du 21 septembre 1878.

L'inventeur revendique les constructions suivantes de fours à réverbère et Bessemer, convertissables, par de légères modifications, en fours à puddler, savoir :

1° Four dont la voûte est fixe et dont la sole oscille autour d'un axe longitudinal ;

2° Four oscillant autour d'un axe longitudinal, et dont la voûte et la sole sont reliées entre elles ;

3° Four oscillant autour d'un axe transversal et dont la voûte et la sole sont reliées entre elles.

Le chauffage des fours 1° et 3° s'effectue des deux côtés frontaux, ou d'un seul côté frontal ;

4° Four oscillant autour d'un axe longitudinal et dont la voûte et la sole sont reliées entre elles;

5° Four oscillant autour d'un axe transversal et dont la voûte et la sole sont reliées entre elles.

Les fours 4° et 5° se chauffent sur un de leurs côtés longitudinaux.

N° 122,854. — Vallod. — 26 février 1878.

Transformation du métal Bessemer, du métal Pierre-Émile Martin, ou tous autres analogues, en véritable acier, après enlèvement des métalloïdes.

L'inventeur forme un métal d'affinage homogène, facile à transformer en véritable acier, en enlevant aux minerais de fer, au fer du commerce, au métal Bessemer, au métal Pierre-Émile Martin, tous les métalloïdes nuisibles au moyen d'un courant d'acide carbonique et d'hydrogène, mélangés dans des proportions déterminées, et à une température de 600 à 650 degrés.

Le véritable acier est moins un carbure de fer qu'un azoto-carbure de fer, que l'auteur produit à des prix extrêmement réduits, d'une manière certaine, sans aucune fusion. Les fers à traiter, et surtout le métal Bessemer, sont placés en barres ou en lingots dans des cornues élevées à la température de 600 à 650 degrés, et on y fait passer un courant d'acide carbonique mélangé d'hydrogène. Tous les métalloïdes nuisibles sont éliminés, et le métal est réellement transformé en fer chimiquement pur.

Il s'agit maintenant de le transformer en azoto-carbure de fer qui est l'acier superfin.

Du gaz azote surchauffé est injecté dans un cément ainsi composé :

Pour 100 kilogr. de fer. . .	Menu de houille. . .	50^k
	Carbonate de chaux .	10
	Sel ammoniac	0 ,500

Le gaz azote surchauffé, étant combiné avec le carbone du cément, se fixe sur le fer élevé à la température entre 600 et 650 degrés, et forme un vrai azoto-carbure de fer qui, en réalité, est un acier superfin.

L'inventeur décrit aussi son four à cémentation continue.

Perfectionnements dans la fabrication de l'acier et de la fonte.

Ce brevet se compose de l'original et de neuf certificats d'addition.

Brevet principal. — Les points caractéristiques sont : 1° garnitures des convertisseurs Bessemer en matières basiques réfractaires; 2° maintenir dans le convertisseur une scorie basique, lorsqu'il est garni d'une matière basique réfractaire, par une addition de minerai de fer faiblement chargé de silice ou de chaux ou autres substances basiques; 3° garnir les tuyères de matières basiques; 4° écouler la scorie basique contenant du phosphore, produite dans un convertisseur garni d'une substance fortement basique, avant d'ajouter le spiegeleisen ou le ferro-manganèse; 5° garnir les fours employés dans les divers procédés à sole ouverte avec des matières basiques; 6° maintenir une scorie basique dans le procédé à sole ouverte, lorsqu'on fait usage d'une garniture basique, au moyen d'une addition de chaux et d'oxyde de fer en quantité suffisante, pour tenir la scorie fortement basique.

La garniture basique se compose de pierre à chaux ordinaire, broyée, mélangée intimement à 15 p. 100 de son poids d'une solution de silicate de soude, d'une densité de 1,5, ou avec à peu près la même quantité de scorie ou de schiste alumineux, ou encore avec environ 10 à 20 p. 100 de laitier de haut-fourneau, broyé. Les tuyères sont faites avec un mélange de 85 parties de pierre à chaux, broyée, avec 10 parties d'argile et 5 parties d'une solution de silicate de soude.

1re ADDITION. Points caractéristiques :

1° Séparation de la scorie, après la période de scorification, et immédiatement avant les additions récarburantes, ou à l'un de ces deux moments seulement, et cela tant dans le procédé Bessemer que dans les procédés à sole ouverte Martin, Siemens, Ponsard, Pernod et autres; 2° addition à la charge et, de préférence, par insufflation par le vent pendant l'opération Bessemer, quand on traite de la fonte phosphoreuse, de chlorure de calcium, de sel ordinaire, de fluorure de calcium, de nitrate de soude, ces additions étant combinées avec l'usage d'un revêtement basique et de grandes additions de chaux au métal; 3° l'addition au métal soufflé et déphosphoré de silico-ferro-manganèse contenant moins de 2 à

4 ¹/₂ p. 100 de silicium, ou un mélange de fonte hématite fondue et de ferro-manganèse, dans le but de diminuer la perte du manganèse et d'améliorer la qualité de l'acier.

2ᵉ et 3ᵉ ADDITIONS. Points caractéristiques :

Moyen d'accélérer et d'améliorer les procédés Siemens-Martin et autres à sole ouverte par les opérations suivantes : 1° introduction, pour la production d'acier ou de fer fondu, dans le métal traité dans un four à gaz à sole ouverte, régénérateur et récupérateur à réverbère, d'un soufflage d'air; 2° traitement de fontes phosphoreuses sur une sole basique par l'introduction du vent au moyen de tuyères mobiles; 3° traitement des fontes phosphoreuses par un premier affinage partiel avant son admission dans le convertisseur Bessemer, avec garniture calcaire et addition de chaux.

4ᵉ ADDITION. Points caractéristiques :

1° Élimination plus complète du phosphore dans le procédé Bessemer par l'emploi d'un convertisseur à garniture basique et la production d'une scorie basique fortement calcaire; 2° même procédé avec formation d'une scorie terreuse fortement basique: 3° élimination complète du phosphore dans le procédé Siemens-Martin, Ponsard, Pernod et autres à sole ouverte par l'emploi de fortes additions basiques et d'une sole basique.

5ᵉ ADDITION. L'auteur revendique la fabrication de blocs basiques réfractaires par une cuisson très-intense de blocs de pierre à chaux, ainsi que la fabrication de briques basiques réfractaires, préparées par une cuisson à très-haute température.

6ᵉ ADDITION. Recommande pour garnitures le calcaire magnésien-alumineux, en briquettes que l'on cuit à la chaleur blanche intense.

7ᵉ ADDITION. L'insufflation dans la charge du convertisseur Bessemer avec le vent d'une quantité abondante de chaux en poussière, en combinaison avec une garniture calcaire ou magnésienne et l'emploi, dans le convertisseur, d'une quantité abondante de chaux, en vue de la déphosphoration.

8ᵉ ADDITION. La fonte blanche contenant moins de 1 ¹/₄ p. 100 de silicium et moins de 3 ou 4 dixièmes p. 100 de soufre, avec de préférence 1 p. 100 de manganèse, produit un excellent acier par le soufflage dans les convertisseurs à garniture de chaux, avec une addition de 15 à 20 p. 100 de chaux. Au lieu de spiegel, on peut ajouter une petite quantité de fonte phosphoreuse, franche de soufre, au mélange déphosphoré, que l'on souffle de nouveau quelques instants avant de couler.

9ᵉ ADDITION. Pour fabriquer l'acier ou le fer fondu de première qualité, très-doux, l'inventeur souffle le métal jusqu'à ce qu'un échantillon témoigne l'absence du phosphore; il ajoute alors au métal, dans le convertisseur, 5 à 12 p. 100 de spiegel contenant 10 à 20 p. 100 de manganèse, et souffle jusqu'à disparition complète du carbone.

N° 123,292. — Vallod. — 19 mars 1878.

Nouveau procédé de fabrication de l'acier.

Les caractères distinctifs de ce procédé sont les suivants :

1° Fourneau chauffé par le gaz oxyde de carbone, et préparation de la matière première et de l'affinage de l'acier dans un four spécial appelé « préparateur et finisseur »;

2° Le principe de la préparation de la matière première par le gaz acide carbonique hydrogéné, soit que ce gaz soit produit par du carbonate de chaux préalablement enfourné dans les cornues, soit que ce gaz soit introduit dans lesdites cornues à l'aide d'un courant sous faible pression;

3° Le principe de l'alliage unique de la fonte de fer avec le métal Bessemer, préalablement transformé en véritable acier;

4° Le principe de la cémentation du fer ou de l'acier ou du métal Bessemer dans un four à feu continu;

5° Le principe de revivification du cément pendant la cémentation par l'injection intermittente ou continue du gaz azote chaud et légèrement hydrogéné;

6° Le principe de la transformation du métal Bessemer en véritable acier par la préparation, la fusion et la cémentation;

7° Le principe de la cémentation par le gaz indiqué, en observant rigoureusement une température maxima de 600°, principe essentiel permettant l'enlèvement des métalloïdes nuisibles par l'acide carbonique et, d'autre part, la transformation atomique du métal Bessemer par cémentation ou par le gaz.

No 124,163. — Bérard. — 29 avril 1878.

Procédé de transformation directe de la fonte en acier, dit procédé Bérard.

Le système est basé sur l'emploi des gaz agissant, comme agents de production de la chaleur et comme réactifs, sur la fonte liquide. Le principe repose sur les moyens d'agir dans le bain de fonte par oxydation et par réduction, à la volonté de l'opérateur, et avec la plus grande précision.

Les dispositions principales sont les suivantes :

1° Le four de transformation de la fonte en acier, à sole mobile, est chauffé au gaz;

2° L'injection par tuyères mobiles dans le bain de fonte en marche d'un mélange, en proportions variables, d'air et de gaz, réglé à volonté;

3° L'évaporation du gaz d'injection;

4° L'emploi de l'air ozoné pour faciliter le départ du phosphore;

5° Les dispositions et le mode de construction de tuyères plongeantes;

6° Le mode d'échauffement de l'air et du gaz ;

7° Les dispositions pour le refroidissement de la voûte et des parois du four;

8° La disposition de la fosse de coulée au moyen d'un plateau mobile supportant les lingotières;

9° L'utilisation de la chaleur perdue des gaz.

No 124,675. — Pottier. — 29 mai 1878.

Nouveau procédé de fabrication de fonte propre à la fonte malléable et à l'acier fondu moulé.

Le procédé consiste à faire un mélange de fonte, de fer, de manganèse et de fondants, mis en fusion dans un cubilot (système Boccard jeune).

Ce mélange a la propriété d'extraire le soufre que contient, en plus ou moins grande quantité, la fonte de fer, et aussi le soufre qui se trouve dans le combustible employé pour mettre cette fonte en fusion. On obtient ainsi des fontes d'une qualité supérieure aux meilleures fontes connues, propres à la fabrication de la fonte malléable et de l'acier fondu moulé.

N° 125,467. — Martin. — 4 juillet 1878.

Disposition nouvelle applicable à la préparation des matières servant à la fabrication de l'acier sur sole et du fer malléable.

Ces nouvelles dispositions présentent les avantages suivants :

1° L'emploi du four à manche, adjoint au four à réchauffer, pour activer les opérations et augmenter le poids de fusion ;

2° Le chauffage du four à réchauffer par la flamme perdue du four à manche ;

3° Avec la même capacité de four à acier, faire, dans le même temps, le double de produits ou, au moins, des quantités sensiblement plus grandes ;

4° Le prix de revient très-réduit des lingots ;

5° L'emploi des riblons dans une plus grande proportion, rendant l'opération plus avantageuse, puisque les riblons coûtent moins cher que la fonte ;

6° La fabrication économique de la fonte au four à manche, fonte qui peut être employée pour fonte malléable ;

7° L'emploi du vent chauffé pour le four à manche ;

8° Le malaxage de la fonte avec le minerai pour amener le tout à un mélange homogène à l'état sableux ;

9° La décarburation de la fonte et la carburation du minerai par contact intime prolongé ;

10° L'affinage de la fonte par le minerai réduit, malaxé à la fonte liquide ou à l'état sableux ;

11° L'affinage de la fonte par le minerai en briquettes ou simplement en poudre, ou même seulement concassé, réduit, transformé ensuite directement en fer et porté, dans cet état, dans le bain du four à acier.

N° 125,851. — Martin. — 27 juillet 1878.

Procédé de décarburation et d'affinage du bain de métal fondu, pour acier ou ses dérivés, sur la sole d'un four à réverbère.

Le but proposé est d'utiliser dans le procédé Martin, pour la fabrication de l'acier fondu sur sole et de ses dérivés, la réaction d'affinage et de décarburation produite dans le bain métallique par un jet de vapeur surchauffée. On profite ainsi de la chaleur développée par la combustion de l'hydrogène qui s'échappe du bain par suite de la décomposition de la vapeur d'eau, de façon à rendre au bain la température ou une partie de la température que lui fait perdre la décomposition de la vapeur d'eau qui le traverse.

L'avantage qu'offre l'emploi de la vapeur d'eau au lieu d'air, comme dans le procédé Bessemer, à la décarburation et à l'affinage, est de ne pas nécessiter l'emploi d'une machine soufflante spéciale, puisque la pression de la vapeur est plus que suffisante pour produire, surtout étant surchauffée, la réaction proposée. Un second avantage est, que l'hydrogène dégagé s'empare d'une partie du phosphore, du soufre et de l'arsenic du métal fondu sur sole, tandis que l'oxygène les fait en partie passer dans les laitiers et dans les gaz, sans que le refroidissement du bain soit nuisible à la réaction, puisque ce bain est réchauffé, à volonté et successivement, par la combustion des gaz venant du gazogène et par la combustion de l'hydrogène qui s'échappe du bain métallique.

L'introduction de la vapeur d'eau dans le bain de métal se fait au moyen d'un tuyau en terre réfractaire, descendu à volonté et à mesure d'emploi, par une ouverture faite dans la voûte, ou par la porte du four, ou par la sole, ou autrement.

N° 125,975. — Cordier et Martin. — 5 août 1878.

Perfectionnements dans la fabrication de l'acier fondu sur sole ou dans le convertisseur Bessemer.

Les inventeurs ont observé que la cause d'infériorité certaine de l'acier fondu fait dans un four à sole, Ponsard, Siemens, ou autres, sur l'acier fondu au creuset, est due à la décarburation trop rapide du métal en fusion, qui n'a pas le temps de s'affiner entièrement comme il devrait l'être. Pour obvier à cet inconvénient, ils ont recours à l'intervention, dans les tuyères des fours à sole ou des convertisseurs Bessemer, d'un courant d'acide carbonique au moment où une décarburation trop rapide se manifeste. Le courant de gaz empêche cette décarburation trop prompte du métal en fusion, décarburation qui a lieu avec l'air atmosphérique, seul employé jusqu'à ce jour.

L'acide carbonique envoyé dans le métal fondu se décompose en deux équivalents d'oxygène et un équivalent de carbone pur, qui se dépose dans le métal; de cette façon l'acide carbonique a le pouvoir d'affiner l'acier dans la sole du four.

No 126,999. — **Chabrière et Cie.** — 28 octobre 1878.

Méthode de travail au minerai dans la fabrication de l'acier fondu sur sole.

Cette méthode a pour but de préserver les soles et les parois du four contre l'usure extrême dans le travail au minerai ; elle consiste dans l'application des deux moyens suivants :

1° Refroidissement artificiel de la sole et des parois par un réseau de tubes métalliques noyés dans les parois elles-mêmes et donnant cours à une circulation d'eau. Cette circulation d'eau, dans des tubes de 30 à 40 millimètres de diamètre intérieur, est assez efficace pour limiter suffisamment l'usure des parois et pas assez réfrigérante pour nuire au degré de chauffage qui est la condition première pour l'élaboration de l'acier fondu ;

2° Dispositions spéciales dans le chargement sur la sole, consistant à charger, en premier lieu, en les étendant sur la sole même, les minerais, battitures ou autres oxydants, et à placer ensuite, entièrement *par-dessus*, la partie métallique du chargement. Cette partie entre en fusion la première, coule sur les oxydants, d'où résulte l'utilisation meilleure de ces agents, leur moindre tendance à surnager et l'amoindrissement de leur attaque contre les parois, qui a toujours pour siège principal la zone d'affleurement du bain. Le chargement-métal doit comprendre à peu près tout ce qu'on veut réaliser comme bain. Il ne doit rester à introduire, après fusion, que les doses d'additions qui peuvent se trouver nécessaires, au dire des éprouvettes, pour fournir l'appoint de la dureté ou de la douceur qu'on a en vue dans le produit, ou pour désoxyder le bain selon l'usage.

Cette méthode permet de fabriquer l'acier fondu sans autres matières premières que la fonte et une proportion de minerai ou oxydant ne dépassant guère un cinquième, et sans que la détérioration des soles ou des parois s'érige en obstacle pour des campagnes suivies.

No 128,157. — **Jones.** — 28 décembre 1878.

Perfectionnements dans la fabrication de l'acier et dans l'affinage du fer.

Le trait caractéristique de ce perfectionnement est l'emploi d'une température élevée, mais à des *degrés variables*, pendant la fonte du fer ou du minerai et pendant l'affinage. L'inventeur emploie pour 1,000 kilogr. de fer (nature de Cleveland) de 1 à 3 p. 100 de scories de forge, de 1 à 3 p. 100 d'oxyde ou autre minerai de fer, de 1 à 3 p. 100 d'oxyde noir de manganèse ou autre composé manganique, doué de propriétés analogues, 250 grammes de sel ammoniac, et 50 kilogr. de spiegeleisen additionnés de 50 kilogr. de riblons ou de fer spongieux. Le fer à traiter est chargé dans un four à air, à gaz ou à puddler avec une proportion variable entre 1 et 3 p. 100 de scories de forge et encore 50 kilogr. de riblons ou de fer spongieux. Pendant une demi-heure, après la fusion de ces matières, la température est portée à un degré très-élevé, soit, par exemple, à la température maxima exigée pour l'acier fondu. On laisse écouler alors les laitiers et on introduit l'oxyde ou le minerai de fer, en remuant la masse ; on y ajoute enfin le manganèse et le sel ammoniac. Le four est ensuite chauffé à une température encore plus élevée pendant environ une demi-heure, après quoi on y ajoute le spiegeleisen en brassant la masse.

N° 128,955. — Moat et Royer. — 3 mars 1879.

Genre d'aciers inoxydables par dépôt métallique obtenus par voie humide.

L'acier est préalablement décapé, puis plongé dans une solution chaude de protochlorure d'étain et de pyrophosphate de soude ou de potasse. Le brevet ne porte pas sur la nature et la composition de la solution employée, mais seulement sur le produit même, que les inventeurs appellent « acier inoxydable ». Appliqué en lames minces, ce produit est destiné à remplacer la baleine dans les corsets et à faire des ressorts de montres inoxydables.

N° 129,738. — Bolton. — 24 mars 1879.

Perfectionnements dans la fabrication de l'acier.

Cette méthode pour la fabrication de l'acier au four à sole ouverte se caractérise par les variantes suivantes dans le mode de chargement :

1° Charger le carbone dans le fond de la sole ouverte, puis charger les loupes, éponges de fer ou acier doux sur le dessus de la matière carbonifère avant la fusion ;

2° Charger d'abord du carbone solidifié ou empaqueté dans des caisses ou récipients dans le fond de la sole ouverte et charger dessus avant la fusion des loupes, éponges de fer ou acier doux ;

3° Charger d'abord du carbone au fond du four à sole ouverte, charger ensuite des loupes, éponges de fer ou acier doux, puis fondre le tout et additionner le ferro-manganèse ou le spiegeleisen après ou au moment où le métal fondu est coulé du four.

Cet appareil est connu sous le nom de « four à sole ouverte » et a pour but la production d'une bonne qualité d'acier, convenable pour outils, qualité qui ne s'obtient actuellement qu'en employant l'acier à creuset d'un prix très-élevé.

N° 130,381. — Brown. — 29 avril 1879.

Perfectionnements dans la fabrication de l'acier ou des métaux acidreux.

L'auteur combine avec le fer que l'on veut aciérer du chrome, du tungstène, ou du manganèse, ou deux quelconques de ces métaux, ou bien les trois.

Cette combinaison se fait en mêlant avec le métal en fusion certains sels ou composés des métaux ci-dessus. Ces compositions servent aussi à éliminer ou à neutraliser le phosphore et le soufre.

On se sert, à cet effet, des bichromates de potasse ou de soude ; des chromates de potasse, de soude, de chaux et de magnésie ; du sesquioxyde de chrome ; des permanganates et manganates de potasse et de soude ; des tungstates de potasse et de soude.

Le métal à traiter est contenu, soit dans un convertisseur Bessemer, soit dans un creuset, soit dans un four quelconque. Les composés ci-dessus sont additionnés au métal fondu, soit en les mêlant simplement, soit en les insufflant dans le bain à l'état pulvérisé à l'aide d'un courant d'air forcé.

Les proportions à ajouter sont variables. Pour produire, par exemple, des aciers doux ou ductiles avec du fer fondu ordinaire, on ajoute à 100 parties de fonte $^1/_8$ partie de bichromate de potasse, et, en proportion chimiquement équivalente, les autres composés de chrome, de tungstène ou de manganèse.

Pour décomposer tout oxyde vert de chrome qui pourrait se trouver présent, on additionne, dans certains cas, une petite quantité de matière carbonée.

Enfin, au métal, ayant subi le traitement ci-dessus, on peut ajouter du spiegeleisen ou du ferro-manganèse ou du peroxyde de manganèse.

N° 130,463. — Damour. — 3 mai 1879.

Méthode de traitement des fontes phosphoreuses pour l'obtention de l'acier fondu.

La méthode consiste à fractionner l'opération en trois périodes :

1° Élimination du silicium dans un récipient à parois siliceuses ;

2° Élimination du carbone et du phosphore dans un récipient à parois magnésiennes ou calcaréo-magnésiennes ;

3° Élimination du soufre, et carburation, par addition du spiegeleisen dans la poche de coulée.

Le principe consiste à interrompre l'affinage dès que le silicium a été éliminé, ce que l'on constate, dans le procédé Bessemer, par le caractère particulier de la flamme, et, dans le traitement aux fours à réverbère, par l'épreuve.

N° 130,960. — Krupp. — 30 mai 1879.

Procédé pour épurer l'acier et le fer fondu phosphoreux.

Les méthodes employées jusqu'ici pour fabriquer, avec le fer brut phosphoreux, du fer et de l'acier, débarrassés, autant que possible, de phosphore, peuvent se résumer dans les deux systèmes suivants :

1° On commence par épurer le fer brut par un procédé spécial (celui de M. Krupp, par exemple) et on emploie ensuite le fer, ainsi épuré, pour la fabrication du fer fondu et de l'acier ;

2° On épure le fer brut en même temps qu'on le transforme en fer de forge ou en acier (comme cela se pratique par le procédé de puddlage ou par la méthode nouvellement inventée par M. S. G. Thomas).

La méthode actuelle est différente.

L'inventeur commence par transformer, d'après un système quelconque, le fer brut phosphoreux en acier ou en fer fondu, contenant toujours la même quantité et même un peu plus de phosphore, et, pendant que cet acier ou ce fer se trouve encore en fusion, il le conduit, débarrassé de scories, dans un four épurateur, mobile ou fixe, dont la sole sera garnie d'un revêtement basique ou neutre. C'est dans ce four que se fera l'épuration de l'acier, soit par des oxydes de fer basiques, soit par des oxydes de manganèse, également basiques, soit enfin au moyen de ces deux oxydes réunis, en opérant d'après le procédé Krupp pour l'épuration de la fonte ou du fer brut, avec cette seule différence qu'il n'est pas nécessaire de conserver le carbone lorsqu'il s'agit d'épurer l'acier ou le fer fondu. L'élimination de tout le carbone ne fera aucun tort à la fluidité de l'acier, pourvu qu'il soit encore à une température suffisamment élevée, lorsqu'on le conduira dans le four d'épuration. On pourra donc aller bien plus loin, lorsqu'on voudra épurer de l'acier, que lorsqu'il s'agira d'une épuration de fer brut, qu'il faudra interrompre aussitôt que le carbone aura commencé à s'oxyder, afin d'éviter des dépôts de grenailles. Il y a encore d'autres substances basiques, notamment la chaux et la magnésie, que l'on pourra employer comme fondants, soit seuls, soit mélangés avec des oxydes de fer et de manganèse.

Les fondants peuvent être introduits dans le four épurateur, soit à l'état liquide, soit à l'état solide, avant ou pendant l'introduction de l'acier ou du fer en fusion.

Comme revêtement de la sole du four épurateur, on pourra principalement employer des oxydes de fer et de manganèse, de la bauxite, de la chaux, de la magnésie, du charbon, du schiste noir bitumineux. Pour donner plus de durée à la sole, on pourra aussi la pourvoir d'un appareil réfrigérateur. Le four épurateur pourra être mobile ou fixe. Le brassage aura lieu à la main ou mécaniquement.

Cette méthode pourra être employée dans tous les systèmes de production d'acier et de fer fondu, mais il aura surtout une grande importance pratique pour le système Bessemer. L'acier qui coule du convertisseur dans le four épurateur ne contient que très-peu de carbone, de silicium et de manganèse. La matière purificatrice n'ayant, pour ainsi dire, qu'à opérer sur le phosphore seul, son action sur ce dernier sera donc bien plus efficace, et elle pourra être utilisée plus complétement que dans le procédé Krupp d'épuration ou de la fonte ou du fer brut, où il faudra, en même temps, écarter le manganèse et le silicium. Par suite de la consommation réduite de matières purificatrices, l'épuration de l'acier coûtera encore moins cher que celle du fer brut fondu, qui peut se faire cependant à très-bon marché.

Or, la quantité bien plus grande de matières purificatrices qu'exige le procédé Thomas et la grande perte de chaleur qui en résulte, sont deux inconvénients qui occasionnent beaucoup de difficultés et de frais, et que le procédé actuel supprime entièrement.

L'acier Bessemer, purifié d'après ce système, sort du four épurateur comme l'acier Thomas du convertisseur. L'addition de fondants pour donner au produit final une quantité déterminée de carbone, de silicium et de manganèse, n'est pas plus difficile avec ce procédé qu'avec celui de M. Thomas, que cette addition se fasse dans un bassin ou dans un four spécial à revêtement acide.

Lorsqu'on voudra épurer de l'acier ou du fer fondu ne contenant que peu de phosphore, ou lorsqu'une épuration complète ne sera pas nécessaire, on n'aura pas besoin d'avoir recours à ce four spécial, il suffira d'employer un bassin ou des canaux à revêtement basique ou neutre, en ajoutant — selon les circonstances — des oxydes de fer seuls ou quelques-unes des substances purificatrices mentionnées ci-dessus. On commencera par laisser couler l'acier (sans les scories qu'il faudra retenir) dans le bassin ou dans les canaux d'où on le laissera passer ensuite (en retenant toujours les scories) dans le bassin à fondre proprement dit, où l'on ajoutera les fondants.

N° 132,038. — Harmet. — 31 juillet 1879.

Épuration des fontes dans le convertisseur.

L'épuration des fontes s'obtient en introduisant dans le convertisseur des corps tels que les alcalis, les terres alcalines, le fluorure de calcium, le chlorure de sodium, destinés uniquement à rendre fusibles les phosphates tribasiques de chaux et de magnésie.

Ajoutés en petites proportions, ces corps ont la propriété de s'unir partiellement aux phosphates tribasiques de chaux et de magnésie pour donner des composés plus complexes, mais fusibles et irréductibles dans le convertisseur. L'épuration des fontes est ainsi rendue pratique, sans qu'il soit nécessaire de recourir au sursoufflage prolongé au delà d'une décarburation complète.

N° 132,356. — Les sieurs Launay. — 21 août 1879.

Emploi de la noix de Corozo ou phytéléphas pour la fabrication de l'acier.

L'emploi de la noix de Corozo ou phytéléphas, sous toutes formes, soit à l'état de nature, soit carbonisée, permet d'obtenir de l'acier fondu pendant l'opération même de la cémentation. L'acier présente des qualités supérieures, principalement pour la fabrication des outils servant à travailler les métaux.

Nº 132,883. — Autier. — 26 septembre 1879.

Procédé pour éviter les soufflures de l'acier.

Pour éviter les soufflures aussi bien que l'interposition de la silice, qui diminuent la ténacité et la résistance de l'acier, l'inventeur remplace les siliciures de fer ou de manganèse par les borures des mêmes métaux. Le borure de fer s'emploie comme le siliciure ; mais, à la température à laquelle s'accomplit la réaction, l'acide borique est liquide et se sépare avec la plus grande facilité du métal, en se combinant avec les scories, qu'il rend plus fluides et qui se séparent plus facilement du métal.

On obtient les borures en fondant du borate de chaux naturel avec de la silice, du charbon et de la fonte ordinaire, ou avec du spiegeleisen. La silice déplace l'acide borique en formant un silicate de chaux, l'acide borique est réduit et le bore se combine au métal.

On prépare le borate de fer, soit en précipitant un sel de fer par un borate soluble, soit en décomposant par du chlorure de fer du borate de chaux, ce qui donne naissance à du chlorure de calcium soluble et à du borate de fer insoluble. On réduit ensuite le borate de fer par du charbon, et on obtient un borure de fer plus riche en bore que par le procédé indiqué plus haut. L'auteur revendique l'emploi des combinaisons du bore avec le fer et le manganèse, pour remplacer les combinaisons du silicium avec les mêmes métaux.

Nº 133,145. — Lürmann et Schemmann. — 13 octobre 1879.

Procédé de fabrication de l'acier fondu ou du fer fondu avec les fontes phosphoreuses.

Ce procédé consiste à éliminer d'abord les scories phosphoreuses, puis à ajouter au métal déphosphoré une certaine quantité de métal Bessemer, fondu et *fortement chauffé*, afin de communiquer au métal déphosphoré une quantité de chaleur nécessaire et suffisante à la combinaison. La proportion en phosphore du mélange est moindre que celle du métal phosphoré, puisque le métal Bessemer n'en renferme que des traces. Le métal produit n'est pas sursoufflé, le bain étant plus fusible. En résumé, on obtient, par cette méthode, avec des fontes phosphoreuses, de l'acier fondu ou du fer fondu de composition connue, par la simple addition d'une proportion déterminée de métal Bessemer très-chaud, qui dégage dans le mélange la chaleur nécessaire à l'opération ; tel est le principe fondamental du procédé.

N° 133,748. — Société anonyme de Commentry-Fourchambault. — 20 novembre 1879.

Perfectionnements dans la fabrication de l'acier fondu.

A la suite d'observations nombreuses, l'auteur du brevet a reconnu que, lorsqu'au lieu de fontes grises ou noires, qui servent ordinairement à la fabrication de l'acier par affinage au minerai ou aux oxydes de fer, etc., on emploie des fontes avancées, truitées au moins, on obtient de l'acier d'une texture particulière qui donne des lingots sans soufflures, même quand l'acier est très-doux.

Son perfectionnement porte donc sur la substitution de la fonte truitée, ou plus avancée, à la fonte grise, dans la fabrication de l'acier, pour l'obtenir sans soufflures.

N° 133,759. — Glaser. — 20 novembre 1879.

Nouveau procédé de fabrication de matériaux réfractaires, pour garnitures basiques de convertisseurs et fourneaux.

L'auteur obtient une matière réfractaire, dure, résistante comme la pierre, en additionnant 5 à 10 p. 100, en poids, de sang à toute dolomie ou tout calcaire broyé qui ne contient pas au delà de 10 p. 100 de silice, d'alumine, d'oxyde de fer, etc.

Cette matière réfractaire s'emploie sans être cuite et sert à la fabrication de briques, tuyères et autres matériaux pour garnitures basiques de convertisseurs et fourneaux.

N° 133,760. — Glaser. — 20 novembre 1879.

Nouveau procédé de fabrication de matériaux réfractaires pour garnitures basiques de convertisseurs et fourneaux.

Ce procédé consiste dans l'emploi d'une poudre de chaux, *calcinée trop fortement*, ou de dolomie, ou bien encore de morceaux de briques de chaux fortement cuites, que l'on ajoute à 8 ou 10 p. 100 de son poids de sang. La masse, intimement mélangée, est soumise à une pression considérable et sert à fabriquer les briques, les tuyères et autres objets réfractaires.

CHAPITRE V

FORGEAGE

—

TRAVAIL ET MANŒUVRE DES PIÈCES. — MISE EN PAQUETS. —
MARTELAGE. — LAMINAGE. — ESTAMPAGE. — TREMPE, ETC.

———

Nᵒ 43,422. — Dawes et Carr. — 3 janvier 1860.

*Perfectionnements dans les marteaux atmosphériques, marteaux
de forge et autres.*

Le marteau est généralement en communication avec un cylindre, travaillant dans des guides verticaux et retombant avec la
simple force, due à son propre poids. Dans le système actuel, le
but qu'on se propose d'atteindre est de donner plus d'énergie aux
coups portés par la tête du marteau, en ajoutant la pression atmosphérique au poids tombant, et, en second lieu, lorsqu'on ne peut
obtenir cet avantage, de faire en sorte que la tige du piston oscillant qui sert à soulever le cylindre, puisse s'ajuster, quant à sa
longueur, à la pièce à forger, mais de manière que le piston touche
à chaque coup le fond du cylindre. Afin de rendre la longueur de
la tige du piston variable, les inventeurs la forment de deux parties
glissant l'une dans l'autre. La partie inférieure, c'est-à-dire celle
attachée au piston, qui soulève par épuisement le cylindre qui
porte la tête du marteau, consiste en un cylindre creux qui reçoit
le piston d'une seconde tige formant la partie supérieure de la tige
du piston principal, et qui travaille librement au moyen d'un joint
sur la manivelle de l'arbre moteur. La longueur de cette tige com-

· posée dépendra donc entièrement de la position occupée dans son cylindre par la petite tige secondaire. Les inventeurs emploient cette tige composée, en combinaison avec un cylindre percé de trous, pour l'admission de l'air en dessous du piston de soulèvement, ou bien, avec un cylindre non perforé; dans ce dernier cas, le piston est muni de soupapes pour admettre l'air dans le bas du cylindre, dès que ce dernier doit retomber.

No 43,457. — **Delrieu.** — 7 janvier 1860.

Mode de fabrication des bandages de roues de wagons et de locomotives, pleines, en acier fondu, sans soudure.

L'invention consiste dans la fabrication des bandages de roues de wagons et de locomotives au moyen d'un mélange composé de :

17,800	kilogrammes de	fer au coke,
27,300	—	fer au bois,
3,700	—	mine de plomb,
475	—	manganèse,
573	—	sel de cuisine.

No 43,630. — **Petin, Gaudet et Cie.** — 21 janvier 1860.

Perfectionnements dans la construction des essieux de wagons, tenders et locomotives.

Ce brevet concerne un nouveau système d'essieux creux, à fusées rapportées ou soudées avec le corps de l'essieu, et présentant de notables avantages sur les essieux employés jusqu'à ce jour dans les chemins de fer. Pour former le corps de l'essieu, on emploie un paquet composé de deux ou de plusieurs segments, joints ensemble, et formant un tube creux qui est soudé et étiré au laminoir au diamètre voulu. On emmanche ensuite, au moyen de la presse hydraulique, la fusée de l'essieu dans le tube formant le corps de l'essieu, après avoir préalablement calé la roue sur la portée où elle doit être placée, afin d'éviter la rupture de ce tube. On emmanche dans le tube creux du corps de l'essieu un rondin brut en fer ou en acier puddlé; on fait chauffer successivement, au blanc soudant, chacune des extrémités de l'essieu ainsi préparé, puis on l'apporte sous le marteau pilon dans une étampe qui lui donne la forme voulue, en même temps qu'elle soude la fusée au corps.

N° 43,744. — Franquinet. — 30 janvier 1860.

Fabrication des fers plats et carrés, dits « fers marchands », au moyen de cylindres mobiles.

L'ancien mode de laminage des fers plats et carrés, gros et petits, dits « fers marchands », demande une quantité de cylindres à peu près égale aux diverses largeurs de fer que l'on veut obtenir. Par le nouveau système, une seule paire de cylindres peut fabriquer 8 à 15 largeurs de fers plats ou carrés, et cela sans interruption de travail. Ses cylindres, en effet, remontent et descendent à volonté au moyen de bascules, ressorts ou tout autre engin. On supprime ainsi plus des deux tiers du matériel (cylindres) ; il y a aussi économie de main-d'œuvre dans le montage et le démontage des diverses pièces qui composent le mécanisme, et dans l'entretien du matériel.

N° 43,839. — Chef. — 7 février 1860.

Fabrication des cylindres de laminoirs à métaux.

Cette invention consiste, en principe, en un procédé de construction des cylindres de laminoirs à métaux, dont les axes sont en fer forgé. Pour arriver à ce résultat, on coule sur des axes en fer forgé, revêtus d'un alliage métallique, la fonte destinée à former la table du cylindre ; on opère ainsi, à la coulée, le soudage parfait des deux métaux.

La pièce en fer forgé, destinée à former l'axe du cylindre, doit être blanchie pour la facilité de l'étamage, soit par décapage, soit à la meule au tour. Cette pièce est ensuite chauffée à une température convenable pour absorber le sel ammoniac, dont on l'enduit jusqu'à saturation. On procède alors à l'étamage dudit axe avec un alliage composé de 66 parties de plomb et de 34 parties d'étain. Après l'étamage, l'arbre est porté à une température convenable pour éviter l'ébullition de la fonte ; puis il est descendu dans le moule dans la position qu'il doit occuper. La coulée du cylindre s'opère aussitôt, comme pour la fonte des pièces ordinaires.

Nº 43,955. — Neullies. — 16 février 1860.

Tuyère de forge à air chauffé.

La combinaison de cette tuyère présente les caractères distinctifs suivants :

1º Disposition de deux orifices parallèles, sur deux plans inclinés symétriques en regard ; chacun de ces orifices est muni d'un sourcil dont la mission est, à la fois, de les protéger contre la pénétration à l'intérieur du laitier en fusion et de diriger toute l'action du vent pressé sur le foyer ;

2º Disposition d'un canal semi-circulaire pour recevoir la crasse et purger ainsi constamment le foyer des agents nuisibles au bon chauffage ;

3º Disposition, à l'intérieur du coffre, d'un clapet régulateur des orifices de distribution ;

4º Emploi de l'air, chauffé au moyen des gaz perdus, dans son application aux feux de grosses, moyennes et petites forges ;

5º Subdivision du coffre en deux compartiments, à l'endroit de la jonction de la partie semi-circulaire avec la partie inférieure de forme carrée. Le compartiment supérieur forme une chambre d'eau, l'inférieur forme la chambre d'air, munie de deux tubulures en communication avec les orifices de distribution.

Nº 44,079. — Neilson. — 28 février 1860.

Perfectionnements dans les marteaux-pilons à vapeur.

Cette invention a pour objet la construction et la disposition des marteaux-pilons à vapeur, de façon à les rendre susceptibles d'applications très-variées, et elle consiste principalement en ce qu'ils sont mus ou ajustés de manière que l'action du martelage ait lieu sur différents points et dans diverses directions dans l'étendue de l'appareil. Les organes du marteau sont portés sur un bras ou support relié à un montant ou colonne massive par le moyen de tourillons ou autrement, de façon à pouvoir tourner autour d'un axe vertical, ce qui fait porter ainsi le martelage sur tout point dans un arc de cercle décrit par le rayon du bras ou support.

Le bras peut être composé de deux parties reliées par une articulation verticale, de manière à faciliter toujours l'ajustement et la position des détails du marteau. Les détails du marteau peuvent être établis de façon à frapper verticalement ou obliquement ; ou bien, les parties peuvent être rendues ajustables quant à la hauteur.

Nº 44,360. — Gueldry. — 16 mars 1860.

Système perfectionné de fabrication des tubes en cuivre, fer, acier, aluminium ou métal quelconque.

L'inventeur revendique l'exploitation :

1º Du système de fabrication des tubes métalliques sans soudure par simple étirage et sans embouti proprement dit ;

2º Du système de fabrication des tubes métalliques sans soudure par embouti et étirage, sous cette condition essentielle que l'emboutissage soit arrêté aussitôt qu'on a obtenu un bord ou arête circulaire ou culot ;

3º De l'emboutissage limité et restreint dans des conditions déterminées qui permettent une fabrication économique, facile et sans déchet, par l'emploi de l'étirage, dans des conditions non réalisées jusqu'à ce jour ;

4º De l'outil nouveau pour emboutir convenablement, savoir : un gabarit général d'emboutissage, affectant des courbes déterminées, et permettant de remplacer l'emploi des séries de matrices successives et variables, par l'usage d'un seul outil susceptible de recevoir les plaques et culots de toutes grandeurs, poids et dimensions ;

5º De l'application de la presse hydraulique, combinée avec le gabarit général d'emboutissage, afin d'effectuer un emboutissage rapide, économique et industriel.

Nº 44,572. — Dormoy. — 11 avril 1860.

Procédé pour tremper les aciers.

On insuffle de l'air dans l'eau qui doit servir à la trempe et on plonge l'acier au point où se dégagent des bulles nombreuses d'air. On peut aussi introduire de l'acide carbonique. Dans ces conditions, l'acier se refroidit et se trempe très-uniformément.

N° 44,582. — Maillon et Deschamps. — 10 avril 1860.

Système de bandages et roues en fer ou en acier puddlé sans soudures, pour chemins de fer.

Ce procédé consiste à fabriquer d'une seule pièce, sans aucune espèce de soudure, la rondelle du bandage, c'est-à-dire que, pendant cette fabrication, la matière se façonne sans qu'il y ait en elle aucune solution de continuité ; de là, un bandage d'une solidité à toute épreuve. Ce résultat s'obtient au moyen d'un marteau-pilon, à la partie travaillante duquel est fixé un tas *conique* en acier formant coin, qui, par ses chutes répétées, perce un trou au centre de la boule en fer ou en acier puddlé, et l'élargit peu à peu pour l'amener finalement à la forme d'un anneau.

Ce procédé permet de fabriquer toute espèce de bandages pour roues pleines ou à rayons, de tout diamètre. On peut même fabriquer les roues elles-mêmes d'une seule pièce et sans soudure, soit pleines, soit à rayons, au moyen de matrices, en sortant les boules, toujours en fer ou en acier puddlé, du four et les mettant de suite en fabrication.

N° 44,703. — De Dietrich et Cⁱᵉ. — 20 avril 1860.

Fabrication de roues en fer.

Les inventeurs ont trouvé le moyen de faire des roues à rais pliés, dont le moyeu, au lieu d'être en fonte, est en fer. Voici en quoi consiste ce procédé : les rais sont obtenus en barres droites, et pliés ensuite selon telle forme que l'on voudra et par des procédés déjà connus ; leur section pourra être rectangulaire, en forme de T, à cornière, suivant les exigences du service de la roue ; il suffit que leurs extrémités se rapprochent les unes des autres vers le centre de la roue. Le procédé pour former le moyeu consiste d'abord à remplir les intervalles que laissent entre elles les extrémités des rais, par un ou plusieurs morceaux de fer ou *coins*. Ces coins pourront être isolés et coupés dans une barre de fer du profil voulu, obtenus au marteau, au laminoir ou de toute autre manière ; ou bien, ils pourront faire corps avec les rondelles, partie avec celle inférieure, partie avec celle supérieure, ou en entier avec l'une ou l'autre. Mais les opérations varient suivant que les coins sont isolés ou fixés aux rondelles. S'ils sont isolés, il y a :

1º à chauffer au blanc soudant ce moyeu, qui est ainsi formé de plusieurs pièces ; 2º à chauffer à part deux galettes ou rondelles, aussi au blanc soudant, et à les présenter sur les deux faces du moyeu ; 3º à souder ces rondelles sur chacune des deux faces du moyeu, soit à bras, soit au moyen d'un marteau mécanique, de la presse hydraulique, d'un balancier ou d'un autre puissant moyen de pression ; 4º a parer le moyeu, soit avec des marteaux à bras, soit avec une étampe, sous un gros marteau, ou de toute autre manière employée habituellement ; 5º à finir le moyeu à froid.

'e si les coins font corps avec les rondelles, il faut loger les ... dans des intervalles entre les rais, en maintenant par un ... quelconque (cales, boulons, etc.) les rondelles, supérieure ... rieure, à la place qu'elles doivent définitivement occuper, ... chauffer le moyeu au blanc comme ci-dessus, et souder le moyeu.

Nº 44,720. — Petin, Gaudet et Cie. — 13 avril 1860.

Perfectionnements apportés dans le travail des grosses pièces de forge, de fer ou d'acier, telles que plaques pour blindage, longerons, plaques de garde, etc.

Les inventeurs ont imaginé un système simple et facile qui apporte une grande célérité dans la manœuvre et, par conséquent, une grande économie, sans que les hommes aient à s'occuper du tonnage des paquets à travailler. Ce système consiste :

1º Dans la disposition d'un tablier mobile à galets, établi sur le devant des laminoirs, et sur lequel roule la pièce à laminer ; ce tablier peut s'articuler à volonté, suivant les manœuvres nécessitées par le travail du laminage ;

2º Dans l'emploi d'une bascule qui sert à retourner les grosses pièces pour les soumettre aux différentes chaudes qu'elles doivent subir.

Le tablier mobile et la bascule peuvent être exécutés de différentes manières, et changer de formes suivant le travail qu'on doit exécuter.

1re ADDITION, en date du 12 avril 1861.

Cette addition a pour objet d'insister tout spécialement sur l'emploi et l'application de la grue pour le laminage des grosses pièces de fer et d'acier au moyen de la griffe précédemment relatée. En conséquence, le brevet comprendra non-seulement le système de retournage des gros paquets, mais encore le principe de l'application de la grue.

2ᵉ ADDITION, en date du 2 juillet 1863.

Ces perfectionnements comprennent la disposition d'un système de releveur ou culbuteur des paquets devant les laminoirs ; cet organe spécial contribue puissamment à faciliter le laminage des gros paquets.

Nᵒ 44,767. — Bonnor. — 20 avril 1860.

Procédé de laminage économique du fer et autres matières.

Le procédé consiste à disposer plusieurs trains ou paires de cylindres en rangées *parallèles* successives, de telle sorte que la barre qui sort de la première paire de cylindres soit dirigée aussitôt dans une deuxième paire de cylindres, placée parallèlement à la suite de la première, et ainsi de suite. Le laminage de la barre, par ce procédé, s'effectue donc d'une paire de cylindres à l'autre pour ainsi dire sans interruption, et il en résulte une économie de temps considérable sur la méthode ordinaire qui consiste à laminer le fer et l'acier dans une même paire de cylindres pourvus de cannelures décroissantes sur la longueur.

Nᵒ 44,859. — Charrière et Cⁱᵉ. — 28 avril 1860.

Procédé de forgeage de canons rayés en fer et acier, ou acier seul, d'une seule pièce, sans frettage et à tourillons rapportés.

Les pièces obtenues par ce mode de fabrication se composent d'une enveloppe en fer ou acier doux, faisant un seul et même corps avec une âme en acier plus dur. L'enveloppe, ainsi que l'âme, a le fil initial du métal dirigé circulairement autour de l'axe, selon un faisceau d'hélice courant de la culasse à la tulipe, et dont toutes les spires sont rendues solidaires par un travail de corroyage nouveau, assurant toute son efficacité à ce mode si rationnel de composition première de la pièce.

Par ce mode de fabrication, et avec des pièces brutes de forge, on a des pièces étampées, cylindriques ou légèrement coniques, et avec toutes les moulures que comporte le forgeage. Les pièces sont obtenues pleines ; les tourillons se rapportent après coup, sur portée tournée, par une frette venue de forge avec eux.

Le point de départ de la fabrication est l'étirage au laminoir de barres méplates, obtenues par le corroyage des métaux, fer ou acier, qu'on veut faire entrer dans la composition de la pièce. Les dimensions de ces barres n'ont rien d'absolu ; il faut seulement employer pour ce travail des barres d'épaisseur constante, et, par exemple, de deux largeurs, dont l'une surpasse l'autre de moitié environ. Ces barres sont enroulées sur un mandrin en acier, selon des spires hélicoïdales jointives, composées chacune d'une barre étroite et d'une barre large juxtaposées, de manière que tout l'excès de largeur soit d'un côté et extérieurement.

Une première série de spires a pour âme le mandrin. Une seconde série a pour âme la première série elle-même, dont elle fait enveloppe, de façon à faire correspondre les barres larges d'une série avec les barres étroites de l'autre, d'où résulte un croisement des joints de champ. Une troisième série pourrait être encore superposée à la seconde dans la préparation des pièces du plus fort calibre ; la seconde série devrait être alors en barres d'égale largeur, pour conserver le croisement des joints.

Ensuite vient le chauffage et le martelage des pièces dans les deux sens. Le corroyage étant achevé par des chaudes répétées jusqu'à parfait soudage de toute l'hélice, la pièce présente en ce moment l'aspect d'un cylindre grossier. Son achèvement s'obtiendra par un travail d'étirage et d'étampage qui n'a plus rien de particulier.

N° 45,027. — Grados. — 7 mai 1860.

Système de marteau-pilon avec mouvement élévatoire pour laminage et pression.

Ce marteau porte une tige rigide de forme quelconque, mais spécialement de forme méplate et parfaitement unie sur sa longueur. La tige du marteau se trouve maintenue sur ses deux faces par des guides placés haut et bas, et elle reçoit son mouvement d'élévation par suite de la pression de deux cylindres animés d'un mouvement de rotation convenable. La tige méplate du marteau, saisie entre les deux rouleaux, reçoit forcément un mouvement semblable à celui que les cylindres du train de laminoirs impriment aux barres de fer que l'on y fait passer, et cette tige s'élève jusqu'à une hauteur déterminée pour retomber ensuite avec force sur la pièce que l'on veut estamper, poinçonner, forger, marteler, etc. Le caractère distinctif de l'invention consiste donc surtout dans un système d'élévation de marteaux-pilons par la pression contre leur tige rigide de deux cylindres ou galets à surface unie, animés de mouvements de rotation convenables.

N° 45,529. — **Bouttevillain.** — 8 juin 1860.

Perfectionnements apportés dans la fabrication des tubes et tuyaux.

Ces perfectionnements sont relatifs, à la fois, à toutes les machines et à tous les procédés en usage, constituant l'ensemble de cette fabrication. La fabrication des tubes et tuyaux en fer comprend plusieurs opérations distinctes qui se peuvent ainsi résumer :

1° Dressage des rives et chanfreinage des tôles ;
2° Envirolage des tôles en forme de tubes ou tuyaux ;
3° Soudage des tubes ou tuyaux au moyen d'un laminoir ;
4° Rognage à la scie des tubes ou tuyaux.

Les points constitutifs du brevet sont :

1° La substitution d'un porte-outil mobile aux outils fixes, en tête du banc à dresser les rives et à chanfreiner, et la force plus grande de traction donnée à ce banc ;

2° L'application du banc à dresser et chanfreiner à l'envirolage des tôles, en remplaçant le porte-outils par une filière, et en donnant aussi à ce deuxième banc une grande puissance de traction ;

3° L'emploi d'un laminoir formé de deux poulies à gorge, pour le soudage des tubes et tuyaux, fonctionnant à une grande vitesse à l'aide d'un système de transmission de mouvement par engrenages, et muni d'un frein à patins ;

4° Un système d'avance et de recul de l'appareil à butter les mandrins des tubes et tuyaux soumis au laminage ;

5° L'emploi d'une scie circulaire en acier, pour le rognage des tubes et tuyaux en fer de longueur, scie marchant à une grande vitesse, régularisée et rendue très-puissante par un système d'engrenages et de volants ;

6° Le dressage mécanique des tubes ou tuyaux formant le complément de ladite fabrication, et la machine employée à cet effet.

N° 45,973. — **Sivain.** — 13 juillet 1860.

Perfectionnements dans la fabrication des roues de wagons.

Cette invention consiste à fondre en creux, d'une épaisseur régulière et en formes arrondies, le tour de la roue, les rayons et la partie de la roue qui entoure le moyeu, excepté cependant les parties où ces différentes pièces se joignent, de manière à permettre à chacune des parties arrondies de la roue de céder à la contraction, dans le cas où les autres parties se refroidiraient plus vite. Les différentes parties peuvent alors s'ajuster sans crainte de rupture par le refroidissement. La roue ainsi formée est légère, forte et capable de supporter les efforts de torsion, le choc, etc.

N° 46,002. — **Petin, Gaudet et Cie.** — 20 juillet 1860.

Procédé de trempe et de recuit de l'acier.

Ce procédé permet de donner aux pièces de forge, en général, et notamment aux essieux pour les chemins de fer, en fer ou en acier, quelle que soit la nature du fer et de l'acier, et quelles que soient les formes et les dimensions des pièces, une très-grande résistance.

Ce mode, que les inventeurs nomment *trempe* et *recuit*, consiste, lorsque les pièces sont achevées, à les chauffer et à les plonger dans l'eau froide, pour les recuire ensuite.

Cette méthode donne aux pièces de forge une résistance bien supérieure à celle que peuvent présenter les pièces semblables qui n'ont pas reçu la préparation indiquée, et constitue une réelle amélioration.

N° 46,554. — **Closon et Vincart.** — 1er septembre 1860.

Fabrication des tôles, moitié fer, moitié acier fondu, soudées au moment de la fusion.

Les inventeurs prennent un paquet de fer au coke, ou autre, et le chauffent dans un four à flamme tournante au rouge-blanc. Lorsqu'il est arrivé   cette température, on prend la pièce de fer et on la couche dans une lingotière en fonte, prête à recevoir l'acier fondu. Immédiatement après, on peut laminer, marteler et mettre à dimension ladite pièce, pour tôles, blindages de navires, fer-blanc d'acier et autres.

N° 46,792. — Lauth. — 19 septembre 1860.

Fabrication perfectionnée des tiges, barres, tôles, arbres, etc., en fer et en acier, au moyen du laminage à froid.

L'inventeur commence par préparer les tiges, barres, tôles, arbres, etc., en fer ou en acier par les moyens connus, en ayant soin de laisser à ces objets un excédant de ¹/₁₀ sur les deux dimensions de la section qu'ils doivent avoir définitivement.

Il trempe ensuite ces pièces dans une dissolution faible d'acide chlorhydrique; puis ils les fait passer à froid par les cannelures de forts laminoirs disposés avec un certain jeu. Les cylindres de laminoirs sont disposés de manière à se trouver à une distance égale, environ aux ²/₃ de l'épaisseur, de la pièce qu'on veut laminer à froid; chaque cylindre reçoit donc les ³/₄ de la pièce, les cannelures, quelles que soient leurs formes, ayant juste les ³/₄ de la section de la pièce.

Par suite de cette disposition, le laminage de la tige de fer ou d'acier détermine une bavure sur les deux côtés; il faut alors repasser la tige entre les cylindres, en ayant soin de la tourner de manière à aplatir les bavures produites, et à en faire saillir d'autres. L'opération continue jusqu'à ce qu'aucune bavure ne se forme plus.

Par ce procédé, on obtient des tiges, barres, arbres, etc., parfaitement lisses et polis, ayant une contexture serrée et résistant à la pression, à la traction et à la torsion.

N° 46,936. — Charuel. — 4 octobre 1860.

Laminoir à cylindres cannelés pour la fabrication d'un fer élastique.

L'invention consiste dans la construction et l'emploi d'un laminoir à cylindres cannelés servant à imprimer au fer, sans le cisailler, toutes ondulations transversales destinées à le rendre élastique. L'appareil se compose de cages comme dans les laminoirs actuellement en usage. Un guide sert à diriger convenablement dans les cylindres la bande à laminer; l'écartement des cylindres peut varier à l'aide de vis, relevant et abaissant les coussinets et paliers, la rotation d'un cylindre entraînant celle de l'autre par deux pignons.

Les cylindres cannelés, selon le profil voulu, peuvent être exécutés soit en fer, soit en acier, soit en fonte de fer. La machine étant mise en mouvement, le fer y est introduit à une température peu élevée, ou mieux à froid, et en sort cannelé régulièrement et dans des proportions voulues. Les cylindres peuvent varier selon le mode et les dimensions des ondulations que l'on se propose d'obtenir.

No 47,152. — Petin, Gaudet et Cie. — 20 octobre 1860.

Procédé de fabrication de roues à rayons en acier fondu pour wagons, tenders et locomotives.

Les inventeurs obtiennent régulièrement, à l'aide du moulage en sable, des roues à rayons, avec ou sans bandages, et entièrement en acier fondu. Ils donnent, quand ils le jugent utile, après le coulage, à ces roues un martelage sous le pilon, dans des étampes ayant la forme de la roue. Les roues fabriquées par ce procédé présentent plus de garanties de solidité et de durée que celles de toutes sortes dont les chemins de fer ont fait usage jusqu'à ce jour, car l'acier fondu doux, à l'état de moulage, oppose une résistance bien supérieure à celle du fer; de plus, les roues en acier fondu offrent, quant au prix, une certaine économie sur le coût de celles adoptées pour le service des voies ferrées.

No 47,241. — Maillard. — 30 octobre 1860.

Système de fabrication de gros tubes en fer soudé.

Ce système de fabrication de tubes en fer soudé repose sur deux dispositions principales, qui sont :

1o La construction d'une chasse ou marteau qui permet, par la forme particulière de la table, de rabattre, croiser et souder simultanément les bords de la tôle, soit par pression, soit par percussion;

2o La manière de chauffer les pinces pour obtenir des soudures parfaitement à cœur.

La plaque de tôle ou d'acier est préalablement mise en gouttière, puis elle est engagée entre des poulies qui sont actionnées par un moteur quelconque, et la font avancer dans le four avec une vitesse déterminée de manière que, lorsque le tube arrive sous la chasse, les bords sont à la température du blanc soudant. La chasse est alors mise en mouvement et opère la soudure. Aussitôt que le bout du tube sort de la chasse, il est pris dans les tenailles d'un banc à étirer, qui le fait avancer, la chasse continuant toujours à fonctionner.

N° 47,478. — Bolgues, Rambourg et Cie. — 22 novembre 1860.

Amélioration, durcissement, acidration et trempe du fer.

On fait un mélange de déchets de corne, d'ivoire, de suif, de sabots de bœuf, de poussier de charbon de bois, de tartrate potasse et de sable, et on en couvre les parties des pièces à fer, lesquelles ont été mises dans des fours convenables, leurs formes et leurs grandeurs.

N° 47,574. — Blakely. — 29 novembre 1860.

Moyen propre à rendre l'acier ou le fer plus résistant.

Cette invention a pour caractère distinctif de soumettre l'acier ou le fer, soit en barres, soit en paquets ou lopins, portés à la chaleur rouge, à un étirage de 1 p. 500 environ, et de les laisser au même degré de tension jusqu'à complet refroidissement. Le métal acquiert par cette opération une résistance qui le rend propre à la fabrication des bandages de roues, des arcs ou cintres pour ponts en fer, à différents articles de l'artillerie et à d'autres usages.

N° 48,099. — Formage. — 15 janvier 1861.

Nouveau système de laminoir à cylindres verticaux et deux cylindres horizontaux.

Ce laminoir est composé de quatre cylindres verticaux disposés: deux à l'avant d'un laminoir horizontal, nommé *dégrossisseurs*, et deux à l'arrière, appelés *finisseurs*. Le paquet, chauffé au blanc soudant, est d'abord présenté aux deux cylindres dégrossisseurs d'avant, qui soudent immédiatement toutes les mises de champ; moins d'une seconde après, elles sont soudées à plat par des cylindres horizontaux; le passage instantané dans les deux cylindres finisseurs verticaux d'arrière sert à rectifier la largeur de la bande;

le travail ainsi continué, la bande terminée ne peut donner qu'un objet perfectionné, et des bandes parfaitement droites dans toute leur longueur, étant guidées par quatre cylindres parallèles, ce qui n'arrive jamais dans le laminoir à deux cylindres verticaux qui tendent toujours à projeter les bandes, non suivant la tangente des cylindres, mais bien sur une développante inévitable par suite de l'usure des cylindres.

Tout en obtenant l'avantage de la fabrication, le laminoir à quatre cylindres verticaux présente des résultats de la plus haute importance pour l'industrie; l'un des plus frappants est de pouvoir livrer aux ateliers de construction des tôles de 5 à 20 millimètres d'épaisseur, de 15 centimètres à 1 mètre de largeur et d'une longueur de 1 à 10 mètres. En supposant seulement 9m,50 de long, on pourrait déjà faire un cylindre de 3 mètres de diamètre sur 1 mètre de hauteur, avec une seule rivure; cette fabrication est également avantageuse pour les poutres de pont de chemin de fer et pour tous autres travaux d'art.

No 48,175. — Société anonyme des forges de Montataire. — 16 janvier 1861.

Procédé de fabrication des bandages de roues sans soudure.

Cette invention consiste à former d'un paquet de fer brut une rondelle brute de forge, accusant légèrement la forme d'un bandage. Les barres de fer sont assemblées en un paquet destiné à produire la rondelle; ce paquet est plein, octogone et composé de fers plats de toutes largeurs; il est ensuite mis au four et chauffé au blanc soudant, puis porté au marteau, où il est soudé et travaillé alternativement sur plat et sur champ. Ce soudage se fait très-vivement, et aussitôt on opère le refoulement du fer du centre à la circonférence. Ce refoulement du fer s'effectue en quelques coups de marteau sur les deux faces. Toutes ces opérations ont lieu sans aucun déchet de matière; mais il reste à enlever, au moyen d'un mandrin, la partie mince qui n'a pu être refoulée dans la masse. L'ensemble de ces opérations diverses ne dure que quelques minutes; on a donc encore la pièce chaude; on prend cette pièce à l'aide de tenailles spéciales et on la porte sous un autre marteau pour la forger complétement de champ sur un arbre de fer ayant deux diamètres. On commence naturellement le forgeage sur le plus petit diamètre; puis, lorsque la rondelle agrandie peut entrer sur le gros bout de l'arbre, on l'y place et on finit le forgeage, qui accuse légèrement la forme d'un bandage. La rondelle étant ainsi obtenue, on la chauffe au blanc soudant et on la termine au laminoir en porte-à-faux, pour lui donner la forme définitive du bandage sans soudure.

Ce procédé comprend donc les opérations suivantes :

1° Martelage du paquet sur plat et sur champ pour l'arrondir sous la forme d'une rondelle pleine;

2° Refoulement du centre à la circonférence de ladite rondelle et son percement;

3° Agrandissement de ladite rondelle sur un arbre à deux mètres;

4° Terminaison du bandage sur un laminoir en porte-à-faux.

N° 48,245. — Société des forges de Châtillon et Commentry.

Mode de réchauffage et de laminage des fers de très-grandes dimensions.

Pour fabriquer les fers de très-grandes dimensions, il faut des fours d'une forme toute spéciale, et surtout des engins tout spéciaux, pour pouvoir manœuvrer les paquets et les barres dans leurs différents états de laminage. Le nouveau système comprend : 1° l'organisation de fours à réchauffer capables de contenir des paquets de très-grandes dimensions; ils diffèrent des fours à réchauffer ordinaires en ce que les portes sont placées par bout au lieu d'être placées sur le côté, ce qui permet de donner aux paquets de fers bruts et de fers déjà ébauchés telles dimensions qu'il convient, et surtout par la disposition d'une seconde grille destinée à compléter le chauffage lorsque le four est trop allongé ; 2° des chariots, servant à relever, à recevoir et à retourner les paquets à l'arrivée devant chaque cage des cylindres et pouvant se promener devant ces cages au moyen d'un mécanisme très-simple; 3° un chariot releveur avec une scie, pour scier les grandes barres de fer qui ne peuvent se présenter à plat. Ce système a été inventé pour fabriquer des fers à double T de 50 centimètres de hauteur sur 16 centimètres de largeur, pesant de 140 à 150 kilogr. le mètre courant.

Il peut s'appliquer à tout autre genre de fers de grandes dimensions et même, avec grand avantage, à la fabrication des tôles. Il est en usage à la forge de Saint-Jacques, à Montluçon, depuis le mois de juin 1860, pour fabriquer des fers à double T de 500 millimètres de hauteur pour les docks de Marseille.

N° 48,312. — Wilson. — 26 janvier 1861.

Perfectionnements apportés dans la fabrication des roues de wagons des chemins de fer et autres articles en acier fondu ou en fonte malléable.

Cette invention consiste dans un mode perfectionné de fabriquer les roues de chemins de fer ou autres articles d'acier fondu ou de fonte malléable, soit en les forgeant directement au moyen de l'estampage, soit en taillant les pièces brutes forgées ou fondues au moyen d'un estampage convenable, actionné par une presse hydraulique ou autre pression quelconque.

N° 48,336. — Muaux. — 30 janvier 1861.

Fabrication directe des fers pour boulons, vis, etc.

L'objet de cette invention est la production directe au laminoir, et d'une seule chaude, avec une grande économie de main-d'œuvre, du fer à boulons, tel qu'on l'obtient en deuxième opération manuellement.

Ce procédé consiste à travailler sur un laminoir à trois cages, renfermant chacune une paire de cylindres. Dans les deux premières paires de cylindres, on lamine par les procédés ordinaires un méplat de forme et de dimension rigoureuses, lequel méplat est finalement engagé dans une cannelure pratiquée dans la dernière paire de cylindres présentant alternativement des formes rondes et angulaires. On donne aux parties rondes ou angulaires le diamètre demandé, ainsi que la longueur nécessaire à la formation de deux boulons; il ne reste plus qu'à le séparer.

Addition, en date du 9 février 1861.

L'inventeur a été conduit à appliquer le même procédé à la fabrication d'une espèce particulière de boulon appelée dans le commerce : *Boulon à argot.*

N° 49,407. — Petin et Gaudet. — 25 avril 1861.

Laminoir servant à la fabrication de grosses pièces de forge et particulièrement des blindages et tôles de grandes dimensions.

Les divers perfectionnements apportés dans l'ensemble des opérations relatives à la fabrication des grosses pièces de forge, et, en particulier, des blindages de navires et des grandes tôles propres à la construction des ponts, des bâtiments et des générateurs à vapeur, peuvent se résumer dans les dispositions essentielles suivantes :

1° La combinaison d'un puissant mécanisme d'embrayage et de débrayage, actionné par un moteur spécial, pour faire tourner les cylindres des laminoirs, tantôt dans un sens et tantôt dans l'autre, ce qui permet d'effectuer le laminage des pièces, aussi bien en revenant qu'en allant, et d'opérer ainsi avec une grande rapidité ;

2° La disposition des chariots mobiles, pouvant s'ouvrir plus ou moins, et s'allonger ou se raccourcir, selon les besoins, disposition qui facilite considérablement le passage alternatif d'un côté à l'autre des cylindres ;

3° L'application d'une grue et du ringard à grilles de grandes dimensions, pour transporter les pièces du four au laminoir, et réciproquement ; application importante qui simplifie considérablement la main-d'œuvre, en réduisant le nombre d'hommes, et en facilitant notablement les manœuvres ;

4° L'application de l'acier fondu à la construction des pièces principales qui fatiguent le plus, tels que les cylindres et cages des laminoirs, les gros engrenages et autres organes ;

5° L'emploi de la scie circulaire à chariot pour rogner et dresser les bords des blindages en une seule passe et, par conséquent, d'une seule chaude ;

6° La disposition et l'application de plaques percées et dressées sur une face, reposant seulement par leurs bords sur le sol, qui est évidé en dessous, pour permettre la circulation de l'air, refroidir plus rapidement les feuilles métalliques sortant des laminoirs, et, par suite, rendre ces feuilles parfaitement planes.

N° 48,581. — Friquet. — 20 février 1861.

Procédé de réchauffage des fers et tôles par les flammes perdues des feux d'affinerie.

Le four employé, à l'effet d'obtenir la combustion complète des gaz, est un four à sole horizontale, à l'avant duquel se trouvent les feux d'affinerie au bois. Les flammes et les gaz de ces feux d'affinerie, traversant le four horizontal, passent au-dessus d'une grille logée dans la sole du four et sur laquelle on place du charbon de terre. Les flammes de cette houille, se mélangeant avec les gaz combustibles, en opèrent la combustion, et c'est la chaleur dégagée dans cette nouvelle combustion qui est utilisée pour réchauffer les fers placés dans des fours construits à la suite du foyer d'inflammation. Ces fours réchauffeurs sont en nombre variable; mais, quel qu'en soit le nombre, on obtient, à l'aide de ce nouveau mode d'inflammation, une économie considérable : ainsi, en 24 heures, avec 1,800 kilogr. de houille, on obtient les mêmes résultats fournis auparavant par la combustion de 1,000 kilogr.

N° 49,989. — Boigues et Rambourg. — 8 juin 1861.

Procédé de durcissement du fer.

Lorsqu'on soumet le fer à l'action des corps fusibles, de céments ou de substances volatiles qui peuvent donner au métal une certaine quantité d'azote, de soufre, de phosphore, d'arsenic ou d'antimoine, on produit à la surface des pièces de fer un durcissement considérable et on conserve à l'intérieur du métal toute sa ténacité. La phosphoration du fer est obtenue : 1° par l'action directe de la vapeur de phosphore; 2° par l'action des phosphates ou des composés phosphorés fusibles; 3° par l'influence des céments pouvant fournir le phosphore; 4° par la décomposition des gaz ou des vapeurs contenant du phosphore.

Les durcissements dus à l'action du soufre, de l'arsenic et de l'antimoine sur le fer sont produits par des méthodes entièrement comparables à celles décrites ci-dessus pour la phosphoration.

N° 50,262. — Petin et Gaudet. — 29 juin 1861.

Perfectionnements apportés dans la fabrication des plaques de blindage.

Ces perfectionnements consistent dans une nouvelle forme de plaque de blindage fabriquée soit au laminoir, soit au marteau-pilon, comme présentant plus de solidité à égale épaisseur, comparativement aux plaques de blindages rectangulaires actuellement employées. Ces nouvelles plaques peuvent prendre le nom de plaques cannelées ou à nervures, quelle qu'en soit la forme. Leur fabrication peut se faire de la manière suivante: On prend une plaque en fer de 50 à 60 millimètres d'épaisseur préparée au marteau ou au laminoir; sur cette plaque on assemble des fers ballés, à forme trapézoïdale, par deux, trois, quatre rangs ou plus, suivant les dimensions de la plaque de blindage que l'on veut obtenir, en

ayant soin de croiser les rangs des barres; puis, on place dessus
des barres de fer en long, de forme à nervure. On obtient ainsi un
paquet dont le poids doit être suffisant pour la plaque de blindage
à fabriquer; on porte ce paquet dans un four où le tout est chauffé
à la température soudante; enfin, on le porte sous les cylindres
universels.

Le cylindre supérieur a la forme exacte des pleins et vides du
paquet, et, en exerçant une forte pression sur les cylindres, le
paquet est laminé et réduit à l'épaisseur que l'on désire, et on obtient ainsi un tout parfaitement soudé, et formant une plaque
cannelée ou à nervures, présentant plus de résistance au choc
des boulets et dont les vides ou cannelures diminuent le poids
comparativement à celui des plaques rectangulaires, conditions
très-essentielles pour les frégates cuirassées.

N° 50,800. — Martin. — 12 août 1861.

Machine à laminer transversalement.

Cette machine peut laminer toutes pièces diverses dans le sens
transversal à l'axe. S'il s'agit des essieux, on lamine la billette
transversalement pour lui donner, après le laminage, la forme définitive de l'essieu.

La machine se compose de deux plateaux en fonte, s'emboîtant
suivant les rainures et susceptibles de glisser l'un sur l'autre.
L'intérieur de chaque plateau porte les empreintes successives par
lesquelles doit passer la billette pour prendre la forme définitive
d'essieu, après avoir passé par cette succession d'empreintes ou
étampages intermédiaires.

Voici de quelle manière on a composé cette suite d'empreintes :
On s'est d'abord proposé de déterminer l'empreinte du corps de
l'essieu sur le centre de la billette. Pour y arriver, on a formé, sur
chacun des plateaux, deux spirales en forme saillante sur l'empreinte; la hauteur successive de saillie a lieu suivant le développement de la spirale correspondant au creux respectif de l'essieu.
Cette spirale ou cordon saillant part du centre. Le développement
de ces deux spirales a produit, par exemple, une longueur
moyenne d'environ 40 centimètres de développement, dans le sens
normal à l'essieu, sur les surfaces des deux plateaux; puis, la matière étant repoussée vers les portées par le même procédé de développement, on est arrivé, après un nouveau parcours d'environ

40 centimètres encore, à obtenir la forme des portées. Enfin, sur un nouveau parcours d'environ 40 centimètres, les fusées se forment, et, les congés s'étant successivement redressés normalement à l'axe, l'essieu prend sa forme définitive.

N° 50,953. — Colas et Jeannin. — 24 août 1861.

Machine à fabriquer les barreaux de grille de foyer en fer forgé.

L'invention consiste :

1° Dans un système de machine propre à confectionner, par une seule opération, la tête des barreaux de grille en fer, en opérant, par voie de forgeage, dans une matrice disposée de manière à enlever par un emporte-pièce le fer excédant et à former la tête simultanément ;

2° Dans la manière de construire cette matrice ;

3° Dans l'ensemble du procédé de fabrication, consistant à laminer du fer ayant le profil que l'on veut donner au barreau, à le couper de longueur, réchauffer chaque bout successivement et façonner la tête en une seule opération.

N° 51,251. — Roblin et Nicolas. — 30 septembre 1861.

Mode de fabrication des grosses pièces sans soudure.

L'opération a lieu dans des fours ordinaires, dans des fours à creuset, ou dans des cubilots. On charge comme d'ordinaire les charges de métaux dont on a besoin pour faire les mélanges, soit fonte, fer brut ou acier puddlé, et l'on hâte l'opération par les oxydes métalliques. On profite du moment où le métal est en état de fusion pour lui faire absorber une dose de carbone pulvérisé. La récarburation a lieu par contact et par cémentation, soit au creuset, soit au cubilot, pour les pièces qui doivent être trempées. Pour les pièces diverses, on obtient avec les mêmes métaux un fer ductile et malléable. Lorsque les métaux mélangés sont fondus, on les coule dans une coquille. La pièce qui sort de cette coquille est forgée pour rendre la matière nerveuse, ensuite on la lime et on la trempe.

Le résultat étant, par exemple, une enclume en acier, sans soudure, on est sûr d'avoir une pièce propre, sans paille, ni crique, ni gerçure.

N° 51,614. — Dodds. — 19 octobre 1861.

Perfectionnements apportés à la trempe des rails de chemins de fer, etc.

L'inventeur revendique:

1° La construction du fourneau, avec les chambres closes ou cornues, qui peuvent être chargées et déchargées sans que l'on ait à déranger le feu qui se trouve dessous;

2° Le mélange de charbon de bois, muriate de soude, sel et chaux ou matière calcaire;

3° Particulièrement, l'aciération des rails aiguilles, rails de passage, tiges de piston, essieux et autres parties mécaniques sujettes au frottement et à l'usure.

N° 52,038. — Petin et Gaudet. — 21 novembre 1861.

Perfectionnements dans l'outillage et le matériel des usines métallurgiques.

Ces perfectionnements sont relatifs à la combinaison d'un chariot à griffes, qui permet de sortir des fours à réchauffer des paquets de fortes dimensions qui doivent être corroyés au marteau-pilon, ou bien être laminés. Ce nouveau système facilite d'une manière notable la manœuvre de ces forts paquets, et est, par conséquent, d'une très-grande utilité pour laminer les fortes tôles, les blindages, etc. Il se joue, du reste, aux divers engins pour lesquels les inventeurs sont déjà brevetés, et vient compléter les différents moyens employés pour le laminage des grosses tôles ou blindages d'un poids considérable, et qui consistent dans l'emploi des grues, de ringards à griffes et de laminoirs à tabliers mobiles, ainsi que de machines spéciales pour retourner ces pièces.

N° 52,892. — Mouline. — 12 février 1862.

Application d'un fer brut ou d'un acier puddlé brut de forme spéciale dans la confection des paquets destinés à la fabrication des rails.

Le point caractéristique de cette invention est la *forme* du fer brut ou de l'acier puddlé brut qu'il convient de donner pour éviter les criques dans le rail et les dessoudures à la jonction des pièces dans les joints verticaux. L'inventeur adopte la forme trapézoïdale. Les lignes non parallèles des trapèzes peuvent être des lignes brisées quelconques.

N° 53,466. — Chameroy. — 22 mars 1862.

Perfectionnements apportés à la fabrication des tuyaux de tôle ainsi qu'à leur jonction.

L'invention comprend :

1° La fabrication de tuyaux doublés établis avec des feuilles minces de tôle étamée roulées en spirales ou superposées après les avoir rendues cylindriques, de manière à former des tuyaux sans croisures ni rivures ; 2° une machine spéciale, au moyen de laquelle on rend adhérentes entre elles les feuilles de métal étamées, cylindriques ou planes ; 3° un nouveau système de joint flexible et hermétique applicable aux tuyaux en général ; 4° un outil propre à la pose des tuyaux de tôle à joint flexible ou à joint par emboîtement précis.

N° 54,207. — Nicaise. — 17 mai 1862.

Procédé de trempe de toutes pièces en fonte applicable notamment aux crossings.

Ce procédé consiste à mêler de la fonte de moulage avec de la fonte d'affinage.

N° 54,714. — Société nouvelle des forges et chantiers de la Méditerranée. — 3 juillet 1862.

Application de la presse hydraulique à forger le fer et autres métaux.

L'appareil se compose d'une charpente rectangulaire, solidement assemblée, dont le côté supérieur forme une presse hydraulique renversée avec son piston, qui porte la tête du marteau correspondant à l'enclume. Sur le fond de cette presse, il en est établi une autre, d'un diamètre beaucoup plus petit, suffisante seulement pour rentrer le grand piston quand la pression cesse d'agir sur lui. Ces pistons opposés sont reliés entre eux par une traverse et deux tiges. La petite presse est en communication constante avec le réservoir d'eau comprimée. La grande presse, dont le tuyau aboutit à une boîte à soupape placée au pied de la machine, communique avec le réservoir pour faire descendre le piston, et avec l'atmosphère pour le laisser remonter. La manœuvre de ces soupapes est opérée par un levier mû à la main et réglant les pressions suivant le besoin. Pour limiter la descente du marteau à la distance voulue par l'épaisseur des pièces à forger, il est établi un tasseau mobile sur une tige qui forme la soupape d'admission de l'eau comprimée et arrête ainsi le marteau au point déterminé.

Nº 55,498. — Cockrill. — 6 septembre 1862.

Perfectionnements apportés dans le martelage du fer.

Ces perfectionnements consistent principalement à donner des formes particulières aux moules femelles destinés à la fabrication des moyeux de roues de fer forgé, afin d'assurer un soudage parfait des rais à ces moyeux. A cet effet, on prend une barre de fer rond d'un diamètre et d'une longueur convenables, que l'on soumet au martelage en lui donnant la forme et les dimensions voulues à l'aide de moules spéciaux ; le moyeu est ensuite assemblé aux rais, puis porté sur un four qui chauffe cet assemblage. On porte de nouveau la pièce sous un marteau-pilon dont les moules sont très-bien exécutés et l'on obtient alors une soudure parfaite et une pièce d'une grande régularité.

Nº 56,497. — Boigues, Rambourg et Pinson. — 4 décembre 1862.

Système de laminoir pour barres plates, mi-plates et carrées.

Cette invention a pour but d'obtenir, dans les mêmes cylindres lamineurs, des barres de métal, plates, mi-plates, carrées, de toutes dimensions. On emploie pour cela deux cylindres disposés dans des cages comme à l'ordinaire, pouvant se rapprocher plus ou moins pour déterminer l'épaisseur de la barre que l'on se propose de laminer. Les dimensions transversales sont déterminées, d'un côté, comme à l'ordinaire, par le boudin d'un des cylindres, et de l'autre, par une pièce spéciale, en forme de coin, qui s'engage, plus ou moins, entre les cylindres, suivant les dimensions de la barre.

N° 58,598. — Guinoiseau. — 19 mai 1863.

Fours à fabriquer les essieux et les fers martelés.

Cette invention consiste dans la substitution du chauffage à la flamme, dans des fours séparés, au chauffage dans les affineries à la houille de la méthode champenoise. Ce procédé est destiné principalement à être appliqué à la fabrication et à l'étampage des essieux et des fers martelés ; mais il peut être également appliqué à la fabrication des fers laminés, des tampons et autres pièces pour chemins de fer, des outils d'agriculture et de terrassement, des écrous d'essieux, des articles de grosse ferronnerie et des pièces mécaniques. Ce procédé se distingue : 1° par les dispositions relatives des différents fours composant l'appareil ; 2° par la combinaison des conduites d'air qui permet l'emploi de l'air chaud ou de l'air froid, et au moyen de laquelle on peut, à volonté, faire varier de 50 p. 100 la puissance productrice de l'appareil ; 3° par l'emploi de tubes-supports servant, à la fois, à la caléfaction de l'air et à maintenir à l'action de la flamme les pièces soumises à la chaleur du four.

Les avantages principaux de ce système sont : 1° supériorité dans la fabrication et dans la qualité des produits ; 2° possibilité de remplacer, pour le chauffage du fer, les houilles grasses dites *de forge* par des houilles de Prusse et les charbons à longue flamme ; 3° économie de 50 à 60 p. 100 dans la dépense du combustible ; 4° économie de 5 à 10 p. 100 dans le déchet des fers bruts et autres.

L'appareil peut être chauffé à la houille ou au coke ; il peut fonctionner à l'air chaud ou à l'air froid.

N° 60,647. — Grand. — 5 novembre 1863.

Perfectionnements apportés à la fabrication des bandages à rebord, etc.

Dans la fabrication des bandages pour roues de chemins de fer, le fer n'est pas assez dur et s'use trop vite ; l'acier fondu présente plus de durée, mais il a l'inconvénient des ruptures, il fallait donc trouver une combinaison de fer et d'acier fondu et le moyen de souder parfaitement et d'une manière manufacturière les deux métaux ensemble. Le procédé Verdier recouvre d'acier le fer, préalablement chauffé et saupoudré de borax, en coulant sur ce fer chaud et boraxé l'acier en fusion. Le procédé qui fait l'objet du présent brevet consiste à prendre simplement des mises de fer et des mises d'acier fondu pour en former une trousse, en ayant soin, bien entendu, de disposer le fer où il faut qu'il se trouve, et l'acier de même, ce dernier métal devant être renfermé en chambre, de manière que le feu ne frappe pas directement sur lui. La trousse, portée au blanc soudant dans le fourneau à réverbère, est reportée dans l'étampe sous le marteau-pilon ou sous une presse hydraulique, pour opérer le soudage et le corroyage, et lorsque la pièce est ramenée à la température voulue, on la soumet à un martelage énergique pour donner au métal un grain très-fin et très-homogène. Ce procédé a l'avantage de purger, au four à réverbère, l'acier fondu de toutes les bulles d'air qu'il contient, qui se traduisent en pailles dans la fabrication ordinaire de l'acier fondu. Un autre avantage, c'est de pouvoir travailler le produit mixte plus facilement que l'acier fondu seul, puisqu'on peut le faire à une température plus élevée sans inconvénient pour ce dernier métal.

Nᵒ 64,006. — Ramsbotton. — 16 octobre 1863.

Perfectionnements dans la construction des machines servant à travailler le fer.

L'objet de cette invention est de faciliter le forgeage, le laminage, en un mot, le façonnage des grosses masses de fer, d'acier et d'autres métaux. Elle comprend des perfectionnements apportés aux marteaux-pilons doubles ou composés, c'est-à-dire, à ceux qui ont deux marteaux agissant en directions opposées l'un de l'autre, de manière à contre-balancer leur action et à pouvoir supprimer l'enclume. Elle comprend aussi un mécanisme servant au laminage et au façonnage des métaux.

En résumé, cette invention comprend : 1º le support-guide, composé de galets et de rails, des marteaux-pilons doubles et les dispositions particulières servant à les faire fonctionner ; 2º les différentes dispositions servant à supporter les marteaux et à les faire osciller sur des centres fixes au moyen d'articulations, et leur mise en marche particulière ; 3º différents perfectionnements apportés aux laminoirs.

N° 61,593. — Chapellier et Charles. — 31 janvier 1864.

Tuyère de forge.

L'appareil en question est d'une construction simple et solide qui le met à l'abri des détériorations résultant des très-hautes températures auxquelles il est exposé, et qui, en même temps, le rend parfaitement réparable. Ce résultat est obtenu surtout par une circulation d'eau entre le tuyau amenant l'air et l'enveloppe entourant ce tuyau. Le tuyau est terminé par une calotte venue de fonte avec le tuyau. Une bague fait joint entre la calotte et l'enveloppe. Une deuxième bague brisée ferme l'autre extrémité de l'enveloppe. L'eau destinée à refroidir la tuyère arrive d'un réservoir placé à la partie supérieure, de manière à pouvoir circuler dans l'enveloppe par la pression du liquide.

N° 61,768. — Peugeot. — 4 février 1864.

Four à recuire continu.

La bande de métal que l'on veut recuire entre dans le four par un orifice et ressort par un autre orifice au bout duquel se trouve un appareil enrouleur mis en mouvement, soit au moyen d'une manivelle et à bras d'homme, soit par un moyen mécanique quelconque.

La chaleur nécessaire au chauffage de la bande est produite dans un foyer dont la flamme, au moyen de carneaux, vient chauffer la tôle sur laquelle passe la bande, et de là se rend à la cheminée. Pour les bandes de fortes dimensions, on les entre dans le four sans qu'elles soient enroulées ; les bandes plus faibles sont enroulées sur un tambour pareil au tambour placé à l'autre extrémité du four, et laissant dérouler la bande à mesure qu'elle s'enroule sur l'autre tambour.

Cette invention consiste dans l'amélioration de la main-d'œuvre du recuisage qui, jusqu'à présent, n'a été fait que d'une manière intermittente au moyen de casses chauffées dans de grands fours, ou de chaudières avec des foyers spéciaux. Tous ces moyens exigent un temps très-long pour le refroidissement et une grande dépense de combustible. En rendant la main-d'œuvre continue, ces inconvénients disparaissent en grande partie.

Le four peut être à feu nu ou bien muni d'une gargouille dans laquelle vient s'enfiler la bande à recuire. Il suffit en somme que le four permette l'opération continue, quelle que soit la forme ou le mode d'emploi de la chaleur produite par le foyer.

Ce système s'applique à tous les métaux, acier, fer, cuivre, et l'on peut opérer aussi par plusieurs bandes à la fois.

N° 62,132. — Compagnie anonyme des forges de Châtillon et Commentry. — 2 mars 1864.

Laminoir différentiel.

Le laminoir différentiel est destiné à la fabrication de fers de largeurs et d'épaisseurs variables. Le caractère distinctif de cet appareil consiste dans l'emploi de deux brides mobiles, situées sur les cylindres lamineurs. Ces cylindres lamineurs eux-mêmes sont mobiles sur deux arbres, de telle sorte que ces arbres, leurs revêtements et les bagues, constituent un laminoir à pièces cylindriques mobiles, glissant les unes sur les autres, de façon que les axes particuliers de chacune de ces pièces soient confondus dans une même ligne, qui est l'axe du laminoir lui-même. Cet appareil se distingue, en outre, par l'emploi de deux ressorts de choc, servant à opérer le mouvement vertical du cylindre de dessus.

Le mouvement de translation des bagues et des cylindres est opéré par quatre plaques servant de guides, embrassant les bagues et mues par deux fils à filets inverses.

N° 62,786. — Bonehill. — 25 avril 1864.

Appareil destiné à affranchir à chaud ou à froid toutes espèces de barres et de plaques métalliques.

L'invention a pour but d'éviter l'opération assez longue connue dans les usines sous le nom de burinage ou d'ajustage, en créant une scie circulaire ne donnant pas de bavures. Le principe de l'invention consiste dans l'emploi de deux scies jumelles, symétriquement placées dans le même plan, et attaquant au même moment la barre à affranchir, et à donner à cet ensemble de scies un mouvement oscillatoire un peu plus grand que l'espace libre existant entre les deux dentures, dans le but de former une section nette et franche obtenue par une espèce de limage, et d'opérer la section de la partie métallique correspondant au vide existant entre les deux dentures.

Le même système d'appareil peut s'appliquer à l'affranchissement des tôles de fer et des autres tôles métalliques ; dans ce cas, les dimensions de l'appareil seules changent, les organes principaux restant toujours les mêmes en principe.

N° 62,945. — Gibert. — 6 mai 1864.

Perfectionnements dans les laminoirs destinés à forger les roues des véhicules de chemins de fer.

Ce qui suit est un certificat d'addition en date du 2 août 1864.
Cette invention comprend :

1° L'articulation du support qui porte les cônes lamineurs, concentriquement avec les rotules des arbres desdits cônes ;

2° L'articulation de l'avant-bras des supports, et la pression des cônes auxiliaires, commandée par des vis à volant ;

3° L'application de la vis à filets à droite et à gauche, pour la commande des galets, qui maintiennent et régularisent le faux cercle de la roue.

N° 62,981. — Glans. — 9 mai 1864.

Méthode de trempe des aciers.

L'inventeur compose, pour tremper les aciers, le mélange suivant :

Acide tartrique.	90 grammes.
Huile de foie de morue.	450 —
Colophane.	60 —
Noir d'ivoire.	120 —
Charbon de bois blanc pulvérisé. . . .	30 — -
Graisse de bœuf.	150 —
Borate de potasse.	75 —

Ces matières sont pulvérisées et bien mélangées ; on en forme une pâte semi-liquide dans laquelle on immerge les objets à tremper, après quoi on les plonge dans un bain d'eau froide. Ce procédé donne à l'acier une dureté très-grande.

N° 64,041. — Sublet. — 6 août 1864.

Perfectionnements apportés au laminage des fers et des tôles.

Ces perfectionnements sont caractérisés par un système de laminage qui consiste essentiellement dans la suppression des cannelures et dans l'emploi de galets d'acier placés de manière que le travail du laminage se fasse dans le même temps horizontalement et verticalement, c'est-à-dire que les parties laminantes soient situées dans le même plan.

Ce système de laminage, qui s'applique aussi bien au travail du fer en barre qu'à celui de la tôle, présente, surtout dans le cas de laminage des grosses tôles, un grand avantage ; en effet, la tôle étant laminée à la fois sur ses quatre faces, il n'y a plus à cisailler les feuilles sur les côtés, et la matière se trouve répartie dans le sens de la longueur, ce qui permet d'obtenir des feuilles plus longues pour un même poids de fer employé.

N° 65,054. — Petin et Gaudet. — 9 novembre 1864.

Dispositions de fers à ondulations.

La confection des paquets destinés à la fabrication des grosses pièces de forge, plaques de blindages, etc., est un des points les plus importants ; aussi les inventeurs ont-ils constamment cherché les meilleures dispositions à donner aux mises de fer ou d'acier qui les constituent pour obtenir la plus grande résistance possible. Ces nouvelles dispositions sont caractérisées par l'emploi de fers à ondulations diverses qu'on groupe en les superposant, de manière à obtenir un paquet de la dimension voulue. Ces fers sont disposés les uns au-dessus des autres, de façon que leurs joints ne soient jamais superposés, quelle que soit la forme ou l'espacement des ondulations ; les intervalles qui existent entre les ondulations, au-dessus du paquet constitué par les mises superposées, sont remplis par des fers spéciaux.

N° 65,168. — Rouart et Mignon. — 18 novembre 1864.

Fers étirés à chaud.

L'industrie emploie un grand nombre de fers dits *fers à moulures*, de formes variées, qui sont obtenus aujourd'hui, soit au moyen de l'étirage à froid, soit au moyen du laminage ; le premier de ces procédés n'est appliqué qu'à des fers très-minces, le second ne peut s'appliquer avantageusement qu'à des fers suffisamment épais. On a utilisé les procédés généralement employés à la fabrication des tubes de fer, et qu'on peut caractériser sous le nom d'*étirage à chaud*, pour fabriquer un grand nombre de fers à moulures.

N° 65,852. — Nillus. — 13 janvier 1865.

Perfectionnements aux marteaux-pilons à vapeur ou autres.

Ce marteau-pilon présente les particularités suivantes :

1° Une hauteur totale, *restreinte* pour une course de piston donnée;

2° Une grande hauteur de l'enclume au-dessous du bâti et une grande largeur entre les flasques inférieurs de ce bâti, ce qui rend la manœuvre des pièces à forger beaucoup plus commode;

3° Une excellente direction verticale du marteau comprenant le cylindre lui-même et les bâtis qui le guident dans toute la hauteur de sa course, même au plus bas de cette dernière;

4° La faculté d'obtenir un coussin d'air entre le fond du cylindre et celui du marteau, de manière à atténuer la levée brusque de ce marteau, et à profiter de la pression obtenue pour lui imprimer une impulsion de bas en haut.

Ces différentes particularités sont également applicables aux machines employées à battre les pieux ou pilotis.

N° 66,282. — De Dietrich et Cie. — 24 janvier 1865.

Appareil destiné à couler des rondelles en acier Bessemer ou en acier fondu, pour bandages de wagons, de tenders et de locomotives.

Cet appareil se compose d'une coquille, supportée par un certain nombre de pieds; dans deux de ces pieds se trouve une mortaise destinée à recevoir une entretoise qui porte un écrou. Un chapeau recouvre la coquille et est fixé à celle-ci au moyen de boulons à clavettes traversant des oreilles pratiquées à cet effet. Cette coquille, recouverte de son chapeau, porte un vide conique qui est rempli par un mandrin ajusté exactement.

Ce mandrin peut être rendu mobile au moyen d'une tige ayant au bas une partie filetée se mouvant dans un écrou et portant en haut un petit volant sur lequel on agit pour faire mouvoir le mandrin. Enfin, le mandrin est fixé à une tige au moyen de deux rondelles maintenues par des clavettes et des goujons.

Le mandrin mobile doit être rapidement descendu dès que la pièce est coulée, afin que le retrait de cette pièce puisse se produire pendant le refroidissement. La coulée du métal dans le moule se fait au moyen de rainures pratiquées dans le mandrin. Pour éviter les soufflures et les défauts dans la pièce, on continue à couler jusqu'à ce que les rainures soient totalement remplies de métal, ce qui donne des jets ou masselottes. On arrête alors la coulée et on fait rapidement descendre le mandrin en agissant sur le petit volant, pour permettre au retrait de la pièce moulée de se produire. On fait alors sauter les clavettes qui maintiennent le chapeau sur la coquille, c'., au moyen de grues, ou de tout autre engin, on enlève le chapeau en l'attachant par les oreilles.

Nº 66,619. — Petin, Gaudet et Cie. — 15 mars 1865.

Perfectionnements aux appareils de manœuvre à l'usage des établissements métallurgiques.

Cette invention comprend :

1º Un système de griffe pour laminer avec la grue les grosses pièces de fer ou d'acier ;

2º Une disposition donnée à la grue, afin de permettre à la griffe ordinaire d'être suspendue au centre de gravité de la pièce à laminer ;

Ces modifications essentielles se rapportent : au brevet d'invention du 13 avril 1860, pour laminage des grosses pièces de fer ou d'acier au moyen de la grue et d'une griffe ; à un certificat d'addition du 12 avril 1861 et au brevet du 25 avril 1861.

Par ces modifications, on supprime une main-d'œuvre considérable qui consiste dans l'emploi des hommes faisant contre-poids à l'extrémité des griffes supportant le paquet à laminer, et l'on remplace cette main-d'œuvre : 1º par un poids mobile ; 2º par la disposition qui permet à la griffe d'être suspendue au centre de gravité de la pièce à laminer. Ces dispositions constituent une économie industrielle considérable.

Nº 66,895. — Dellestable. — 5 avril 1865.

Laminoirs à cylindres obliques multiples, dits laminoirs-filières.

Le point caractéristique de ce laminoir réside dans l'action simultanée de trois ou d'un plus grand nombre de cylindres, se réunissant en un même point, ayant un même mouvement, et pouvant donner au métal laminé une variété de forme indéfinie, selon le besoin industriel, et remplacer l'action lente et coûteuse de la filière, destinée au laminage des fers ronds, des fers à T, des fers dont la section forme 3 angles égaux opposés par leurs sommets, etc.

La disposition des trois cylindres, dont les périphéries se réunissent au centre, est telle, que le laminage s'exécute d'une manière parfaite sans écrasure du métal, mais, au contraire, en en resserrant les molécules, et sans aucune bavure, en poussant et ramenant toujours au centre les bavures de la matière par la seule action du mouvement des cylindres, qui tournent dans le même sens, et forment une filière continue. Les formes des cannelures peuvent être variées à l'infini.

N° 67,099. — Petin, Gaudet et Cie. — 21 avril 1865.

Système mécanique consistant à tourner et manœuvrer, pendant l'opération du martelage, les grosses pièces de forge sous la grue.

Par l'emploi de ce système, tous les hommes sont supprimés, et le paquet se tourne mécaniquement dans tous les sens; il n'y a plus que quelques hommes à l'extrémité du ringard pour faire avancer ou reculer la pièce et lui faire équilibre; mais la *manœuvre du tournage*, qui est la plus difficile et la plus pénible, se fait *mécaniquement*, ce qui est nouveau et produit une très-grande amélioration ainsi qu'une très-grande économie dans le forgeage des grosses pièces de forge.

N° 67,473. — Peugeot. — 24 mai 1865.

Bandes ou rubans d'acier et autre métal, striés, ondulés, cannelés ou nervés, pour ressorts et autres organes applicables à divers usages.

Les ressorts d'acier que l'on trouve dans le commerce sont plats, tandis que les nouveaux ressorts sont striés, ondulés, cannelés ou nervés, dans le but de donner, avec le même poids de métal, plus de résistance et d'élasticité. Ces nervures ou cannelures sont disposées sur la bande métallique, n'importe dans quel sens, longitudinal, transversal, oblique, selon la direction de la résistance que doit présenter le ressort.

En résumé, cette invention comprend :

1° La bande-ressort métallique cannelée, striée, ondulée ou

servée pour toutes applications, ce qui constitue un produit nouveau ou perfectionné ;

2° Les machines et outillages destinés à cette fabrication nouvelle.

N° 67,601. — Société anonyme des chantiers et ateliers de l'Océan. — 2 juin 1865.

Perfectionnements aux laminoirs servant à fabriquer les bandages de tous genres.

Cette invention est caractérisée par un laminoir destiné à la fabrication des bandages pour les roues employées sur les chemins de fer, et qui présente les particularités suivantes :

1° Une disposition d'engrenages mobiles avec leurs axes, ce qui permet aux cylindres lamineurs de se commander géométriquement, quelle que soit la distance de leurs centres ;

2° La détermination des positions fixes des galets, lesquelles satisfont au cintrage du bandage, quel que soit, pendant le travail, le diamètre du bandage qu'on fabrique.

N° 68,298. — Bouniard. — 12 août 1865.

Fabrication au laminoir de tôles cylindriques.

L'objet de ce brevet est la fabrication de tôles cylindriques sortant du laminoir sans soudure.

On coule dans une lingotière à noyau un cylindre, particulièrement en acier Bessemer ; on introduit le cylindre supérieur fixe du laminoir dans ce cylindre de métal fondu, en employant, pour opérer facilement ce mouvement, une cage mobile dans sa partie supérieure, qui, au moyen d'un cylindre à vapeur, se retire pour permettre l'entrée du cylindre de tôle à laminer. Le cylindre inférieur, d'un diamètre plus grand que le supérieur, est mobile ; la pression s'opère donc en laminant par le bas.

Les trois points fondamentaux sont : fixité du cylindre supérieur, mobilité du cylindre inférieur, et surtout introduction du cylindre de tôle sur le cylindre supérieur, la cage étant mobile.

ADDITION, en date du 13 décembre 1866.

Cette addition a pour objet :

1° De déterminer toutes les applications de ce laminoir aux fa-

bricationa de tous cylindres creux, viroles, couronnes, qui peuvent
être ou qui sont fabriqués dans l'industrie métallurgique;

3° D'indiquer les moyens d'assemblage des viroles pour chaudières ou autres.

N° 68,394. — Compagnie anonyme des fonderies et forges de Terre-Noire, la Voulte et Bessèges. — 11 août 1865.

*Fabrication de manchons en acier fondu destinés à être trans-
formés en tubes et viroles.*

On peut employer plusieurs procédés pour le moulage des manchons, selon les cas qui se présentent : 1° dans le cas de manchons
de grand diamètre où l'on doit se mettre en garde contre les inconvénients du retrait; 2° dans le cas où l'on veut couler des
manchons d'un très-petit diamètre, et où il n'y a plus de danger
de rupture au refroidissement; 3° on pourrait, au lieu de faire
dans le sable les moules, disposer des lingotières dans lesquelles
on introduirait les noyaux; la communication entre les diverses
lingotières serait établie par les coulées.

L'invention objet de ce brevet comprend : 1° l'application des
manchons ou bagues d'acier fondu à la fabrication des tubes et
des viroles sans soudure ; 2° les procédés de moulage de ces manchons ou bagues.

ADDITION, en date du 20 octobre 1865.

Cette addition comprend un procédé de laminage des manchons
d'acier fondu pour en faire des viroles de chaudières, sans soudure
ni rivure.

On se sert d'un laminoir dont les dispositions essentielles sont
les suivantes : 1° ouverture et fermeture d'une cage pour laisser
entrer ou sortir les pièces à laminer; 2° suspension possible du
laminoir supérieur; 3° serrage continu des vis pendant l'opération.

2° ADDITION, en date du 19 juillet 1866.

Ce certificat indique trois procédés pour le laminage des tubes
dans le sens longitudinal.

Les dispositions essentielles sont : laminage du manchon avec
noyau incompressible; laminage sur mandrin froid passant entre
les laminoirs en même temps que le manchon; laminage sur mandrin fixé entre les laminoirs.

N° 68,516. — Davy. — 12 juillet 1865.

Marteau-pilon.

Cette invention comprend :

1° L'application d'un petit cylindre auxiliaire attaché au bâti du marteau, et qui commande, par son piston, l'action des valves du grand cylindre ;

2° La combinaison du tiroir-valve avec les deux plateaux à recouvrement, pour l'action du cylindre auxiliaire qui commande les valvules du grand cylindre ;

3° L'application d'un levier à sonnette, mis en action par le marteau lui-même au moyen d'une glissière, ce qui procure un mouvement automoteur à volonté ;

4° L'application de tampons de caoutchouc vulcanisé aux extrémités de la course réglée des tiges de pistons, ce qui évite les secousses et permet d'obtenir une réserve de vapeur d'échappement, formant coussin à l'extrémité de la descente du marteau sur le fer à forger.

N° 70,105. — Homfray. — 27 janvier 1866.

Perfectionnements dans le mode de faire les chaînons de chaînes en fer ou en acier, et dans les machines employées à cet effet.

Ces perfectionnements, apportés à la fabrication des chaînons des chaînes ou câbles en fer ou en acier et aux machines employées à cette fabrication, consistent à plier ou façonner le fer ou l'acier en chaînons, qu'on fait souder ultérieurement, ou à plier ou façonner les chaînons et d'en souder les bouts et de fixer les étais en une seule opération. Chaque chaînon, quelle qu'en soit l'épaisseur, a une forme régulière et uniforme, et est formé et soudé en une seule chaude, d'un seul coup.

On prend des barres cylindriques de fer ou d'acier et de dimension voulue, qu'on coupe en morceaux droits, de la longueur requise pour un chaînon ; on donne aux bouts de chaque pièce une chaude soudante dans un foyer à vent double. Quand les bouts de la pièce sont ainsi chauffés, on la place à travers les mâchoires ouvertes de la machine. On laisse tomber un bélier, faisant partie de la machine, de manière à ce que le bas d'un mandrin sur ce bélier vienne frapper le milieu de la pièce chauffée, la pousse de haut en bas et ferme en même temps les mâchoires, de bas en haut, de chaque côté et force le métal à saisir le mandrin ovale. A ce moment, on laisse tomber un marteau à souder au bas duquel il y a une matrice qui frappe les deux bouts du métal chauffé à leur point de jonction et les soude ensemble. On enlève la chaîne du mandrin et on aplanit tout surplus de métal qui a pu s'échapper entre le mandrin et la matrice.

N° 70,211. — Thévenet. — 30 janvier 1866.

Pilon mû par l'eau et par la vapeur.

Les organes de ce pilon sont :

1° Un bâti de fondation reposant sur le sol ;

2° Un corps de presse avec réservoir d'eau, intérieur et extérieur, et un piston de presse ;

3° Un piston de relevage du piston de presse ;

4° Deux grosses soupapes des orifices de communication des deux réservoirs, supérieur et inférieur ;

5° Une pompe à effet direct et son piston moteur ;

6° Un piston de commande des grosses soupapes ;

7° Deux tiroirs à effets combinés, commandés par la même tringle ;

8° Une soupape régulatrice de sûreté dont la levée met en communication les réservoirs supérieur et inférieur du corps de presse.

Cette presse, à piston équilibrée, appelée *piston hydrostatique* peut être employée, au travail du fer, comme pilon à simple effet, et comme pilon à double effet ; dans ce second cas, objet principal de l'invention, le choc ne résulte que de la descente du marteau, c'est-à-dire qu'il est presque supprimé. Enfin, cette presse peut servir aussi comme presse à action instantanée sur des parcours variables.

N° 70,228. — Lamur. — 7 février 1866.

Appareil mécanique propre au soudage et au refoulement du fer et de l'acier.

Le refoulement est une action indispensable pour bien souder deux pièces et pour raccourcir une pièce sans la couper. Avec les moyens ordinaires, on interrompt le martelage pour refouler et le refoulage pour marteler. L'appareil mécanique objet de ce brevet a pour but d'opérer le refoulement continuel des pièces à souder ou à raccourcir pendant que le martelage s'opère, et, par conséquent, de souder ou de raccourcir, sans avoir à interrompre une des deux actions.

Les moyens employés consistent dans l'emploi de deux mors à refoulement variable dont le serrage augmente en raison de la résistance que le métal à refouler offre au rapprochement des mors.

N° 70,432. — Montigny. — 17 février 1866.

Fer laminé de forme spéciale, destiné à la fabrication des écrous à six pans.

Jusqu'à présent les écrous à six pans ont été faits dans des barres de fer rectangulaires. Tant qu'on les fabrique à la main, on n'éprouve pas de difficultés, mais dès qu'il s'agit de les enlever à la machine, la section de cisaillement devient tellement considérable, que jusqu'à ce jour on n'a pu obtenir que des résultats très-imparfaits.

L'inventeur a imaginé une forme spéciale de fer, non rectangulaire, mais crénelée, qui est telle qu'on peut découper des écrous à six pans, et que le cisaillement du périmètre de l'écrou, qui, lorsqu'on opère sur une barre rectangulaire, est composé de cinq sections, se trouve réduit à une seule section et permet ainsi d'obtenir des écrous à 6 pans tout aussi facilement qu'on fait des écrous carrés à la machine à poinçonner.

L'inventeur revendique l'emploi exclusif : 1° du fer laminé ou étiré an pilon de forme spéciale pour la fabrication des écrous à six pans ; 2° du système de fabrication des écrous au moyen du dit fer.

N° 70,452. — Davies. — 20 février 1866.

Perfectionnements apportés aux marteaux à vapeur.

L'invention consiste à rendre les marteaux à vapeur capables de donner des coups, non-seulement perpendiculairement à la face de l'enclume, mais aussi en sens inclinés par rapport à la face de l'enclume, quand le travail de la forge l'exige. Le marteau est, en même temps, capable de donner des coups de différentes longueurs de course et de différents degrés d'intensité.

L'inventeur revendique :

1° La bielle ou pièce d'attache intérieure pour actionner la soupape principale, directement ou autrement, cette bielle étant actionné par un bouton, ou autre saillie, sur la tige du piston ; 2° le cylindre à vapeur, formé de manière à pouvoir tourner avec le cylindre horizontal pour actionner le bras du marteau dans la direction voulue ; 3° la soupape régulatrice, pour maintenir le marteau au-dessus de l'enclume quand il n'est pas en activité ; elle est placée de manière à pouvoir être actionnée par le pied du forgeron ; 4° l'arrangement général et la construction du mécanisme.

N° 70,584. — Compagnie anonyme des fonderies et forges de Terre-Noire, la Voulte et Bessèges. — 14 mars 1866.

Fabrication de lingots profilés en acier fondu par le procédé Bessemer ou par tout autre procédé, destinés au laminage des barres de formes diverses.

La fabrication du fer présente certaines difficultés qui font obstacle au développement de son emploi.

La nécessité de procéder par *soudage de mises superposées* pour obtenir des pièces de qualité suffisante est un très-réel obstacle à la fabrication des grosses pièces, surtout quand les formes à obtenir présentent des profils très-accentués qui imposent l'obligation de soumettre la matière à des déformations auxquelles elle ne se prête que difficilement.

Les inventeurs revendiquent l'idée d'appliquer aux pièces de formes variées, employées aujourd'hui dans les constructions, et surtout aux grosses pièces, des *lingots profilés* en acier fondu par le procédé Bessemer ou par tout autre procédé.

Les résultats obtenus présentent les avantages suivants :

1° Facilité considérable dans le laminage par suite de la forme primitive donnée à la pièce à laminer, forme qui permet d'arriver au laminage *absolument proportionnel,* ce qui n'est pas possible quand on est obligé d'employer des éléments de forme rectangulaire pour les appliquer au laminage de barres fortement profilées ;

2° Avantages considérables, résultant de l'emploi d'un métal qu'il n'est pas nécessaire de souder et qui présente, au point de vue de la résistance à froid et de la qualité à chaud, des avantages extrêmement précieux ;

3° Possibilité de fabriquer par le laminage des pièces de dimensions infiniment plus grandes, et d'étendre ainsi de beaucoup les possibilités d'emploi dans les constructions.

N° 70,670. — Massey (les sieurs). — 5 mars 1866.

Perfectionnements apportés dans les marteaux et autres machines mues par la vapeur ou autres fluides.

Cette invention est relative aux soupapes des marteaux et autres machines mues par la vapeur ou par d'autres fluides, et aux moyens employés pour faire mouvoir et pour contrôler ces soupapes. Les inventeurs relient aux grandes soupapes des cylindres (qui peuvent être du genre connu sous le nom de « double piston » ou de tous autres genres) un piston ajusté dans un petit cylindre, lequel piston fait mouvoir les soupapes principales, et contrôle ainsi le mouvement du grand piston du marteau.

N° 70,981. — Revollier jeune et Cie. — 24 mars 1866.

Perfectionnements apportés aux marteaux-pilons à vapeur.

Ces perfectionnements se rapportent :

1° A une disposition particulière servant à la transmission de mouvement du tiroir, disposition qui permet d'éviter tous les systèmes de leviers, de tringles, etc., qui existent dans toutes les distributions de pilons à double effet connues jusqu'à présent et, par suite, les réparations nécessitées par ces dispositions, toutes plus ou moins vicieuses à cause de leur grande complication ; 2° à l'application d'un tiroir à disques équilibrés ; 3° à une disposition de faux-fonds appliquée à la partie supérieure du cylindre à vapeur, afin qu'en cas de rupture de la tige du marteau, le piston ne puisse pas sortir du cylindre et causer des accidents plus ou moins graves.

Les inventeurs se réservent de placer la coulisse sur une des parties mobiles du marteau, sur la tête, par exemple, ainsi que d'appliquer ce système de distribution, plus ou moins modifié suivant les besoins, à tout système de marteau-pilon à simple ou à double effet.

N° 71,154. — Penton. — 6 avril 1866.

Perfectionnements dans le forgeage et le cintrage des cercles en acier et en fer et dans l'appareil employé à cet effet.

Ces perfectionnements ont plus spécialement en vue de forger ou estamper deux bandages simultanément, et consistent à agir sur les bandages au moyen de matrices ou moules formant enclume et marteau ; ces matrices ou moules ont une forme et une position telles, que toute la surface d'une partie du bandage est formée à la fois, d'où il en résulte une qualité de bandage perfectionnée.

N° 71,438. — Martin (les sieurs). — 3 mai 1866.

Système spécial de plaque de blindage.

Ces plaques doivent être employées sans être forgées ; pour cela, elles sont coulées par les procédés Martin avec le métal appelé « fer fondu » parce que, sans être forgé, mais simplement coulé, il possède les qualités de résistance du fer forgé et laminé, et qu'à la cassure il présente la même apparence de grain.

En résumé, l'invention comprend l'emploi de plaques évidées ou non évidées, coulées et non forgées, en fer fondu.

N° 71,604. — Sauer. — 17 mai 1866.

Perfectionnements dans la construction des marteaux mécaniques.

Ces perfectionnements consistent dans l'emploi d'un ressort métallique et d'une bride flexible auxquels est suspendu le marteau, et servant à absorber les vibrations nuisibles, tout en augmentant la force et l'efficacité du coup de marteau.

N° 71,667. — Petin, Gaudet et Cie. — 19 mai 1866.

Perfectionnements apportés au laminage des roues pleines en fer ou en acier.

Ces perfectionnements sont caractérisés par un nouveau système de laminage des roues pleines en fer ou en acier, pour wagons, tenders, machines, etc., qui se rapportent au brevet pris le 15 juillet 1854. Ces perfectionnements diffèrent de la disposition primitive, en ce qu'ils suppriment le galet moteur qui servait à refouler, dans la fabrication de la roue pleine, la matière de la jante, et permettent d'obtenir le centre ou toile parfaitement plane, et la jante bien dégorgée, placée mathématiquement au centre de la roue.

Le laminage est ainsi simplifié et apporte une grande économie sur le système primitif.

N° 71,696. — Tisserand. — 28 mai 1866.

Martinet-pilon à intensité et vitesse variables et à arrêt instantané.

L'invention repose sur les points suivants :

1° Variation de l'intensité du coup de marteau par un ressort en caoutchouc, un ressort en spirale, un ou plusieurs ressorts de voitures, ces trois modes appliqués au dispositif de compression particulier; et, enfin, le dispositif de compression, comprenant un ressort en acier, se remplaçant, à volonté, par du bois ayant les dimensions en rapport avec sa résistance et son élasticité;

2° Variation de vitesse avec une seule poulie, en tendant, plus ou moins, la courroie opérant par glissement (application affectée spécialement à ce système de martinet);

3° Arrêt instantané, par l'application d'un frein puissant enveloppant, à volonté, une partie quelconque de la circonférence du volant.

N° 71,752. — Petin, Gaudet et Cⁱᵉ. — 30 mai 1866.

Perfectionnements apportés au laminage des fers.

Ces perfectionnements sont caractérisés par un système de laminage à *parois mobiles* en *tous sens*, propre à la fabrication des fers à T, à double T, des fers en U, ainsi que de tous les types intermédiaires se rapportant plus ou moins à ces formes. La disposition ne présente qu'une seule cannelure, et peut s'appliquer soit pour les *laminoirs ébaucheurs,* soit pour les *finisseurs.*

Ce système comprend deux cylindres horizontaux combinés avec deux galets latéraux qu'on peut écarter ou rapprocher à volonté, au moyen de vis de pression manœuvrées simultanément si l'on veut un déplacement égal de chaque côté, ou bien séparément dans le cas contraire.

ADDITION, en date du 11 mai 1867.

Ce certificat d'addition a pour but de bien faire comprendre toute la généralité du système, qui s'applique non-seulement avec des galets de section rectangulaire, mais encore avec des galets de section quelconque, tels que fers en forme de croix, destinés à former des piliers de viaduc et de pont, ou à tout autre usage.

N° 72,042. — Petin, Gaudet et Cⁱᵉ. — 22 juin 1866.

Perfectionnements apportés à la fabrication des boulets en fer ou en acier.

Les inventeurs revendiquent comme leur invention le principe de marteler les boulets, quelles que soient leurs formes, dans des étampes closes, c'est-à-dire entourant ces boulets dans toutes leurs parties, ce qui permet d'obtenir des projectiles entièrement terminés de forge, sans qu'on soit obligé de les tourner.

La rapidité de la main-d'œuvre et le peu de déchet constituent l'économie industrielle qui fait le mérite de la fabrication nouvelle.

N° 72,109. — Vickers. — 27 juin 1866.

Perfectionnements dans les machines propres au laminage des bandages de roues et autres usages.

Cette invention consiste à disposer le laminoir de telle façon que les parties du cylindre sous lesquelles le travail est effectué, se projettent en dehors de leurs coussinets, tandis que les autres parties des cylindres, au lieu d'être placées côte à côte ou au-dessus l'un de l'autre, comme on le fait usuellement, s'étendent en sens opposés afin que la jante ou toute autre pièce devant être laminée, puisse être placée et maintenue entre des épaulements ou brides dont un seulement se trouve formé sur chaque cylindre, ladite bride pouvant, au besoin, être élevée au delà du centre de l'autre cylindre.

N° 72,206. — Tarr. — 5 juillet 1866.

Appareil perfectionné destiné à fondre les roues de voitures et autres articles en acier fondu.

Cette invention comprend :

1° La production sur l'acier liquide dans le moule d'une pression capable de produire l'expulsion de l'air et des gaz, ce qui donne à l'acier plus de solidité ;

2° La disposition sur le fond du moule aux points situés directement au-dessous des ouvertures d'introduction, de blocs en plomb sulfuré ou autre substance réfractaire analogue ;

3° L'emploi de pièces tranchantes à la partie supérieure des orifices de coulée ;

4° L'usage de vis de pression agissant sur le moule.

Cette invention a pour objet de fabriquer des articles en acier fondu, en les soumettant, lorsque le métal est à l'état liquide dans les moules, à une pression considérable dans le but d'expulser l'air et de rendre l'acier plus compact et exempt d'ampoules ou autres imperfections.

L'inventeur décrit la construction et le fonctionnement d'une machine disposée pour fabriquer des roues de wagons en acier fondu.

N° 72,279. — Compagnie anonyme des fonderies et forges de Terre-Noire, la Voulte et Bessèges. — 23 juillet 1866.

Perfectionnements portant spécialement sur l'application de manchons de diverses formes en acier fondu par le procédé Bessemer ou par les procédés ordinaires, à la fabrication par le laminage tubulaire, sans soudure, de corps de diverses formes, tels que rails creux pour chemins de fer, essieux creux, etc.; lesdits perfectionnements apportés à l'objet du brevet de 15 ans pris par ladite Compagnie le 11 août 1865.

Par leur brevet du 11 août 1865, les inventeurs ont développé le procédé qui consiste à profiter de la fusibilité et de la ductilité de l'acier, pour couler des manchons d'acier fondu, destinés au laminage tubulaire.

Une première addition, en date du 20 octobre 1865, spécifiait les procédés relatifs au laminage des viroles de chaudières sans soudures, ni rivures.

Une deuxième addition, en date du 19 juillet 1866, a donné la description de nouveaux procédés applicables au laminage des tubes.

Les perfectionnements qui font l'objet du présent brevet ont pour but d'étendre le laminage tubulaire à des corps de *formes diverses*, les inventeurs n'ayant rien à ajouter, comme procédés de fabrication, aux descriptions données antérieurement.

N° 72,305. — Bernabé. — 19 juillet 1866.

Procédé d'inoxydation des plaques de blindage.

Ce procédé d'inoxydation est fondé sur l'emploi de l'électrométallurgie, appliquée pour recouvrir les plaques ou objets d'un enduit en cuivre isolant et protecteur. Le cuivrage, produit dans ces conditions, a pour effet de rendre, par une action particulière de neutralisation des courants électriques, les plaques complètement inoxydables. C'est l'application spéciale de ce procédé aux plaques de blindage et autres pièces métalliques, en vue de les protéger, qui fait l'objet de ce brevet.

N° 72,804. — Watermau. — 3 août 1866.

Perfectionnement apporté au cisaillage des fers profilés.

La disposition nouvelle a pour but de couper en deux une barre profilée pour en utiliser les deux fractions : dans ce cas, il est important de respecter le profil de chacune des barres, résultant du cisaillage. Le procédé, qui fait l'objet du présent brevet, est une application nouvelle du principe connu de l'emporte-pièce ou poinçon pour percer un trou dans une feuille de tôle, un rail, une cornière, etc. Il s'agit ici, non de percer une barre, mais de la couper. L'appareil comprend : 1° un poinçon auquel on peut imprimer un mouvement alternatif, ce poinçon ayant la forme d'une lame dont la disposition variera, suivant le besoin, avec le profil de la barre à couper ; 2° la nature du poinçonnage ordinaire est remplacée dans le nouvel appareil par deux lames fixes entre lesquelles peut venir s'engager l'extrémité travaillante de la lame mobile. La forme de ces lames fixes variera aussi avec le profil de la barre. De même que dans le poinçonnage ordinaire, le fer n'est ni déformé ni déchiré par le poinçon autour du trou, de même avec cette cisaille, les sections produites sont nettes et exemptes de déchirures si l'appareil est en bon état.

N° 72,768. — Colson. — 8 septembre 1866.

Dispositions de laminoirs à tôles, fers plats, poutrelles et gros fers en général.

Ces nouvelles dispositions consistent :

1° Dans l'application d'une machine à vapeur principale, composée de trois cylindres à vapeur, disposés de manière à faire tourner des trains de laminoirs à droite ou à gauche, à volonté du mécanicien, ou bien automatiquement par des mouvements de leviers ou de cylindres à vapeur ;

2° Dans la suppression complète du grand volant ;

3° Dans l'emploi d'un moteur spécial à vapeur à deux cylindres dont les manivelles seront calées à angle droit sur l'arbre du pignon d'engrenage côné, pour faire agir les vis de pression du cylindre supérieur du train, à tôles ou à larges plats d'égales résistances ;

4° Dans l'application aux tôles ou larges plats d'égales résistances, soumises au laminage, des appendices ou doubles tenailles qui devront servir à l'arrêt ou au renversement automatique du mouvement de la machine et des trains, par des combinaisons de leviers ou de cylindres à vapeur permettant de marcher alternativement ou simultanément.

N° 72,806. — De la Martellière. — 4 septembre 1866.

Système de train de laminoirs pour tôle, fers et autres métaux.

Ce nouveau système de laminoirs a pour objet de faire subir au métal, dans un seul passage continu entre plusieurs cylindres, autant d'opérations dégrossissantes qu'il y a de cylindres, moins un, groupés dans la même cage.

Le train comporte 4 cylindres, mais ce nombre est indéterminé et, quel qu'il soit, le métal reçoit, d'une manière continue, autant de passages qu'il y a de cylindres, moins un, dans le train.

Ces laminages sont alternativement horizontaux et verticaux. Des guides ou conducteurs circulaires, espèces de plaques de garde intermédiaires, ont pour but de guider les feuilles de tôle du premier laminage au deuxième laminage, puis du second au troisième et ainsi de suite.

Ce train peut être composé d'un nombre quelconque de cylindres, échelonnés pour laminer progressivement et d'une manière continue, avec cette propriété essentiellement nouvelle, que possèdent les cylindres intermédiaires, d'agir à double effet, c'est-à-dire de produire la réduction dans les deux sens, vertical et horizontal.

N° 72,919. — Brooks. — 14 septembre 1866.

Perfectionnements dans la fabrication des tuyaux métalliques
sans soudure.

La présente invention a pour objet un procédé propre à fabriquer des tubes métalliques sans soudure ou brasure longitudinale. Ce procédé consiste à former d'abord, par la fonte ou le laminage, un

court cylindre de métal ou d'alliage, dont on veut faire le tube et
qui doit être malléable, puis on le remplit d'une âme, composée
d'un métal ou d'un alliage également ductile, ou d'un composé
chimique convenable, qui doit être d'une rigidité suffisante pour
constituer un mandrin, mais de nature à être fondu ou liquéfié
par des agents chimiques plus vite que l'enveloppe extérieure.
Ensuite, on amène cette masse à la longueur et au diamètre voulus,
puis on fond, on liquéfie le mandrin, et il ne reste plus que le tube
que l'on peut alors dresser et finir si cela est nécessaire.

N° 73,053. — Helson. — 28 septembre 1866.

Perfectionnements apportés dans la fabrication des roues laminées
circulairement d'une pièce en fer ou en acier, soit pour roues
de wagons, de tenders, machines ou autres véhicules.

Le but que l'inventeur a eu en vue est de donner à la roue l'é-
lasticité nécessaire pour empêcher le laminage et, par suite, l'a-
grandissement du bandage sous de fortes charges. Le moyen consiste à produire, au moment même du laminage de cette espèce
de roue, dont la toile a été jusqu'à présent laminée plane, des
ondulations, des creux ou renflements circulaires sur la lame ou
toile de la roue, qui donneront l'élasticité voulue. Ces ondulations
s'obtiennent par la préparation du plateau ou ébauche de la roue
au marteau-pilon, et par le laminage de la roue, avec plateau ou
ébauche préparée.

N° 73,153. — Piat et fils. — 3 octobre 1866.

Perfectionnements apportés aux machines propres à exécuter
les engrenages de tous genres, sans modèles.

Les perfectionnements qui font l'objet de la présente demande
sont caractérisés par la disposition d'une machine qui permet de
trousser et tailler dans le sable toutes sortes d'engrenages droits
ou d'angle, à denture droite, de rochet, hélicoïdale, pour chaîne,
vis sans fin, etc.; cette machine évite ainsi les frais de modèles,
fonctionne avec la plus grande précision, et donne des dentures
d'une exactitude rigoureuse.

En principe, la machine se compose d'un plateau diviseur, disposé à la partie inférieure d'un axe, dont la partie supérieure reçoit une règle horizontale ou trousseau; cet axe traverse un pla-

teau sur lequel se pose l'anneau de sable qui doit servir à la
confection de la denture.

Sur la table ou bâti dans lequel est monté l'axe, on dispose
un petit support vertical mobile le long duquel glisse un chariot,
c'est-à-dire parallèlement à l'axe du plateau diviseur. Ce chariot
porte un axe sur lequel est fixée une fraise, qui, en tournant, taille
dans la couronne de sable un vide correspondant à une dent. On
mobilise le chariot à l'aide d'un levier à manette.

Ainsi, la couronne de sable étant disposée sur le plateau supérieur, il suffit pour tailler la place d'une dent d'abaisser le chariot
porte-fraise ; une fois l'entaille pratiquée, on relève la fraise, et on
fait tourner la couronne d'une quantité correspondante à un vide,
ce qu'indique très-exactement le diviseur placé en bas de la machine : on n'a plus qu'à abaisser de nouveau la fraise pour faire
un vide, correspondant à une autre dent, et ainsi de suite.

N° 74,244. — Tarr. — 22 décembre 1866.

*Disposition mécanique propre à la fabrication des roues de wagons
en acier, également applicable à la fabrication de toutes autres
pièces en acier de forme usuelle.*

La partie caractéristique de cette invention réside dans l'application de la pression de l'eau pour comprimer l'acier lorsqu'il se
trouve à l'état liquide ou semi-liquide dans le moule qui doit en
former les roues de wagons ou autres pièces, ainsi que pour élever
ou abaisser la partie supérieure du moule et pour enfoncer et retirer le mandrin destiné à ménager l'évidement central de la roue.
L'invention consiste aussi dans une disposition permettant d'adapter
le moule aux différentes épaisseurs que doit avoir la pièce et de
régler la quantité d'acier à y introduire, suivant cette épaisseur.

N° 74,422. — Mansoy et Cie. — 9 janvier 1867.

Laminoir universel vertical et horizontal.

C'est un double laminoir universel, vertical et horizontal, mû
par le même mouvement, pouvant, à volonté, être triplé, quadruplé
et servant à laminer et profiler, dans tous les sens, les barres et
lames de tous métaux, purs ou alliés, fer, acier, cuivre, plomb,
zinc, afin de donner à tous ces métaux toutes les variétés de formes,
soit régulières, soit de fantaisie. Les avantages sont : économie et

simplicité ; économie, en ce sens que la barre de métal que l'on
veut laminer, profiler dans toutes les formes désirables, dans les
deux sens, au lieu d'être chauffée plusieurs fois pour lui faire
prendre les diverses formes appropriées à l'industrie, s'obtient
presque instantanément ; il y a donc par cela même économie de
temps, de combustible et de main-d'œuvre.

Le laminoir horizontal, comme celui vertical, peut être indifféremment le premier ou le deuxième, et réciproquement. On peut
même doubler, tripler et quadrupler ces laminoirs en les mettant
les uns à la suite des autres, et, par cela même, éviter la perte
de temps, économiser la main-d'œuvre et le combustible. On peut
aussi, indifféremment, donner le mouvement par le haut comme
par le bas.

N° 74,424. — Marrel frères. — 8 janvier 1867.

Procédé de fabrication de fers à T, à une ou plusieurs nervures.

Ce nouveau procédé est caractérisé par le travail préalable qui
donne une forme préparatoire aux paquets, combiné avec l'emploi
du train universel ou du train à tôle ordinaire avec une disposition
particulière de cannelures, à l'effet de fabriquer des fers à T de
toutes dimensions, à une ou plusieurs nervures.

N° 74,484. — Petin, Gaudet et Cie. — 12 janvier 1867.

Perfectionnements apportés au laminage des plaques de blindage.

Il s'agit d'un mode spécial de laminage des blindages suivant
les courbes dans le sens de la largeur que les plaques doivent
avoir sur le navire. Jusqu'ici les courbures s'obtenaient au marteau-
pilon, mais la manutention est très-coûteuse et peut compromettre,
en outre, la solidité du blindage ; il peut arriver, en effet, dans la
série de chaudes et de martelages, que l'on est obligé de donner,
que la pièce soit altérée par le surchauffage, ou aussi par l'irrégularité de l'action du marteau sur les différentes parties.

Le mode nouveau de laminage fait disparaître complètement ces
deux inconvénients ; il permet de laminer la plaque suivant la
courbure qu'elle doit avoir, et donne ainsi une sérieuse économie
et une grande sécurité pour la qualité des cuirasses. Les deux cylindres du laminoir, au lieu d'avoir la table droite comme les laminoirs à tôle et à plaques de blindage, présentent, l'un en creux,

l'autre en saillie, la courbure qu'il est nécessaire de donner aux plaques. Des cylindres verticaux ou galets produisent le laminage latéral; ils peuvent être rapprochés ou éloignés, à volonté, et prendre la position convenable pour fabriquer des plaques de largeur variable.

Ces galets, au lieu d'être cylindriques, ont la forme d'un tronc de cône dont la génératrice est normale à la courbe que l'on veut obtenir.

N° 74,733. — Maury-Bonnelle. — 11 février 1867.

Machine à forger à compresseur hydraulique.

Dans la machine qui fait l'objet de ce brevet, le marteau est soumis à une course constante et invariable, d'où il résulte que l'enclume doit pouvoir s'abaisser ou s'élever à volonté, afin de permettre le travail des fers de toutes dimensions. Ce déplacement a été obtenu à l'aide de la pression d'un liquide et c'est pour cette raison qu'on lui a donné le nom de *compresseur hydraulique*. Le principe fondamental repose sur l'incompressibilité des liquides, pour assujettir l'enclume à une hauteur déterminée et aussi pour lui permettre une certaine élasticité, en faisant intervenir la loi de Mariotte avec le principe de Pascal.

N° 74,810. — Weldon. — 2 février 1867.

Procédé de construction des pièces d'artillerie et certains autres cylindres métalliques.

L'inventeur revendique la méthode ou le procédé de construire des canons et certains autres cylindres métalliques au moyen de lames minces de section segmentale, transversale, reliées ensemble par des colliers à disque, cylindriques ou autres.

N° 74,832. — Mitchel. — 6 février 1867.

Perfectionnements apportés dans le façonnage et le forgeage des métaux, ainsi que dans les appareils employés à cet effet.

L'inventeur revendique :

1° La construction générale et la disposition de la machine ou appareil pour façonner et forger les métaux; 2° l'application et l'emploi dans ces machines de mâchoires ; 3° le système ou mode de façonner et forger les embranchements de tuyaux, tels que tés, coudes, accouplements, traverses, etc., par l'emploi d'un bloc-moule combiné avec des mâchoires, des matrices et mandrins convergents, actionnés par la vapeur, l'air comprimé, l'eau, etc.; 4° la disposition particulière des portes à vapeur dans les cylindres des marteaux à vapeur et machines à forger.

N° 74,946. — Kirk. — 12 février 1867.

Perfectionnements apportés aux machines et appareils servant à laminer les métaux.

Cette invention se rapporte à une certaine disposition de méca-nisme employé dans les laminoirs où trois rouleaux sont super-posés et fonctionnent simultanément. Ces perfectionnements con-sistent à faire le rouleau central stationnaire, ses montants étant immobiles et inajustables, et à rendre mobiles et ajustables les montants des rouleaux inférieurs et supérieurs, de sorte que l'é-paisseur du métal est réglée par les rouleaux qui sont abaissés ou soulevés du rouleau central. Pour faciliter le mouvement des susdits rouleaux mobiles, les châssis qui portent leurs montants commu-niquent par des arbres verticaux et des leviers, balancés par des ressorts disposés à cette fin. La position du rouleau supérieur est réglée avec précision au moyen d'une vis, comme à l'ordinaire.

Un second perfectionnement consiste à régler le mouvement du rouleau inférieur au moyen d'une vis placée en dessous, et les deux vis, inférieure et supérieure, ou leurs têtes, communiquent par un engrenage, ce qui fait que les deux rouleaux peuvent être soulevés ou abaissés à volonté.

N° 74,990. — Petin, Gaudet et Cie. — 14 février 1867.

Perfectionnements apportés au forgeage des frettes.

Ces nouveaux procédés de fabrication des frettes-tourillons donnent une plus grande sécurité pour l'emploi de ces pièces, en leur permettant de présenter dans toutes leurs parties autant de résistance que les frettes ordinaires sans tourillons.

Jusqu'à présent, les frettes à tourillons employées par l'artil-lerie se fabriquaient en prenant un paquet d'acier puddlé dont la direction générale des mises était la ligne d'axe des tourillons. Lorsque ce paquet était suffisamment forgé, on perçait un orifice en son centre, et cet orifice était élargi à l'aide d'une série de mandrins de différents diamètres, jusqu'à ce que la frette eût son diamètre définitif. Dans la partie du tourillon, les efforts produits par le tir de la pièce de canon s'exerçaient suivant les mises mêmes et non plus normalement aux fibres de l'acier.

Le nouveau mode de fabrication a pour but d'arriver à ce que, même dans la partie du tourillon, les efforts du tir agissent normalement aux mises. On prend le tourillon dans une pièce forgée spéciale, indépendante de la frette proprement dite, puis on le soude. L'ébauche de la frette se compose de quatre pièces. Les deux premières sont deux rondelles sans soudure dans lesquelles les mises enroulées en hélice se trouvent toutes normales au rayon de la frette. Après leur laminage, on fait venir à ces rondelles, par travail de forge, deux amorces aux deux bouts opposés de l'axe longitudinal. La troisième pièce est un coin qui coïncide, aussi exactement que possible, avec les amorces des deux rondelles superposées ; c'est lui qui donne le tourillon. L'ébauche ainsi préparée, d'abord avec ces trois pièces seulement, est chauffée et soudée ; puis on place un coin (la quatrième pièce) entre les deux amorces de l'autre tourillon et on le soude comme le précédent. Le soudage successif de chaque moitié s'opère dans des étampes.

Un autre mode de travailler la frette-tourillon consiste à n'employer qu'*une seule rondelle* sans soudure, et à lui faire venir des amorces aux deux extrémités de l'axe, puis, sur chacune de ces amorces on applique deux coins.

ADDITION, en date du 30 juillet 1877.

Ce certificat d'addition concerne l'emploi, pour la fabrication des frettes à tourillons, de l'anneau avec trou ovale ou en forme de cercle allongé, et l'emploi simultané, pour donner à cet anneau la forme de frettes à tourillons, d'étampes spéciales et d'un mandrin, dont la section est également ovale ou en cercle allongé.

Nº 75,047. — Pirotte-Dupont. — 7 mars 1867.

Application du laminage des fers à T, équerres, etc., à celui des profils propres à la fabrication des coussinets en fer de chemins de fer.

Ce procédé consiste à employer le laminage pour la fabrication de profils propres à la confection de coussinets en fer. Les barres, ainsi laminées, sont réchauffées dans un four convenable, le four dormant, par exemple, et découpées à la longueur voulue par l'emploi de la scie circulaire. Ces coussinets, ainsi ébauchés, sont soumis à l'action d'une matrice-mère, mue par une machine à compresser, disposée convenablement.

N° 75,097. — Cie anonyme des forges de Châtillon et Commentry. — 22 février 1867.

Fabrication des fers profilés et notamment des fers à T simples ou doubles.

Il est très-difficile, par les procédés de paquetage ordinaires, d'obtenir les largeurs d'ailes que, pour une épaisseur d'âme donnée, on réalise avec les poutres rivées de dimensions comparables. Les inventeurs atteignent ce résultat par le moyen suivant : au lieu de faire venir les ailes par le foulage et le refoulement au laminoir d'un bloc déjà corroyé ou d'un paquet ordinaire de barres superposées sur un profil plus ou moins voisin de la forme définitive, on assemble, à froid, à tenons et mortaises, trois barres élémentaires qui présentent déjà les formes et profils de la pièce finie. Les deux ailes sont préparées par un laminage préalable, qui fait venir la mortaise de section rectangulaire ou en queue d'aronde, ou de toute autre section que l'usage pourra indiquer, dans chaque cas particulier ; la tige ou âme est également laminée à part, soit avec tenon et double épaulement entrant dans la mortaise de l'aile, soit avec un tenon à épaulement simple, soit enfin sans épaulement, la tige entrant directement dans la mortaise. Les formes du tenon et de la mortaise n'ont rien d'absolu. Les pièces, ainsi réunies, donnent un paquet qui se tient très-aisément dans le four, et, en réchauffant cet ensemble, le passant ensuite à une cannelure de laminoir appropriée, on soude aux tenons et mortaises les trois parties, en même temps qu'on donne les profils et longueurs définitifs. En un mot, on *soude, au lieu de river à froid, les éléments des grandes poutres.*

ADDITION, en date du 11 mai 1867.

Le but de ces diverses dispositions est de remplacer l'assemblage à rivets des cornières, T simples et plats par le *soudage ;* c'est là l'idée première et fondamentale du procédé qui rappelle ainsi le principe de la construction des chaudières à joints soudés au lieu de joints rivetés.

Le paquet est formé de deux fers en ⊔ en fer corroyé, entre lesquels on dispose une ou plusieurs mises de fer brut, destinées à assurer le soudage des deux fers corroyés, ceux-ci remplaçant, pour composer les ailes du ⊥ fixé, les cornières de l'assemblage, le fer brut remplaçant les plats du même assemblage, et les soudures se substituant au rivetage.

N° 75,270. — Juhel. — 1ᵉʳ mars 1867.

Fers ou aciers d'angles pour cercles ou bandes de roues de véhicules, et moyens d'application de ces bandes sur toutes espèces de roues.

Cette invention consiste : 1° en de nouvelles formes de fers et aciers d'angles pour cercles ou bandes de roues de véhicules; 2° dans l'application nouvelle à cette forme, d'un bourrelet saillant du côté extérieur, destiné à prévenir l'éraillement de la jante et de la peinture qui la recouvre; 3° dans les moyens d'application de ces bandes sur les jantes sans rivets ni chauffage, ces moyens étant nouveaux et obtenus par un engin mécanique nouveau.

N° 75,372. — Guillemet. — 20 mars 1867.

Perfectionnements dans les machines à refouler et souder le fer.

Cette invention a pour but d'éviter les inconvénients qui se présentent fréquemment dans le cas où l'on est obligé de souder le fer, ou bien encore de le refouler par bout. Si l'on veut refouler une bande d'acier, on fait passer la bande sous l'arrêtoir et le gousset butant contre; elle ne peut aller plus loin, étant soutenue par un tas ou enclume, ce qui fait qu'elle est prise comme dans un étau, alors l'on place la manivelle dans le coulisseau; la partie inférieure de la manivelle vient alors s'appuyer sur la bande avec une très-grande force en exigeant peu d'effort.

Une manette sert à desserrer les branches du bâti et à resserrer le fer ou l'acier, qui, ne pouvant bouger dans aucun sens, est obligé de se refouler ou de se souder en cette partie.

ADDITION, en date du 29 mai 1867.

L'appareil, objet de cette addition, a pour but de saisir, maintenir et rapprocher, dans des directions relatives variables, les parties à fouler, souder ou marteler. Pour cela il n'est nullement besoin de changer la position de la pièce sur l'appareil, comme dans le brevet principal. Cet appareil consiste en un tas ou enclume mécanique, mobile, pouvant aller de droite à gauche, ou de gauche à droite. La surface de l'enclume ou plan central de forgeage peut être lisse ou arrondie, ou recevoir une étampe mobile portant en creux le relief que l'on voudrait faire venir à la pièce de forge.

Par ce nouveau mécanisme le serrage des mors et le refoulement de la pièce se font d'un seul coup, d'où gain de temps sur la main-d'œuvre ; de plus, la chaude ne peut avoir le temps de se refroidir.

N° 75,393. — Courtin. — 27 mars 1867.

Système de fabrication des barreaux de grille en fer laminé.

Ce brevet a pour objet la fabrication des barreaux de grille en fer laminé de tous calibres, aussi bien que de ceux de toutes longueurs, largeurs et épaisseurs, ainsi que de toutes formes. Le fer de ces barreaux est coupé par une cisaille à une longueur égale à la longueur demandée du barreau, plus deux fois la longueur d'un des talons, puis forgé et ajusté par l'emploi d'appareils appropriés.

1re ADDITION, en date du 2 décembre 1867.
Cette addition indique un système qui, au lieu d'entraîner à des mains-d'œuvre de cisaillage, de forge, d'ajustage, ne demande qu'un travail insignifiant, qui consiste à faire les barreaux dans un fer laminé avec des bossages de distance à distance, qui prennent la hauteur du fer.

2e ADDITION, en date du 16 décembre 1867.
Les barreaux se font encore en fer laminé, mais les bossages, au lieu de couvrir toute la hauteur du fer, n'existent plus qu'en *partie*, dans n'importe quelle disposition. Il en résulte un avantage important : l'air arrivant du dehors s'engouffre librement dans le foyer au travers de ces bossages disséminés et convenablement écartés les uns des autres, sans rencontrer aucun obstacle.

3e ADDITION, en date du 13 août 1867.
L'innovation consiste uniquement dans le mode de fabrication du talon des barreaux et de leur mentonnet.

N° 75,517. — Charlet. — 25 mars 1867.

Appareil à maintenir, souder et refouler les pièces de forge.

Cet appareil donne la possibilité d'incliner les extrémités des pièces, afin de les maintenir sur toutes les faces dans toutes les directions.

L'appareil saisit, maintient et rapproche, dans des directions relatives variables, les pièces de forge de toute nature, devant être soudées, refoulées ou martelées, sans que le soudage, refoulement ou martelage puisse avoir pour conséquence le changement de la position qui leur est d'abord assignée sur cet appareil. Il consiste en une pièce d'enclume mécanique, dont les deux extrémités sont articulées de manière à s'incliner sous divers angles selon le plan de forgeage central lequel reste parallèle à l'horizon; cette inclinaison peut être fixe et invariable pour toute une suite d'opérations semblables.

Ces extrémités articulées sont munies chacune d'un appareil de serrage qui repose sur une partie mobile pouvant se rapprocher ou s'éloigner du plan de forgeage central, le serrage de la pièce à traiter s'y fait automatiquement entre une pièce fixe et une pièce mobile d'une forme particulière qui fait augmenter la pression à mesure que la résistance augmente, avec cette particularité que le serrage ou maintien peut s'exercer, à volonté, aussi bien sur les côtés que sur le plan de forgeage.

N° 75,740. — Cie anonyme des forges de Châtillon et Commentry. — 27 mars 1867.

Perfectionnement du laminoir soudeur à galets comprimeurs, pour lequel le sieur Helson a pris un brevet de 15 ans le 27 mars 1861.

Les inventeurs ont cherché et trouvé un moyen de réaliser la commande des galets, en même temps que la mobilité latérale, sans trop de complications. Les galets sont maintenus par leurs axes ou tourillons dans des boîtes à glissières, portées elles-mêmes par des châssis en fonte à l'intérieur des cages. A l'arrière des boîtes à glissières s'appuient deux vis de pression pour chaque galet, vis qui font avancer ou reculer les boîtes et, par conséquent, les galets. C'est exactement, on le voit, le mode de déplacement latéral des galets des laminoirs universels, sauf que les boîtes-paliers des galets glissent ici à l'intérieur des cages au lieu de glisser, comme dans le laminoir universel, sur des barres placées en avant ou en arrière des cylindres horizontaux.

On voit, tout de suite aussi, combien ce mode de conduite et de soutien des galets, si on les conservait tous, serait plus solide et plus sûr que celui indiqué au brevet principal de M. Helson.

Commande des galets par les cylindres :

Sur le cylindre horizontal inférieur on fait venir à la coulée, ou on fixe ultérieurement, deux anneaux ou rondelles sur lesquelles viennent porter et frotter les faces inférieures des galets.

Un système de paliers à coins déterminera toujours un contact et un frottement suffisants pour assurer l'entraînement des galets par les rondelles. Ces rondelles ayant une position fixe, il est évident que si les galets se déplacent latéralement, il y aura des différences de vitesse entre les cylindres horizontaux et ceux verticaux, qui se traduiront par des glissements des rondelles sur les faces inférieures des galets; mais, en donnant aux rondelles une position moyenne, par rapport aux positions limites des galets, on arrivera aisément, dans chaque cas particulier, à atténuer beaucoup cet inconvénient qui n'est pas de nature à amoindrir sérieusement les avantages du dispositif.

Ces avantages se résument ainsi : plus de simplicité dans les organes de commande; plus de solidité et de sûreté dans le mode de soutien et de conduite des galets; par conséquent, plus de facilité aussi pour multiplier les applications auxquelles se prête le laminoir à quatre cylindres dans le même plan de M. Helson.

Nᵒ 75,804. — Camme et Delpech. — 30 mars 1867.

Système de chaîne à section ronde à chaînons sans soudure et sans solution de continuité, en fer forgé ou en acier fondu, applicable à la marine, au tonnage et à toute espèce de traction.

Les inventeurs revendiquent la fabrication de chaînes, principalement de celles destinées à résister à de grands efforts de traction, à l'aide de chaînons *sans soudure*, à section ronde, préparés d'avance, en fer forgé ou en acier Bessemer, ces chaînons, de forme primitive annulaire, étant allongés et ployés de manière à pouvoir s'enfiler facilement les uns dans les autres.

N° 76,055. — Sellers (les sieurs). — 12 avril 1867.

Perfectionnements dans les marteaux-pilons.

Le but de l'invention est :

1° Construire les organes de commande du tiroir de telle manière qu'il puisse fonctionner soit entièrement à la main, soit entièrement par un moteur, ou en partie à la main et en partie par un moteur, pendant chaque coup ou une fraction de coup, à la volonté de l'opérateur ;

2° Dans cette classe de marteaux-pilons, dans lesquels le poids total du marteau est contenu dans la tige du marteau et dans la tête du piston, et qui sont guidés entièrement ou partiellement par la tête du cylindre et le cylindre, d'obtenir de la tige du marteau un mouvement alternatif, pour faire marcher le tiroir sans soumettre une partie quelconque de ce mouvement à des chocs ou soubresauts.

N° 76,372. — Thwaites, Carbutt et Sturgeon. — 8 mai 1867.

Perfectionnements aux marteaux mus par la vapeur ou tout autre fluide.

Dans les marteaux construits jusqu'à ce jour, on supprime le mouvement de descente, à la tête du marteau, au moyen d'un ou de plusieurs cylindres à vapeur, placés au-dessus de l'enclume et supportés ou guidés par une charpente forte et massive, ce qui nécessite une grande hauteur et, par conséquent, diminue la stabilité, et exige une charpente lourde et dispendieuse, surtout lorsque le poids du marteau est considérable et sa course longue. Les perfectionnements ont pour objet, d'abord de supprimer entièrement cette charpente, ou de la réduire considérablement, surtout lorsqu'il faut que la tête du marteau ait une grande dimension et un poids considérable ; ensuite, de diminuer le plus possible la hauteur nécessaire à la course du marteau en réservant un espace libre au-dessus de l'enclume, lorsque le marteau est au point le plus élevé de sa course. A cet effet, la tête du marteau ou partie mobile a la forme d'une traverse, à laquelle est appliquée la force motrice nécessaire pour imprimer le mouvement de descente à ses extrémités et de chaque côté du bloc de l'enclume, au lieu de l'être près du centre, ou débordant le bloc, comme on l'a fait jusqu'à ce jour.

On peut obtenir ce résultat de différentes manières ; par exemple, on peut relier les extrémités de la traverse, chacune à une tige de piston, fonctionnant dans deux cylindres à vapeur, placés un de chaque côté du bloc de l'enclume et sous la tête du marteau, au lieu de l'être au-dessus comme on l'a fait jusqu'à présent. Ou bien, les cylindres et les tiges des pistons peuvent servir de guide, sans aucune charpente, en faisant ces tiges suffisamment solides et présentant un point d'appui d'une longueur suffisante dans les cylindres.

Les cylindres, au lieu d'être fixes, peuvent être reliés à la tête du marteau ou faire corps avec elle, et les pistons et leurs tiges peuvent être fixés et servir de guide.

Les tiges peuvent traverser les cylindres au moyen de boîtes à étoupes, placées sur les calottes et les fonds du cylindre. On peut se servir d'autres guides conjointement avec les tiges fixes.

N° 76,390. — Jullien. — 25 mai 1867.

Fabrication de tubes sans soudures, au moyen du procédé du mandrin-fusil laminable ou étirable.

Un métal ou un alliage étant donné pour en faire un tube sans soudures, de formes et de dimensions quelconques, voici la marche suivie :

1° Choisir un métal fusible, laminable ou étirable ou un alliage quelconque remplissant les mêmes conditions, et dont le point de fusion se trouve à une température inférieure à celle du point de fusion du métal ou alliage qui doit constituer le métal demandé ;

2° Ce métal une fois choisi, le fondre et en remplir les viroles épaisses, destinées à devenir tubes de toutes formes, et fondues par les procédés ordinaires de fonderie usités pour ces divers métaux ou alliages constitutifs du tube ;

3° Laminer avec un laminoir à cannelures de toutes formes, ou étirer à l'aide de filières de toutes formes ces viroles ainsi remplies ;

4° Une fois la virole arrivée à l'état d'écrouissage, fondre le métal qui la remplit ;

5° Recuire ladite virole par les procédés ordinaires de recuit spéciaux pour chaque métal ou alliage ;

6° Remplir à nouveau du même métal ou d'un autre remplissant toujours les mêmes conditions spécifiées plus haut;

7° Recommencer, enfin, la même série d'opérations jusqu'à ce que le tube soit arrivé à la forme et à la dimension demandées.

N° 76,482. — Price et Ripple. — 14 mai 1867.

Procédé de soudage du fer et de l'acier.

Ce procédé consiste à souder le fer et l'acier au moyen de la chryolite, substance minérale employée comme fondant. On peut y ajouter avec avantage 17 à 20 p. 100 en poids d'acide borique pour la fusion et le soudage du fer de de l'acier.

N° 76,486. — Knowles et Buxton. — 20 mai 1867.

Perfectionnements apportés aux tuyères.

Ce sont des tuyères tubulaires affectant la forme spirale, l'eau réfrigérante passant par un tuyau direct au bec ou à l'orifice de la tuyère et retournant par la spirale. Ces tuyères sont construites de telle sorte que l'eau, employée à l'effet de les rafraîchir, exerce son maximum d'action réfrigérante sur l'orifice ou bec de la tuyère, c'est-à-dire sur la partie la plus voisine du feu.

N° 77,010. — Bazin. — 12 juillet 1867.

Système de tôles à nervures.

L'inventeur se réserve le droit d'appliquer les tôles à nervures à toute espèce de besoins.

Addition, en date du 24 octobre 1867.

L'auteur se réserve le privilège des tôles à nervures pleines, qu'elles soient tôles nervées en fer ou tôles nervées en acier, ces tôles nervées ayant une face plane et l'autre face portant des nervures. Il se réserve aussi de nerver les deux faces.

N° 77,210. — Tillard et Meunier. — 17 juillet 1867.

Améliorations dans la fabrication des essieux forgés.

Les inventeurs revendiquent: 1° le forgeage à la première empreinte, donnant au fer une seule masselotte, préparée soit au marteau, soit au laminoir; 2° les procédés pour transformer, par un ordre rationnel d'opérations, dans une seule chaude ou deux, au plus, selon le fer employé, un morceau de fer brut en une moitié d'essieu à patin prête au tournage, avec ce caractère particulier que la préparation et la formation du patin s'opèrent toujours par son refoulement sur le corps ou carré de l'essieu, ce qui joint une qualité supérieure du produit à l'économie et à la rapidité de la fabrication.

N° 77,254. — Cie anonyme des forges de Châtillon et Commentry. — 25 juillet 1867.

Outil de défournement applicable dans le travail des métaux.

Ce brevet a spécialement en vue un autel pour l'introduction des paquets ou pièces de fer dans le four à réchauffer, et pour l'arrachement hors de ces appareils. A la tenaille, fourche ou palette on ajoute, par soudure ou par un joint rigide quelconque, une ou plusieurs tiges de fer recourbées, qui portent un ou plusieurs contre-poids destinés à équilibrer le poids de la tige et de la courbe-queue, au moyen de laquelle les ouvriers guident l'appareil pendant ses mouvements à vide ou à charge. La longueur de la tige entre les branches horizontales est calculée de manière que les branches inférieures puissent entrer dans le four au point convenable, tandis que la partie supérieure, qui porte le point de suspension au point d'attache de la grue, passe par-dessus la voûte. L'équilibre de l'appareil subsistera à vide et à charge et quelques ouvriers suffiront dès lors et remplaceront, sans fatigue et sans danger, les 15 à 20 hommes qui sont généralement nécessaires pour la manœuvre de la grue.

N° 77,255. — Dauvergne. — 6 août 1867.

Genre de laminoirs propres à ébaucher les essieux de voitures dits à patins, et autres pièces de forge.

Ce brevet concerne l'ébauchage des essieux à patins avec un nouveau système de laminoirs successifs, à cylindres horizontaux et verticaux, et la disposition de leurs cannelures, sans préjudice de la fabrication des pièces ouvrées qu'il est possible de faire avec ces laminoirs cannelés *ad hoc*, et même de la fabrication du fer marchand. La disposition est telle qu'un laminoir à axe horizontal est suivi d'un autre à axe vertical et ainsi de suite. Le brevet porte, en conséquence, sur l'emploi de laminoirs successifs à axe horizontal et vertical, alternativement, cannelés d'une certaine façon, pour la fabrication des pièces façonnées et, tout spécialement, pour l'ébauchage d'essieux de voitures à patins.

N° 77,288. — Dormoy. — 27 juillet 1867.

Procédé pour réparer les cannelures et cordons de cylindres de laminoirs au moyen de barres de fer ou d'acier enroulées et soudées simultanément autour des cylindres.

Ce procédé a pour objet l'utilisation des cylindres de laminoirs, mis au rebut par suite d'un accident ou d'un défaut quelconque dans le rouleau de ces cylindres, soit dans les cannelures, soit dans les cordons. L'inventeur emploie, à cet effet, des barres de fer ou d'acier, qui sont enroulées et soudées simultanément autour des cylindres, en forme de bagues, au premier tour que font ces cylindres. Les formes des cannelures, destinées à recevoir les bagues de fer ou d'acier, peuvent être disposées de bien des manières; la condition essentielle est de leur donner une forme telle que le bout de la barre soit obligé de se fixer d'une manière adhérente au cylindre, au moment où l'on engage cette barre dans la cannelure; elle est ainsi forcée de s'enrouler autour du cylindre pour former une bague qui se soude au premier tour par la pression entre les deux cylindres, et lorsque les deux bouts de la barre se superposent.

N° 77,919. — Foster et Cooke. — 24 septembre 1867.

Perfectionnements dans la fonte en acier Bessemer de bandages pour roues de voitures de chemins de fer, applicables à la coulée de formes cylindriques en acier Bessemer ou de creuset.

Le trait caractéristique de cette invention est la fonte de bandages de roues pour wagons et autres, en acier Bessemer ou de creuset, dans des moules disposés avec un couvercle mobile, et avec un noyau métallique central, qu'on peut détacher facilement du moule, après que le métal a été coulé. Par ce moyen, les inventeurs produisent une loupe qui, lorsqu'elle est réchauffée, est prête à être laminée et achevée, sans nécessiter de coupures, de martelage ou de perçage.

N° 78,174. — Dussaq. — 4 novembre 1867.

Système de paquets affectés à la fabrication des fers.

Ce nouveau système consiste dans la manière d'attacher les paquets au moyen de crampons qui les traversent, et qui remplacent les liens extérieurs dont on se sert généralement. Ces liens extérieurs, quand ils sont faibles, se brûlent promptement et les paquets se démolissent. Si on les met plus forts, ils reviennent cher et forment des pailles. Les liens extérieurs ne donnent, dans tous les cas, qu'une solidité incomplète. Les crampons présentent des avantages nombreux. Les paquets qu'ils attachent sont d'une complète solidité; ils peuvent être tournés et remués sans se démolir, qu'ils soient composés de riblons ou de lames superposées pour les fers corroyés. Grâce à cette solidité des paquets, on peut généraliser l'emploi des fours doubles, dits à flamme perdue, pour tous les genres de fabrication.

Ces crampons sont, de préférence, des bouts de petits fers plats, d'une force proportionnée à celle des paquets qu'ils doivent attacher; ils traversent lesdits paquets de part en part, et leurs bouts sont recourbés à angle droit pour faire crochet.

N° 78,183. — Landais. — 20 septembre 1867.

Renforcement des fers à double T.

Le renforcement des fers à double T s'obtient :
1° Par l'emploi d'un fer plat rivé sur l'aile supérieure ;
2° Par l'emploi d'un fer plat rivé sur l'aile inférieure ;
3° Par l'emploi de deux fers plats rivés chacun sur l'aile inférieure et l'aile supérieure.

N° 78,211. — James et Jones. — 18 octobre 1867.

Perfectionnements dans la fabrication des rails, des barres de fer et autres objets en fer, ainsi que dans les appareils qui sont employés à cet effet.

Ces perfectionnements consistent dans les moyens et les appareils perfectionnés pour la fabrication des rails, barres et autres objets en fer, par lesquels le fer est durci ou converti en demi-acier ou acier.

On chauffe, dans un fourneau convenable, la balle, la loupe, le paquet, la barre, puis on la transporte, à l'état chaud, dans un vase ou réservoir On introduit dans ce réservoir les matières ou les gaz usités pour l'endurcissement du fer et de l'acier et pour convertir le fer en demi-acier ou acier, puis on ferme le récipient et l'on y laisse reposer la loupe ou tout autre objet jusqu'à ce que l'endurcissement ou la conversion soit terminée. On peut aussi retirer la loupe, la réchauffer et l'introduire de nouveau dans le récipient pour terminer son durcissement ou sa conversion. Dans certains cas, on peut employer la pression hydraulique pour forcer les matières ou gaz à pénétrer dans la loupe afin de la saturer. On emploie, au besoin, un aspirateur pour aspirer les impuretés que le récipient peut contenir et pour ouvrir les pores de la loupe avant d'appliquer les matières, qui peuvent être soit à l'état sec, soit liquides, soit gazeuses, au besoin. Pour terminer l'opération, quand cela est nécessaire, on fait passer lesdites substances ou gaz entre la loupe, à l'état chaud, et le laminoir ou tout autre appareil de compression.

N° 78,448. — Lwoff. — 27 septembre 1867.

Mode de préparation d'un fer perfectionné propre à la confection d'un grand nombre d'objets demandant une grande solidité.

Pour obtenir le métal de fer non cassant, objet de ce brevet, on prend la quantité de fils de fer proportionnelle aux dimensions et à la forme de l'objet à fabriquer. On fait fondre tous ces fils, plus ou moins minces, en une masse métallique d'une grande densité, et dont la coupe présente l'aspect de couches concentriques. Préalablement, les fils de fer sont réunis en un faisceau qu'on rougit au feu, pour lui donner un degré de souplesse telle, qu'on puisse le tordre à la manière des cordes. Ce faisceau, tordu ainsi d'un bout à l'autre, est alors soumis à la brasure ordinaire et forgé en une masse compacte et d'une grande solidité. Ce métal trouve son application dans la fabrication des canons d'artillerie, de fusils; dans les plaques de blindage pour navires; dans les bandages de roues, etc..

Nº 78,483. — Dowie. — 15 novembre 1867.

Perfectionnements apportés dans le traitement du fer pour obtenir des composés utiles et aussi des alliages ou composés applicables dans le commerce.

Cette invention a pour objet de traiter le fer chimiquement, et de telle manière qu'en l'espace de quelques heures on obtienne un métal utile pour certains emplois, tels que la fonte de cylindres, pistons, arbres et autres organes de machines, ainsi que d'autres composés, tels que outils tranchants, frettes, cloches, creusets et vases pour contenir des acides.

L'auteur indique 14 combinaisons, donnant toutes des alliages jouissant de propriétés spéciales ; toutefois, il a soin de ne pas s'attacher exclusivement aux substances qu'il indique pour l'épuration du fer, ces substances pouvant être remplacées par d'autres connues, ayant les mêmes propriétés et les mêmes effets. Son invention réside surtout dans un ensemble de procédés pour obtenir une variété de *fonte perfectionnée*, destinée à être employée pure ou alliée à d'autres métaux.

Nº 78,654. — Brooks. — 25 novembre 1867.

Perfectionnements dans les machines à fabriquer les tubes métalliques sans couture.

L'inventeur revendique :

1º La disposition d'un ou de plusieurs moules rotatoires pour la coulée du métal, de manière à pouvoir être placés à tout angle voulu pendant que l'on verse le métal, et à pouvoir être changés de position pendant la rotation, disposition qui permet de couler des longueurs différentes de métal avec une uniformité parfaite ; 2º la disposition d'une série de cylindres cannelés, dont les cannelures sont chanfreinées diagonalement, et d'un mandrin fixe gradué, à l'aide duquel on peut faire passer plusieurs fois le métal entre les cylindres, sans qu'il soit besoin d'enlever le métal de dessus le mandrin. Le mandrin est, en outre, construit en plusieurs pièces, ce qui permet d'employer des dés en acier ajustables aux points de contact avec les cylindres ; 3º l'emploi de dés susceptibles d'être facilement remplacés lorsqu'ils sont usés, ou changés ou ajustés aux dimensions voulues, et qui, de plus, permettent l'emploi de sections de mandrin de mêmes dimensions pour les tubes de dimensions différentes, et encore d'un mandrin creux ou tubulaire; 4° l'emploi du support élévateur ou de son équivalent pour supporter le mandrin, de manière à permettre au métal de passer pour reprendre ensuite sa position première; 5° l'arrêt ou son équivalent servant à supporter le mandrin pendant le passage du métal et aussi l'étau qui maintient le mandrin en position pendant le passage du métal entre les cylindres; 6° le procédé de laminage transversal du tube ou de la maquette sur son mandrin, s'effectuant par un système de cylindres qui étirent le tube dans la direction de sa circonférence; 7° l'emploi de pièces de fonte creuses, remplies du même ou d'un autre métal, à l'état liquide, ou d'un bouchon métallique, qui, étant chauffé, sera laminé uniformément avec le tube et en combinaison avec ce dernier; 8° l'étirage d'un tube ou d'une maquette que l'on a d'abord aplatie, et dont les bords sont conservés; 9° la manière de retirer le tube du mandrin et les moyens de maintenir et d'aplanir les deux surfaces du tube dans une opération finale.

N° 78,700. — **Marrel frères.** — 18 décembre 1867.

Application d'un embrayage à friction sans cône aux changements de marche des trains universels.

L'embrayage à friction sans cône a pour but, tout en évitant les ruptures d'agrafes ordinaires à emboîtement, de changer de marche instantanément et sans choc, et permet, en outre, de laminer un paquet quelconque en son milieu sans toucher à ses extrémités. Le caractère distinctif de cet appareil consiste en l'emploi de deux poulies calées sur les axes des pignons du changement de marche, dont la jante sert de friction aux coulisseaux. Ces coulisseaux, dont le nombre est variable avec le diamètre des poulies, sont commandés par des bielles articulées aux manchons se mouvant longitudinalement sur les moyeux des disques à rainures calés sur les axes, correspondants à ceux des poulies. Ces manchons sont conduits par des leviers ou par une tige de piston à vapeur.

N° 78,776. — Walters et Shaffer. — 5 décembre 1867.

Perfectionnements apportés dans la confection des paquets ou fa-
gots pour fabriquer des fers de diverses formes.

Cette invention se rapporte à des moyens particuliers d'arranger
les barres de fer, et de les fixer ensemble de manière à former
des paquets ou fagots approchant de la forme qu'ils doivent avoir
lorsqu'ils sont convertis par les laminoirs en barres de diverses
formes. Cette invention consiste :

1° En quatre modes de disposer et de fixer ensemble des barres
pleines de fer forgé en piles ou fagots, pour être laminés en
poutres, fermes et de diverses formes nécessaires pour les constructions ;

2° En deux modes de disposer et fixer ensemble les barres de
fer forgé dont quelques-unes sont solides et ont des nervures longitudinales, tandis que d'autres sont pleines, de manière à constituer des piles ou fagots d'une forme sectionnelle approchant de
celle que les poutres et autres barres doivent acquérir définitivement par l'action des laminoirs.

N° 78,824. — Huot. — 23 décembre 1867.

Fabrication des essieux en tôle roulée à couches concentriques.

Cette méthode substitue à l'essieu en fer massif l'essieu composé d'une seule feuille de tôle en fer fin, enroulée sur elle-même
jusqu'à ce qu'elle présente le diamètre suffisant.

Deux essieux, l'un en fer fin corroyé de première qualité, fabriqué par la méthode habituelle, l'autre en tôle enroulée, ont été
soumis simultanément à la même épreuve, consistant dans la chute
d'un mouton en fonte du poids de 250 kilogr. élevé à la hauteur
de 15 mètres. Le premier a été brisé par le premier choc, tandis
que le second, fabriqué avec une tôle d'un millimètre d'épaisseur,
roulée à chaud sur une tige en fer, formant le cœur de l'essieu, a
subi 9 chocs successifs avant d'éprouver la moindre détérioration.

N° 78,944. — **Davy.** — 19 décembre 1867.

Perfectionnements dans les moteurs à vapeur et autres destinés à actionner des marteaux-pilons, et donnant une économie dans l'emploi de la vapeur ou autre fluide élastique qui les actionne.

Cette invention apporte une notable économie dans le fonctionnement des marteaux à vapeur et autres ; les traits caractéristiques sont : 1° faire passer une portion de la vapeur ou autre fluide, ayant servi à élever le marteau, sur le haut côté du piston, et une portion de la même vapeur ou autre fluide, ayant agi sur le haut côté dudit piston, par le bas côté de ce dernier, dans l'un et dans l'autre cas avant que la vapeur, ou autre fluide, ne soit admise dans le cylindre, à son état de pression initiale ; 2° les divers arrangements des tiroirs dans leurs applications.

N° 79,146. — **Truol et Brogniaux.** — 11 janvier 1868.

Produit pour souder l'acier et le fer, etc.

Le produit est composé de borax calciné, d'alun calciné, de sel ammoniac calciné et de limaille de fer. Ce produit permet de faire tous les genres de soudures sans dépasser la température du rouge-cerise, et sans détériorer, en aucune façon, la pièce à souder.

N° 79,294. — **Bellard et Cie.** — 10 février 1868.

Fabrication de pièces en fer forgé affectant une forme spéciale.

Les pièces de fer à fabriquer sont des faux tampons pour les wagons et voitures de chemins de fer. On donne à ces pièces une forme qui se rapproche le plus possible de celle des mêmes pièces, qui se font actuellement en fonte. Le principe de la fabrication est de former, d'une manière spéciale, deux moitiés de la pièce que l'on veut obtenir, puis de souder ensemble ces deux moitiés. Pour cela, un lopin, de forme convenable et à la température voulue, est placé dans une matrice dont il épouse la forme, soit par pression, soit par choc, au moyen du marteau-pilon. On obtient de cette manière une moitié de pièce ou coquille. Les deux moitiés de pièce étant dégagées de leurs bavures, sont placées l'une sur l'autre, puis liées. Elles sont ensuite portées à la température du blanc soudant et forgées en matrices dans le sens horizontal, après qu'on a préalablement introduit un mandrin dans la pièce pour conserver la forme intérieure. Les rebords qui avaient été ménagés aux deux coquilles se trouvent former, après la soudure, deux nervures longitudinales que l'on peut conserver ou enlever comme on le jugera convenable.

N° 79,447. — Brown. — 4 février 1868.

Perfectionnements dans les machines à laminer les feuillards, bandes, cornières et autres barres en fer ou acier.

Ces perfectionnements comprennent :

1° La combinaison de deux séries de cylindres fonctionnant à des vitesses différentes ;

2° La combinaison avec ce laminoir de deux séries de cylindres finisseurs, une série de chaque côté du cylindre ébaucheur ou dégrossisseur ;

3° La combinaison avec ce laminoir de deux ou plusieurs paires de cylindres durcis ou planeurs ;

4° La formation, dans les cylindres ébaucheurs ou dégrossisseurs de ce laminoir, de cannelures plates et de champ, ou de cannelures de champ plates et de champ ; et aussi, quand on doit laminer des barres de petites dimensions, la formation de cylindres ébaucheurs ou dégrossisseurs de ce laminoir avec cannelures elliptiques et carrées alternativement. Enfin, les cannelures des cylindres ordinaires ébaucheurs ou dégrossisseurs (à 3 cylindres superposés) avec cannelures plates et de champ.

N° 79,451. — Charvet. — 18 février 1868.

Système de fabrication sans soudure de toute espèce de pièce de forge, et spécialement des roues de locomotives et de wagons.

Ce procédé se divise en deux opérations distinctes : l'ébauchage et le finissage.

L'ébauchage consiste à prendre directement dans un four à puddler une charge de fer brut suffisante pour former la pièce de forge (l'affinage de la fonte qui produit ce fer doit être fait avec beaucoup de soin). Cette masse de fer est placée sous une matrice, composée de deux parties, dont l'une est fixe et l'autre soumise à l'action d'un marteau-pilon ou d'une presse hydraulique. La pièce, ainsi ébauchée, est soumise au « finissage » qui a pour but de corroyer le fer, d'augmenter son homogénéité et de donner à la pièce les dimensions rigoureuses. On obtient ce résultat en la chauffant au blanc dans un four à réchauffer et en la comprimant, par un des moyens indiqués ci-dessus, dans une matrice finisseuse composée de deux parties. La pièce, après cette opération, est entièrement achevée, il ne reste que quelques bavures à enlever.

N° 79,510. — Boigues, Rambourg et Cie. — 10 février 1868.

Transformation directe des vieux rails en barres ou en feuilles.

Le procédé a pour but la transformation des rails hors de service, sans les corroyer avec des fers de qualité choisie, comme on l'a fait exclusivement jusqu'ici. On soumet le rail, tronçonné aux longueurs désirées, à des passages successifs dans des cannelures, combinées de manière à en resserrer et resouder les mises, tout en lui imprimant les formes voulues.

Le brevet comprend donc : 1° les cannelures convertissant le rail en fer méplat ; 2° le procédé transformant, par l'emploi combiné de ces cannelures et du cylindre à tôle, le rail directement en feuilles de tôle, propres à donner, entre autres, une traverse Zorès ; 3° enfin, généralement, la transformation des vieux rails de fer ou d'acier de toutes formes, en barres, feuilles ou tôles marchandes ordinaires ou spéciales par l'application du procédé ordinaire de laminage au méplat, obtenu dans ces cannelures.

N° 79,668. — Rae et Miller. — 22 février 1868.

Perfectionnements dans la construction des roues de wagons et de locomotives.

L'invention a pour but d'augmenter la durée et la sûreté, ainsi que de simplifier la construction des roues de wagons. Elle consiste dans les perfectionnements suivants : on fait le bandage de fonte ordinaire ou malléable, en refroidissant la face et les rebords pendant la fonte. Toutes les autres parties du bandage sont trempées de manière à pouvoir être tournées, percées et ajustées. Le moyeu est fait aussi de fonte ordinaire malléable. Des entailles formées sur les bords intérieurs du bandage et sur les bords extérieurs du moyeu, permettent de recevoir les disques ou plaques de réunion, faites de fer forgé, d'acier fondu ou de fonte durcie. En pratiquant ces entailles dans les côtés du bandage, on forme une saillie sur chaque côté, laquelle les inventeurs appellent « languette », et qui s'adapte sur les entailles ou rainures faites sur les plaques. On place les disques ou plaques de réunion parallèlement l'un à l'autre ou obliquement, c'est-à-dire, plus rapprochés l'un de l'autre au bord extérieur qu'au centre ou moyeu. Les plaques sont réunies au bandage ou au moyeu par un ou deux rangs de boulons ou de rivets, plutôt deux rangs, dans les roues de locomotives.

N° 79,774. — Herrenschmidt. — 12 mars 1868.

Composition chimique servant de trempe dite trempe Herrenschmidt.

Cette trempe a la composition suivante :

Dans 16 litres d'eau distillée on mélange 1,000 grammes d'acide chlorhydrique, 19 grammes d'acide nitrique à 36 degrés, 21 grammes de sulfate de zinc, 100 grammes de tripoli. Dans cette composition on introduit la quantité de 100 grammes de fonte en lingot 1re fusion, et, quand les acides ont mordu cette fonte pendant 24 heures, la composition peut servir et n'a plus besoin d'être renouvelée, tant qu'il en restera.

N° 79,885. — Marrel frères. — 29 février 1868.

Application du train universel à changement de marche et à pression au laminage des rails en acier.

Les moyens employés pour la fabrication des rails en fer ont servi, jusqu'à présent, à la fabrication des rails en acier. L'acier ne pouvant supporter une trempe élevée et étant très-dur, il en résulte que le laminage devient plus difficile et nécessite un matériel plus considérable. Une paire de cylindres ébaucheurs et une paire de cylindres finisseurs suffisent pour les rails en fer, tandis qu'il faut quatre paires de cylindres pour les rails en acier. C'est en vue d'éviter ces difficultés que les inventeurs ont appliqué le train universel à changement de marche et à pression à la fabrication des rails en acier. Les cylindres horizontaux sont écartés à la largeur nécessaire pour prendre le lingot, variable suivant les dimensions des rails à fabriquer. Le cylindre supérieur pouvant se mouvoir au moyen de vis de bas en haut et *vice versâ*, le lingot passe dans la cannelure ébaucheuse autant de fois, aller et retour, qu'il est nécessaire pour amener les cylindres en contact. Cet appareil se distingue, en outre, par l'emploi de deux cylindres verticaux servant à comprimer le rail à l'ébauchage. Les rails passent de là successivement dans les cannelures finisseuses, non munies de cylindres verticaux, et sortent complétement finis et sans limite de longueur.

N° 80,013. — Barrouin. — 16 mars 1868.

Système de préparation des paquets de fer ou acier à corroyer, pleins ou creux, pour la fabrication des pièces de machines, des bandages et autres objets.

Cette invention est relative à la préparation des paquets en fer ou en acier pour le corroyage, soit au marteau, soit au laminoir, aussi bien des paquets rectangulaires pour le travail des pièces pleines que des paquets circulaires pour la fabrication des bandages et autres objets creux et annulaires.

Dans les deux cas, les deux points caractéristiques de ce système sont, d'une part, une série de formes spéciales pour les fers élémentaires composant les paquets et, d'autre part, un genre tout nouveau d'assemblage de ces fers pour lesdits paquets, et applicable à la formation des paquets pleins et rectangulaires pour les diverses pièces massives, et des paquets creux et cylindriques pour la fabrication des cercles de bandages et autres objets annulaires. La forme et la configuration toutes particulières de ces fers constituent la partie réellement importante de l'invention. En effet, ces fers, tels qu'ils sont conformés, présentent, relativement à leur volume, une plus grande surface pour le contact commun ; aussi, lorsqu'ils sont reliés par ce mode d'assemblage, ils se trouvent comme ajustés ou enchevêtrés les uns sur les autres, ce qui produit, sous l'action du corroyage, un rapprochement plus régulier, une réunion plus intime des parties, et enfin une masse finale plus pure et plus homogène.

N° 80,276. — Maurin. — 23 avril 1868.

Suspension équilibrée avec sa tenaille à l'usage des grosses forges à laminoir.

Cette suspension équilibrée, munie de sa tenaille, est disposée de manière à ce que la charge ne dérange en rien son équilibre une fois réglée ; elle ne réclame que strictement le nombre d'hommes nécessaires pour la conduire, ce qui facilite beaucoup la promptitude de la manœuvre et, par cela même, produit une économie réelle dans le travail. Ce système a aussi l'avantage de ne rien déranger dans la disposition des fours actuels ; la porte peut fonctionner également de bas en haut, en modifiant seulement l'appareil qui sert à la lever.

N° 80,538. — Goguel. — 21 avril 1868.

Mode de fabrication des plaques de blindage pour navires, murailles, etc.

L'inventeur revendique la fabrication de plaques de blindage obtenues par la superposition d'un grand nombre de feuilles de tôle minces plombées ou étamées, réunies ensemble par la fusion même du plomb ou de l'étain qui les recouvre, combinée avec la pression nécessaire. Cette invention comporte : 1° un nouveau procédé de fabrication ; 2° un produit nouveau, c'est-à-dire un aggloméré de feuilles de tôle plombées ou étamées ou recouvertes de toutes autres matières fusibles.

Addition, du 11 septembre 1868.

L'inventeur emploie, non-seulement des tôles de fer ou d'acier plombées ou étamées, mais aussi zinguées, galvanisées ou recouvertes de toutes autres matières ou métaux fusibles pour en former, par agglomération, non-seulement des blindages, mais aussi des plaques de toutes dimensions pour doublage de navire et toutes sortes de constructions ; l'inventeur se réserve également la faculté d'agglomérer ces feuilles superposées, non-seulement par simple fusion, dans une caisse chauffée, du métal qui recouvre ces feuilles, mais aussi de pouvoir, pendant le cours de cette opération, ajouter dans la caisse autant de ce même métal qu'on voudra, afin d'en immerger partiellement ou totalement le paquet de feuilles et mieux assurer le soudage des feuilles épaisses, qui ne s'appliqueront jamais aussi exactement les unes sur les autres que les feuilles minces. Ce système permettra, enfin, d'opérer cette agglomération dans les creusets des étameries où l'on recouvre les feuilles de tôle d'une couche d'étain, de plomb ou d'autres métaux, et cela, pendant le cours de cette même opération.

N° 80,692. — Chalas. — 29 avril 1868.

Système d'agrafage à friction applicable aux laminoirs à métaux et autres appareils.

C'est un agrafage ou embrayage à friction, dont les surfaces frottantes de la puissance de résistance sont mises en action par le moyen d'une pression soit hydraulique, soit gazeuse, et dont l'intensité est variable, laquelle pression, étant introduite et distribuée dans l'intérieur même des arbres moteurs ou opérateurs des machines ou appareils quelconques en mouvement, n'a d'influence de pression ou de frottement que sur les parties disposées pour transmettre le mouvement entre le moteur et l'opérateur.

N° 80,853. — Taskin. — 16 mai 1868.

Procédé de transformation et d'utilisation des rails de chemins de fer.

Par le fendage en long, à froid, et à l'aide d'une cisaille, les rails de rebut sont rendus susceptibles de nombreux emplois très-avantageux pour l'industrie.

N° 81,709. — Bonnefond et Cⁱᵉ. — 16 juillet 1868.

Système de forgeage mécanique de divers organes pour wagons.

Jusqu'ici les pièces mécaniques de wagons se sont faites par un forgeage, à la main, de l'œil du collier, puis par un soudage de la douille qu'on rapportait ensuite, ou bien cet œil était percé dans la masse, ce qui constituait une main-d'œuvre coûteuse et une perte assez notable de matière. On opère de la manière suivante : préalablement au forgeage mécanique, on prend du fer en barre, à section rectangulaire, selon la force du collier que l'on veut obtenir ; on découpe cette barre en des longueurs correspondantes au développement de la pièce à fabriquer, et on la coude, en ayant soin que la portion qui doit former la douille soit concave. Ces opérations terminées, on a une pièce ébauchée, qu'on chauffe et qu'on introduit dans la matrice en acier. Cette matrice se loge elle-même dans une matrice inférieure qui s'adapte sur la chabotte ou mouton-pilon. La matrice repose sur une cale, et elle est maintenue en place par de petites clavettes, pendant l'opération du matriçage.

N° 82,335. — Marrel frères. — 22 septembre 1868.

Fabrication de bandages sans soudures pour roues de wagons, de locomotives et toutes espèces de bagues en fer.

Cette invention a pour objet la fabrication des bandages sans soudures et homogènes, et consiste à faire le bandage directement d'une boule sortant du four à puddler, sans être divisée et, par conséquent, sans soudures.

N° 82,434. — Shaw et Head. — 17 septembre 1868.

Perfectionnements dans le laminage du fer et de l'acier, ainsi que dans les poutres et poutrelles forgées, et dans les machines servant à leur fabrication.

Les inventeurs revendiquent la fabrication de poutres laminées et de barres à rebords convenables pour des poutrelles, de plus grande section au centre qu'aux extrémités, en variant la disposition des cylindres pendant que le métal passe entre eux. Ils revendiquent aussi le laminage de poutres d'une section en forme de I, ainsi que la manière de varier la section au moyen de cylindres portant des bagues susceptibles de glisser sur eux longitudinalement ; et encore le laminage de poutres d'une section en forme de I, et la manière de varier la section au moyen de 4 cylindres montés sur des axes séparés et se réunissant en un œil, les axes de l'une des paires de cylindres étant à angles droits avec les axes de l'autre paire, et une des paires de cylindres étant susceptible de s'écarter ou de se rapprocher de la poutre, lorsqu'elle passe entre eux de manière à varier l'épaisseur des rebords.

Les inventeurs réclament enfin l'emploi de barres-patrons, formées en biseau pour varier la disposition des cylindres pendant que le métal passe entre eux.

No 83,081. — **Tannet, Walker et C**ie**, — 3 novembre 1868.**

Genre de marteau-pilon à distribution automatique.

Un mouvement automatique est donné à la valve de distribution du marteau-pilon, au moyen d'un levier dont une extrémité est reliée à la tête du marteau et se meut avec lui ; le mouvement de ce levier est transmis à la valve de manière que la course du marteau puisse être facilement modifiée, et que l'on puisse aussi, quand on le veut, substituer instantanément à la distribution automatique la distribution à la main, effectuée par le conducteur du marteau. En outre, on emploie, comme valve de distribution, une valve circulaire double, qui s'ajuste dans une boîte de distribution légèrement conique comme elle, munie de lumières communiquant avec le cylindre et d'autres aboutissant à l'échappement. Les lumières sont disposées dans l'intérieur de la boîte, et la valve va et vient, dans un pas circulaire, sur les lumières, comme les tiroirs d'une machine à vapeur, les deux parties de la valve étant mises dos à dos pour obtenir les conditions d'une valve équilibrée. A l'aide de cette disposition, on réalise une grande économie dans l'emploi de la vapeur, et on obtient pour la valve les bonnes conditions de fonctionnement attachées à une valve équilibrée.

No 83,242. — **Boisselet.** — 20 novembre 1868.

Machine à régulateur, à souder et refouler les fers de toutes dimensions.

Avec les machines à souder et à refouler, non munies de régulateurs, on est obligé d'avoir plusieurs modèles de machines, lorsqu'on a différentes largeurs de fer à souder et à refouler. Au moyen des régulateurs on peut donner l'écartement que l'on veut entre le mords et le contre-mords, et, par conséquent, souder et refouler toutes les largeurs de fer possibles. La vis qui fait avancer ces régulateurs est manœuvrée par un petit volant ou par une manivelle. La partie sur laquelle vient se poser le fer à souder et à refouler est droite ; par ce moyen, on peut, non-seulement souder les fers cintrés, mais encore tous les fers droits.

N° 83,263. — Mignon et Rouart. — 18 novembre 1868.

Méthode de fabrication de tubes en fer et en acier.

Cette méthode de fabrication de tubes en fer à rubans comprend deux points distincts : l'enroulement des bandes de fer et leur soudage. On pourrait faire ces deux opérations isolément, l'une après l'autre ; on pourrait aussi chercher à obtenir ces deux opérations simultanément. Cet appareil atteint ce but, mais les inventeurs se réservent de décomposer l'opération, s'ils y trouvent leur commodité pratique.

Cette méthode s'applique également à la fabrication des tubes en acier, et pourrait particulièrement être utilisée pour la fabrication de canons de fusil.

N° 83,323. — Mongin et Cⁱᵉ. — 23 novembre 1868.

Système de laminoir sans frottements.

Ce système a en vue de réduire dans tous les laminoirs, en général, presses ou lissoirs, les résistances produites par le frottement des tourillons des cylindres lamineurs dans leurs coussinets, résistances qui sont proportionnelles à la pression que l'on produit par les cylindres sur la matière à laminer, et qui absorbe un travail considérable. Les inventeurs ont imaginé de transformer cette résistance, qui est celle produite par un corps glissant sur un autre, en une résistance au *roulement*, c'est-à-dire, en une résistance produite par un corps roulant sur un autre, cette dernière étant nulle ou presque nulle, surtout pour les corps durs.

N° 83,599. — Roy. — 16 décembre 1868.

Système de train universel de cylindres lamineurs pour la fabrication des fers marchands, plats et carrés, de toutes dimensions.

L'ensemble de la disposition des cylindres lamineurs permet de faire, sur un même train, les fers marchands, plats et carrés, de toutes dimensions, sans changer de cylindres et en changeant seulement les viroles qui s'y adaptent, pour former les cannelures, diminuant ainsi, dans une grande proportion, les frais d'outillage.

Pour changer de cannelure, il suffire de changer la virole supérieure et de régler, au moyen d'un écrou, la largeur dans le cylindre inférieur. Les viroles du cylindre inférieur permettent de faire des largeurs de 80 à 200 millimètres. Si l'on veut faire plus large ou plus étroit, il suffira d'avoir une série de viroles, depuis les plus étroites jusqu'aux plus larges pour le cylindre supérieur; les viroles de ce cylindre travailleront très-bien jusqu'au minimum de 30 millimètres environ de largeur. Les épaisseurs sont réglées par un mécanisme composé de leviers et de contrepoids, qui a pour but d'élever ou de baisser le cylindre supérieur. Donc, avec trois paires de viroles pour le cylindre inférieur et autant de viroles que d'échantillons à faire pour le cylindre supérieur, on fera toutes les dimensions de fers moyens, plats ou carrés.

N° 23,842. — Clow. — 2 janvier 1889.

Perfectionnements dans la fabrication des tuyaux en fer et dans les appareils employés dans ce but.

Ces perfectionnements concernent la construction et l'emploi de matrices perfectionnées. Le procédé consiste à faire une fente dans ces matrices le long du dos ou ligne de séparation de la partie supérieure, et suffisamment large pour admettre le passage à travers elle des mâchoires d'une paire de tenailles ou autre appareil au moyen duquel la barre d'ébauche est tirée dans les matrices. L'invention réside, en outre, dans la construction d'un mécanisme pour la fabrication des tuyaux avec ces matrices. On se dispense ainsi de l'articulation d'une des matrices. Les deux matrices sont fixes, et la barre d'ébauche est saisie au milieu de son extrémité par une paire de tenailles et introduite dans les matrices à l'extrémité effilée, et tirée par les mâchoires de tenailles passant à travers la fente longitudinale de la partie supérieure des matrices. En résumé, l'inventeur revendique : 1° la construction et l'emploi de matrices à ébaucher, faites solidaires ou séparées avec une fente ou ouverture pratiquée longitudinalement à leur partie inférieure; 2° la disposition d'une chaîne sans fin actionnée par des roues dentées sur un banc d'étirage, en combinaison avec les matrices de ce système.

N° 83,828. — Marrel frères. — 20 janvier 1869.

Cage chambrée appliquée aux trains universels pour utiliser,
comme dans les trains ordinaires, toute la table des cylindres
horizontaux sans arrêter la marche des cylindres verticaux.

Cette invention se distingue par les points suivants:

1° Une cage chambrée permet de loger, en partie ou en totalité,
les cylindres verticaux et leurs accessoires, de manière à pouvoir
utiliser le travail de ces derniers sur toute la largeur de la table
des cylindres horizontaux;

2° Une cage à cylindre vertical, d'une seule pièce, sert de paliers
à ce cylindre, en même temps que de guide, pendant le laminage,
aux pièces en fabrication.

En résumé, les inventeurs revendiquent l'application et la combinaison d'une cage chambrée aux trains universels, pour utiliser,
comme dans les trains ordinaires, toute la table des cylindres horizontaux sans arrêter la marche des cylindres verticaux.

N° 83,835. — Rongerre. — 21 janvier 1869.

Système de fabrication des essieux et arbres coudés à l'aide de
matrices et de marteaux-pilons.

Le système consiste à préparer l'essieu ou l'arbre en plusieurs
pièces, à chaud ou même à froid. Ces pièces sont préparées toutes
à droit fil. C'est leur réunion, à l'aide du marteau-pilon et de sa
matrice, qui forme l'essieu coudé. L'inventeur prépare 9 pièces,
par les procédés ordinaires de forge, au moyen de l'assemblage au
marteau-pilon du paquet de fer à la dimension voulue; alors il les
assemble à froid de façon à ce qu'elles présentent, réunies, la forme
brute de l'essieu coudé ou de l'arbre. Il assemble ensuite à la matrice et au marteau-pilon, en commençant par une moitié de l'essieu
qui est liée, après avoir été chauffée dans un four à réchauffer.

N° 84,084. — Devaux et Kunkler. — 11 février 1869.

Application et emploi de la tôle d'acier à la fabrication des tuyaux
pour les chaudières à vapeur tubulaires, pour conduites de va-
peur; conduites d'eau et pompes.

L'invention consiste à remplacer les tuyaux en cuivre par des
tuyaux en tôle d'acier étirés.

Les avantages sont de trois sortes : 1° économie dans le prix ; 2° moins de poids à dimensions égales; 3° point de dépôts salins ou calcaires sur ces couches, excessivement légères et flexibles ; de là économie de combustible.

ADDITION, en date du 11 février 1869.

Emploi de la tôle d'acier Bessemer à la fabrication des chaudières à vapeur tubulaires, conduites de vapeur, d'eau, le prix étant bien inférieur, tout en offrant les mêmes quantités de solidité et de durée.

N° 84,228. — Parisot. — 30 janvier 1869.

Perfectionnements dans les procédés de laminage des métaux.

Ce procédé consiste à employer, pour le laminage, des systèmes à 2 ou 3 cylindres horizontaux parallèles, tournant tous dans le même sens, disposés ensemble en triangle, ayant de préférence la base en haut et le sommet en bas, lorsqu'il y a trois cylindres, ou disposés sur le même plan lorsqu'il n'y en a que deux, avec un support de forme conique immobile pour remplacer le troisième cylindre.

N° 84,378. — Laurent-Telinge. — 6 mars 1869.

Machine à fabriquer les boulons.

Cette machine permet de fabriquer: 1° au moyen de fer carré des boulons dont la tige ou la tête est en partie ronde, en partie carrée; 2° au moyen de fer rond, des boulons dont la tige cylindrique présente deux diamètres différents.

Les caractères distinctifs sont :

1° L'emploi de deux cylindres se mouvant de façon à ramener vers l'ouvrier le fer qu'on lamine, et portant deux séries de cannelures, l'une ovale, l'autre circulaire, pratiquées seulement sur les $2/3$ environ de leur pourtour, l'autre tiers recevant une cannelure carrée, de diamètre suffisant pour permettre l'introduction rapide du fer à laminer;

2° L'application d'un butoir à limiter la longueur du fer à laminer suivant les dimensions du boulon à fabriquer;

3° La disposition de cisailles doubles avec butoir, permettant de découper rapidement, après le laminage, la longueur de fer qui doit former un butoir.

Les caractères principaux d'une deuxième machine objet de l'invention sont : 1° la disposition nouvelle pour faire remonter le pilon ; 2° les moyens pour retirer le boulon fabriqué de la matrice qui a servi à étamper la tête.

N° 84,655. — Van Alstine et Hofer. — 6 mars 1869.

Procédé de fabrication par fusion des chaînes métalliques.

La nouveauté du procédé réside dans la construction d'un châssis, divisé longitudinalement en quatre parties, et disposé pour recevoir une planchette-moule entre deux des quatre quartiers du châssis, c'est-à-dire de telle sorte que la planchette-moule divisera le châssis à la fois verticalement et horizontalement. Une moitié de modèle est formée sur les côtés opposés de chaque partie de la planchette-moule, de telle sorte que les anneaux ou maillons sont moulés l'un dans l'autre. Après le moulage la planchette-moule est enlevée, les quatre parties ou quartiers du châssis sont assemblées et fermées ensemble, et, en y versant le métal, on obtient une succession de maillons ou d'anneaux entrelacés pour former la chaîne.

N° 84,705. — Prosser. — 9 mars 1869.

Perfectionnements dans les marteaux-pilons et martinets.

Ces perfectionnements sont relatifs à cette classe de marteaux-pilons ou martinets mus par la vapeur, l'eau ou autre force, et consistent principalement dans la manière de communiquer la force au marteau par l'intermédiaire de ressorts, de façon à soulager le châssis et tout le mécanisme de la vibration inhérente à l'emploi de connexions rigides, telles qu'on les emploie habituellement. L'auteur revendique les dispositions suivantes :

1° En combinaison avec le marteau et le balancier, un ressort par lequel la force est communiquée du moteur au marteau ;

2° Les roues de frottement, dont une série fixe et l'autre oscillante, en combinaison avec les tiges de connexion et le balancier, d'un martinet ou marteau-pilon, pour régler le mouvement. La tension des ressorts peut, à volonté, être réglée par des écrous sur des boulons à crochet.

N° 84,861. — Petin, Gaudet et Cie. — 17 mars 1869.

Système de fabrication des bandages de roues et autres pièces.

Le perfectionnement consiste dans l'application du laminoir à bandages sans soudures, pour faire tout le travail de compression, de soudage, d'ébauchage, qui jusqu'à présent a été fait avec le marteau-pilon ou la presse hydraulique. Le procédé peut s'appliquer aux bandages ou frettes en fer ou en acier puddlé, aussi bien qu'à ceux en acier fondu. Les bandages sont ainsi travaillés par compression dans les deux sens : 1° par le laminoir ébaucheur qui produit la compression sur la largeur du bandage ou des frettes ; 2° par le laminoir à bandage sans soudure, qui comprime sur l'épaisseur.

Addition, en date du 11 mars 1870.

La cannelure dans laquelle se lamine la bague, au lieu d'être formée uniquement par les extrémités des deux cylindres, est fermée, du côté extérieur, par une forte broche cylindrique, mobile dans les deux paliers. Cette broche sert à maintenir la bague dans une position constante par rapport aux deux cylindres horizontaux. Le perfectionnement ne consiste pas dans l'augmentation des cylindres pour former la cannelure, mais bien dans l'idée d'employer le laminoir à bandages sans soudures pour faire le travail de la matière dans le sens des joues du bandage, ce laminoir n'ayant été employé jusqu'à présent qu'à travailler suivant des plans perpendiculaires à celui des joues.

La bague en acier fondu, telle qu'elle sort de la fonderie, est chauffée, puis, au moyen du laminage décrit, écrasée jusqu'à ce qu'elle prenne la hauteur que doit avoir le bandage fini ; alors seulement elle est laminée au laminoir ordinaire à bandages, qui travaille la matière dans le sens perpendiculaire. Si la bague est trop haute pour pouvoir être amenée de suite à la hauteur définitive du bandage sans qu'il s'y rencontre des criques ou gerçures, on commence à lui donner du corps en faisant quelques passes pour resserrer la matière dans le laminoir ordinaire à bandages, puis on donne la compression sur ses joues, et enfin on termine toujours comme à l'ordinaire.

N° 85,200. — Micolon. — 10 avril 1869.

Procédé de fabrication de bandages en acier fondu avec ou sans noyaux en fer doux à épaisseur variable, permettant le retrait des couronnes de coulée sans rupture.

Les caractères distinctifs du procédé sont :

1° Deux genres de coquilles à parois minces et à nervures; 2° l'emploi, pour le coulage des bandages en acier, à l'intérieur de ces coquilles, d'un noyau métallique mince, permettant le retrait facile du métal sans rupture et sans tension après le refroidissement; 3° la possibilité du coulage de l'acier sur des couronnes épaisses en fer ou en acier, préalablement portées à une très-haute température, permettant la mise à neuf de bandages déjà détériorés par l'usure; 4° enfin, l'application de cette méthode soit aux bandages en acier laminé, soit aux bandages en acier brut.

N° 85,718. — Micolon. — 19 mai 1869.

Fabrication des chaînes de toutes espèces et de toutes formes sans soudure.

L'inventeur moule des chaînes en acier ou en tout autre métal analogue, en faisant ce moulage soit en coquille, soit en sable. Il obtient ainsi des chaînes fondues, moulées, matricées ou non après le coulage, avec faculté de les tremper. Ce moyen donne une plus grande solidité aux chaînes, et elles s'oxydent beaucoup moins à l'eau de mer, l'acier étant moins poreux que le fer.

N° 85,818. — Société des forges de Châtillon et Commentry. — 27 mai 1869.

Perfectionnements apportés dans la fabrication des plaques profilées de forte section, ces procédés pouvant d'ailleurs s'appliquer à des plaques de toutes largeurs et de toutes épaisseurs.

Le point principal qui distingue cette invention, est un dispositif de bagues mobiles, alternativement rapprochées et éloignées du cordon, avec moyens d'arrêt lors de l'éloignement, comme de fixation lors du rapprochement. C'est un perfectionnement dans le laminage des fers profilés de grosse section.

*Procédés de fabrication d'essieux droits pour les locomotives
et les wagons des chemins de fer, faits au laminoir.*

Ce mode de fabrication d'essieux comprend deux opérations distinctes : l'opération ébaucheuse et l'opération finisseuse. Le rondin de fer, préalablement chauffé au blanc soudant, est placé entre deux cylindres de la machine ébaucheuse. Ensuite, l'essieu ébauché est porté immédiatement, sans le faire réchauffer, entre les deux cylindres de la machine finisseuse qui fonctionne de la même manière que la machine ébaucheuse. À cette machine est adapté un filet d'eau à jet continu qui vient arroser les fusées de l'essieu, et par ce moyen produit la cémentation de ces parties.

N° 86,002. — Gisborne et Allmann. — 17 avril 1869.

*Perfectionnements dans la construction des tubes métalliques
et autres.*

Ces perfectionnements ont pour objet :

1° Le mode de formation des tubes métalliques par l'enroulement en hélice de rubans métalliques autour d'un axe ou mandrin et par la réunion des spires ou des joints par recouvrement, rivure ou soudure ;

2° La confection de poteaux télégraphiques en deux longueurs creuses, et remplies intérieurement de ciment hydraulique, de terre, et puis recevant à la partie supérieure un isolateur.

N° 86,447. — Marrel frères. — 12 juillet 1869.

*Système de fabrication mécanique des grosses chaînes de marine
et autres.*

Ce système consiste essentiellement à façonner les maillons des chaînes et à les souder par des moyens automatiques, en faisant usage, dans ce but, du marteau-pilon à vapeur, de la presse hydraulique ou du martinet. Les différentes opérations élémentaires sont les suivantes:

1° Un refoulage, qui se donne dans une matrice de conformation convenable et sous l'action d'un marteau-pilon plein, pour renforcer les deux bouts du maillon préparé sur lesquels se font les amorces de la soudure;

2º Un estampage du maillon à plat entre deux matrices, pourvues chacune d'une gorge ovale présentant la configuration exacte du maillon. Cet estampage, qui, par un seul coup de pilon, produit la soudure, s'effectue sur le maillon par une opération préalable, qui recourbe et rapproche les deux bouts, renforcés et amorcés;

3º Un estampage sur le maillon de champ, en plaçant le maillon entre deux évidements pratiqués sur les côtés des matrices, en vue d'assujettir entre les deux branches du maillon, un étai ou entretoise, destiné à empêcher le rapprochement et la flexion des deux branches du maillon.

Le principal avantage de ce système consiste en ce que, en soudant le maillon, les matrices l'embrassent complètement, ce qui l'empêche de se déformer par la pression du marteau sur la partie soudante. Le fer, étant parfaitement maintenu par les gorges de la matrice, est obligé de subir une forte pression, ce qui produit une homogénéité parfaite dans la soudure.

Nº 86,817. — Sellers (les sieurs). — 26 juillet 1869.

Perfectionnements dans les marteaux à vapeur.

Ces perfectionnements sont :

1º L'emploi dans les marteaux dont le piston se trouve au milieu de la tige, qui fait ainsi un marteau en dessous, d'une tige de piston d'un diamètre plus grand en dessous du piston qu'en dessus;

2º La disposition d'un tiroir construit de manière que la vapeur puisse être admise au-dessus et au-dessous du piston alternativement, ou être admise en dessous du piston et renvoyée au-dessus, avant qu'elle soit déchargée finalement du cylindre;

3º La disposition des tiroirs, ayant des passages à vapeur placés de manière à unir les parties en communication avec les deux extrémités du cylindre.

Nº 86,939. — De Blonay. — 1ᵉʳ octobre 1869.

Procédé de fabrication de roues de chemins de fer au moyen de la presse hydraulique.

Le procédé consiste dans l'emploi de la presse hydraulique pour l'étampage et la fabrication des roues complètes en une pièce en fer forgé ou en acier, quelle que soit leur forme, soit que l'on place entre les deux étampes ou matrices une masse de fer, chauffée au blanc et uniforme, soit que l'on y place une roue déjà formée de son moyeu, de sa jante, et de ses rayons, non encore soudés entre eux ou déjà soudés, et que, dans ce cas, les étampes n'aient plus pour but que de donner la forme exacte et définitive de la roue.

Nº 87,222. — Ridley. — 17 septembre 1869.

Procédé de traitement pour utiliser les rebuts de rails, bandages de roues, lingots, bouts de rails coupés et autres déchets d'acier Bessemer ou autre acier similaire.

On donne aux déchets une forme convenable pour pouvoir les empiler, aussi serrés que possible. Quand la pile est faite sur une plaque ou barre en fer forgé ou en acier puddlé, on la recouvre d'une autre plaque ou barre semblable. Mais, avant de couvrir la pile avec la plaque du dessus, il faut remplir les interstices entre les couches, formant la pile, avec du verre en poudre ou avec du sable siliceux pur. Les piles, ainsi formées, sont chauffées dans un fourneau ordinaire en usage pour la fabrication du fer ou de l'acier, et traitées ensuite dans un laminoir ou sous le marteau-pilon pour obtenir une soudure parfaite de la masse entière.

Le verre ou le sable est un fondant pour l'oxyde de fer déposé à la surface du fer et de l'acier formant la pile. Le silicate de fer qui se forme est expulsé de la matière pendant l'opération qu'elle subit dans les laminoirs ou sous le marteau-pilon. Les surfaces métalliques pures sont mises en contact, et il en résulte une soudure parfaite.

Si l'on emploie des plaques de fer pour contenir la pile, celles-ci, quand le chauffage est à point, absorbent du carbone par la décarburation partielle de l'acier, avec lequel elles se trouvent en contact immédiat.

Nº 88,143. — David. — 13 décembre 1869.

Système de fabrication de chaînes sans soudure en acier fondu.

Le système comprend :
1º Forme de la maille à tige ronde et à boucles ;

2° Son obtention par une succession d'ébauches ou d'étampes forcées ;

3° Application pour sa fabrication, soit de l'acier laminé en barres, soit de l'acier fondu Bessemer, soit de barres provenant de riblons de bandages, de rails ou ressorts en acier fondu Bessemer, sans fusion à nouveau de l'acier ;

4° Pliage et emmaillage ;

5° Trempe et recuit des chaînes et procédés relatifs.

1re ADDITION, en date du 8 janvier 1870.

Dans ce certificat d'addition, l'inventeur se garantit le droit d'employer, pour la confection de ses chaînes, des tôles, vieilles feuilles de ressorts, ou des rognures de tôle, aussi bien que des riblons d'acier.

La 2e ADDITION, en date du 5 mai 1870, précise mieux ce qu'il y a d'original dans l'invention, et revendique l'application de la presse hydraulique avec accumulateur, agissant par pression sur les étampes des ébauches.

Une 3e ADDITION, en date du 21 mai 1873, indique une succession d'opérations nouvelles d'ébauches pour l'obtention de la maille, toujours par le principe d'étampes forcées et l'emploi de barres méplates en acier, ce qui a surtout l'avantage de permettre d'utiliser les lames de vieux ressorts de chemins de fer en les refendant longitudinalement en deux à la scie ou à la cisaille.

Une 4e ADDITION, en date du 29 juillet 1873, revendique une nouvelle disposition de rabot, formé de bandes de métal, étampées sous une forme spéciale pour pouvoir se réunir par simple agrafage, évitant ainsi l'emploi de rivets et augmentant, par conséquent, la force de résistance à la traction.

N° 88,194. — Petin, Gaudet et Cie. — 17 décembre 1869.

Perfectionnements apportés aux procédés de fabrication des bandages de roues sans soudure.

En janvier 1861, les inventeurs prenaient un certificat d'addition à leur brevet du 30 décembre 1858, relatif à la formation du paquet employé pour la fabrication des bandages sans soudure. Ce nouveau procédé avait pour but d'éviter les joints suivant la circonférence et de les remplacer, pour une grande partie de la section, par des joints en travers ou selon la section du bandage. Le paquet était composé de quatre parties principales :

1° Une bague intérieure, appelée virole ;

2° Une série de fers trapézoïdaux, coupés en tronçons, et reposant sur la virole, les plans de contact de ces fers étant suivant la section du bandage ;

3° Deux enroulages en spirale servant à maintenir ces tronçons et donnant la résistance nécessaire pour qu'il n'y ait jamais de rupture suivant le plan d'un de ces tronçons.

Bien que ce procédé ait donné et donne encore d'excellents résultats, de nouveaux perfectionnements ont été introduits. Aujourd'hui que l'emploi de gros pilons au puddlage permet de cingler et d'épurer très-bien des loupes de poids considérables, les inventeurs mettent à la place des tronçons une seule barre de fer, ayant comme épaisseur toute la hauteur de ces tronçons, enroulée autour de la virole et coupée en biseau comme cette virole, de manière à avoir, comme elle, un joint d'assemblage oblique. Cette barre est faite avec une seule loupe de fer puddlé et n'a, par conséquent, aucun joint, ni suivant la circonférence, ni perpendiculairement. De chaque côté de cette barre, on met les deux enroulages en spirale.

ADDITION, en date du 15 janvier 1870.

Le brevet principal était relatif à la fabrication des bandages, laquelle consistait à remplacer les tronçons par une pièce enroulée, formée d'une seule loupe de puddlage, et on y mentionnait que cette pièce était *en fer*. Le présent certificat d'addition indique que cette pièce peut se faire également en *acier fondu soudant*.

N° 88,394. — Chaney et Deschamps. — 26 janvier 1870.

Genre de fabrication d'essieux dits enroulés incassables, pour locomotives, tenders et wagons.

Ce procédé consiste dans la formation de l'essieu, à tout diamètre, par une plaque de tôle, d'acier ou de fer, enroulée sur elle-même à l'aide d'un noyau. Cette plaque de métal a, pour la fabrication des essieux ordinaires, 10 millimètres d'épaisseur, 1^m,25 de largeur et environ 2 mètres de longueur. Le paquet, pour la fabrication des tôles de fer ou d'acier, est préalablement disposé pour que le nerf du métal, qui se trouve ordinairement dans le sens de la longueur de l'étirage, sorte du laminoir dans le sens de la largeur de la plaque, de manière que celle-ci étant enroulée et formant essieu, le nerf du métal soit dans le sens longitudinal de l'essieu, au lieu d'être dans le sens transversal. La possibilité de la rupture de l'essieu est déjà considérablement diminuée par l'existence de ce nerf longitudinal du métal. L'enroulement est fait à chaud avec une seule plaque de tôle. On soude la pièce en la forgeant à la forme voulue, puis on termine l'essieu en tournant les fusées et les embrasses qui se trouvent parfaitement et entièrement soudées. On peut, suivant la commande, ne souder que superficiellement le corps proprement dit de l'essieu, c'est-à-dire la partie médiane qui sépare les deux fusées, y compris les parties où on cale les roues, dites portées de calage, de manière à laisser à l'intérieur l'enroulement distinct primitif, formant, pour ainsi dire, une corde raide et nerveuse, résistant aux chocs les plus violents.

Les inventeurs fabriquent aussi des essieux tubulaires, c'est-à-dire creux intérieurement à la partie médiane, en ne conservant de parties pleines qu'à la place de la fusée et de la portée de calage, qui sont soudées et tournées comme dans la première acception. Ils arrivent à ce résultat en retirant le noyau à la sortie de la pièce de l'appareil enrouleur, et en plaçant et soudant au pilon, de chaque côté de la pièce enroulée, un noyau de la longueur voulue.

Nº 88,400. — Heurtier. — 22 janvier 1870.

Martinet dit laminoir Heurtier, propre à étirer le fer et l'acier.

Les cannelures, existant sur les portées, sont mises en contact avec la matière à étirer, aussi bien en haut qu'en bas, ou séparément. Les cannelures contiennent, suivant la dimension de la barre à étirer, les pièces de rechange de la forme voulue, et des traverses d'acier, qui règlent le coup de marteau ou plutôt la limite de l'influence du marteau sur la matière à étirer.

ADDITION, en date du 2 février 1870.

L'inventeur a perfectionné son système en plaçant des traverses dites « régulatrices de l'étirage » sous le marteau pendant l'opération de l'étirage.

N° 88,511. — Vigour et Dubois. — 7 février 1870.

Machine servant à donner toute espèce de formes au fer, dite laminoir horizontal-vertical.

La machine consiste en deux cylindres horizontaux, sur lesquels se font les cannelures carrées et rondes. Entre deux cannelures carrées se trouve une cannelure ronde, et ainsi de suite, suivant le fer à préparer. Ces cannelures ont pour but de transformer une barre carrée en parties rondes et carrées, ou toute espèce de forme.

Deux cylindres verticaux, sur lesquels, respectivement, il y a une cannelure carrée, suivie d'une ronde, prennent le fer sortant des cylindres horizontaux, et ont pour but de faire disparaître l'ovale des parties rondes et de régulariser les carrés qui se trouvent sur une même barre.

1re ADDITION, en date du 14 avril 1870.
Ce certificat revendique l'application sur tous cylindres-laminoirs ou machine à fabriquer les fers ronds ou carrés sur une même barre, du « canal guide-fer ».

2e ADDITION, en date du 23 décembre 1871.
Craignant que leur brevet ne soit pas assez explicite, les inventeurs donnent une description plus complète de leur système, avec les dessins à l'appui.

N° 88,516. — Brunon frères. — 3 février 1870.

Ensemble de moyens, machines et procédés constituant un système complet de fabrication des roues en fer forgé et à rayons.

On emploie, pour la construction de ces roues, le fer et ses combinaisons, toutes les fois qu'il peut être traité par le travail de forge. On réunit les éléments fractionnels d'une roue, préparés d'avance par le forgeage au blanc soudant du moyeu avec les rayons, au moyen d'une percussion ou pression s'exerçant au centre du bloc à souder. On opère ainsi, à la fois, la pénétration, l'union intime, et la forme définitive des parties constituant le moyeu, par le refoulement de la matière du centre aux parois externes contenues dans des matrices correspondantes.

Les roues ainsi produites forment, quel que soit le nombre et la forme des rayons qui les composent, un tout homogène, comme s'il était pris dans un seul bloc; la répartition judicieuse de la matière que comporte ce système de fabrication réduit le poids des roues au minimum pour la résistance qu'elles doivent offrir, ce qui les rend applicables à tous les genres de véhicules et, notamment, au matériel roulant des chemins de fer.

Le présent brevet concerne plusieurs perfectionnements et appareils mécaniques, soit pour la préparation des éléments des roues, soit pour le maintien de ces éléments en position d'être réunis, soit pour le chauffage au blanc soudant de leurs parties, soit enfin pour le soudage et la réunion homogène de la roue entière.

Ce système se limite à la roue proprement dite, au moyeu, aux rayons et à la jante, indépendamment du bandage. Le principe d'union parfaite des trois éléments composant ce genre de roue consiste dans la division de la jante en autant de parties que de rayons; cela permet de former d'un seul morceau et, par conséquent, d'une solidarité parfaite, un segment de jante avec deux demi-rayons, ce qui constitue le rayon-jante.

No 88,786. — Chauvet. — 3 mars 1870.

Système de marteau-pilon hydraulique.

Ce brevet porte plutôt sur le principe même de l'application de la pression de l'eau à la marche du marteau-pilon que sur la construction du pilon lui-même, lequel pourra changer de forme et de force, la pompe étant mue par machine à vapeur ou par tout autre moteur.

No 89,293. — Martin. — 22 mars 1870.

Procédé de fabrication de roues évidées ou pleines en acier fondu.

Ce procédé a pour objet de couler les roues pleines ou évidées d'une seule pièce en acier fondu.

Il consiste à placer le moule ou la coquille de la roue, portant la forme définitive de cette roue, sur un plateau tournant, horizontal ou vertical (de préférence horizontal). Le métal se coule par le moyeu qui, participant au mouvement général de rotation, distribue le métal liquide en le chassant, par l'effet de la force centrifuge, dans toutes les parties du moule et de la coquille. Ce moule tourne avec une vitesse de 40 à 60 tours par minute. L'acier en fusion est ainsi lancé dans toute la capacité du moule de la roue, jusqu'à ce qu'il remonte suffisamment par les évents. On peut ensuite, au besoin, forger et contreforger la table de roulement de la roue et la tremper. Il ne restera qu'à araser le moyeu, l'aléser et le canneler, avant de placer la roue sur l'essieu.

N° 89,510. — Blondeau. — 7 avril 1870.

Mode de fabrication de rouleaux de pression pour laminoirs, presses, etc.

Au lieu de faire les rouleaux de laminoirs complétement en acier, l'inventeur a imaginé de les composer de fer et d'acier, le fer servant d'âme au cylindre, et l'acier d'enveloppe extérieure, choisissant l'âme dans le meilleur fer au bois, le plus sain et le plus homogène, et l'enveloppe dans l'acier prussien à double marteau, le plus malléable et le plus facile à souder, avec ou sans l'aide d'éléments chimiques. Le procédé comprend les moyens suivants : 1° union par la soudure à chaud des métaux qui composent les cylindres ; 2° application facultative à cette union des compositions chimiques connues, telles que borax, etc. ; 3° martelage et estampage nécessaire à la parfaite cohésion de l'acier et du fer, formant l'âme et l'enveloppe, ainsi qu'au façonnage de leur surface et de leurs axes.

N° 89,546. — Charrière et Cie. — 22 avril 1870.

Procédé de fabrication des bandages de roues pour matériel de chemins de fer.

Le forgeage des bandages circulaires, c'est-à-dire leur agrandissement depuis l'état de rondelle épaisse et de petit diamètre jusqu'à la forme de bande relativement mince et prête à être posée sur la roue, s'est fait jusqu'ici par divers moyens, notamment au laminoir. L'application du marteau à ce travail a été proposée et essayée, mais n'a pas eu de résultat pratique. Les bandages entièrement martelés et sans soudure sont encore industriellement inconnus, quoi qu'on ait tenté dans ce sens, et on ne fait couramment au marteau que l'ébauche des rondelles, ou un agrandissement très-limité de celles-ci. Il y aurait cependant avantage à étirer au marteau jusqu'à leur diamètre définitif ou à peu près, des pièces de forge aussi fatiguées par leur service et qui ont, autant qu'aucune autre, besoin des qualités assurées par le martelage bien mieux que par l'action du laminoir. Les inventeurs croient avoir résolu le problème au moyen d'un appareil qui remplit les conditions suivantes : le forgeage se fait au moyen d'un marteau et d'un laminoir agissant simultanément sur le bandage. Le marteau frappe sur la surface de roulement, c'est-à-dire sur la partie du bandage qui sera, pendant le service, exposée au contact des rails, et sur laquelle se concentrera toute la fatigue de la pièce. Le forgeage au marteau est donc réservé à la partie du profil où il est le mieux placé, en vue de la qualité du produit. Le laminoir agit dans le sens de la largeur du bandage, c'est-à-dire sur les deux plats, parties qui seront exemptes de toute fatigue spéciale pendant le service et pour lesquelles, par conséquent, un serrage intime du métal est relativement sans intérêt.

Le laminoir est énergique, le marteau est rapide d'allure, 100 à 300 coups à la minute.

Ce procédé s'applique non-seulement aux bandages de roues, mais il s'étend naturellement au travail de toutes pièces, telles que frettes à canons ou autres, qui, par leur forme en anneau fermé, demandent les mêmes moyens spéciaux de forgeage que les bandages de roues de chemins de fer.

N° 89,677. — **Brunon frères.** — 25 avril 1870.

Procédés de fabrication des roues pleines en fer forgé pour chemins de fer et autres.

Ce procédé consiste surtout dans la manière de préparer les éléments de métal, bruts et informes, qui doivent, réunis et soudés, constituer la roue, afin d'assurer : 1° la parfaite égalité de température indispensable au bon soudage de forge ; 2° le refoulement ou la pénétration de toutes les parties amollies par la chaleur, pour former un tout homogène après le refroidissement. On emploie pour la chauffe les fours connus à réverbère, avec ouvertures et soutiens, disposés pour l'introduction, le maintien et l'extraction finale des paquets bruts. On emploie pour la forge les étampes connues, appropriées pour résister aux efforts particuliers dus au mode de préparation des paquets de fragments bruts, dont le forgeage doit produire la roue.

Le nouveau système a pour but la production de roues pleines en fer forgé par la réunion en paquets de fragments de métal brut, disposés de manière à être chauffés ensemble et uniformément, puis soudés par écrasement et chocs répétés entre des matrices ou étampes creuses, de forme déterminée, avec ce caractère particulier, dû à l'arrangement primordial des fragments, que le métal se concentre et se refoule dans toutes les directions pour prendre la forme définitive, ce qui assure la complète homogénéité du tout.

N° 89,786. — Jeavons. — 26 avril 1870.

Perfectionnements dans la fabrication des plaques de blindage et autres grosses pièces en fer malléable, en acier, ou en acier et fer combinés, ainsi que dans les moyens et appareils employés pour cintrer les plaques de blindage.

Ces perfectionnements comprennent :

1° La fabrication de plaques de blindage et autres grosses pièces de fer malléable ou d'acier, combinées au moyen de paquets composés de différentes couches de barres ordinaires de commerce, telles, par exemple, que des barres méplates, des barres carrées, des billettes en fer ou en acier, ou bien partie en fer et partie en acier, ces barres étant disposées entre une plaque plane supérieure et une inférieure, formant moules ;

2° La fabrication de plaques de blindage et autres grosses pièces en fer malléable, acier, ou acier et fer combinés, au moyen de paquets composés de plusieurs couches de barres de fer ou d'acier, ou de barres de fer et de barres d'acier mêlées, ces barres présentant diverses sections et étant maintenues entre des plaques planes ou moules, fabriqués eux-mêmes de la manière ordinaire ou par le procédé perfectionné de l'inventeur.

3° La construction des moules ou plaques planes, qui forment le dessus et le dessous des paquets destinés à la production des pièces, en empilant des barres méplates, des barres carrées, des billettes ou toutes autres sections de fer ou d'acier, ou un mélange de barres de fer et de barres d'acier, entre des plaques ou petits moules, et cela, en employant, ou non, à volonté, des riblons de fer ou d'acier, ou des riblons de fer et d'acier mêlés, que l'on introduit dans une cavité ménagée à cet effet, le tout étant ensuite soudé en une seule masse par le laminage ;

4° La fabrication de plaques de blindage et autres pièces en fer malléable, en acier ou en fer et acier, combinés au moyen de paquets composés d'un certain nombre de plaques planes ;

5° Le mode de cintrage des plaques de blindage en une seule opération au moyen de galets ajustables, guidant la plaque à sa partie supérieure et à sa partie inférieure, concurremment avec une paire de cylindres ;

6° Le mode de cintrage des plaques de blindage au moyen de galets ajustables, guidant la plaque à sa partie inférieure, concurremment avec la pression exercée par le cylindre supérieur ;

7° Le mode de cintrage des plaques de blindage, consistant dans l'emploi d'une pièce qui se meut autour d'un centre agissant de concert avec les cylindres ;

8° La construction de laminoirs avec addition de galets ajustables ;

9° La construction de laminoirs avec addition d'un bras pivotant ou autre organe équivalent.

N° 89,892. — Chenot et Gassanne. — 5 mai 1870.

Perfectionnements dans les marteaux-pilons.

Les caractères principaux sont : 1° le principe de mise en mouvement du *cylindre-frappe mobile* par *un piston animé d'un mouvement alternatif*, communiquant ledit mouvement par l'intermédiaire de l'air atmosphérique contenu dans le cylindre-frappe ; 2° et, comme conséquence, l'application dudit principe à tous les marteaux à air, qu'ils soient verticaux, horizontaux ou inclinés à un angle quelconque.

N° 90,489. — Garnier. — 25 juin 1870.

Procédé de fabrication de roues pour wagons, locomotives et tenders.

Les rayons de la roue, en nombre indéterminé, sont en fer plat, laminés et cintrés au moyen d'une machine ou d'un marteau-pilon. Les rayons, étant préparés et accouplés par deux, se joignent ensemble et sont soudés d'un bout. Après, on compose la jante d'une barre de fer laminé et en forme de U, dont la longueur a été calculée, puis sciée au moyen d'une scie circulaire et, enfin, enroulée au moyen de trois cylindres qui lui donnent la forme d'un cercle, dont les deux extrémités sont rapprochées bout à bout et tenues fixées au moyen d'un fer à double T. Cette partie du cercle, ainsi préparée, est mise aussitôt au four et soudée. Les rayons sont ensuite placés dans les cannelures du cercle, et la roue est portée aussitôt dans une matrice disposée *ad hoc* ; un rondin de fer brut, enveloppé à ses deux extrémités par un fer laminé plat, est porté au blanc soudant dans la partie de la matrice destinée à recevoir le moyeu sous l'action de deux coups de marteau-pilon. La roue est mise dans un four à réverbère et chauffée au blanc soudant, puis elle est de nouveau portée à la matrice avec une griffe, et terminée par quelques coups de marteau-pilon. La roue, étant ainsi confectionnée à doubles rayons, est flexible et se trouve soudée d'une seule pièce au moyen de deux matrices, l'une de ces matrices reposant sur la chabotte du marteau-pilon, l'autre étant adaptée au porte-marteau.

N° 90,636. — Société anonyme des forges de la Providence. — 6 juillet 1870.

Machine-cisaille circulaire universelle pour cisailler ou refendre les bouts de fer en T, cornières, rails, etc.

Cette cisaille permet de découper longitudinalement tous les profils de fer à T doubles et simples, les pattes de rails et, généralement, tous les fers profilés, sans rien changer, si ce n'est de faire varier (monter ou baisser) le cylindre supérieur, selon l'épaisseur des pattes ou bourrelets à détacher. C'est ce qui en constitue le principe.

N° 90,710. — Farcot et ses fils. — 19 juillet 1870.

Perfectionnements apportés aux marteaux-pilons.

Les inventeurs réalisent un perfectionnement considérable en rendant automoteurs ou *self-acting* leurs pilons, connus depuis plusieurs années dans l'industrie.

N° 90,841. — Blake Tarr. — 16 août 1870.

Perfectionnements dans les moules pour la fonte de roues en acier comprimé pour locomotives et wagons ou voitures de chemins de fer ou autres, ainsi que dans les fours pour la trempe de ces roues.

La première partie de l'invention se rapporte à une nouvelle manière d'établir les moules pour la fabrication des roues en acier comprimé pour locomotives et wagons, et elle a pour objet de produire des moules en une ou plusieurs pièces qui soient capables de résister à l'effort que subit le moule, et qui permettent l'échappement du gaz, sans être sujets à se brûler, ou à se détériorer pendant la compression.

La seconde partie a pour objet le durcissement ou la trempe de la périphérie et du boudin des roues de voitures en acier fondu comprimé, de façon à donner à ces roues la ténacité et la force voulues pour leurs parties intérieures et la dureté pour leur périphérie.

La troisième partie se rapporte à la fabrication de roues de wagons en deux parties, avec périphérie et boudins durcis, tandis que le reste de la roue est à l'état doux. Ces deux parties de la roue sont rivées, ou autrement reliées ensemble.

N° 93,278. — Boutier. — 15 novembre 1871.

Une cisaille à couper les bandes de fer.

Ce perfectionnement dans la construction de la cisaille consiste dans un guide-mobile qui a pour avantage de diminuer la main-d'œuvre de près de moitié, la bande de métal sortant de la cisaille *découpée et redressée*. Ce procédé empêche les bandes découpées de se contourner à la sortie des cisailles.

N° 94,446. — Caumon dit John Absterdam. — 8 mars 1872.

Perfectionnements à la fabrication des barres, des rails et des plaques d'acier, et au soudage de l'acier et du fer.

Cette invention a pour objet la fabrication des barres d'acier marchand et leur emploi varié ; elle facilite aussi la réunion d'une ou de plusieurs plaques ou barres d'acier fondu ou de Bessemer avec une ou plusieurs barres ou plaques de fer forgé ; elle facilite aussi la réunion d'une ou de plusieurs barres ou plaques de vieux rails d'acier Bessemer ou de riblons d'autres aciers fondus ou Bessemer pour les laminer de nouveau en barres, feuilles ou plaques marchandes ; elle facilite aussi la réunion de deux ou de plusieurs morceaux de vieux rails de fer en pile pour les laminer de nouveau en barres marchandes pour chemins de fer ; en outre, cette invention facilite la réunion d'une ou plusieurs plaques ou barres d'acier fondu ou Bessemer avec une ou plusieurs barres ou plaques de fer forgé en soudant la pile d'une manière plus parfaite que celle obtenue par la méthode actuelle de laminage, quand il est nécessaire d'avoir un soudage meilleur. Elle facilite le soudage de la pile de fer dans la fabrication des rails en fer, avec ou sans tête d'acier, mieux que ne peut le faire le mode actuel de laminage ; elle facilite mieux aussi le soudage d'une ou plusieurs plaques ou barres de vieux rails d'acier Bessemer ou de riblons d'acier fondu ou Bessemer qu'on ne peut le faire par le mode actuel de laminer de nouveau le vieux métal, quand il est nécessaire d'avoir un soudage meilleur.

Cette invention sert également à revivifier les propriétés que possède le vieux fer forgé de se souder, de façon qu'il peut être remis en paquet et laminé de nouveau en bon fer, ce qui dispense du procédé coûteux de refonte dans le fourneau d'affinage ; elle sert aussi à faciliter la séparation du fer dans les rails en tête d'acier ou dans les rails d'acier avec rebords de fer, pour le laminer de nouveau.

N° 95,728. — Ames. — 29 juin 1872.

Nouveau procédé servant à tremper ou durcir la surface de l'acier.

Le principe de cette invention repose sur ce fait que si l'on soumet une pièce d'acier en mouvement au frottement d'une surface se mouvant à une très-grande vitesse sur cette pièce d'acier, la surface de l'acier, soumise au frottement, est rendue plus dure que si elle était chauffée à une chaleur blanche et, en cet état, plongée dans de l'eau froide.

N° 97,251. — Cooke. — 22 novembre 1872.

Amélioration du fer raffiné applicable à la construction des navires, chaudrons, couvercles et autres plaques, ainsi que des vaisseaux marchands.

Cette invention se rapporte à un perfectionnement dans la fabrication du fer raffiné, dont l'objet est d'utiliser les bouts de rails du *Bessemer steel* (acier Bessemer).

On prépare un paquet de fer composé de barres de fer puddlé en haut et en bas; la partie intérieure du tas peut être composée, alternativement, de couches de bouts de rails d'acier Bessemer et de barres de fer puddlé superposées, soit dans la longueur, soit transversalement, jusqu'à ce que le tas ait obtenu le poids ou la dimension voulue. Le fer, étant plus adhésif et plus soudable que l'acier, s'unit plus facilement et plus sûrement qu'en plaçant les deux corps d'acier ensemble.

L'épaisseur de la barre puddlée, placée entre les barres d'acier, doit être réglée suivant le fer raffiné qu'on veut produire.

N° 98,686. — Compagnie des hauts-fourneaux, forges et aciéries de la marine et des chemins de fer. — 27 mars 1873.

Système de martelage en matrice et de préparation des paquets.

Cette invention est caractérisée par un système de martelage en matrice et de préparation des paquets, soit pour tôles et essieux de chemin de fer, soit pour toutes autres pièces.

Soit un paquet pour faire une tôle :

On prend un paquet carré, où l'on ne met point de couverte et qui n'est composé que de barres, soit de fer brut, soit de fer ballé, suivant la convenance. Ce paquet est chauffé à la température soudante, puis porté dans une matrice qui a la même forme que le paquet, tout en ayant soin de laisser le jeu nécessaire pour l'écoulement des laitiers. Le marteau vient frapper pour comprimer et souder le paquet. Lorsque le martelage a été opéré, pour enlever ce paquet ainsi comprimé, on agit sur un levier qui vient soulever le palet placé au fond et au centre de la matrice; puis on le retourne afin de le comprimer de nouveau par le marteau sur les deux faces horizontales.

On peut donner une ou plusieurs chaudes, à volonté, jusqu'à ce que l'on trouve le paquet parfaitement soudé; de là, il passe au laminoir à tôles pour obtenir des plaques ou feuilles de tôle.

Ce mode de corroyage en matrice permet au laitier de sortir facilement sur toutes les faces; toutes les surfaces du paquet reçoivent une égale pression, et, en même temps, on l'obtient parfaitement soudé dans toutes ses parties.

Nº 100,071. — Buxet et Balasse. — 18 août 1873.

Roues de wagons avec moyeu en fer forgé.

Actuellement les moyeux des roues de wagons sont en fer de fonte; les inventeurs les remplacent par des moyeux en fer forgés en matrice.

Pour arriver à cela, on dispose, pour la première opération, dans la matrice inférieure, une masse de fer sortant du four qui, après avoir été battue, donne les empreintes nécessaires pour y déposer, pour la deuxième opération, les rayons de la roue, chauffés à leurs extrémités, c'est-à-dire la partie des rayons entrant dans le moyeu; cela étant fait vivement, on pose, pour la troisième et dernière opération, une nouvelle masse de fer, formant la partie supérieure du moyeu, de façon que les trois parties, c'est-à-dire la première moitié du moyeu, les rayons, et la moitié supérieure de ce moyeu, étant posées alternativement à chaud, rendent, après avoir été battues par le pilon, ces trois parties solidaires, et parfaitement soudées entre elles.

Nº 100,937. — Carbillet. — 12 novembre 1873.

Appareils de laminage des petits fers.

Ce système consiste essentiellement en un appareil de protection, placé en avant de l'ouvrier, de façon à ne gêner aucun de ses mouvements, et dans lequel les barres de fer rouge, circulant d'une cage de cylindre à la suivante, s'engagent de telle façon qu'elles ne peuvent s'échapper ni blesser personne. Les dispositions données à cet appareil, peuvent, du reste, être variées de diverses manières, selon les convenances locales et les particularités du travail.

Nº 101,042. — Imbert. — 8 octobre 1873.

Appareils de laminage des fers.

Le caractère distinctif de l'invention réside dans l'adjonction ou l'application au laminoir d'une grue hydraulique pour la manipulation du fer et de l'acier. Cette grue est mue par l'eau à la haute pression de 20 atmosphères, ou par la vapeur. Il est clair que le diamètre du piston change suivant l'élément moteur employé.

N° 101,771. — Lambret. — 29 janvier 1874.

*Forme spéciale de fers laminés propres à la fabrication
des écrous à six pans.*

La méthode consiste à faire passer entre deux cylindres une barre de fer plat de calibre voulu et de la forcer, par des chicanes ou dents placées à cet effet dans les rainures des cylindres, de s'allonger et de prendre la forme de l'écrou, chaque intervalle de dent devant former un type qui reste joint au suivant par une attache de quelques millimètres seulement; il suffira de les séparer les uns des autres pour pouvoir les percer et les finir. Ce moyen présente surtout l'avantage de disposer les fibres du fer de façon à assurer à l'écrou une plus grande résistance et d'économiser le temps pour le découpage, sans augmentation sensible du prix du fer; enfin, de supprimer les déchets résultant du découpage à la forge ou à la cisaille.

N° 102,167. — Lauth. — 9 février 1874.

Perfectionnements dans les machines à laminer le fer et l'acier.

Des rouleaux alimenteurs conduits par voie de frottement sur une table mobile, élevée et abaissée par la force hydraulique et portant le métal à laminer, amènent le métal dans le laminoir par un côté et le font sortir par l'autre, en le dégageant des rouleaux lamineurs et des guides; puis, ils le ramènent de la même façon, passant et repassant le métal à mesure que les tables s'élèvent ou s'abaissent, jusqu'à ce que le degré de réduction soit accompli. Les rouleaux alimenteurs sont combinés et mis en mouvement par des roues d'engrenage et de frottement qui commandent l'arbre; ils sont supportés par un joug auquel ils sont suspendus, de manière que les roues de frottement, dont ils sont solidaires, puissent venir en contact ou hors de contact avec une roue de frottement commandant les rouleaux alimenteurs par un simple mouvement de leviers en face et sur le derrière de la machine.

Une autre partie de l'invention a pour objet la combinaison et l'arrangement de retourneurs et changeurs, de forme inclinée ou autre forme, en connexion avec un chariot cheminant au-dessous des tables mobiles, et de manière que, quand lesdites tables sont abaissées, les retourneurs et changeurs se trouvent faire saillie

~~entre et au-dessus des rouleaux, et tourner par-dessus ou en~~ partie par-dessus la pièce de métal en voie de laminage.

Lesdits retourneurs ou changeurs peuvent aussi être commandés par une force hydraulique ou autre, en avant et en arrière, entre les rouleaux alimenteurs, et placés en toute position voulue, par rapport à la pièce de métal en voie de laminage, de manière à procurer son ajustage pour son entrée dans le laminoir.

N° 102,857. — Grand. — 11 avril 1874.

Perfectionnements apportés au travail du fer et de l'acier, appliqués aux bandages pour roues de chemins de fer et à toutes pièces annulaires.

Cette invention consiste dans l'emploi direct des déchets de fer et d'acier, tournures, rabotures, forures, limaille, etc., sans que ces déchets soient préalablement convertis en barres, pour la fabrication des bandages de roues, sans soudure, pour chemins de fer, et de toutes pièces annulaires.

Il suffit, dans ce but, d'agglomérer annulairement les déchets sous des presses hydrauliques ou sous le marteau-pilon, à froid, pour leur donner une tenue. Tous les atomes métalliques ainsi réunis sont chauffés à la température soudante au four à réverbère et portés ensuite au marteau-pilon ou à la presse hydraulique pour être soudés et ne former plus, après les opérations du soudage, qu'un seul bloc de métal annulaire, bloc que l'on obtiendrait difficilement par d'autres moyens.

N° 102,878. — Wera. — 13 avril 1874.

Laminoir ébaucheur pour la fabrication de la tôle.

Les cylindres se composent de trois cannelures à laminer et de quatre cordons servant à maintenir le fer. La cannelure n° 1 a 300 millimètres de largeur et sert à faire des paquets de 600 kilogr. et au-dessous. Ces paquets se laminent continuellement à plat jusqu'à l'épaisseur de 20 millimètres, si on le juge convenable.

La cannelure n° 2 a 400 millimètres de largeur et sert à laminer des paquets depuis 600 kilogr. et au-dessus. Elle prend les paquets sortant de la cannelure n° 3 qui sert à laminer sur champ le paquet sortant du four.

Cette cannelure refoule les barres et les force à se souder ensemble.

On peut faire aussi des paquets de n'importe quel poids en employant une cannelure depuis 500 millimètres et au-dessus.

Ces paquets, une fois amenés en barres d'une épaisseur déterminée, sont découpés en plaques de différentes longueurs, par le moyen d'une cisaille placée à proximité du train ébaucheur.

Les barres, pressées de tous les côtés à la fois, se soudent mieux; ensuite, plus le fer s'allonge, plus il se réchauffe et plus il se soude, d'où résulte un tout très-homogène, barres et couvertes.

Nº 103,362. — Meunier (dame). — 22 mai 1874.

Perfectionnements aux procédés de fabrication des essieux à patin en fer forgé.

La base fondamentale de ce procédé est le laminage entre des cylindres à cannelures, avec ou sans empreintes de formes déterminées et progressives, cylindres qui amènent graduellement le métal à se mouler sur les creux et les reliefs, afin de prendre exactement entre lesdits cylindres, la forme du demi-essieu à patin que l'on veut produire, en un seul morceau, sans aucune soudure.

Les parties se trouvent ainsi parfaitement unies et homogènes, présentant dans toute l'étendue de l'essieu, la même égalité de résistance à la rupture, suppression totale des joints dangereux résultant des soudures, et économie dans la main-d'œuvre.

Nº 103,140. — Wheeler. — 22 avril 1874.

Perfectionnements dans la fabrication de barres, tubes et autres objets en fer et acier combinés, et dans la fabrication des tubes en général.

L'inventeur revendique comme sa propriété les dispositions suivantes :

1º La combinaison d'un paquet consistant en un tube extérieur, renfermant un noyau d'acier ou un tube d'acier entourant un noyau de fer ;

2º La disposition d'un paquet consistant en un ou plusieurs tubes fixés ensemble et composés de deux ou plusieurs sections ;

3º Une barre en acier et en fer combinés et présentant une surface extérieure en fer ;

4° Un paquet composé partiellement de fer et partiellement de une ou plusieurs barres d'acier ou fagots enveloppés de fer;

5° Une barre laminée au moyen dudit paquet;

6° Un paquet consistant en un lingot de riblons d'acier renfermé dans une caisse formée de plaques de fer, ou en acier fondu coulé dans une enveloppe en fer;

7° La disposition de la caisse ou creuset renfermant les riblons de fer ou d'acier, laquelle est formée de plaques se superposant et mortaisées à leurs extrémités opposées pour recevoir les extrémités de barres transversales que l'on recourbe ensuite;

8° La fabrication de tubes en fer ou en acier, ou de fer et d'acier combinés, par l'arrangement particulier de sections de tubes formant un paquet, qu'on lamine ensuite sans l'aide d'un mandrin;

9° Un paquet tubulaire composé de couches de barres laminées, et de barres intérieures plus courtes, ou portions de tubes ou anneaux, le tout étant réuni;

10° La fabrication de tubes laminés variant d'épaisseur aux différents points de leur longueur.

N° 103,718. — Jobez. — 1er juin 1874.

Mode de laminage à chaud et toutes les applications qui peuvent en dériver.

Pour obliger le fer à sortir droit et l'empêcher de s'enrouler, l'inventeur dispose la cannelure de telle manière qu'un des rebords verticaux de cylindre horizontal supérieur forme un des côtés de la cannelure, un rebord du cylindre inférieur formant l'autre paroi verticale. Il en résulte que le frottement latéral et la différence de vitesse, à la circonférence du cylindre, tendent à faire enrouler le fer autour du cylindre.

Le second cylindre exerce un effort analogue pour faire enrouler le fer autour de lui.

La barre de fer, ainsi sollicitée dans deux directions contraires, avec une même pression, sort droite.

N° 104,264. — Boizot. — 18 juillet 1874.

Train de cylindres-laminoirs pour fers à T.

Cette invention a pour but un nouveau genre de fabrication des fers à T, de tous genres et de tous métaux, à ailes égales ou inégales, façonnées ou non, au moyen d'un train de cylindres spécial.

Jusqu'à ce jour, les fers à T de toutes formes et dimensions ont été établis au moyen de laminoirs composés de cylindres horizontaux et ont présenté, dans la pratique, de nombreuses difficultés d'exécution que l'inventeur a en vue d'éviter. Il emploie, à cet effet, un système de trois cylindres, dont un est disposé horizontalement et deux obliquement, commandés par des pignons-cônes, ou de toute autre façon, pour leur communiquer une vitesse tangentielle égale.

Le fer, ou tout autre métal, est ébauché de la même manière qu'on le fait actuellement entre les cylindres ordinaires, puis introduit dans l'appareil qui le termine et lui donne la forme définitive qu'il doit avoir.

Il résulte de ces dispositions divers avantages : 1° les pattes et les ailes du T se trouvant laminées ensemble, le métal s'étire et s'allonge uniformément sans éprouver des retraits ou frottements contraires ; 2° les deux angles rentrants du T peuvent être fabriqués d'une façon très-régulière et obtenus avec ou sans congé de raccordement ; 3° le métal ne se replie jamais sur lui-même et ne s'enroule pas en forme de collier autour des cylindres ; 4° les fers à T peuvent être obtenus bien plus minces, à qualité égale, qu'avec les procédés actuels ; 5° le travail s'effectue beaucoup plus rapidement et avec moins de force ; les fers sont plus lisses et plus beaux ; 6° enfin, les cages de laminoirs peuvent s'adapter à tous les trains existants.

N° 105,280. — Société des forges de Franche-Comté. — 21 octobre 1874.

Procédé de fabrication au cylindre d'ébauches d'essieux à patins pour voitures et autres fers analogues.

Le but est de fabriquer au cylindre les ébauches pour essieux à patins de toutes formes et de toutes dimensions, comme aussi toutes barres de fers profilés ou non, portant des saillies latérales ou réserves de matière en un point quelconque de leur longueur, et sur une partie seulement de l'épaisseur du fer.

Le procédé consiste à faire passer, à la sortie du four à réchauffer, la masse de fer qui doit être transformée, dans une série de quatre cannelures.

La première prépare le profil et le rapproche dans une certaine mesure de celui de la deuxième; cette deuxième cannelure ébauche la forme du patin, mais sur toute la longueur de la barre et sous forme de nervure en dessus et en dessous; la troisième efface, par la compression, les nervures laissées par la deuxième, sauf dans certaines parties où se trouvent des encoches taillées sur la circonférence et au fond des cannelures dans les deux cylindres, et dont les cavités reçoivent les nervures non effacées, les compriment et leur donnent la forme approchée des patins; la quatrième cannelure, enfin, n'a plus d'autre objet que de mettre à l'épaisseur et à la largeur déterminées les patins et les corps d'essieu dont se compose la barre entière.

Nº 106,259. — Revollier, Biétrix et Cie. — 14 janvier 1875.

Disposition hydraulique servant à l'embrayage, débrayage et renversement de marche des laminoirs.

Dans les laminoirs à changement de marche, le renversement se fait au moyen des puissantes griffes à embrayage alterné, mues généralement par un moteur à vapeur. Ce genre de renversement, très-brutal, amène souvent des ruptures considérables par suite des chocs énormes qui lui sont inhérents.

Les inventeurs y ont substitué le renversement par friction et pression hydraulique. Ce perfectionnement repose surtout sur l'emploi du pot de presse annulaire, au lieu d'une série de presses distinctes, divisée sur la circonférence du plateau, ce qui exigeait à ce dernier des dimensions beaucoup plus considérables, et nécessitait, outre un travail très-onéreux et très-délicat de premier établissement, un entretien suivi et important. Les avantages se résument dans une grande simplification de construction d'appareil, dans une répartition parfaite de la pression sur toute la face d'entraînement, ce qui n'avait pas toujours lieu dans l'autre cas par suite de l'inaction d'une ou de plusieurs presses, enfin, dans une diminution considérable d'entretien.

Nº 106,510. — Laveissière et fils. — 21 janvier 1875.

Perfectionnements dans la fabrication des tubes en fer et en acier.

Ce perfectionnement se rapporte à la fabrication des tubes sans jointure par le procédé d'emboutissages successifs au moyen de mandrins, de filières, et par diverses dispositions mécaniques.

Le fond du procédé consiste à pratiquer l'emboutissage à chaud (rouge-cerise) au lieu de le faire à froid.

L'application de la chaleur a déjà été pratiquée par les inventeurs à l'emboutissage des tubes en cuivre, mais n'avait jamais été proposée pour l'emboutissage des tubes en fer ou en acier.

N° 106,542. — Joret et Cⁱᵉ. — 23 janvier 1875.

Appareil destiné à faciliter la trempe des grosses pièces d'acier et autres métaux.

Le présent brevet comprend tout appareil quelconque de trempe dans lequel le mouvement de la pièce à tremper sera remplacé par le mouvement du bain de trempe, quels que soient les récipients employés ou les agents de mouvement choisis.

N° 107,117. — Whitworth. — 4 mars 1875.

Perfectionnements dans la machinerie hydraulique pour presser, façonner et forger l'acier, le fer et autres métaux.

Les perfectionnements qui font l'objet du présent brevet consistent dans des dispositions de machinerie hydraulique perfectionnée pour presser, façonner et forger le métal, et dans la combinaison de la tête mobile, portant le cylindre presseur, avec l'appareil pour le lever, l'abaisser et le fixer rapidement en position.

Les perfectionnements consistent aussi dans la disposition de l'appareil pour tourner l'ouvrage sous la presse, et pour assurer le traitement uniforme de sa surface; enfin, dans la disposition pour retirer le noyau ou mandrin sur lequel sont travaillés les cylindres.

N° 107,118. — Whitworth. — 4 mars 1875.

Perfectionnements dans la machinerie hydraulique pour la compression des métaux à l'état fluide.

L'appareil compresseur se compose d'une presse hydraulique, pourvue de dispositions mécaniques pour élever ou abaisser la tête de la poche et pour l'assujettir en toute position, ainsi que pour indiquer la course du bélier presseur. La presse a quatre piliers creux, filetés sur une partie de leur longueur, et fixés à la base de la presse par des écrous. Sur le sommet des piliers est fixée une table ou tête en fonte portant un ou plusieurs cylindres éleveurs hydrauliques, au bélier desquels est fixée une traverse portant deux barres de suspension. Ces barres sont attachées par leurs bouts inférieurs à une tête mobile, jouant entre la base et la tête fixe de la presse; cette tête mobile est élevée ou abaissée pour permettre l'emploi de moules de différentes longueurs par l'admission ou l'expulsion de l'eau de dessous le bélier dans le cylindre éleveur. La tête mobile est susceptible d'être fixée solidement et rapidement dans toute position requise.

N° 107,768. — Lamur. — 12 mai 1875.

Perfectionnement à la machine destinée à opérer le refoulement du fer sur lui-même.

Cette nouvelle machine a pour but de diminuer la longueur d'une pièce métallique sans la couper, et en la faisant simplement refouler sur elle-même, au moyen d'une pression constrictive effectuée par des agents mécaniques qui, par leurs dispositions et leur nature, diffèrent essentiellement des moyens employés précédemment.

Cette machine réalise les avantages suivants :

1° Exécution à la fois plus rapide, plus économique, et plus satisfaisante sous le rapport de la précision et de la solidité;

2° Diminution du prix de revient de la machine et surtout des frais d'entretien ;

3° Facilité de pouvoir placer cette machine dans un local de peu d'étendue.

N° 108,505. — Sculfort-Malliar et Meurice. — 21 juin 1875.

Machine à refouler et à souder le fer et l'acier.

Cette machine à fouler et à souder le fer et l'acier est essentiellement caractérisée par les points suivants :

1° Par l'agencement de deux mâchoires mobiles, se rapprochant ou s'écartant d'une enclume fixe, au moyen d'une vis à filets, droite et gauche;

2° Par la disposition facultative des mains excentrées, à déplacement parallèle, pour le serrage des fers à souder ;

3° Par la combinaison générale de la machine, avec toute faculté de varier les formes, matières et dimensions de ses parties constitutives.

N° 109,603. — Billings. — 16 septembre 1875.

Perfectionnements dans les machines et procédés de compression et de réduction des lingots d'acier et des barres de fer.

Cette invention a pour objet des perfectionnements dans les machines à comprimer et réduire les lingots d'acier et les barres de fer, ainsi que dans les procédés généralement employés.

La machine se compose d'un équipage de laminoirs de trois séries, de construction particulière, avec leurs supports, couplage et axes.

Les rouleaux sont divisés par des collets en plusieurs espaces dentelés et unis. Les espaces dentelés, opposés dans les divers rouleaux, sont correspondants de diamètre, et, avec les collets, ils forment des boîtes ou des voies pour le passage des lingots ou des pieux.

Les portions de chacun des rouleaux comprises dans les sections 1 et 2 sont de 70 centimètres de diamètre (mesurées par les collets), et la portion de chacun d'eux comprise dans la section 3 est de 65 centimètres.

Les dents sont construites en forme d'engrenage; elles mesurent 5 centimètres de centre à centre et 25 millimètres de profondeur, la face ou largeur de chaque dent étant d'environ 15 millimètres, et donnant ainsi à la face de chaque dent plus de la moitié de l'espace entre lesdites dents.

L'action des dents a pour effet de forcer le métal du haut et du bas du lingot vers le centre de ce dernier; la pression, qui est grande, opère une sorte de cinglage qui fait couler le silicium dans les criques, les sutures, les places poreuses, et quand le lingot quitte la machine, il est parfaitement en état, il est solide et libre de tous corps étrangers.

La force nécessaire pour comprimer des lingots par le procédé ci-dessus, n'est qu'un cinquième de celle qu'exige le procédé de laminage ordinaire pour donner les mêmes résultats.

N° 109,788. — Light. — 1ᵉʳ octobre 1875.

Perfectionnements dans la construction des roues de chemins de fer et autres.

Ces perfectionnements comprennent :

1° La construction de roues à un seul disque ou plateau présentant des ondulations radiales, et des bandages fondus en coquille ou préparés pour recevoir des bandages en fer ou en acier laminé, qui sont forcés sur les centres métalliques ou fixés autrement, suivant les méthodes ordinaires ;

2° La construction de disques de roues pour chemins de fer, tramways ou autres voies, avec des disques en fer trempé, et avec la circonférence fondue en coquille, ou fondus d'une seule pièce, avec des ondulations radiales ;

3° Les moyens particuliers de réunion des bandages aux corps, disques ou plateaux des roues.

N° 110,917. — Rouhier, Legros et Salbreux. — 10 janvier 1876.

Machine à cintrer les fers sur champ, cornières, fers à T, etc.

Sur un arbre horizontal, mis en mouvement par une manivelle et des engrenages intermédiaires donnant la vitesse voulue, est ajusté un cylindre en deux pièces. Ces pièces sont séparées par un intervalle qui est variable suivant les épaisseurs à cintrer ; cet espacement augmente ou diminue suivant que l'on ôte ou que l'on ajoute des rondelles, maintenues aux extrémités des cylindres en deux pièces au moyen d'un axe mobile. C'est dans cet intervalle que les fers sont serrés lorsqu'on les cintre. Le rapprochement des cylindres en deux pièces, pour exercer la pression sur le fer, se produit au moyen d'une vis qui fait monter ou descendre la chape qui supporte ces cylindres.

L'invention repose sur cette disposition particulière permettant de cintrer les fers sur champ, cornières, fers à T, au moyen de cylindres en deux ou en plusieurs pièces et à intervalles variables.

N° 111,200. — Détat. — 25 janvier 1876.

Système de cylindres à double travail pour laminage des fers.

Le principe consiste à faire travailler les fausses cannelures dans tous les cylindres à emboîtement. Dans le laminage ordinaire des fers plats, les fausses cannelures ne servent à aucun travail de laminage. Dans le nouveau procédé, on utilise la surface entière des deux cylindres, et on fait produire un travail aux fausses cannelures aussi bien qu'aux cannelures opérant seules par l'ancienne méthode. Pour cela, on prend deux cylindres égaux en diamètre et on les divise tous deux en cannelures d'après les échantillons à fabriquer ; la profondeur des cannelures constitue la différence de diamètre du cordon supérieur sur le cylindre inférieur correspondant. Lorsqu'on veut utiliser les échantillons pratiqués dans les cannelures du cylindre supérieur (fausses cannelures du système ancien), on change les cylindres de position : l'inférieur alors se place dessus, et le supérieur devient l'inférieur. Le même résultat se trouve obtenu en raison du diamètre plus considérable au cordon du dessus. Ainsi donc, une paire de cylindres en vaut deux de l'ancien mode de construction, tout en ne coûtant pas davantage de temps pour leur tournage ; il y a, en plus, quand une réparation devient nécessaire, cela d'avantageux que *toutes* les cannelures ont gagné leur réparation, et non pas seulement *la moitié* de ces cannelures, comme dans l'ancien système.

Ce procédé peut être appliqué à tout travail de laminage qui exige l'emboîtement des cordons dans les cannelures.

N° 112,229. — Haughian. — 3 avril 1876.

Perfectionnements dans la fabrication des tiges, tringles, plaques, poutres, traverses et autres articles formés d'acier supérieur ou dur réuni par corroyage avec de l'acier inférieur ou doux, ou bien avec du fer.

Jusqu'ici, le mélange d'acier supérieur ou dur avec de l'acier inférieur ou doux, ou bien de composés du premier de ces deux aciers et de fer, a présenté une grande difficulté à cause de la grande différence de la température à laquelle se soude chacun des deux métaux.

Un résout la question en employant l'acier chromé ou l'acier ayant du chrome à l'état métallique combiné avec lui. Les deux

métaux se soudent ensemble avec plein succès, on peut les laminer, les forger, les ouvrer en toute forme.

Par ce procédé, on peut produire des plaques composées dans
lesquelles la portion d'acier puisse être assez résistante pour être
impénétrable à tout vilebrequin, pendant que le fer reste malléable
et tendre.

N° 113,238. — De Buigne. — 9 juin 1876.

*Système de cannelures ou calibres pour laminer, par de nouvelles
façons, le fer, l'acier et tous autres métaux.*

Ce système comprend les innovations suivantes :

1° Le mode d'atteindre, dans la fabrication des fers profilés à
quatre ou à plusieurs ailes, *la pression égale de tous côtés,* par
des cylindres horizontaux dont les cannelures ou calibres dégrossisseurs sont arrangés suivant des plans inclinés par rapport à l'axe
du cylindre, que cela se fasse avec ou sans l'aide d'autres arrangements connus ou non, et quel que soit le profil du fer à laminer ;

2° Cette invention ne se borne pas à des fers de formes en T
ou Y et à leurs combinaisons, mais elle couvre encore toutes
les façons qui prennent leur origine dans ces formes ; en outre,
elle peut être appliquée, non-seulement au fer ou à l'acier, mais
à tous les métaux qui peuvent être laminés.

N° 113,469. — Asbeck, Osthaus, Eicken et Cie. — 24 juin 1876.

Système de plaques de blindage.

Les plaques de blindage fabriquées par ce procédé sont composées d'acier fondu et de fer, de telle façon qu'elles résistent
complétement aux drilles, fraises et limes, et qu'elles ne cèdent
même pas aux coups extrêmement forts.

On obtient ce résultat en réunissant un acier fondu assez trempé
et un fer mou très-tenace, de telle façon que ces deux métaux, à
force de les corroyer, de les marteler et de les laminer, forment
une masse inséparable.

L'acier fondu doit être de premier choix. Les deux métaux, soigneusement débarrassés du soufre et du cuivre, sont mis dans des
creusets en terre réfractaire et fondus dans un four à gaz sous

une haute température. La fonte, en masse très-liquide, est mise
dans des poches, et après être refroidie, elle est mise dans un four
à réchauffer. Pour obtenir un alliage très-intime de l'acier fondu
avec le fer, on fait des cavités à queue d'aronde dans le bloc d'a-
cier fondu encore chaud, et on y introduit les parties correspondantes du bloc de fer mou. Le fer alors est chauffé jusqu'au blanc
soudant et l'acier jusqu'à la chaude rouge ; les deux métaux sont
mis l'un sur l'autre et, avec du borax, on les soude à l'aide d'un
fort marteau-pilon. Le bloc ainsi obtenu est chauffé dans un four
dormant et laminé en épaisseurs variant de 3 à 13 millimètres entre
des cylindres en fonte durcie à la surface. Les plaques sont chauffées dans un four jusqu'à la chaude rouge, trempées sous une forte
pression hydraulique, et dressées.

N° 115,010. — Thomas. — 13 octobre 1876.

Disposition de cannelures pour cylindres trio à laminer le fer
et l'acier ou tout autre métal et de tout profil.

Au lieu de supprimer tous les doubles collets à l'exception d'un
seul, l'inventeur supprime la moitié de ceux qu'exige un trio ordinaire ; le cylindre médian, dans ce cas, au lieu d'être femelle
jusque vers le milieu de la table et mâle pour le restant de la table,
est femelle et mâle alternativement, de deux en deux, ou de trois
en trois cannelures.

Les avantages de ce système sont les suivants : 1° les cylindres
sont moins longs avec un diamètre moindre, ce qui donne une
grande économie de poids de fonte ; 2° les cylindres sont beaucoup
plus simples et donnent une grande économie sur le tournage ;
3° on peut placer plus de cannelures que dans un trio ordinaire ;
4° l'application peut se faire sur les anciens trains à 2 cylindres.

Dans un certificat d'addition, l'inventeur utilise la partie du cylindre supérieur qui était coulée coniquement et qui ne servait
pas au laminage. Dans le trio, avec ce perfectionnement, le cylindre
supérieur est cannelé sur toute la longueur de la table.

Un second perfectionnement consiste à ne supprimer que partiellement les doubles collets, pour donner plus de facilité dans le
laminage pour des cylindres d'une grande longueur de table.

N° 115,374. — Smith (brevet anglais devant expirer le 3 mai 1890). — 7 novembre 1876.

Perfectionnements dans les tôles embouties et dans le mécanisme servant à leur fabrication.

Le trait caractéristique de ce perfectionnement consiste à disposer le cintrage de manière que les doubles voûtes combinées se viennent mutuellement en aide pour résister à la charge ou à l'effort.

Le système a rapport, en premier lieu, à un mode de double emboutissage des tôles, de sorte qu'une charge appliquée sur un point quelconque de la tôle rencontrera la résistance de l'action combinée de deux séries de voûtes qui se viennent mutuellement en aide pour résister à la charge. Il va sans dire que la série secondaire de voûtes qui, conjointement avec la voûte principale de la tôle emboutie de la manière ordinaire, constitue le double emboutissage, peut être disposée de différentes manières relativement à la voûte du cintrage principal.

N° 116,169. — Tasset. — 23 décembre 1876.

Manipulation ou travail des métaux, à chaud, sans oxydation.

Le trait caractéristique de ce travail consiste à faire chauffer la pièce métallique, acier ou autre, à l'abri de l'air, par le procédé ordinaire, puis, quand elle est rouge, on fait l'opération du *frappage*, et cela avec l'aide des moyens connus et utilisés, dans une *atmosphère non oxydante* et préparée à cet effet, soit avec le concours des gaz acide carbonique, oxyde de carbone, azote ou autre gaz pouvant produire l'atmosphère ci-dessus indiquée.

Dans un certificat d'addition, l'inventeur revendique le privilège d'employer à volonté la manipulation des métaux *à chaud, sans oxydation*, ou l'application de l'*argenture ou de tout autre dépôt métallique*, fixé par le procédé ordinaire à la pièce en métal qui doit recevoir l'action du frappage.

N° 117,220. — Bourrey et Lécuyer. — 27 février 1877.

Laminoir à quatre cylindres appliqué à la fabrication des ronds au guide.

Dans les forges, il y a deux manières de fabriquer les ronds: à la tenaille et au guide.

Pour faire les ronds au guide, il faut un ouvrier exercé, puisqu'il doit juger à l'œil de la température de sa barre, et, suivant qu'elle est trop chaude ou trop froide, il doit desserrer ou serrer la vis du cylindre à cannelures ovales, afin de prendre plus ou moins de fer.

C'est pour obvier à ces inconvénients que les inventeurs ont imaginé de placer, derrière les cylindres horizontaux, deux cylindres verticaux portant une cannelure ronde de même diamètre que celle correspondante des deux cylindres horizontaux. Par cette disposition, les lignes de contact de chacun des deux systèmes de cylindres sont à angle droit, et la pince, formée dans les cylindres horizontaux, passant au fond de la cannelure des cylindres verticaux, se trouve effacée et la barre sort bien ronde.

L'idée nouvelle consiste donc à enlever les défauts inhérents aux ronds au guide au moyen de cylindres verticaux. La disposition des cages et le moyen employé pour faire tourner les cylindres avec la même vitesse complètent le procédé. En remplaçant les cylindres cannelés par des cylindres verticaux à table droite, on peut employer la même machine pour obtenir des plats à arêtes plus vives qu'on ne les obtient généralement.

N° 117,562. — Ziane. — 17 mars 1877.

Table à dresser mécaniquement à chaud les longrines et autres fers laminés.

Ce système consiste dans un ensemble de dispositions qui permettent d'obtenir, d'une manière simple et pratique, le dressage mécanique des fers laminés. La nouveauté réside aussi dans un mode particulier de transmission pour mouvoir les sabots destinés au dressage, et dans l'idée d'avoir logé ces sabots dans des niches pratiquées dans la table, de manière que celle-ci ne présente aucun obstacle au glissage des barres après le dressage.

N° 117,698. — Compagnie des hauts-fourneaux, forges et aciéries de la marine et des chemins de fer. — 23 mars 1877.

Fabrication de frettes à canons, bandages de roues, etc., en acier.

La fabrication des frettes à canons, bandages de roues, barreaux de toutes formes et dimensions, s'est toujours faite jusqu'à ce jour, lorsqu'on a employé l'acier fondu pour ces produits, par le laminage ou le martelage d'un lingot primitivement coulé d'un seul bloc. Dans cette fabrication, on a toujours rencontré les plus grandes difficultés pour obtenir des lingots d'acier fondu exempts de fêlures, gerçures et soufflures. Pour remédier à ces inconvénients, les inventeurs ont substitué au lingot coulé d'un seul bloc, un paquet composé de mises ou bandes d'acier fondu chauffé, soudé et étiré aux formes voulues, soit par laminage, soit par martelage.

N° 117,746. — Société anonyme des forges et aciéries d'Alfortville. — 27 mars 1877.

Fabrication au laminoir de barres de fer ou d'acier de toutes longueurs.

Diverses pièces spéciales pour chemins de fer, telles que manilles pour tendeurs, brides de ressorts, plaques de renfort de goussets pour attelages de wagons, fers à talons pour buttées de ressorts, vis de tendeurs et manettes, ont été jusqu'à ce jour tirées à la forge dans des fers marchands à profil régulier, rond, carré ou plat.

La présente invention consiste à former, par le laminage, des fers semblables destinés aux mêmes usages, avec un profil identique à celui que doivent avoir les pièces provenant de la forge. On n'a plus alors, pour obtenir ces pièces, qu'à couper des bouts de longueur, et, s'il y a lieu, à les cintrer suivant la courbe voulue.

L'appareil employé pour fabriquer ces barres consiste en deux cylindres de laminoir en fonte ou fer, ou préférablement, en deux rondelles en fonte ou fer montées sur des arbres en fer. Ces cylindres portent des cannelures finisseuses dans lesquelles sont gravés en creux les reliefs que doivent présenter les barres. Le diamètre des cylindres est tel que le développement de leur circonférence renferme un nombre exact de pièces dont la longueur est calculée en conséquence du retrait que le refroidissement fait éprouver au fer.

N° 118,000. — Flotat. — 11 avril 1877.

Perfectionnements aux cylindres de laminoirs.

Le perfectionnement objet de ce brevet a pour but de faire servir les fausses cannelures des cylindres.

Ce résultat s'obtient par l'adjonction d'un cylindre complémentaire inférieur ou, préférablement, supérieur, sans aucun renversement ou déplacement desdits cylindres, l'utilisation ayant lieu, non plus entre les deux premiers cylindres, mais entre l'un d'eux seulement et le suivant.

Cette disposition permet d'avoir un emboîtement aussi faible que possible et de pouvoir utiliser les fausses cannelures, avec les seules différences dans les noyaux travaillants nécessaires au redressement du fer.

N° 118,316. — Hohenegger. — 1er mai 1877.

Utilisation des vieux rails de chemins de fer comme traverses au moyen d'un simple laminage.

Deux vieux rails sont introduits dans un fourneau à réchauffer et y sont couchés de manière à ce que les surfaces de roulement de leurs têtes ou champignons se touchent; on les chauffe d'abord à blanc et on les lamine en tâchant de conserver leur position mutuelle dans les trains de laminoirs ordinaires à fers façonnés, selon trois cannelures convenablement disposées. Suivant la deuxième cannelure, la soudure, tête à tête, des deux rails s'effectue; suivant la troisième cannelure, les champignons et les bases de rails, tournés en haut, sont rabattus et la soudure des têtes se complète.

N° 118,625. — Roy. — 19 mai 1877.

Train de laminoir dit universel, *pour laminage des petits fers.*

Ce train de laminoir est caractérisé essentiellement par la superposition d'un certain nombre de paires de cylindres disposés deux à deux sur une même ligne horizontale, de façon à constituer deux séries verticales de cylindres superposés mis en mouvement par des pignons qui leur assurent la direction et la vitesse voulues pour le travail. Cette disposition est, de plus, combinée avec l'emploi de guides assurant la transmission automatique des barres de fer d'une paire de cylindres à la paire suivante pendant leur passage dans l'appareil.

Dans un certificat d'addition, l'inventeur ajoute une disposition nouvelle qui élimine les serpenteurs, fonctionne avec un tiers de force et donne un étirage plus rapide.

N° 118,784. — Jones. — 31 mai 1877.

*Perfectionnements dans les machines à couper les rails
ou les barres métalliques.*

Ces perfectionnements sont relatifs à cette classe de machines
dites « scies travaillant à froid » dans lesquelles on emploie une
lame polie circulaire d'acier doux, tournant à grande vitesse, pour
couper les rails ou barres provenant de fonte froide; le but principal est de couper les rails en acier Bessemer.

L'invention consiste à placer la scie dans des paliers mobiles qui
fonctionnent dans des enveloppes fixes, la scie étant montée et
descendue au fur et à mesure que les paliers fonctionnent.

Le rail est consolidé de manière qu'il ne puisse éprouver de
vibrations. Dans ces conditions, la machine peut couper environ
30 kilogr. de rails en acier Bessemer en 30 secondes.

N° 118,936. — Hurynowicz. — 16 juin 1877.

*Procédé de laminage de fer à aspérités (barres de fer ou feuilles
de tôle) au moyen de cylindres unis servant à fabriquer les fers
plats ordinaires.*

Le procédé consiste à faire passer entre deux cylindres un
moule en creux en même temps que le morceau de fer qui doit
s'écraser dans ce creux, que le moule soit en une ou deux parties
et que l'échantillon à façonner soit une barre de fer ou une feuille
de tôle.

On peut obtenir de cette façon des plaques ayant toutes espèces
d'incrustations et de reliefs, même des sujets analogues à ceux
que l'on produit par la galvanoplastie.

N° 119,027. — Gasne. — 14 juin 1877.

Système de laminoir.

Ce système de laminoir permet, principalement, d'obtenir des
pièces, à sections variables et décroissantes, sur grandes longueurs.

Il consiste essentiellement dans la disposition *en hélice* donnée
aux cannelures des cylindres, cannelures dont la forme et le profil
peuvent varier. Il consiste aussi dans la possibilité d'obtenir ainsi,

par laminage, des pièces de grande longueur présentant des sections à surfaces progressivement croissantes, telles que tiges de paratonnerres, poteaux télégraphiques, mâts de navires, quels que soient, du reste, le profil et la section donnés.

N° 119,062. — Husson. — 25 juin 1877.

Fer laminé, spécial à la fabrication des paumelles.

L'invention repose sur l'obtention, par laminage, d'un fer spécial à lames étirées, destiné à la fabrication des paumelles de tous genres et de toutes dimensions.

Les cylindres du laminoir portent, sur toute leur longueur, une suite de cannelures creuses dans lesquelles s'arrondissent les parties réservées aux nœuds des paumelles; les intervalles de ces cannelures sont des parties plates sous la pression desquelles s'étirent les lames des paumelles. Les barres sont présentées en travers, c'est-à-dire que leur longueur est dans le même sens que celle des cylindres, et leur engagement peut avoir lieu indifféremment, soit de face en bouts coupés de la longueur des cylindres, soit sur le côté desdits cylindres, en conservant alors aux barres une longueur indéterminée. En prenant pour terme de comparaison le fer spécial à bourrelet continu, produit par laminage longitudinal, on constatera que le découpage seul donne un déchet inévitable de 40 à 45 p. 100, tandis que sur le fer obtenu par ce procédé le déchet n'est guère que de 2 p. 100.

N° 119,335. — Hurynowicz. — 16 juillet 1877.

Système de laminage en travers.

Le système consiste à présenter, à l'action de l'outil, le fer *en travers*, c'est-à-dire que la barre sera engagée en même temps dans toute sa longueur; dans la méthode ordinaire, au contraire, le laminage des fers ronds se fait en engageant *le bout* de la barre dans une cannelure dont la section est ronde.

Le laminage en travers peut produire tous les articles fabriqués au tour. L'inventeur décrit les opérations pour transformer, par sa méthode, un rond en cône, un bout de fer rond en sphère, un solide cylindrique en un engrenage, un solide cylindrique malléable en une vis, et enfin le laminage en travers des surfaces dont les sections ne sont pas concentriques à l'axe commun.

No 119,655. — Bowron jeune. — 28 juillet 1877.

Perfectionnements dans la fabrication des roues de wagons, des roues d'engrenage, etc., et dans les appareils y employés.

Les roues sont faites d'une seule pièce. On prend un lingot d'acier ou une roue en acier fondu de forme et de dimension convenables; on le chauffe au point voulu, puis on le place dans une matrice formée dans la face de l'enclume préparée à cet effet, et on le travaille directement à l'aide d'une étampe formée ou fixée dans le mouton d'un marteau à vapeur à action directe. La masse est alors forgée jusqu'à ce que l'acier fondu des roues soit amené à l'état d'acier forgé d'une fibre serrée.

Lorsque l'acier est coulé directement sous forme d'une roue, il est chauffé convenablement, mis dans la matrice inférieure et martelé jusqu'à ce que le métal présente les caractères de l'acier forgé.

No 120,475. — Fox. — 25 septembre 1877.

Perfectionnements dans la fabrication de tubes et de tôles à ondulations, ainsi que dans les machines ou appareils servant à cette fabrication.

L'invention a pour objet des machines perfectionnées servant à la fabrication de tubes et de tôles métalliques pour carneaux intérieurs ou boîtes à feu de chaudières à vapeur et autres usages. Lesdits tubes ou tôles sont gaufrés ou ondulés de manière à présenter, en cas de tubes, une série de reliefs et de creux annulaires. Pour fabriquer les tubes ondulés, on forme d'abord à la façon ordinaire des tubes cylindriques droits que l'on soude entre eux aux joints, et on y produit alors les ondulations, ou reliefs et creux annulaires, par la pression de cylindres ou d'autres organes mécaniques.

Pour cylindrer de semblables tubes et les amener à la forme voulue, l'inventeur se sert d'une machine à cylindres perfectionnée; les deux cylindres présentent, sur toute leur périphérie, des reliefs et des creux annulaires qui y occupent des positions relatives telles que les reliefs de l'un correspondent aux creux de l'autre.

Afin de mieux supporter les tubes pendant que se fait l'opération de la mise sous forme ondulée et de permettre que lesdits tubes prennent et gardent une forme circulaire comparativement exacte, une seconde paire additionnelle de cylindres est disposée en combinaison avec les cylindres décrits plus haut ; chacun de ces cylindres additionnels est disposé sur chaque côté du bâti des cylindres principaux et soutenu dans des coulisseaux qui, par l'intermédiaire d'engrenages, peuvent être éloignés ou rapprochés des cylindres principaux.

L'inventeur décrit aussi une modification qu'il a fait subir à son appareil ; les formes ondulées sont alors produites par des étampes, lesquelles représentent des segments coupés dans les cylindres principaux, un de ces segments étant fixé sur le devant d'un pilier et l'autre segment étant fixé vis-à-vis sur un coulisseau, qui reçoit un mouvement de va-et-vient horizontal par lequel le segment-étampe est rapproché ou éloigné de l'étampe, de telle sorte que le métal des tubes ou des plaques de tôle reçoit la forme ondulée par l'action de deux étampes.

N° 120,887. — Compagnie des hauts-fourneaux, forges et aciéries de la marine et des chemins de fer. — 26 octobre 1877.

Procédé de forgeage des gros lingots en acier au moyen de queues de griffage.

Cette invention a pour objet la manœuvre de forgeage et de réchauffage des gros lingots ; elle consiste à adapter à ces lingots une queue de griffage faisant corps avec eux, venue de fonte ou soudée pendant la coulée, reliée ensuite par des frettes au gouvernail.

Le procédé usité jusqu'à ce jour avait consisté dans l'emploi de grosses griffes saisissant la base du lingot et maintenues par une ou plusieurs frettes.

N° 123,230. — Robelet. — 15 mars 1878.

Marteau-pilon perfectionné à courroie et à double effet.

Des ressorts, disposés au sommet de la course du marteau, sont comprimés par ledit marteau dès qu'il arrive au sommet de sa course et réagissent, à leur tour, sur le marteau pour augmenter considérablement sa vitesse dans la descente et, par suite, augmenter la puissance du choc sur l'enclume. C'est pourquoi l'inventeur dit que son marteau-pilon est à double effet. En outre, différents autres perfectionnements ont été apportés, soit dans le montage des guides du marteau, soit dans le mode d'embrayage de la poulie motrice pour la mise en marche.

Dans un certificat d'addition est indiquée une nouvelle disposition pour détruire l'adhérence de la courroie. Dans l'intérieur de la couronne de la poulie est pratiquée une gorge circulaire, propre au logement d'un ressort fixé par une de ses extrémités au bâti. Ce ressort embrasse plus de la moitié de la périphérie de la poulie et son autre extrémité est libre; il en résulte que si l'on agit par traction sur la courroie, le ressort se bande; si, au contraire, on cesse cette traction, le ressort prend une position qui détruit complètement l'adhérence de la courroie en tous les points en contact avec la poulie, pour laisser au marteau toute la vitesse dont il est susceptible.

N° 123,347. — Grand. — 28 mars 1878.

Perfectionnements apportés à la fabrication des fers marchands, en barres de toutes dimensions. soit au marteau, soit au laminoir, à la fabrication de la tôle et des aciers.

Les moyens de fabrication dont se sert l'inventeur consistent dans l'agglomération des tournures et copeaux de fer et d'acier en paquets de différentes dimensions, soit à froid, soit à chaud, sous une pression énergique obtenue par la presse hydraulique, le marteau-pilon, etc., pour constituer de véritables lopins de fer non soudés, il est vrai, mais ayant assez de tenue, de solidité, pour être mis au four à réchauffer et portés au blanc soudant.

A ce moment, on les porte sous le marteau-pilon ou on les jette directement au laminoir pour y être étirés en barres. On peut ainsi obtenir du fer fini sans être cinglé au marteau.

N° 123,484. — Flotat. — 26 mars 1878.

Laminoirs à fers profilés supprimant les anciennes cannelures.

L'inventeur emploie un système composé de 5 cylindres, dont un, placé horizontalement, au milieu de 4 autres montés obliquement deux à deux en haut et en bas du cylindre horizontal. Ce dernier reçoit son mouvement directement de la machine et le communique aux 4 cylindres obliques. Les métaux sont ébauchés en forme de ronds ou d'ogives, de carrés, d'ovales, de losanges et puis, introduits dans l'appareil qui profile en un ou plusieurs passages, suivant la grandeur des types. Selon les dimensions des sections à obtenir, on fait usage de 2 à 5 cylindres, formant chacun deux ouvertures variables et donnant ainsi, pour chaque ouverture, 2, 3 passages, ou plus, par le rapprochement des cylindres inclinés. L'opération se faisant rapidement, les profils peuvent être obtenus plus minces, moins lourds et plus longs, à qualité égale, que par l'ancien système.

N° 124,142. — Thomas. — 27 avril 1878.

Disposition de cannelures pour cylindres jumeaux et autres à laminer le fer et l'acier ou tout autre métal de tout profil.

Cette nouvelle disposition est applicable à tous les trains; elle consiste à placer côte à côte les cannelures qui laminent dans le même sens. Appliquée aux trains réversibles avec cylindres construits de manière à laminer la barre sans devoir la retourner à aucune cannelure, cette disposition supprime tous les doubles collets moins un, ce qui rend les cylindres plus courts et, conséquemment, permet de les faire de moindre diamètre, tout en conservant une force équivalente ; il y a ainsi économie sur le poids de la matière employée, sur le tonnage, sur le rafraîchissage, etc. Enfin, il faut moins d'emplacement et le laminage est plus facile.

N° 124,203. — Martin. — 30 avril 1878.

Fabrication des essieux creux en acier coulé et forgé.

L'invention a pour objet la fabrication des essieux creux en acier coulé et forgé et spécialement en fer doux dit *métal homogène.*

Le procédé consiste à couler un tube en acier, puis à l'allonger par le laminage, et enfin à le forger dans une matrice. Le lingot percé donne un tube de 1ᵐ,20 environ de longueur; on l'allonge au cylindre en le laminant de toute la longueur de l'essieu qui, terminé, doit avoir 2ᵐ,30. On forge alors dans une matrice la billette obtenue, comme une billette ordinaire en fer plein, et l'on obtient l'essieu avec sa forme et sa longueur définitives.

Nº 125,530. — Roy. — 9 juillet 1878.

Perfectionnements dans le laminage des petits fers.

Ce système permet d'économiser une partie importante de la force motrice absorbée par les trains-machines ordinaires.

La barre de fer ou d'acier, chauffée à la température voulue, est dégrossie dans un train-trio disposé près du four, et le dégrossissage continue dans un train-duo placé près du premier; de là, la barre passe dans un four qu'elle traverse dans toute sa longueur. Du four, la barre, ébauchée et allongée, passe dans un train-machine spécial perfectionné par l'inventeur. Les cylindres ne sont plus disposés sur deux lignes horizontales comme dans les trains-machines ordinaires, ce qui permet de supprimer les serpenteurs.

Le train se compose de 7 paires de cylindres horizontaux cannelés, disposés en 2 séries verticales parallèles, formées, l'une de 4 paires, l'autre de 3. En sortant de la dernière paire de cylindres, la barre passe par un tube et un guide qui l'introduit entre les cylindres finisseurs, dont les cannelures présentent les formes et les dimensions que l'on désire donner au fer.

Nº 125,757. — Martin. — 20 juillet 1878.

Procédé de fabrication des bandages et cercles de roues sans soudures, en acier fondu, pour roues de voitures à traction routière et roues de tramways.

Le fond du procédé de fabrication des bandages et cercles de roues consiste dans l'opération de fendre et de transformer en anneaux une billette dont le poids et les dimensions sont déterminés à l'avance par ceux du cercle fini, pour en obtenir directement le cercle ou bandage avec les dimensions de largeur, d'épaisseur et de diamètre demandées.

La billette étant obtenue d'après les données voulues pour sa largeur, son épaisseur et sa longueur, on la fend par le milieu suivant sa longueur avec un couperet, une scie ou autre moyen. La billette fendue est passée sur une bigorne pour l'arrondir, puis chauffée et portée au laminage sur une machine horizontale ou verticale pour en agrandir le diamètre, en diminuant environ de moitié son épaisseur pour l'amener au diamètre et aux dimensions du bandage fini. Puis, on place le bandage sur un mandrin où il se refroidit lentement, en restant bien rond et conservant le diamètre obtenu.

No 127,093. — Royer-Houzelot et Ragon. — 23 octobre 1878.

Procédé de fabrication des fers-gouttières et creux, à épaisseur uniforme, pour grilles et autres usages.

Ce procédé, qui a en vue plus particulièrement la fabrication de fers-tubes, est relatif à la préparation préalable des fers-gouttières à épaisseur uniforme qui servent ensuite à la confection des fers creux, ronds, carrés ou ovales, à contour fermé.

Lorsque le paquet de fer, retiré du four, a subi un premier laminage qui l'a amené à l'état de barre, il est engagé dans une cannelure qui donne au fer une surépaisseur aux extrémités de sa section transversale; le fer, retourné de manière à présenter en dessus les renflements, est engagé dans une cannelure qui lui donne une forme légèrement cintrée, tout en diminuant uniformément et proportionnellement son épaisseur. Le passage dans la cannelure suivante donne une forme en V, et, en sortant de cette cannelure comme de la précédente, l'épaisseur est très-légèrement plus faible au fond qu'aux extrémités des branches. Le passage dans la dernière cannelure redresse les branches du fer et lui donne une épaisseur rigoureusement égale partout.

Par cette méthode, le fer subit dans toutes ses parties un étirage aussi bien sur les bords qu'au fond, et les bords ne présentent jamais trace de déchirures, condition nécessaire pour la transformation ultérieure de ces fers-gouttières en fers-tubes.

Le laminoir est composé de deux cylindres à axes horizontaux et de deux galets à axes verticaux, avec guides à l'avant et à l'arrière.

No 127,203. — Martin. — 29 octobre 1878.

Perfectionnements dans la forme des fers pour augmenter leur résistance.

L'invention consiste à augmenter la résistance des pièces de fer à double T, à simple T, aussi bien que les fers à barreaux en usage dans la construction des navires, en augmentant leur hauteur par la séparation des deux rives au moyen de la traction effectuée mécaniquement, soit par forgeage au marteau-pilon, soit à la presse, ou bien encore en allongeant, par laminage, la branche de fer que l'on veut courber.

L'opération consiste à pratiquer dans le fer à double T une fente longitudinale, dont la longueur est facultative dans de certaines limites. Cette fente est pratiquée, soit à l'aide de scies circulaires en usage dans les forges, soit à l'aide d'une cisaille rotative appropriée. Aussitôt cette fente finie, le fer est poussé dans un appareil où des griffes, actionnées par la vis d'un volant, écartent les deux ailes du fer à double T, de manière à ouvrir la fente à la dimension cherchée; des entretoises y sont introduites pour en maintenir l'écartement. On le voit, le but cherché par l'écartement des deux ailes de fer est d'augmenter sa résistance par l'augmentation de sa hauteur.

N° 127,489. — David. — 18 novembre 1878.

Perfectionnements apportés dans la fabrication des chaînes sans soudure, en acier ou en fer.

Ces perfectionnements consistent :

1° Dans l'ébauche première en barre droite laminée sans découpage, poinçonnage, ni coulée en moulage;

2° Dans l'obtention de la tige ronde à deux boucles par une succession d'opérations, soit en étampes (par pilons ou pression hydraulique), soit au laminoir alternatif ou continu;

3° Dans les opérations de galbage et cintrage en étampes par martelage;

4° Dans les procédés d'emmaillage, soit sur formes ou enclumes avec poinçon, soit par mâchoires mues à la main ou par courroies;

5° Dans le procédé de réduction de pas combiné avec les systèmes de martelage et d'emmaillage;

6° Enfin, dans le nabot de raccordement par émerillon double à rotules.

ADDITION, en date du 5 avril 1880.

L'inventeur revendique les perfectionnements suivants :

1° Laminage des mailles avec laminoir alternatif ou continu par une seule pression et *par retour* en une passe pour chaque opération;

2° Mode de laminage des mailles avec toile en une seule passe sur champ et sur plat, ou seulement sur plat;

3° Suppression des engrenages pour la commande des secteurs, le secteur inférieur étant actionné par bielle et manivelle ou par une manivelle agissant directement sur un levier à coulisse, et procédé d'entraînement d'un secteur à l'autre par une bielle faisant fonction de parallélogramme;

4° Possibilité de régler la pression de laminage et l'épaisseur des toiles par l'arbre excentré du secteur;

5° Ébarbage des mailles portant toiles par poinçonnage et finissage par meule ou tonneau à émeri;

6° Obtention des mailles avec toiles en étampes par l'action directe de la presse hydraulique.

N° 127,739. — Société des forges, fonderies et laminoirs du Marais et Pierrard frères et Cie. — 3 décembre 1878.

Système de train combiné horizontal et vertical pour le laminage des fers ronds d'un calibre parfait et autres fers similaires.

Le principe repose sur la combinaison, essentiellement pratique, de deux coquilles verticales placées derrière des coquilles horizontales et qui reçoivent les fers sortant de ces dernières pour continuer le laminage en passant par un guide spécial.

Les inventeurs, du reste, se réservent la faculté de changer la disposition des pièces, s'ils le jugent utile au bon fonctionnement de l'appareil.

N° 127,918. — Tardy. — 13 décembre 1878.

Tabliers équilibrés pour laminoirs à trois cylindres.

Le tablier d'arrière est formé d'une longue table à rouleaux, articulée à son extrémité la plus éloignée du train, au moyen de bielles de suspension, dont la hauteur permet, dans la position supérieure du tablier, une légère pente du côté du train, afin de faciliter l'engagement de la barre dans les cannelures. Des contrepoids équilibrent une partie du poids du tablier. Le tablier d'avant porte également des rouleaux libres sur toute sa largeur. Il est échancré, en face des premières cannelures, pour le passage du chariot qui amène le paquet venant du four.

Le mouvement de levage est opéré au moyen de crémaillères verticales, auxquelles les flasques du tablier sont fixées.

Ce système permet de réduire le personnel au minimum, la force musculaire dépensée par les ouvriers est insignifiante, puisqu'ils n'ont jamais à porter la moindre partie du poids de la barre à laminer, celle-ci reposant toujours sur l'un ou l'autre des tabliers.

Nº 128,322. — Gontermann. — 6 janvier 1879.

Perfectionnements dans la construction des cylindres de laminoirs.

Ce brevet porte sur la construction de tous les genres possibles de cylindres à cannelures ou fonte avec bagues soudées en acier, fer forgé ou fonte durcie, et destinées à former, notamment, les surfaces travaillantes de toutes les cannelures. L'invention s'étend aussi à la construction de toutes sortes de cylindres polis en fonte, avec revêtement ou chemise, soudé, en acier, fer forgé ou fonte durcie, destinés aux mêmes usages que les précédents.

Le procédé en lui-même consiste à placer, à l'extrémité du cylindre, la bague ou le revêtement, fabriqué d'une seule pièce dans un moule, et à souder le tout au moyen d'une température aussi élevée que possible ; on remplit ensuite le moule de fonte très-chaude. Il se produit ainsi une union intime du cylindre et de la bague ou du revêtement. Ce système remplace avantageusement les cylindres en acier fondu dont les dimensions sont limitées.

Nº 128,342. — Lorenz. — 7 janvier 1879.

Méthode pour tremper les corps creux en acier, en évitant toute tension par un refroidissement naturel à l'intérieur et à l'extérieur.

Cette méthode présente surtout l'avantage d'éviter les tensions dues au refroidissement naturel à l'intérieur et à l'extérieur du corps creux. Elle permet de tremper 20 à 30 fois le même outil creux, usé à l'intérieur par le travail.

Pour atteindre ce but, on amène l'eau à refroidir, partiellement, vers l'extérieur et l'intérieur et suivant la forme et l'épaisseur de chacun des corps creux, ou bien seulement par l'extérieur, puis, immédiatement par l'extérieur et l'intérieur, ou bien, par un courant plus fort vers l'extérieur, avec l'emploi de l'eau passée par le creux de l'outil. Les outils creux sont ensuite posés sur des supports minces dans des formes dont la grandeur répond à la quantité nécessaire d'eau; cette quantité devra être proportionnée à la force des parois du corps creux; par cette disposition, l'eau est forcée de passer sous le corps creux et de remonter le long de ses parois extérieures.

N° 128,658. — Compagnie anonyme des forges de Châtillon et Commentry. — 27 janvier 1879.

Système de laminage des plaques de blindage à épaisseur variable dans le sens de la largeur.

Le système consiste dans un ensemble de dispositions permettant d'éviter toute tendance de la plaque à prendre une courbure dans son plan pendant toute la durée du laminage.

À cet effet, trois conditions essentielles sont remplies:

1° Les laminoirs sont cylindriques, d'où il résulte que les divers points de chaque face de blindage sont sollicités à quitter les cylindres avec une égale vitesse;

2° Les hauteurs des côtés du paquet sont proportionnelles aux hauteurs des côtés de la plaque à obtenir;

3° Pendant le laminage, les pressions successives appliquées sont inégales sur les deux côtés du paquet et toujours proportionnelles aux hauteurs de ces côtés;

Des deux dernières conditions, il résulte qu'à chaque passage au laminoir tous les éléments verticaux ont leur section réduite dans un même rapport, et que, par suite, tous les éléments de blindage correspondants subissent un même allongement.

Par le seul effet du laminage dans les trois conditions énoncées, la plaque, à chaque passage, sortira dans une direction perpendiculaire aux axes des cylindres et sans prendre aucune courbure dans son plan.

N° 128,739. — Daelen. — 28 janvier 1879.

Genre de laminoir universel.

Ce laminoir, divisé en deux parties, offre les avantages suivants:

1° La force motrice n'a pas à mettre en mouvement *à la fois* les neuf cylindres;

2° La force n'a pas besoin, pour être transmise, d'un grand nombre de roues dentées;

3° La diminution de largeur des cannelures peut être réglée par chacune des deux parties séparément.

N° 129,588. — Société anonyme des hauts-fourneaux et forges de Denain et d'Anzin. — 14 mars 1879.

Acier soudable pour bandages de roues, etc.

Cette Société a résolu le problème important de la fabrication de l'acier soudable, pouvant se percer, se cintrer et se souder par les procédés appliqués jusqu'à ce jour au fer. Le brevet est pris pour sauvegarder la propriété du produit même, mais il n'indique pas le mode de fabrication de cet acier.

N° 131,606. — Max, Hasse et Cie. — 5 juillet 1879.

Marteau-pilon mécanique de précision.

Ce marteau-pilon est caractérisé par la construction de sa tige. Cette tige est soulevée comme d'habitude par les deux cylindres, pressés l'un contre l'autre. On obtient la pression et l'écartement de ces cylindres par leur logement excentrique dans les paliers, par un levier fixé à un excentrique, par la tige et par le levier à main.

Le mouvement du levier est communiqué aux deux cylindres par deux segments, de telle manière qu'ils puissent se rapprocher ou s'écarter simultanément. Les dispositions sont prises pour que le marteau monte lorsqu'on lève le levier, et qu'il tombe lorsqu'on le baisse.

La tige va en s'amoindrissant, et, par ce moyen, on est maître du marteau, car on peut parfaitement en régler la vitesse et produire l'arrêt sur chaque point à volonté.

Ce marteau-pilon n'a qu'un seul montant pour en faciliter l'approche.

N° 132,152. — Eibisch. — 8 août 1879.

Système perfectionné de laminoir.

L'un des cylindres du laminoir est utilisé comme entraîneur, et il est disposé de manière à forcer le laminoir, aussitôt que la matière à laminer en est dégagée, à reprendre la position qu'il avait au moment de l'introduction de la matière. Pour réaliser cette condition, on munit l'axe du cylindre d'un levier portant un contrepoids; on peut aussi employer des ressorts Telle est la substance du brevet.

N° 132,482. — Marrel frères. — 30 août 1879.

Application d'un système d'empoises à buttées circulaires pour train de laminoir à plaques de blindage, tôles et fers spéciaux à section trapézoïdale.

Cette disposition permet l'inclinaison du cylindre supérieur dans le laminage des plaques de blindage, de tôles, et de fers spéciaux de dimensions quelconques à faces non parallèles.

Pour arriver à ce résultat, les inventeurs se servent d'empoises dont les faces de buttée ont une forme circulaire, d'un rayon égal à celui d'une circonférence ayant son centre au milieu de l'axe longitudinal du cylindre et tangente aux deux guides verticaux des cages. Les faces supérieures et inférieures des empoises ont une forme bombée, permettant aux vis et aux tiges de suspension du cylindre supérieur d'agir normalement pendant le laminage, détruisant ainsi les poussées obliques résultant de l'inclinaison.

N° 132,647. — Hutchinson. — 9 septembre 1879.

Perfectionnement dans les machines ou appareils servant à laminer le fer, l'acier ou autres métaux.

Ce perfectionnement consiste dans la combinaison avec une paire de cylindres, dans lesquels sont pratiqués des rainures, enfoncements ou espaces annulaires, d'anneaux ou colliers ajustés exactement, mais librement, sur ces cylindres, le long desquels ils peuvent se mouvoir longitudinalement, l'anneau ou collier qui entoure l'un des cylindres fonctionnant dans la rainure de l'autre cylindre de la paire.

Ces cylindres servent à laminer les paquets, loupes ou pièces brutes de fer, acier, ou autres métaux, en barres ou en plaques. Employés pour laminer les lingots d'acier en tôle, ils obvient à la nécessité de cisailler les bords de ces plaques, évitant ainsi la production des riblons.

N° 132,734. — Ratliffe. — 16 septembre 1879.

Procédé perfectionné de fabrication de pièces de forge.

Les pièces de forge enlevées dans un seul grand lingot d'acier fondu sont à grain cristallin, tandis que celles enlevées dans du fer ou dans de l'acier forgé ordinaire ne sont pas homogènes. L'inventeur prend des lingots de fer, d'acier doux ou de fer dur, d'une qualité uniforme, faits par le procédé Bessemer ou dans un four ouvert, ou bien par tout autre procédé permettant d'obtenir des lingots fondus d'acier ou de fer pouvant être facilement soudés. Ces lingots sont essayés chimiquement et mécaniquement, puis sont étirés au laminoir en barres, afin de leur faire prendre une texture fibreuse plutôt que cristalline. Ces barres sont ensuite coupées de longueurs convenables et superposées en mises pour s'accommoder à la forme et à la grosseur des pièces qu'il faut forger, puis chauffées et soudées.

N° 133,017. — Ramsden. — 4 octobre 1879.

Procédés et appareils pour traiter les fils de fer et d'acier.

Les parties caractéristiques de l'invention sont :

1° Utilisation des gaz générés par la décomposition de l'eau, en combinaison avec l'un ou l'autre des hydrocarbures volatils, décrits par l'auteur dans un brevet antérieur, pour traiter le fil de fer et d'acier ;

2° Traitement du fil de fer ou d'acier, sous forme d'anneau ou autre, pour en prévenir la rouille et en augmenter quelquefois la trempe. A cet effet, l'inventeur emploie l'acide phosphorique glacial, dissous dans l'eau, solution dans laquelle on laisse le fil plongé jusqu'à ce que l'effet voulu soit obtenu ;

3° Description de la méthode suivie pour durcir un fil métallique fort, aussi bien que pour durcir et tremper les numéros fins. Le fil durci est ensuite passé par un bain d'huile de lin, de mercure ou de plomb, chauffé à la température nécessaire pour donner au fil métallique la trempe voulue ; enfin, il est enroulé sur les dévidoirs ordinaires.

N° 133,844. — **Roy.** — 25 novembre 1879.

Perfectionnements apportés à l'étirage des métaux.

Ces perfectionnements portent :

1° Sur la combinaison du train spécial de laminoirs avec un four muni de pièces de guidage à l'entrée et à la sortie, et permettant de produire le réchauffage du métal de façon que les dernières parties de la barre ou du fil soient laminées à la même température que les premières ;

2° Sur l'emploi, pour les diverses paires de cylindres, de retenues calculées pour que le recul, produit dans la barre par le fait du laminage, s'effectue entièrement dans l'intérieur du four, les vitesses circonférentielles des paires de cylindres finisseurs étant calculées pour qu'il ne se produise aucun recul ;

3° Sur des dispositions spéciales pour transmettre le mouvement aux diverses paires de cylindres du laminoir, ainsi que les dispositions particulières de guides assurant l'introduction et la sortie de la barre dans le four de réchauffage.

N° 134,237. — **Société Hagener Gussstahlwerke.** — 19 décembre 1879.

Procédé de fabrication de chaînes en acier fondu.

Ce procédé a pour but la fabrication de chaînes en acier coulées, c'est-à-dire, la réunion par la coulée des chaînons de chaînes. Il consiste d'abord à produire, au moyen d'une boîte ou presse à noyaux, des noyaux en sable sec de la forme convenable et à les placer ensuite, après qu'ils ont été séchés et durcis, au nombre de deux dans une des moitiés du châssis de moulage, évidée d'une façon correspondante.

Avant de réunir les deux moitiés du châssis de moulage, on place dans les creux correspondants du moyeu et du châssis les chaînons qu'on veut réunir et qu'on a coulés au préalable suivant les besoins ; on serre ensuite les deux moitiés à l'aide de coins, après avoir découpé un trou de coulée dans le noyau supérieur, et le moule est prêt pour la coulée.

Un avantage important de ce procédé, c'est qu'on n'a besoin de faire que le modèle du quart du chaînon à couler pour le placer dans la boîte à noyaux.

CHAPITRE VI

FONDERIE

—

COULÉE DES MÉTAUX. — MOULAGE.

———

N° 44,226. — Dormoy. — 9 mars 1860.

Procédé de dessiccation des moules de fonderie.

Pour sécher les moules, on bouche les ouvertures et l'on introduit, par un trou laissé ouvert, de l'air froid qui s'y comprime et qui sortira par les pores du sable en entraînant l'humidité.

N° 45,137. — Boucher. — 16 mai 1860.

Application du tour au moulage en sable des pièces à surface de révolution, et notamment pour la fabrication des vases culinaires.

L'inventeur obtient une *paraison* sans trous ni bosses dans les cas où la forme de la pièce est une surface de révolution, soit extérieurement, soit intérieurement.

Le moyen consiste à placer sur le plateau d'un tour à axe vertical la pièce à parer, et à faire tourner ce plateau pendant que l'ouvrier promène légèrement de haut en bas sur la surface de la pièce un outil poli, de forme convenable, servant de brunissoir; de cette manière, la surface de la pièce se trouve parfaitement lissée. Au lieu d'un brunissoir, on peut employer avec avantage une molette en acier trempé, montée sur une fourchette et glissant le long d'un guide.

Ce système permet d'obtenir des pièces mieux faites, en moins de temps que par le système ordinaire, et de leur donner moins d'épaisseur, tout en employant des ouvriers moins habiles. En outre, le mouleur, pouvant opérer sur le plateau du tour, trouve dans la mobilité de cette table un grand secours quand il s'agit de retourner un châssis d'un poids souvent considérable.

Nº 45,227. — Malfroy. — 28 mai 1860.

Application de la compression mécanique des sables au moulage de la poterie, de la poêlerie de fonte et des pièces qui s'y rattachent, pièces de mécanique et d'ornement, etc.

L'inventeur se sert, soit d'une vis, soit d'un rouleau, soit d'un levier, pour la compression des sables employés à la confection des moules de coquilles, marmites, poêles en fonte, grilles, couvercles, plaques, etc.

Il revendique non-seulement le privilége de cette application d'une compression mécanique quelconque des sables à mouler la poêlerie de fonte et ce qui s'y rattache, mais il le réclame encore pour les ornements, croix, pilastres, balustrades, boîtes, pièces pour machines et mécanisme.

Nº 46,595. — Grun. — 10 septembre 1860.

Système ou procédé de moulage de cylindres ou tambours creux, avec ou sans croisillons, avec ou sans rainures, pour être fondus en quelque métal que ce soit.

Ce système consiste à mouler une simple virole d'une hauteur quelconque, du diamètre et de l'épaisseur du cylindre ou tambour creux que l'on se propose de couler, et quand elle est enterrée dans le sable de toute sa hauteur, on la retire environ des deux tiers de sa hauteur pour mouler de nouveau cette portion, en laissant l'autre tiers dans le sable précédemment moulé; quand cette seconde opération est terminée, on en commence une troisième de la même manière et l'on continue ainsi jusqu'à ce que l'on ait obtenu la hauteur demandée. Quand on veut avoir des rainures longitudinales au tambour, on place des portées de noyaux à ces endroits, et l'on ajoute, en regard de ces portées, des renflements à la virole qui sert de modèle.

N° 47,020. — De Sainte-Preuve. — 8 octobre 1860.

Procédé de fusion et moulage des métaux.

Les principaux caractères de ces procédés sont les suivants :

1° Emploi de creusets divisés en capacités distinctes, par des cloisons incomplètes, livrant passage aux métaux fondus, prêts à être moulés et retenant les matières solides ou à demi pâteuses et les laitiers. Une espèce de ces creusets a la forme d'une auge annulaire avec cloison cylindrique médiane ;

2° Brassage du métal liquide au moyen d'outils formés ou enveloppés par une matière identique à celle du creuset, ou du moins n'altérant pas ce métal ;

3° Sortie du métal du creuset au moyen de l'immersion, dans ce métal liquide, d'un corps solide qui, élevant la surface du bain, en fait déverser une partie par les bords, soit tout autour du creuset, soit par une portion du contour disposée en bec ;

4° Remplissage du moule au moyen de son immersion dans le bain du creuset, où lui-même il peut faire l'office de plongeur ;

5° Remplissage, à l'aide de la pression atmosphérique, du moule où l'on a fait le vide approximativement ;

6° Les objets de forme annulaire pourront être obtenus soit dans des moules à noyaux, soit sans noyau à l'aide de la rotation de ces moules autour de leur axe de figure.

N° 50,083. — Young et Cairns. — 10 juin 1861.

Perfectionnements apportés aux moules pour la fonte.

Les moules sont formés de façon à pouvoir servir plusieurs fois pour fondre le même objet. Le procédé consiste à insérer dans le sable ou la matière dont se compose le moule des pièces détachées, telles que clous ou pointes, etc., en matières qui ne sont pas facilement attaquées par le métal fondu, dans le but de renforcer les parties du moule exposées à être détériorées pendant la coulée du métal fondu.

Ces pièces de métal détachées sont insérées, en plus ou moins grand nombre, sur toute la surface du moule et placées de manière que leurs extrémités extérieures soient presque en contact avec la surface.

Nº 53,338. — Boigues et Rambourg. — 14 mars 1862.

Perfectionnements dans la fabrication des pièces de fonte ou de tout autre métal fondu.

Cette invention comprend les détails suivants :

1º Disposition des chantiers pour effectuer toutes les opérations du travail à la même place ;

2º Conversion des chantiers en étuves temporaires, et réciproquement ;

3º Disposition des châssis à une certaine hauteur au-dessus du fond de la fosse pour manœuvrer la partie du dessous, assemblée à charnières, ou à goujons et clavettes, etc. ;

4º Fixité d'une partie des châssis dans des emplacements déterminés ;

5º Disposition qui permet de couler en coquille une partie des pièces coulées en sable ;

6º Disposition circulaire ou polygonale de la coulée dans la fabrication des tuyaux, cylindres, colonnes et pièces pouvant être coulées debout ;

7º Disposition particulière des modèles, des noyaux et des châssis, dans la fabrication des pièces creuses, pour établir des repères coniques ou pyramidaux qui assurent au noyau, dans le châssis, la position exacte fixée par le modèle.

Nº 59,182. — Jackson. — 27 juin 1862.

Perfectionnements dans la fabrication des enclumes par le moulage de l'acier fondu, provenant de l'acier Bessemer, finies ensuite à la forge.

On verse l'acier, à sa sortie de l'appareil, dans un moule de fonte ou de sable. On laisse à la table et aux parties supérieures de l'enclume une surépaisseur de 1 à 3 centimètres, suivant la dimension. Lorsque la pièce moulée est refroidie de manière à permettre de démouler, on réchauffe la partie supérieure et on lui donne, au moyen de la forge à main, sa forme définitive.

Ce dernier travail a pour effet, en resserrant la matière, de donner plus de dureté et de détruire les soufflures, toujours à redouter, dans les mouleries d'acier. On procède ensuite comme pour une enclume ordinaire. On a ainsi, au lieu d'une enclume composée de fer et d'acier corroyé, une enclume entièrement formée d'acier fondu, c'est-à-dire offrant une économie de fabrication d'abord et une dureté de surface bien supérieure à celle que l'on a obtenue jusqu'ici par les méthodes en usage.

No 59,811. — Société anonyme des fonderies et forges de l'Horme. — 3 septembre 1863.

Procédé de moulage des pièces de fonte dit moulage en coquille réfractaire.

Le nouveau procédé a pour but d'économiser une grande partie du temps perdu par les procédés actuels, en permettant d'utiliser le même moule un grand nombre de fois, tout en donnant des produits aussi beaux et aussi résistants. Le moulage étant vertical, les épaisseurs sont aussi régulières que possible, et la substitution de la terre réfractaire au sable permet d'obtenir des surfaces aussi unies qu'avec le sable d'étuve.

Ce procédé repose sur deux points essentiels qui le distinguent de tous les autres systèmes connus : la disposition particulière du châssis et l'emploi de la terre réfractaire au lieu du sable pour faire le moule.

Ce procédé peut s'appliquer avec le même avantage toutes les fois qu'on a un grand nombre de pièces à faire sur le même modèle, comme dans le cas des coussinets de chemin de fer, des boulets pour l'artillerie, etc.

No 64,609. — Jackson. — 21 janvier 1864.

Perfectionnements dans les procédés de moulage des métaux.

L'inventeur a trouvé que, dans le moulage de l'acier obtenu, soit par le procédé Bessemer, soit par les procédés ordinaires, il convenait, pour obtenir des pièces saines, massives et bien exemptes de soufflures et de bulles d'air, de faire arriver le métal dans le bas du moule, au moyen d'un siphon dont le sommet s'élève à environ 1 mètre (plus ou moins selon les convenances) au-dessus du sommet du moule. Le métal est coulé dans la bouche du siphon et, pénétrant par le bas du moule, le remplit, forcé par la pression résultant de la plus grande hauteur de la colonne du siphon ; toutes les bulles renfermées dans la matière s'arrêtent dans la colonne du siphon dont elles ne passent jamais le coude. On peut adapter ce mode de couler le métal à toutes les espèces de moules, soit aux lingotières de métal pour lingots de toutes dimensions, soit aux châssis pour mouler dans le sable, soit à des châssis mixtes en sable et fonte.

N° 64,940. — Lemagnent. — 28 octobre 1864.

Creusets pour fondre les métaux.

Le creuset est composé d'une pâte formée de :
1° Vieux creusets, dans lesquels entre de la plombagine ;
2° Coke exempt de matières sulfureuses et schisteuses ;
3° Terre réfractaire cuite.
Le tout est pulvérisé et comprimé dans des moules.

N° 65,315. — 30 novembre 1864.

Nouveau procédé de coulage des petits lingots en acier Bessemer.

Le mode de coulée de l'acier Bessemer, qui exige après chaque lingot la fermeture du trou de coulée au moyen d'une soupape, se prête peu à la fabrication des petits lingots. Dans ces conditions, il arrive fréquemment que le trou de coulée, si souvent ouvert et fermé, finit par se boucher. Pour obvier à cet inconvénient, on a employé les lingotières multiples ; mais jamais on n'était parvenu à couler commodément plusieurs lingots à la fois. Les inventeurs coulent neuf lingots à la fois. La lingotière, qui se démonte en quatre morceaux, pour permettre la sortie des lingots, est posée sur un fond d'une seule pièce, puis surmontée d'une boîte de fonte en deux parties. Le fond de cette boîte est percé de neufs trous qui correspondent au centre des neuf lingots.

Le couvercle porte une tubulure par laquelle doit entrer le jet d'acier ; tout l'intérieur est garni de sable pour garantir la fonte du contact de l'acier. L'acier arrivant par la tubulure s'écoule ensuite par les neuf trous et vient former les lingots.

Quand les lingotières sont pleines, ce qui se reconnaît facilement, on enlève la boîte de coulée.

Ce procédé permettra d'obtenir d'un seul jet neuf lingots ayant une section carrée de 12 centimètres de côté et une longueur de $1^m,50$, ce qui représente un poids de 1,500 kilogr. environ.

N° 65,991. — Ducomel. — 26 janvier 1865.

Mode de pivotement et application d'articulations ou charnières aux châssis ou coquilles de moulage pour fonderie de métaux.

Dans l'opération de la coulée, les mouvements s'exécutent généralement sans précision, par l'intermédiaire de grues ou d'appareils d'élevage quelconques qui exigent des efforts puissants. L'invention consiste à donner de la fixité au moule en ajustant bien en regard les deux moitiés du châssis par des charnières qui en assurent le retour à des positions identiques. En outre, vers le centre de gravité des châssis, sont fixés deux tourillons autour desquels ces appareils basculent sous la plus légère impulsion, ce qui permet de donner aux châssis une position, soit horizontale, soit verticale.

N° 67,636. — Bradfer. — 17 juin 1865.

Système de coulage, en coquilles des pièces creuses en métal.

Les noyaux, au lieu d'être en terre ou en sable, sont composés de plusieurs barres ou tringles en fonte, en fer, en acier, ou en tous autres métaux. En conservant à la fonte toute sa qualité, ce mélange ainsi pratiqué la rend plus saine, plus homogène et plus inoxydable, en même temps qu'il assure à la pièce fondue une épaisseur plus régulière, que l'on coule à plat, incliné ou debout.

Ce système de noyaux, ainsi composé de plusieurs tringles ou barres, facilite, en outre, le dégagement des gaz que peuvent renfermer le moule et le modèle.

Les deux parties qui composent la coquille peuvent n'être que d'une seule pièce chacune, de même aussi qu'elles peuvent ne servir que de revêtement extérieur à des barres de fer, de fonte, d'acier ou d'autres métaux qui composent alors directement, par leur assemblage, la chape de la pièce à couler, c'est-à-dire qu'on donne à leur réunion la forme exacte que doit avoir extérieurement la pièce à fondre.

No 67,877. — Jackson et Cie. — 19 juin 1865.

Procédé de coulage de l'acier dans des lingotières rotatives.

La lingotière est posée sur un pivot vertical, auquel le mouvement est communiqué au moyen d'engrenages. Tout le temps que dure la coulée, la lingotière est animée d'un mouvement de rotation rapide.

Les lingots obtenus par ce procédé sont sains et ont des surfaces plus belles que les lingots ordinaires ; de plus, une fois étirés, ils ne présentent pas de veines et criquent beaucoup moins. On coule par ce procédé des pièces d'artillerie et des boulets.

No 67,985. — Compagnie anonyme des fonderies et forges de Terre-Noire, la Voulte et Bessèges. — 10 juillet 1865.

Étuvage des moules de fonderie par l'air chaud.

Cette invention comprend le procédé consistant à sécher directement les moules de fonderie, souvent impossibles à transporter dans les étuves, en introduisant de l'air chaud dans l'intérieur des moules au moyen d'un appareil à air chaud de système connu.

No 68,006. — Petin, Gaudet et Cie. — 6 juillet 1865.

Perfectionnements aux procédés de fonderie de l'acier.

Ce brevet comprend des procédés pour le moulage et la coulée de fortes pièces d'acier, telles que canons, mortiers, bandages, etc., en acier fondu.

Ce mode de fabrication consiste à effectuer la coulée des pièces par un conduit de sable communiquant avec la partie inférieure du moule, de façon que l'alimentation s'effectue suivant deux courants en sens inverse : l'un descendant depuis l'ouverture du jet jusqu'à la partie la plus basse du moule, et l'autre ascensionnel dans tout l'intérieur de ce dernier jusqu'à sa partie la plus élevée. Avec cette disposition, le métal se répand dans le moule sous la pression hydrostatique du jet, auquel on peut donner une hauteur égale à celle du moule ou une hauteur plus grande *ad libitum*, moyennant que, dans ce dernier cas, la coulée s'effectue à couvert et que le moule soit surchargé à proportion, ou suffisamment armé pour empêcher le soulèvement du châssis supérieur.

Il résulte de cette coulée sous charge que la matière acquiert une grande homogénéité; les pièces obtenues sont parfaitement saines et toutes prêtes, après un réchauffage, à recevoir sous le pilon un étirage convenable et la forme demandée.

ADDITION, en date du 22 janvier 1866.

Les inventeurs se servent toujours du procédé de coulée à la remonte, mais seulement pour l'obtention de rondelles ou bagues séparées qui ne sont reliées les unes aux autres que par les jets qu'il est nécessaire de conserver pour couler à la fois plusieurs bagues superposées dans un même moule. Lorsque ces bagues sont démoulées, la séparation peut avoir lieu promptement et facilement, puisqu'il n'y a qu'à couper les jets; les bagues fondues de cette manière sont parfaitement saines et peuvent être soumises aux différentes transformations qu'elles doivent subir pour arriver à leur degré complet d'achèvement.

N° 68,041. — Société anonyme des aciéries d'Imphy-Saint-Seurin. — 10 juillet 1865.

Procédé de soudage d'un noyau d'un métal quelconque, tel que l'acier, le fer, etc., dans l'intérieur d'un lingot d'acier fondu Bessemer.

Quelques instants avant la coulée, et alors que toutes les lingotières sont disposées dans la casse, on introduit dans chacune d'elles, et autant que possible dans son milieu, le morceau d'acier ou de fer dont on veut former l'âme de la pièce finie.

La partie inférieure de ce morceau doit être dressée, soit à la scie dans le coupage à chaud, soit par l'outil de tour ou de raboteuse dans le coupage à froid, de manière qu'il puisse se tenir debout dans l'axe de la lingotière.

Toutes les lingotières étant ainsi disposées, on coulera l'acier de la poche, en ayant soin de diriger le jet entre le morceau et la paroi intérieure de la lingotière, afin d'éviter les touches.

La température excessivement élevée de l'acier qui vient, petit à petit, englober le morceau d'acier ou de fer, ramollit suffisamment la surface extérieure dudit morceau pour garantir un soudage superficiel.

Ce procédé peut s'employer avec un grand avantage dans la fabrication des rails, soit pour l'utilisation des bouts écrus ou des rails de rebut en acier.

N° 68,123. — **De la Rochette et Cie.** — 28 juillet 1865.

Dispositions particulières employées dans le moulage et la fabrication des pièces de fonte creuses et massives.

Ces dispositions ont pour but de faciliter le transport des châssis de moulages aux étuves et aux lieux où ils doivent être coulés ou démoulés, et cela sans l'emploi des manœuvres de grues.

Ce brevet comprend les deux moyens d'arriver à ce but :

1° Les galets et les crochets attachés aux châssis, et les rails placés le long des fosses ;

2° L'emploi d'une cage cylindrique rotative, comme une plaque tournante contre laquelle, intérieurement ou extérieurement, viennent se fixer les châssis de tuyaux et qui permet, soit à l'intérieur, soit à l'extérieur, toutes les manœuvres nécessaires.

En un mot, la mobilité du châssis de moulage et la permanence à la même place des ouvriers chargés de chacune des parties de l'opération, et surtout les engins nécessaires pour l'exécuter.

1re ADDITION, en date du 3 novembre 1865.

Cette addition consiste à substituer à l'emploi d'une cage montée sur une plaque tournante un ensemble de deux plateaux de fonte tournant autour d'un arbre fixé au fond de la fosse de moulage au moyen d'un croisillon ou par tout autre procédé.

2° ADDITION, en date du 8 mars 1866.

Cette addition concerne l'idée d'appliquer à l'appareil rotatif breveté pour la fabrication des moulages, un moyen nouveau de l'élévation des fardeaux en fonderie. Dans un point quelconque de l'atelier, on établira un cylindre dans lequel se mouvra un piston sous l'action de la vapeur ou de l'eau comprimée ; ce piston descendra dans son cylindre, et il entraînera dans son mouvement, par l'intermédiaire de sa tige, une chaîne ou corde qui, par des poulies de renvoi, viendra agir à l'aplomb du fardeau qu'il s'agira de soulever.

N° 68,703. — **De Wendel et Cie.** — 23 août 1865.

Système de noyau pour le moulage des tuyaux en particulier et en général des cylindres creux.

Ce système a pour objet : 1° la facilité et la promptitude dans la fabrication du noyau ; 2° le séchage plus rapide ; 3° le peu de consom-

pressibilité de la terre bien sèche, surtout sur une épaisseur de
15 millimètres; 4° la sortie très-facile du noyau par suite de la diminution de diamètre.

ADDITION, en date du 22 août 1866.

Le nouveau système présente encore les avantages suivants :

1° Obtenir un jeu suffisant pour la sortie facile des pièces de la
lanterne;

2° Avoir des pièces de lanterne semblables, ce qui facilite la
construction, le montage et les réparations;

3° Donner un nettoyage très-facile, car il suffit d'enlever au ra-
cloir ou au tampon le peu de terre qui pourrait rester dans l'intérieur du tuyau.

N° 68,990. — Compagnie anonyme des fonderies et forges de Terre-Noire, la Voulte et Bességes. — 20 octobre 1865.

*Procédé consistant à mélanger à la coulée les aciers Bessemer,
soit avec des fers ou des aciers de diverses qualités, soit avec
les métaux pouvant s'allier à l'acier.*

Il est fort intéressant, dans bien des cas, d'obtenir pratiquement
et sans frais extraordinaires un mélange de fer et d'acier fondu,
ou un mélange d'aciers de diverses qualités. On comprend, en
effet, que l'acier fondu étant un métal dur très-bon pour la résistance aux frottements, mais n'ayant pas toujours au choc la résistance nécessaire, ne présente pas toutes les garanties indispensables pour certains emplois. Il peut également se présenter des
cas où il soit nécessaire de superposer des aciers de diverses qualités: acier doux au centre, acier dur à la surface. Le procédé Bessemer donne le moyen d'arriver à ce résultat. Il est caractérisé par
le mélange à la coulée même, en utilisant l'excès de chaleur de
l'acier Bessemer et par le moyen de communication établi entre
les lingotières ou moules, de manière à faire arriver l'acier fondu
en dessous et sans trop de rapidité. Au moment où l'acier Bessemer
est prêt à couler, on introduit dans les lingotières les morceaux
de fer ou d'acier ou de tout autre métal pouvant s'allier avec
l'acier; ces morceaux ont été au préalable chauffés au rouge-blanc
dans un four dormant disposé pour éviter l'oxydation. Les choses
étant ainsi disposées, le métal est coulé; il vient ensuite par les
coulées nourrices remplir les lingotières et entourer le métal.

L'excès de chaleur dont est pourvu l'acier fondu à la sortie de l'appareil Bessemer élève le degré de température du métal placé dans la lingotière, et l'on obtient un lingot soudé, ductile au laminoir ou au marteau, et présentant les qualités réunies des différents métaux mélangés.

N° 69,712. — Boigues, Rambourg et Cie. — 15 décembre 1865.

Procédé de coulage de la fonte sur l'acier en tubes ou en lingots, qui donne une adhérence complète des deux métaux.

Les conditions fondamentales, pour que l'opération réussisse, sont les suivantes, il faut :

1° Élever la température du tube d'acier ou de fer, de façon qu'il se dilate complétement et occupe, par conséquent, le plus grand volume possible, avant de couler l'enveloppe extérieure ;

2° Introduire la fonte liquide sur le tube d'acier ou fer avec la plus grande chaleur qu'elle puisse atteindre dans des fours à réverbère ou cubilots ;

3° L'introduction de la fonte doit se faire sur un grand nombre de points du tube, afin d'uniformiser la température de l'acier et de la fonte qui concourt à l'opération ;

4° Prolonger l'opération de la coulée jusqu'à complète uniformité de chaleur dans toute la masse, afin que le retrait se fasse uniformément.

N° 69,813. — Haldy, Rœchling et Cie. — 22 décembre 1865.

Procédé de moulage vertical à châssis mobile, applicable aux pièces pleines ou creuses, etc.

Les acheteurs de fonte moulée désirent généralement obtenir ces pièces coulées verticalement, au lieu de les avoir coulées horizontalement ou inclinées, comme cela est habituel.

Les inventeurs ont trouvé un moyen simple et pratique qui permet le moulage des pièces creuses et longues, verticalement ; leur outillage est tel que, dans les diverses opérations du moulage, démoulage, coulée, etc., le châssis soit dirigé dans une verticalité mathématique.

Le procédé est caractérisé par la disposition, près d'une grue, d'un bâti à guides pour diriger le châssis dans la verticalité que lui imprime la grue, afin de conserver son aplomb avec la fausse pièce ou cuvette indépendante qui repose sur le sol.

Ce procédé de moulage vertical à châssis mobile et à guides est applicable à tous châssis servant au moulage des pièces pleines ou creuses de toutes formes, dimensions, matières et destinations. Le repérage du châssis peut être obtenu par des languettes, galets, rainures ou autres guides.

N° 70,470. — Boué. — 17 février 1866.

Procédé de moulage métallique des pièces creuses et pleines.

Une partie de cette invention consiste à employer exclusivement des moules en fonte pour la reproduction des pièces qui se répètent en fabrication courante.

Tout le moule est en fonte et porte une ou plusieurs cavités de la configuration voulue pour y couler directement les objets sans aucune intervention de sable. Le moule est en deux parties, mais, pour éviter toute rupture de la pièce en travail, due à la contraction du métal, on a le soin de soulever le châssis supérieur immédiatement après la coulée ; l'effet de contraction du métal se produit alors librement à la surface de la pièce. C'est essentiellement cette mise en liberté de la pièce coulée qui rend possible l'emploi de moules exclusivement métalliques pour la fonderie des pièces de fabrication courante.

La deuxième partie de cette invention consiste, pour la fonderie des pièces creuses ou tubulaires, dans la combinaison d'un système mixte. On établit en sable le noyau ou moule intérieur. Le métal fondu est ainsi coulé entre un moule extérieur en fonte et un noyau central en sable. Le châssis extérieur est en deux parties, se réunissant par superposition, emboîtage ou charnière.

Ainsi cette invention se résume en ceci :

1° L'emploi exclusif de moules en fonte pour la reproduction de pièces pleines ou massives de fabrication courante ; 2° l'emploi mixte de moules extérieurs en fonte et d'un noyau central en sable pour la fabrication de tuyaux de conduites ou de pièces creuses en général.

Nº 71,380. — Scott. — 25 avril 1866.

Perfectionnements apportés dans les appareils à mouler les roues dentées et autres, ainsi que les poulies et portions de cercles.

Ces perfectionnements sont caractérisés par l'emploi d'un chariot portant un engrenage à l'aide duquel on peut le faire tourner, et constituant un appareil portatif complet en lui-même, de manière à pouvoir s'adapter dans toute situation dans la fonderie.

Ce chariot porte une portion du modèle qui peut s'abaisser pour permettre de battre le sable tout autour, et qu'on peut ensuite enlever et mouvoir en avant pour une autre disposition.

Nº 71,609. — Whitworth. — 24 mai 1866.

Perfectionnements dans la fonte du fer et de l'acier et dans les appareils employés à cet effet.

Cette invention consiste dans la formation et l'emploi de moules d'acier, en combinaison avec des pistons presseurs, de telle manière que l'acier fondu, une fois dans ces moules, se trouve soumis à de très-forts degrés de pression, ce qui rend les articles en acier, ainsi fabriqués, notablement supérieurs à ceux fabriqués d'acier coulé dans des moules formés de matériaux autres que de l'acier, tout en épargnant le déchet produit par les anciens modes de moulage.

Les objets moulés sont retirés des moules et refroidis lentement dans un four à recuire.

Nº 72,894. — Gueunier-Lauriac. — 14 septembre 1866.

Procédé de fabrication des cylindres ou autres pièces de toute espèce à enveloppes ou chemises métalliques dures coulées en fontes blanche et grise, de manière à ce que les deux fontes soient soudées entre elles.

Ce procédé permet, à l'aide de moyens ordinaires et sans augmenter la dépense, d'obtenir un cylindre de laminoir ou espatar répondant à toutes les exigences, ce qui est difficile et surtout onéreux d'avoir avec le mode actuellement en usage, désigné sous le nom de coquilles. On obtient des cylindres ou autres pièces de toutes espèces, munies intérieurement ou extérieurement d'une ou de plusieurs enveloppes ou chemises métalliques dures (fonte blanche), quelles qu'en soient d'ailleurs les formes et les dimensions.

La première opération consiste à mouler et à couler l'enveloppe dure extérieure en fonte blanche. Un bouchon au centre du châssis a pour effet spécial d'empêcher toute communication entre le moule et la fosse destinée à recevoir le noyau aussitôt que l'enveloppe sera coulée, pour que, sans embarras ni perte de temps sensible, on puisse remplacer les châssis. Cette opération faite, on coule l'intérieur du cylindre en fonte grise à la plus haute température possible pour que la fonte blanche, qui constitue l'enveloppe, puisse, à son contact, se liquéfier suffisamment, de manière à ce que, le cylindre une fois refroidi, les deux fontes, blanche et grise, ne forment qu'un seul corps.

1re ADDITION, en date du 20 octobre 1866.

Le procédé objet du brevet principal est appliqué à la fabrication des bouches à feu, c'est-à-dire, des grosses pièces de siège pour l'armement des fortifications et des vaisseaux, canons et mortiers, ainsi que pour les pièces de grosse mécanique, telles que colonnes, qui doivent être tournées et polies. Ces pièces sont coulées avec deux métaux ou alliages de dureté différente, de manière à ce que le plus dur se trouve à la surface travaillante et que les deux espèces de fontes soient parfaitement soudées entre elles.

2e ADDITION, en date du 6 novembre 1866.

Cette deuxième addition a pour objet d'appliquer ce système à tous les métaux de nature différente, par exemple, de souder le cuivre ou le bronze avec la fonte grise ou blanche, l'aluminium avec la fonte grise ou blanche, etc.

No 72,999. — Wheeldon. — 19 septembre 1866.

Perfectionnements apportés à la fonte des cylindres et autres pièces de fer.

L'inventeur revendique l'application ou l'emploi d'un ou de plusieurs tuyaux composés de fer, d'argile réfractaire ou d'une autre substance appropriée, pour garnir le chenal dans le coulage des cylindres en fer trempés en coquille, ainsi que l'application et l'emploi de l'entonnoir pourvu d'un tampon en fer et servant à laisser entrer la fonte en fusion dans le moule.

N° 73,197. — Delille et De Jean. — 6 octobre 1866.

Système perfectionné de moulage des coussinets de chemins de fer.

Ce nouveau procédé de moulage de coussinets est caractérisé par la coupe spéciale déterminée dans les nervures du modèle. Cette coupe, qui donne des parties en queue dans les nervures, peut être opérée à toute hauteur et suivant une profondeur quelconque. Il est facultatif de l'appliquer pour les nervures de toutes espèces de coussinets de chemins de fer, quelles qu'en soient les formes, la matière et les dimensions. On prolonge, de chaque côté, la partie mobile adhérente aux joues du coussinet par une queue qui descend vers le patin et forme une partie de la nervure. L'autre partie, faisant corps avec l'ensemble du coussinet, se rejoint à la première par une surface de contact ou plan d'about vertical. Cette coupe du modèle, séparant verticalement chaque nervure en deux parties, est, comme nous l'avons dit, le caractère principal de cette invention.

N° 73,204. — Harrisson. — 9 octobre 1866.

Perfectionnements apportés dans les barreaux de grille.

Cette nouvelle construction de barreaux consiste dans l'adjonction de barres à *grande* et à *faible profondeur* dans une seule pièce de fonte, de manière à faciliter le *moulage* de ces barreaux, à admettre une circulation d'air plus active entre les barres, à diminuer les engorgements causés par les cendres et le mâchefer, et, en dernier lieu, à offrir plus de légèreté et, par conséquent, plus d'économie que les barreaux de grille ordinaires, composés d'une série de barres d'une profondeur uniforme.

N° 73,278. — Tiquet-Pergaud et Cie. — 25 octobre 1866.

Procédé de fabrication d'outils, pièces de toutes formes et toutes grosseurs, obtenus par le coulage d'aciers carburés dans des moules en sable ou lingotières de toute espèce, pourvus de noyaux en toile métallique recouverts ou non d'une de matière réfractaire pulvérulente, et recuits (les objets) ensuite au contact de scories de forge, dans des fours, cornues ou vases de formes, de matériaux, de dimensions quelconques.

Ce brevet comprend les innovations suivantes :

1° Introduction dans le creuset, au lieu de fontes, toujours souillées d'impuretés, de carbone le plus pur possible et, en attendant mieux, de poussier de charbon de bois, de plombagine pure, ou bien de carbure de manganèse ;

2° Avec l'acier rendu plus fluide on pourra couler les pièces les plus délicates et notamment les canons des armes à feu, en employant pour les noyaux des tubes en fer creux percés de trous, ou bien en toile métallique ;

3° Décarburation au degré désiré, sans vases d'aucune sorte, dans des fours à briques dont le four de cémentation est le type ;

4° Emploi comme agent décarburateur des scories de forge en général, et, principalement, de celles qui se produisent au feu d'affinerie comtois.

Il va sans dire que ce procédé de décarburation s'applique aussi bien à la fonte malléable et à la fonte ordinaire qu'à l'acier.

Le carbure de manganèse purifie le métal, parce qu'au lieu de s'allier au métal il donne des scories d'une extrême fluidité qui entraînent les impuretés.

Les inventeurs, au lieu d'ajouter de la fonte au bain, préfèrent carburer l'acier, c'est ce qui fait l'originalité de leur méthode.

N° 74,500. — Boucher et Cie. — 16 janvier 1867.

Procédé de moulage applicable aux pièces creuses n'ayant qu'une ouverture, telles que bombes, boulets creux, sphères, etc.

Ce procédé consiste à employer, pour le moulage des objets creux n'ayant qu'une ouverture, une gaine en métal ou autre matière dure, fixe ou mobile, ayant pour effet de rendre possible la mise en place, d'une façon rigoureusement exacte, des noyaux destinés à former le vide de ces objets, exactitude qui rend possible l'exécution, en tous métaux fusibles, des objets creux en une seule pièce à l'épaisseur minima à laquelle il soit possible d'atteindre, suivant la nature du métal, lorsque l'on fond ces objets en deux pièces. En outre, cette exactitude rend possible l'emploi de la fonte de fer à la fabrication d'objets pour lesquels ce métal était exclu, à cause du poids résultant de l'épaisseur, relativement forte, qu'il fallait donner aux objets qui ne pouvaient se fabriquer que d'une pièce, ce métal ne pouvant se souder.

Les inventeurs joignent deux planches de dessins, l'une représentant une coupe verticale, passant par l'axe de la sphère, d'un châssis dans lequel se trouvent placées la lanterne avec son noyau et la gaine mobile, l'autre, représentant une même coupe verticale, la gaine étant fixée au châssis.

1ʳᵉ ADDITION, en date du 11 juin 1868.

Le perfectionnement consiste dans l'emploi d'une gaine fixe en métal quelconque à laquelle on a adapté une vis de pression en remplacement de la goupille.

Les auteurs revendiquent l'emploi de la lanterne modifiée, l'emploi du sable composé, partie de sable ordinaire et partie de sable réfractaire, ce qui permet de livrer au commerce des pièces de fonte creuses, émaillées, vernies, étamées, bronzées, etc., d'un poids aussi léger que les pièces faites en deux parties et soudées, résultat qui n'avait jamais été obtenu auparavant.

2ᵉ ADDITION, en date du 5 septembre 1868.

L'inventeur revendique l'emploi du système de gaine et de lanterne, ou de tout autre système analogue, pour le moulage des pièces creuses, quelle que soit la position que l'on donne au modèle dans le sable, soit debout, soit couché ou incliné.

Nᵒ 77,566. — Douenne. — 20 août 1867.

Perfectionnements aux fourneaux à fondre au creuset.

Ces perfectionnements consistent dans l'emploi de la vapeur d'eau, quelle qu'en soit la pression, en quantité convenable, introduite en un point du foyer où elle puisse traverser une partie du combustible incandescent avant d'atteindre la région du creuset. L'inventeur choisit de préférence le dessous de la grille dans le fourneau ordinaire. La vapeur d'eau, en passant à travers la première couche de combustible en ignition, se décompose en oxygène et hydrogène, qui, rencontrant une seconde région, région du creuset, dont la température est très-élevée, produit, en brûlant, une température excessive qui détermine la fusion du métal.

Nᵒ 78,060. — Rives. — 10 octobre 1867.

Perfectionnements apportés à toutes les matières fondues, etc.

Ce procédé, qui donne une masse fondue homogène et d'une densité déterminée, consiste à faire agir la pression de 10, 20 et 30 atmosphères pour remplacer la masselotte employée par les fondeurs.

On obtient un lingot homogène et dense, parce que la pression qui agit sur le métal, à l'état liquide, agit encore à l'état pâteux, puisqu'elle l'accompagne à tous les degrés de refroidissement. La chaleur se trouve dans un état de concentration tel que le refroidissement se produit d'une manière très-régulière. De cette double condition, de chaleur concentrée et d'une forte compression, résulte un acier très-malléable, qui devient très-dur à la trempe.

N° 78,162. — **Willcock et Mason**. — 12 septembre 1867.

Machine perfectionnée pour le moulage en sable.

Ce brevet a rapport à une machine à mouler les engrenages, poulies et autres pièces circulaires à l'aide d'une section ou fragment de modèle attaché à un bras approprié pouvant tourner autour d'un axe correspondant avec celui de la pièce qu'on moule. Ledit axe est monté dans une extrémité d'un bras horizontal, semblable au bras d'une machine à forer radiale, et dont l'autre extrémité tourne librement sur un plateau fixe. Grâce à cette disposition, lorsque la roue a été moulée, la machine, en tournant partiellement autour du poteau fixe, peut commander une autre partie de la fonderie où l'on peut commencer un autre moulage sans déranger le premier, et ainsi de suite.

N° 78,683. — **Astbury**. — 28 novembre 1867.

Perfectionnements dans le coulage du métal Bessemer, de l'acier et autres métaux.

L'invention a pour but d'éviter le refroidissement et l'irrégularité dans le moulage. A cet effet, le métal destiné à produire le lingot ou le moulage est coulé dans un moule qui est chauffé dans un four à une température suffisante pour empêcher la solidification du métal. On refroidit graduellement la partie inférieure du moule, la chaleur restant maintenue au sommet; le refroidissement et la prise du métal a ainsi lieu progressivement du fond du moule en remontant. A mesure que la contraction se produit, du métal fondu descend de la partie supérieure du moule et empêche la formation de cavités dans le moulage.

Nº 80,533. — Doré. — 12 mai 1868.

Système de moulage et coulage debout de tuyaux et pièces pleines.

Ce système consiste essentiellement dans l'établissement des chantiers mobiles portant châssis, modèles, sable, outils, ouvriers, foyers d'étuvage, etc., en un mot, tout ce qui est nécessaire au travail.

L'ensemble, destiné à se mouvoir, constitue une masse considérable, mais le travail mécanique nécessaire à l'entraînement est minime. Ce chantier mobile vient successivement offrir chaque ligne de châssis aux appareils de levage, appareils essentiellement fixes, recevant leur mouvement d'une transmission.

L'inventeur insiste particulièrement sur le procédé de centrage du modèle et du noyau par le haut.

Nº 81,093. — De Vathaire. — 11 juin 1868.

Procédé de moulage par rotation.

Ce procédé consiste dans l'application de la force centrifuge au moulage de tuyaux et de toutes autres pièces creuses symétriques par rapport à un axe pris comme axe de rotation.

Pour les tuyaux à tulipe ou pour toute autre pièce de moulage où le diamètre intérieur est variable, on ménage ce renflement au moyen d'un noyau local.

Nº 82,135. — Bertsch, Dupont et Dreyfus. — 21 juillet 1868.

Système de moulage mécanique de tuyaux et noyaux, et d'une lanterne rétractile.

Le principe de ce système de moulage consiste à développer des modèles circulaires dans des châssis remplis préalablement de sable et disposés de façon à se mouvoir en même temps que les modèles, dont l'empreinte est ainsi obtenue dans le sable.

L'inventeur décrit : le moulage mécanique des noyaux ; le tablier à bascule pour couler les tuyaux debout ; les lanternes rétractiles en tôle pour couler des tuyaux, tubes ou cylindres en fonte.

N° 32,838. — Bellefroid fils. — 19 octobre 1868.

Système de châssis et de moulage pour le coulage des pièces en fonte de fer.

Ce système permet de couler plusieurs pièces de fonte de fer et notamment les tuyaux de toute espèce dans le même moule, sans être obligé de refaire entièrement ce moule. Quelques légères retouches peut-être, et un enduit au noir liquide de charbon de bois seront les seules opérations nécessaires, après avoir coulé une pièce, pour en couler une autre dans le même moule. A cet effet, aussitôt que la pièce aura été coulée et qu'elle aura acquis un degré de résistance suffisant, elle sera extraite du châssis et celui-ci pourra recevoir une nouvelle coulée lorsqu'il sera un peu refroidi, et ainsi de suite.

N° 33,762. — Boigues, Rambourg et Cie. — 22 octobre 1868.

Perfectionnements dans la fabrication des mouleries creuses.

Ces perfectionnements comprennent :

1° L'application de l'élasticité de la matière à la confection des lanternes mobiles, extensibles, quelle que soit la matière employée aux lanternes ou noyaux, la nature de la matière à mouler, la forme des lanternes ou noyaux, cylindriques, sphériques, coniques, etc., section curviligne ou polygonale, la destination ou la forme des objets moulés, les assemblages et le mécanisme propres à réaliser cette application;

2° La décomposition des lanternes de fonderie en plusieurs segments articulés entre eux, et qu'on fait bander de manière à former un tout rigide par un système quelconque de leviers, coins, clavettes, vis et autres organes analogues.

N° 33,792. — Doré. — 13 janvier 1869.

Matériel de moulage vertical destiné à la fabrication des tuyaux en fonte, dits à emboîtement et cordon.

La nouveauté de cette combinaison consiste dans les positions différentes occupées par les groupes de châssis dans l'accomplissement successif des diverses opérations de la fabrication des tuyaux en fonte, dits à emboîtement et cordon, combinaison nouvelle qui a pour effet de diminuer le prix de revient de la fabrication en simplifiant les manœuvres dans le rapport de 3 à 1 pour les moules de châssis, en économisant le combustible de séchage des moules par l'unité de foyer, et en concentrant le calorique dans des carneaux en briques d'où il s'écoule dans les moules sans déperdition par des vannes métalliques qui s'ouvrent et se ferment instantanément, en activant, à volonté, le séchage des moules par l'accélération du ventilateur, en flambant les moules par des matières résineuses et autres, jetées à propos dans le calorifère, en démoulant facilement les tuyaux coulés par l'ouverture en grand et instantanée des châssis. Tout le chantier est desservi par des grues en l'air qui font le service des manœuvres de force, à savoir la pose et l'enlèvement des modèles, le renmoulage des noyaux, le coulage et l'enlèvement des noyaux et des arbres à noyaux. Ces appareils se prêtent, sans gêner le service, aux nécessités de la fabrication en tous les points du chantier. Les châssis sont groupés sur des chariots roulants et le poids brut de ce matériel est ainsi en partie annulé, ce qui constitue une grande économie dans son transport pendant l'accomplissement successif des diverses opérations de la fabrication. Les noyaux sont troussés horizontalement, séchés en grand nombre sur chariot dans deux étuves horizontales et une verticale, successivement, au fur et à mesure de leur préparation, de telle sorte que les deux étuves sont constamment remplies de noyaux. Une disposition particulière permet de régler, à volonté, le temps de séchage des noyaux.

Ce matériel s'applique aussi à la fabrication des tuyaux suivants: tuyaux articulés, système Victor Doré; tuyaux Leboulanger; tuyaux Fortin-Hermann; tuyaux à brides, etc.

N° 83,815. — Bertsch. — 14 janvier 1869.

Procédé mécanique propre à la fabrication des tuyaux en fonte.

L'invention consiste dans la fabrication complète des tuyaux en fonte au moyen d'un ensemble d'appareils propres à faire les moules et les noyaux de moulage en foulant mécaniquement le sable sur les lanternes, le tout étant mû par un moteur. Elle consiste aussi dans la disposition générale, dans l'installation de tout le système de fabrication, de moulage et d'étuvage.

Nº 83,875. — Curé. — 20 janvier 1869.

Moyen de moulage de pièces en fonte, cuivre ou zinc.

Le caractère distinctif de ce procédé réside dans le placement dans des couches de deux plaques surmoulées sur une plaque-mère ou de deux plaques-mères parfaitement identiques, lorsqu'il sera possible de les obtenir telles au moulage ; dans ce dernier cas, les pièces n'auront qu'un retrait en plus que par le procédé ordinaire.

Le brevet se rapporte également aux plaques-mères gauches ou bombées pour les goujonner entre deux châssis de moulage sans le secours des couches. On peut employer avec avantage, dans ce moulage avec plaques sur couche, les plaques bombées ou gauches en dressant ou en dégauchissant, soit à la lime, soit au burin, soit avec une machine à raboter, en enlevant d'un même côté une partie du métal sur quelques centimètres de largeur à partir du bord vers l'intérieur où s'appliquent les châssis de moulage, goujonnés avec ladite plaque, pourvu que, du côté opposé, on rive sur la plaque une épaisseur de cuivre ou de fer égale à celle qui a été enlevée du côté opposé, afin que la plaque conserve toujours partout l'épaisseur primitive dans la partie comprise entre les deux châssis.

Nº 84,107. — Vallin. — 6 février 1869.

Emploi d'une composition dite graphite, pour remplacer les sables dont on s'est servi jusqu'à ce jour pour le moulage des métaux, tels que fonte de fer, cuivre, bronze et ses alliages.

Cette composition, dite « graphite », n'est autre chose qu'un mélange de coke de houille avec de la houille grasse pour en faire un carbure analogue à celui obtenu dans les cornues à gaz.

Pour obtenir ces graphites, l'auteur se sert des moyens employés pour la fabrication des pôles positifs dans les piles de Bunsen.

Nº 84,237. — Courtois. — 1ᵉʳ février 1869.

Procédé de moulage et de fusion des colonnes pleines en fonte sans jonction.

Ce procédé est caractérisé, d'une part, par l'emploi combiné du modèle de colonne en trois parties distinctes et d'un appareil

composé simplement d'un banc de sable et de deux châssis auxiliaires, et, d'autre part, par la série d'opérations nécessaires à la
formation du moule et au coulage de la fonte pour obtenir le résultat désiré.

ADDITION, en date du 27 octobre 1869,

Indépendamment de l'absence de toute ligne de jonction, ce
procédé permet, au moyen de deux calibres que l'on remplace ensuite par deux noyaux préparés à part dans des boîtes à noyau
(l'un pour le chapiteau et l'autre pour le piédestal de la colonne),
de mouler des colonnes de différentes longueurs avec le même fût
modèle. On peut appliquer ce procédé au moulage d'autres pièces
et même de colonnes creuses, à l'aide d'un noyau centré.

N° 84,844. — Compagnie des fonderies et forges de Terre-Noire, la Voulte et Bessèges. — 9 novembre 1868.

Moulage des tuyaux coulés verticalement avec châssis mobiles et grues hydrauliques.

On a une fosse rectangulaire dans laquelle sont placés les
châssis, accouplés par 4 ou par 2, suivant leur diamètre. Une grue
hydraulique est placée près de la fosse, et, au moyen d'un chariot
de direction placé sur la volée, elle peut desservir toute la surface
de la fosse et y opérer tous les déplacements de châssis. Ceux-ci
sont placés sur des consoles verticales en fonte, exclusivement
destinées au séchage des châssis et aux opérations de serrage,
renmoulage, coulage et démoulage. Le serrage fini, et le modèle
enlevé à la grue, on noircit l'intérieur des moules qu'on vient de
serrer et on les sèche. Les châssis, déjà secs, sont renmoulés,
c'est-à-dire que la grue y introduit les noyaux des tuyaux ; on
coule ensuite les moules, puis, la fonte refroidie, on démoule le
tuyau, c'est-à-dire que la grue l'enlève du châssis, et on le porte
à l'atelier de finissage. Les tuyaux en séchage doivent alors être
secs, et on continue sans interruption la série des opérations qui
viennent d'être décrites.

N° 85,913. — Micolon. — 3 juin 1869.

Système de four à marche continue pour la fusion de tous les métaux.

Ce brevet a rapport à un nouveau système de four à *charge continue*, reposant sur le principe de creusets *multiples*, en *grande*

quantité, formant un système tubulaire et permettant de pouvoir fournir des coulées rapides et successives avec une grande économie de combustible.

N° 87,559. — Bertsch. — 22 octobre 1869.

Système de moulage par pression mécanique pour la fabrication des tuyaux en fonte.

Cette invention a pour objet la fabrication des tuyaux en fonte d'un faible diamètre au moyen d'une pression mécanique quelconque. Le caractère essentiel de ce nouveau système réside dans l'emploi d'une *rehausse mobile* s'appliquant sur le châssis, et d'un modèle droit ayant également une rehausse fixée par des vis audit modèle. Cette rehausse a pour but de s'emboîter pendant le serrage dans la rehausse mobile. On comprend facilement que ces organes permettent la pression normale du sable jusqu'en bas de la rehausse mobile, qui s'enlève pour l'assemblage des deux parties du moule.

N° 89,517. — Compagnie anonyme des forges de Châtillon et Commentry. — 7 avril 1870.

Perfectionnements dans la fonderie et le moulage du fer, de la fonte et de l'acier.

Parmi les nombreux procédés employés pour couler et mouler la fonte, l'acier et même le fer fondu, il n'en est point qui se prête mieux que le moulage en terre à l'obtention de pièces saines de piqûres ou soufflures. Les parois des moules en terre, en effet, conservent pendant un certain temps la chaleur et la fluidité des masses fondues et coulées, ce qui permet aux gaz contenus dans le métal de sortir plus complètement.

L'invention réside surtout dans *l'emploi de moules en terre à parois portées à une température supérieure au rouge, au moment d'y introduire du fer fondu, de la fonte ou de l'acier.*

Les moyens de chauffage pour porter les parois des moules en terre à ces températures élevées sont naturellement variables; mais c'est toujours à l'aide de combustible liquide ou gazeux que cette opération sera le plus facile à pratiquer. Le moyen qui réussit le mieux consiste à prendre un ou plusieurs de ces tubes doubles à gaz combustible et à air froid ou chaud, semblables à ceux usités et connus dans les laboratoires sous le nom de tubes Schloesing. Ces tubes à flammes ardentes sont disposés sur un ou plusieurs points des moules à rougir, et les flammes, ainsi lancées dans les vides des moules, sortent par un ou plusieurs points disposés comme cheminées ou évents.

Lorsque les parois du moule sont parvenues au rouge, au rouge-jaune, ou au rouge-blanc, selon le cas, on enlève les tubes à flammes, on ferme les évents et on coule le métal dans le moule comme dans un creuset préalablement rougi, et on n'a qu'à laisser refroidir lentement.

N° 90,651. — Godin. — 13 juillet 1870.

Moyens de moulage et de production applicables à la fonderie.

Ce brevet a surtout en vue le perfectionnement du moulage à la main, et la substitution des forces motrices au travail de l'homme pour le ballage du sable et la confection des moules.

Les points principaux sont les suivants :

1° La création économique des types de châssis; 2° les moyens d'établir des châssis de même forme allant tous les uns dans les autres, avec un raccord parfait de leurs goujons, sans autre opération que le moulage; 3° les moyens de production d'étalons modèles par voie de moulages successifs; 4° l'invention de « formatrices » ou division des parties du modèle sur plaques à repères parfaits, permettant de mouler dans tous les châssis de même forme, des parties de moules se raccordant entre elles avec la plus grande perfection; 5° renmoulage au moyen de goujons supplémentaires et d'oreilles, constituant un moyen nouveau, applicable également à la pratique ordinaire du moulage; 6° les moyens accessoires qui permettent d'arriver ainsi à la production des châssis perfectionnés et des formatrices; 7° l'application de tout ce système au moulage mécanique, c'est-à-dire, au foulage et au ballage du sable des moules par un moteur remplaçant le travail à bras.

ADDITION, en date du 15 février 1873.

Ce certificat d'addition donne la description de divers systèmes de machines à fouler le sable des moules.

N° 91,593. — Bollée. — 3 mars 1871.

Nouveau système de coulage des métaux, en présence d'un gaz réducteur, afin d'éviter les oxydations.

Le gaz employé sera, le plus ordinairement, le gaz d'éclairage ; cependant, pour le coulage de très-belles pièces, on y ajoutera un excès d'hydrogène. Ce système a pour but d'éviter d'abord l'oxydation des métaux liquides pendant le coulage, mais aussi de réduire, autant que possible, les oxydes qui pourraient venir du fourneau en même temps que le liquide.

Les formes des moules variant à l'infini suivant les pièces à couler, les dispositions pour l'emploi des gaz doivent être aussi variables.

Le résultat sera un métal plus homogène, plus solide, plus beau, et ayant coulé avec beaucoup plus de facilité, dans les plus fins détails du moulage.

N° 92,732. — Lobdel. — 13 septembre 1871.

Perfectionnements apportés à la fonte des cylindres en coquille.

Cette invention a pour objet la fonte des cylindres durcis, mais avec des extrémités de fonte douce, sans qu'on ait à redouter le danger ordinaire que lesdites extrémités se séparent du corps du cylindre pendant le refroidissement ou la contraction.

En résumé, cette invention comprend :

1° L'emploi, dans un moule propre à fondre les cylindres en coquille, d'un manchon ;

2° Ledit manchon et sa combinaison avec le sable cuit ou toute autre matière équivalente ;

3° L'application au sommet du cylindre, qui vient d'être fondu, de la pression.

N° 94,941. — Drevet et Cristin. — 17 avril 1872.

Perfectionnements dans le moulage des tuyères dans les appareils Bessemer.

Ces perfectionnements portent principalement :

1° Sur l'application sur le moule d'un chapeau-guide de métal, destiné à faciliter l'introduction et à servir de guide aux broches employées au perçage des tuyères ;

2° Sur un système de suspension à bascule du moule, destiné à faciliter le démoulage des pièces fabriquées, ainsi que sur le genre de châssis de bois garni d'un plancher pour le mouleur, et qui sert de support au moule de métal.

N° 96,497. — Grapin. — 7 septembre 1872.

Procédés nouveaux de fabrication de pièces moulées à parties de compositions de densités diverses, produites dans une seule coulée de métal ou d'alliage.

Cette invention a pour but de couler en une seule opération une pièce de métal fondu, dont les diverses parties ont des compositions chimiques différentes et cependant forment, par leur refroidissement simultané, un tout d'une union parfaite.

Elle consiste en une série de procédés et de moyens pour opérer, qui varient avec la grandeur des pièces et la multiplicité des effets à obtenir. Le principe général se formule ainsi : Disposer dans le moule des cloisons séparatrices des parties qui doivent être de compositions différentes, de manière que ces cloisons puissent être facilement enlevées du moule avant la prise complète du métal fondu qui refroidit. Faire correspondre, pour chaque partie du moule devant recevoir un métal différent, des coulées de jet et des évents spéciaux. Couler simultanément toutes les qualités de métal par leurs jets respectifs, interrompant ou cessant les coulées, indépendamment les unes des autres. Enlever les cloisons séparatrices, soit pendant les interruptions des coulées, soit au cours ou à la fin de l'opération, mais toujours avant la prise complète des métaux en fusion.

N° 97,767. — Jouffret et Carbonnel. — 18 janvier 1873.

Pistons en acier par moulage et martelage.

Ce mode de fabrication consiste à couler les pièces, puis à leur faire subir un martelage ou matriçage dans le but de faire disparaître les soufflures ou piqûres qui existent toujours dans l'acier coulé, et augmenter par ce fait l'homogénéité du métal, ce qui est assurément très-avantageux, attendu que l'on pourra réunir la solidité et la légèreté.

Les pistons ainsi fabriqués feront un très-long service, attendu que l'on pourra les faire au degré de dureté voulu, ce qui empêchera le mattage dans les gorges et que, par conséquent, l'on n'aura pas besoin de les rafraîchir; il y aura donc une économie très-grande en employant ces pièces.

N° 99,565. — Simon. — 11 juin 1873.

Perfectionnements dans les moules pour couler des lingots en acier Bessemer et autres.

Cette invention consiste dans la construction en quatre parties séparées de moules pour fondre des lingots d'acier, ces quatre parties étant susceptibles d'être réunies de manière à faire des joints serrés et d'être desserrées à volonté pour permettre d'enlever le lingot, mais sans que les parties se disjoignent entièrement.

N° 100,182. — Godin. — 16 août 1873.

Outillage des usines à fontes moulées.

Le caractère distinctif de cette invention consiste dans un ensemble d'opérations successives qui permettent d'effectuer la transformation du travail manuel des fonderies en travail mécanique. Les innovations que renferme ce système ont, en outre, le mérite d'introduire dans la production d'objets de première nécessité, des économies qui profiteront à la consommation générale.

L'outillage se compose de : presses pour le moulage mécanique; grues pour le soulèvement et la manutention des moules; wagons, quais et ponts mobiles; coulée au fourneau; concentration des sables; malaxeurs et tamis; tables à mouler, couronnes et plateaux tournants; moulage, transport et coulée des moules; enlèvement des pièces et préparation des sables; distribution des châssis et des outils.

1re ADDITION, en date du 24 mars 1875.
Un nouveau système de châssis en fer à oreilles en fonte avec goujons et trous venus au moulage et se raccordant parfaitement les uns sur les autres sans le secours de l'ajustage ni d'aucun autre travail accessoire.

2e ADDITION. — Un nouveau système de matrices, modèles ou formatrices, remplaçant avantageusement celles en fonte.

N° 102,688. — Foster et Lockwood. — 18 mars 1874.

Perfectionnement dans les moules à couler l'acier fondu Bessemer et autres.

Ce perfectionnement consiste dans l'application de ressorts ou autres organes en matières élastiques équivalents aux moules à couler les lingots d'acier fondu Bessemer ou autres.

Les moules à couler les lingots d'acier peuvent être à parois de formes coniques parallèles, ou autres formes avec un simple joint à côtés parallèles en leurs coins diagonaux, pourvus d'oreilles avec un petit creux dans les côtés se faisant face, de sorte que, par cette manière de joindre les segments, on peut amener les joints parallèles en contact serré.

Ce résultat s'obtient en faisant venir des oreilles sur les segments des moules avec des trous correspondants dans lesquels passent des boulons fixés par des clavettes élastiques ou non.

N° 102,695. — Lepainteur. — 19 mars 1874.

Système de moulage des tuyaux et autres pièces cylindriques ou circulaires de tout profil.

Le système consiste dans l'emploi d'un modèle cylindrique ou circulaire de même forme ou profil que l'objet à mouler, mais d'un plus petit diamètre et composé de deux parties distinctes, dont l'une, occupant une partie de la circonférence dudit modèle et toute sa hauteur, se loge dans la première partie évidée à cet effet, et peut prendre sur elle un mouvement rectiligne perpendiculaire à l'axe du modèle, c'est-à-dire, qu'elle constitue un chariot pouvant se déplacer dans le sens du centre à la circonférence pour augmenter la circonférence du modèle ; la surface extérieure de ce chariot comporte une plaque occupant également toute la hauteur du modèle et présentant le profil exact de la pièce à mouler, de façon à former gabarit. Cela posé, et la pièce mobile, ou le chariot, étant rentrée dans l'autre pièce du modèle, l'espace vide annulaire compris entre la surface de ce modèle est rempli de sable dans toute sa hauteur, sans qu'il soit exercé aucune pression, et le châssis est ensuite hermétiquement fermé. Alors, un mouvement de rotation est imprimé à la première partie du modèle, laquelle entraîne avec elle la seconde partie du chariot ; en même temps, cette dernière reçoit un mouvement de déplacement ou d'extension du centre à la circonférence. Ces deux mouvements combinés ont pour effet que la plaque du chariot ou gabarit refoule et presse le sable du centre à la circonférence par un mouvement de rotation; elle agit comme une spatule et produit ainsi un moulage par troussage et pression combinés. La course du chariot est limitée au diamètre que doit avoir l'objet à mouler, et la longueur de cette course, ou degré de pression à donner au sable, variera suivant la nature du sable et la grandeur du moule.

Nᵒ 102,760. — Girard père et fils aîné. — 23 mars 1874.

Fabrication de cylindres creux coulés sur arbre en fer centré au moulage.

Le procédé consiste : 1° dans l'emploi de crapaudines de disposition spéciale, qui maintiennent par les deux extrémités l'arbre de fer parfaitement centré au moulage; 2° à pratiquer à l'une des extrémités de l'arbre de fer des encoches par lesquelles la fonte en fusion viendra prendre cet arbre et fixera solidement sur lui un des deux fonds du cylindre, le plateau ou l'engrenage; 3° à disposer sur l'autre extrémité de l'arbre, à l'endroit qui doit recevoir le moyeu du second fond, plateau ou engrenage, une bague de fer feuillard ou autre, de même diamètre que le moyeu et pouvant se déplacer longitudinalement sur l'arbre lors du retrait de la fonte, de façon à éviter que les fonds ne se brisent.

Lorsque le retrait de la fonte, après s'être opéré dans le sens de la longueur du cylindre, s'opère dans le sens de la largeur, c'est-à-dire de la circonférence au centre, la rondelle est pressée sur l'arbre, et, comme cette dernière a une rainure qu'elle présente à un plat fait sur l'arbre, en y introduisant une clef ou clavette, on fixe ainsi définitivement ce côté du cylindre sur l'arbre.

Ce procédé repose donc entièrement sur l'emploi de crapaudines pour centrer l'arbre de fer au moulage, et sur le coulage du cylindre sur cet arbre, tout en permettant le libre jeu du retrait de la fonte, à l'aide d'une bague mobilisée par ce retrait.

Nᵒ 103,112. — Boigues, Rambourg et Cᵉ. — 21 avril 1874.

Appareil pour faciliter la coulée du métal fondu.

L'invention consiste à appliquer au-dessous de la tuyère de coulée une seconde tuyère, en matière réfractaire, percée d'un trou plus petit que celui de la première. Cet appareil permet de couler sans rapprocher le tampon de la tuyère; le jet est petit, net et parfaitement vertical. Si le tampon ne peut fermer par suite d'accident, l'écoulement d'acier est assez faible pour que la coulée se fasse bien. S'il arrive que l'acier ne soit pas assez chaud, et que le trou de faible dimension de la petite tuyère vienne à se boucher, en moins d'une demi-minute on peut la faire tomber en arrachant la clavette, et la coulée peut alors continuer par le trou de plus fort diamètre de la grande tuyère.

N° 103,239. — Adam. — 2 mai 1874.

Mode de coulée de tuyaux, debout et sans noyau.

Les caractères distinctifs de l'invention sont :

1° De pouvoir couler les tuyaux debout et sans noyau préparé ;

2° D'obtenir la même épaisseur sur toute la longueur du tuyau, épaisseur qui pourra atteindre une dimension minima de 5 millimètres ;

3° De couler ces mêmes tuyaux avec collets ou manchons, ou en tubes simples ;

4° D'obtenir l'homogénéité de la matière dans tout le tuyau ;

5° De pouvoir, à l'aide du châssis spécial, se passer de la grue nécessaire dans tous les autres modes de coulée ;

6° De pouvoir couler les tuyaux à des diamètres excessivement réduits, même jusqu'à 5 centimètres, chose que l'on n'avait pu faire jusqu'ici qu'à l'aide des noyaux en sable ;

7° De couler les brides à bons joints, c'est-à-dire aussi étanches que si elles étaient *tournées* ; de plus, elles seront munies de trous divisés mathématiquement. Tous corps tubulaires, carrés, cylindriques, elliptiques, etc., tels que colonnes, corps de pompe et autres, rentreront dans ce système de coulée.

N° 104,711. — Moorwood. — 21 août 1874.

Perfectionnements dans les moules pour fondre des lingots d'acier ou de tout autre métal.

L'objet de cette invention est de fondre un lingot parfaitement parallèle, et d'obtenir un moule plus durable et d'un meilleur service.

Cette invention se rapporte plus particulièrement aux moules employés pour fondre des lingots d'acier obtenus par les procédés Bessemer ou Siemens, mais elle est également applicable aux moules dont on fait usage pour fondre des lingots de tous autres métaux, et aussi aux moules dont on se sert comme creusets à acier. Ces moules sont formés de deux moitiés qui sont chacune divisées longitudinalement. Les deux moitiés du moule sont réunies ou assemblées par tous moyens convenables aux extrémités supérieure et inférieure ou sur les côtés; pour maintenir ces moitiés fortement serrées pendant la coulée, on se sert d'un levier à excentrique, qui fonctionne sur un goujon ou prisonnier fixé dans deux bras placés sur des saillies disposées sur les côtés du moule.

Une grande objection faite aux moules à lingots construits jusqu'ici, c'est leur défaut d'expansibilité; maintenant, à l'aide du fixateur ou levier à excentrique, combiné avec les autres parties du moule, on remédie entièrement à cette objection, car on peut manœuvrer ce levier aussitôt que le métal est coulé.

Nº 105,304. — Leffler. — 14 octobre 1874.

Perfectionnements dans les moules pour la fonte des métaux en lingots.

Le caractère de l'invention consiste à relier un moule central avec d'autres moules disposés autour, au moyen de conduites en fer qui amènent le métal en fusion du moule central jusqu'aux moules extérieurs.

Nº 105,442. — Société anonyme de Commentry-Fourchambault. — 26 octobre 1874.

Chariot à transporter les creusets de fonte.

Cette disposition nouvelle est destinée à supprimer le transport à bras d'homme. Elle consiste à faire reposer le creuset, au moyen des branches de son support, sur un chariot léger pouvant être manœuvré par un seul homme, et disposé de telle façon qu'on puisse faire la coulée sans enlever le creuset qui, pendant cette opération, continue à être porté par le chariot.

Le chariot est composé d'un bâti de fonte porté à l'avant par un essieu à deux roues, et à l'arrière par une roue placée dans une chape mobile autour d'un axe vertical. Cette disposition permet de le diriger avec une grande facilité. Ce chariot peut être construit avec toute autre matière que la fonte, et, de plus, peut, en le modifiant légèrement, être approprié à la circulation sur une voie de chemin de fer.

N° 105,995. — Peet. — 7 décembre 1874.

Perfectionnements dans les machines à mouler.

Cette invention comprend :

1° L'emploi dans la machine à mouler d'un cadre renversable ayant des faces opposées ;

2° La combinaison, avec la planche de moulage, du plateau-calibreur et du châssis ou des demi-châssis, munis d'un mécanisme pour enlever le modèle du moule en sable ;

3° Le châssis ou demi-châssis, muni d'une ou de plusieurs barres transversales ;

4° Le cadre ayant sa surface de compression formée de sections dont deux ou plusieurs sont entaillées ;

5° La combinaison de la grue et de la voie ferrée avec la machine de moulage ;

6° L'emploi du plateau-calibreur en bois ;

7° Une plaque, munie de verrous s'engageant dans les queues de modèles ;

8° L'emploi dans les machines à mouler de modèles à tiges ou queues mobiles avec pas de vis.

N° 106,102. — Société des aciéries d'Ermont (procédé Lepet). — 14 décembre 1874.

Procédé de coulée des métaux.

Ce nouveau moyen pour couler l'acier dans les moules consiste à relier les orifices de coulée de chaque moule à un chenal dans lequel coule l'acier au sortir du four, qu'il s'agisse d'un four à fondre sur sole, système Ponsard, Martin, etc., ou de tout autre système de four. Ce chenal est, en outre, muni de portes ou cloisons légèrement enfoncées dans le sable et qui permettent de couler les moules successivement, en n'enlevant chaque porte, cloison ou barrage, que lorsque le moule précédent est rempli, ce qu'on juge par la vue du métal remontant par les évents ; il est utile de faire monter ces évents jusqu'à un niveau légèrement supérieur à celui du chenal.

Les avantages de ce procédé sont nombreux : l'acier est le moins possible en contact avec l'air, on évite ainsi l'oxydation et les soufflures, ce qui est un point capital pour la réussite du travail. Ensuite, les moules se coulant successivement, l'acier qui descend dans le chenal abreuve les coulées des moules déjà remplis, chose importante, car on n'ignore pas que l'acier en se refroidissant subit un retrait notable. Enfin, la main-d'œuvre de coulée est presque nulle, et aucun accident n'est possible pendant l'opération.

Nº 107,062. — Dubois. — 31 mars 1875.

Machine à mouler les projectiles, tuyaux, couronnes et autres pièces analogues.

Cette invention comprend une machine pour mouler mécaniquement en sable l'empreinte extérieure des projectiles, tuyaux, poteries, couronnes et autres pièces, terminées par des surfaces de révolution autour d'un axe principal, machine qui se compose essentiellement d'un plateau circulaire horizontal pouvant tourner autour de son axe vertical et concentriquement, auquel sont agencés le modèle et le châssis qui doit recevoir le sable, lequel est distribué régulièrement dans l'espace annulaire compris entre le modèle et le châssis, et y est tassé par un ou plusieurs godets compresseurs.

Nº 108,109. — Tardy. — 15 mai 1875.

Perfectionnements dans la coulée des lingots d'acier.

Cette invention consiste à disposer les lingotières dans lesquelles on coule les lingots d'acier, de façon à hâter énergiquement, au moyen d'un courant d'eau, le refroidissement de la partie inférieure du lingot, en retardant au contraire celui de la partie supérieure, de façon que cette partie supérieure se solidifie en dernier lieu et serve plus utilement de masselotte à la partie inférieure.

On peut la réaliser par bien des dispositifs, mais l'inventeur ne revendique que le système même, tel que nous venons de le définir.

Perfectionnements au moulage des pièces à noyaux périmétriques.

Ces perfectionnements se rapportent au moulage des pièces à noyaux périmétriques telles, par exemple, que les barreaux tournants pour foyers, du système Clay Schmitz; ces barreaux doivent être parfaitement ronds, leurs ouvertures rigoureusement rondes ou carrées et les spires ou hélices extérieures rigoureusement égales sur tout le développement périmétrique du barreau, pour ne laisser en marche qu'un jeu ou intervalle de 4 millimètres.

L'inventeur décrit le moulage de la chape et ensuite le démoulage. Après l'enlèvement du sable dans l'intérieur du moule, on procède, dans chaque demi-partie, à la façon des portées des noyaux dans les chapes en sable, au moyen d'un calibre rond en acier d'une longueur égale à l'épaisseur de la fonte augmentée de la longueur de la portée; à cet effet, et pour obtenir la jonction *parfaite* des extrémités des noyaux, des jours sur le noyau central, qui fait le vide du barreau, tous les trous du modèle, moins ceux des jonctions, sont fraisés à l'intérieur à égale épaisseur de fonte. Après cette opération, les modèles en fonte sont retirés des chapes *sans ébranlement,* et les fractions des spires, simplement goujonnées sur ceux-ci, sont retirées des chapes. Les noyaux des jours sont posés et épinglés et le noyau central, obtenu dans une boîte spéciale, est descendu entre ceux-ci *avec la plus parfaite* coïncidence. Les deux parties du châssis sont ensuite superposées et clavetées, et le moule coulé sous une inclinaison de 45 degrés.

Système de lingotière avec un noyau central métallique d'un seul morceau ou un noyau en terre avec enveloppe en tôle, pour la coulée des bagues en acier fondu de toute nature, pour la fabrication des bandages de roues ou autres objets similaires.

Cette invention comprend l'idée de l'application des noyaux métalliques d'un seul morceau et des noyaux en terre avec enveloppe en tôle, ainsi que celle des bases en châssis de fonte quadrillés, remplis de sable pour le coulage des bagues en acier de toute nature. Ces dispositions suppriment le poinçonnage au pilon des rondelles pleines, telles qu'elles se font actuellement, tout en employant un matériel beaucoup moins coûteux d'entretien que celui que l'on emploie en ce moment dans les fonderies d'acier.

N° 111,747. — Vorux aîné. — 3 mars 1876.

Procédé de séchage et de flambage des moules de fonderie.

Le procédé consiste dans l'emploi du pétrole et de tous ses dérivés, ainsi que de toutes les huiles, volatiles ou non, et des résidus de ces mêmes matières au séchage et au flambage des moules de fonderie.

Les avantages sont les suivants :

Le séchage est plus régulier et plus complet qu'avec le séchage à l'étuve ou sur place. Le séchage étant très-rapide, on peut réaliser une grande économie sur le nombre des châssis nécessaires. Enfin, on peut couler le métal aussitôt le séchage terminé, pendant que le moule est encore très-chaud, ce qui est avantageux pour la réussite des pièces, en particulier pour celles qui présentent des parties minces.

N° 112,064. — Société anonyme des fonderies et forges de l'Horme. — 1er avril 1876.

Coulée simultanée dans un seul moule de plusieurs qualités d'un même métal fondu, ou de plusieurs métaux fondus différents, sans mélange pendant la coulée.

Le point caractéristique de l'invention consiste dans la coulée simultanée de différentes espèces de métal dans un seul moule, avec mises intermédiaires pour empêcher le mélange pendant la coulée.

Supposons l'application de l'invention à la coulée d'un cylindre dur de laminoir. Nous supposons que, pour les besoins de l'emploi du cylindre, la table soit demandée en fonte blanche, et l'âme ainsi que les tourillons et trèfles en fonte grise. La fonte grise s'introduit au centre et la fonte blanche à la périphérie par leurs trous de coulée respectifs, mais la séparation des deux fontes est faite par une mise cylindrique en fonte et de faible épaisseur qui empêche le mélange des deux métaux. Au-dessus sont disposés les évents comme d'habitude. La mise est assez mince pour réaliser, par suite de la chaleur des parties liquides, une sorte de soudure entre chacune de ses faces et les fontes des qualités différentes. Cette mise peut être chauffée ou non avant la coulée; elle peut être en fonte, fer, acier, bronze, ou en tout autre métal, suivant le cas.

Le moulage peut être fait en sable à la manière ordinaire ou en coquille.

Nº 112,145. — Verdié. — 11 avril 1876.

Système de bouchage de lingotières à métaux et particulièrement de lingotières à acier fondu.

Ce mode consiste simplement à introduire de l'eau dans la partie supérieure de la lingotière après la coulée, et à entretenir une fraîcheur permanente jusqu'à complet refroidissement. S'il y a lieu, de la terre ou du sable ou des scories et un bouchon peuvent être posés sur le haut du lingot après introduction d'une certaine quantité d'eau. Mais dans aucun cas le métal ne vient se loger entre la lingotière et le bouchon, qui reste parfaitement indépendant du lingot. Le bouchon, s'il y a lieu, reste froid et n'adhère jamais au lingot; en conséquence il ne s'use point et peut être retiré à la main. Le retrait du lingot peut s'opérer librement, il n'y a jamais adhérence à la lingotière et, par conséquent, pas de cassures au lingot. Le lingot faisant à sa partie supérieure, son retrait très-rapidement, il se produit un vide entre lui et les parois de la lingotière, vide par lequel l'eau s'introduit et le protège de tout échauffement et, par conséquent, de toute détérioration. Il y a donc économie d'outillage, de lingotières, bouchons, etc., et suppression de lingots cassés. Comme dernier avantage, signalons le durcissement de la partie extérieure du lingot qui la rend compacte et moins sujette aux coups de feu, criques, etc.

Nº 112,475. — Woolnough et Dehne. — 15 avril 1876.

Procédé de moulage.

Les avantages de ce nouveau procédé de moulage consistent, non-seulement dans l'économie de temps et de main-d'œuvre, mais aussi en ce que l'ouvrier n'a pas besoin d'autre outil que le pilon.

Les modèles sont formés comme d'habitude, et aussitôt que les deux moitiés du châssis sont prêtes à fondre, un cadre carré en bois de la même épaisseur que la plaque, qui doit séparer les deux moitiés du modèle, est mis entre les deux moitiés du châssis à moule. Là-dessus le châssis est moulé comme d'habitude; les plaques, ainsi établies, sont parfaitement exactes et sont conformes à toutes les exigences.

Pour le moulage avec les plaques, il faut une table de moulage. Elle consiste principalement en deux colonnes creuses qui sont vissées sur une plaque en fonte, et on peut les rapprocher ou les éloigner l'une de l'autre suivant les besoins. L'invention repose donc sur l'établissement et l'emploi de plaques à mouler spéciales, en combinaison avec la table à mouler construite à cet effet, avec l'emploi de roues à vis et fuseaux pour égaliser l'usure.

Un certificat d'addition complète les détails de l'opération de moulage par quelques indications pratiques.

Nº 114,151. — Vorbe et Maréchal. — 11 août 1876.

Procédé de séchage des moules par le gaz.

Cette opération est fort simple, appliquée à des moules de petite dimension; elle consiste à projeter et à promener la flamme du chalumeau sur la surface du moule qu'on veut sécher. L'auteur en obtient les meilleurs résultats pratiques.

Nº 116,404. — Quique. — 9 janvier 1877.

Système de modèles à épaisseurs interposées, d'une seule pièce et se dédoublant, avec guide d'enlevage non adhérent, propre au moulage des engrenages droits et coniques à dentures quelconques, et des pièces, en général, à saillies rentrantes ou autres pour la mécanique et l'ornementation, se moulant en châssis-boîtes spéciaux ou autrement.

On moule à la manière ordinaire dans un châssis plus grand que ceux devant servir définitivement au moulage des pièces, des modèles à double retrait utilisant le mieux possible la surface disponible. On dégauchit avec soin. Le moule étant obtenu, on place sur la surface plane de la partie de dessous du châssis en moulage la partie de dessus du châssis définitif, et, en appuyant légèrement aux angles, on y imprime ainsi toutes les lignes de contour; on rehausse au sable l'espace compris entre ce contour et les bords du châssis. On vérifie le parallélisme des surfaces et on tranche ensuite les coulées à l'endroit correspondant vers l'orifice de la partie supérieure; enfin, l'on ferme le châssis que l'on mastique à la terre glaise.

Ce nouveau genre de modèle obtenu, on en gratte les deux faces et on l'ajuste sur le châssis à l'endroit des goujons, on perce un trou de ballottage et on le cire soigneusement.

Cela fait, l'opération du moulage consiste en un simple emballage des deux parties, puis en un enlevage méthodique de la partie de dessus du châssis et de tous les modèles en une seule fois. Tout le travail étant terminé avec ces deux manœuvres, on supprime ainsi les autres opérations : 1° l'emploi de la fausse partie ; 2° le frottage au gris; 3° le mouillage des contours ; 4° la tranchée des coulées; 5° le ballottage séparé pour chaque pièce; 6° le lissage ou poussier à l'outil; 7° le raccordage.

Dans un certificat d'addition l'inventeur introduit un perfectionnement consistant en l'application de guides en métal, fer, fonte, ou autres matières complétant les modèles à épaisseurs pour pièces de fonderies quelconques. L'emploi de ces guides permet de supprimer toutes les oreilles aux modèles à épaisseurs et, par suite, autorise leur mise immédiate en chantier.

N° 116,605. — Martin et Cie. — 20 janvier 1877.

Appareil et mode de séchage des moules de fonderie sur place et par insufflation.

L'appareil, formé d'une enveloppe en tôle garnie de matières réfractaires, est composé, à sa partie inférieure, d'un tuyau ou culotte en fonte à une tubulure dont le bord supérieur, fixé à la plaque de fond supportant la chambre de combustion, est disposé de façon à recevoir les barreaux de grille. L'autre bout est muni d'un clapet mobile pour permettre le nettoyage de la grille. Le combustible, généralement du coke, est chargé par le haut et l'ouverture de chargement est fermée par une porte. L'air chauffé s'échappe dans un conduit qui le dirige dans les moules à sécher.

N° 117,767. — Cardailhac. — 3 avril 1877.

Machine à diviser et fouler dans le sable les dents de roues d'engrenage, au moyen d'un appareil diviseur et d'une trousse universelle, avec chariot de relevage du modèle de la dent à mouler.

La machine se compose de deux parties distinctes : 1° l'appareil de division ; 2° la trousse universelle avec chariot de relevage.

L'appareil de division est basé sur le principe déjà employé dans les machines à tailler les engrenages à la fraise; néanmoins, une modification importante a été introduite dans le but d'éviter les erreurs dans la division par suite du jeu, au bout d'un certain temps, entre les divers organes. Des galets par contact permettent d'obtenir des divisions d'une grande exactitude, tout en réduisant la roue à vis sans fin à de plus petites dimensions.

La trousse universelle se compose des organes suivants: une douille double, à cylindres perpendiculaires, glisse le long de l'arbre vertical de la trousse; elle reçoit dans son cylindre horizontal un tube en fer creux, garni de bois pour éviter la flexion. A l'extrémité de ce tube se trouve un tourillon fixe qui reçoit le chariot de relevage du segment modèle formant la dent. Ce segment est fixé sur une coulisse, destinée à prendre toutes les inclinaisons exigées par l'angle de la denture de l'engrenage. Le chariot lui-même tourne autour de son axe de suspension dans le cas des engrenages hélicoïdaux.

Un certificat d'addition a trait à des perfectionnements qui portent, d'une part, sur l'adaptation de l'appareil diviseur et du bras radial sur un piquet fixe autour duquel tourne le système; d'autre part, sur l'adjonction au système de galets d'entraînement d'une roue et d'un pignon denté qui assure l'entraînement et empêche tout déplacement accidentel du système.

N° 118,220. — Loynd. — 25 avril 1877.

Procédé pour rendre utilisable à nouveau le sable déjà employé par le mouleur ou le fondeur.

A 100 parties en poids de sable ayant servi on ajoute 680 grammes de chaux, 910 grammes de poussière de charbon, 60 grammes de sel ordinaire, 455 grammes de charbon de bois, 115 grammes de pétrole, de paraffine ou d'une huile volatile.

Le tout est parfaitement mélangé et abandonné au repos pendant un jour ou deux, après lequel temps, le mélange peut être employé, le sable, ainsi modifié, étant redevenu propre au revêtement des fourneaux, des cuillers et poches de fondeur, et, en général, à tous usages où le sable de fonderie est employé.

N° 118,539. — Scott. — 14 mai 1877.

Perfectionnements dans les appareils pour fondre l'acier, métal homogène ou converti.

Le système se compose de lingotières et de gouttières tournantes, au moyen desquelles le métal est coulé directement du fourneau dans une série de lingotières disposées autour de la gouttière.

Les parties caractéristiques sont :

1° Une colonne centrale pour alimenter les moules;

2° Les lingotières rayonnant d'un jet central aux moules de lingots en forme de tubes carrés;

3° Disposition pour les moules de lingots de parties inégales en profondeur, permettant d'obtenir des dimensions variées de moules;

4° L'emploi, en combinaison avec un obturateur pour moule à lingot, de pièces angulaires mobiles recouvrant le bord de l'obturateur;

5° La disposition de moules pour lingots de bandages de roues;

6° L'emploi d'une gouttière tournante.

Dans un certificat d'addition, l'auteur applique le système de lingotières directement au procédé Bessemer, dans lequel le métal est d'abord coulé de l'appareil au convertisseur dans une poche, puis de celle-ci dans les lingotières. A cet effet, il monte la poche sur une grue.

N° 119,448. — Devaux. — 21 juillet 1877.

Appareil dit : brique de conduite, permettant de remplir de métal fondu, acier, fer, etc., plusieurs lingotières, en une seule et même coulée.

La « brique de conduite » est un appareil qui peut être fabriqué longtemps à l'avance, et est d'une consistance telle qu'il peut servir à de nombreuses coulées, et permet de remplir d'une seule coulée plusieurs lingotières, sans autre préparation préliminaire que de placer la brique dans l'encastrure qui lui est ménagée dans la plaque de fonte de fondation, et sans avoir ni à mouler un conduit de sable, ni à prendre aucune disposition particulière pour chaque coulée. Il n'y a plus d'interruption dans la coulée d'une lingotière à l'autre, et le métal en devient plus sain. Sauf la première lingotière, dans laquelle on coule par le haut, comme à l'ordinaire, les autres lingotières se remplissent par leur fond.

La brique de conduite peut prendre diverses formes et dispositions, selon qu'on voudra remplir, 3, 4, 6 lingotières, etc. On disposera ces lingotières très-rapprochées les unes des autres, et la brique aura son conduit, soit circulaire, soit à pans, ménagé de telle sorte, que chacun de ses trous de dégagement puisse être dans l'axe longitudinal de chacune des lingotières.

N° 122,030. — Arnaud. — 14 janvier 1878.

Châssis de fondeur, tout en fer, avec assemblages à tenons nervés et mortaises cannelées.

Ce mode d'assemblage est essentiellement caractérisé en ceci, qu'on conserve, dans la partie des têtes formant tenon, les nervures ou côtes dont est garnie, entre les nervures du haut et du bas, l'âme du fer, et en ce qu'on pratique dans les côtés latéraux des mortaises à cannelures égales et correspondant aux côtés des tenons. L'auteur se réserve la propriété de cet assemblage pour toute application similaire.

N° 122,656. — Hanotin. — 16 février 1878.

Machine à frotter et à mélanger les sables de fonderie et autres matières.

Les parties distinctives de cette machine sont :

1° La combinaison de la cuvette à double fond, d'une seule pièce métallique formant cuvette à auge comme réservoir supérieur, celui du dessous devant recevoir le sable une fois mélangé, c'est-à-dire, travaillé. La calotte supérieure est arrondie au fond et établie, comme diamètre, d'après le diamètre des meuletons sphériques qui doivent fonctionner circulairement dans l'auge, laquelle est circulaire. Le fond du récipient supérieur porte, à la partie centrale, une espèce de cône tronqué, formant la crapaudine de l'arbre de la roue dentée de commande.

2° Les boules creuses des meuletons sphériques portent sur leur contour des armures à biseau, nécessaires pour le mélange régulier des sables de fonderie ou autres matières. Ces boules sont libres comme fonctionnement. Cet appareil peut être employé comme broyeur; pour ce genre de travail, les boules sont pleines et sans armures.

N° 123,578. — Guyard. — 9 avril 1878.

Machine à mouler les tuyères pour convertisseur Bessemer.

Sur un bâti sont placés : à gauche, un moule à tuyère, à droite, un moule à cylindre. Ces 2 moules sont desservis par une crémaillère portant un tampon à chaque extrémité ; l'un de ces tampons est muni d'aiguilles, l'autre est plein et glisse à frottement dans le moule à cylindre. Le moule à cylindre est mobile pour en faciliter le remplissage et le démoulage ; le moule à tuyère est fixe, et porte une entaille dans le sens de la longueur, par laquelle on introduit la terre à mouler.

Lorsqu'on veut se servir de la machine, on moule un cylindre plein, on prend une certaine longueur de ce cylindre et on l'introduit dans le moule à tuyère placé pour cela verticalement. Cela fait, on le remet dans la position horizontale et on y introduit les aiguilles auxquelles on fait traverser complétement le moule. En retirant les aiguilles, on moule un deuxième cylindre plein, que l'on introduira de nouveau dans le moule à tuyère, après l'avoir démoulé, ce qui se fait en plaçant le moule sens dessus dessous ; en recommençant l'opération, on obtiendra autant de tuyères que l'on voudra.

N° 123,783. — Aikin et Drummond. — 10 avril 1878.

Procédé et appareil perfectionnés pour la fabrication des moules en sable pour la fonte.

Le procédé consiste à relier la plaque de pousseur, faite en sections, à l'appareil servant à faire mouvoir la partie de cette plaque qui porte les modèles, simultanément avec les sections intermédiaires, en s'élevant pour forcer le modèle dans le sable, mais en retirant, dans le mouvement inverse, le modèle, en laissant les sections intermédiaires de la plaque de pousseur en contact avec le sable qu'elles supportent, jusqu'à ce que les modèles aient été retirés ; ensuite, les pousseurs sont également retirés, en laissant le sable dans le châssis, les modèles s'y trouvant correctement moulés.

ADDITION. — Le travail est simplifié et la production de la machine à mouler augmentée, par les modifications suivantes : Les inventeurs perfectionnent d'abord le procédé de construction des reliefs de modèles, et ils substituent au système précédent une plaque à jour sur laquelle sont assujettis les modèles, et qui est indépendante de la tête du piston, afin de pouvoir facilement être enlevée. Cette plaque, reliée à la plaque-support, est actionnée par des cadres munis de cames à ressort et s'ajustant d'une manière automatique. Au moyen de ces cadres, les modèles et la plaque-support sont entraînés hors du moule d'une manière sûre et avec un mouvement uniforme.

Nº 124,601. — Woolnough et Dehne. — 20 mai 1878.

Châssis de moulage divisé et à dégager de côté.

Les inventeurs emploient des châssis de moulage pouvant être démontés et dégagés de côté, puis ils renforcent les balles de sable dépourvues de leurs châssis au moyen d'anneaux, de cadres ou de bandes de métal. Par ce moyen, le moule n'est point endommagé par la force employée pour dégager le châssis, et l'on peut se servir du même châssis au moulage de 40 moules et plus, par jour.

Nº 125,394. — Jones. — 1er juillet 1878.

Procédé et appareil perfectionnés pour comprimer ou condenser les lingots pendant la fonte.

Les lingots sont comprimés pendant leur fonte en soumettant la surface du métal fondu, enfermé dans les autres procédés, à la pression directe de la vapeur vive. Ou bien, on peut utiliser la force expansive de la vapeur, mode qui consiste à admettre d'abord de la vapeur vive à la surface du métal, enfermé dans les autres procédés, à fermer ensuite les issues, et à laisser la vapeur se surchauffer.

La branche, munie d'un couvercle ajustable, et le tuyau d'alimentation de vapeur, muni d'un robinet, sont en combinaison avec la lingotière ou le groupe de lingotières, lesquelles ont une sortie pour l'air qui peut être ouverte ou fermée à volonté.

Nº 126,226. — Thiébaut et fils. — 23 août 1878.

Système perfectionné de moulage par pression.

Ce système est caractérisé par les points suivants : 1º l'emploi d'une contre-plaque découpée suivant le contour des moules, dis-

posée pour retenir le sable lors du démoulage ; 2° l'application de
ce procédé pour fabriquer, au moulage par pression, des pièces
quelconques en fonte, en cuivre ou autre métal; 3° l'application
spéciale de ce procédé pour la fabrication des clous en cuivre ;
4° dans cette fabrication des clous, la disposition spéciale de la
contre-plaque avec bossages pour mouler la tête et avec nervures
pour faire dans le sable les rainures de coulée; 5° les divers détails
de la presse de moulage.

N° 126,400. — Godin. — 1er juin 1878.

*Ensemble et détails de machines, outils, appareils, moyens et
procédés servant à la production des fontes moulées, leurs
agencements et leurs combinaisons suivant les séries et ordres
d'opérations à appliquer dans les fonderies.*

Toutes les opérations du moulage qui exigent de la part du
mouleur ou du fondeur un travail fatigant et soutenu sont exécutées ici par des machines avec plus de précision, de manière à
donner, avec plus d'économie et de rapidité, des produits plus
parfaits. Considérée dans ses détails, l'invention a rapport :

1° Au système de tables servant à recevoir les modèles à
mouler ;

2° Aux systèmes de châssis et traverses servant au moulage;

3° A la disposition particulière des jets servant à donner passage
au métal pour la coulée;

4° Au mécanisme de distribution des tables dans le moule ;

5° Aux opérations du moulage;

6° Aux moyens de manipulation et de transport des moules par
grues hydrauliques spéciales et par plateaux tournants;

7° Au plateau tournant, et aux moyens de serrage des châssis
pour la coulée des moules devant le cubilot;

8° Aux moyens de déballage des châssis;

9° Aux moyens de transport des sables;

10° Aux moyens de refroidissement et de préparation des
sables;

11° Aux appareils de transport, sur le plancher supérieur, du
sable préparé pour la formation des moules.

N° 127,226. — Fuzelier-Léger et Thomé. — 30 octobre 1878.

Nouveau système de moulage de la fonte, de la fonte malléable, du cuivre et autres métaux ou alliages.

Les moules *solidifiés* qui font l'objet de ce brevet permettent d'opérer un grand nombre de coulages successifs sans éprouver la moindre détérioration, tandis que les moules en sable se détruisent après chaque opération. Le résultat industriel est la suppression du travail de moulage de chaque copie du modèle primitif. Ce moule solide est constitué par un mélange aggloméré de charbon de cornue pulvérisé et d'alumine, de magnésie ou de toute autre substance possédant la propriété de se contracter sous l'influence de la chaleur. Le mélange est aggloméré par du brai ou autre collant, et soumis à la cuisson.

N° 127,243. — Delbeque et Nicaise. — 2 novembre 1878.

Système de moules de fonderie pour métaux, notamment pour fer, acier, cuivre, bronze, etc.

Pour confectionner les moules de fonderie, l'inventeur emploie la composition spéciale, en proportions convenables, de terre glaise, de cendres et d'eau. Ces moules, très-résistants, peuvent servir à reproduire un nombre indéterminé de fois le même objet. Ils ont l'avantage d'être facilement transportables et de rendre impossible toute déviation des dimensions données, à cause de la grande résistance des matières employées.

N° 127,444. — Taylor et Wailes. — 15 novembre 1878.

Perfectionnements dans la coulée des métaux et dans les appareils y relatifs.

Les points caractéristiques sont les suivants :
1° Les métaux fondus sont coulés dans des moules et soumis à une pression obtenue par la force centrifuge ;
2° L'emploi de noyaux extenseurs, composés dans des moules relatifs, pour augmenter la densité d'objets fondus annulaires et faciliter leur enlèvement des moules ;

3° L'emploi, dans des châssis ou caisses de moulage rotatives, portant les moules, de noyaux ou couvercles glissants;

4° La disposition d'appareils spéciaux pour communiquer une certaine densité aux objets fondus, par le moyen de la force centrifuge provenant de deux centres distincts de rotation.

N° 127,571. — Scott. — 22 novembre 1878.

Système combiné pour produire des moulages sains en acier.

Les caractères distinctifs de ce système sont les suivants :

1° Un ou plusieurs compresseurs de surface, relativement petits, sont forcés d'avancer pour comprimer le métal dans le moule;

2° La disposition des compresseurs, relativement aux jets, est telle, qu'à la première partie de leur avancement, ils interrompent les jets et ferment leurs ouvertures;

3° L'avancement simultané de plusieurs compresseurs est effectué par un coin ou ergot mû par la pression hydraulique.

N° 128,357. — Champenois. — 20 janvier 1879.

Fonte de l'acier sans soufflures, rendu malléable pour pièces de toutes dimensions propres à la mécanique et à l'agriculture.

On fait fondre de l'acier dans un cubilot, en activant la fusion au moyen du sulfate ou du nitrate de soude ou de la potasse brute.

Pour rendre le métal malléable, on place les pièces fondues dans un four à recuire ordinaire et on les enveloppe de minerai de fer riche, mélangé avec du carbone, ces deux corps ajoutés en proportion du nombre des pièces à recuire et de leur épaisseur.

N° 128,888. — Tardy. — 4 février 1879.

Perfectionnement dans la construction des lingotières pour lingots d'acier.

Ce perfectionnement consiste à couler les lingots d'acier dans des enveloppes métalliques, relativement minces, maintenues froides par une circulation d'eau ou par un arrosage suffisant. On emploie de préférence des parois en tôle de fer ou de cuivre, rivées, soudées, ou brasées.

Par enveloppe mince on entend parler d'une épaisseur de moule qui serait insuffisante pour résister à la température de l'acier, si on n'en prévenait l'échauffement par le contact de l'eau.

Dans toutes ces dispositions, la paroi mince doit être armée, dès que les dimensions deviennent un peu considérables, de façon à résister à la pression exercée par le poids de l'acier liquide.

N° 128,892. — Capitain-Geny et Cⁱᵉ. — 4 février 1879.

Système de moulage au moyen de plaques avec modèles adhérents sur les deux faces.

L'emploi de la plaque à modèle permet de supprimer le découpage du sable pour séparer les deux parties du moule jusqu'au milieu du relief du moule.

Pour exécuter le modèle, on opère par la méthode ordinaire, mais on fait un moule très-soigné; ensuite, on rapporte sur le châssis inférieur un cadre en bois de l'épaisseur que doit avoir la plaque; autour de ce cadre on serre fortement du sable; puis, on retire ledit cadre, et le modèle est terminé.

N° 129,300. — Cowing et dame Cowing. — 25 février 1879.

Moules et noyaux pour le moulage de l'acier.

Ces moules ou noyaux sont formés d'une masse composée de silice, mélangée à des corps agglutinatifs convenables. On se sert de la silice pure, sous forme de cristal de roche, de cailloux blancs ou de sable blanc. La silice est mélangée avec un ciment, tel que la mélasse, la levûre de bière, la farine, etc.

Ces moules s'appliquent spécialement à l'acier obtenu dans des fours à manche, d'où il sort à une température bien plus élevée que de tous les autres fours connus. Un autre avantage, c'est de pouvoir mouler l'acier doux, c'est-à-dire, contenant peu de carbone, ce qu'il est impossible de faire avec des moules de plombagine, de graphite, de coke, etc., sans avoir recours à une recuisson ultérieure.

N° 130,132. — Sweet. — 12 avril 1879.

Procédé perfectionné du moulage de l'acier.

L'acier est fondu et coulé dans la lingotière comme d'habitude, mais au lieu de laisser l'acier se retirer du centre par le refroidissement, ce qui produit un vide, l'inventeur obvie à ce défaut en entassant sur le sommet du moule une quantité suffisante de charbon de bois en ignition, ou de laitier, ou de fondant à haute température, de manière à forcer le métal fondu à couler au centre et à le remplir au moment du retrait.

Les lingots d'acier sont d'une densité plus grande, plus homogène, que ceux obtenus par la méthode ordinaire.

N° 131,063. — Fischer. — 5 juin 1879.

Fourneau à creuset.

Un arrangement particulier permet d'enlever toute la partie inférieure du fourneau portant les creusets aussitôt que les matières sont fondues, pour la transporter par un chemin de fer sur la place de coulée et la remplacer par une autre partie semblable garnie de creusets chargés et chauffés pendant que le foyer de fusion n'a encore rien perdu de sa température élevée.

Un cylindre formant la partie du milieu du fourneau bascule autour d'un axe horizontal et présente un double foyer de fusion. Aussitôt qu'une moitié est endommagée, on renverse le cylindre, porté encore à une très-haute température, et l'autre moitié sert à son tour de foyer de fusion. Les tuyères sont disposées, à cet effet, de telle manière que le vent passe seulement par leur moitié inférieure pendant que l'autre moitié des tuyères, réservée pour le service du fourneau renversé, sert à protéger pendant ce temps une partie des parois du fourneau et aide à mieux conserver la chaleur.

N° 131,363. — Thomé fils. — 21 juin 1879.

Presse et procédé de moulage de tous objets en fonte et autres métaux.

Ce procédé permet d'opérer *automatiquement* et sans le secours d'ouvriers spéciaux le moulage de pièces plates, ou autres de formes diverses, en tous métaux fusibles. Il permet d'employer indifféremment les sables à mouler de toute provenance, et de superposer, en quantités variables, des couches de diverses qualités.

Sur des fonds roulants ou chariots on place une couche, puis, sur celle-ci un châssis. La couche est réunie au châssis au moyen d'un loquet. On amène le chariot sous une trémie, puis, au moyen de distributeurs, on y fait tomber la quantité de sable nécessaire. Ensuite, le chariot est amené sous la presse et, au moyen de la vis, on opère la pression convenable. Le chariot, ramené ensuite en arrière sur la table à mouler, se soulève et se démoule lorsque le levier rencontre le plan incliné.

Pour dégager le châssis garni de sable, 3 ou 4 leviers, agissant ensemble, soulèvent le châssis parallèlement à lui-même, et la couche se dégage des modèles sans aucune arrachure. Les fonds roulants peuvent être mus à la main ou au moyen d'un moteur.

Dans un certificat d'addition, l'auteur revendique comme sien, un mode de moulage au moyen d'une plaque venue d'une coulée et portant sur chacune de ses faces les deux demi-modèles destinés à être obtenus d'un seul coup dans chaque châssis de moulage, l'enlèvement de cette plaque et le rapprochement des châssis amenant la correspondance complète des demi-modèles moulés dont les bords se recouvrent et se confondent d'une façon absolue.

N° 131,927. — **Warkin et Cⁱᵉ.** — 25 juillet 1879.

Procédé de moulage en terre sans modèle.

Ce procédé consiste dans l'établissement du moule en sable de fonderie avec garniture intérieure en terre plastique, en vue de permettre l'utilisation des châssis ordinaires des fonderies, en supprimant ainsi l'emploi des plaques métalliques et de la maçonnerie en briques dont on fait généralement usage pour constituer le corps du moule.

On fait adhérer la terre sur le sable emballé dans le châssis, en humectant les faces en sable et en les garnissant rapidement au pinceau d'une couche de terre très-délayée que l'on recouvre immédiatement de terre humide et plastique sur une épaisseur de quelques millimètres seulement.

N° 132,005. — Roux. — 29 juillet 1879.

Perfectionnements dans la confection des angles rentrants des modèles de fonderie et assemblages quelconques.

L'idée nouvelle qui caractérise ce perfectionnement est de transformer les angles vifs et rentrants des modèles destinés au moulage des pièces de fonderie, des travaux de menuiserie, d'ébénisterie, etc., en un *arrondi ou congé*. Ce résultat s'obtient par l'emploi d'une bande de cuir découpée et rapportée par collage au moyen d'un outil spécial. Par ce système, il est facile de faire des congés suivant les lignes courbes, sinueuses les plus capricieuses.

S'il s'agit, par exemple, de transformer l'angle droit suivant lequel se rencontrent les faces d'un modèle, on découpe avec une sorte de rabot des bandes de cuir présentant la section d'un triangle isocèle de faible hauteur; puis, ayant, au préalable, humecté cette bande, on l'enduit sur ses deux côtés égaux de colle forte, et on l'apporte avec ses côtés garnis de colle dirigés vers les côtés de l'angle. Alors, à l'aide d'un outil particulier, on applique ladite bande dans le fond de l'angle en la repoussant d'abord dans la partie angulaire et en collant ensuite chacune des deux ailes sur les parois de l'angle.

Ce système évite les irrégularités du congé fait dans le sable à la trousse ou à la main. En menuiserie, on transformera de la même manière tous les angles rentrants en des congés simples ou moulurés, réguliers ou non.

N° 132,511. — Sebold et Neff. — 7 août 1879.

Perfectionnements dans les machines à mouler.

Les parties caractéristiques sont :

1° Une disposition qui permet d'obtenir, dans le moulage mécanique, une couche de sable partout également épaisse sur toute la surface du modèle;

2° La table d'une machine à mouler et son mécanisme spécial;

3° La tablette d'une machine à mouler et les parties à l'aide desquelles on peut la monter et la descendre;

4° La plaque de dessus, mobile;

5° Un moule pouvant tourner autour de pivots et combiné avec le caisson protecteur, accroché au chariot du moule;

6° Le coffre à sable, en combinaison avec le conduit et le réceptacle.

N° 132,617. — Société Sebold et Neff. — 6 septembre 1879.

Nouveau centreur pour les châssis de moulage.

Cette disposition a pour objet de rendre l'adaptation et l'ajustement exact des châssis de moulage absolument indépendants de l'habileté de l'ouvrier. Ce résultat s'obtient par l'ajustement de la partie supérieure et de la partie inférieure du châssis de moulage au moyen de pivots centreurs mobiles.

N° 133,048. — Dame Diekmann. — 8 octobre 1879.

Appareil de fusion rotatif.

L'appareil de fusion rotatif se distingue par :

1° La construction, dans tous ses détails, de l'appareil de fusion proprement dit ;

2° La construction du récipient de bas, en combinaison avec des vis, à l'effet de maintenir le moule de fusion ;

3° La disposition d'un tuyau-entonnoir ou trémie au-dessus du moule, vers le point milieu de celui-ci, de façon à rendre possible l'écoulement du métal fondu par le bas pendant la rotation du moule.

N° 133,740. — Voruz aîné. — 22 novembre 1879.

Perfectionnement apporté dans la disposition des moules de fonderie.

Ce perfectionnement consiste dans la disposition des moules de fonderie dans le but d'obtenir des pièces bien saines, en empêchant les impuretés contenues dans le métal en fusion, de pénétrer dans l'intérieur du moule. A cet effet, un diaphragme percé de petits trous, est intercalé dans le jet. Les crasses sont arrêtées par cette espèce de tamis. Le diaphragme peut être fait en sable de fonderie durci par un moyen quelconque, en terre, ou en toute autre matière plastique.

N° 133,857. — **Woolnough et Dehne**. — 26 novembre 1879.

Perfectionnements dans la méthode de moulage au moyen de modèles et appareils employés à cet effet.

La méthode de moulage décrite dans ce brevet offre la possibilité d'employer directement tous les modèles dont on dispose. Elle n'exige pas nécessairement des modèles dont la grandeur surpasse celle des pièces achevées par le double montant du retrait du métal, ce qui est le cas lorsqu'on coule des plaques à modèle en fonte.

Enfin, elle permet aux ouvriers, n'ayant même que peu d'expérience, d'achever des pièces coulées de la plus grande perfection.

L'auteur revendique comme son invention :

1° Un cadre à modèle consistant en une ou plusieurs parties, lequel est pourvu de tourillons propres à le monter dans une machine à mouler, et de dispositions pour tenir solidement un bloc à modèle;

2° La méthode de la confection des blocs à modèle, en coulant lesdits blocs dans un cadre pourvu de tourillons ou dans un cadre spécial se fixant dans le cadre à tourillons;

3° L'emploi d'un tel bloc à modèle, en combinaison avec un cadre pourvu de tourillons dans une machine à mouler qui permet de tirer le modèle avec précision hors du sable et de tourner le bloc à modèle avec son cadre.

N° 133,952. — **Pesanti**. — 2 décembre 1879.

Nouveaux moyens de moulage mécanique applicables dans les fonderies de métaux en général.

L'inventeur obtient un moulage mécanique parfait par les moyens suivants :

1° Blutage, préparation, dosage, hydratation et foisonnement *très-réguliers* des sables ou matières formant le moule ;

2° Par l'application dans des châssis de *régulateurs de volume ou hausses* en tôle perforée ou autres;

3° Par l'application dans le châssis de tôles perforées, disposées pour laisser un *vide* qui recueillera l'excès de matière que l'impression ou le moulage laissera traverser par ces trous.

Une légende et des dessins donnent un aperçu de l'application de ces moyens à la fonte des projectiles, exigeant la plus grande homogénéité de matière coulée et la plus extrême précision de dimensions.

N° 133,953. — **Pesanti.** — 2 décembre 1879.

Nouveau système de centrage de précision et de serrage automatique instantané, applicable aux fonderies de métaux.

Ce système consiste dans l'application sur un plan horizontal de 2 équerres pouvant s'écarter ou se resserrer, s'élever ou s'abaisser à volonté, pour faire serrage ou desserrage sur une ligne verticale, tout en marchant dans un sens horizontal. Par cette disposition, on parvient à maintenir et à centrer en même temps sur les moules les fusées qui supportent les noyaux devant représenter les creux dans les moules.

L'auteur se réserve d'adopter des fusées ou lanternes cylindriques, coniques, et de toutes formes qui correspondront avec les contacts de serrage des deux équerres.

N° 134,059. — **Jaeger.** — 9 décembre 1879.

Procédé pour mouler, à l'aide de machines, les caisses à support en métal pour wagons de chemin de fer, ainsi que leurs noyaux, et pour les machines employées à cet effet.

L'invention repose sur les dispositions suivantes:

1° L'assemblage du modèle pour mouler les noyaux;

2° Le procédé et les machines employés pour retirer le noyau du modèle;

3° L'assemblage du modèle réuni à la caisse pour mouler le moule extérieur de la caisse à support;

4° Le procédé et les machines employés pour retirer le moule extérieur.

Par ces dispositions un ouvrier produit 5 fois plus de travail tout en fournissant un travail plus exact.

No 134,241. — Vorus aîné. — 24 décembre 1879.

Appareil destiné au transport du métal en fusion.

Cet appareil est destiné à transporter le métal liquide, entre autres cas, à le conduire depuis le fourneau de fusion jusqu'aux moules.

Il consiste essentiellement en un chariot à 2 roues, entièrement en fer, dont l'essieu coudé porte une potence à laquelle est suspendu, par le moyen d'un étrier, un creuset à bascule contenant le métal en fusion. Un chariot de même espèce, mais disposé à 4 roues, peut être préférable lorsqu'il s'agit de transporter un poids plus élevé.

Deux hommes suffisent à la manœuvre lorsque le poids de métal à transporter ne dépasse pas 500 kilogrammes.

SUPPLÉMENT POUR L'ANNÉE 1880

PRÉPARATIONS

N° 135,011. — André. — 11 février 1880.

Procédé de fabrication de briques et autres objets réfractaires.

L'inventeur fabrique des briques basiques et tous les objets ba..ques réfractaires avec une pâte basique (de chaux, de dolomite ou de calcaire dolomitique, etc.) soit crue, soit cuite, soit surcuite dans des fours à cuve et mélangée avec du plâtre fraîchement préparé, avec ou sans addition de spath-fluor. Ces briques et objets basiques sont appliqués aux opérations métallurgiques ou chimiques, principalement pour l'élimination du phosphore, du silicium, du soufre dans la fabrication du fer et de l'acier.

N° 135,205. — De Nomaison. — 21 février 1880.

Procédé de désulfuration des minerais métalliques.

Ce procédé de désulfuration des minerais métalliques et particulièrement des minerais de fer présente l'avantage considérable d'éliminer la totalité du soufre et consiste à soumettre ces minerais à une action très-oxydante pendant le temps nécessaire et à une température très-élevée. Les fours les plus convenables sont ceux dont on se sert pour la cuisson des produits céramiques et surtout les fours horizontaux. La question essentielle est de réaliser les deux conditions nécessaires et suffisantes de température et d'oxydation.

N° 135,632. — Ward. — 17 mars 1880.

Procédé préservant les métaux, fer, fonte, cuivre, etc., contre l'oxydation par l'emploi des silicates alcalins et métalliques.

Ce procédé consiste dans l'emploi de silicates alcalins et de silicates métalliques employés seuls ou mélangés pour obtenir l'inoxydation des métaux, les dosages et la couleur du produit pouvant être modifiés.

Silicate alcalin. — Une partie de silice et trois parties de carbonate de potasse donnent un composé très-fusible. En ajoutant une partie de soude, le composé est encore plus fusible et pénètre plus avant dans le métal. Après mélange, on fond dans un creuset en terre réfractaire à un feu fort. La fonte opérée, on coule et on broie à l'essence de térébenthine ou à l'huile de pétrole ou autre.

Silicate métallique. — On mélange et on fond à un feu fort 100 grammes de silice et 600 grammes de minium. La fonte terminée, on coule, puis on broie bien fin à l'aide d'une essence ou huile quelconque, maigre ou grasse ; on ajoute, pour faciliter l'emploi, de l'essence de térébenthine de Venise ou grasse.

Emploi. — Les produits étant broyés à une extrême finesse et délayés à une épaisseur convenable, on en étend une couche très-mince sur les pièces de métal qu'on veut rendre inoxydables ; ces pièces sont ensuite passées au four dit « moufle d'émailleur » ; on pousse le feu de 800 à 900 degrés ; on laisse refroidir et les pièces sont inoxydables.

Les silicates de fer, cuivre, étain, manganèse, baryte, bismuth, antimoine, nickel, urane, chrome, cobalt, etc., peuvent être employés, mais ils changent la couleur des métaux sur lesquels on les applique.

N° 137,274. — Rosenthal. — 19 juin 1880.
Utilisation des résidus de pyrite.

L'invention ne porte pas sur un système de préparation mécanique ou sur un système de grillage particulier ; ce que l'inventeur demande, c'est l'application de ces opérations aux résidus de pyrite provenant des fabriques de produits chimiques.

N° 137,657. — Garnier (Jules). — 10 juin 1880.
Système mécanique de déphosphoration des minerais de fer oxydulés et oligistes, du type des minerais du silurien d'Anjou et de Bretagne, par grillage, lavage ou débourbage, et agglomération.

Ce système consiste à griller les fragments de minerai, soit dans des fours à cuve, soit sur sole, le combustible étant solide ou gazeux, puis, à broyer lesdits minerais grillés au moyen de bocards, cylindres, mâchoires, moulins, désintégrateurs à force centrifuge, avec ou sans blutage, et à laver ou débourber les poussières obtenues, enfin, à agglomérer les poussières en briquettes, soit à la main, soit à la machine, avec ou sans cuisson postérieure, la matière agglomérante employée étant la chaux, l'argile, le brai, etc.

N° 137,740. — Honnay. — 10 juillet 1880.

Moyen permettant d'utiliser le tan qui a servi à la préparation des cuirs, en mélange avec le coke, pour opérer la fusion des minerais et résidus ferrugineux, à l'aide duquel ce combustible remplace une partie du coke, et au moyen duquel le point de fusion des fourneaux est continuellement à un niveau convenable.

L'inventeur utilise le tan dans les hauts-fourneaux pour opérer la fusion des minerais et des résidus ferrugineux. Le tan, jouissant des propriétés du bois, améliore la qualité de la fonte et produit dans le fourneau un point de fusion toujours convenable. L'invention consiste à régler judicieusement les proportions de ces déchets mélangés avec le coke, que l'application nouvelle se fasse aux minerais ou résidus ferrugineux ne contenant aucunes substances fines ou aux mêmes minerais contenant 25 p. 100 de substances fines, les deux cas étant subordonnés aux temps secs et aux temps humides.

Dans des exemples empruntés à l'expérience, l'inventeur indique des proportions rationnelles et pratiques à appliquer quand il s'agit de substituer le tan au coke pour augmenter la chaleur et obtenir des effets déterminés.

N° 138,361. — Bollinger. — 21 août 1880.

Procédé de fabrication de substances réfractaires et de creusets, cornues, etc.

On traite avec du verre soluble (silicate de potasse ou de soude) une substance première composée d'asbeste, de chrysotile ou de serpentine, minéraux que l'on peut employer séparément ou mélangés les uns avec les autres, de façon à former une pâte plastique. La substance est cuite après qu'on l'a fait sécher lentement.

La même substance peut servir à la fabrication des cornues et des creusets, en ajoutant, pour les creusets, du graphite à la composition. C'est aussi une excellente liaison pour les pierres artificielles.

Nº 138,521. — Archereau. — 22 septembre 1880.

Application du coke de brai à la métallurgie du fer.

Lorsqu'on décompose par la chaleur les goudrons de houille, les brais gras ou secs provenant de ces goudrons, on obtient, en opérant la décomposition en vase clos, un résidu solide, un coke particulier qui est du carbone pur : c'est du coke de brai.

L'inventeur pense que ce coke, en raison de sa pureté et du prix peu élevé auquel on peut l'obtenir, trouverait dans la métallurgie du fer un large et excellent emploi et qu'il y remplacerait avantageusement les charbons de bois. En conséquence, il prend un brevet d'invention pour l'application du coke de brai à la métallurgie.

FONTE

Nº 135,641. — Lanquetin. — 18 mars 1880.

Procédé de déphosphoration des fontes.

Les procédés de déphosphoration des fontes consistent tous à oxyder le phosphore, et à former de l'acide phosphorique en présence de bases qui fournissent des phosphates stables, lesquels restent dans les laitiers.

L'alumine présente sur les bases un grand avantage : le phosphate d'alumine est très-stable et, de plus, fusible, ce qui fait qu'il peut sortir avec le laitier, même aux températures relativement basses du four à puddler. Ce n'est pas l'alumine pure qu'on emploie, mais bien la bauxite. L'emploi de cette bauxite présente des inconvénients auxquels le procédé actuel permet de parer.

Quand, au four à puddler, on emploie la bauxite, on la met dans le four à l'état de poudre avec des battitures non siliceuses provenant de la forge. La sole se fait en minerai, comme d'habitude.

Le peroxyde de fer infusible, réduit en poudre et ajouté au bain dans le four à puddler, monte à la surface ; mais, quand on fait la balle, il s'interpose dans le fer et nuit au produit, qu'il rend sec ; c'est un grand inconvénient.

Pour y obvier, l'inventeur réduit d'abord la bauxite (qui est plus ou moins ferrugineuse) en poudre très-fine et la mélange avec du charbon en poudre et du brai ou du goudron. Les agglomérés, ainsi obtenus, sont traités soit au cubilot, soit au four à réverbère. Le peroxyde de fer est réduit et transformé en protoxyde ; de plus, il se forme un aluminate de fer, lequel est fusible. C'est cet aluminate fondu ou pâteux que l'inventeur introduit dans la fonte au moment où il est convenable de faire la déphosphoration. Il introduit, de la même façon et au moment convenable, l'aluminate dans le convertisseur Bessemer, le forno-convertisseur ou le four Martin-Siemens.

Les avantages de cette méthode sont les suivants :

1º Les matières déphosphorantes ne sont introduites qu'au moment de l'opération où elles seront utiles ;

2º Les proportions sont beaucoup moins fortes, 5 p. 100 environ de ce produit dans le convertisseur, alors qu'il faudrait 20 à 25 p. 100 de chaux ;

3º Les laitiers sont fusibles sans surchauffage et sans, cependant, introduire de peroxyde de fer dans le métal, quand on n'opère pas sur métal fondu ;

4º Avec la plupart des fontes, on fait durer la période de déphosphoration très-peu de temps ; de plus, l'alumine n'a pas, pour les garnitures réfractaires, les inconvénients de la chaux. On peut donc éviter l'ennui des garnitures basiques.

Nº 135,723. — Pirath (les sieurs). — 23 mars 1880.

Perfectionnements apportés à la méthode de déphosphoration des fontes par le procédé Bessemer.

Cette méthode consiste principalement à introduire dans la cornue, soit au moyen de conduites d'air, soit au moyen d'une disposition particulière, du sel de magnésie ou de soude en poudre ou très-divisée et à le mélanger intimement avec la fonte en fusion.

L'avantage principal de cette méthode consiste en ce que le revêtement de la cornue Bessemer se fait de la manière ordinaire avec des « chamottes » ou autres briques réfractaires très-résistantes, puis en ce que, en introduisant directement dans la masse de fonte en fusion une quantité suffisante de sel de soude ou de magnésie, l'on obtient une garantie entière du succès dans le procédé de déphosphoration, l'action chimique du sel, réduit en poudre, devant d'ailleurs être complète.

Ce résultat ne saurait être atteint avec un revêtement en briques de dolomite, car, dans ce cas, la déphosphoration ne dépend que de l'action chimique des briques, laquelle, d'après ce qui précède, ne saurait jamais être déterminée d'une façon certaine.

N° 135,755. — Rollet. — 27 mars 1880.

Procédé de désulfuration de la fonte.

Le soufre n'est éliminé suffisamment de la fonte, de l'acier et du fer, dans les opérations métallurgiques, que par une action oxydante en présence d'une série basique à la température relativement basse, comme au puddlage, ou par une action réductrice de ses composés oxygénés en présence d'un laitier basique, à température élevée, comme au haut-fourneau. De là, l'impossibilité, dans les conditions actuelles, de traiter, avec tous les avantages, les fontes sulfureuses pour aciers, soit dans le convertisseur, soit dans le four de fusion, que le laitier soit basique ou non. Il arriverait, en effet, que le métal obtenu serait insuffisant comme qualité à chaud ou nécessiterait, tout au moins, un corroyage supplémentaire avant sa transformation en produits marchands.

Le procédé objet de ce brevet consiste à désulfurer préalablement la fonte brute ou à un certain degré d'affinage, pour que, après affinage complet, le métal résultant soit le moins sulfureux possible, ou bien encore il permet, pour l'obtention de produits relativement supérieurs, l'emploi de fontes qui, par les procédés connus, ne donneraient que des produits ou sans valeur ou de qualités médiocres.

Ces résultats s'obtiennent en traitant la fonte à haute température par une action réductrice des composés oxygénés du soufre en présence d'un laitier très-basique. Les moyens employés sont au nombre de trois.

PREMIER MOYEN. — L'appareil est le cubilot. Une garniture basique en magnésie, dolomie, chaux ou en bauxite est substituée à la garniture argilo-siliceuse ordinaire. L'opération de fusion y est conduite comme d'habitude ; le laitier y est rendu, par des additions de chaux, de dolomie et de fluorure de calcium, aussi peu siliceux et aussi fluide que c'est nécessaire ; les deux avantages : composition basique du laitier et action réductrice, y sont alors réunis. La quantité de combustible est déterminée par la température, qui sera d'autant plus élevée que l'on désirera obtenir une action désulfurante plus énergique. La fonte désulfurée pourra ensuite être affinée complétement par l'un des procédés connus.

DEUXIÈME MOYEN. — L'appareil est l'un des fours de fusion fixes ou mobiles, de préférence le four Pernot et les fours à axe horizontal. Le chauffage sera au gaz et à l'air chaud, la sole en matières basiques, comme ci-dessus. Le laitier y est obtenu par mélange de ses éléments ; il peut aussi y être introduit tout formé avant, pendant ou après l'introduction de la fonte, mais de préférence avant ; quant à l'action réductrice, on l'obtient en maintenant sur le bain, par additions successives, du combustible, houille ou coke, que l'on peut introduire dans le four en même temps que la fonte ou après sa fusion. La désulfuration se fait d'autant mieux que la température est plus élevée et que la fonte renferme le plus de ses autres impuretés. L'opération est terminée quelque temps après que la fonte a atteint la température voisine de celle de la fusion de l'acier. Après la désulfuration, le laitier et le combustible sont enlevés par décantation ou par transvasement. L'affinage complet pourra être achevé dans le four même ou dans l'un des autres appareils d'affinage. Ce mode de désulfuration sera employé avantageusement pour les fontes prises liquides au haut-fourneau et traitées, finalement, au convertisseur Bessemer ou au Bessemer-Thomas.

TROISIÈME MOYEN. — L'appareil est le convertisseur Bessemer à garniture basique ; le combustible est la houille ou le coke ; le laitier basique est tout formé ou constitué par le mélange de ses éléments, et, la fonte étant introduite dans l'appareil, on fait passer le vent pendant quelques minutes. Le combustible pourra être ajouté après que l'opération aura duré quelque temps, et la quantité en sera diminuée d'autant plus que la fonte sera plus carburée, plus siliceuse et plus manganésée, jusqu'à devenir nulle. Tandis que l'action est oxydante près des tuyères, elle est réductrice à la partie supérieure du bain, et la plus grande partie du soufre passe dans le laitier à l'état de sulfure. Le laitier est ensuite enlevé par transvasement ou autrement. L'affinage de la fonte sera achevé soit dans le même appareil, soit dans un autre.

Les laitiers basiques, que l'on obtient dans le procédé Bessemer ou dans les fours de fusion à garniture ou à sole basique, plus ou moins phosphoreux et les moins siliceux, seront employés avantageusement, soit par mélange avec d'autres matières, soit seuls, comme laitiers désulfurants dans l'un quelconque des trois moyens indiqués. Les laitiers de hauts-fourneaux pourront être employés par mélange avec des matières plus basiques.

En résumé, cette méthode permet, notamment dans la fabrication des aciers par le procédé Bessemer-Thomas et dans la fabrication des aciers sur sole basique, l'emploi de fontes froides, primitivement sulfureuses et restées peu siliceuses, c'est-à-dire l'emploi des fontes les moins coûteuses, tout en assurant la qualité du métal et la durée du revêtement de l'appareil dans lequel a lieu l'affinage.

No 137,003. — Sébold et Neff. — 5 juin 1880.

Nouveau procédé permettant d'obtenir de la fonte sans soufflure.

Pour arrêter les impuretés de la fonte avant leur entrée dans le moule, le canal de coulée a une forme spéciale à dents de scie. Ce canal principal de coulée se place dans le châssis supérieur et les petits branchements de coulée dans le châssis inférieur. Lorsqu'on coule le métal en fusion, les impuretés, étant plus légères, montent à la surface et se trouvent successivement arrêtées à la partie supérieure des dents de scie pendant que la fonte pure s'écoule à la partie inférieure pour arriver dans les moules. Aussi le canal de coulée à dents de scie épure d'autant plus la fonte qu'il a plus de longueur.

No 137,158. — Hamélius. — 9 juin 1880.

Cubilot perfectionné.

Le four, en maçonnerie réfractaire, est entouré d'une enveloppe en tôle, et repose, moyennant la plaque du fond, munie d'une porte à charnières, sur quatre colonnes en fonte. Le profil du cubilot est en partie cylindrique et en partie conique. Le vent est lancé dans le four par une double rangée de tuyères réparties, en nombre variable, sur tout le pourtour. La rangée inférieure débouche dans une caisse à vent qui entoure l'ouvrage à l'intérieur de l'enveloppe. Des papillons mobiles, adaptés à cette bride à l'intérieur de la boîte, permettent de lancer le vent par l'une ou l'autre rangée ; il suffit de tourner la poignée convenablement pour ouvrir ou fermer la tuyère correspondante. Le papillon se compose d'un disque, en tôle ou en toute autre matière, fixé par une extrémité à un axe qui porte, à l'autre bout, une poignée. Cette disposition, aussi simple que pratique, présente le grand avantage de ne jamais s'encrasser.

N° 137,168. — Kœrting. — 9 juin 1880.

Nouveau procédé de décarburation de la fonte.

Ce procédé de décarburation consiste à soumettre la fonte, sous l'influence d'une forte chaleur, à l'action d'un courant d'acide carbonique plus ou moins pur.

L'invention comprend aussi le procédé de décarburation de la fonte et d'objets ou loupes en fer fondu, de façon à les rendre malléables, en chauffant ces matières avec du calcaire ou de la dolomie, dans les mêmes récipients ou dans des récipients séparés, et faisant agir l'acide carbonique pendant plus ou moins longtemps sur la fonte à décarburer.

N° 138,145. — Aubertin. — 7 août 1880.

Procédé d'épuration des fontes phosphoreuses.

Dans la déphosphoration des fontes, le phosphore est d'abord amené à l'état d'acide phosphorique, puis éliminé à l'état de phosphate.

L'oxydation du phosphore peut être obtenue soit par l'intervention de l'oxygène de l'air, soit par l'emploi de réactifs convenables.

On ne peut pas recourir à l'oxydation par l'air quand on veut conserver à la fonte ses propriétés caractéristiques, telles que la fusibilité ; l'action de l'oxygène se porte, en effet, sur les métalloïdes de la fonte dans l'ordre suivant :

1° Sur le silicium ;
2° Sur le carbone ;
3° Sur le phosphore.

Si donc on soumet la fonte en fusion à l'action d'un courant d'air, pendant un temps assez long pour éliminer le phosphore, on obtiendra du *fer*, on aura fait du puddlage, mais on n'aura plus de fonte.

Les réactifs agissent tout autrement.

M. Lowthian Bell a démontré qu'on peut, par l'emploi de l'oxyde de fer, enlever à la fonte une très-grande partie du phosphore qu'elle contient en y laissant assez de silicium et de carbone pour que le métal finalement obtenu soit encore de la fonte.

L'inventeur a reconnu que certains sels, tels que les carbonates et les sulfates alcalins et terreux avaient la propriété d'agir comme oxydants sur le phosphore des fontes sans agir d'une manière bien sensible sur le carbone ou le silicium.

Si on brasse de la fonte phosphoreuse, maintenue en fusion au contact d'un laitier formé par le mélange fusible de fluorure de calcium et de sulfate de chaux, la fonte peut être complétement déphosphorée ; l'acide sulfurique du sulfate cède son oxygène au phosphore et ce dernier passe à l'état de phosphate de chaux. Mais une partie du soufre, provenant de la réaction du sulfate de chaux, se combine à la fonte et, si le métal ainsi obtenu n'est plus phosphoreux, il est, en revanche, fortement sulfureux.

On évitera cette sulfuration si, au sulfate fusible ou rendu fusible par des additions de chlorures ou de fluorures alcalins ou terreux, on ajoute des alcalis ou des terres libres ou carbonatées. Les bases énergiques retiennent, dans ce cas, le soufre et le phosphore, et le métal est complétement purifié.

On peut aussi employer des mélanges fusibles exempts de sulfates, mais riches en carbonates alcalins ou terreux, susceptibles de conserver assez énergiquement leur acide carbonique sous l'influence d'une température élevée pour que cet acide puisse agir sur le phosphore à la température de fusion de la fonte. On peut employer des carbonates de soude, de potasse, de baryte, de chaux, etc., et en former des mélanges fusibles.

En résumé, l'inventeur revendique le procédé d'épuration des fontes phosphoreuses par oxydation du phosphore sous l'action des acides sulfurique et carbonique, employés à l'état de sulfates ou de carbonates alcalins ou terreux fusibles ou rendus fusibles par la formation de mélanges convenables.

N° 140,127. — Prache. — 16 décembre 1880.

Emploi de la cornue de Bessemer dans la déphosphoration.

Pour opérer la déphosphoration par le procédé Thomas, il faut charger dans la cornue à parois basiques des fontes manganésifères ne contenant ni soufre, ni silicium, et portées à une très-haute température. L'inventeur remplit ces conditions de la manière suivante :

1° On donne au haut-fourneau une allure assez chaude pour que la fonte contienne du silicium, mais pas de soufre, puis on coule directement du fourneau dans une cornue Bessemer ordinaire, c'est-à-dire à parois en briques réfractaires ;

2° On souffle dans la cornue Bessemer jusqu'à l'élimination du silicium seulement ;

3° Écartant les scories, on coule directement de la cornue Bessemer dans une cornue Thomas, où l'on fait la déphosphoration.

Le manganèse sera ajouté, soit au haut-fourneau, soit dans le cours des opérations, suivant que l'expérience en décidera.

L'inventeur revendique seulement l'idée de l'emploi de la cornue Bessemer pour préparer les fontes et leur faire subir ensuite la déphosphoration Thomas.

N° 140,197. — Jaumain. — 17 décembre 1880.

Procédé d'utilisation parfaite du manganèse dans la production des fontes destinées à la fabrication du fer ou de l'acier.

On sait qu'en allure très-chaude et avec des laitiers convenables on ne réduit généralement, dans le traitement des minerais manganésifères, que 50 à 60 p. 100, au maximum, de la quantité totale du métal. En allure moyenne, cette réduction descend à 20 ou 25 p. 100, et, en allure froide, elle est presque nulle.

Le procédé actuel consiste à fabriquer et à employer au haut-fourneau ou au cubilot, destiné à refondre la fonte, un coke contenant une quantité variable d'oxyde de manganèse ou de tout autre minerai contenant ce métal. Le minerai manganésifère sera intimement mélangé avec le charbon destiné à la fabrication du coke. Si le minerai est assez menu, il sera mélangé, à dose calculée, avec le charbon avant le broyage, soit directement dans le broyeur, soit dans l'élévateur à godets. Si le minerai est en fragments, il sera d'abord broyé, puis mélangé avec le charbon, de manière à avoir la quantité de manganèse répartie le plus régulièrement possible dans la masse de coke.

On peut opérer par les deux modes suivants :

1° Si l'on veut produire, au haut-fourneau, une fonte manganésifère tenant, par exemple, 1 p. 100 de manganèse avec une consommation de 1,200 kilogr. par tonne de fonte et en obtenant une réduction de 90 p. 100 de la quantité totale de manganèse, il faudra donner au coke 11k,10 de manganèse ou, par 100 kilogr. de coke, 9k,26 de manganèse, c'est-à-dire, si on a à sa disposition un minerai manganésifère riche tenant 50 p. 100 de métal, on emploiera par tonne de coke 19k,50 de minerai ou, par tonne de charbon (en admettant un rendement de 75 p. 100 aux fours à coke), 14k,60 de ce minerai. On emploiera les minerais les plus riches pour l'obtention de ce coke, afin de diminuer le plus possible la teneur en cendres du coke. On emploiera préférablement aussi les charbons les mieux lavés et doués d'une grande facilité d'agglomération ;

2° Si l'on veut introduire le manganèse dans la fonte par la refonte au cubilot, on refond cette fonte avec du coke manganésifère plus riche en manganèse. La consommation du coke au cubilot étant, par exemple, de 200 kilogr. par tonne de fonte, on emploiera, pour introduire 1 p. 100 de manganèse dans la fonte, du coke contenant 5,55 p. 100 de manganèse.

Ce procédé est très-avantageux dans la production des fontes destinées à la fabrication de l'acier Thomas, soit qu'on utilise la coulée directe du haut-fourneau, soit qu'on refonde les fontes au cubilot.

FER

N° 134,707. — Sieurs Joseph. — 23 janvier 1880.

Perfectionnements dans le travail du fer et de l'acier.

Cette invention est relative à des procédés perfectionnés pour l'épuration du métal dans les convertisseurs Bessemer et autres, dans les fourneaux Siemens et autres, à foyer ouvert ou tous autres appareils ou récipients. Les agents épurateurs sont la chaux, la pierre à chaux ou craie, les oxydes de fer purs ou contenant des oxydes de manganèse ou de chrome, le sel marin, l'alumine, le spath-fluor, ces matières étant soit séparées, soit combinées. Ces agents sont, à l'état naturel, ou grillés ou fondus, finement pulvérisés ou éteints. Ils sont introduits, à froid ou à chaud, dans le métal fondu par la ventilation, l'objet principal étant d'enlever ou de réduire les quantités de soufre, de phosphore et de silicium. Dans la composition du fondant, on emploie du minerai de fer ou des oxydes de fer passablement purs, de préférence ceux qui contiennent une petite proportion de manganèse, et on y ajoute une aussi forte proportion de chaux que possible, cette chaux étant de préférence un peu alumineuse.

Quand la proportion de soufre est forte (1 p. 100), on ajoute du sel marin ou sel gemme, 3 p. 100 par exemple ; mais cette addition n'est pas nécessaire si le minerai de fer renferme suffisamment de manganèse pour assurer l'enlèvement du soufre.

Lorsqu'on traite le fer dans le convertisseur Bessemer, on introduit d'abord la scorie et, environ 2 minutes après que l'opération de la soufflerie a commencé, on ajoute le fer spéculaire de la manière ordinaire. La proportion employée varie de 5 à 15 p. 100, suivant la composition du métal traité.

Ce procédé peut fonctionner avec tout doublage réfractaire, mais les doublages composés de chaux sont préférables.

Pour enlever le soufre, le phosphore et le silicium, on se sert du four d'affinerie connu, alimenté par le coke ou le charbon de bois. Aux scories qui servent de bain de fusion, on ajoute du minerai de fer presque pur, des oxydes de fer ou du minerai pourpre, mais de préférence des minerais contenant du manganèse, du chrome, du titane ou du tungstène ; on y ajoute, en outre, une certaine quantité de chaux éteinte, et parfois du sel marin, de l'alumine, du chlorure de calcium et du spath-fluor.

Les inventeurs préfèrent employer une soufflerie à une pression plus forte qu'il n'est d'usage dans l'affinage.

Les quantités de matières employées sont de 100 à 150 kilogr. par tonne de fer traité.

La scorie qui sort avec ou après le métal affiné doit, dans tous les cas, être enlevée aussi complétement que possible du métal affiné.

Quand le métal ainsi affiné est destiné à être traité dans les convertisseurs pneumatiques pour la conversion en acier, on ne continue la soufflerie que pendant une courte période, le temps que l'expérience prouve être suffisant pour la réduction du phosphore et du soufre. Le métal fondu peut être coulé dans des moules pour être refondu dans un four à réverbère, mais il vaut beaucoup mieux couler le métal directement dans un convertisseur et opérer de la manière ordinaire. Il sera avantageux, pour assurer la bonne qualité de l'acier, de mélanger au métal affiné liquide une certaine quantité de fonte de fer, obtenue au haut-fourneau, et contenant peu de phosphore et de soufre.

Les inventeurs examinent aussi le cas où ce métal affiné est destiné à être converti en acier dans des fours à âtre ouvert.

N° 135,145. — Stublebine. — 18 février 1880.

Perfectionnements apportés aux fours à puddler, à réchauffer et autres.

Les points caractéristiques sont les suivants :

1° La combinaison d'un foyer d'un four à puddler ou à réchauffer avec une chambre à gaz qui communique avec lui et avec un porte-vent, de telle sorte que l'air oblige les produits gazeux de la combustion à quitter la partie antérieure du foyer pour y revenir après s'être mélangés à l'air, en débouchant dans le foyer auprès de l'autel ;

2° La combinaison du foyer d'un four à puddler ou à réchauffer, de la chambre communiquant avec lui, d'une cloison partiellement perforée et du porte-vent ;

3° La combinaison du foyer d'un four à puddler ou à réchauffer avec la chambre à gaz et un porte-vent amenant l'air dans ladite chambre et dans le cendrier, et portant des valves ou robinets pour régler l'accès de l'air.

N° 135,344. — New. — 2 mars 1880.

Perfectionnements dans les fours à puddler et autres fours métallurgiques pour la fabrication du fer ou de l'acier.

La première partie de l'invention consiste à construire un four de telle manière que la chaleur perdue, au lieu de passer directement dans la cheminée, est obligée de passer dans un récipient ou chambre à air chaud, où elle peut être utilisée pour chauffer l'air qui est lancé dans le four au moyen d'un ventilateur ou d'une machine soufflante quelconque.

La deuxième partie se rapporte à l'application d'une disposition semblable à un four à puddler pour utiliser la chaleur ou les gaz perdus dans le but d'alimenter de nouveau le foyer, ce qui permet d'obtenir une chaleur de 2,200 à 2,300 degrés centigrades.

La troisième partie consiste dans l'emploi d'un mélange de cailloux broyés et d'argile réfractaire, de préférence dans les proportions de quatre cinquièmes de cailloux pour un cinquième d'argile réfractaire, selon la qualité de cette dernière.

No 135,518. — Pernot. — 11 mars 1880.

Perfectionnements dans la construction des fours métallurgiques de tous systèmes, des fours de verrerie et des fours industriels en général.

Toutes les parties du four sont mobiles et permettent ainsi de faire les réparations, même pendant la marche. Ce système est applicable aux fours, quel que soit leur mode de chauffage : à grille, à vent forcé, aux gaz de hauts-fourneaux, aux gazogènes, etc.

Les briques sont maintenues par un système d'armatures en fer ou tout autre métal qui permet de tenir suspendues toutes les parties du four au moyen de grues ou de tout autre engin. Le changement des diverses parties est très-facile, même en pleine marche, car il suffit, dans ce dernier cas, d'avoir une pièce semblable de rechange. Une disposition spéciale d'armatures est nécessaire pour chaque industrie, à cause des formes variées des appareils, mais le principe est le même pour la mobilité de chacune des parties du four.

Par cette nouvelle construction avec armatures, un four du système Pernot, par exemple, se compose seulement de la sole, de son couvercle armé et de quatre tronçons de gaines armées pour le passage de l'air et du gaz. Les armatures sont garnies de briques réfractaires ou de pisé réfractaire ; chaque partie est mise en place au moyen d'une grue ou par tout autre moyen.

La construction du four est d'un prix de revient aussi bas que possible. Ainsi, le poids du fer et de la fonte employés dans les anciens fours Pernot était de 37,000 kilogr. pour un four pouvant fondre 25 tonnes, tandis que, par la nouvelle construction avec armatures, le poids de fer et de fonte employé pour un four de même capacité n'est plus que de 5,600 kilogr.

No 137,299. — Siémens. — 16 juin 1880.

Perfectionnements apportés dans la fabrication du fer et de l'acier et dans les appareils destinés à cette fabrication.

Les points principaux qui distinguent ces perfectionnements sont les suivants :

1o L'emploi, dans les fours rotatifs, de tuyaux pénétrant à l'intérieur, avec des coudes ou des boucles, toujours remplis d'eau, de façon à y faire adhérer les matières fondues ou le laitier qui forment des crêtes, des nervures sur la circonférence intérieure du tambour ;

2° L'emploi dans les fours rotatifs de ces tubes courbés, reliés avec une enveloppe annulaire ou avec deux ou plusieurs enveloppes d'autre forme, maintenues également pleines d'eau ;

3° La construction de lingotières et de leurs couvercles, de telle sorte qu'une pression considérable puisse être exercée sur le métal fluide qui y est contenu au moyen de vapeur ou de gaz à haute pression, développés ou dégagés par la chaleur même que possède ce métal fluide ;

4° L'application d'une telle pression au métal fluide en fermant le haut de la lingotière avec un couvercle présentant une sorte de coupe renversée entrant dans la lingotière, et dont les bords, s'enfonçant dans le métal fluide, forment une barrière contre l'échappement de la vapeur ou des gaz ;

5° L'application à cette disposition d'une valve de sûreté susceptible d'être chargée de telle sorte que la pression développée dans la lingotière puisse être maintenue dans des limites où elle ne soit pas dangereuse.

N° 137,306. — Garnier. — 15 juin 1880.

Transformation de l'acier en fer fin, doux et malléable par la décarburation.

Cette invention consiste en un système de transformation de l'acier de n'importe quelle provenance en fer fin, doux et malléable par décarburation, applicable à toutes les pièces qui peuvent s'obtenir par le moulage et la fusion, quels que soient leurs poids et leurs dimensions, ainsi qu'à l'acier en lingots, qui, après avoir été transformé en fer fin, peut également recevoir l'action du corroyage.

Le blindage modèle peut s'obtenir directement par ce procédé et consiste à mouler les pièces, puis à les couler avec de l'acier de n'importe quelle provenance. La décarburation ainsi que le recuit se font d'après le procédé ordinairement employé pour rendre la fonte malléable.

Dans ces conditions, les blindages offrent une plus grande résistance que ne peuvent avoir les blindages en acier, qui, le plus souvent, éclatent en morceaux au lieu de céder, comme le fer fin, au choc qui les frappe.

On opère de la même manière pour tous les aciers coulés en lingots, qui, après la décarburation, peuvent être soumis à l'action du corroyage comme le fer fin, supprimant ainsi tous les défauts qui se trouvent dans les pièces d'acier. La qualité et la bonté du métal dépendront des matières qui auront été employées à la fabrication de l'acier.

N° 137,348. — Bull. — 19 juin 1880.

Perfectionnements dans le procédé et les appareils employés pour la fabrication du fer et de l'acier, ainsi que pour la production des phosphates.

L'inventeur revendique les points suivants :

1° L'emploi d'une chemise basique dans les hauts-fourneaux ou dans les fours à réduction, afin de traiter avec succès une scorie basique dans le but d'empêcher le phosphore, le soufre et le silicium d'entrer dans le métal ;

2° L'emploi de combustible gazeux dans les hauts-fourneaux ou dans les fours à réduction, conjointement avec une chemise basique et avec une scorie basique, dans le but de fabriquer du fer et de l'acier d'une qualité supérieure ;

3° La fabrication du fer et de l'acier contenant une quantité plus ou moins grande de carbone ;

4° La réduction des oxydes formés pendant l'insufflation de l'air ou de la vapeur dans le convertisseur, en refoulant de l'oxyde de carbone et de l'hydrogène dans le métal en fusion ;

5° La fabrication du fer et de l'acier en employant de l'hématite et en la faisant fondre dans un haut-fourneau, puis en la raffinant dans un feu à raffiner dont le fond et les côtés sont construits en blocs d'hématite, et en la puddlant, sous une haute température, en additionnant de l'oxyde de fer mouillé ;

6° La fabrication de briques basiques ;

7° La méthode de renouveler le fond d'un convertisseur en employant des plaques circulaires ou bagues supportées par des tiges convenablement disposées.

N° 138,216. — Legrain. — 13 août 1880.

Mode de soudure pour le soudage des fers et aciers.

L'inventeur indique les matières qui entrent dans cette composition sans donner les proportions :

Borax.
Silicate de soude.
Sel ammoniac.
Alcool.
Limaille de fer.

Cette composition, placée sur le fer ou l'acier chauffé au rouge-cerise, forme une soudure prompte et résistante.

N° 138,304. — Southan. — 18 août 1880.

Perfectionnements apportés aux procédés et fourneaux employés pour la réduction de l'oxyde de fer à l'état métallique.

Ces perfectionnements présentent les points caractéristiques suivants :

1° Le procédé de réduction des oxydes de fer à l'état de métal en contact avec le charbon dans une ou plusieurs cornues fermées à l'air et dans lesquelles s'opère le mélange intime du minerai et du carbone ;

2° Le procédé de réduction des oxydes de fer à l'état de métal, en les passant dans une ou plusieurs cornues, fermées à l'air et chauffées dans un ou plusieurs cylindres refroidisseurs fermés à l'air aussi ;

3° Le mélange intime et le chauffage uniforme du minerai et du carbone, pulvérisés ou granulés, par l'entremise d'une vis sans fin disposée dans une cornue ;

4° L'appareil spécial remplissant les conditions nécessaires pour atteindre les résultats indiqués plus haut.

N° 138,692. — Hilgenstock. — 14 septembre 1880.

Genre de tuyère pour fourneaux métallurgiques.

Ce genre de tuyère est caractérisé essentiellement par les points suivants :

1° Le système de construction de la tuyère empêchant toute possibilité d'introduction d'eau accidentelle à l'intérieur du fourneau et permettant le contrôle facile et même l'accès à la main de toutes les parties de la tuyère jusqu'à l'intérieur du museau ;

2° La forme de la tuyère à section oblongue, la partie supérieure présentant une pente qui la protège parfaitement contre l'introduction des matières fondues, qui tendent à s'y introduire goutte à goutte ;

3° Tout emploi quelconque d'une tuyère se composant de deux ou plusieurs parties s'adaptant télescopiquement les unes dans les autres, de sorte que toutes ses parties se trouvent mouillées par l'eau ;

4° Le mode de distribution de l'eau dans l'intérieur des diverses parties de la tuyère évitant toute possibilité d'arrêt dans l'arrivée du courant d'eau et assurant ainsi la conservation de la tuyère.

N° 133,960. — Bower. — 2 octobre 1880.

Perfectionnements dans les procédés de protection des surfaces en fer ou en acier et dans les fours employés à cet effet.

Ce procédé perfectionné a pour but d'oxyder et de désoxyder les surfaces de fer et d'acier, et consiste à former une couche protectrice d'oxyde de fer sur les surfaces de fer ou d'acier par l'action de l'acide carbonique porté à une température convenable, ou à prendre des objets ayant une légère couche de sesquioxyde de fer ou de rouille, ou de produire sur les objets à protéger une couche de sesquioxyde de fer en les soumettant à l'action de l'oxyde de carbone mélangé avec une petite quantité d'air, plus grande qu'il n'est nécessaire pour sa conversion en acide carbonique, et alors, dans l'un et l'autre cas, à réduire le sesquioxyde en oxyde magnétique ou oxyde noir en soumettant les objets à l'action de l'oxyde de carbone seul, les opérations étant, dans tous les cas, effectuées à l'aide d'une haute température.

Ces procédés sont mis en pratique dans un four qui offre les caractères suivants :

Le four est construit de telle sorte que l'oxyde de carbone provenant du générateur étant obligé de se mêler à un courant d'air chaud, la combustion a lieu d'une manière parfaite avant que les produits qui en résultent soient admis dans la chambre contenant les objets qui doivent être recouverts d'une couche, et les produits de la combustion non utilisés sont obligés de passer, dans leur parcours à la cheminée, sur et par une série de tuyaux, à travers lesquels l'air froid, nécessaire à la combustion, est admis pour s'échauffer et être prêt à se mêler avec l'oxyde de carbone; conséquemment, une régénération continue a lieu et les opérations sont exécutées avec efficacité et dans des conditions les plus économiques

La présente invention se rapporte aussi à la production d'une couche protectrice au moyen de la combustion de gaz hydrogène pur ou d'hydrocarbures solides, liquides ou gazeux, tels que l'hydrogène carburé ou les gaz ou vapeurs provenant des huiles d'hydrocarbures, l'opération étant effectuée dans le four perfectionné de l'inventeur ou dans tout autre four convenable.

En résumé, l'inventeur revendique :

1° La disposition générale et la combinaison des parties constituant un four pour effectuer les opérations exposées ci-dessus, le four étant construit de telle sorte que la combustion soit parfaite avant que les produits qui en résultent soient admis dans la chambre contenant les objets à recouvrir, et qu'une régénération continue ait lieu ;

2° La production d'une couche protectrice sur les surfaces en fer ou en acier et passant dessus les produits obtenus par la combustion du gaz hydrogène pur ou d'hydrocarbures solides, liquides ou gazeux, ces produits de combustion étant rendus oxydants ou désoxydants, à volonté, selon les quantités d'air admises dans le mélange desdits gaz.

N° 139,159. — Brogniaux. — 20 octobre 1880.

Produit à assembler et renfler les métaux, acier fondu, fer et fonte malléables.

Ce produit, qui permet de souder les métaux sans dépasser la température du rouge-cerise, se compose de :

1° Borax (borate de soude) ;
2° Sel ammoniac (chlorhydrate d'ammoniaque) ;
3° Limaille d'acier ou de fer.

N° 139,319. — Ehrenwerth et Prochaska. — 25 octobre 1880.

Perfectionnements dans la fabrication de briques ou blocs de substances anthracifères (cokes ou charbons), minerai et fonte, et dans leur emploi pour la production du fer ou de l'acier dans les fourneaux à réverbère.

Ces perfectionnements comprennent les points suivants:

1° La composition de briques ou blocs de *fonte, minerai et* charbon, comme substances essentielles, en faisant couler de la fonte en fusion sur des minerais et charbons *dans des fours couverts ou ouverts;*

2° L'emploi des briques ou blocs composés, comme matériaux pour la fabrication du métal de lingot dans des fourneaux à réverbère (fer ou acier de fusion), de sorte que *l'emploi, indispensable jusqu'à présent, du fer de ferraille et des déchets d'acier pour la production du métal de lingot, pourra être réduit considérablement et même remplacé complètement par l'emploi de ces briques ou blocs,* de telle sorte que le métal de lingot pourra être obtenu essentiellement et exclusivement de la fonte ou fer brut et des briques ou blocs.

N° 139,541. — Haldeman. — 9 novembre 1880.

Nouveau produit réunissant les qualités du fer et de l'acier et son mode de fabrication.

Ce procédé consiste à soumettre une boîte ou un paquet de fer puddlé ou autre qui entoure d'une manière étanche et solide le noyau d'acier, d'abord, à une chaleur très-douce, lente et pénétrante, jusqu'à ce que l'acier soit partiellement ou complètement fondu, et, ensuite, à appliquer à l'enveloppe en fer une chaleur convenable pour la soudure, et à comprimer le tout dans un laminoir ou sous un marteau, de manière à créer un nouveau produit qui unisse, à la fois, la grande résistance à la tension de l'acier et à la ductilité du fer, et qui puisse être travaillé de la même manière et avec une plus grande facilité que le fer.

ACIER

N° 134,476. — Rocour et Cⁱᵉ. — 8 janvier 1880.

Perfectionnements dans les convertisseurs Bessemer.

Ces perfectionnements se rapportent aux convertisseurs Bessemer, et ont pour objet de faciliter le remplacement d'un convertisseur usé par un autre en bon état de service.

Au lieu de supporter le convertisseur et son moteur de rotation

sur une fondation fixe, les inventeurs mettent le tout sur un truck
roulant sur rails, de telle sorte que le convertisseur peut être
roulé à un atelier de réparation à proximité de la fonderie Bessemer ou dans cette fonderie même.

Cet atelier pourra avoir une disposition analogue à celle des
remises de locomotives de façon à permettre à un convertisseur
placé sur la voie de garage de venir prendre la place du convertisseur en service. Pour réaliser cette substitution, le convertisseur
roulant, étant amené à sa position de travail, est relié au tuyau de
la soufflerie par un joint terminant un tuyau plus ou moins élastique ou flexible à genouillère ou à manchon.

De même, l'appareil hydraulique de manœuvre ou moteur de
rotation sera également fixé sur le truck roulant et relié par un
tuyau élastique à la colonne des tuyaux de pression des accumu-
lateurs.

Dans l'atelier de réparation on dispose des prises de vent et
d'eau comprimés pour manœuvrer et sécher le convertisseur.

Les inventeurs indiquent encore deux autres dispositions pour
réaliser le remplacement de convertisseurs défectueux, l'une au
moyen d'une plate-forme équilibrée tournant sur pivot ou galets,
l'autre au moyen d'une grue roulante au-dessus des fosses ou latéralement, de façon à pouvoir enlever un convertisseur de ses
supports fixes, l'emporter à l'atelier de réparation, et en ramener
un autre à mettre en place.

1re ADDITION, en date du 25 février 1880.

Les inventeurs rendent la bouche du convertisseur, à garniture
basique, mobile et facilement renouvelable. On peut faire le sommet du convertisseur entièrement détaché et distinct du vase lui-
même ; ou bien, on peut fermer partiellement l'ouverture du convertisseur par un bouchon central conique, réfractaire, suspendu
à une grue, ce bouchon pouvant recevoir par son support, fait en
tube de fer creux, un jet d'air à débiter par des ouvertures faisant
tuyères à travers le bouchon, de façon à fondre les agglomérations
du pourtour du col par les dards de chalumeau qu'elles y projettent.

2e ADDITION, en date du 6 septembre 1880.

La ceinture de manœuvre portant les tourillons, au lieu d'être
un cercle complet, n'est plus qu'un demi-cercle prolongé d'une
certaine longueur au delà des tourillons, tangentiellement au convertisseur. On peut déboulonner le convertisseur de la demi-ceinture de manœuvre de façon qu'il repose complétement sur le truck,

et, faisant rouler celui-ci, on fait sortir le convertisseur qui passe librement dans la partie couverte de la demi-ceinture de manœuvre.

3ᵉ ADDITION, en date du 13 décembre 1880.

Cette addition a en vue de rendre pratiques et sûrs la réparation et le remplacement à chaud des fonds des convertisseurs basiques. Le mélange du goudron et de chaux est dirigé au point voulu au moyen d'un tuyau en fer, introduit par le nez du convertisseur. On peut, en outre, introduire par ce tuyau un fouloir pour, au besoin, fouler de l'extérieur la matière basique mêlée de goudron ou de brai. Les inventeurs ont trouvé avantageux d'employer des dameuses mécaniques, se composant d'une machine à perforer les roches par percussion, le fleuret de percussion y étant remplacé ar un bourroir.

Nᵒ 134,524. — Webb. — 13 janvier 1880.

Perfectionnements dans le traitement de l'acier et autres métaux à l'état de fusion, et dans les moyens et appareils employés à cet effet ; perfectionnements applicables, en partie, à d'autres usages.

Le métal fondu est soumis à une forte pression, laquelle est appliquée rapidement, et maintenue jusqu'à ce que le métal ait pris corps, car l'acier, coulé en lingots, ne passe pas naturellement de l'état liquide à l'état dense, solide.

La fonte est la matière la plus pratique pour les lingotières, mais, lorsqu'on emploie cette matière pour le moule, des soufflures se forment dans la masse, spécialement près de la surface, dont la cause est évidemment la formation de gaz. Plus le lingot est grand, plus forte est la proportion de métal pur, homogène, parce que toutes les imperfections se trouvent à la surface.

L'inventeur emploie des lingotières sectionnelles à échappement de gaz, lesquelles sont ou peuvent être employées plusieurs fois sans aucune autre préparation qu'un petit lavage. Les moules se remplissent rapidement de métal liquide ; ils sont faits en sections longues et étroites, réunies solidement ; cette disposition permet aux gaz de s'échapper par tous les joints. La pression est appliquée et maintenue sur le métal liquide par l'emploi de la presse hydraulique, le mécanisme étant assez puissant pour traiter un seul lingot à la fois par une presse.

N° 134,933. — Burlat, Preynat, Rivat-Delay et Verdié. — 11 février 1880.

Application de la cémentation à toute espèce d'aciers ou fers fondus régénérés, ces aciers ou fers pouvant, une fois cémentés, se refondre et se corroyer.

On obtient une régénération parfaite des aciers fondus ou fers fondus en leur appliquant la cémentation. Ils peuvent, en se refondant de nouveau dans des creusets ou tout autre four à fondre le métal, acquérir, en se corroyant, une qualité supérieure. Cette méthode est applicable, quel que soit le procédé de cémentation employé.

N° 135,158. — Cordier et Larocque. — 19 février 1880.

Production d'un acier spécial pour la fabrication des pièces moulées de tout poids et de toutes dimensions.

Cette nouvelle composition réunit l'homogénéité, la ténacité, la facilité de forgeage *sans aucun recuit*, une trempe dure, un très-beau poli et, enfin, une surface peu oxydable.

Ce mélange se compose, dans la plupart des cas, de :

Acier.	80 p. 100.
Fonte.	19 —
Nickel	1 —

Les inventeurs ne mettent quelquefois que 4, 3, 2 p. 100 de fonte et la suppriment même tout à fait. Ils diminuent aussi quelquefois le nickel, mais le plus souvent la proportion de ce métal est augmentée en vue d'obtenir un plus beau poli et, par suite, des surfaces à peine oxydables.

Quant à la fusion de ce mélange, on peut l'obtenir au moyen de tous les appareils employés pour la production de l'acier, tels que convertisseurs Bessemer, fours à sole, creusets, etc.

N° 135,298. — Harmet. — 27 février 1880.

Perfectionnements dans la fabrication de l'acier.

Pour la recarburation des aciers obtenus en grande masse, on a utilisé jusqu'à ce jour les produits directs des hauts-fourneaux, teis que fonte, spiegeleisen, ferro-manganèse, obtenus au moyen de minerais purs, mais présentant l'inconvénient de renfermer toujours une certaine proportion de silicium.

La présente invention a pour objet l'utilisation d'une matière carburante ne contenant que du fer et du carbone, que chaque usine est en état de fabriquer elle-même et à l'aide de laquelle on peut, avec la plus grande facilité, porter un bain d'acier au point de dureté voulu.

Cette matière s'obtient en recarburant par fusion des chutes d'acier provenant de la fabrication même, et on fait usage, de préférence, d'un cubilot analogue à celui qu'employait autrefois M. Parry pour la préparation du métal destiné à un second puddlage.

En garnissant ce cubilot avec des briques de coke, de graphite, ou bien avec une matière basique, on parvient à obtenir, à très-bas prix, un produit contenant de 3 à 4 p. 100 de carbone, exempt de silicium et des autres impuretés que l'on rencontre forcément dans les fontes, et éminemment propre à la carburation dans la fabrication de l'acier.

N° 135,412. — Micolon. — 4 mars 1880.

Nouveau mode d'emploi des tournures ou limailles de fer ou de fonte, chutes de tôles minces et autres menus riblons, pour la reproduction de l'acier.

Ce nouveau procédé a pour but l'emploi des menus riblons de fer ou de fonte, tels que : tournure, limaille, etc., avec ou sans mélange de produits décarburants, déphosphorants, tels que wolfram, peroxyde de manganèse, etc., pour la production de l'acier dans les fours Martin, Pernot et autres. Ce mode d'emploi consiste dans la compression préalable desdites matières à chaud ou à froid, à la presse hydraulique, au pilon, au balancier, etc., dans le but d'en former des briquettes constituant une nouvelle forme de matière première. A leur mise au four, ces briquettes sont mélangées suivant les qualités d'acier qu'on veut obtenir. Elles se précipitent au fond du bain, se mettent en fusion ; alors, les produits chimiques se dégagent, traversent la masse liquide pour se rendre au laitier, et les résultats sont excellents. Le déchet, qui était de 40 à 50 p. 100, n'est plus que de 6 à 10 p. 100. Quand les matières renferment des produits nuisibles à la fabrication de l'acier, tels que cuivre, plomb, etc., il suffit de les chauffer, à l'abri du contact de l'air, à une température suffisamment élevée pour les éliminer, et de comprimer ensuite la matière ainsi épurée.

Si, au contraire, les produits sont purs, ne contenant que du fer, on les comprime à froid, et ces matières agglomérées constituent réellement un produit nouveau qui remplace avantageusement le gros riblon de fer dont le prix est infiniment supérieur. Pour les tournures et les limailles de fonte, le procédé est le même pour les mettre en briquettes et s'en servir au four Martin, au four à puddler ou au four à la Wilkinson.

ADDITION, en date du 26 avril 1880.

Pour opérer sur des masses, on emploie des fontes de première fusion à l'état de plaque d'une épaisseur de 15 à 20 millimètres. On les met dans un four à cémenter, alternant un lit de plaques en fonte et un lit de minéral. On obtient, dans cette opération, à la fois, la décarburation de la fonte et la réduction du minerai pour la production de l'acier dans tous les fours connus.

N° 135,431. — Grafton et Cie. — 6 mars 1880.

Acier spécial, dit « acier Grafton ».

Cet acier est plus dur, plus élastique et plus résistant que les autres aciers.

Il se compose de :

95 p. 100 d'acier ordinaire.
3 — de bronze.
2 — d'antimoine.

Le bronze et l'antimoine sont ajoutés dans le creuset ou sur la sole du four au moment de la fusion. Rien n'est du reste changé, en dehors de cette adjonction, aux procédés de fabrication de l'acier fondu.

N° 135,662. — Braconnier. — 22 mars 1880.

Nouveau procédé de fabrication du fer et de l'acier fondus, par le traitement des fontes ordinaires dans la cornue Bessemer.

L'appareil ne diffère de la cornue Bessemer que par un point important : la partie supérieure, qui s'engorge assez rapidement par la solidification de la scorie, est rendue mobile comme le fond, de telle sorte qu'on peut la remplacer par une autre lorsque le besoin se fait sentir.

Le garnissage est formé de briques de magnésie fabriquées par le procédé Braconnier. Les fonds sont construits en briques de magnésie de premier choix.

Lorsqu'on voudra affiner des fontes blanches ordinaires, il conviendra de les chauffer à une température très-élevée dans des fours à réverbère chauffés au gaz et à l'air chaud, et munis de récupérateurs de chaleur lorsqu'on voudra obtenir des produits de première qualité, ou repasser avec la fonte, soit des déchets de fabrication, soit des rails anciens. Il conviendra d'ajouter des fontes manganésifères de manière à avoir de 1 à 3 p. 100 de manganèse dans le lit de fusion.

On ajoutera d'abord sur la fonte, dans la cornue, 12 à 15 p. 100 de chaux préalablement chauffée à une haute température ; 10 à 20 secondes après la disparition du carbone, on écoulera cette première scorie et on ajoutera une proportion de 8 à 10 p. 100 de chaux, mélangée de 20 p. 100 de minerai de fer calcaire, puis l'on terminera l'affinage en écoulant de nouveau la scorie, faisant passer, pendant quelques secondes, un courant de gaz emprunté à un gazogène ; enfin, on ajoutera de 3 à 8 p. 100 de spiegel, suivant la nature du métal fondu que l'on veut produire.

Nº 135,881. — Moro. — 2 avril 1880.

Perfectionnements d'un procédé pour produire, au moyen de l'acier et de la fonte, des lingots d'un poids fixé à l'avance, et appareils nécessaires à cet effet.

Ces perfectionnements consistent en un procédé tendant à fixer pendant la coulée, au moyen d'un appareil, le poids de lingots d'acier ou de fer fondu, permettant ainsi d'obtenir des lingots d'un poids déterminé. Ils consistent, en outre, dans la construction d'un appareil à peser, nécessaire pour exécuter ce procédé, lequel peut être glissé sous les coquilles qu'il soulève, la pesée ayant lieu pendant la coulée, et tout l'appareil pouvant être glissé sans inconvénient et enlevé pendant la coulée.

Nº 136,004. — Scott. — 27 mars 1880.

Perfectionnements dans la fabrication de l'acier.

Ce brevet d'invention a pour objet des perfectionnements dans la fabrication de l'acier au moyen de riblons d'acier ou de fer ordinaire.

On prend des riblons de fer ou d'acier, de préférence des débris de fers à cheval et on les débite en petits morceaux pesant environ 60 grammes. On place ces morceaux dans des creusets ou pots, et on mélange aux riblons la proportion de charbon ou de matières charbonneuses nécessaire pour en opérer la cémentation.

On recouvre alors les creusets de couvercles en terre réfractaire et on les maintient à la température rouge-cerise dans les carneaux ou à l'intérieur du four à recuire.

La régularité de la cémentation et le temps nécessaire pour l'effectuer dépendent des dimensions des riblons; la durée de 24 heures convient quand les morceaux pèsent environ 60 grammes.

La fusion s'opère comme cela se pratique d'ordinaire pour l'acier.

On obtient le même résultat en plaçant un ou plusieurs creusets, chargés, comme il a été indiqué ci-dessus, dans un four à fondre l'acier et en les y laissant le temps nécessaire à la fusion de l'acier.

L'acier ainsi obtenu demande une recuisson faite avec soin, avant l'opération du martelage.

N° 136,159. — Laurent-Cély. — 16 avril 1860.

Perfectionnements dans la fabrication de l'acier et de la fonte malléable.

Ces perfectionnements sont caractérisés par la succession combinée des opérations suivantes: la cémentation partielle du fer au moyen de la houille, avec addition de carbonate de baryte ou de chaux; — le décapage du fer ainsi partiellement cémenté; — l'exposition du fer cémenté et décapé dans une cornue vernissée à une température de 600 à 700 degrés, à l'action d'un courant de gaz hydrogène sec.

N° 136,628. — Micolon. — 10 mai 1860.

Nouveau mode de fabrication des outils aciérés et trempés.

Ce procédé consiste: 1° à couler directement l'objet dans un moule approprié: 2° à terminer, dans certains cas, par une façon de forge supplémentaire, les parties qui n'auraient pu être moulées immédiatement à la forme voulue; 3° à cémenter par les procédés ordinaires les parties qui doivent être trempées, en préservant le reste de la pièce par un enduit de chaux ou un lit de minerai de fer, de battitures ou autre produit décarburant.

L'objet est alors prêt à être trempé; les parties cémentées, devenues de l'acier véritable, prendront seules la trempe, pendant que les parties réservées conserveront les qualités du fer et auront une solidité supérieure.

Les avantages de ce procédé sont évidents au point de vue de l'économie de fabrication; la coulée dans un moule, donnant immédiatement la forme réelle ou très-approchée de l'objet, supprime la forge et l'aciérage.

Les produits sont également plus parfaits, les parties d'acier et de fer étant réunies d'un seul bloc sans soudure.

N° 136,981. — Dering. — 29 mai 1880.

Perfectionnements dans la garniture des fours convertisseurs et autres vases, et dans la fabrication des creusets, tuyères et autres articles devant supporter une très-haute température.

Ces perfectionnements consistent dans la fabrication de briques, creusets, tuyères, etc., en soumettant, soit de la chaux sèche, soit de la chaux partiellement hydratée, soit de la pierre à chaux à une pression extrêmement puissante et à une cuisson subséquente, méthode qui permet de produire des briques et autres moulages sans passer par une cuisson plus qu'ordinaire et modérée, lesquelles pièces moulées peuvent subir un long magasinage sans absorber d'humidité ni se désagréger, et supporter de hautes températures sans retraiter ni grésiller, même sans cuisson préalable. L'inventeur expose aussi de la chaux humectée à la vapeur de pétrole ou autres liquides n'ayant aucune action chimique sur elle, et la soumet à la pression, puis à la cuisson.

N° 137,082. — Wilson. — 5 juin 1880.

Perfectionnements dans la fabrication et la production de l'acier et des pièces de fonte.

Les points caractéristiques de ces perfectionnements sont les suivants :

1° La conversion de fer forgé ou de déchets de fer forgé en acier, en les faisant fondre dans un creuset avec du ferro-manganèse et du charbon de bois, ou avec de la fonte miroitante (spiegeleisen) et du charbon de bois, ou avec de la fonte miroitante et du ferro-manganèse et du charbon de bois, dans les proportions voulues ;

2° L'emploi de fer, purifié autant que possible de phosphore, de soufre et de silicium, pour la fabrication de l'acier, en employant préférablement du fer produit par la méthode de H. C. Bull, et en faisant fondre ce fer avec du ferro-manganèse et du charbon de bois ou avec de la fonte miroitante et du charbon de bois, ou avec du ferro-manganèse, de la fonte miroitante et du charbon de bois, dans les proportions voulues ;

3° L'emploi de fer, tel que celui fabriqué suivant les patentes anglaises de H. C. Bull, pour le convertir en acier par la cémentation et par les procédés ordinairement employés pour la conversion du fer en acier.

N° 137,325. — Holley. — 17 juin 1880.

Perfectionnements apportés aux convertisseurs Bessemer.

Le point caractéristique de ces perfectionnements consiste en un convertisseur Bessemer dans lequel l'enveloppe qui contient le garnissage est indépendante des tourillons, et peut facilement en être détachée, de façon que le corps du convertisseur puisse être transporté au loin sans toucher aux tourillons.

N° 137,995. — Aube. — 28 juillet 1880.

Procédés de fabrication d'acier et de gaz d'éclairage dits « procédés Paul Aube ».

L'inventeur place dans une cornue une couche de charbon de bois ou de coke sur laquelle il dispose une couche de fer ou d'objets en fer, et ainsi de suite par couches successives ; il chauffe la cornue à la température de 800 à 900 degrés.

La cornue étant rouge, on fait pénétrer, soit au travers de ces couches, soit perpendiculairement, de la vapeur d'eau aussi sèche que possible et, en même temps, on introduit sur le fond rougi de la cornue un corps gras quelconque, minéral, animal ou végétal. Le fer, le charbon de bois ou le coke, qui se trouvent en ignition, décomposent la vapeur d'eau et absorbent l'oxygène, mais le fer, dont les pores sont ouverts, n'absorbe pas seulement l'oxygène, il absorbe aussi le carbone du bois ou du coke et une partie de celui provenant de la décomposition des corps gras ou du corps gras introduit dans la cornue, ce qui est du reste le principe fondamental de la fabrication de l'acier. Il y aura donc dans la cornue de l'hydrogène et des vapeurs de carbone, qui, se trouvant libres, se combineront ensemble et formeront de l'hydrogène carboné. Mais, chaque litre de corps gras, selon sa nature, produit une certaine quantité de gaz, chaque kilogramme de fer, en contact de la vapeur d'eau, produit 538 litres d'hydrogène environ, et chaque kilogramme de charbon de bois ou de coke, au contact de la vapeur d'eau, produit environ 3,000 litres d'hydrogène. Donc, il sera facile de savoir, par le rendement en gaz produit, rendement total, la quantité d'oxygène que le fer et le charbon de bois auront absorbé. Lorsque ces derniers seront saturés d'oxygène, on arrêtera l'opération. La cornue refroidie, on l'ouvrira, et le fer en sera retiré, chauffé au rouge et trempé ; il sera, dès ce moment, transformé en acier.

L'inventeur indique une seconde méthode qui consiste à ne se servir que de fer et de corps gras. On pourra placer dans un fourneau, selon ses dimensions, autant de cornues que l'on voudra.

ADDITION, en date du 30 novembre 1880.

La vapeur d'eau est remplacée par de la tourbe aussi sèche que possible, et qui, d'après les expériences de M. de Marilly, contient de l'oxygène et de l'oxyde de carbone ; mais, dans ce cas, le gaz, résultat de l'opération, pourrait n'être pas d'une pureté complète. Enfin, l'inventeur a remplacé aussi la vapeur d'eau par l'écorce de chêne-liège ou les résidus de liège, lesquelles matières fournissent d'énormes quantités d'hydrogène.

N° 138,146. — Lindberg. — 7 août 1880.

Perfectionnement dans la fabrication de l'acier.

Cette invention consiste en une nouvelle méthode pour convertir la fonte en acier ou fer fondu. L'inventeur a donné à cette méthode le nom de « affinage à foyer ».

Un bain de fonte liquide est préparé sur la sole d'un fourneau. On y introduit un courant rapide de gaz riche, mélangé de l'air nécessaire à sa combustion. De cette manière, il se forme une flamme limitée, dite flamme à foyer, dirigée contre la surface du bain de fonte.

Le jet de flamme écarte, grâce à sa puissance, les scories de la surface du bain et, par suite de la grande quantité de chaleur concentrée et de sa faculté oxydante, provoque l'ébullition et l'affinage de la fonte, qui se transforme en acier ou fer fondu. Dans ce procédé, on n'a recours ni au brassage, ni à aucune addition de matière, à moins qu'on ne vise un but spécial. Le jet de flamme nécessaire à cette méthode d'affinage s'obtient en lançant le vent, avec une force suffisante, à travers le gaz pour que le mélange se fasse bien dans la conduite, condition nécessaire pour que la combustion soit complète.

La longueur de conduite dépendra du plus ou moins de vitesse du gaz et de l'air. Lorsqu'on enlève le fourneau pour le réparer, ou pour toute autre raison, on peut mettre en communication les deux conduites par un tube garni de matières réfractaires pour conduire le mélange aux récupérateurs opposés, et on le fait brûler pour entretenir la chaleur à ces récupérateurs.

Le gaz peut aussi ne pas passer par les récupérateurs, mais être conduit directement du générateur au conduit; il peut être brûlé par un vent froid ou par un vent chaud. Le jet de flamme se forme aussi, si l'un des deux agents seulement, l'air ou le gaz, est introduit par pression, tandis que l'autre l'est par aspiration.

L'appareil fonctionne encore si aucun des deux agents n'a de pression; mais, dans ce cas, le fourneau doit être en communication avec une chaudière ou avec un ventilateur.

Depuis le moment où la fonte est à l'état de fusion dans le fourneau, on n'a besoin que d'augmenter ou de diminuer la pression du gaz ou du vent, suivant que la flamme doit être oxydante ou réductrice, et, si l'on emploie les récupérateurs, qu'à manœuvrer les soupapes comme à l'ordinaire.

N° 138,322. — Ponsard. — 18 août 1880.

Appareil pour l'affinage des fontes et la production de l'acier.

Ce système de four à cuve est à creuset locomobile et à tuyères plongeantes pour l'affinage des fontes de fer de toutes qualités et pour la production de l'acier. Les tuyères, avec ou sans circulation d'eau, sont placées au-dessus du bain métallique dans une direction inclinée, de manière à ce que le jet d'air ou les réactifs, lancés par la tuyère, puissent pénétrer profondément dans le bain liquide pour y exercer leur action. Diverses dispositions de détail sont employées pour l'établissement du four; tels sont, par exemple, les supports de la cuve et les tubes porte-vent, surmontés de boîtes renfermant les réactifs qui doivent être introduits dans le métal.

L'appareil s'applique indistinctement au traitement des fontes pures, pour leur transformation en acier, et au traitement des fontes impures phosphoreuses et sulfureuses. Dans ces derniers cas, le revêtement de l'appareil est fait en matériaux basiques, chaux, magnésie, dolomie ou carbone. On ajoute aux charges les matières nécessaires pour former une scorie épuratrice, telles que chaux et oxyde de fer ou de manganèse. On souffle à une faible pression, tant que la fonte et la scorie ne sont pas entièrement fondues. Une fois la fusion opérée, on augmente la pression du vent jusqu'à ce qu'elle soit suffisante pour que le jet d'air pénètre dans le bain de fonte. Sous l'influence du courant d'air, la fonte s'affine, la température s'élève, et les scories se liquéfient.

Durant le soufflage, on lance avec le vent des réactifs, tels que de la chaux en poudre, de la potasse, ou des sels de soude mélangés ou non à des oxydes métalliques de fer, manganèse, chrome, wolfram, etc.

Quand l'affinage est assez avancé, c'est-à-dire, quand tout le silicium est brûlé ainsi qu'une partie du carbone, on fait écouler la scorie et on prend un essai du métal ; suivant la qualité de cet essai, on coule dans une poche le métal débarrassé de sa scorie, pour, de là, l'introduire dans le forno-convertisseur Ponsard ou dans tout autre four convenable garni de matériaux basiques, et l'on termine l'opération.

N° 139,272. — Hall et Van-Vleck. — 21 octobre 1880.

Procédé et appareil pour la production directe de l'acier au moyen du minerai, permettant, en outre, de recueillir le métal précieux contenu dans ce dernier.

Les points caractéristiques de cette invention sont les suivants :

1° Le procédé de production directe de l'acier au moyen du minerai de fer, consistant à fondre ledit minerai dans un four au moyen d'une injection d'air et d'une injection de gaz formés, principalement et suivant les cas, d'un mélange d'azote, d'acide carbonique, d'oxyde de carbone, ce mélange étant pris dans la cheminée d'un foyer où l'on brûle du charbon ou autre combustible avec une libre admission d'air ;

2° Le procédé de récupération des métaux précieux contenus dans le minerai, consistant à fondre ledit minerai dans un four au moyen de courants combinés d'air et de gaz sous pression, volatilisant lesdits métaux qui sont ensuite condensés dans une colonne par une pluie d'eau ;

3° Un haut-fourneau ou four pour la fusion des minerais de fer et autres, muni d'un injecteur d'air et d'une injection de gaz, placés au même niveau, et d'une injection d'air située à un niveau inférieur ;

4° La combinaison avec un seul fourneau ou four et la cheminée d'un foyer ordinaire d'un ventilateur ou appareil soufflant dont l'ouïe d'aspiration communique avec la cheminée et dont l'orifice de refoulement communique avec les tuyères, le tout combiné avec un appareil soufflant relié à des tuyères convenablement disposées ;

5° La combinaison avec le haut-fourneau ou le four et la cheminée d'un foyer ordinaire d'un appareil soufflant les gaz, d'un appareil insufflateur d'air et de tuyères à air et à gaz, disposées en deux rangs, l'un au-dessus de l'autre, les tuyères à gaz de la rangée inférieure étant munies de valves permettant de régler l'insufflation du gaz dans le four ;

6° La combinaison avec le four et le conduit, recevant les gaz chauds de la cheminée, du réfrigérant placé dans le conduit entre la cheminée et l'appareil soufflant, et destiné à refroidir les gaz avant qu'ils soient aspirés par ledit appareil ;

7° La combinaison avec le four à vent forcé, muni de tuyères à gaz et de tuyères à air, de la colonne de condensation, ouverte à ses deux extrémités, reliée à sa partie supérieure avec le four et recevant une pluie d'eau tombant dans des réservoirs inférieurs et y entraînant les métaux précipités ;

8° La combinaison avec le haut-fourneau ou four du tuyau à gaz et de la colonne de condensation, munie d'organes à pluie d'eau, et terminée, à sa partie inférieure, par deux branchements ou plus, pourvus d'une valve, et placés dans deux réservoirs distincts, ou plus, suivant les cas.

N° 139,365. — Baker. — 27 octobre 1880.

Perfectionnements dans la fabrication de lingots creux et tubes en acier fondu.

Les caractères distinctifs de cette fabrication sont les suivants :

1° L'emploi d'un moule, à base ventilée et à chapeau perforé, en combinaison avec une plaque de coulée entaillée de rainures qui aboutissent au centre de chaque moule, et un noyau creux dans chaque moule pour permettre un libre dégagement des gaz et de l'air;

2° L'application spéciale de ce procédé pour faire des essieux creux en acier ;

3° Comme produit nouveau, les objets creux en acier et spécialement les essieux creux sans soudure, exécutés par ce procédé, le lingot creux employé étant estampé et étiré pour obtenir la conformation de l'essieu à la longueur désirable.

FORGEAGE.

N° 135,423. — Flotat. — 6 mars 1880.

Perfectionnements apportés dans la construction des laminoirs.

Ces perfectionnements se divisent en deux parties :

La première a pour but de simplifier la construction et l'installation des trains à monter avec deux tables de cylindres ébaucheurs ayant des vitesses et des diamètres différents.

La deuxième consiste à isoler les garnitures ou porte-coussinets, coussinets et tourillons des cylindres supérieurs et du milieu, dans les tables en trio ou à plus de 3 cylindres, pour supprimer la perte de force qui se produit dans l'ancien montage, où toute pression sur les tourillons des cylindres du milieu est transmise aux tourillons supérieurs, parce que les garnitures reposent les unes sur les autres.

Le cylindre inférieur est rapproché ou éloigné de celui-ci par le déplacement d'un coin ou par un système analogue à celui du cylindre supérieur monté en dessous comme en dessus, ou autrement dans le même but.

La réduction de vitesse entre deux tables quelconques pourra se répéter, autant de fois qu'il sera nécessaire, par la répétition des dispositions de l'ensemble constitué par les tables.

N° 135,668. — Roy. — 7 avril 1880.

Procédés et appareils propres à l'étirage rapide des métaux.

Ce procédé permet d'obtenir, dans un nombre de passes très-restreint, des fils longs et très-fins, même avec des métaux difficiles à allonger, et cela tout en réalisant une économie importante de force motrice et de main-d'œuvre.

Cette méthode consiste à faire passer dans un système spécial de laminoir, qui constitue une partie importante de cette invention, une barre, qu'on lamine d'abord à plat en l'empêchant de s'élargir et en en préparant la division des fils de façon à la transformer en une plate-bande cannelée, qui est ensuite divisée, à la dernière passe, en une série de fils isolés auxquels les cannelures finisseuses donnent la forme ronde qu'ils doivent présenter.

Les dispositions employées sont les suivantes :

1° L'emploi de deux fours à réchauffer, symétriquement placés de chaque côté du laminoir, ainsi que les dispositions permettant d'obliger la barre métallique à circuler complétement ;

2° L'application d'un laminoir dont les cannelures sont limitées par des cordons saillants ménagés sur les cylindres ;

3° La disposition des cannelures en forme d'arcs de cercles juxtaposés sur des cylindres ébaucheurs, ces arcs de cercles étant disposés sur les cordons, alternativement saillants et rentrants, des cylindres finisseurs ;

4° Le système de tourniquets permettant d'enrouler les fils obtenus simultanément à leur sortie du laminoir, de façon à en former des couronnes séparées ;

5° Le système de régulateur à contre-poids permettant d'éviter les emmêlages de fils à la sortie du laminoir.

ADDITION, en date du 15 juin 1880.

Ce perfectionnement porte essentiellement sur le moyen de détacher les fils à la sortie de la barre laminée, préparée comme il a été dit dans le brevet principal, cette opération s'effectuant en même temps que l'on en fait l'enroulement en couronne sur des tambours métalliques.

N° 136,378. — Whitney. — 27 avril 1880.

Système de laminoir.

Cette invention consiste en un laminoir portant des arbres, munis, à leurs extrémités, de cylindres convenablement montés l'un au-dessus de l'autre et animés d'un mouvement de rotation dans le même sens au moyen de pignons ou autres dispositifs analogues.

L'arbre supérieur est entouré par un manchon ayant une roue dentée pour le faire tourner ; cette roue est montée sur l'une des extrémités, et une roue à came est actionnée par une roue unie calée sur l'arbre inférieur, de telle manière que, si la machine fonctionne, les cylindres sont alternativement en contact ou séparés par la came. Le métal est alimenté à la machine, dans la direction des axes des cylindres lamineurs, par un guide convenable, consistant en un petit tube libre à rebord, maintenu entre deux ou un plus grand nombre de cylindres ou de glissières ajustables, le métal étant serré entre les cylindres par une paire de pinces automatiques qui se ferment à mesure que la pièce à laminer s'avance.

N° 138,500. — Marrel frères. — 3 mai 1880.

Lingotières métalliques à garniture réfractaire pour la fabrication des plaques de blindage en métal mixte, fer et acier.

Ces lingotières métalliques sont revêtues intérieurement d'un garnissage réfractaire, variable avec les formes et les dimensions des plaques à fabriquer. Elles servent de soles au four à réchauffer en même temps que de lingotières pour recevoir la couche d'acier à souder sur la plaque de fer, et permettent d'amener la surface de la plaque de fer à une température assez élevée pour assurer la soudure de l'acier coulé, soit que la lingotière reste dans le four pendant le coulage, soit qu'elle en ait été retirée.

N° 137,263. — Baldwin. — 15 juin 1880.

Procédés et appareils perfectionnés pour la transformation ou l'utilisation des bouts de rails en fers marchands et autres pièces analogues.

Ces procédés et appareils ont pour objet des perfectionnements apportés à la transformation des bouts de rails en fers marchands, en soumettant la semelle ou le champignon desdits bouts, simultanément ou successivement, à la compression ou au choc, en agissant suivant des lignes à angle droit sur le plan de l'âme, tandis que l'âme du bout de rail est solidement garantie de tout mouvement latéral ou longitudinal. Le nouveau procédé diffère principalement du mode d'action du laminage, en ce sens qu'ici le bout de rail est garanti contre tout mouvement de contact, tandis que, dans l'opération du laminage, le bout de rail se meut par lui-même avec contact dans les cylindres lamineurs.

N° 137,886. — Wenstrom. — 22 juillet 1880.

Laminoir universel.

Ce laminoir universel se distingue essentiellement par les caractères suivants :

1° Le système de laminage permettant de laminer le fer forgé, soudé des quatre côtés à la fois, en un même endroit à l'aide de cylindres et de rouleaux disposés à cet effet ;

2° Le système permettant de déterminer la largeur de la barre dans le laminage des lingots et du fer ébauché au moyen de cylindres munis chacun d'une bride élevée ;

3° Le procédé de déplacement latéral de l'un des cylindres pour donner à la matière des largeurs différentes ;

4° Le système d'attache de chacun des rouleaux latéraux à des guides en fer, placés d'équerre, en vue de les obliger de suivre les déplacements des cylindres supérieurs et inférieurs auxquels ils correspondent respectivement ;

5° Le mode d'attache des guides conducteurs de la barre à l'entrée et à la sortie des cylindres, pour qu'ils s'adaptent sans l'intervention des ouvriers aux changements d'épaisseur et de largeur de la barre ;

6° Le système de commande des cylindres, dont la distance est sujette à varier, notamment à l'aide de pignons d'accouplement disposés spécialement à cet effet.

N° 138,232. — Quensell. — 13 août 1880.

Perfectionnements dans la fabrication des objets en fonte et acier coulés en coquilles.

Cette invention se rapporte à des perfectionnements dans la fabrication des plaques de blindage, des projectiles, des pointes de cœur des croisements et des rails mobiles pour les chemins de fer, des roues de wagons et d'autres pièces coulées dans des moules en fonte. Les pièces ainsi fabriquées acquièrent une plus grande résistance contre les chocs et contre l'usure ; en outre, on évite toute tension partielle, qui se produit fréquemment par la méthode ordinaire de fabrication des pièces coulées en coquille.

L'inventeur fait fondre dans un cubilot, dans un four Martin ou dans un autre four quelconque, soit de la fonte grise, soit un mélange approprié de fonte grise et de fonte blanche, mais de préférence de la fonte au charbon de bois ou soi-disant fonte à l'air froid, avec une quantité de 5 à 30 p. 100 d'acier fondu.

Pour les plaques de blindage, il emploie ordinairement des quantités égales de fonte grise et de fonte blanche. Un mélange de 35 à 40 p. 100 de fonte grise et d'autant de fonte blanche avec 20 à 30 p. 100 d'acier fondu conviendra très-bien pour le but mentionné.

Pour les projectiles, le mélange doit contenir moins d'acier, mais ordinairement une plus grande quantité de fonte grise en proportion de la fonte blanche.

Pour les pointes de cœur des croisements et les rails mobiles des chemins de fer, l'inventeur préfère un mélange se composant essentiellement de fonte grise avec addition de 15 à 30 p. 100 d'acier.

Dans les roues de wagons, la trempe produite par le coulage en coquille doit pénétrer à une plus grande profondeur que dans les croisements, et, dans ce but, l'inventeur ajoute 5 p. 100 ou davantage de fonte à la charge du four.

Pour éviter toute tension préjudiciable qui peut se déclarer lors du coulage, on ôte la pièce du moule aussitôt qu'elle s'est solidifiée suffisamment, et on l'introduit dans une cornue ou un four approprié permettant de chauffer uniformément toute la pièce à une chaleur rouge plus ou moins sombre; enfin, on laisse la pièce se refroidir lentement.

N° 138,281. — Chertemps. — 17 août 1880.

Perfectionnements apportés aux laminoirs.

Ces perfectionnements consistent dans un nouveau système de suspension du cylindre supérieur des laminoirs de tous genres au moyen de ressorts montés dans des boîtes s'appuyant en haut et en bas sur chacun des tourillons opposés du cylindre inférieur et du cylindre supérieur. Ces ressorts maintiennent ces cylindres écartés tant que l'action des vis de serrage n'existe pas, et cela d'une manière constante et automatique. Cette disposition entraîne la suppression du chapeau et des oreilles de suspension des anciens laminoirs.

L'inventeur revendique aussi un nouveau système de boulons-supports des tendeurs, fixant, en même temps, la cage à son banc et remplaçant les anciens supports et les pièces d'arrêt du tendeur renversé. Ces boulons-supports remplissent l'office de ces pièces tout en permettant, sans rien démonter, l'enlèvement du tendeur.

N° 138,422. — Lemonnier. — 27 août 1880.

Nouveau système de fabrication de tubes en fers et fers creux.

Dans l'ancien procédé, les fers creux sont fabriqués en enroulant les tôles de qualité supérieure, ayant l'épaisseur même des parois du tube que l'on veut obtenir, sur des mandrins; les parties à souder ayant été préparées d'avance, il ne reste plus qu'à porter le tube dans un four soudant et, de là, à le faire passer entre des galets qui rapprochent les deux parties. Il résulte de ce système que le produit obtenu a pour premier élément de prix la tôle qui sort à sa fabrication, que cette tôle, n'étant ni martelée ni laminée après avoir été chauffée au blanc, perd de sa valeur de résistance propre, malgré les étirages qu'on peut lui faire subir; qu'enfin, les formes rondes ou polygonales sont les seules qu'on puisse fabriquer.

Le nouveau procédé fait disparaître tous les désavantages de l'ancien. Il consiste dans la préparation des fers ou aciers de qualité supérieure selon deux profils déterminés et dans les dispositions d'outils divers appropriés à cette fabrication. Pour fabriquer les fers creux, on commence par préparer les deux parties qui les composent au moyen de laminoirs. Ces deux parties sont coupées à longueur convenable, assemblées, portées au blanc soudant dans un four à réchauffer et, de là, dans le laminoir. Ce laminoir offre des cannelures absolument semblables à celles qui servent à la fabrication des fers ronds ordinaires, seulement elles renferment un mandrin fixe qui sert à soutenir les parois du tube et à en assurer la soudure; elles ont, en outre, l'avantage de calibrer exactement la section intérieure du tube; mais, devant agir en refoulement, elles ont des dimensions qui leur permettent d'entrer dans le tube préparé avec un léger frottement.

Quand le tube est arrivé à une longueur de 2 mètres environ, il a une épaisseur triple de celle qu'il doit avoir et il est reporté dans un four à réchauffer et introduit, enfin, dans la cannelure extensible du laminoir *en bout*. Cette cannelure renferme un mandrin divisible et mobile qui sert à terminer le tube, quelles qu'en soient la forme et l'épaisseur.

À cet effet, le tube de 2 mètres de longueur est porté, à sa sortie du four à réchauffer, dans la cannelure extensible; la partie mobile du mandrin étant enlevée, la cannelure est alors la plus large possible. Dès que le tube est arrivé à son extrémité, l'aide-lamineur introduit la partie mobile du mandrin dans l'olive du mandrin fixe et tend régulièrement les deux parties au moyen d'un petit volant; le lamineur renverse alors le mouvement de son train, en actionnant le levier, qui fait agir le tiroir d'un petit cylindre à vapeur dont le piston est relié aux embrayages qui font mouvoir le train soit à droite, soit à gauche; en même temps, il agit sur le petit volant placé à l'extrémité du train; la cannelure, sous cette action, se resserre en tous sens et l'étirage se fait en traction sur le mandrin. L'action inverse sur le levier de mise en train et un nouveau serrage de la cannelure amincit encore le tuyau, et l'on continue jusqu'à ce qu'il soit arrivé à la dimension que l'on désire.

Cette cannelure extensible aura nécessairement toutes les dimensions et toutes les formes possibles; elle permettra de fabriquer des tubes ronds ou carrés, polygonaux ou rectangulaires, à nervures ou en toutes autres formes et de toutes épaisseurs pour arbres de transmission, essieux, écrous, etc.

Les tubes à nervures conviendront surtout pour chauffage d'air ou d'eau; ils augmenteront les surfaces de chauffe dans le rapport de un tiers pour les chaudières tubulaires et de deux tiers pour les autres applications.

N° 139,720. — Parisot. — 19 novembre 1880.

Nouveau train universel pour machines.

L'inventeur revendique les points suivants :

1° Un train de machine, lequel permet, par une disposition des cylindres, de positions interverties, combinés avec une auge-guide portant des chiens et des bras d'allongement, d'obtenir un travail automatique ;

2° Les dispositions spéciales pour la commande par un seul arbre en dessus, qui se combine avec des cages à doubles paliers et des manchons ;

La disposition objet de cette invention permet d'avoir l'auge-guide horizontale ; on peut varier la position des cylindres les uns par rapport aux autres, et placer, par exemple, les paires de cylindres à angle droit.

N° 140,191. — Société anonyme de Commentry-Fourchambault. — 17 décembre 1880.

Perfectionnements dans la fabrication des roues en fer.

Ces perfectionnements consistent dans l'ensemble des moyens employés pour diminuer le déchet de métal dans la fabrication des roues à moyeu en fer, et pour arriver à une plus grande production sous un même marteau-pilon.

Dans le mode de fabrication ordinaire, les divers éléments de la roue sont introduits, après assemblage à froid, dans un four à réchauffer à la houille ou au gaz. Le moyeu de la roue présentant une masse relativement plus considérable que les rais et la jante, il en résulte que ces derniers éléments arrivent au blanc soudant bien avant le moyeu, et, pendant que celui-ci continue à chauffer, les bras et la jante courent risque de se brûler ; on ne peut parer à cet inconvénient qu'en donnant un excès de poids aux bras et à la jante.

Pour améliorer cette situation, on chauffe le moyeu d'abord, et l'ensemble des éléments de la roue ensuite ; les deux demi-moyeux peuvent se chauffer isolément, avant assemblage, sur un foyer quelconque ; mais, tout en revendiquant la propriété de ce mode de procéder, les inventeurs trouvent plus commode de faire à froid l'assemblage des divers éléments de la roue, et de placer le tout sur une forge spéciale qui laisse les rais et la jante en dehors du contact des gaz enflammés.

La forge se compose : 1° d'une chambre en matériaux réfractaires, dans laquelle on enflamme les gaz qu'on y produit ou qu'on y amène d'un générateur quelconque ; 2° d'une cloche garnie d'un enduit réfractaire, à l'aide de laquelle on recouvre le moyeu à chauffer.

On peut augmenter l'activité de la combustion à l'aide d'un jet de vent amené par une conduite et une tuyère.

Par ces dispositions, on porte rapidement le moyeu au rouge sans altérer les rais ni la jante ; c'est alors seulement qu'on introduit les divers éléments de la roue dans le four à réverbère ordinaire. Le moyeu, étant déjà rouge, arrive au blanc soudant en même temps que les rais et la jante, et le déchet au feu se trouve notablement réduit.

La diminution du temps de séjour de la roue au four a aussi pour conséquence une accélération sensible de la fabrication.

FONDERIE.

N° 134,492. — Beurnier. — 9 janvier 1880.

Fourneau destiné à la fonte au creuset.

Ce fourneau, construit en métal, est rond ou carré, avec foyer et cendrier mobiles. Il permet d'avoir de l'air chauffé avant son entrée dans le foyer et il est muni d'un ascenseur mû par un levier placé, soit en haut, soit en bas, selon la disposition. Il peut aussi être mû, comme les ascenseurs ordinaires, par l'eau, l'air, etc. On peut aussi employer des chaînes s'enroulant par côté sur deux roues ou des crémaillères avec pignons. Cet ascenseur sert à faire monter le creuset jusqu'à la hauteur voulue pour pouvoir le prendre avec la happe sans casser les bords du creuset ni se brûler les mains et la figure.

Ce foyer mobile peut être plus large en bas qu'en haut; il est très-facile à réparer.

N° 134,883. — Vopel. — 3 février 1880.

Nouveau procédé de moulage de pièces mécaniques et autres.

Ce nouveau procédé est caractérisé essentiellement par l'emploi d'une plaque en fonte ou en toute autre matière, interposée entre les deux châssis ordinaires, parfaitement ajustés et repérés. Cette plaque, dont l'épaisseur varie suivant les pièces à produire, porte, sur une des faces, une partie des moules en relief et, sur l'autre face, les parties correspondantes desdits moules, y compris les coulées nécessaires pour la fonte. Une fois cette plaque établie et portant une quantité déterminée de modèles à fondre, on l'interpose entre les deux châssis, on emballe du sable d'un côté, on retourne le châssis complet et on emballe du sable au côté opposé.

Ceci fait, on soulève le premier châssis, on ôte la plaque à moules ou plaque intermédiaire, on rapproche les châssis qu'on vient d'enlever, et le moule est fait en même temps que la séparation ; il ne reste plus qu'à y verser la fonte.

N° 135,495. — Salin et Cie. — 10 mars 1880.

Système de centrage pour les noyaux dans le moulage des pièces en fonte de fer ou tout autre métal.

Lorsqu'il s'agit de fondre une pièce à noyau, la difficulté, pour la bonne réussite de la pièce, est tout entière dans la manière de placer ce noyau et dans sa consolidation à la place qu'il doit occuper. La difficulté augmente quand, au lieu de reposer sur ses deux extrémités dans les portées, le noyau n'a qu'un seul point d'appui, et doit être suspendu par sa partie supérieure. Tel est le cas qui se présente dans la fabrication des obus. L'obus devant être coulé debout, la partie ogivale en haut, le noyau, qui fait le vide à l'intérieur, doit être suspendu ; dès lors, son réglage, pour arriver à ce que les parois soient parfaitement égales et à l'épaisseur voulue, présente d'autant plus de difficultés qu'il importe que ce noyau ne puisse plus varier en aucune façon. C'est ce problème que les inventeurs ont cherché à résoudre.

A la partie supérieure de l'arbre ou de la lanterne, sur laquelle est bâti le noyau, se trouve placée une pièce en métal sur laquelle sont disposées 2, 3, 4 ou un nombre indéterminé de vis, qui viennent s'appliquer sur la partie du châssis renfermant le moule. On conçoit facilement qu'en serrant et desserrant les vis on puisse faire varier dans tous les sens la portion du noyau qu'il s'agit de centrer et l'amener dans la position rigoureusement voulue. De plus, on conçoit qu'une fois cette position obtenue, elle sera immuable, puisqu'elle reposera sur un nombre déterminé de points fixes représentés par les vis.

N° 135,859. — Delille. — 31 mars 1880.

Nouveau système de moulage en sable, avec fouloir creux, distributeur.

Ce nouveau système de moulage est caractérisé par l'emploi d'un fouloir creux distributeur de sable, animé d'un mouvement régulier, pour tasser le sable déversé par le tube central au fond du moule, ce fouloir agissant régulièrement jusqu'à la fin du travail de moulage. Il est facultatif d'employer des tubes circulaires, ovales ou de toute autre forme pour le tube-fouloir distributeur central, mais l'inventeur donne la préférence au tube ovale.

1re ADDITION, en date du 14 juin 1880.

L'inventeur revendique l'exploitation du système de moulage caractérisé par l'emploi d'un fouloir creux distributeur de sable, comme il est indiqué dans le brevet principal, ainsi que l'emploi de caoutchouc ou matières similaires pour empêcher l'introduction du sable entre les bagues de glissement. L'inventeur emploie aussi un fouloir coudé ou fouloir flexible, la mobilité étant donnée au fouloir et à la boîte qui le porte, soit dans un sens, soit dans deux sens perpendiculaires l'un à l'autre.

2e ADDITION, en date du 2 novembre 1880.

Par une nouvelle disposition, le fouloir proprement dit et le tube distributeur de sable sont rendus indépendants l'un de l'autre par rapport au mouvement vertical alternatif, tout en les faisant agir simultanément dans toutes les autres directions.

No 135,866. — Delille. — 1er avril 1880.

Nouveau système de modèles et de moulage en sable.

Cette invention a pour objet de permettre le moulage de pièces telles que chéneaux, gouttières, conduits, noues, etc., en préparant des modèles de telle sorte que certains éléments en saillie puissent être enlevés d'abord sans déranger le sable du moule, et que la partie restante du modèle puisse être ensuite retirée de la même manière et sans plus de précautions que pour les modèles ordinaires.

Par ce nouveau système d'établissement des modèles, on peut mouler, d'un seul coup et sans rapport, des pièces qui, jusqu'à ce jour, n'avaient pu être fondues aussi facilement et aussi économiquement.

No 136,124. — Demogeot. — 14 avril 1880.

Procédé de moulage mécanique pour la fabrication de tous objets en métaux fondus.

Actuellement, le moulage des pièces ornées ou unies en fonte, bronze, etc., se fait au moyen de châssis en fonte ou en fer, dans lesquels on serre, avec un petit pilon, le sable qui doit prendre l'empreinte du modèle.

Dans ce procédé, le serrage du sable se fait par une machine, et, au lieu d'avoir au moins deux parties de châssis pour chaque moule (ce qui entraîne à un matériel assez coûteux et fort embarrassant), on n'a qu'un seul châssis pour chaque sorte de pièce.

L'inventeur examine successivement la fabrication des palmettes de lit, rosaces, pitons pour escaliers, balcons, etc., et des marteaux de porte, espagnolettes de fenêtre, etc., enfin, des chaînes d'entourage.

1re ADDITION, en date du 21 octobre 1880.

Pour éviter la grande difficulté de manœuvrer ensemble un certain nombre de mottes de sable de forte dimension, comme, par exemple, celle des balcons, entourages de tombes, l'inventeur intercale entre deux châssis à charnière une plaque modèle présentant une face du modèle en dessus et la seconde face en dessous, c'est-à-dire que cette plaque représente un modèle ordinaire scié dans le sens de l'épaisseur, puis rassemblé, en plaçant, entre les deux moitiés, une plaque métallique plus ou moins épaisse. La presse à employer, dans ce cas, présente le plateau supérieur fixe et l'inférieur mobile ou bien tous les deux mobiles. Dans les deux hypothèses, les plateaux pressés doivent pénétrer dans le châssis de façon à serrer le sable sur et sous la plaque modèle.

La pression donnée, on retire les châssis de la presse et on les dispose sur une table présentant une saillie qui pénètre dans le châssis jusque contre le sable. On enlève le châssis supérieur, puis la plaque modèle, etc., etc.

2e ADDITION, en date du 8 mars 1881.

Le procédé se distingue par l'emploi des trois moyens suivants combinés : 1° châssis sans barrettes, à parois mobiles les unes par rapport aux autres ; plaques modèles, serrage mécanique du sable, moyens qui jusqu'ici n'étaient employés qu'isolés les uns des autres ; 2° le moulage simultané de chacune des faces des mottes ; 3° la coulée en pile sans aucune espèce de châssis.

3e ADDITION, en date du 10 mars 1881.

L'inventeur indique une disposition permettant de raccorder, d'une manière exacte, rapide et économique, les mottes lors de leur empilage.

N° 136,978. — Hervier. — 31 mai 1880.

Procédé de fabrication des pièces moulées en acier fondu sans soufflures.

Ce procédé est essentiellement caractérisé par l'emploi combiné de deux opérations, moulage des pièces sous forme d'ébauches, et estampage de celles-ci dans des matrices, opération qui, par la compression, fait disparaître les soufflures qui auraient pu se produire lors du moulage.

Il est facultatif d'appliquer ce procédé à la fabrication de toutes les pièces faites actuellement en acier, comme à celles faites jusqu'ici en fonte, en fer et en fonte malléable.

N° 137,351. — Thomé fils. — 19 juin 1880.

Moyens et procédés relatifs à la fabrication des moules de fonderie.

Pour obtenir le moulage, sans arrachures, d'une grande quantité d'objets au moyen d'un seul et unique modèle et sans qu'il soit nécessaire d'affecter à ce travail des ouvriers expérimentés, l'inventeur fait usage de châssis, sans repères ni goujons, et il démoule par l'un ou l'autre des deux moyens suivants :

Le premier consiste en un mécanisme adapté en un point quelconque de la table à mouler et à l'aide duquel, en agissant sur un levier ou sur une manivelle, on soulève, à volonté, ensemble ou séparément, le châssis supérieur, la couche intermédiaire et le châssis inférieur.

Quant au second moyen, il consiste, lorsque la pression du sable est terminée, à solidariser par aimantation, produite par un courant électrique, le châssis supérieur et le plateau compresseur, et à remonter le tout jusqu'à une hauteur convenable, après quoi on interrompt le courant, et le démoulage est terminé. La disjonction des différentes parties constitutives d'un moule complet, opérée de la sorte, ne donne lieu à aucune arrachure, et, comme la bonne exécution de cette importante opération ne dépend plus de l'habileté de l'ouvrier, on peut, sans danger, la confier à un manœuvre.

Pour empêcher l'adhérence au sable de certaines parties du moule avec le modèle, adhérence qui nécessite des retouches à la pièce fondue, l'inventeur interpose entre le sable et le modèle un diaphragme en caoutchouc très-souple et très-résistant, et la séparation se fait sans arrachure, attendu que le sable ne s'attache pas au caoutchouc.

N° 138,128. — Kudlicz. — 6 août 1880.

Procédé et appareil de fabrication des tuyaux à bride et à emboîtement.

Dans ce procédé, le moule qui contient la forme en sable du tuyau à fondre est assemblé par anneaux séparés, qui sont enlevés de la chambre de séchage immédiatement avant la fonte et placés dans le moule. Les parties séparées forment des moules pouvant se fermer; ils sont munis de charnières avec chevilles ou boulons ajustés. Ces moules peuvent tourner librement sur deux tourillons horizontaux.

Le moulage se fait dans un local spécial sur des tables à mouler, qui consistent en un dessus de table dans lequel sont disposés plusieurs cylindres de fonte. Dans chacun de ces cylindres s'ajuste exactement un récipient de la même forme et du même diamètre que le tuyau à fabriquer. Il est élevé et abaissé au moyen d'une crémaillère. Au-dessus des portées des cylindres posés sur le dessus de la table, lesquelles ont d'aussi grands diamètres que les moules, sont situées des boîtes à noyau, assemblées par deux parties à charnières et boulons ou clavettes, lesquelles boîtes à noyau ont également le diamètre des moules qui s'y rapportent, et s'appliquent sur les portées. Le moulage des tuyaux à brides a lieu de la même manière. Le noyau d'argile est disposé dans l'emboîtement avec un disque en fer tourné qui s'applique avec soin dans le moule et est solidement fixé sur l'arbre en fer du noyau. La deuxième extrémité est conique pour prendre exactement une position centrale et s'adapter solidement au noyau. En outre, elle est tournée à la manière ordinaire d'après un calibre.

Pour l'introduction des parties du moule, celui-ci est mis dans une position horizontale, et, en commençant par l'emboîtement, les parties du moule sont placées morceau par morceau; le moule est fermé, assuré solidement au moyen de vis et, enfin, recouvert en dessus par la bride de recouvrement et deux boulons. Ensuite, le moule est placé vers le dessus avec l'emboîtement pour fixer le noyau; pour cela, on se sert simplement d'une grue. Enfin, le couvercle intérieur est vissé, et, après qu'on l'a tourné, la bride de recouvrement supérieure est enlevée.

Le coulage a lieu de la manière en usage pour les tuyaux placés côte à côte, et on n'emploie pas d'autre appareil que la grue ordinaire de fonderie. Quelques minutes après la coulée, le moule est placé horizontalement, et, après qu'on l'a ouvert, le tuyau encore incandescent est retiré avec son moule ; il est placé de côté et on le laisse refroidir, ce qui agit favorablement sur la qualité de la matière.

En résumé, l'inventeur revendique : 1° la formation du moule en sable des tuyaux en anneaux séparés ; 2° le séchage des parties séparées dans des étuves spéciales, et le coulage dans des moules en deux parties, avec emploi du noyau mis exactement en place.

N° 138,390. — Barrows. — 19 août 1880.

Perfectionnements dans la manière de former des moules pour la fonte, et dans les appareils employés à cet effet.

Ce système perfectionné s'applique aux moules formés de sable, lié avec un battoir autour du modèle, lequel est retiré ensuite par un mécanisme guidé. Il a pour but de donner une plus grande facilité pour lier uniformément le moule, pour expulser plus efficacement l'air du moule, et pour mieux résister à l'effort produit par le métal fondu, de sorte que les pièces de fonte produites sont d'une forme géométrique plus exacte.

La nouveauté consiste en un châssis contenant une ou plusieurs chambres dont les parois sont équidistantes du modèle et pourvues de rainures ou cavités où le sable est placé non lié aussi serré que dans le corps du moule, et dans lesquelles rainures des lames ou des aiguilles amincies fonctionnent pour former des canaux à expulser l'air, et pour permettre de retirer ou d'enlever le modèle. Le système consiste, en outre, dans l'emploi, conjointement avec un modèle de châssis et des aiguilles, d'un mélange de sable et d'un fluide agglutinant, lequel, lorsqu'il est séché après qu'on a retiré le modèle, présente au métal fondu une surface lisse et uniforme.

N° 138,769. — Gillon. — 18 septembre 1880.

Procédé de moulage par pression mécanique.

Ce procédé consiste dans l'application de pressions mécaniques, qui peuvent être très-considérables, au moulage de matières telles que la fonte, l'acier, le fer fondu, le zinc, le cuivre, l'étain, etc., et dans la compression énergique de ces matières après moulage pendant qu'elles sont encore en fusion.

L'invention consiste :

1° A mouler les métaux en fusion sous pression mécanique pour utiliser le maximum la fluidité au profit de la forme, et à fabriquer ainsi des plaques, des tuyaux, des barres de toutes formes, dans de grandes dimensions s'il est nécessaire, et sur de faibles épaisseurs, avec les métaux les plus prompts à se figer, résultats que les procédés de moulage connus sont incapables de réaliser ;

2° A comprimer mécaniquement le métal fondu dans le moule pour donner du corps à la matière et produire rapidement des effets équivalents et supérieurs à ceux que produisent les marteaux et les laminoirs agissant sur des lingots solides.

N° 139,373. — Voruz aîné. — 30 octobre 1880.

Appareil à distribuer et fouler le sable pour le moulage des obus et autres pièces analogues.

Cet appareil permet de distribuer le sable régulièrement autour du modèle ; ce foulage régulier du sable autour du moule présente surtout de grands avantages dans le moulage des obus, où l'on demande un profil d'une régularité parfaite.

Les différents organes de l'appareil sont montés sur une charpente en bois, qui pourrait être remplacée avec avantage par une charpente métallique.

Les mouvements se divisent en deux catégories : les mouvements servant à la distribution du sable dans le châssis, et les mouvements des fouloirs.

La distribution du sable autour du modèle de la pièce à mouler se fait mécaniquement.

N° 139,947. — Flotat et Tribout. — 2 décembre 1880.

Fabrication perfectionnée des noyaux de fonderie.

Cette invention consiste en une nouvelle application aux lanternes de fonderies des barres en métaux laminés ou profilés.

On sait que pour couler les tuyaux ou autres pièces creuses à section interne circulaire ou prismatique, les mouleurs-fondeurs emploient des tubes en fer fondu ou acier, ou autre métal, dont le contour est percé de trous par lesquels s'échappent les gaz.

Ces tubes sont coûteux, souvent la terre ou le sable appliqué contre les parois pour les préserver du contact du liquide est détaché ; alors le bain élève la température du conteur de la lanterne à l'endroit mis à nu, au point, sinon de percer le tube, au moins de le ramollir suffisamment pour le mettre hors de service en le bosselant ou en fermant le passage d'échappement des gaz.

C'est pour remédier à ces inconvénients que la nouvelle lanterne métallique a été imaginée. Les tiges profilées au laminoir ou par un autre procédé se font sur tous diamètres et à longueur quelconque ; leurs poids sont sensiblement les mêmes que ceux des tubes, et les sections des vides ménagés pour l'écoulement des gaz sont sensiblement plus grandes que celles des lanternes en fer creux qui n'offrent que les rares passages percés sur le conteur du tube. Les gaz ont très-peu de chemin à parcourir pour se rendre dans les rainures.

La durée est assurée parce que, si la fonte ou un autre métal liquide pénètre dans les rainures par suite de la disposition de la couche en terre ou en sable, il est facile, après démoulage, de faire sauter au marteau les parties collées au corps de la lanterne qui sera vite réparée et remise en état de servir. Ce nouveau système d'axes métalliques pour noyaux peut s'appliquer indifféremment au moulage en terre ou au moulage en sable. Pour les noyaux en terre, on opère comme avec les lanternes circulaires creuses, l'arbre cannelé est entouré de foin, paille, ou autre matière de ce genre recouverte ensuite de terre ; le tout est séché et, à la coulée, les gaz s'échappent par les rainures longitudinales. Dans les noyaux en sable sec, on place une tringle dans chaque rainure de l'axe, puis après le serrage du sable, les tringles sont retirées pour laisser quatre écoulements parfaitement espacés. Lorsque les pièces sont coulées, on frappe sur la tige cannelée et, en produisant des efforts de rotation, les arêtes des cannelures alèsent le sable, d'où une facilité de démoulage qui ne se rencontre pas avec les tubes.

ADDITION, en date du 28 avril 1881.

Dans le brevet principal les lanternes étaient laminées d'une seule pièce. Mais, suivant leur diamètre, ces lanternes peuvent être fabriquées en deux ou plusieurs parties laminées séparément au laminoir ordinaire, et reliées ensemble au moyen de rivets, de frettes ou de tous autres moyens. Pour les très-grosses lanternes, les inventeurs se réservent, tout en conservant le mode de fabrication indiqué ci-dessus, de ménager, suivant l'axe de la pièce, un trou intérieur qui pourra affecter toutes les formes, carrée, ronde, ovale, rectangulaire, polygonale.

N° 139,953. — Wilson et Clegg. — 2 décembre 1880.

Perfectionnements apportés aux appareils ou machines pour la fabrication de moules en sable pour le coulage des métaux.

Dans ces appareils nouveaux, on se dispense de l'emploi de la trémie et de ses pièces auxiliaires, ce qui permet de supprimer le criblage des sables, opération qui occasionne des pertes de temps et de travail.

Au lieu d'employer, à la fois, une seule plaque ou moule, les inventeurs disposent dans leurs machines deux supports pour les boîtes à moulage, munies de chaque côté d'une plaque ou moule. Au moyen de cette disposition, on peut doubler le travail fait et éviter, en même temps, de changer les plaques, les boîtes inférieures fonctionnant d'un côté de la machine et les boîtes supérieures fonctionnant de l'autre côté.

Dans ces machines, l'arbre de commande est placé dans le centre et à proximité de la base. Une disposition particulière d'embrayage rend inutile l'emploi des poulies de friction et du levier à main qui, placés à l'intérieur de la machine, étaient exposés à se trouver arrêtés par la poussière et le sable. Toutes les parties sont recouvertes et à l'abri du sable.

TABLE DES CHAPITRES

Pages.

Chapitre I. — **Préparations**. — Minerais. — Combustibles. — Fondants. — Agents oxydants, réducteurs et carburants 1

Chapitre II. — **Fonte**. — Procédés de fabrication. — Appareils et matériel. 21

Chapitre III. — **Fer**. — Procédés de fabrication. — Appareils et matériel. 121

Chapitre IV. — **Acier**. — Procédés de fabrication. — Appareils et matériel. 301

Chapitre V. — **Forgeage**. — Travail et manœuvre des pièces. — Mise en paquets. — Martelage. — Laminage. — Estampage. — Trempe, etc.. 415

Chapitre VI. — **Fonderie**. — Coulée des métaux. — Moulage. 499

SUPPLÉMENT POUR L'ANNÉE 1880.

Préparations 635
Fonte 638
Fer 646
Acier 655
Forgeage 669
Fonderie 677

TABLE DES MATIÈRES

PAR ORDRE ALPHABÉTIQUE DES NOMS D'AUTEURS.

CHAPITRE Ier.

PRÉPARATIONS.

Minerais. — Combustibles. — Fondants. — Agents oxydants, réducteurs et carburants.

	Pages.		Pages.
André	635	Gaillard et Jordan	3
Archeraux	636	Grandidier et Rue	9
Bennett	7	Guimlor	10
Boltel	19	Holtzer, Dorian et Cie	19
Bollinger	637	Hennay	637
Barton	1	Jacou	12
Busutil	10	Jordan et Gaillard	3
Cabus	14, 16	Mayer, Savage et Waterman	11
Cajot	3	Minary	4
Charrière et Cie	14	Paur	16
Compagnie anonyme des forges de Châtillon et Commentry	5	Ponsard	19
		Prénat, De la Rochette et Cie	17
Compagnie des forges de Châtillon et Commentry	13	Prieger	3
		Rosculhat	636
Compagnie des fonderies et forges de Terre-Noire, La Voulte et Bességes	18	Rue et Grandidier	9
		Savage, Mayer et Waterman	11
Crampton	11	Société Harder Bergwerke und Hütteuverein	10
De Bussy	15	Storer et Whelpley	11
De la Rochette, Prénat et Cie	17	Sudre	15
De Nomaison	635	Thouard	8
Dorian, Holtzer et Cie	17	Thomas	18
Dufournel	5	Ward	635
Elmer	7	Waterman, Mayer et Savage	11
Falck père	6	Whelpley et Storer	11
Garnier	13, 636		

CHAPITRE II.

FONTE.

Procédés de fabrication. — Appareils et matériel.

Accarain	45	Boccard et Dromart		22
Adelsward (d')	44, 57	Boccard, Viotte, Vincent et Thierry		23
Anthony et Cordarié	82	Bœtius et Krigar		47
Aubertin	113, 643	Bolfin		105
Baseler et Rohrer	57	Boutté		100
Bazault et Roche	60	Bradburn		70
Bechi et Ponsard	21	Brandon	80,	85
Bérard	59, 106	Buttgenbach		50
Bichon	81	Carré, Heurtier et Cie		96
Blair	62	Champion		97
Blavier	66	Charrière		71
Boblique	61			

	Pag.
Cheron	26
Clapeyron	81
Closson	83
Colguet père et fils et Ce	53
Colliguon 77	81
Compagnie de l'Horme	77
Compagnie des forges de Terre-Noire, La Voulte et Bessèges	101
Constant et Lacombe	40
Corduriè et Anthony	82
Courtin	53
Coventry et Wilks	116
Criner	103
Crozet frères	83
Cumin	81
Cuvier fils	93
Dalifol 29	91
Daire	55
De Bergue	37
Dejone	42
Delanois	117
Delgobe	76
Deliguy	53
Demenre	71
De Montblanc et Gaulard	115
Desnos-Gardissal	41
De Wilde et Gillieaux	89
Dormoy-Denayer	103
Driout et Hachette fils . . 61	92
Dromart et Broccard	42
Dubois et François	96
Dufour	21
Dutrait-Morges	22
Dyckhoff	41
Fabre	109
Fageol	107
Feligou et Servais 95	102
Ferrié	71
François et Dubois	96
Frison	99
Fournel	42
Garnier	116
Gaulard et De Montblanc	115
Gavilliard	28
Gerspacher 97	114
Gibson et Witby	75
Gillieaux et De Wilde	89
Gilson	101
Granger-Veyron	25
Grebel	79
Grosjean-Neuville	56
Grossley	90
Guichard	81
Hachette-Bernard	93
Hachette fils et Driout . . 61	92
Hamélius	612
Hamoir	87
Hardy, Hénon, Jovin-Charlier et Jacob-Leuk	51
Helmholz	109
Helson 35	91

	Pag.
Helson et Co	89
Henderson	93
Hénon, Hardy, Jovin-Charlier et Jacob-Leuk	51
Héral	85
Heuriler, Caird et Co	93
Higonnet	81
Hinton	78
Hollway	98
Hope et Ripley	115
Huot	57
Howatson	82
Hütte-Phœnix, Action-Gesellschaft für Bergbau und Hüttenbetrieb	102
Hyporsiol	64
Ibrügger	116
Imbs et Jonauno	99
Jacob-Leuk, Jovin-Charlier, Hardy et Hénon	51
Jacquot	81
Janmain	615
Jones	78
Jouanne et Imbs	99
Jovin-Charlier, Hardy, Hénon et Jacob-Leuk	51
Karcher et Westermann	25
Karr	30
Kintzelé	78
Koerting	643
Korshunoff	43
Kraft	105
Krigar et Bartius	47
Krupp 101	111
Lacombe et Constant	40
Lanquetin	638
Lamy	30
Langon	30
Laurent 27	81
Learch	28
Le Blanc (les sieurs)	111
Le Brun-Virloy	86
Lemut	46
Levesque	41
Lloyd	88
Lürmann 48	112
Martin . 39, 41, 45, 67, 108, 110	111
Mauloise et Robin	91
Menesson	29
Meunier	85
Micolou	31
Minary	63
Miner	78
Misson	119
Montblanc (De) et Gaulard	115
Muller et Fichet	93
Mushet	33
Phillppou	58
Pirath	639
Plum	102
Poirier	67

	Pages			Pages
Ponsard.	52 114	Stanley	50	55
Ponsard et Dechi	21	Stahler		49
Ponson	26	Stigler		54
Prache	614	Stone		81
Privé	47	Sudre		80
Pugh	79	Tessié du Motay	73	75
Rémaury	51	Thierry, Vincent, Viotte et Boccard		23
Réotor	88			
Ripley et Hope	118	Thomas	51, 75	75
Robin et Mauduise	94	Tidesley		65
Roche et Hazault	60	Verdié		50
Rohrer et Bassler	57	Vié		38
Rollet	640	Vincent, Thierry, Viotte et Boccard		23
Rouquayrol	47			
Sadot	61	Viotte, Vincent, Thierry et Boccard		23
Baynes	101			
Salisbury	113	Viry		31
Sebold et Neff	612	Voisin		77
Servais et Feltgen	95 102	Westermann et Karcher		25
Smits	21	Whitwell		68
Société métallurgique pour l'exploitation des procédés Ponsard	66	Wilks et Coventry		118
		Willans		93
		Wilson	54, 65	94
Société métallurgique exploitant les procédés Ponsard	49 71	Withy et Gibson		75
		Wolthein		107

CHAPITRE III.

FER.

Procédés de fabrication. — Appareils et matériel.

		Pages			Pages
Aaron-Bonehill		131	Bower		273
Abbott et Gidlow		265	Brichaux		231
Alart et Rougeault		231	Brogniaux		651
Allen		293	Budd		209
Alston (les sieurs) et Lewis		183	Bull		651
Anderson		213	Burgess		211
André		291	Butt		195
Armand, Frère-Jean, Roux et Cⁱᵉ		255	Caffinaux, Boudly et Paquet		128
Baker		235	Caillolet		169
Barbe et Lencauchez		215	Calixte-Mineur		141
Barustorf et Schulze-Berge		279	Cambridge		155
Béard et Griffiths		173	Cannon		161
Bedson et Williams		154	Chalas		186
Bennett		181	Chatelain		159
Benson et Valentin		172	Chenot	135, 154	291
Bérard		131	Claus		263
Bernard et Sommer		259	Clayton	152	153
Bessemer	152, 111, 118	263	Clerc		133
Birrenbach et Rémaury		298	Clough et Ridealgh		262
Blackwell et Simencourt		131	Coley, Robson et Price		231
Blair		183	Collins et Hopkins		205
Blanchard et Fletcher		146	Compagnie des hauts-fourneaux, forges et aciéries de la marine et des chemins de fer		239
Bodmer		223			
Bolgues et Rambourg		140			
Boudet		122	Compagnie des fonderies et forges de Terre-Noire, la Voulte et Bessèges		
Boudly, Paquet et Caffinaux		125			
Bouniard	249	271		225	297

	Pages.
Cordier et Martin	288
Côte	262
Crampton	239 241
Crozet (les sieurs)	208
Daelen	113 260
Danks	105, 185 207
Decées	228
Delt	284
De Langlade	261
De Meckenheim	233
Dering	296
De Rostaing	142
Dormoy	165, 176 211
Drake	214
Draye	279
Dumény et Lemut	130
Dumont	122
Dupont et Ginannotte	231
Dupriez	298
Dupuy	159
Ehrenwerth et Prochaska	654
Ellis et Greener	180 224
Espinasse	243 256
Estoublon	217
Fabre	208
Fabre et Peuff	240
Farinaux, Fichaux et Girol	231
Fichaux, Farinaux et Girol	231
Field	177
Fletcher et Blanchard	176
Fleury	145
Frèrejean	129
Frèrejean, Roux, Armanet et Cie	253
Frykmann	289
Gagnière	275
Garnier	650
Gaudet et Petin	144 151
Gaudet, Petin et Cie	184
Gaudin	158
Gelas	243
Geoffray	270
Gerhardt	145
Gerin	186
Gidlow et Abbot	208
Gilliaux	264
Gillot	129
Girard et Poulain	198
Girol, Fichaux et Farinaux	231
Ginannotte et Dupont	231
Godard-Desmarest	139
Gorman	187 274
Grant	241
Greener et Ellis	180 224
Griffiths	146
Griffiths et Béard	173
Gussander	295
Haldemann	655
Harmet	288
Harrison	151
Heserich	162
Hawes	157

	Pages.
Haythorne	257
Heaton	191
Henderson	113, 103, 205, 203 250
Henluy et Riley	337
Henvaux	280
Heusser	166
Hewitt	198
Hilgenstock	652
Hinde	210 211
Hinde (les sieurs)	183
Holley	263
Hollway	278 281
Honnay	276
Hopkins et Collins	205
Howson	269
Howson et Wilks	281
Huot	166
Imbert	281
Irroy, Martin-Bruère et Cie	122
Jacqmart	243
Johnson	199
Joseph	240
Justice	267
Karr	177
Kernot et Symons	163
Korshunoff	174 182
Kunkel	203
Labat	180
Laboulais	149
Lalouël de Sourdeval et Margueritte	133
Larkin, Leighton et White	215
Larkin et White	229
Le Clerc	153
Legrain	652
Leighton, Larkin et White	215
Lester et Mitford	261
Lemut	291
Lemut et Dumény	130
Lencanchez	207
Lencanchez et Barbe	245
Lewis et les sieurs Alston	183
Lyon	196
Lyttle	252
Margueritte et Lalouël de Sourdeval	133
Marland	258 253
Martin	129, 130, 134, 137, 137, 144, 146, 149, 155, 181, 199, 220 282
Martin-Bruère, Irroy et Cie	122
Martin et Cordier	288
Mason	240
Ménélaus	151
Mennessier	246
Mieolon	227
Middleton	256
Mitford et Lester	261
Mushet	138
Nes	210
New	543
Oakley et Sherman	265

	Pages.		Pages.
Onions.	117	Sibert.	184
Owens.	277	Siemens.	128,
Oxann.	259	167 197, 210, 225, 234, 247, 269	610
Paquet, Bouely et Caffiaux.	123	Simencourt et Blackwell.	131
Parisot.	194	Simpson et Smyth.	255
Parkes.	218	Siroi-Wagret.	131
Parry.	130	Smith.	207, 210 297
Paar.	253	Smyth.	206
Pernot.	202, 237 649	Smyth et Simpson.	255
Petin et Gaudet.	111 151	Société Karcher et Westermann.	290
Petin, Gaudet et Cie.	121	Société générale de métallurgie	
Pettlit.	257	(procédé l'ouvard).	239
Picard et Wilson.	133	Société métallurgique de Tarn-	
Piedbœuf.	278	et-Garonne	273
Player.	202	Sommer et Bernean.	259
Ponein.	138	Sonthan.	652
Ponsard.	201 244	Stauley.	206, 233 250
Post.	210	Stein.	263
Pouff et Fabre.	210	Stone.	245 251
Poulain et Girard.	198	Stubble bine.	648
Price, Robson et Coley.	231	Sudre.	133 147
Rambourg et Bolguee.	140	Swain.	239
Rémaury et Dirrenbach.	282	Symons et Kernot.	163
Richardson.	174 179	Thérou et Vaillant.	213
Ridealgh et Clough.	262	Tooth.	131 147
Riley.	247	Tourangin.	121 156
Riley et Henley.	227	Vaillant et Térou.	213
Ripley.	286	Vallenaire.	157
Robson, Price et Coley.	231	Valentin et Benson.	172
Roche.	104	Vanderheym.	259 267
Rogers.	185 255	Velgo.	253
Rostaing (De).	112	Warner.	159 249
Rougeault et Alart.	211	Webster.	191
Rouquayrol.	100	Wheeler.	285
Roux, Frèrejean, Armanet et Cie.	253	White et Larkin.	229
Russel.	209	White, Leighton et Larkin.	215
Salisbury.	171	Wilks et Howson.	291
Salomon.	163	Willans.	185, 198 277
Samuelson.	192	Williams et Bedson.	151
Sanderson.	182	Wilson.	137, 163 178
Savage.	237	Wilson et Picard.	133
Schneider et Cie.	189, 253 280	Wood.	232
Schofield.	251	Würtenberger.	202
Schulze-Berge et Barnstorf.	279	Yates.	188
Sellers.	214, 215, 221, 234 263	York.	175
Sherman.	209	Young.	165
Sherman et Oakley.	265	Zenger.	219

CHAPITRE IV.

ACIER.

Procédés de fabrication. — Appareils et matériel.

	Pages.		Pages.
Alexandre.	302 314	Aube.	664
Ansell.	377	Autier.	443
Aroud.	411	Baker.	668
Asbeck, Osthaus, Eicken et Cie.	422	Barron.	310
Atwood.	315	Baudouin et De Rostaing.	316

*

	Pages.			Pages.
Baur	372, 418 419		Glaser	444 444
Bazault et Roche	385		Grafton et Cie	660
Bérard	337, 359 434		Hahn	391
Berger et Bichon	364		Hall et Van Vleck	667
Bessemer	369, 373, 374 375		Hamilton	425
Bichon et Berger	364		Hanonnet et Muaux	305
Blair	362		Hardt et Schleb	414
Blythe et Dorsett	371		Hargreaves	349 345
Boetius	356		Hargreaves et Robinson	343
Boigues, Rambourg et Cie	364		Harmet	442 653
Boistel	385		Haws	423
Bolton	433		Heaton	341
Bonnand	248		Henderson	389 391
Boullet et Van Langenhove	327		Herrenschmidt et Tondeur	401
Bouniard	359 419		Hinde et Sutter	373
Braconnier	660		Holley	664
Brooks	390		Holtzer et Cie	409
Brown	439		Izar	312
Burlat, Preynat, Rivat-Delay et Verdié	658		Jones	437
Buslau	340		Julien-Sauve fils et Krafft	422
Cammell et Duffield	427		Jullien	336
Chabrière et Cie	437		Krafft et Jullien Sauve fils	422
Chambeyron	323		Krupp	428 440
Chenot aîné	352		Kuolz (de), Duhesme et de Fontenay	301 301
Compagnie anonyme des forges de Châtillon et Commentry, 341, 378, 395, 415	418		Lalouël de Sourdeval et Margueritte	304, 306 306
Compagnie des fonderies et forges de Terre-Noire, la Voulte et Bességes	391 418		Langlade (de)	371
			Langwieler	307
Compagnie anonyme des fonderies et forges de Terre-Noire, la Voulte et Bességes	315 392		La Roquette (de) et Cie	350
			Launay (les sieurs)	443
			Laurent-Cély	662
Cordemoy (de) et Wilden	314		Le Guen	339
Cordier et Martin	436		Lemaire	305
Cordier et Larocque	658		Lepet	336
Daliful père et fils	370		Lindberg	665
Dalton	351		Lürmann et Schemmann	443
Damour	440		Margueritte	312
De Bouhet (le Cte)	415		Margueritte et Lalouël de Sourdeval	304, 306 306
Deighton	399		Martin 302, 311, 316, 319, 324, 328, 328, 329, 331, 337, 349, 351, 359, 367, 368, 402, 435	435
De La Rochette et Cie	350		
Dering	663		
De Rostaing et Baudouin	316		Martin (les sieurs)	336, 342 342
Dorsett et Blythe	371		Martin et Cordier	436
Duffield et Cammel	427		Mason et Parkes	582
Duhesme, de Kuolz et de Fontenay	301 301		Micolon	305, 360, 659 662
Duhesme et Muaux	302		Micolon et Verdié	409
Eicken, Osthaus, Asbeck et Cie	422		Moat et Royer	438
Ellershausen	347, 353 353		Moro	661
Eyquem	410		Moysan	363
Fitzmaurice	356		Muaux et Duhesme	302
Fontenay (de), de Kuolz et Duhesme	301 301		Muaux et Hannonet	305
			Muller	318 366
Gallet	346, 357, 393 411		Mushet	304, 321 322
Galy-Cazalat	319 362		Osthaus, Asbeck, Eicken et Cie	422
Gaudet et Petin	315		Parkes et Mason	582
Gaudet, Petin et Cie	335		Parsons	403
Gierow et Rosenthal	335		Paulis	309
			Peckham	400
			Perkins et Smellie	355

	Pages.		Pages.
Pernot	397	Société anonyme des forges de Châtillon et Commentry . . .	361
Petin et Gaudet	315	Société anonyme de Commentry-Fourchambault	441
Petin, Gaudet et Cie	335		
Picard.	330	Société exploitant les procédés Ponsard.	390
Ponsard. 416, 425	666		
Pottier	434	Société métallurgique pour l'exploitation des procédés Ponsard.	388
Rambourg, Boigues et Cie . .	364		
Rastouin.	324	Spencer et Saylor	376
Robinson et Hargreaves . .	318	Spielfeld.	307
Roche et Bazault.	335	Sudre 310, 317, 346	424
Rocour et Cie	655	Sutter et Hinde	373
Rosenthal et Gierow	335	Tessié du Moutay et Cie . .	354
Rostain	311	Thomas	431
Rostaing (de) et Baudoin. . .	316	Tommasi	417
Rousselot	303	Tondeur et Herrenschmidt . .	401
Roy (Vᵉ)	413		
Royer et Moat	438	Vallod. 424, 430	433
Salomon. 322	390	Van Langenhove et Boullet. .	327
Savage	338	Verdié 310	400
Saylor et Spencer	376	Verdié et Micolon	409
Schemmann	313	Vickers	327
Schemmann et Lürmann . .	443	Webb.	657
Schleh et Hardt	414	Webster. 395	396
Scott 412	661	Welh et Sheehan. . . .	427
Sheehan. 389	393	Wheeler.	403
Sheehan et Welh.	427	Wilden et de Cordemoy . . .	314
Sherman.	395	Willans	393
Siemens. . . . 356, 379, 383	403	Wilson	633
Smellie et Perkins	355		

CHAPITRE V.

FORGEAGE.

Travail et manœuvre des pièces. — Mise en paquets. — Martelage. — Laminage. — Estampage. — Trempe, etc.

Allmann et Gisborne	528	Bonehill.	472
Ames	542	Bonefond et Cie	518
Asbeck, Osthaus, Eicken et Cᵉ	556	Bonnor	452
Balasse et Buzet	544	Bouniard	475
Baldwin.	671	Bourrey et Lécuyer	553
Barrouin	516	Boutier	511
Bazin.	504	Bouttevillain	454
Bellard et Cie	512	Bowron jeune	564
Bernabé.	488	Brogniaux et Truol . . .	512
Biétrix, Révollier et Cⁱᵉ	550	Brooks 490	509
Billings	553	Brown	513
Blakely	453	Brunon frères 531	537
Blake-Tarr	540	Buigne (de)	556
Bionay (de)	529	Buxton et Knowles. . . .	504
Blondeau	536	Buzet et Balasse	544
Boigues et Rambourg	463	Camme et Delpech. . . .	501
Boigues, Rambourg et Cie. 458	514	Carbilliet.	544
Boigues, Rambourg et Pinson.	463	Carbutt, Thwaites et Sturgeon.	502
Rosselet	520	Carr et Dawes	445
Boizot.	548	Caumon dit John Absterdam . .	541

	Pages.
Chalas.	518
Chameroy.	467
Chaney et Deschamps	532
Chapellier et Charles. . . .	471
Charles et Chapellier. . . .	471
Charlet	500
Charrière et Cie 536	452
Charuel	456
Charvet	513
Chauvet.	535
Chef.	447
Chenot et Gassanne	530
Chertemps	573
Cloxon et Vincart	455
Clow	522
Cockrill	468
Colas et Jeannin	463
Colsou.	489
Compagnie anonyme des forges	
de Châtillon et Commentry,	
472, 497, 500, 505	573
Compagnie anonyme des fonde-	
ries et forges de Terre-Noire,	
la Voulte et Bessèges, 479, 483	483
Compagnie des hauts-fourneaux,	
forges et aciéries de la marine	
et des chemins de fer, 543, 559	565
Cooke.	512
Cooke et Foster	506
Courtin	499
Daelen	573
Dauvergne.	505
David. 530	570
Davies.	482
Dawes et Carr.	415
Davy . . . . 4-)	512
De Dietrich et Cie 150	475
Dellestable.	476
Delpech et Camme.	501
Delrieu	446
Deschamps et Chaney	532
Deschamps et Maillon	450
Détat	555
Devaux et Kunkler.	523
Dodds.	466
Dormoy. 449	506
Dowie.	509
Dubois et Vigour.	531
Dussaq	507
Eibisch	571
Eicken, Osthaus, Asbeck et Cie.	556
Farcot et ses fils	510
Flotat. 560, 566	669
Formage	453
Foster et Cooke	506
Fox.	561
Franquinet.	447
Friquet	462
Gernier	533
Gasne.	562
Gassanné et Chenot	539

	Pages.
Gaudet et Petin . 461, 463, 466	474
Gaudet, Petin et Cie. 446, 451,	
455, 457, 476, 477, 485,	
486, 487, 493, 495, 526	531
Gibert.	473
Gisborne et Allmann. . . .	514
Glaus	473
Goguel	517
Gontermann.	572
Grados	453
Grand. 469, 516	566
Guekiry.	449
Guillemet	498
Guinoiseau	469
Hasse, Maxe et Cie.	574
Haughian	555
Head et Shaw	519
Holson	491
Herreuschmidt.	515
Heurtier.	533
Hipple et Price	504
Hofer et Van Alstine. . . .	525
Hohenegger	561
Homfray	480
Huot	511
Hurynowicz 562	563
Husson	563
Hutchinson	575
Imbert.	544
James et Jones.	507
Jeannin et Colas.	463
Jeavons	538
Jobez	548
Jones	562
Jones et James.	507
Joret et Cie	551
Juhel	498
Jullien	503
Kirk.	495
Knowles et Buxton.	504
Kunkler et Devaux.	523
Lambret.	545
Lamur. 431	552
Landais	507
Laurent-Telinge.	524
Lauth. 456	545
Lavelssière et fils.	550
Lécuyer et Bourrey	553
Legros, Roubier et Salbreux . .	551
Lemonnier	571
Light	551
Lorenz	572
Lwoff.	508
Maillard.	457
Maillon et Deschamps	450
Mansoy et Cie	492
Marrel frères . . 493, 510, 515,	
519, 523, 528, 575,	671
Martellière (de la)	493
Massay (les sieurs).	484
Martin. . . 461, 535, 567, 563	569

	Pages.
Martin (les sieurs)	485
Maurin	517
Maury-Bonnelle	494
Max, Hasse et Cie	574
Meunier (dame)	547
Meunier et Tillard	504
Meurice et Sculfort-Malliar	552
Micolon	537 527
Mignon et Rouart	474 521
Miller et Rae	514
Mitchel	494
Monglin et Cie	521
Montigny	489
Mouline	466
Muaux	491
Nicaise	467
Nicolas et Roblin	465
Nillus	475
Neilson	448
Neuilliés	448
Oelhaus, Asbeck, Eicken et Cie	556
Parisot	521 675
Petin et Gaudet	461, 463, 466 471
Petin, Gaudet et Cie	446, 451, 455, 457, 476, 477, 485, 486, 487, 492, 493, 526 531
Penton	481
Peugeot	471 477
Piat et fils	491
Pinson, Rambourg et Boigues	468
Pirotte-Dupont	496
Price et Hipple	501
Prosser	525
Quensell	672
Rae et Miller	514
Ragon et Royer-Houzelot	569
Rambourg et Boigues	463
Rambourg, Boigues et Cie	453 514
Rambourg, Boigues et Pinson	468
Ramsbotton	470
Ramsden	576
Ratliffe	576
Revollier jeune et Cie	481
Revollier, Biétrix et Cie	550
Ridley	530
Robelet	565
Roblin et Nicolas	465
Rongerre	523
Rouart et Mignon	474 521
Rouhier, Legros et Salbreux	544
Roy	521, 561, 568, 577 670
Royer-Houzelot et Ragon	569
Salbreux, Legros et Rouhier	551
Sauer	485
Sculfort-Malliar et Meurice	552
Sellers (les sieurs)	502 529
	Pages.
Shaffer et Walters	511
Shaw et Head	510
Sivain	455
Smith	558
Société anonyme des forges et aciéries d'Alfortville	560
Société des forges de Châtillon et Commentry	460 527
Société anonyme de Commentry-Fourchambault	676
Société des forges de Franche-Comté	549
Société Hagener Gussstahlwerke	677
Société anonyme des hauts-fourneaux et forges de Denain et d'Anzin	574
Société des forges, fonderies et laminoirs du Marais et Pierrard frères et Cie	571
Société nouvelle des forges et chantiers de la Méditerranée	467
Société anonyme des forges du Montataire	459
Société anonyme des chantiers et ateliers de l'Océan	478
Société anonyme des forges de la Providence	510
Sturgeon, Carbutt et Thwaites	503
Sublet	473
Taunet, Walker et Cie	520
Tardy	571
Tarr	487 492
Taskin	518
Tasset	553
Thévenet	481
Thomas	557 567
Thwaites, Carbutt et Sturgeon	502
Tillard et Meunier	504
Tisserand	486
Truol et Brogniaux	512
Van Alstine et Hefer	525
Vickers	487
Vigour et Dubois	531
Vincart et Closon	455
Walker, Taunet et Cie	520
Walters et Shaffer	511
Waternau	489
Weldon	491
Wenström	672
Wera	516
Wheeler	547
Whitney	670
Whitworth	551 551
Wilson	461
Ziane	559

CHAPITRE VI.

FONDERIE.

Coulée des Métaux. — Moulage.

	Pages.
Adam	610
Aikin et Drummond	622
Arnaud	621
Astbury	597
Barrows	623
Bellefroid fils	599
Bertsch	600 603
Bertsch, Dupont et Dreyfus	598
Beurnier	677
Boigues et Rambourg	582
Boigues, Rambourg et Cie	590 589 609
Bollée	605
Boucher	579
Boucher et Cie	595
Boué	591
Bradler	583
Cairns et Young	581
Capitain-Gény et C	627
Carbonnel et Jouffret	606
Cardaillhac	618
Champenois	626
Compagnie anonyme des forges de Châtillon et Commentry	603
Compagnie anonyme des fonderies et forges de Terre-Noire, la Voulte et Bességes	589
Compagnie des fonderies et forges de Terre-Noire, la Voulte et Bességes	602
Courtois	601
Cowling et dame Cowling	627
Cristin et Drevet	605
Curé	601
Dame Diekmann	631
Dehne et Woolhough	616, 623 632
De Jean et Delille	591
De la Rochette et Cie	588
Delbeyne et Nicaise	625
Delille	678 679
Delille et De Jean	591
Demogeot	679
Devaux	620
Doré	598 599
Dormoy	579
Douenne	596
Douziech	614
Drevet et Cristin	605
Dreyfus, Dupont et Bertsch	598
Drummond et Aikin	622
Dubois	613
Ducomel	595
Dupont, Bertsch et Dreyfus	598
Flicher	628
Flotat et Tribout	631
Foster et Lockwood	608
Fuzelier-Léger et Tomd	625
Gaudet, Petin et Cie	586
Gillou	623
Girard père et fils aîné	609
Goslin	601, 607 621
Grapin	606
Grua	580
Gueunier-Lauriac	582
Goyard	622
Haldy, Roechling et Cie	590
Hanotin	621
Harrisson	594
Hervier	631
Jackson	582 583
Jackson et Cie	581 586
Jaeger	633
Jean (de) et Delille	591
Jones	623
Jouffret et Carbonnel	606
Kuhllez	632
Leffler	611
Lemagnent	584
Lepainteur	608
Lobiel	615
Lockwood et Foster	608
Loynd	619
Malfroy	580
Maréchal et Yorbe	617
Martin et Cie	618
Mason et Willcock	597
Micolon	602
Moorwood	610
Neff et Sebold	630
Nicaise et Delbeyne	625
Peet	612
Pesanti	632 633
Petin, Gaudet et Cie	586
Quique	617
Rambourg et Boigues	582
Rambourg, Boigues et Cie	590 599 609
Rives	595
Rochette (de la) et Cie	588
Roechling, Haldy et C	590
Roux	630
Sainte-Preuve (de)	581
Salin et Cie	578
Scott	592, 620 626
Sebold et Neff	630
Simon	607

Société anonyme de Commentry-
  Fourchambault 611
Société des aciéries d'Ermont
  (procédé Laput) 612
Société anonyme des fonderies
  et forges de l'Horme . . . 513, 615
Société anonyme des aciéries
  d'Imphy-Saint-Seurin 587
Société Neff et Nobold 611
Sweet 626
Tardy 611, 626
Taylor et Waller 625
Thiébaut et fils 621
Thomé fils 624, 651
Thomé et Fuseller-Lézot 625
Tiquet-Ponsard et C⁰ 531

Vallin 601
Valkaire (de) 598
Verdié 616
Verbe et Maréchal 617
Vogel 677
Vurus aîné . . . 615, 531, 631, 634
Waller et Taylor 625
Warkin et C⁰ 629
Wendel (de) et C⁰ 584
Wheatleu 593
Whitworth 598
Willcock et Mason 597
Wilson et Clegg 611
Woolnough et Debus . 616, 623, 632
Young et Cairns 581
Zégut 611

ERRATA

Lire :

Dorian au lieu de Doriau . . . . page 17

Tooth au lieu de Thooth . . . . page 147

Willans au lieu de Willans. . . . . page 198

N° 65,315. — Jackson et Cie . . . . page 584

Nancy, imprimerie Berger-Levrault et Cie.